합격자 수가
선택의 기준!

2026
에듀윌 전기
회로이론
필기
+무료특강

기본서
• 전기기사, 전기산업기사
• 전기공사기사, 전기공사산업기사
• 전기직 공사, 공단, 공무원 대비

YES24 25년 5월
월별 베스트 기준
베스트셀러
1위

YES24 수험서 자격증
한국산업인력공단 전기분야
전기공사 베스트셀러 1위

Ⅰ

22개월 베스트셀러 1위! 산출근거 후면표기

• [끝맺음 노트] 핵심이론 + 빈출문제 + 최신기출 CBT 모의고사 3회
• [무료특강] 최신기출 CBT 모의고사 해설
• [학습자료] 용어 표준화 및 국문순화 신구비교표

eduwill

에듀윌과 함께 시작하면,
당신도 합격할 수 있습니다!

대학 졸업 후 취업을 위해 바쁜 시간을 쪼개며
전기기사 자격시험을 준비하는 취준생

비전공자이지만 더 많은 기회를 만들기 위해
전기기사에 도전하는 수험생

전기직 업무를 수행하면서 승진을 위해
전기기사에 도전하는 주경야독 직장인

누구나 합격할 수 있습니다.
시작하겠다는 '다짐' 하나면 충분합니다.

마지막 페이지를 덮으면,

**에듀윌과 함께
전기기사 합격이 시작됩니다.**

전기기사 1위

꿈을 실현하는 에듀윌
real 합격 스토리

이O름 3주 초단기 동차합격

3주 만에 전기기사 취득, 과목별 전문 교수진 덕분

자격증을 따야겠다고 결심했던 시기가 시험 접수 기간이었습니다. 친구들에게 좋은 이야기를 많이 들었던 에듀윌이 생각나서 상담을 받고 본격적인 준비를 시작했습니다. 에듀윌은 과목별로 교수 라인업이 잘 짜여 있고, 취약한 부분은 교수님 별로 다양한 관점의 강의를 들을 수 있어서 많은 도움이 됐습니다. 또, 이 과정을 통해 학습 내용을 정리할 수 있는 점도 정말 좋았습니다.

이O학 3개월 단기 합격

나를 합격으로 이끌어 준 에듀윌 전기기사

공기업 취업을 준비하던 중에 취업에 도움이 될 거라는 생각에 전기기사 자격증 공부를 시작했습니다. 강의를 듣고 난 당일 복습했던 게 빠르게 합격할 수 있었던 이유라고 생각합니다. 아버지께서 에듀윌에서 전기산업기사 준비를 하셔서 자연스럽게 에듀윌을 선택하게 됐습니다. 전문 교수님들이 에듀윌의 가장 큰 장점이라고 생각합니다. 그리고 학습 상황을 객관적으로 파악할 수 있었던 모의고사 서비스도 만족스러웠습니다.

김O연 비전공자 3개월 합격

에듀윌이라 가능했던 3개월 단기 합격

비전공자임에도 불구하고 3개월 만에 전기기사 자격증을 취득할 수 있었습니다. 제게 맞는 강의를 선택할 수 있도록 다양한 콘텐츠를 지원해 준 에듀윌에 감사드립니다. 일반 물리학 정도의 지식만 있던 상태라 강의를 따라가기가 쉽지만은 않았습니다. 하지만 힘들어서 포기하고 싶을 때마다 용기를 주시고 격려해주신 교수님과 학습 매니저 분들에게 정말 감사 인사를 전하고 싶습니다.

다음 합격의 주인공은 당신입니다!

더 많은 합격 비법

* 2023 대한민국 브랜드만족도 전기(산업)기사 교육 1위(한경비즈니스)

시험 직전, CBT 시험 적응을 위한
최신기출 CBT 모의고사

💻 PC로 응시하기

1 | 최신 출제경향을 반영한 CBT 모의고사

실제 시험과 동일한 시험 환경 구현
CBT 시험 완벽 대비
총 3회 분량의 모의고사 제공

모의고사 입장하기
1회 | https://eduwill.kr/lFlp
2회 | https://eduwill.kr/WFlp
3회 | https://eduwill.kr/EFlp

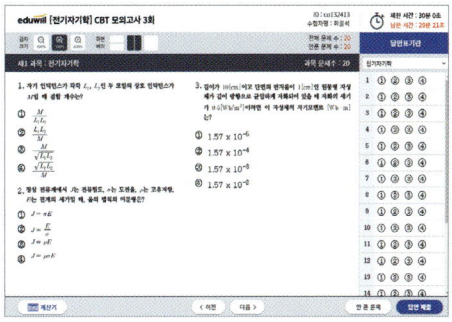

2 | 학습자 맞춤형 성적분석

전체 응시생의 평균점수 비교를 통한
시험의 난이도와 합격예측 확인

과목별 점수와 난이도를 비교하여
스스로 취약한 부분 확인

STEP 1 모의고사 응시 후 [성적분석] 클릭

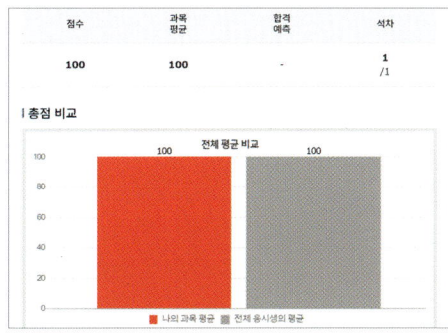

3 | 쉽고 빠르게 확인하는 오답해설

모의고사 채점을 통한 과목별 성적 및
상세한 해설 제공

문제별 정답률을 확인하여 문제 난이도를
한눈에 파악

STEP 1 모의고사 응시 후 [채점 결과] 클릭
STEP 2 점수 확인 후 [해설 보기] 클릭

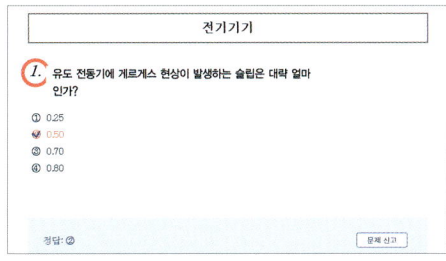

1위 에듀윌만의
체계적인 합격 커리큘럼

쉽고 빠른 합격의 첫걸음
필기 핵심개념서 무료 신청

원하는 시간과 장소에서, 1:1 관리까지 한번에
온라인 강의

① 전 과목 최신 교재 제공
② 업계 최강 교수진의 전 강의 수강 가능
③ 맞춤형 학습플랜 및 커리큘럼으로 효율적인 학습

필기 핵심개념서
무료 신청

친구 추천 이벤트

"**친구 추천**하고 한 달 만에
920만원 받았어요"

친구 1명 추천할 때마다 현금 10만원 제공
추천 참여 횟수 무제한 반복 가능

※ *a*o*h**** 회원의 2021년 2월 실제 리워드 금액 기준
※ 해당 이벤트는 예고 없이 변경되거나 종료될 수 있습니다.

친구 추천 이벤트
바로가기

* 2023 대한민국 브랜드만족도 전기(산업)기사 교육 1위(한경비즈니스)

eduwill

에듀윌 전기
회로이론 필기
+무료특강

끝맺음 노트

☑ 핵심이론 및 빈출문제

☑ 최신기출 CBT 모의고사 (+무료특강 3강)

eduwill

에듀윌 전기
회로이론 필기
+무료특강

에듀윌 전기
회로이론
필기 기본서+유형별 N제

끝맺음 노트

eduwill

PART 01

핵심이론 및 빈출문제

최근 20개년 동안 가장 많이 출제된 핵심이론만 모았습니다.
이론과 관련된 빈출문제를 풀어보면서 개념을 확립할 수 있습니다.
무료강의와 함께 학습하면 소화력이 배가 됩니다.

회로이론 본권 학습 후 마무리를 도와주는 끝맺음 노트

핵심이론 및 빈출문제

PART 01 핵심이론 및 빈출문제

활용 방법
① 네이버앱 또는 카카오톡앱에서 QR코드 스캔 기능을 준비한다.
② QR코드를 스캔하여 강의를 수강한다.
③ 동영상강의와 함께 부록으로 학습한다.

1 저항의 직렬연결 및 병렬연결

(1) 직렬연결

합성 저항: $R = R_1 + R_2 \, [\Omega]$

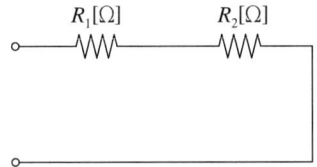

▲ 저항의 직렬접속(연결)

저항을 직렬로 연결할수록 합성 저항값은 커지게 된다.

(2) 병렬연결

합성 저항: $R = \dfrac{1}{\dfrac{1}{R_1} + \dfrac{1}{R_2}} = \dfrac{R_1 \times R_2}{R_1 + R_2} \, [\Omega]$

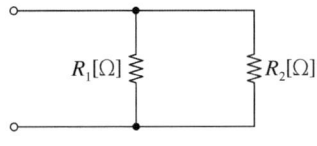

▲ 저항의 병렬접속(연결)

저항을 병렬로 연결할수록 합성 저항값은 작아지게 된다.

대표빈출문제 그림의 회로에서 a, b 양단에 $220[\text{V}]$의 전압을 인가했을 때 전류 I가 $1[\text{A}]$이었다. 저항 R은 몇 $[\Omega]$인가?

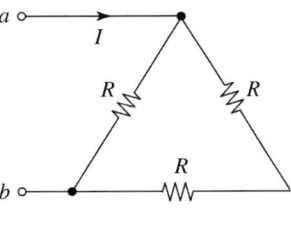

① 100 ② 150 ③ 220 ④ 330

해설 합성저항 $R' = \dfrac{R \times (R+R)}{R+(R+R)} = \dfrac{2}{3}R[\Omega]$

$I = \dfrac{V}{R'} = \dfrac{V}{\dfrac{2}{3}R} = \dfrac{220 \times 3}{2R} = \dfrac{330}{R} = 1[\text{A}]$

$\therefore R = 330[\Omega]$

| 정답 | ④

2 키르히호프 법칙

(1) 키르히호프의 전압 법칙(KVL)

폐회로망에서 회로에 인가한 전압과 각 소자에서 발생한 전압 강하의 합은 같다.(∵ 에너지 보존의 법칙)

$E = IR_1 + IR_2[\text{V}]$

(전압 강하: 회로 소자에 전류가 흐르면서 발생하는 전압의 저하량)

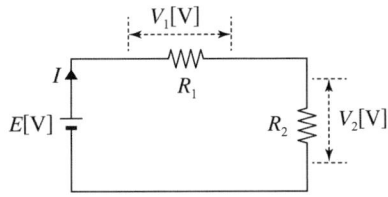

▲ 키르히호프의 전압 법칙

(2) 키르히호프의 전류 법칙(KCL)

회로의 어느 한 절점에 유입하는 전류와 유출하는 전류의 합은 항상 같다.(∵ 전하 보존의 법칙)

$i_1 + i_2 = i_3 + i_4$ 또는 $i_1 + i_2 - i_3 - i_4 = 0$

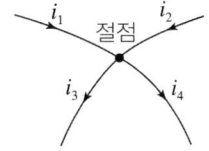

▲ 키르히호프의 전류 법칙

대표빈출문제 그림에서 전류 i_5의 크기는?

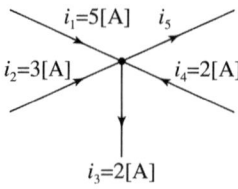

① 3[A] ② 5[A] ③ 8[A] ④ 12[A]

해설 키르히호프 전류 법칙(KCL)에 따라 절점으로 들어오는 전류의 합은 나가는 전류의 합과 같다.
$i_1 + i_2 + i_4 = i_3 + i_5$ [A]
$\therefore i_5 = i_1 + i_2 + i_4 - i_3 = 5 + 3 + 2 - 2 = 8$ [A]

|정답| ③

3 교류 표현 방법

(1) **순시값**: 시간 경과에 따라 그 크기가 변하는 교류의 매 순간 값을 표현한 방법이다.

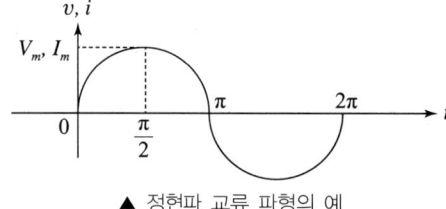

▲ 정현파 교류 파형의 예

- $v(t) = V_m \sin(\omega t \pm \theta)$ [V]
- $i(t) = I_m \sin(\omega t \pm \theta)$ [A]

 V_m, I_m: 전압, 전류의 최댓값, ω: 각주파수($= 2\pi f$ [rad/sec]), θ: 전압, 전류의 위상[°]

(2) **평균값**
① 수시로 크기가 변하는 교류의 평균을 취한 값을 말한다.
② 정현파 반주기에 대한 평균값으로 정의
③ 정현파 교류의 평균값(대칭성 이용)

$$V_a = \frac{1}{T} \int_0^T v(t)\,dt = \frac{1}{\frac{\pi}{2}} \int_0^{\frac{\pi}{2}} V_m \sin t\,dt = \frac{2}{\pi} V_m \Big[-\cos t\Big]_0^{\frac{\pi}{2}}$$

$$= \frac{2}{\pi} V_m = 0.637\, V_m \text{[V]}$$

(3) 실효값

① 우리가 실제로 사용하는 교류를 표현한 값으로, 해당 교류가 하는 일과 동등한 일을 하는 직류의 값으로 정의
② 정현파 교류의 실효값(대칭성 이용)

$$V = \sqrt{\frac{1}{T}\int_0^T v^2(t)\,dt} = \sqrt{\frac{1}{\frac{\pi}{2}}\int_0^{\frac{\pi}{2}} V_m^2 \sin^2 t\,dt} = \sqrt{\frac{2}{\pi}V_m^2 \int_0^{\frac{\pi}{2}} \frac{1}{2}(1-\cos 2t)\,dt}$$

$$= \sqrt{\frac{1}{\pi} \times V_m^2 \left[t - \frac{1}{2}\sin 2t\right]_0^{\frac{\pi}{2}}} = \sqrt{\frac{V_m^2}{2}} = \frac{V_m}{\sqrt{2}} = 0.707\,V_m\,[\text{V}]$$

대표빈출문제 $i(t) = 3\sqrt{2}\sin(377t - 30°)\,[\text{A}]$의 평균값은 약 몇 [A]인가?

① 1.35 ② 2.7 ③ 4.35 ④ 5.4

해설 $I_a = \dfrac{2I_m}{\pi} = \dfrac{2 \times 3\sqrt{2}}{\pi} = 2.7\,[\text{A}]$

| 정답 | ②

---

4 대표적인 교류 파형

종류	파형	평균값	실효값
정현파		$\dfrac{2}{\pi}V_m$	$\dfrac{1}{\sqrt{2}}V_m$
전파 정류파		$\dfrac{2}{\pi}V_m$	$\dfrac{1}{\sqrt{2}}V_m$
반파 정류파		$\dfrac{1}{\pi}V_m$	$\dfrac{1}{2}V_m$
구형파		V_m	V_m
반 구형파		$\dfrac{1}{2}V_m$	$\dfrac{1}{\sqrt{2}}V_m$
삼각파		$\dfrac{1}{2}V_m$	$\dfrac{1}{\sqrt{3}}V_m$
톱니파		$\dfrac{1}{2}V_m$	$\dfrac{1}{\sqrt{3}}V_m$

단, V_m: 교류의 최댓값 전압(Maximum voltage)

> **대표빈출문제** 구형파의 파고율은 얼마인가?
>
> ① 1.0　　　② 1.414　　　③ 1.732　　　④ 2.0
>
> **해설**　주기적인 비정현파의 파고율과 파형율
>
> | 파형 | 파고율 | 파형율 |
> |---|---|---|
> | 구형파 | 1 | 1 |
> | 정현파 | 1.414 | 1.109 |
> | 삼각파 | 1.732 | 1.155 |
> | 정현반파 | 2 | 1.57 |
>
> |정답| ①

5 파형률 및 파고율

(1) 정의

구형파를 기준(1.0)으로 하였을 때 교류 파형들의 찌그러진 정도를 나타낸 계수로 여러 가지 파형들의 특성을 나타낸다.

① **파형률**(Form factor): 교류 파형에서 실효값을 평균값으로 나눈 값으로 비정현파의 파형 평활도를 나타내는 것이다.

② **파고율**(Peak factor): 교류 파형에서 최댓값을 실효값으로 나눈 값으로 각종 파형의 날카로움의 정도를 나타내기 위한 것이다.

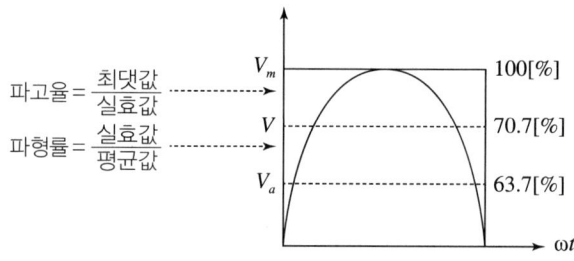

▲ 파고율과 파형률

(2) 파형률 및 파고율 계산식

- 파고율 $= \dfrac{\text{최댓값}(V_m)}{\text{실효값}(V)}$

- 파형률 $= \dfrac{\text{실효값}(V)}{\text{평균값}(V_a)}$

대표빈출문제 그림과 같은 파형의 파고율은?

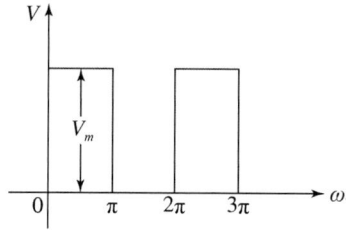

① 1
② $\dfrac{1}{\sqrt{2}}$
③ $\sqrt{2}$
④ $\sqrt{3}$

해설 반구형파의 실효값은 아래와 같다.

$V = \dfrac{V_m}{\sqrt{2}}$

따라서 반구형파의 파고율을 구할 수 있다.

파고율 = $\dfrac{\text{최댓값}}{\text{실효값}} = \dfrac{V_m}{\dfrac{V_m}{\sqrt{2}}} = \sqrt{2}$

| 정답 | ③

6 저항과 인덕터의 직렬 회로

(1) 임피던스

$Z = R + j\omega L\,[\Omega] = R + jX_L = |Z|\angle\theta\,[\Omega]$

① 크기: $|Z| = \sqrt{R^2 + X_L^2}\,[\Omega]$

② 위상: $\theta = \tan^{-1}\dfrac{X_L}{R}$

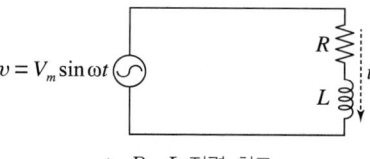

▲ $R-L$ 직렬 회로

(2) 전류

$i = \dfrac{v}{Z} = \dfrac{V_m \sin\omega t}{|Z|\angle\theta} = \dfrac{V_m}{|Z|}\sin(\omega t - \theta)\,[A]$

(3) 위상: 회로의 인가 전압에 비해 전류의 위상이 θ 만큼 늦다(지상 회로).

(4) 전압과 전류의 벡터도

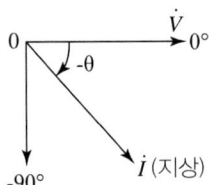

대표빈출문제 저항 $1[\Omega]$과 인덕턴스 $1[H]$를 직렬로 연결한 후 $60[Hz]$, $100[V]$의 전압을 인가할 때 흐르는 전류의 위상은 전압의 위상보다 어떻게 되는가?

① 뒤지지만 $90°$ 이하이다.
② $90°$ 늦다.
③ 앞서지만 $90°$ 이하이다.
④ $90°$ 빠르다.

해설 $Z = R + j\omega L = 1 + j2\pi \times 60 \times 1 = 1 + j377$

$$= \sqrt{1^2 + 377^2} \angle \tan^{-1} \frac{377}{1} = 377 \angle 89.8°[\Omega]$$

따라서 전류를 구하면 아래와 같다.

$$I = \frac{V}{Z} = \frac{100}{377 \angle 89.8°} = 0.27 \angle -89.8°[A]$$

따라서 전류가 전압보다 위상이 $89.8°$ 뒤지는 지상 전류가 된다.

| 정답 | ①

7 테브난 정리

(1) 정의
복잡한 회로를 1개의 전압원과 1개의 직렬 저항으로 한 실제적인 전압원 회로로 바꾸어 쉽게 풀이하는 회로 해석 기법 중 하나이다.

(2) 내용

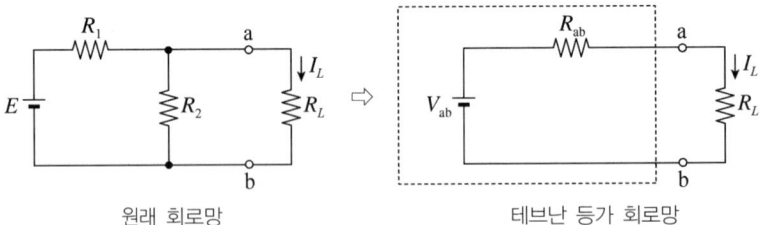

▲ 테브난 정리 설명도

① 부하 저항(R_L)을 제거(개방)하여 회로의 a, b 단자를 개방 상태로 둔다.
② a, b 단자에서 본 테브난 등가 저항과 등가 전압을 구한다.

- $R_{ab} = \dfrac{R_1 \times R_2}{R_1 + R_2}[\Omega]$

- $V_{ab} = \dfrac{R_2}{R_1+R_2} E \, [\text{V}]$

③ a, b 단자에 부하 저항(R_L)을 연결하여 회로를 해석한다.

대표빈출문제 그림과 같은 회로에서 $0.2[\Omega]$의 저항에 흐르는 전류는 몇 $[\text{A}]$인가?

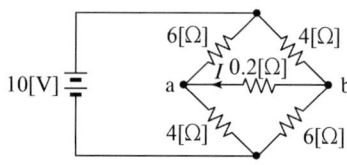

① 0.1   ② 0.2   ③ 0.3   ④ 0.4

해설 a, b 단자에 연결된 부하 저항($0.2[\Omega]$)을 개방한 후 a, b 단자에서 본 테브난 등가 회로를 구한다.

$V_T = \dfrac{6}{4+6} \times 10 - \dfrac{4}{6+4} \times 10 = 2[\text{V}]$

$R_T = \dfrac{6 \times 4}{6+4} + \dfrac{4 \times 6}{4+6} = 4.8[\Omega]$

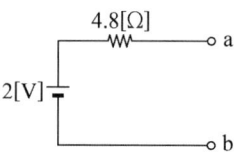

위 테브난 회로의 a, b 단자에 부하 저항($0.2[\Omega]$)을 연결한 후 부하 저항에 흐르는 전류를 구한다.

$I = \dfrac{V}{R} = \dfrac{2}{4.8+0.2} = 0.4[\text{A}]$

|정답| ④

8 중첩의 원리

전압원과 전류원이 있는 회로의 일부에 흐르는 전류 I_2는 다음과 같이 전원이 각각 1개인 회로로 나누어 해석할 수 있다.

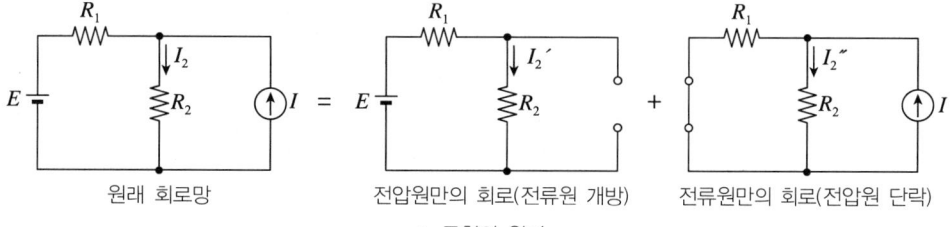

▲ 중첩의 원리

이때 분리된 회로의 각 전류 $I_2{'}$, $I_2{''}$는 다음과 같이 계산한다.

- $I_2{'} = \dfrac{E}{R_1+R_2} [\text{A}]$

- $I_2{''} = \dfrac{R_1}{R_1+R_2} I [\text{A}]$

따라서 R_2에 실제로 흐르는 전류는 아래와 같다.

$I_2 = I_2{'} + I_2{''} [\text{A}]$

대표빈출문제 회로에서 저항 R에 흐르는 전류 $I[A]$는?

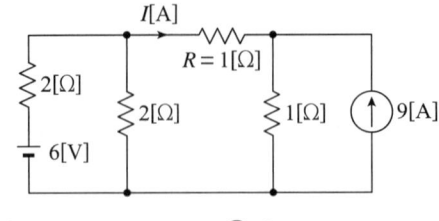

① -1 ② -2 ③ 2 ④ 4

해설 **중첩의 원리**
- $6[V]$ 전압원만 있는 회로(전류원 개방 상태)
  - 회로 전체에 흐르는 전류
  $$I' = \frac{6}{2+\frac{2\times(1+1)}{2+(1+1)}} = 2[A]$$
  - 저항 $R=1[\Omega]$에 흐르는 전류(왼쪽에서 오른쪽 방향)
  $$I_1 = \frac{2}{2+1+1}\times 2 = 1[A]$$
- $9[A]$ 전류원만 있는 회로(전압원 단락 상태)
  - 저항 $R=1[\Omega]$에 흐르는 전류(오른쪽에서 왼쪽 방향)
  $$I_2 = \frac{1}{\left(1+\frac{2\times 2}{2+2}\right)+1}\times 9 = 3[A]$$

그런데 위에서 구한 두 전류(I_1, I_2)는 서로 전류 방향이 반대이므로 이를 서로 빼서 구한다.
$I = I_1 - I_2 = 1 - 3 = -2[A]$

| 정답 | ②

9 브리지 평형 회로

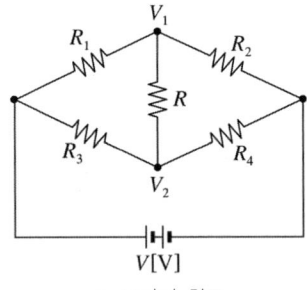

▲ 브리지 회로

그림과 같은 회로망에서 두 절점 간의 전위차가 같다는 조건을 적용하면 다음과 같다.
$V_1 = V_2$
$\rightarrow \frac{R_2}{R_1+R_2}V = \frac{R_4}{R_3+R_4}V$
$\rightarrow R_2R_3 + R_2R_4 = R_1R_4 + R_2R_4$
$\rightarrow R_2R_3 = R_1R_4$ (브리지 평형 조건)

위의 브리지 평형 조건이 성립하면 두 절점의 전위차는 같다.
이때 저항 R에는 전류가 흐르지 않으므로 R을 개방시키더라도 회로에 어떠한 영향도 미치지 않는다.

대표 빈출 문제 그림과 같은 회로에서 단자 a, b 사이의 합성 저항[Ω]은?

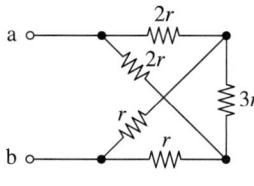

① r ② $\dfrac{1}{2}r$ ③ $\dfrac{3}{2}r$ ④ $3r$

해설 주어진 회로는 브리지 평형 상태이므로 $3r$ 저항은 개방시켜 소거시킬 수 있다.

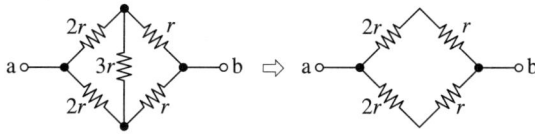

따라서 단자 a, b 사이의 합성 저항은 아래와 같다.

$$R_{ab} = \frac{(2r+r) \times (2r+r)}{(2r+r)+(2r+r)} = \frac{3r \times 3r}{6r} = \frac{9r^2}{6r} = \frac{3}{2}r\,[\Omega]$$

| 정답 | ③

10 전력 계산 공식 정리

- 피상 전력 $P_a = VI = I^2 Z = \left(\dfrac{V}{Z}\right)^2 Z = \dfrac{V^2}{Z}$ [VA]

- 유효 전력 $P = VI\cos\theta = I^2 R = \left(\dfrac{V}{Z}\right)^2 R$ [W]

- 무효 전력 $Q = VI\sin\theta = I^2 X = \left(\dfrac{V}{Z}\right)^2 X$ [Var]

단, V, I: 실효값 전압 및 실효값 전류, θ: 전압과 전류 간의 위상차

대표 빈출 문제 저항 $R[\Omega]$, 리액턴스 $X[\Omega]$와의 직렬 회로에 교류 전압 $V[V]$를 가했을 때 소비되는 전력[W]은?

① $\dfrac{V^2 R}{\sqrt{R^2+X^2}}$ ② $\dfrac{V}{\sqrt{R^2+X^2}}$ ③ $\dfrac{V^2 R}{R^2+X^2}$ ④ $\dfrac{X}{R^2+X^2}$

해설 $P = I^2 R = \left(\dfrac{V}{Z}\right)^2 R = \left(\dfrac{V}{\sqrt{R^2+X^2}}\right)^2 R = \dfrac{V^2 R}{R^2+X^2}$ [W]

| 정답 | ③

11 복소 전력의 계산 방법 및 의미

(1) 복소수로 표현된 전압 및 전류의 피상 전력은 전압에 공액을 취하여 계산한다.

(2) 따라서 $\dot{V}=a+jb\,[\mathrm{V}]$, $\dot{I}=c+jd\,[\mathrm{A}]$일 경우 피상 전력은 다음과 같이 구한다.

$$P_a = \overline{\dot{V}}\dot{I} = (a-jb)\times(c+jd) = P \pm jQ\,[\mathrm{VA}]$$

단, P: 유효 전력[W], $+jQ$: 진상(용량성) 무효 전력[Var], $-jQ$: 지상(유도성) 무효 전력[Var]

대표 빈출 문제

어느 회로에 $V=120+j90\,[\mathrm{V}]$의 전압을 인가하면 $I=3+j4\,[\mathrm{A}]$의 전류가 흐른다. 이 회로의 역률은?

① 0.92　　② 0.94　　③ 0.96　　④ 0.98

해설 $P_a = \overline{V}I = (120-j90)\times(3+j4) = 720+j210\,[\mathrm{VA}]$

$\cos\theta = \dfrac{P}{P_a} = \dfrac{720}{\sqrt{720^2+210^2}} = 0.96$

|정답| ③

---

12 Y 결선

- $I_l = I_p\,[\mathrm{A}]$
- $V_l = \sqrt{3}\,V_p \angle 30°\,[\mathrm{V}]$

단, V_p, I_p: 상전압, 상전류
　　V_l, I_l: 선간 전압, 선전류

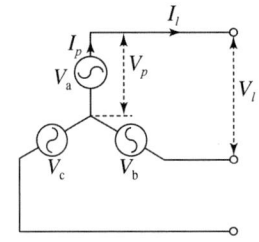

▲ Y 결선

대표 빈출 문제

3상 Y 결선의 전원에서 각 상전압의 크기가 $220\,[\mathrm{V}]$일 때 선간 전압의 크기는 약 몇 $[\mathrm{V}]$인가?

① 127　　② 220　　③ 311　　④ 381

해설 $V_l = \sqrt{3}\,V_p = \sqrt{3}\times 220 = 381\,[\mathrm{V}]$

|정답| ④

11 복소 전력의 계산 방법 및 의미

(1) 복소수로 표현된 전압 및 전류의 피상 전력은 전압에 공액을 취하여 계산한다.

(2) 따라서 $\dot{V} = a+jb\,[\mathrm{V}]$, $\dot{I} = c+jd\,[\mathrm{A}]$일 경우 피상 전력은 다음과 같이 구한다.

$$P_a = \overline{\dot{V}}\dot{I} = (a-jb)\times(c+jd) = P\pm jQ\,[\mathrm{VA}]$$

단, P: 유효 전력[W], $+jQ$: 진상(용량성) 무효 전력[Var], $-jQ$: 지상(유도성) 무효 전력[Var]

대표 빈출 문제

어느 회로에 $V=120+j90\,[\mathrm{V}]$의 전압을 인가하면 $I=3+j4\,[\mathrm{A}]$의 전류가 흐른다. 이 회로의 역률은?

① 0.92　　② 0.94　　③ 0.96　　④ 0.98

해설 $P_a = \overline{V}I = (120-j90)\times(3+j4) = 720+j210\,[\mathrm{VA}]$

$\cos\theta = \dfrac{P}{P_a} = \dfrac{720}{\sqrt{720^2+210^2}} = 0.96$

| 정답 | ③

---

12 Y 결선

- $I_l = I_p\,[\mathrm{A}]$
- $V_l = \sqrt{3}\,V_p \angle 30°\,[\mathrm{V}]$

단, V_p, I_p: 상전압, 상전류
　　V_l, I_l: 선간 전압, 선전류

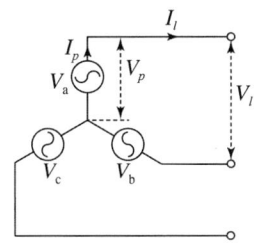

▲ Y 결선

대표 빈출 문제

3상 Y 결선의 전원에서 각 상전압의 크기가 $220\,[\mathrm{V}]$일 때 선간 전압의 크기는 약 몇 $[\mathrm{V}]$인가?

① 127　　② 220　　③ 311　　④ 381

해설 $V_l = \sqrt{3}\,V_p = \sqrt{3}\times 220 = 381\,[\mathrm{V}]$

| 정답 | ④

대표빈출문제 그림과 같은 회로에서 단자 a, b 사이의 합성 저항[Ω]은?

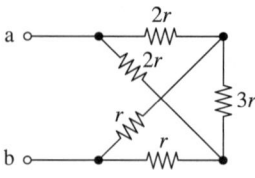

① r ② $\dfrac{1}{2}r$ ③ $\dfrac{3}{2}r$ ④ $3r$

해설 주어진 회로는 브리지 평형 상태이므로 $3r$ 저항은 개방시켜 소거시킬 수 있다.

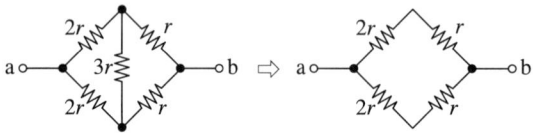

따라서 단자 a, b 사이의 합성 저항은 아래와 같다.
$$R_{ab}=\frac{(2r+r)\times(2r+r)}{(2r+r)+(2r+r)}=\frac{3r\times 3r}{6r}=\frac{9r^2}{6r}=\frac{3}{2}r\,[\Omega]$$

|정답| ③

10 전력 계산 공식 정리

- 피상 전력 $P_a = VI = I^2 Z = \left(\dfrac{V}{Z}\right)^2 Z = \dfrac{V^2}{Z}\,[\mathrm{VA}]$

- 유효 전력 $P = VI\cos\theta = I^2 R = \left(\dfrac{V}{Z}\right)^2 R\,[\mathrm{W}]$

- 무효 전력 $Q = VI\sin\theta = I^2 X = \left(\dfrac{V}{Z}\right)^2 X\,[\mathrm{Var}]$

단, V, I: 실효값 전압 및 실효값 전류, θ: 전압과 전류 간의 위상차

대표빈출문제 저항 $R[\Omega]$, 리액턴스 $X[\Omega]$와의 직렬 회로에 교류 전압 $V[\mathrm{V}]$를 가했을 때 소비되는 전력[W]은?

① $\dfrac{V^2 R}{\sqrt{R^2+X^2}}$ ② $\dfrac{V}{\sqrt{R^2+X^2}}$ ③ $\dfrac{V^2 R}{R^2+X^2}$ ④ $\dfrac{X}{R^2+X^2}$

해설 $P = I^2 R = \left(\dfrac{V}{Z}\right)^2 R = \left(\dfrac{V}{\sqrt{R^2+X^2}}\right)^2 R = \dfrac{V^2 R}{R^2+X^2}\,[\mathrm{W}]$

|정답| ③

13 △ 결선

- $V_l = V_p\,[\text{V}]$
- $I_l = \sqrt{3}\,I_p \angle -30°\,[\text{A}]$

단, V_p, I_p: 상전압, 상전류
V_l, I_l: 선간 전압, 선전류

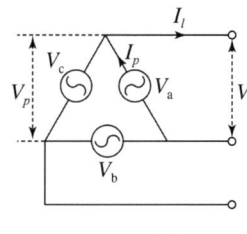

▲ △ 결선

대표빈출문제 1상의 직렬 임피던스가 $R = 6[\Omega]$, $X_L = 8[\Omega]$인 △ 결선의 평형 부하가 있다. 여기에 선간 전압 $100[\text{V}]$인 대칭 3상 교류 전압을 가하면 선전류는 몇 $[\text{A}]$인가?

① $3\sqrt{3}$ ② $\dfrac{10\sqrt{3}}{3}$ ③ 10 ④ $10\sqrt{3}$

해설 $I_l = \sqrt{3}\,I_p = \sqrt{3} \times \dfrac{V_p}{Z_p} = \sqrt{3} \times \dfrac{100}{\sqrt{6^2+8^2}}\;(\because V_p = V_l = 100[\text{V}])$
$= 10\sqrt{3}\,[\text{A}]$

|정답| ④

14 대칭 좌표법의 정의

대칭 좌표법은 고장 계산을 직접하는 것이 아니고, 사고 성분을 영상분(V_0, I_0), 정상분(V_1, I_1), 역상분(V_2, I_2)으로 나누어 계산하는 방법이다.

3상 교류 전원 ⇒ 3상 전원의 대칭분 표현

▲ 3상 전원의 대칭 성분

> **대표빈출문제** 대칭 좌표법에 관한 설명으로 틀린 것은?
> ① 불평형 3상 Y 결선의 비접지식 회로에서는 영상분이 존재한다.
> ② 불평형 3상 Y 결선의 접지식 회로에서는 영상분이 존재한다.
> ③ 평형 3상 전압은 정상분만 존재한다.
> ④ 평형 3상 전압에서 영상분은 0이다.
>
> **해설**
> • 영상분은 접지선이나 중성선에 존재하며, 비접지식 회로에는 존재하지 않는다.
> • 평형 3상 전압은 정상분만 존재하며, 영상분 및 역상분은 0이다.
>
> |정답| ①

15 3상의 대칭분 표현식 및 대칭 성분

(1) 3상 전원의 대칭분 표현

- $V_a = V_0 + V_1 + V_2 [\text{V}]$
- $V_b = V_0 + a^2 V_1 + a V_2 [\text{V}]$
- $V_c = V_0 + a V_1 + a^2 V_2 [\text{V}]$

(2) 대칭 성분

- $V_0 = \dfrac{1}{3}(V_a + V_b + V_c)[\text{V}]$
- $V_1 = \dfrac{1}{3}(V_a + a V_b + a^2 V_c)[\text{V}]$
- $V_2 = \dfrac{1}{3}(V_a + a^2 V_b + a V_c)[\text{V}]$

> **대표빈출문제** $V_a = 3[\text{V}]$, $V_b = 2 - j3[\text{V}]$, $V_c = 4 + j3[\text{V}]$를 3상 불평형 전압이라고 할 때 영상 전압[V]은?
> ① 0   ② 3   ③ 9   ④ 27
>
> **해설** $V_0 = \dfrac{1}{3}(V_a + V_b + V_c) = \dfrac{1}{3}(3 + 2 - j3 + 4 + j3) = 3[\text{V}]$
>
> |정답| ②

16 $Y - \Delta$ 변환

(1) 회로를 해석하기 위해서는 Y 결선을 Δ 결선으로 변환해야 하는 경우가 있다.

(2) 이 경우에 Y 결선의 3단자에서 본 저항과 Δ 결선의 3단자에서 본 저항의 합성 저항값이 같아야 한다.

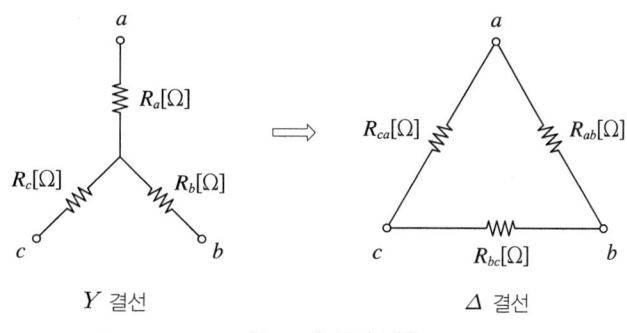

▲ $Y \rightarrow \Delta$ 등가 변환

(3) $Y - \Delta$ 변환 공식
- 저항의 크기가 모두 다를 경우
$$R_{ab} = \frac{R_aR_b + R_bR_c + R_cR_a}{R_c}, \ R_{bc} = \frac{R_aR_b + R_bR_c + R_cR_a}{R_a}, \ R_{ca} = \frac{R_aR_b + R_bR_c + R_cR_a}{R_b}$$
- 저항의 크기가 모두 같을 경우
$$R_a = R_b = R_c = R, \ R_{ab} = R_{bc} = R_{ca} = 3R$$

대표 빈출 문제 $9[\Omega]$과 $3[\Omega]$인 저항 6개를 그림과 같이 연결하였을 때, a와 b 사이의 합성 저항$[\Omega]$은?

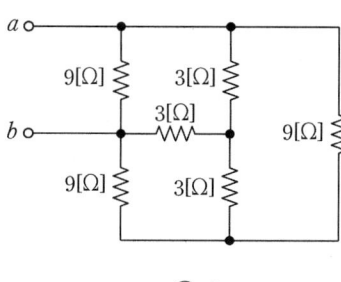

① 9 ② 4 ③ 3 ④ 2

해설 최초 내부 Y 결선되어 있는 $3[\Omega]$의 저항을 Δ 결선으로 변환한다.

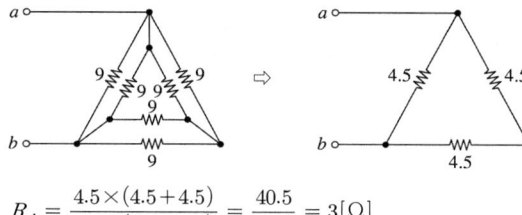

$$R_{ab} = \frac{4.5 \times (4.5 + 4.5)}{4.5 + (4.5 + 4.5)} = \frac{40.5}{13.5} = 3[\Omega]$$

|정답| ③

17 $\Delta - Y$ 변환

(1) 회로를 해석하기 위해서는 Δ 결선을 Y 결선으로 변환해야 하는 경우가 있다.

(2) 이 경우에 Δ 결선의 3단자에서 본 저항과 Y 결선의 3단자에서 본 저항의 합성 저항값이 같아야 한다.

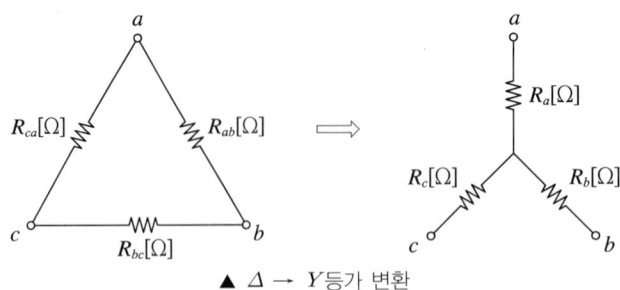

▲ $\Delta \to Y$ 등가 변환

(3) $\Delta - Y$ 변환 공식
- 저항의 크기가 모두 다를 경우

$$R_a = \frac{R_{ab}R_{ca}}{R_{ab}+R_{bc}+R_{ca}},\ R_b = \frac{R_{ab}R_{bc}}{R_{ab}+R_{bc}+R_{ca}},\ R_c = \frac{R_{bc}R_{ca}}{R_{ab}+R_{bc}+R_{ca}}$$

- 저항의 크기가 모두 같을 경우

$$R_{ab}=R_{bc}=R_{ca}=R,\ R_a=R_b=R_c=\frac{1}{3}R$$

대표빈출문제 전압 V가 $200[\text{V}]$인 3상 회로에 그림과 같은 평형 부하를 접속했을 때 선전류의 크기는 약 몇 $[\text{A}]$인가?(단, $R=9[\Omega]$, $\frac{1}{\omega C}=4[\Omega]$이다.)

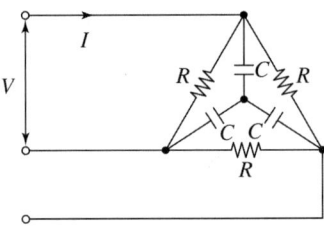

① 28.9   ② 38.5   ③ 48.1   ④ 115.5

해설 Δ 결선의 저항 3개를 Y 결선으로 등가 변환한다.

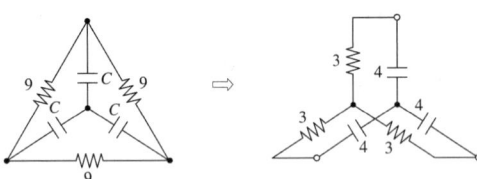

또한 저항과 콘덴서의 한 상에 대한 합성 어드미턴스는

$$Y_p = \sqrt{\left(\frac{1}{3}\right)^2 + \left(\frac{1}{4}\right)^2} = 0.417[\mho]\ \text{이다.}$$

따라서 선전류는

$$I_l = I_p = Y_p V_p = 0.417 \times \frac{200}{\sqrt{3}} = 48.1[\text{A}]\ \text{이다.}$$

| 정답 | ③

18 V 결선

(1) 3상 전원을 Δ 결선으로 운전하던 중 그 중에 한 상의 전원 측에 고장이 발생하였을 때 나머지 2상의 전원으로 운전하는 결선법을 말한다.

(2) 이때 각각의 출력은 다음과 같다.

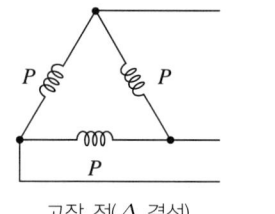

▲ 3상 Δ 결선 및 V 결선

① 고장 전 (3개의 전원을 Δ 결선 운전)

$P_\Delta = 3P$

② 고장 후 (2개의 전원을 V 결선 운전)
- $P_v = 2P$ (이론 출력)
- $P_v = \sqrt{3}\,P$ (실제 출력)

③ 출력비 (Δ 결선 출력과 V 결선 출력 비교)

$$\frac{P_v}{P_\Delta} = \frac{\sqrt{3}\,P}{3P} = \frac{1}{\sqrt{3}} = 0.577\,(\therefore 57.7\,[\%])$$

④ 이용률 (V 결선 출력 비교)

$$\frac{\text{실제 출력}}{\text{이론 출력}} = \frac{\sqrt{3}\,P}{2P} = \frac{\sqrt{3}}{2} = 0.866\,(\therefore 86.6\,[\%])$$

대표 빈출 문제 $100\,[\mathrm{kVA}]$ 단상 변압기 3대로 Δ 결선하여 3상 전원을 공급하던 중 1대의 고장으로 V 결선하였다면 출력은 약 몇 $[\mathrm{kVA}]$인가?

① 100   ② 173   ③ 245   ④ 300

해설 $P_V = \sqrt{3}\,P = \sqrt{3} \times 100 = 173\,[\mathrm{kVA}]$

| 정답 | ②

---

19 n상 전원

(1) 3상 전원을 넘는 전원을 모두 n상 전원이라 하며 특수한 용도로만 사용한다.

(2) n상 전원의 전압, 전류 및 위상 관계식은 다음과 같다.
- n상 전원의 전압 및 전류 관계식

$$V_l = V_p \times 2\sin\frac{\pi}{n}\,[\mathrm{V}],\quad I_l = I_p \times 2\sin\frac{\pi}{n}\,[\mathrm{A}]$$

- n상 전원의 위상 관계식

$$\theta = \frac{\pi}{2}\left(1 - \frac{2}{n}\right) = 90°\left(1 - \frac{2}{n}\right)$$

(3) n상 전력

① 상전압 V_p, 상전류 I_p, 위상차 θ일 때

$$P = nV_p I_p \cos\theta \,[\text{W}]$$

② 성형 결선, 환상 결선 모두 선간 전압 V_l, 선전류 I_l일 때 평형 n상 전력은

$$P = \frac{n}{2\sin\frac{\pi}{n}} V_l I_l \cos\theta \,[\text{W}]$$

대표빈출문제 대칭 n상 Y 결선에서 선간 전압의 크기는 상전압의 몇 배인가?

① $\sin\frac{\pi}{n}$ ② $\cos\frac{\pi}{n}$ ③ $2\sin\frac{\pi}{n}$ ④ $2\cos\frac{\pi}{n}$

해설 n상 전원의 선간 전압과 상전압 관계식은 아래와 같다.

$$V_l = 2V_p \sin\frac{\pi}{n} \,[\text{V}]$$

따라서 선간 전압과 상전압의 비를 구할 수 있다.

$$\frac{V_l}{V_p} = 2\sin\frac{\pi}{n}$$

| 정답 | ③

---

20 2 전력계법

단상 전력계 2대로 3상의 전력 및 역률을 측정하는 방법이다.

(1) 유효 전력

$$P = P_1 + P_2 \,[\text{W}]$$

(2) 피상 전력

$$P_a = 2\sqrt{P_1^2 + P_2^2 - P_1 P_2} \,[\text{VA}]$$

(3) 역률

$$\cos\theta = \frac{P}{P_a} = \frac{P_1 + P_2}{2\sqrt{P_1^2 + P_2^2 - P_1 P_2}}$$

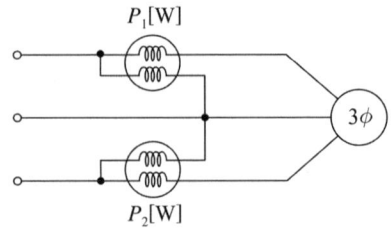

▲ 2 전력계법

대표빈출문제 단상 전력계 2개로 평형 3상 부하의 전력을 측정하였더니 각각 300[W]와 600[W]를 나타내었다. 부하 역률은 얼마인가?(단, 전압과 전류는 정현파이다.)

① 0.5　　　　　② 0.577　　　　　③ 0.637　　　　　④ 0.866

해설
- 유효전력
$P = P_1 + P_2 = 300 + 600 = 900[W]$
- 피상전력
$P_a = 2\sqrt{P_1^2 + P_2^2 - P_1 P_2}\,[VA]$
$\therefore P_a = 2 \times \sqrt{300^2 + 600^2 - 300 \times 600} = 1,039[VA]$
- 역률
$\cos\theta = \dfrac{P}{P_a} = \dfrac{900}{1,039} = 0.866$

|정답| ④

21 비정현파의 크기 실효값 계산 방법

(1) 비정현파의 정의
　① 정현파가 여러 가지 원인으로 인하여 일그러진 파형을 말한다.
　② 비정현파가 포함된 전원의 순시값 표현은 다음과 같다.
　$i(t) = I_0 + \sqrt{2}\,I_1 \sin\omega t + \sqrt{2}\,I_2 \sin 2\omega t + \sqrt{2}\,I_3 \sin 3\omega t + \cdots\,[A]$

- I_0: 직류 실효값(직류는 실효값, 평균값, 최대값이 모두 같다.)
- I_1: 정현파(기본파) 실효값
- I_2: 제2고조파 실효값
- I_3: 제3고조파 실효값

(2) $I = \sqrt{I_0^2 + I_1^2 + I_2^2 + I_3^2 + \cdots}\,[A]$

대표빈출문제 전류 $I = 30\sin\omega t + 40\sin(3\omega t + 45°)[A]$의 실효값은 약 몇 [A]인가?

① 25　　　　　② 35.4　　　　　③ 50　　　　　④ 70.7

해설 $|I| = \sqrt{\left(\dfrac{30}{\sqrt{2}}\right)^2 + \left(\dfrac{40}{\sqrt{2}}\right)^2} = 35.4[A]$

|정답| ②

22 각각의 전력 계산법

- $v(t) = V_0 + \sqrt{2}\,V_1 \sin(\omega t + \theta_1) + \sqrt{2}\,V_3 \sin(3\omega t + \theta_3)[V]$
- $i(t) = I_0 + \sqrt{2}\,I_1 \sin(\omega t + \phi_1) + \sqrt{2}\,I_2 \sin(2\omega t + \phi_2) + \sqrt{2}\,I_3 \sin(3\omega t + \phi_3)[A]$

위와 같이 전압에 제2고조파(V_2) 성분이 없다고 가정할 때 유효 전력, 무효 전력, 피상 전력은 다음과 같다.

(1) 유효 전력

$$P = VI\cos\theta = V_0 I_0 + V_1 I_1 \cos(\theta_1 - \phi_1) + V_3 I_3 \cos(\theta_3 - \phi_3)[\text{W}] (\because \text{전압에 제2고조파 성분이 없기 때문에})$$

(2) 무효 전력

$$Q = VI\sin\theta = V_1 I_1 \sin(\theta_1 - \phi_1) + V_3 I_3 \sin(\theta_3 - \phi_3)[\text{Var}]$$

(3) 피상 전력

$$P_a = |V||I| = \sqrt{V_0^2 + V_1^2 + V_3^2} \times \sqrt{I_0^2 + I_1^2 + I_2^2 + I_3^2}[\text{VA}]$$

대표빈출문제 어떤 회로의 단자 전압이 $V = 100\sin\omega t + 40\sin 2\omega t + 30\sin(3\omega t + 60°)[\text{V}]$이고, 전압 강하의 방향으로 흐르는 전류가 $I = 10\sin(\omega t - 60°) + 2\sin(3\omega t + 105°)[\text{A}]$일 때 회로의 공급되는 평균 전력[W]은?

① 271.2 ② 371.2 ③ 530.2 ④ 630.2

해설 $P = \sum VI\cos\theta = \dfrac{100}{\sqrt{2}} \times \dfrac{10}{\sqrt{2}} \times \cos\{0° - (-60°)\} + \dfrac{30}{\sqrt{2}} \times \dfrac{2}{\sqrt{2}} \times \cos(60° - 105°)$
$= 271.2[\text{W}]$

| 정답 | ①

---

23 역률 및 왜형률 계산법

(1) 역률

$$\cos\theta = \frac{P}{P_a} = \frac{\sum VI\cos\theta}{|V||I|}$$

(2) 왜형률

비정현파에서 기본파에 대해 고조파 성분이 어느 정도 포함되었는지를 나타내는 지표로서, 이는 비정현파가 정현파를 기준으로 하였을 때 얼마나 일그러졌는가를 표시하는 척도가 된다.

$$D = \frac{\sqrt{V_2^2 + V_3^2 + V_4^2 + \cdots + V_n^2}}{V_1} = \frac{\text{고조파의 실효값}}{\text{기본파의 실효값}}$$

대표빈출문제 비정현파 전류가 $i(t) = 56\sin\omega t + 20\sin 2\omega t + 30\sin(3\omega t + 30°) + 40\sin(4\omega t + 60°)$로 표현될 때, 왜형률은 약 얼마인가?

① 1.0 ② 0.96 ③ 0.55 ④ 0.11

해설 왜형률

$$\frac{\text{고조파의 실효값}}{\text{기본파의 실효값}} = \frac{\sqrt{\left(\dfrac{20}{\sqrt{2}}\right)^2 + \left(\dfrac{30}{\sqrt{2}}\right)^2 + \left(\dfrac{40}{\sqrt{2}}\right)^2}}{\dfrac{56}{\sqrt{2}}} = 0.96$$

| 정답 | ②

24 A, B, C, D 파라미터의 정의

4단자망의 입력 전압 E_1과 전류 I_1을 출력 전압 E_2와 전류 I_2의 관계를 계산하는 것이 실제로 더 편리하다.

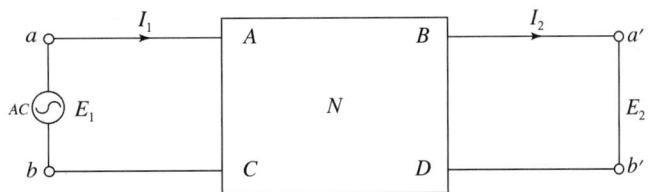

(1) 기초 방정식

$E_1 = AE_2 + BI_2 [\text{V}]$

$I_1 = CE_2 + DI_2 [\text{A}]$

(2) 임피던스 파라미터 계산

출력 측 $a' - b'$를 개방, 즉, $I_2 = 0$

$A = \left(\dfrac{E_1}{E_2}\right)_{I_2 = 0}$ $\qquad C = \left(\dfrac{I_1}{E_2}\right)_{I_2 = 0}$

출력 측 $a' - b'$를 단락, 즉, $E_2 = 0$

$B = \left(\dfrac{E_1}{I_2}\right)_{E_2 = 0}$ $\qquad D = \left(\dfrac{I_1}{I_2}\right)_{E_2 = 0}$

대표 빈출 문제

그림과 같은 4단자 회로망에서 출력 측을 개방하니 $V_1 = 12[\text{V}]$, $I_1 = 2[\text{A}]$, $V_2 = 4[\text{V}]$이고, 출력 측을 단락하니 $V_1 = 16[\text{V}]$, $I_1 = 4[\text{A}]$, $I_2 = 2[\text{A}]$이었다. 4단자 정수 A, B, C, D는 얼마인가?

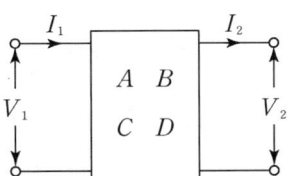

① $A = 2$, $B = 3$, $C = 8$, $D = 0.5$
② $A = 0.5$, $B = 2$, $C = 3$, $D = 8$
③ $A = 8$, $B = 0.5$, $C = 2$, $D = 3$
④ $A = 3$, $B = 8$, $C = 0.5$, $D = 2$

해설

$A = \left(\dfrac{V_1}{V_2}\right)_{I_2 = 0} = \dfrac{12}{4} = 3$

$B = \left(\dfrac{V_1}{I_2}\right)_{V_2 = 0} = \dfrac{16}{2} = 8$

$C = \left(\dfrac{I_1}{V_2}\right)_{I_2 = 0} = \dfrac{2}{4} = 0.5$

$D = \left(\dfrac{I_1}{I_2}\right)_{V_2 = 0} = \dfrac{4}{2} = 2$

|정답| ④

25 A, B, C, D 파라미터 산출 방법

(1) 행렬식 계산에 의한 방법

회로망을 행렬식으로 표현하면 다음과 같다.

① 임피던스 및 어드미턴스 회로의 A, B, C, D 값

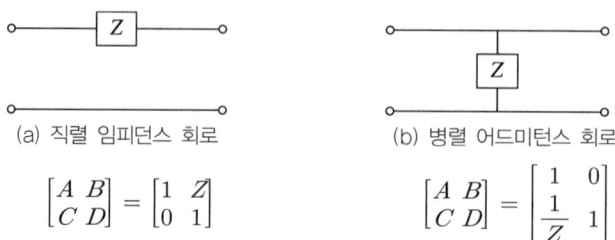

(a) 직렬 임피던스 회로 (b) 병렬 어드미턴스 회로

$$\begin{bmatrix} A & B \\ C & D \end{bmatrix} = \begin{bmatrix} 1 & Z \\ 0 & 1 \end{bmatrix} \qquad \begin{bmatrix} A & B \\ C & D \end{bmatrix} = \begin{bmatrix} 1 & 0 \\ \dfrac{1}{Z} & 1 \end{bmatrix}$$

② T형 회로의 A, B, C, D

$$\begin{bmatrix} A & B \\ C & D \end{bmatrix} = \begin{bmatrix} 1 & Z_1 \\ 0 & 1 \end{bmatrix} \begin{bmatrix} 1 & 0 \\ \dfrac{1}{Z_3} & 1 \end{bmatrix} \begin{bmatrix} 1 & Z_2 \\ 0 & 1 \end{bmatrix} = \begin{bmatrix} 1+\dfrac{Z_1}{Z_3} & Z_1+Z_2+\dfrac{Z_1 Z_2}{Z_3} \\ \dfrac{1}{Z_3} & 1+\dfrac{Z_2}{Z_3} \end{bmatrix}$$

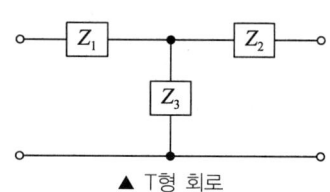

▲ T형 회로

③ π형 회로의 A, B, C, D

$$\begin{bmatrix} A & B \\ C & D \end{bmatrix} = \begin{bmatrix} 1 & 0 \\ \dfrac{1}{Z_1} & 1 \end{bmatrix} \begin{bmatrix} 1 & Z_3 \\ 0 & 1 \end{bmatrix} \begin{bmatrix} 1 & 0 \\ \dfrac{1}{Z_2} & 1 \end{bmatrix} = \begin{bmatrix} 1+\dfrac{Z_3}{Z_2} & Z_3 \\ \dfrac{Z_1+Z_2+Z_3}{Z_1 Z_2} & 1+\dfrac{Z_3}{Z_1} \end{bmatrix}$$

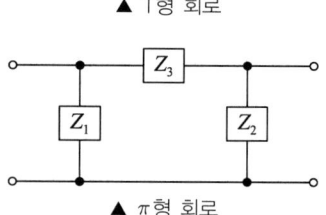

▲ π형 회로

(2) T형 및 π형 회로의 A, B, C, D 공식 암기법

① T형 회로의 A, B, C, D

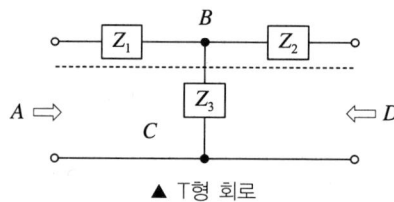

▲ T형 회로

- T형 회로를 2등분하여 행렬식에 분모를 써넣는다.

$$\begin{bmatrix} A & B \\ C & D \end{bmatrix} = \begin{bmatrix} \dfrac{1}{Z_3} & \dfrac{1}{Z_3} \\ \dfrac{1}{Z_3} & \dfrac{1}{Z_3} \end{bmatrix}$$

- T형 회로에서 A, B, C, D 요소를 행렬식의 각각 맞는 자리에 채워 넣는다.

$$\begin{bmatrix} A & B \\ C & D \end{bmatrix} = \begin{bmatrix} 1+\dfrac{Z_1}{Z_3} & Z_1+Z_2+\dfrac{Z_1 Z_2}{Z_3} \\ \dfrac{1}{Z_3} & 1+\dfrac{Z_2}{Z_3} \end{bmatrix}$$

② π형 회로의 A, B, C, D

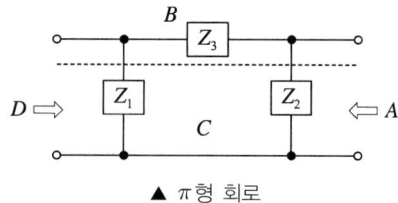

▲ π형 회로

- π형 회로를 2등분하여 행렬식에 분자를 써넣는다.

$$\begin{bmatrix} A & B \\ C & D \end{bmatrix} = \begin{bmatrix} Z_3 & Z_3 \\ Z_3 & Z_3 \end{bmatrix}$$

- π형 회로에서 A, B, C, D 요소를 행렬식의 각각 맞는 자리에 채워 넣는다.

$$\begin{bmatrix} A & B \\ C & D \end{bmatrix} = \begin{bmatrix} 1+\dfrac{Z_3}{Z_2} & Z_3 \\ \dfrac{Z_1+Z_2+Z_3}{Z_1 Z_2} & 1+\dfrac{Z_3}{Z_1} \end{bmatrix}$$

대표 빈출 문제

다음 회로에서 4단자 정수 A, B, C, D 중 C의 값은?

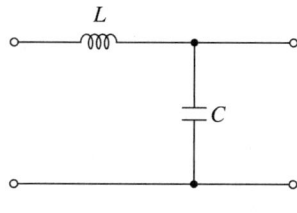

① 1　　② $j\omega L$　　③ $j\omega C$　　④ $1+j\omega(L+C)$

해설 $C = \dfrac{1}{Z_3} = \dfrac{1}{\dfrac{1}{j\omega C}} = j\omega C$

| 정답 | ③

26 무손실 선로

(1) **무손실 선로의 의미**: 전력 송전 도중 저항 R과 누설 컨덕턴스 G에서 송전 손실이 발생하는데 전선의 저항과 누설 컨덕턴스가 극히 작아($R=G=0$) 전력 손실이 없는 선로를 말한다.

(2) **무손실 선로의 특성**

① 특성 임피던스 $Z_0 = \sqrt{\dfrac{Z}{Y}} = \sqrt{\dfrac{R+j\omega L}{G+j\omega C}} = \sqrt{\dfrac{L}{C}}\,[\Omega]$

② 전파 정수 $\gamma = \sqrt{ZY} = \sqrt{(R+j\omega L)(G+j\omega C)} = \alpha + j\beta$
(감쇠 정수 $\alpha=0$, 위상 정수 $\beta = \omega\sqrt{LC}\,[\text{rad/m}]$)

③ 전파 속도 $v = \dfrac{\omega}{\beta} = \dfrac{\omega}{\omega\sqrt{LC}} = \dfrac{1}{\sqrt{LC}} = 3\times 10^8\,[\text{m/s}]$

④ 파장 $\lambda = \dfrac{2\pi}{\beta} = \dfrac{2\pi}{\omega\sqrt{LC}} = \dfrac{2\pi}{2\pi f\sqrt{LC}} = \dfrac{1}{f\sqrt{LC}} = \dfrac{v}{f}$

$= \dfrac{3 \times 10^8}{f}$ [m]

대표빈출문제 무한장 무손실 전송선로의 임의의 위치에서 전압이 $10[\text{V}]$이었다. 이 선로의 인덕턴스가 $10[\mu\text{H/m}]$이고, 해당 위치에서 전류가 $1[\text{A}]$일 때 이 선로의 커패시턴스$[\mu\text{F/m}]$는?

① 0.001   ② 0.01   ③ 0.1   ④ 1

해설 무손실 선로이므로 $R = G = 0$

$Z_0 = \sqrt{\dfrac{Z}{Y}} = \sqrt{\dfrac{R + j\omega L}{G + j\omega C}} = \sqrt{\dfrac{L}{C}}\,[\Omega]$

$I = \dfrac{V}{Z_0} = \dfrac{V}{\sqrt{\dfrac{L}{C}}} = V\sqrt{\dfrac{C}{L}}\,[\text{A}]$

$C = \dfrac{I^2 L}{V^2} = \dfrac{1^2 \times 10 \times 10^{-6}}{10^2} = 0.1 \times 10^{-6}\,[\text{F/m}] = 0.1\,[\mu\text{F/m}]$

| 정답 | ③

---

27 자주 쓰이는 라플라스 변환 공식

라플라스 변환 공식을 이용하여 시간 함수를 주파수 함수로 바꾸면 다음과 같은 기본적인 라플라스 변환 결과식을 얻을 수 있다.

시간 함수 $f(t)$	주파수 함수 $F(s)$
임펄스 함수: $\delta(t)$	1
단위 계단 함수: $u(t) = 1$	$\dfrac{1}{s}$
속도 함수: t	$\dfrac{1}{s^2}$
가속도 함수: t^2	$\dfrac{2}{s^3}$
지수함수: e^{at}	$\dfrac{1}{s-a}$
지수함수: e^{-at}	$\dfrac{1}{s+a}$
삼각함수: $\sin\omega t$	$\dfrac{\omega}{s^2 + \omega^2}$
삼각함수: $\cos\omega t$	$\dfrac{s}{s^2 + \omega^2}$

대표빈출문제 $f(t) = \sin t + 2\cos t$를 라플라스 변환하면?

① $\dfrac{2s}{s^2+1}$　　　　② $\dfrac{2s+1}{(s+1)^2}$

③ $\dfrac{2s+1}{s^2+1}$　　　　④ $\dfrac{2s}{(s+1)^2}$

해설 라플라스 변환의 선형 정리를 이용한다.
$$F(s) = \mathcal{L}[\sin t + 2\cos t] = \mathcal{L}[\sin t] + \mathcal{L}[2\cos t]$$
$$= \dfrac{1}{s^2+1} + \dfrac{2s}{s^2+1} = \dfrac{2s+1}{s^2+1}$$

암기 라플라스 변환의 선형성
$$\mathcal{L}[f(t) + g(t)] = \mathcal{L}[f(t)] + \mathcal{L}[g(t)]$$

| 정답 | ③

28 미적분 정리(초기조건 0)

(1) 미분식의 라플라스 변환

$$\mathcal{L}\left[\dfrac{d}{dt}f(t)\right] = s\,F(s), \quad \mathcal{L}\left[\dfrac{d^2}{dt^2}f(t)\right] = s^2\,F(s)$$

(2) 적분식의 라플라스 변환

$$\mathcal{L}\left[\int f(t)dt\right] = \dfrac{1}{s}\,F(s)$$

대표빈출문제 $5\dfrac{d^2q(t)}{dt^2} + \dfrac{dq(t)}{dt} = 10\sin t$에서 모든 초기 조건을 0으로 하고 라플라스 변환하면 어떻게 되는가?(단, $Q(s)$는 $q(t)$의 라플라스 변환이다.)

① $Q(s) = \dfrac{10}{2(s^2+1)}$

② $Q(s) = \dfrac{10}{(s^2+5)(s^2+1)}$

③ $Q(s) = \dfrac{10}{(5s+1)(s^2+1)}$

④ $Q(s) = \dfrac{10}{(5s^2+s)(s^2+1)}$

해설 주어진 미분 방정식을 라플라스 변환한다.
$$5s^2 Q(s) + s Q(s) = \dfrac{10}{s^2+1^2} \Rightarrow Q(s) \times (5s^2+s) = \dfrac{10}{s^2+1}$$
따라서 $Q(s)$는 아래와 같다.
$$Q(s) = \dfrac{10}{(5s^2+s)(s^2+1)}$$

| 정답 | ④

29 시간 추이(지연) 정리

$\mathcal{L}[f(t-a)u(t-a)] = F(s)e^{-as}$

$\mathcal{L}[f(t)] = F(s)$ 이고 $f(t)$를 시간 t의 양의 방향으로 a만큼 이동한 함수(시간이 지연된 함수) $f(t-a)$에 대한 라플라스 변환이다.

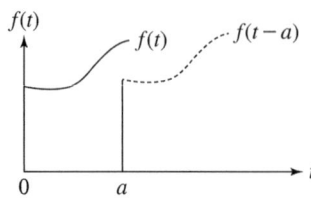

▲ 파형의 시간 지연 곡선

대표빈출문제 $F(s) = \dfrac{s}{s^2+\pi^2} \cdot e^{-2s}$ 함수를 시간 추이 정리에 의해서 역변환하면?

① $\sin\pi(t+a) \cdot u(t+a)$
② $\sin\pi(t-2) \cdot u(t-2)$
③ $\cos\pi(t+a) \cdot u(t+a)$
④ $\cos\pi(t-2) \cdot u(t-2)$

해설 각각의 함수에 대한 라플라스 변환 관계는 아래와 같다.
$f(t) = \cos\pi t \Leftrightarrow F(s) = \dfrac{s}{s^2+\pi^2}$
$f(t-T)u(t-T) \Leftrightarrow F(s)e^{-Ts}$ (시간 추이 정리)
두 함수의 곱의 함수에 대해 시간 추이 정리를 적용하여 역변환한다.
$F(s) = \dfrac{s}{s^2+\pi^2}e^{-2s}$
$\Rightarrow f(t) = \cos\pi(t-2) \cdot u(t-2)$

|정답| ④

30 초기값 정리, 최종값 정리

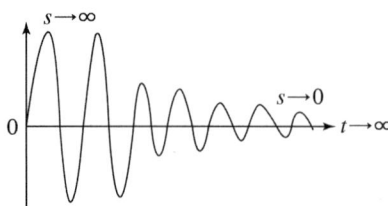

▲ 시간 경과에 따른 제어 신호 파형

(1) 초기값 정리

$\lim_{t \to 0} f(t) = \lim_{s \to \infty} s F(s)$

시간함수가 $t \to 0$ 시점에서 주파수 함수는 극한, 즉 $s \to \infty$로 향한다.

(2) 최종값(정상값) 정리

$$\lim_{t \to \infty} f(t) = \lim_{s \to 0} s F(s)$$

시간함수가 $t \to \infty$ 시점에서 주파수 함수는 최소, 즉 $s \to 0$으로 향한다.

대표 빈출 문제

어떤 제어계의 출력이 $C(s) = \dfrac{5}{s(s^2+s+2)}$ 로 주어질 때 출력의 시간함수 $c(t)$의 최종값은?

① 5 ② 2 ③ $\dfrac{2}{5}$ ④ $\dfrac{5}{2}$

해설 $\lim\limits_{t\to\infty} c(t) = \lim\limits_{s\to 0} s C(s) = \lim\limits_{s\to 0} s \times \dfrac{5}{s(s^2+s+2)} = \dfrac{5}{2}$

|정답| ④

---

31 1차 함수의 부분 분수 전개

(1) 분모가 1차인 부분 분수의 전개

$$F(s) = \frac{s+c}{(s+a)(s+b)} = \frac{A}{s+a} + \frac{B}{s+b}$$

(2) 계수 A, B를 구하는 방법

- $A = \dfrac{s+c}{(s+a)(s+b)} \times (s+a) = \dfrac{s+c}{s+b}\bigg|_{s=-a} = \dfrac{-a+c}{-a+b}$

- $B = \dfrac{s+c}{(s+a)(s+b)} \times (s+b) = \dfrac{s+c}{s+a}\bigg|_{s=-b} = \dfrac{-b+c}{-b+a}$

(3) 위 (1)에서 부분 분수로 전개된 $F(s)$식에 대입하여 역 라플라스 변환된 $f(t)$를 구한다.

대표 빈출 문제

$F(s) = \dfrac{2}{(s+1)(s+3)}$ 의 역 라플라스 변환은?

① $e^{-t} - e^{-3t}$ ② $e^{-t} - e^{3t}$
③ $e^{t} - e^{3t}$ ④ $e^{t} - e^{-3t}$

해설 주어진 식을 부분분수 전개한다.

$$\frac{2}{(s+1)(s+3)} = \frac{A}{s+1} + \frac{B}{s+3}$$

- $A = \dfrac{2}{(s+1)(s+3)} \times (s+1) = \dfrac{2}{s+3}\bigg|_{s=-1} = 1$

- $B = \dfrac{2}{(s+1)(s+3)} \times (s+3) = \dfrac{2}{s+1}\bigg|_{s=-3} = -1$

따라서 각 값을 대입하고, 라플라스 역변환하면 아래와 같다.

$$F(s) = \frac{1}{s+1} - \frac{1}{s+3} \Rightarrow f(t) = e^{-t} - e^{-3t}$$

|정답| ①

32 전달 함수의 종류

(1) 비례 요소

입력 신호 $R(s)$에 대하여 출력 신호 $C(s)$가 어떤 이득 상수 K에 비례해 나타나는 제어장치의 전달 함수 요소이다.

$$C(s) = R(s) \cdot G(s) \rightarrow \therefore G(s) = \frac{C(s)}{R(s)} = K$$

$R(s) \longrightarrow \boxed{K} \longrightarrow C(s)$

▲ 비례 요소를 갖는 제어장치

(2) 미분 요소

입력 신호 $R(s)$에 대하여 출력 신호 $C(s)$가 어떤 미분 동작 Ks에 의해 나타나는 제어장치의 전달 함수 요소이다.

$$G(s) = \frac{C(s)}{R(s)} = Ks$$

(3) 적분 요소

입력 신호 $R(s)$에 대하여 출력 신호 $C(s)$가 어떤 적분 동작 $\frac{K}{s}$에 의해 나타나는 제어장치의 전달 함수 요소이다.

$$G(s) = \frac{C(s)}{R(s)} = \frac{K}{s}$$

$R(s) \longrightarrow \boxed{\frac{K}{s}} \longrightarrow C(s)$

▲ 적분 요소를 갖는 제어장치

(4) 1차 지연 요소

입력 신호 $R(s)$에 대하여 출력 신호 $C(s)$가 $\frac{K}{Ts+1}$ 만큼 1차 함수적으로 지연되어 나타나는 제어장치의 전달 함수 요소이다.

$$G(s) = \frac{C(s)}{R(s)} = \frac{K}{Ts+1}$$

$R(s) \longrightarrow \boxed{\frac{K}{Ts+1}} \longrightarrow C(s)$

▲ 1차 지연 요소를 갖는 제어장치

(5) 2차 지연 요소

입력 신호 $R(s)$에 대하여 출력 신호 $C(s)$가 $\frac{\omega_n^2}{s^2 + 2\delta\omega_n s + \omega_n^2}$의 2차 함수로 지연되는 제어장치의 전달 함수 요소이다.

$$G(s) = \frac{C(s)}{R(s)} = \frac{\omega_n^2}{s^2 + 2\delta\omega_n s + \omega_n^2}$$

$R(s) \longrightarrow \boxed{\frac{\omega_n^2}{s^2+2\delta\omega_n s+\omega_n^2}} \longrightarrow C(s)$

▲ 2차 지연 요소를 갖는 제어장치

(6) 부동작 시간 요소

일정한 유량이 흐르는 단열관의 예로, 입구에서 $T_1(s)$이고, 관 길이가 l, 유속이 v로 하면, 출구에서 $T_2(s)$는 시간이 $\dfrac{l}{v}$ 만큼 지연되어 $T_1(s)$가 변한다.

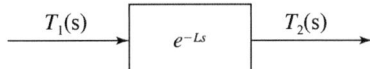

$$G(s) = \dfrac{T_2(s)}{T_1(s)} = e^{-Ls}$$

여기서, $L = \dfrac{l}{v}$을 부동작 시간이라고 한다.

대표 빈출 문제

전달 함수에 대한 설명으로 틀린 것은?

① 전달 함수가 s가 될 때 적분 요소라 한다.
② 전달 함수는 $\dfrac{\text{출력 라플라스 변환}}{\text{입력 라플라스 변환}}$으로 정의된다.
③ 어떤 계의 전달 함수의 분모를 0으로 놓으면 이것이 곧 특성 방정식이 된다.
④ 어떤 계의 전달 함수는 그 계에 대한 임펄스 응답의 라플라스 변환과 같다.

해설 전달 함수의 종류
- 비례 요소: $G(s) = K$
- 미분 요소: $G(s) = Ks$
- 적분 요소: $G(s) = \dfrac{K}{s}$
- 1차 지연 요소: $G(s) = \dfrac{K}{Ts+1}$

|정답| ①

---

33 회로망에서 전달 함수 산출법

(1) 그림과 같은 회로의 출력 전압 V_o에 대한 전달 함수는 전압 분배의 법칙에 의해 구한다.

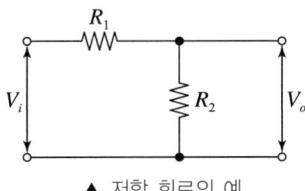

▲ 저항 회로의 예

$$V_o = \dfrac{R_2}{R_1 + R_2} \times V_i$$

(2) 전달 함수의 정의는 입력 신호 V_i에 대한 출력 신호 V_o의 비율이므로 위 식을 입력과 출력비 식으로 나타낼 수 있다.

$$G(s) = \dfrac{V_o}{V_i} = \dfrac{R_2}{R_1 + R_2}$$

대표빈출문제 그림과 같은 $R-C$ 회로에서 입력 전압을 $e_i(t)$, 출력 전압을 $e_o(t)$라 할 때의 전달 함수는?(단, $\tau = RC$ 이다.)

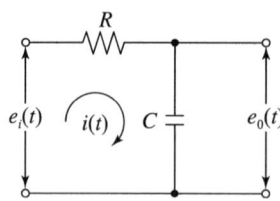

① $\dfrac{1}{\tau s + 1}$ ② $\dfrac{1}{\tau s + 2}$ ③ $\dfrac{2}{\tau s + 3}$ ④ $\dfrac{1}{\tau s + 3}$

해설 출력에 대하여 전압 분배 법칙을 적용하여 출력 전압을 구한다.

$$e_o = \dfrac{\dfrac{1}{sC}}{R + \dfrac{1}{sC}} e_i = \dfrac{1}{RCs + 1} e_i$$

따라서 입력과 출력에 대한 전달 함수는 아래와 같다.

$$G(s) = \dfrac{e_o}{e_i} = \dfrac{1}{RCs + 1} = \dfrac{1}{\tau s + 1}$$

| 정답 | ①

34 회로 요소의 임피던스($Z[\Omega]$) 표현

(1) 인덕턴스
$$L[\text{H}] \Rightarrow Z_L = j\omega L = sL\,[\Omega]$$

(2) 정전 용량
$$C[\text{F}] \Rightarrow Z_C = \dfrac{1}{j\omega C} = \dfrac{1}{sC}\,[\Omega]$$

대표빈출문제 콘덴서 $C[\text{F}]$에 단위 임펄스의 전류원을 접속하여 동작시키면 콘덴서의 전압 $V_c(t)$는?(단, $u(t)$는 단위 계단 함수이다.)

① $V_c(t) = C$ ② $V_c(t) = Cu(t)$

③ $V_c(t) = \dfrac{1}{C}$ ④ $V_c(t) = \dfrac{1}{C}u(t)$

해설

$U(s) = \dfrac{1}{s}$, $Z = \dfrac{1}{sC}[\Omega]$

$V = ZI = \dfrac{1}{sC} \times 1 = \dfrac{1}{sC}$

$V_c(t) = \dfrac{1}{C}u(t)$

($u(t)$는 단위 계단 함수)

| 정답 | ④

35 $R-L$ 직렬 회로의 과도 전류

(1) $R-L$ 직렬 회로에 대한 키르히호프의 전압 방정식(KVL)을 세우면 아래와 같다.

$$Ri(t) + L\frac{di(t)}{dt} = E$$

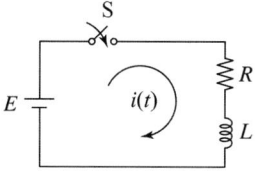

▲ $R-L$ 직렬 회로

(2) 위의 미분 방정식을 라플라스 변환한다.

$$RI(s) + Ls \cdot I(s) = \frac{E}{s}$$

$$I(s) = \frac{E}{s(R+Ls)} = \frac{\frac{E}{L}}{s\left(s+\frac{R}{L}\right)}$$

(3) 이를 부분 분수 전개하여 나타낸다.

$$I(s) = \frac{\frac{E}{L}}{s\left(s+\frac{R}{L}\right)} = \frac{A}{s} + \frac{B}{s+\frac{R}{L}}$$

$$A = \left.\frac{\frac{E}{L}}{s+\frac{R}{L}}\right|_{s=0} = \frac{E}{R}, \quad B = \left.\frac{\frac{E}{L}}{s}\right|_{s=-\frac{R}{L}} = -\frac{E}{R}$$

$$\therefore I(s) = \frac{E}{R}\left(\frac{1}{s} - \frac{1}{s+\frac{R}{L}}\right)$$

(4) 따라서 위 식을 역 라플라스 변환하여 아래와 같은 과도 전류식을 구할 수 있다.

$$i(t) = \frac{E}{R}\left(1 - e^{-\frac{R}{L}t}\right)[\text{A}]$$

대표빈출문제 RL 병렬 회로에서 $t=0$일 때 스위치 S를 닫는 경우 $R[\Omega]$에 흐르는 전류 $i_R(t)[A]$는?

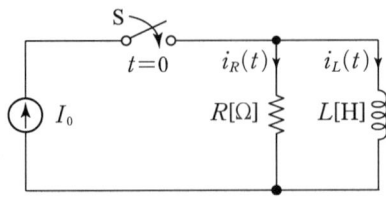

① $I_0\left(1-e^{-\frac{R}{L}t}\right)$ ② $I_0\left(1+e^{-\frac{R}{L}t}\right)$ ③ I_0 ④ $I_0 e^{-\frac{R}{L}t}$

해설 $i_L(t) = I_0\left(1-e^{-\frac{R}{L}t}\right)[A]$이고 키르히호프 법칙(전류 법칙)에 따라 $I_0 = i_R(t)+i_L(t)$이므로 과도 전류
$i_R(t) = I_0 - i_L(t) = I_0 - I_0\left(1-e^{-\frac{R}{L}t}\right) = I_0 e^{-\frac{R}{L}t}[A]$

| 정답 | ④

36 $R-L$ 직렬 회로의 과도 특성

(1) 특성근: $s = -\dfrac{R}{L}$

(2) 시정수: $\tau = \dfrac{L}{R}$ [sec]

(∵ 시정수: 정상 전류(100[%])의 63.2[%]에 도달하는 데 걸리는 시간)

(3) 스위치 동작 상태에 따른 $R-L$ 회로의 전류 변화 상태

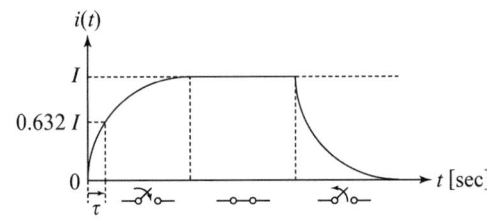

▲ 스위치 동작에 따른 전류 변화 곡선

① 스위치 투입 시 과도 전류

$i(t) = \dfrac{E}{R}\left(1-e^{-\frac{R}{L}t}\right)[A]$

② 스위치 투입 후 정상 전류

$I_s = \dfrac{E}{R}[A]$

③ 스위치 개방 시 감소 전류

$i(t) = \dfrac{E}{R}e^{-\frac{R}{L}t}[A]$

대표빈출문제 RL 직렬 회로에 직류 전압을 가했을 때 흐르는 전류가 정상 전류 $I = \dfrac{E}{R}$ 의 $70[\%]$에 도달하는 데 걸리는 시간은?(단, τ는 시정수이다.)

① $t = 0.7\tau$ ② $t = 1.1\tau$ ③ $t = 1.2\tau$ ④ $t = 1.4\tau$

해설 정상 전류에 $70[\%]$는 아래와 같다.
$$i(t) = \frac{E}{R}\left(1 - e^{-\frac{R}{L}t}\right) = 0.7 \times \frac{E}{R} \, [\text{A}]$$
따라서 정상 전류의 $70[\%]$에 도달하는 시간을 구할 수 있다.
$t = k\tau = k\dfrac{L}{R}$이라 하면
$$1 - e^{-\frac{R}{L} \times \frac{L}{R} \times k} = 1 - e^{-k} = 0.7$$
$\therefore k = -\ln(1 - 0.7) = 1.2$
그러므로 시간은 아래와 같다.
$t = 1.2\tau[\text{sec}]$

| 정답 | ③

37 $R-C$ 직렬 회로의 과도 전류

(1) $R-C$ 직렬 회로에 대한 키르히호프의 전압 방정식(KVL)을 세운다.
$$Ri(t) + \frac{1}{C}\int i(t)\,dt = E$$

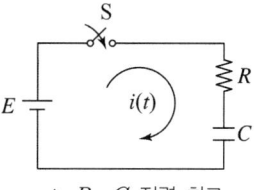

▲ $R-C$ 직렬 회로

(2) 위의 미분 방정식을 라플라스 변환한다.
$$RI(s) + \frac{1}{Cs}I(s) = \frac{E}{s}$$

$$I(s) = \frac{\dfrac{E}{s}}{R + \dfrac{1}{Cs}} = \frac{C \times E}{RCs + 1} = \frac{\dfrac{E}{R}}{s + \dfrac{1}{RC}} = \frac{E}{R} \times \frac{1}{s + \dfrac{1}{RC}}$$

(3) 따라서 위 식을 역 라플라스 변환하여 아래와 같은 과도 전류식을 구할 수 있다.

$$i(t) = \frac{E}{R}e^{-\frac{1}{RC}t} \, [\text{A}]$$

대표빈출문제 회로에서 스위치를 닫을 때 콘덴서의 초기 전하를 무시하면 회로에 흐르는 전류 $i(t)$는 어떻게 되는가?

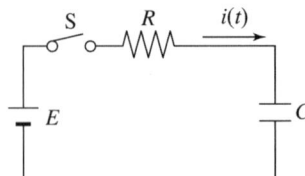

① $\dfrac{E}{R}e^{\frac{C}{R}t}$ ② $\dfrac{E}{R}e^{\frac{R}{C}t}$ ③ $\dfrac{E}{R}e^{-\frac{1}{CR}t}$ ④ $\dfrac{E}{R}e^{\frac{1}{CR}t}$

해설
- $R-C$ 직렬 회로의 과도 전류
  $i(t) = \dfrac{E}{R}e^{-\frac{1}{RC}t}$ [A]
- $R-L$ 직렬 회로의 과도 전류
  $i(t) = \dfrac{E}{R}\left(1-e^{-\frac{R}{L}t}\right)$ [A]

| 정답 | ③

38 $R-L-C$ 소자 값에 따른 과도 현상 특성

(1) $R^2 > 4\dfrac{L}{C}$ 일 경우

저항 소자에서 발생하는 줄열($W = 0.24I^2Rt$ [cal])에 의한 억제력이 커서 과도 현상이 없어진다(과제동, 비진동).

(2) $R^2 < 4\dfrac{L}{C}$ 일 경우

저항 소자에서 발생하는 줄열에 의한 억제력보다 L과 C에서 발생하는 과도 현상 발생력이 커서 과도 현상이 일어난다(부족제동, 진동).

(3) $R^2 = 4\dfrac{L}{C}$ 일 경우

저항 소자에서 발생하는 줄열에 의한 억제력과 L과 C에서 발생하는 과도 현상 발생력은 같은 조건으로 임계 상태이다(임계제동, 비진동).

대표빈출문제 RLC 직렬 회로의 파라미터가 $R^2 = \dfrac{4L}{C}$ 의 관계를 가진다면, 이 회로에 직류 전압을 인가하는 경우 과도 응답 특성은?

① 무제동
② 과제동
③ 부족제동
④ 임계제동

해설
- 과제동 $R^2 > \dfrac{4L}{C}$
- 임계제동 $R^2 = \dfrac{4L}{C}$
- 부족제동 $R^2 < \dfrac{4L}{C}$

| 정답 | ④

PART 02

최신기출 CBT 모의고사

시험 전 최신 기출문제를 풀며 최종 점검을 할 수 있습니다.
CBT 모의고사로 학습하면 온라인 시험 방식에 적응할 수 있습니다.
무료특강과 함께하면 소화력은 배가 됩니다.(무료특강은 2025년 9월 중 오픈 예정입니다.)

회로이론 본권 학습 후 마무리를 도와주는 끝맺음 노트

2025년 1회 최신기출 CBT 모의고사

01
$20[\text{mH}]$의 두 자기 인덕턴스가 있다. 결합 계수를 0.1부터 0.9까지 변화시킬 수 있다면 이것을 접속시켜 얻을 수 있는 합성 인덕턴스의 최댓값과 최솟값의 비는?

① $9:1$
② $16:1$
③ $13:1$
④ $19:1$

02
$\triangle$ 결선된 대칭 3상 부하가 있다. 역률이 0.8(지상)이고, 전 소비 전력이 $1,800[\text{W}]$이다. 한 상의 선로 저항이 $0.5[\Omega]$이고 발생하는 전선로 손실이 $50[\text{W}]$일 때 부하 단자 전압은?

① $440[\text{V}]$
② $402[\text{V}]$
③ $324[\text{V}]$
④ $225[\text{V}]$

03
2전력계법을 이용한 평형 3상 회로의 전력이 각각 $500[\text{W}]$ 및 $300[\text{W}]$로 측정되었을 때, 부하의 역률은 약 몇 $[\%]$인가?

① 70.7
② 87.7
③ 89.2
④ 91.8

04
2단자 임피던스 함수 $Z(s) = \dfrac{(s+3)}{(s+4)(s+5)}$의 영점은?

① $4, 5$
② $-4, -5$
③ 3
④ -3

05
선로의 직렬 임피던스 $Z = R + j\omega L[\Omega]$, 병렬 어드미턴스가 $Y = G + j\omega C[\mho]$일 때, 선로의 저항 R과 컨덕턴스 G가 동시에 0이 되었을 때의 전파 정수는 어떻게 되는가?

① $j\omega\sqrt{LC}$
② $j\omega\sqrt{\dfrac{C}{L}}$
③ $j\omega\sqrt{L^2C}$
④ $j\omega\sqrt{\dfrac{L}{C^2}}$

06
대칭 n상 환상 결선에서 선전류와 환상 전류 사이의 위상차는 어떻게 되는가?

① $2\left(1-\dfrac{2}{n}\right)$
② $\dfrac{n}{2}\left(1-\dfrac{\pi}{2}\right)$
③ $\dfrac{\pi}{2}\left(1-\dfrac{n}{2}\right)$
④ $\dfrac{\pi}{2}\left(1-\dfrac{2}{n}\right)$

07
RL 직렬 회로에 직류 전압 $5[\mathrm{V}]$를 $t=0$에서 인가하였더니 $i(t)=50(1-e^{-20\times 10^{-3}t})[\mathrm{mA}]\,(t\geq 0)$이 되었다. 이 회로의 저항값이 처음의 2배로 증가한다면 시정수는 얼마가 되는지 구하시오.

① $10[\mathrm{msec}]$
② $40[\mathrm{msec}]$
③ $5[\mathrm{sec}]$
④ $25[\mathrm{sec}]$

08
3상 불평형 전압에서 불평형률은?

① $\dfrac{\text{영상 전압}}{\text{정상 전압}}\times 100[\%]$
② $\dfrac{\text{역상 전압}}{\text{정상 전압}}\times 100[\%]$
③ $\dfrac{\text{정상 전압}}{\text{역상 전압}}\times 100[\%]$
④ $\dfrac{\text{정상 전압}}{\text{영상 전압}}\times 100[\%]$

09
그림과 같은 회로에서 $0.2[\Omega]$의 저항에 흐르는 전류는 몇 $[\mathrm{A}]$인가?

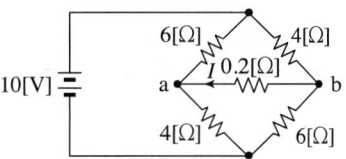

① 0.1
② 0.2
③ 0.3
④ 0.4

10
RLC 회로망에서 입력을 $e_i(t)$, 출력을 $i(t)$로 할 때 이 회로의 전달 함수는?

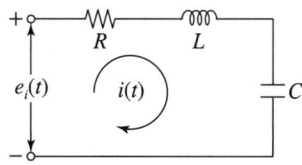

① $\dfrac{Rs}{LCs^2+RCs+1}$
② $\dfrac{RLs}{LCs^2+RCs+1}$
③ $\dfrac{Ls}{LCs^2+RCs+1}$
④ $\dfrac{Cs}{LCs^2+RCs+1}$

2025년 1회 정답과 해설

1회 SPEED CHECK 빠른정답표										
01	02	03	04	05	06	07	08	09	10
④	④	④	④	①	④	④	②	④	④

01 | ④

$L_M = L_1 + L_2 + 2M = L_1 + L_2 + 2k\sqrt{L_1 L_2}$
$\quad = 20 + 20 + 2 \times 0.9\sqrt{20 \times 20} = 76[\text{mH}]$
$L_S = L_1 + L_2 - 2M = L_1 + L_2 - 2k\sqrt{L_1 L_2}$
$\quad = 20 + 20 - 2 \times 0.9\sqrt{20 \times 20} = 4[\text{mH}]$
$\therefore L_M : L_S = 76 : 4 = 19 : 1$

02 | ④

전손실 $P_l = 3I^2 R[\text{W}]$에서 $I = \sqrt{\dfrac{P_l}{3R}} = \sqrt{\dfrac{50}{3 \times 0.5}} = 5.77[\text{A}]$이다.

전 소비 전력 $P = \sqrt{3}\, VI\cos\theta [\text{W}]$이므로

$V = \dfrac{P}{\sqrt{3}\, I\cos\theta} = \dfrac{1,800}{\sqrt{3} \times 5.77 \times 0.8} = 225[\text{V}]$

03 | ④

$\cos\theta = \dfrac{P_1 + P_2}{2\sqrt{P_1^2 + P_2^2 - P_1 P_2}}$

$\quad = \dfrac{500 + 300}{2\sqrt{500^2 + 300^2 - 500 \times 300}} = 0.918$

∴ 역률은 91.8[%]이다.

04 | ④

영점은 $Z(s) = 0$을 만족해야 하므로 $s + 3 = 0 \rightarrow s = -3$

05 | ①

$R = 0$, $G = 0$은 무손실 선로를 의미하므로
전파 정수 $\gamma = \sqrt{ZY} = \sqrt{(R + j\omega L)(G + j\omega C)} = j\omega\sqrt{LC}$

06 | ④

n상 전원의 전압과 위상차

- 전압: $V_l = 2V_p \sin\dfrac{\pi}{n}[\text{V}]$
- 위상차: $\theta = \dfrac{\pi}{2}\left(1 - \dfrac{2}{n}\right)$

07 | ④

$R-L$ 과도 현상의 전류

$i(t) = \dfrac{E}{R}(1 - e^{-\frac{R}{L}t}) = 50(1 - e^{-20 \times 10^{-3}})[\text{mA}]$

시정수 $\tau = \dfrac{L}{R}[\text{sec}]$에서 $\tau = \dfrac{1}{20 \times 10^{-3}} = 50[\text{sec}]$이다.

시정수는 저항에 반비례하므로 저항이 2배 증가하면 시정수는 2배 감소한다.

$\therefore$ 최종 시정수 $\tau' = \dfrac{\tau}{2} = \dfrac{50}{2} = 25[\text{sec}]$

08 | ②

불평형률 $= \dfrac{\text{역상 전압}}{\text{정상 전압}} \times 100\,[\%] = \dfrac{V_2}{V_1} \times 100[\%]$

09 | ④

a, b 단자에 연결된 부하 저항(0.2[Ω])을 개방한 후 a, b 단자에서 본 테브난 등가 회로를 구한다.

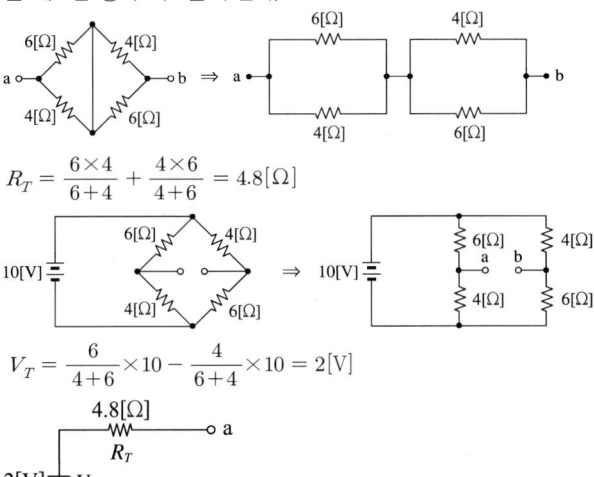

$R_T = \dfrac{6 \times 4}{6+4} + \dfrac{4 \times 6}{4+6} = 4.8[\Omega]$

$V_T = \dfrac{6}{4+6} \times 10 - \dfrac{4}{6+4} \times 10 = 2[V]$

위 테브난 회로의 a, b 단자에 부하 저항(0.2[Ω])을 연결한 후 부하 저항에 흐르는 전류를 구한다.

$\therefore I = \dfrac{V}{R} = \dfrac{2}{4.8+0.2} = 0.4[A]$

10 | ④

$\dfrac{I(s)}{E_i(s)} = Y(s) = \dfrac{1}{Z(s)} = \dfrac{1}{R+Ls+\dfrac{1}{Cs}}$

$= \dfrac{Cs}{LCs^2+RCs+1}$

2025년 2회 최신기출 CBT 모의고사

01
그림과 같은 3상 Y 결선 불평형 회로가 있다. 전원은 3상 평형 전압 E_1, E_2, E_3이고 부하는 Y_1, Y_2, Y_3일 때 전원의 중성점과 부하의 중성점 간 전위차를 나타낸 식은?

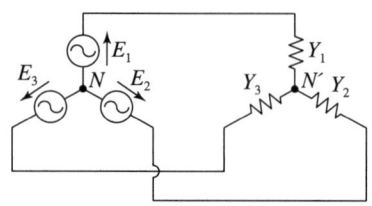

① $\dfrac{E_1Y_1 + E_2Y_2 + E_3Y_3}{Y_1 + Y_2 + Y_3}$

② $\dfrac{E_1Y_1 + E_2Y_2 + E_3Y_3}{Y_1Y_2Y_3}$

③ $\dfrac{E_1Y_1 - E_2Y_2 - E_3Y_3}{Y_1 + Y_2 + Y_3}$

④ $\dfrac{E_1Y_1 - E_2Y_2 - E_3Y_3}{Y_1Y_2Y_3}$

02
$R-L-C$ 직렬 회로에서 공진 시의 전류는 공급 전압에 대하여 어떤 위상차를 갖는가?

① $0°$　　② $90°$
③ $180°$　　④ $270°$

03
RL 직렬 회로에 순시치 전압 $v(t) = 20 + 100\sin\omega t + 40\sin(3\omega t + 60°) + 40\sin 5\omega t$ [V]를 가할 때 제5 고조파 전류의 실횻값 크기는 약 몇 [A]인가?(단, $R = 4[\Omega]$, $\omega L = 1[\Omega]$이다.)

① 4.4　　② 5.66
③ 6.25　　④ 8.0

04
그림과 같은 RC 회로에서 스위치를 넣은 순간 전류는?(단, 초기 조건은 0이다.)

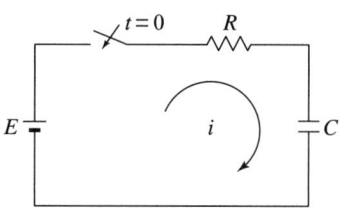

① 불변 전류이다.
② 진동 전류이다.
③ 증가 함수로 나타난다.
④ 감쇠 함수로 나타난다.

05
처음 10초간은 100[A]의 전류를 흘리고, 다음 20초간은 20[A]의 전류를 흘리는 전류의 실횻값은 몇 [A]인가?

① 50　　② 55
③ 60　　④ 65

06

대칭 3상 교류에서 선간 전압이 $100[\text{V}]$, 한 상의 임피던스가 $5\angle 45°[\Omega]$인 부하를 Δ 결선하였을 때 선전류는 약 몇 [A]인가?

① 42.3
② 34.6
③ 28.2
④ 19.2

07

그림과 같은 회로에서 공진 각주파수 $\omega_r[\text{rad/s}]$는?

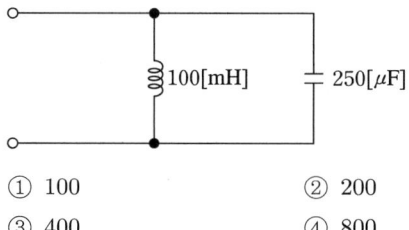

① 100
② 200
③ 400
④ 800

08

대칭 좌표법에 관한 설명이 아닌 것은?

① 대칭 좌표법은 일반적인 비대칭 3상 교류 회로의 계산에도 이용된다.
② 대칭 3상 전압의 영상분과 역상분은 0이고, 정상분만 남는다.
③ 비대칭 3상 교류 회로는 영상분, 역상분 및 정상분의 3 성분으로 해석한다.
④ 비대칭 3상 회로의 접지식 회로에는 영상분이 존재하지 않는다.

09

$9[\Omega]$과 $3[\Omega]$인 저항 6개를 그림과 같이 연결하였을 때, a와 b 사이의 합성 저항$[\Omega]$은?

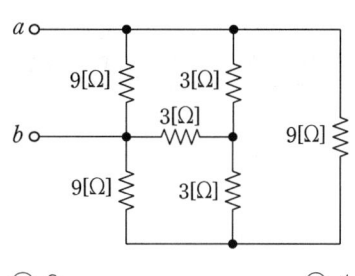

① 9
② 4
③ 3
④ 2

10

특성 임피던스가 $400[\Omega]$인 회로 말단에 $1,200[\Omega]$의 부하가 연결되어 있다. 전원 측에 $20[\text{kV}]$의 전압을 인가할 때 반사파의 크기$[\text{kV}]$는?(단, 선로에서의 전압 감쇠는 없는 것으로 간주한다.)

① 3.3
② 5
③ 10
④ 33

2025년 2회 정답과 해설

2회 SPEED CHECK 빠른정답표
01 ① 02 ① 03 ① 04 ④ 05 ③ 06 ② 07 ② 08 ④ 09 ③ 10 ③

01 | ①
밀만의 정리를 적용한다. 이때 $Y[\Omega]$는 어드미턴스임에 유의한다.

$$E_n = \frac{\frac{E_1}{Z_1}+\frac{E_2}{Z_2}+\frac{E_3}{Z_3}}{\frac{1}{Z_1}+\frac{1}{Z_2}+\frac{1}{Z_3}} = \frac{E_1 Y_1 + E_2 Y_2 + E_3 Y_3}{Y_1 + Y_2 + Y_3}$$

02 | ①
$R-L-C$ 직렬 회로에서 공진 조건은 $\omega L = \frac{1}{\omega C}$ 이므로 저항 R만의 회로가 된다. 따라서 전압과 전류의 위상차는 0°이다.

03 | ①
$|Z_5| = \sqrt{R^2+(5\omega L)^2} = \sqrt{4^2+5^2} \fallingdotseq 6.4[\Omega]$

$I_5 = \frac{V_5}{|Z_5|} = \frac{\frac{40}{\sqrt{2}}}{6.4} \fallingdotseq 4.4[\text{A}]$

암기
제n 고조파의 리액턴스
L 부하: $jn\omega L[\Omega]$, C 부하: $\frac{1}{jn\omega C}[\Omega]$

04 | ④
$R-C$ 직렬 회로의 과도 전류식은 $i(t) = \frac{E}{R}e^{-\frac{1}{RC}t}[\text{A}]$이다.

스위치를 넣은 순간($t=0$) 전류는 다음과 같다.

$i(0) = \frac{E}{R}e^{-\frac{1}{RC}\times 0} = \frac{E}{R}[\text{A}]$

즉 정상 전류 상태에서 전류는 시간에 따라 지수적으로 감소한다(감쇠 함수).

05 | ③

$I = \sqrt{\frac{1}{T}\int_0^T i^2(t)\,dt}$

$= \sqrt{\frac{1}{30}\left\{\int_0^{10} 100^2\,dt + \int_{10}^{30} 20^2\,dt\right\}}$

$= \sqrt{\frac{1}{30}\left\{[100^2 t]_0^{10} + [20^2 t]_{10}^{30}\right\}}$

$= \sqrt{\frac{1}{30}\left\{(100^2\times 10-0)+(20^2\times 30-20^2\times 10)\right\}}$

$= \sqrt{\frac{1}{30}\times 108{,}000} = 60[\text{A}]$

06 | ②
$Z_p = |5\angle 45°| = 5|1\angle 45°| = 5[\Omega]$

Δ 결선에서 $V_l = V_p[\text{V}]$, $I_l = \sqrt{3}I_p[\text{A}]$이므로

$\therefore I_l = \sqrt{3}I_p = \sqrt{3}\frac{V_p}{Z_p} = \sqrt{3}\frac{V_l}{Z_p} = \sqrt{3}\times\frac{100}{5}$

$= 34.6[\text{A}]$

별해
Δ 결선에서 $V_l = V_p[\text{V}]$, $I_l = \sqrt{3}I_p[\text{A}]$이므로

$I_p = \frac{100}{5\angle 45°} = 14.14 - j14.14[\text{A}]$

$I_l = \sqrt{3}I_p = \sqrt{3}(14.14 - j14.14)$
$= 24.49 - j24.49[\text{A}]$

$\therefore I_l = \sqrt{24.49^2 + 24.49^2} = 34.6[\text{A}]$

07 | ②
공진 각주파수

$\omega_r = \frac{1}{\sqrt{LC}} = \frac{1}{\sqrt{100\times 10^{-3}\times 250\times 10^{-6}}} = 200[\text{rad/s}]$

08 | ④
대칭 좌표법
- 영상분은 접지선이나 중성선에 존재하며, 비접지식 회로에는 존재하지 않는다.
- 평형 3상 전압은 정상분만 존재하며, 영상분 및 역상분은 0이다.

09 | ③
최초 내부 Y 결선되어 있는 $3[\Omega]$의 저항을 Δ 결선으로 변환한다.

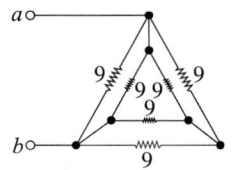 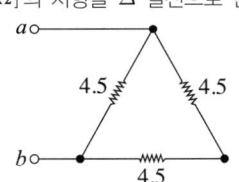

$R_{ab} = \dfrac{4.5 \times 9}{4.5 + 9} = \dfrac{40.5}{13.5} = 3[\Omega]$

10 | ③
$Z_1 = 400[\Omega]$, $Z_2 = 1,200[\Omega]$이고 전원 전압을 V_1, 반사파 전압을 V_2라 하면

반사 계수 $\rho = \dfrac{V_2}{V_1} = \dfrac{Z_2 - Z_1}{Z_1 + Z_2} = \dfrac{1,200 - 400}{400 + 1,200} = 0.5$

$\therefore V_2 = \rho V_1 = 0.5 \times 20 = 10[\text{kV}]$

2025년 3회 최신기출 CBT 모의고사

01
회로에서 $20[\Omega]$의 저항이 소비하는 전력은 몇 $[W]$인가?

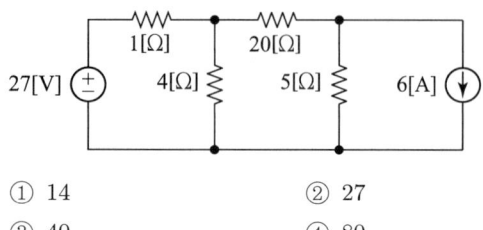

① 14
② 27
③ 40
④ 80

02
어떤 회로의 유효 전력이 $300[W]$, 무효 전력이 $400[Var]$이다. 이 회로의 복소 전력의 크기$[VA]$는?

① 350
② 500
③ 600
④ 700

03
그림과 같은 T형 4단자 회로망에서 4단자 정수 A와 C는?
(단, $Z_1 = \dfrac{1}{Y_1}$, $Z_2 = \dfrac{1}{Y_2}$, $Z_3 = \dfrac{1}{Y_3}$)

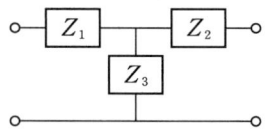

① $A = 1 + \dfrac{Y_3}{Y_1},\ C = Y_2$

② $A = 1 + \dfrac{Y_3}{Y_1},\ C = \dfrac{1}{Y_3}$

③ $A = 1 + \dfrac{Y_3}{Y_1},\ C = Y_3$

④ $A = 1 + \dfrac{Y_1}{Y_3},\ C = \left(1 + \dfrac{Y_1}{Y_3}\right)\dfrac{1}{Y_3} + \dfrac{1}{Y_2}$

04
파형이 톱니파인 경우 파형률은 약 얼마인가?

① 1.155
② 1.732
③ 1.414
④ 0.577

05
각 상의 전류가 $i_a(t) = 90\sin\omega t[A]$, $i_b(t) = 90\sin(\omega t - 90°)[A]$, $i_c(t) = 90\sin(\omega t + 90°)[A]$일 때 영상분 전류$[A]$의 순시치는?

① $30\cos\omega t$
② $30\sin\omega t$
③ $90\sin\omega t$
④ $90\cos\omega t$

06

그림의 교류 브리지 회로가 평형이 되는 조건은?(단, $\omega=1$로 간주한다.)

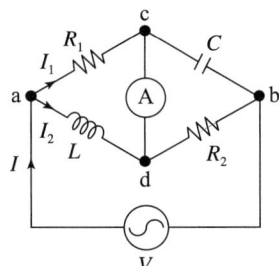

① $L = \dfrac{R_1 R_2}{C}$
② $L = \dfrac{C}{R_1 R_2}$
③ $L = R_1 R_2 C$
④ $L = \dfrac{R_2}{R_1} C$

07

RC 직렬 회로에 직류 전압 $V[\text{V}]$가 인가될 때 전류 $i(t)$에 대한 전압 방정식(KVL)이 $V = Ri(t) + \dfrac{1}{C}\int i(t)dt[\text{V}]$이다. 전류 $i(t)$의 라플라스 변환인 $I(s)$는?(단, C에는 초기 전하가 없다.)

① $I(s) = \dfrac{V}{R}\dfrac{1}{s - \frac{1}{RC}}$
② $I(s) = \dfrac{C}{R}\dfrac{1}{s + \frac{1}{RC}}$
③ $I(s) = \dfrac{V}{R}\dfrac{1}{s + \frac{1}{RC}}$
④ $I(s) = \dfrac{R}{C}\dfrac{1}{s - \frac{1}{RC}}$

08

회로에서 $6[\Omega]$에 흐르는 전류[A]는?

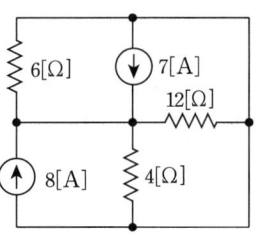

① 2.5 ② 5
③ 7.5 ④ 10

09

세 변의 저항 $R_a = R_b = R_c = 15[\Omega]$인 Y 결선 회로가 있다. 이와 등가인 Δ 결선 회로의 각 변의 저항$[\Omega]$은?

① 135 ② 45
③ 15   ④ 5

10

다음 회로에서 절점 a와 절점 b의 전압이 같아지는 조건은?

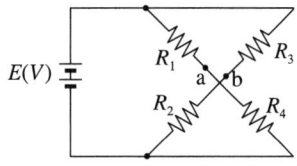

① $R_1 R_3 = R_2 R_4$
② $R_1 R_2 = R_3 R_4$
③ $R_1 + R_3 = R_2 + R_4$
④ $R_1 + R_2 = R_3 + R_4$

2025년 3회 정답과 해설

3회	SPEED CHECK 빠른정답표

01	02	03	04	05	06	07	08	09	10
④	②	③	①	②	③	③	②	②	②

01 | ④

테브난 ↔ 노튼 등가 변환을 이용하여 20[Ω]에 흐르는 전류를 구한다.

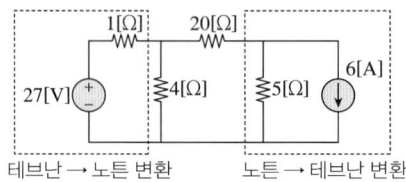

1[Ω] 저항과 4[Ω] 저항을 병렬 합성한 후 왼쪽 회로를 다시 테브난 회로로 변환한다.

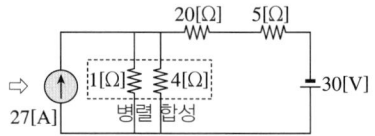

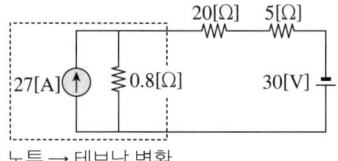

$I = \dfrac{V}{R} = \dfrac{21.6+30}{0.8+20+5} = 2[A]$

따라서 20[Ω] 저항에 소비되는 전력은 아래와 같다.

$P = I^2 R = 2^2 \times 20 = 80[W]$

02 | ②

복소 전력 $S = V^* I = P \pm jQ[VA]$ 이므로
$P = 300[W]$, $Q = 400[Var]$일 때
$S = \sqrt{P^2 + Q^2} = \sqrt{300^2 + 400^2} = 500[VA]$

03 | ③

$\begin{bmatrix} 1 & Z_1 \\ 0 & 1 \end{bmatrix} \begin{bmatrix} 1 & 0 \\ \dfrac{1}{Z_3} & 1 \end{bmatrix} \begin{bmatrix} 1 & Z_2 \\ 0 & 1 \end{bmatrix} = \begin{bmatrix} 1 + \dfrac{Z_1}{Z_3} & Z_1 + Z_2 + \dfrac{Z_1 Z_2}{Z_3} \\ \dfrac{1}{Z_3} & 1 + \dfrac{Z_2}{Z_3} \end{bmatrix}$

$A = 1 + \dfrac{Z_1}{Z_3} = 1 + \dfrac{\dfrac{1}{Y_1}}{\dfrac{1}{Y_3}} = 1 + \dfrac{Y_3}{Y_1}$

$C = \dfrac{1}{Z_3} = \dfrac{1}{\dfrac{1}{Y_3}} = Y_3$

04 | ①

- 톱니파(삼각파)의 실횻값과 평균값
  실횻값 $V = \dfrac{1}{\sqrt{3}} V_m$, 평균값 $V_a = \dfrac{1}{2} V_m$

- 파형률 $= \dfrac{\text{실횻값}}{\text{평균값}} = \dfrac{\dfrac{1}{\sqrt{3}} V_m}{\dfrac{1}{2} V_m} = \dfrac{2}{\sqrt{3}} \fallingdotseq 1.155$

05 | ②

$i_0(t) = \dfrac{1}{3}\{i_a(t) + i_b(t) + i_c(t)\}$

$= \dfrac{1}{3} \times 90\{\sin\omega t + \sin(\omega t - 90°) + \sin(\omega t + 90°)\}$

$= 30\{\sin\omega t + (-\cos\omega t) + (\cos\omega t)\}$

$= 30(\sin\omega t - \cos\omega t + \cos\omega t)$

$= 30\sin\omega t[A]$

06 | ③

브리지 회로 평형 조건

$R_1 R_2 = j\omega L \times \left(\dfrac{1}{j\omega C}\right)$ 이므로 $L = R_1 R_2 C$ 이다.

07 | ③

주어진 방정식을 라플라스 변환하면 다음과 같다.

$$\frac{V}{s} = RI(s) + \frac{1}{Cs}I(s)$$

$$\therefore I(s) = \frac{\frac{V}{s}}{R + \frac{1}{Cs}} = \frac{V}{Rs + \frac{1}{C}} = \frac{V}{R}\frac{1}{s + \frac{1}{RC}}$$

10 | ②

문제의 회로를 브리지 형태로 변형하면 다음과 같다.

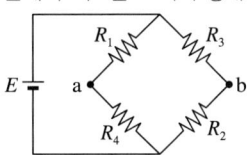

절점 a와 절점 b에서 전압이 같아지려면 브리지 평형 상태여야 하므로 $R_1R_2 = R_3R_4$ 이어야 한다.

08 | ②

• 8[A] 전류원만을 고려할 때(7[A] 전류원 개방)

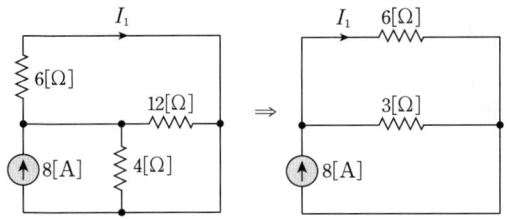

이때 6[Ω]으로 흐르는 전류를 I_1[A]라 하면

$$I_1 = 8 \times \frac{3}{6+3} = \frac{8}{3}[A]$$

• 7[A] 전류원만을 고려할 때(8[A] 전류원 개방)

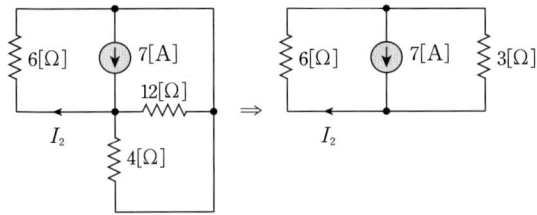

이때 6[Ω]으로 흐르는 전류를 I_2[A]라 하면

$$I_2 = 7 \times \frac{3}{6+3} = \frac{7}{3}[A]$$

• 중첩의 원리를 이용하여 6[Ω]에 흐르는 전류를 구한다.

$$I = I_1 + I_2 = \frac{8}{3} + \frac{7}{3} = 5[A]$$

암기

중첩의 원리 사용 시 전압원은 단락, 전류원은 개방

09 | ②

$R_\Delta = 3R_Y = 3 \times 15 = 45[\Omega]$

(각 상의 부하가 동일한 경우 Δ 결선의 등가 저항은 Y 결선의 3배)

여러분의 작은 소리
에듀윌은 크게 듣겠습니다.

본 교재에 대한 여러분의 목소리를 들려주세요.
공부하시면서 어려웠던 점, 궁금한 점,
칭찬하고 싶은 점, 개선할 점, 어떤 것이라도 좋습니다.

에듀윌은 여러분께서 나누어 주신 의견을
통해 끊임없이 발전하고 있습니다.

에듀윌 도서몰 book.eduwill.net
- 부가학습자료 및 정오표: 에듀윌 도서몰 → 도서자료실
- 교재 문의: 에듀윌 도서몰 → 문의하기 → 교재(내용, 출간) / 주문 및 배송

끝맺음 노트

에듀윌 전기
회로이론 필기
+무료특강

📱 Mobile로 응시하기

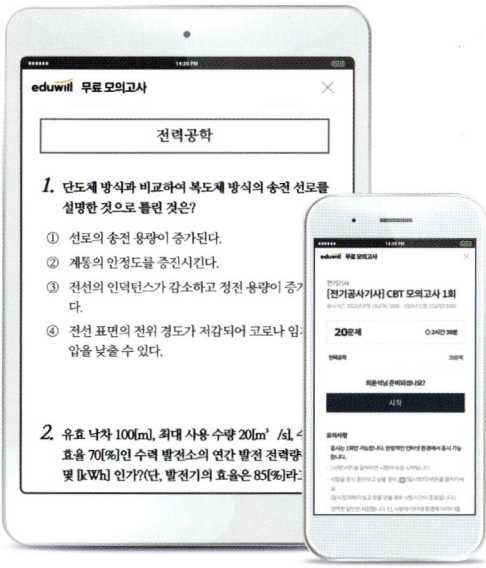

PC 버전 CBT 모의고사의 장점만을 그대로 담았습니다.
QR 코드를 스캔하여 더욱 쉽고 빠르게 서비스를 이용할 수 있습니다.

STEP 1 QR 코드 스캔(하단 참조)

STEP 2 에듀윌 로그인 또는 회원 가입

STEP 3 문제풀이 & 성적분석 & 오답노트

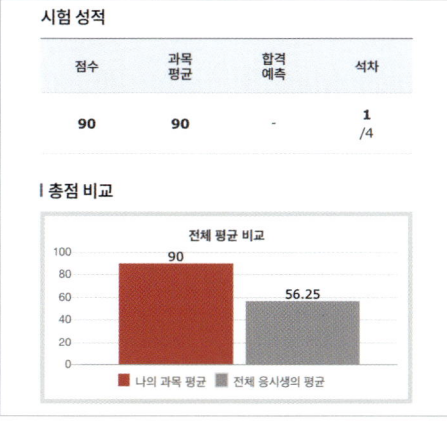

맞춤형 성적 분석

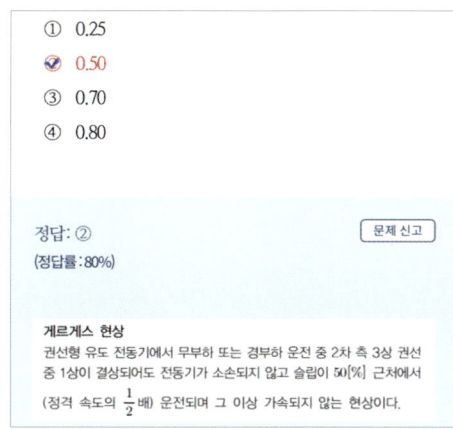

쉽고 빠른 오답해설

CBT 모의고사 3회 QR 코드

1회

2회

3회

* CBT 모의고사는 2026년 1회차 시험 한달 전에 제공됩니다.
* CBT 모의고사 유효기간은 2027년 12월 31일까지이며, 이후 서비스 제공이 중단될 수 있습니다.

2026 에듀윌 전기 회로이론
6주 플래너

기초부터 탄탄하게 학습한다!
꼼꼼하게 학습하는 사람에게
추천하는 플래너

WEEK	DAY		차례	페이지	공부한 날	완료
1주	DAY 1	기본서	CHAPTER 01 기초 회로 법칙	기본서 p.24	__월 __일	☐
	DAY 2		CHAPTER 02 교류 전기	기본서 p.42	__월 __일	☐
	DAY 3		CHAPTER 03 교류 기본 회로	기본서 p.60	__월 __일	☐
	DAY 4		CHAPTER 04 유도 결합 회로	기본서 p.80	__월 __일	☐
	DAY 5		CHAPTER 05 회로망 해석 기법	기본서 p.92	__월 __일	☐
	DAY 6		CHAPTER 05 회로망 해석 기법	기본서 p.92	__월 __일	☐
	DAY 7		CHAPTER 06 교류 전력	기본서 p.108	__월 __일	☐
2주	DAY 8		CHAPTER 06 교류 전력	기본서 p.108	__월 __일	☐
	DAY 9		CHAPTER 07 3상 교류	기본서 p.120	__월 __일	☐
	DAY 10		CHAPTER 07 3상 교류	기본서 p.120	__월 __일	☐
	DAY 11		CHAPTER 08 비정현파 교류	기본서 p.142	__월 __일	☐
	DAY 12		CHAPTER 08 비정현파 교류	기본서 p.142	__월 __일	☐
	DAY 13		CHAPTER 09 2단자 회로망	기본서 p.156	__월 __일	☐
	DAY 14		CHAPTER 10 4단자 회로망	기본서 p.168	__월 __일	☐
3주	DAY 15		CHAPTER 11 분포 정수 회로	기본서 p.186	__월 __일	☐
	DAY 16		CHAPTER 11 분포 정수 회로	기본서 p.186	__월 __일	☐
	DAY 17		CHAPTER 12 라플라스 변환	기본서 p.196	__월 __일	☐
	DAY 18		CHAPTER 13 전달 함수	기본서 p.212	__월 __일	☐
	DAY 19		CHAPTER 14 과도 현상	기본서 p.230	__월 __일	☐
	DAY 20		회로이론 기본서 전체 복습		__월 __일	☐
	DAY 21				__월 __일	
4주	DAY 22	유형별 N제	CHAPTER 01 ~ 02	유형별 N제 p.8	__월 __일	☐
	DAY 23		CHAPTER 03 ~ 05	유형별 N제 p.30	__월 __일	☐
	DAY 24		CHAPTER 06	유형별 N제 p.58	__월 __일	☐
	DAY 25		CHAPTER 07	유형별 N제 p.70	__월 __일	☐
	DAY 26		CHAPTER 08 ~ 09	유형별 N제 p.100	__월 __일	☐
	DAY 27		CHAPTER 10 ~ 11	유형별 N제 p.116	__월 __일	☐
	DAY 28		CHAPTER 12	유형별 N제 p.138	__월 __일	☐
5주	DAY 29		CHAPTER 13	유형별 N제 p.156	__월 __일	☐
	DAY 30		CHAPTER 14　1회독 완료	유형별 N제 p.170	__월 __일	☐
	DAY 31		CHAPTER 01 ~ 03	유형별 N제 p.8	__월 __일	☐
	DAY 32		CHAPTER 04 ~ 06	유형별 N제 p.42	__월 __일	☐
	DAY 33		CHAPTER 07 ~ 08	유형별 N제 p.70	__월 __일	☐
	DAY 34		CHAPTER 09 ~ 11	유형별 N제 p.110	__월 __일	☐
	DAY 35		CHAPTER 12 ~ 14　2회독 완료	유형별 N제 p.138	__월 __일	☐
6주	DAY 36		CHAPTER 01 ~ 04	유형별 N제 p.8	__월 __일	☐
	DAY 37		CHAPTER 05 ~ 08	유형별 N제 p.46	__월 __일	☐
	DAY 38		CHAPTER 09 ~ 14　3회독 완료	유형별 N제 p.110	__월 __일	☐
	DAY 39		회로이론 유형별 N제 전체 복습		__월 __일	☐
	DAY 40				__월 __일	
	DAY 41		회로이론 전체 복습		__월 __일	☐
	DAY 42				__월 __일	

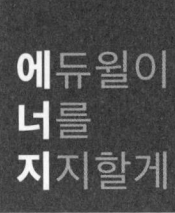

세상을 움직이려면
먼저 나 자신을 움직여야 한다.

– 소크라테스(Socrates)

에듀윌 전기 회로이론

필기 기본서

ISSUE: 전기설비기술기준 & KEC 용어표준화 및 국문순화

어떻게 변했는가?

- 산업통상자원부에서 전기설비기술기준 및 한국전기설비규정(KEC) 내 일본식 한자, 어려운 축약어, 외래어 등의 순화에 관한 사항을 2023년 10월 12일에 공고하였습니다.
- 용어표준화 및 국문순화는 공고 즉시 시행되었으며 순화된 용어는 다음과 같이 총 177개입니다. 순화 대상이 된 용어는 앞으로 전기 관련 시험에 반영되어 출제될 것으로 예상됩니다.

*산업통상자원부 고시 제 2023-197호(전기설비기술기준 변경)
*산업통상자원부 공고 제 2023-768호(한국전기설비규정 변경)

*용어표준화 및 국문순화 대상

용어 변경에 따른 학습의 방향

- 2022년 3회차 전기기사 필기 시험부터 적용된 CBT 시험 방식의 특성상 용어의 변경이 시험 문제 전반에 걸쳐 모두 반영되지 않을 수 있습니다.
- 그러나 전기설비기술기준, 한국전기설비규정(KEC)에서 순화된 용어로 개정된 것은 명백한 사실이므로 용어표준화 및 국문순화에 따른 시험 문제 및 보기의 문항이 바뀔 가능성이 높습니다.
- 따라서 변경된 용어 위주로 학습하되 변경되기 전의 용어는 무엇이었는지 알고 넘어간다면 더욱 완벽한 시험 대비를 할 수 있습니다.

수험자별로 다르게 출제되는 CBT시험 어떻게 준비해야 할까요?

 사람마다 출제되는 문제가 다르므로 지금보다 좀 더 폭넓은 개념을 익혀 두어야 합니다.

 연도별 기출풀이보다는 빈출 유형별로 정리하여야 시험에 대응하기 수월 합니다.

 실전과 비슷한 방법으로 컴퓨터 시험 환경에 익숙해져야 합니다.

2026년 대비 CBT 맞춤 개정판 출간

CBT 시험에 강한 유형별 N제	문제은행 방식으로 출제됨에 따라 과년도 기출문제를 폭넓게 접해보는 것이 더욱 중요해 졌습니다. 최신 기출문제는 물론 2000년도 이전에 시행된 시험까지 분석하여 엄선한 문제들로 유형별 N제를 구성하였습니다. 반복학습을 통해 가장 쉽고 빠르게 합격이 가 능합니다.
핵심이론만 모은 기본서	과년도 기출문제를 분석하여 자주 출제된 문제 유형을 챕터 및 테마별로 정리하였습니다. 시험대비에 꼭 필요한 내용으로만 구성하여 효율적으로 학습이 가능합니다.
최신기출 CBT 모의고사	최신 기출복원문제 3회분을 수록하여 시험 직전 최종 점검을 할 수 있도록 하였습니다. 제공되는 상세한 해설 및 동영상 강의를 활용하여 시험 직전 마무리 학습을 더 효율적 으로 할 수 있습니다.

이 책의 구성

2026 에듀윌 전기 기본서

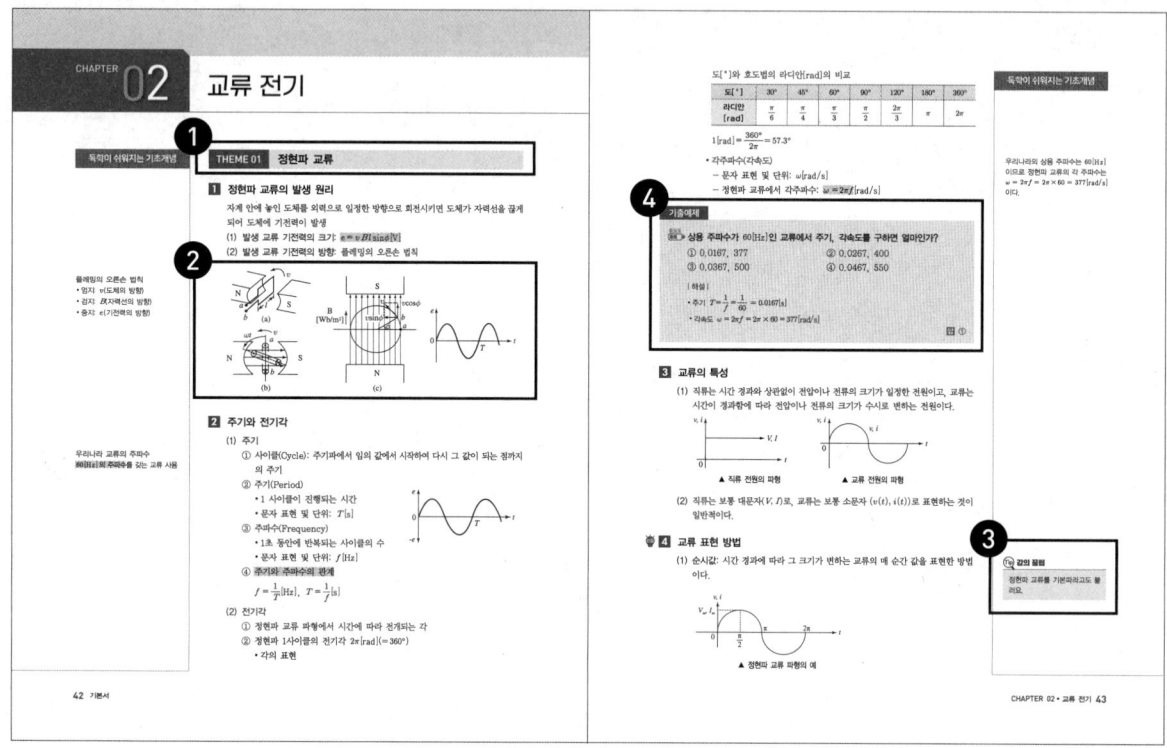

❶ CBT 시험 대비에 꼭 필요한 유형을 챕터별 THEME로 분류하였다.

❷ 이론 설명에 꼭 필요한 다양한 그림을 제공하여 수월한 학습을 할 수 있도록 하였다.

❸ 전공자부터 비전공자까지 누구나 쉽게 이해할 수 있도록 어려운 개념을 알기 쉽게 풀어서 쓴 강의꿀팁을 제공하였다.

❹ 기출예제를 통해 이론 학습 후 바로 실전 적용을 할 수 있도록 하였다.

"시험에 출제되는 이론을 탄탄하게 학습할 수 있습니다."

YES24 수험서 자격증 한국산업인력공단 전기분야 전기공사 베스트셀러 1위
(2019년 2월, 5월, 2020년 2월, 6월, 8월, 10월, 12월, 2021년 1월, 12월, 2022년 1월, 2월, 2023년 10월, 11월,
2024년 8월~12월, 2025년 1월, 3월~5월 월별 베스트)
2023, 2022, 2021 대한민국 브랜드만족도 전기기사 교육 1위(한경비즈니스)
2020, 2019 한국소비자만족지수 전기기사 교육 1위(한경비즈니스, G밸리뉴스)

2026 에듀윌 전기 회로이론 필기 +무료특강

기사맛집 합격 레시피

1 끝맺음 노트: 핵심이론＋빈출문제＋최신기출 CBT 모의고사 3회
   혜택받기 교재 내 별책부록 제공

2 최신기출 CBT 모의고사 무료 해설강의(3회분)
   혜택받기 교재 내 'QR코드 스캔' 또는 'URL 링크'로 접속

3 한국전기설비규정 용어 표준화 및 국문순화 신구비교표 제공(PDF)
   혜택받기 교재 내 'QR코드 스캔' 또는 'URL 링크'로 접속

고객의 꿈, 직원의 꿈, 지역사회의 꿈을 실현한다

에듀윌 도서몰
book.eduwill.net
• 부가학습자료 및 정오표: 에듀윌 도서몰 > 도서자료실
• 교재 문의: 에듀윌 도서몰 > 문의하기 > 교재(내용, 출간) / 주문 및 배송

꿈을 현실로 만드는
에듀윌

DREAM

공무원 교육
- 선호도 1위, 신뢰도 1위! 브랜드만족도 1위!
- 합격자 수 2,100% 폭등시킨 독한 커리큘럼

자격증 교육
- 9년간 아무도 깨지 못한 기록 합격자 수 1위
- 가장 많은 합격자를 배출한 최고의 합격 시스템

직영학원
- 검증된 합격 프로그램과 강의
- 1:1 밀착 관리 및 컨설팅
- 호텔 수준의 학습 환경

종합출판
- 온라인서점 베스트셀러 1위!
- 출제위원급 전문 교수진이 직접 집필한 합격 교재

어학 교육
- 토익 베스트셀러 1위
- 토익 동영상 강의 무료 제공

콘텐츠 제휴 · B2B 교육
- 고객 맞춤형 위탁 교육 서비스 제공
- 기업, 기관, 대학 등 각 단체에 최적화된 고객 맞춤형 교육 및 제휴 서비스

부동산 아카데미
- 부동산 실무 교육 1위!
- 상위 1% 고소득 창업/취업 비법
- 부동산 실전 재테크 성공 비법

학점은행제
- 99%의 과목이수율
- 17년 연속 교육부 평가 인정 기관 선정

대학 편입
- 편입 교육 1위!
- 최대 200% 환급 상품 서비스

국비무료 교육
- '5년우수훈련기관' 선정
- K-디지털, 산대특 등 특화 훈련과정
- 원격국비교육원 오픈

에듀윌 교육서비스 **공무원 교육** 9급공무원/소방공무원/계리직공무원 **자격증 교육** 공인중개사/주택관리사/손해평가사/감정평가사/노무사/전기기사/경비지도사/검정고시/소방설비기사/소방시설관리사/사회복지사1급/대기환경기사/수질환경기사/건축기사/토목기사/직업상담사/전기기능사/산업안전기사/건설안전기사/위험물산업기사/위험물기능사/유통관리사/물류관리사/행정사/한국사능력검정/한경TESAT/매경TEST/KBS한국어능력시험/실용글쓰기/IT자격증/국제무역사/무역영어 **어학 교육** 토익 교재/토익 동영상 강의 **세무/회계** 전산세무회계/ERP정보관리사/재경관리사 **대학 편입** 편입 영어·수학/연고대/의약대/경찰대/논술/면접 **직영학원** 공무원학원/소방학원/공인중개사 학원/주택관리사 학원/전기기사 학원/편입학원 **종합출판** 공무원·자격증 수험교재 및 단행본 **학점은행제** 교육부 평가인정기관 원격평생교육원(사회복지사2급/경영학/CPA) **콘텐츠 제휴·B2B 교육** 교육 콘텐츠 제휴/기업 맞춤 자격증 교육/대학취업역량 강화 교육 **부동산 아카데미** 부동산 창업CEO/부동산 경매 마스터/부동산 컨설팅 **주택취업센터** 실무 특강/실무 아카데미 **국비무료 교육(국비교육원)** 전기기능사/전기(산업)기사/소방설비(산업)기사/IT(빅데이터/자바프로그램/파이썬)/게임그래픽/3D프린터/실내건축디자인/웹퍼블리셔/그래픽디자인/영상편집(유튜브) 디자인/온라인 쇼핑몰광고 및 제작(쿠팡, 스마트스토어)/전산세무회계/컴퓨터활용능력/ITQ/GTQ/직업상담사

교육문의 1600-6700 www.eduwill.net

• 2022 소비자가 선택한 최고의 브랜드 공무원·자격증 교육 1위 (조선일보) • 2023 대한민국 브랜드만족도 공무원·자격증·취업·학원·편입·부동산 실무 교육 1위 (한경비즈니스)
• 2017/2022 에듀윌 공무원 과정 최종 환급자 수 기준 • 2023년 성인 자격증, 공무원 직영학원 기준 • YES24 공인중개사 부문, 2025 에듀윌 공인중개사 1차 기출응용 예상문제집 민법 및 민사특별법 (2025년 6월 월별 베스트) • 교보문고 취업/수험서 부문, 2020 에듀윌 농협은행 6급 NCS 직무능력평가+실전모의고사 4회 (2020년 1월 27일~2월 5일, 인터넷 주간 베스트) 그 외 다수
• YES24 컴퓨터활용능력 부문, 2024 컴퓨터활용능력 1급 필기 초단기끝장(2023년 10월 3~4주 주별 베스트) 그 외 다수 • YES24 신규 자격증 부문, 2024 에듀윌 데이터분석 준전문가 ADsP 2주끝장(2024년 4월 2주, 9월 5주 주별 베스트) • 인터파크 자격서/수험서 부문, 에듀윌 한국사능력검정시험 2주끝장 심화 (1, 2, 3급) (2020년 6~8월 월간 베스트) 그 외 다수 • YES24 국어 외국어사전영어 토익/TOEIC 기출문제/모의고사 분야 베스트셀러 1위 (에듀윌 토익 READING RC 4주끝장 리딩 종합서, 2022년 9월 4주 주별 베스트) • 에듀윌 토익 교재 입문~실전 인강 무료 제공 (2022년 최신 강좌 기준/109강) • 2024년 종강반 중 모든 평가항목 정상 참여자 기준, 99% (평생교육원 기준) • 2008년~2024년까지 234만 누적수강학점으로 과목 운영 (평생교육원 기준)
• 에듀윌 국비교육원 구로센터 고용노동부 지정 '5년우수훈련기관' 선정 (2023~2027) • KRI 한국기록원 2016, 2017, 2019년 공인중개사 최다 합격자 배출 공식 인증 (2025년 현재까지 업계 최고 기록)

여러분의 작은 소리
에듀윌은 크게 듣겠습니다.

본 교재에 대한 여러분의 목소리를 들려주세요.
공부하시면서 어려웠던 점, 궁금한 점,
칭찬하고 싶은 점, 개선할 점, 어떤 것이라도 좋습니다.

에듀윌은 여러분께서 나누어 주신 의견을
통해 끊임없이 발전하고 있습니다.

에듀윌 도서몰 book.eduwill.net
- 부가학습자료 및 정오표: 에듀윌 도서몰 → 도서자료실
- 교재 문의: 에듀윌 도서몰 → 문의하기 → 교재(내용, 출간) / 주문 및 배송

2026 에듀윌 회로이론 필기 기본서 + 유형별 N제

발 행 일	2025년 8월 12일 초판
편 저 자	에듀윌 전기수험연구소
펴 낸 이	양형남
개발책임	목진재
개 발	박원서, 최윤석, 서보경
펴 낸 곳	(주)에듀윌
I S B N	979-11-360-3811-1
등록번호	제25100-2002-000052호
주 소	08378 서울특별시 구로구 디지털로34길 55 코오롱싸이언스밸리 2차 3층

* 이 책의 무단 인용·전재·복제를 금합니다.

www.eduwill.net
대표전화 1600-6700

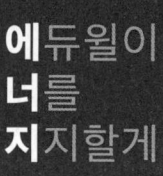

삶의 순간순간이
아름다운 마무리이며
새로운 시작이어야 한다.

– 법정 스님

36

RLC 직렬 회로에서 $L=50[\text{mH}]$, $C=5[\mu\text{F}]$일 때 진동적 과도 현상을 보이는 $R[\Omega]$의 값은?

① 100
② 200
③ 300
④ 400

해설

$R-L-C$ 직렬 회로에서 진동 조건은 $R^2 < 4\dfrac{L}{C}$이다.

$4\dfrac{L}{C} = 4 \times \dfrac{50 \times 10^{-3}}{5 \times 10^{-6}} = 40,000$

따라서 진동이 되기 위한 저항값은
$R < \sqrt{40,000} = 200[\Omega]$이므로 조건에 알맞은 R의 값은
① $100[\Omega]$이다.

($\therefore$ 보기 ②의 $200[\Omega]$은 임계 진동 조건 $\left(R^2 = 4\dfrac{L}{C}\right)$임에 유의한다.)

37

다음 $R-L-C$ 직렬 회로에서 스위치 S를 닫은 후에 흐르는 과도 전류의 파형 특성은?

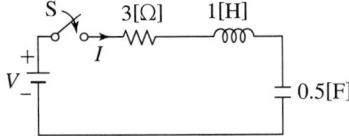

① 과제동(Over damped)
② 부족 제동(Under damped)
③ 임계 제동(Critically damped)
④ 비제동(Undamped)

해설

$R^2 = 3^2 = 9$이고 $4\dfrac{L}{C} = 4 \times \dfrac{1}{0.5} = 8$이므로 $R^2 > 4\dfrac{L}{C}$의 조건이 된다. 따라서 이 회로는 과제동(비진동) 상태의 조건이다.

38

다음 회로에서 $t=0$일 때 스위치 K를 닫았다. $i_1(0_+)$, $i_2(0_+)$의 값은?(단, $t<0$에서 C 전압과 L 전압은 각각 $0[\text{V}]$이다.)

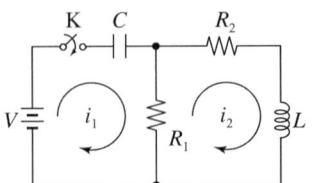

① $\dfrac{V}{R_1},\ 0$
② $0,\ \dfrac{V}{R_2}$
③ $0,\ 0$
④ $-\dfrac{V}{R_1},\ 0$

해설

직류(DC)를 회로에 투입($t=0$) 시점에서의 콘덴서는 단락 상태, 인덕턴스는 개방 상태로 작용한다.

$i_1 = \dfrac{V}{R_1}[\text{A}],\ i_2 = 0$

| 정답 | 36 ① 37 ① 38 ①

33

$R = 1[\text{M}\Omega]$, $C = 1[\mu\text{F}]$의 직렬 회로에 직류 $100[\text{V}]$를 가했다. 시정수 τ, 전류 초기값 I를 구하면?

① $5[\sec]$, $10^{-4}[\text{A}]$ ② $3[\sec]$, $10^{-3}[\text{A}]$
③ $1[\sec]$, $10^{-4}[\text{A}]$ ④ $2[\sec]$, $10^{-3}[\text{A}]$

해설

- 시정수
  $\tau = RC = 1 \times 10^6 \times 1 \times 10^{-6} = 1[\sec]$
- 전류 초기값
  직류 투입 시 커패시터는 단락 상태이므로
  $I = \dfrac{V}{R} = \dfrac{100}{1 \times 10^6} = 10^{-4}[\text{A}]$

34

과도 현상에 대한 내용으로 틀린 것은?

① RL 직렬 회로의 시정수는 $\dfrac{L}{R}[\text{초}]$이다.
② RC 직렬 회로에서 V_0로 충전된 콘덴서를 방전시킬 경우 $\tau = RC$에서의 콘덴서 단자 전압은 $0.632 V_0$이다.
③ 정현파 교류 회로에서는 전원을 넣을 때의 위상을 조절해 과도 현상의 영향을 없앨 수 있다.
④ 전원이 직류 기전력일 때에도 회로의 전류가 정현파가 되는 경우가 있다.

해설

RC 직렬 회로에서 V_0로 충전된 콘덴서를 방전시킬 경우 $\tau = RC$에서의 콘덴서 단자 전압은 아래와 같다.

$V_c = V_0 e^{-\frac{1}{RC}t} = V_0 e^{-\frac{1}{RC} \times RC} = V_0 e^{-1} = 0.368 V_0 [\text{V}]$

35

저항 $6[\text{k}\Omega]$, 인덕턴스 $90[\text{mH}]$, 커패시턴스 $0.01[\mu\text{F}]$인 직렬 회로에 $t = 0$에서 흐르는 직류 전압 $100[\text{V}]$를 가하였다. 흐르는 전류의 최대값(I_m)은 약 몇 $[\text{mA}]$인가?

① 11.8 ② 12.3
③ 14.7 ④ 15.6

해설

- $R-L-C$ 직렬 회로의 과도 전류
  $i(t) = \dfrac{E}{L} t e^{-\frac{R}{2L}t}[\text{A}]$
- $R-L-C$ 직렬 회로의 시정수
  $t = \dfrac{2L}{R} = \dfrac{2 \times 90 \times 10^{-3}}{6 \times 10^3} = 30 \times 10^{-6}[\sec]$

따라서 과도 전류 최대값은 아래와 같다.

$i\left(\dfrac{2L}{R}\right) = \dfrac{E}{L} \times \dfrac{2L}{R} \times e^{-\frac{R}{2L} \times \frac{2L}{R}}$

$= \dfrac{2E}{R} e^{-1} = \dfrac{2 \times 100}{6 \times 10^3} \times e^{-1}$

$= 0.0123[\text{A}] = 12.3[\text{mA}]$

별해

$i(t) = \dfrac{E}{L} t e^{-\frac{R}{2L}t}[\text{A}]$에서

$\dfrac{di}{dt} = \dfrac{E}{L}\left\{ e^{-\frac{R}{2L}t} + t\left(-\dfrac{R}{2L}\right) e^{-\frac{R}{2L}t} \right\}$

$= \dfrac{E}{L} e^{-\frac{R}{2L}t}\left(1 - \dfrac{R}{2L}t\right)$

∴ $t = \dfrac{2L}{R}$에서 최대값을 가지므로 과도전류 최대값

$I_m = i\left(\dfrac{2L}{R}\right) = \dfrac{E}{L} \times \dfrac{2L}{R} \times e^{-\frac{R}{2L} \times \frac{2L}{R}}$

$= \dfrac{2E}{R} e^{-1} = \dfrac{2 \times 100}{6 \times 10^3} \times e^{-1}$

$= 0.0123[\text{A}] = 12.3[\text{mA}]$

29

$t=0$에서 스위치 K를 닫았다. 이 회로의 완전 응답 $i(t)$는?(단, 커패시턴스 C는 그림의 극성으로 $\frac{V}{2}$의 초기 전압을 갖고 있었다.)

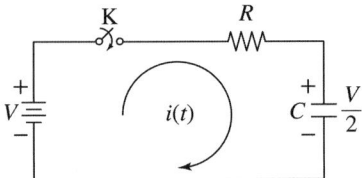

① $\frac{V}{2R}e^{-\frac{t}{RC}}$ ② $\frac{V}{2R}\left(1-e^{-\frac{t}{RC}}\right)$

③ $\frac{V}{R}e^{-\frac{t}{RC}}$ ④ $\frac{V}{R}\left(1-e^{-\frac{t}{RC}}\right)$

해설

$i(t) = \frac{E}{R}e^{-\frac{1}{RC}t} = \frac{V-\frac{V}{2}}{R}e^{-\frac{1}{RC}t} = \frac{V}{2R}e^{-\frac{t}{RC}}$ [A]

30

다음 회로에서 스위치 S를 충분히 오랜 시간 ㉠에 접속하였다가 $t=0$일 때 ㉡으로 전환하였다. $t \geq 0$에 대한 전류 $i(t)$ [A]를 나타낸 식은?

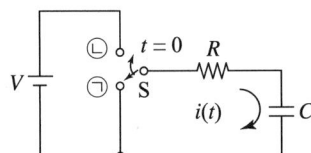

① $\frac{V}{RC}e^{-t/RC}$ ② $\frac{V}{RC}e^{-t/R}$

③ $\frac{CV}{R}e^{-t/RC}$ ④ $\frac{V}{R}e^{-t/RC}$

해설

$R-C$ 직렬 회로의 과도 전류식

$i(t) = \frac{E}{R}e^{-\frac{1}{RC}t} = \frac{V}{R}e^{-\frac{1}{RC}t}$ [A]

31

$R-C$ 직렬 회로의 과도 현상에 대한 설명으로 옳은 것은?

① $R-C$ 값이 클수록 과도 전류값은 천천히 사라진다.
② $R-C$ 값이 클수록 과도 전류값은 빨리 사라진다.
③ 과도 전류는 $R-C$ 값과 상관없다.
④ $\frac{1}{RC}$ 값이 클수록 과도 전류값은 천천히 사라진다.

해설

$R-C$ 직렬 회로의 시정수는 $\tau = RC$ [sec]이므로 RC 값이 클수록 과도 현상은 더 오래 지속된다.(과도 전류값은 천천히 사라진다.)

32

다음 RC 회로에서 $R=50[\text{k}\Omega]$, $C=1[\mu\text{F}]$일 때, 시정수 τ[sec]는?

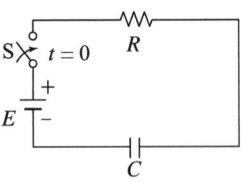

① 2×10^2 ② 2×10^{-2}
③ 5×10^2 ④ 5×10^{-2}

해설

$\tau = RC = 50 \times 10^3 \times 1 \times 10^{-6} = 5 \times 10^{-2}$ [sec]

| 정답 | 29 ① 30 ④ 31 ① 32 ④

25

그림에서 $t=0$에서 스위치 S를 닫았다. 콘덴서에 충전된 초기 전압 $V_C(0)$가 $1[\mathrm{V}]$였다면 전류 $i(t)$를 변환한 값 $I(s)$는?

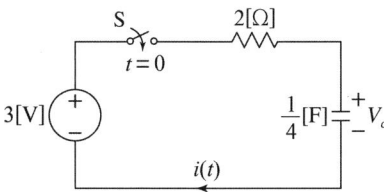

① $\dfrac{3}{2s+4}$ ② $\dfrac{3}{s(2s+4)}$

③ $\dfrac{2}{s(s+2)}$ ④ $\dfrac{1}{s+2}$

해설

$R-C$ 직렬 회로의 과도 전류식은 아래와 같다.

$$i(t)=\dfrac{E}{R}e^{-\frac{1}{RC}t}=\dfrac{3-1}{2}e^{-\frac{1}{2\times\frac{1}{4}}t}=e^{-2t}[\mathrm{A}]$$

따라서 위의 식을 라플라스 변환한다.

$$I(s)=\dfrac{1}{s+2}$$

26

그림과 같은 회로에서 스위치 S를 닫을 때 방전 전류 $i(t)$는?

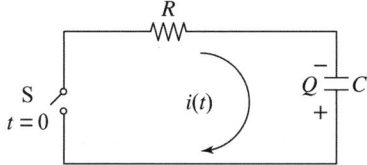

① $-\dfrac{Q}{RC}e^{-\frac{1}{RC}t}$ ② $\dfrac{Q}{RC}e^{-\frac{1}{RC}t}$

③ $-\dfrac{Q}{RC}\left(1-e^{-\frac{1}{RC}t}\right)$ ④ $\dfrac{Q}{RC}\left(1+e^{-\frac{1}{RC}t}\right)$

해설

$$i(t)=\dfrac{E}{R}e^{-\frac{1}{RC}t}=\dfrac{\frac{Q}{C}}{R}e^{-\frac{1}{RC}t}=\dfrac{Q}{RC}e^{-\frac{1}{RC}t}[\mathrm{A}]$$

27

RC 회로의 입력 단자에 계단 전압을 가하면 출력 전압은?

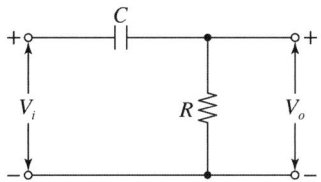

① 0부터 지수적으로 증가한다.
② 처음에는 입력과 같이 변했다가 지수적으로 감소한다.
③ 같은 모양의 계단 전압이 나타난다.
④ 아무 것도 나타나지 않는다.

해설

출력 전압에 대해 전압 분배 법칙을 적용한다.

$$V_o=\dfrac{R}{\frac{1}{Cs}+R}V_i=\dfrac{RCs}{1+RCs}V_i$$

따라서 위의 식은 미분 동작이면서 1차 지연 동작이므로, 처음에는 입력과 같이 변했다가 점차 지수적으로 감소하는 특성을 보인다.

28

그림과 같은 회로에서 저항 $R[\Omega]$과 정전 용량 $C[\mathrm{F}]$의 직렬 회로에서 잘못 표현된 것은?

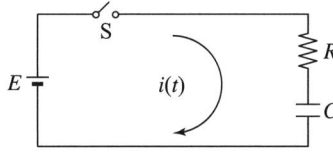

① 회로의 시정수는 $\tau=RC[\mathrm{s}]$이다.
② $t=0$에서 직류 전압 $E[\mathrm{V}]$를 가했을 때 $t[\mathrm{s}]$ 후의 전류 $i=\dfrac{E}{R}e^{-\frac{1}{RC}t}[\mathrm{A}]$이다.
③ $t=0$에서 직류 전압 $E[\mathrm{V}]$를 가했을 때 $t[\mathrm{s}]$ 후의 전류 $i=\dfrac{E}{R}\left(1-e^{-\frac{1}{RC}t}\right)[\mathrm{A}]$이다.
④ $R-C$ 직렬 회로의 직류 전압 $E[\mathrm{V}]$를 충전한 경우 회로의 전압 방정식은 $Ri+\dfrac{1}{C}\int i\,dt=E$이다.

해설

$R-C$ 직렬 회로의 과도 전류식

$$i(t)=\dfrac{E}{R}e^{-\frac{1}{RC}t}[\mathrm{A}]$$

| 정답 | 25 ④ 26 ② 27 ② 28 ③

21

그림과 같은 회로에서 스위치 S를 닫았을 때 L에 가해지는 전압은?(단, $i(0) = 0$이다.)

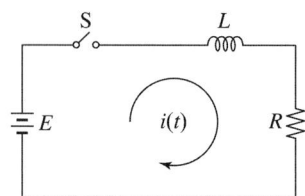

① $\dfrac{E}{R} e^{-\frac{R}{L}t}$
② $\dfrac{E}{R} e^{-\frac{L}{R}t}$
③ $E e^{-\frac{R}{L}t}$
④ $E e^{\frac{L}{R}t}$

해설

$R-L$ 직렬 회로의 과도 전류를 구한다.
$i(t) = \dfrac{E}{R}\left(1 - e^{-\frac{R}{L}t}\right)$[A]

따라서 L에 가해지는 전압을 구해 보면 아래와 같다.

$V_L = L\dfrac{di(t)}{dt} = L\dfrac{d}{dt}\left\{\dfrac{E}{R}\left(1 - e^{-\frac{R}{L}t}\right)\right\}$
$= -\dfrac{LE}{R} \times \left(-\dfrac{R}{L}\right) e^{-\frac{R}{L}t} = E e^{-\frac{R}{L}t}$ [V]

22

시정수의 의미를 설명한 것으로 틀린 것은?

① 시정수가 작으면 과도 현상이 짧다.
② 시정수가 크면 정상 상태에 늦게 도달한다.
③ 시정수는 τ로 표기하며 단위는 초[sec]이다.
④ 시정수는 과도 기간 중 변해야 할 양의 0.632[%]가 변화하는 데 소요된 시간이다.

해설

시정수: 정상 전류(100[%])값의 63.2[%]에 도달하는 시간

23

$R = 30[\Omega]$, $L = 79.6[\text{mH}]$의 RL 직렬 회로에 60[Hz]의 교류를 가할 때 과도 현상이 발생하지 않으려면 전압을 어느 위상에서 가해야 하는가?

① $23°$
② $30°$
③ $45°$
④ $60°$

해설

$R-L$ 직렬 회로에 60[Hz]의 교류를 가할 때 과도 현상이 발생하지 않으려면 전압은 $R-L$ 직렬 회로에 의해 생긴 전류의 늦은 위상보다 빠른 전압을 가해야 한다.
임피던스 $Z = R + j\omega L$에서
$\theta = \tan^{-1}\dfrac{\omega L}{R} = \tan^{-1}\dfrac{2\pi \times 60 \times 79.6 \times 10^{-3}}{30} = 45°$

24

$R = 4,000[\Omega]$, $L = 5[\text{H}]$의 직렬 회로에 직류 전압 $200[\text{V}]$를 가할 때 단자 간 스위치를 갑자기 단락시킬 경우 그로부터 1/800초 후 회로의 전류는 몇 [mA]인가?

① 18.4
② 1.84
③ 28.4
④ 2.84

해설

문제에 주어진 조건은 전원을 소거시킨 상태를 설명한 것이다.
$i(t) = \dfrac{E}{R} e^{-\frac{R}{L}t} = \dfrac{200}{4,000} e^{-\frac{4,000}{5} \times \frac{1}{800}} = 0.0184[\text{A}] = 18.4[\text{mA}]$

문제 조건에서 충분한 시간이 지난 후라고 했으므로 이때의 위 전류 상태는 정상 전류 상태가 된다.

$I_s = \dfrac{E}{R} = \dfrac{2}{2} = 1[A]$

인덕터에 저장되는 에너지는 아래와 같다.

$W = \dfrac{1}{2}LI_s^2 = \dfrac{1}{2} \times (2 \times 10^{-3} + 4 \times 10^{-3}) \times 1^2$
$= 3 \times 10^{-3}[J] = 3[mJ]$

19
그림과 같은 회로를 $t = 0$에서 스위치 S를 닫았을 때 $R[\Omega]$에 흐르는 전류 $i_R(t)[A]$는?

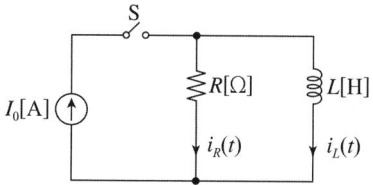

① $I_0(1 - e^{-\frac{R}{L}t})$ ② $I_0(1 + e^{-\frac{R}{L}t})$

③ I_0 ④ $I_0 e^{-\frac{R}{L}t}$

해설

전류원 ↔ 전압원 등가 변환한 후 인덕터에 흐르는 과도 전류를 구해 보면 아래와 같다.
$E = I_0 R[V]$

$i_L(t) = \dfrac{E}{R}\left(1 - e^{-\frac{R}{L}t}\right) = I_0\left(1 - e^{-\frac{R}{L}t}\right)[A]$

키르히호프 법칙에 의하여 $I_0 = i_R(t) + i_L(t)$이므로 아래와 같이 나타낼 수 있다.

$i_R(t) = I_0 - i_L(t) = I_0 - I_0\left(1 - e^{-\frac{R}{L}t}\right) = I_0 e^{-\frac{R}{L}t}[A]$

20
회로에서 $10[mH]$의 인덕턴스에 흐르는 전류는 일반적으로 $i(t) = A + Be^{-at}$로 표시된다. a의 값은?

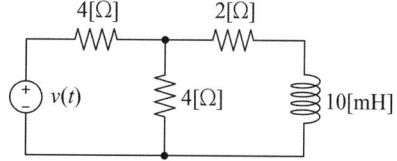

① 100 ② 200
③ 400 ④ 50

해설

인덕턴스를 제외한 회로의 합성 저항을 구한다.(테브난 정리)
$R = 2 + \dfrac{4 \times 4}{4 + 4} = 4[\Omega]$

따라서 $R-L$ 회로에 대한 과도 전류는 아래와 같다.

$i = \dfrac{E}{R}\left(1 - e^{-\frac{R}{L}t}\right) = \dfrac{v(t)/2}{4}\left(1 - e^{-\frac{4}{10 \times 10^{-3}}t}\right)$
$= \dfrac{v(t)}{8} - \dfrac{v(t)}{8}e^{-400t}[A]$

a의 값은 400이 되는 것을 알 수 있다.

15

인덕턴스 0.5[H], 저항 2[Ω]의 직렬 회로에 30[V]의 직류 전압을 급히 가했을 때 스위치를 닫은 후 0.1초 후의 전류의 순시값 i[A]와 회로의 시정수 τ[sec]는?

① $i = 4.95$, $\tau = 0.25$ ② $i = 12.75$, $\tau = 0.35$
③ $i = 5.95$, $\tau = 0.45$ ④ $i = 13.95$, $\tau = 0.25$

해설

- $R-L$ 직렬 회로의 과도 전류

$$i(t) = \frac{E}{R}\left(1-e^{-\frac{R}{L}t}\right) = \frac{30}{2}\left(1-e^{-\frac{2}{0.5}\times 0.1}\right)$$
$$= 4.95[A]$$

- $R-L$ 직렬 회로의 시정수

$$\tau = \frac{L}{R} = \frac{0.5}{2} = 0.25[\text{sec}]$$

16

$R_1 = R_2 = 100[\Omega]$이며 $L_1 = 5[\text{H}]$인 회로에서 시정수는 몇 [sec]인가?

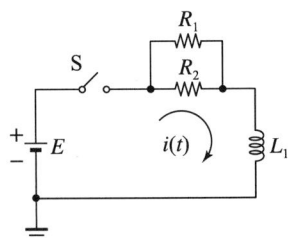

① 0.001 ② 0.01
③ 0.1   ④ 1

해설

$R = \frac{100}{2} = 50[\Omega]$, $\tau = \frac{L}{R} = \frac{5}{50} = 0.1[\text{sec}]$

별해

합성 저항 $R = \frac{R_1 R_2}{R_1 + R_2} = \frac{100 \times 100}{100 + 100} = 50[\Omega]$

17

시정수 τ를 갖는 RL 직렬 회로에 직류 전압을 가할 때 $t = 2\tau$가 되는 시간에 회로에 흐르는 전류는 최종값의 약 몇 [%]인가?

① 98[%]   ② 95[%]
③ 86[%]   ④ 63[%]

해설

시정수 $\tau = \frac{L}{R}$이므로

$$i(t) = \frac{E}{R}\left(1-e^{-\frac{R}{L}t}\right) = \frac{E}{R}\left(1-e^{-\frac{R}{L}\times 2\frac{L}{R}}\right)$$
$$= \frac{E}{R}(1-e^{-2}) = \frac{E}{R}\times 0.865[A]\,(\therefore 약\ 86[\%])$$

18

다음 회로에서 충분한 시간이 지난 후 2개의 인덕터에 저장된 에너지의 합[mJ]은?

① 0
② 3
③ 6
④ 8

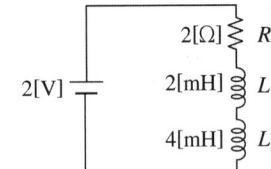

해설

$R-L$ 직렬 회로에서의 전류 특성

- 스위치 투입 시 과도 전류

$$i(t) = \frac{E}{R}\left(1-e^{-\frac{R}{L}t}\right)[A]$$

- 스위치 투입 후 정상 전류

$$I_s = \frac{E}{R}[A]$$

- 스위치 개방 시 감소 전류

$$i(t) = \frac{E}{R}e^{-\frac{R}{L}t}[A]$$

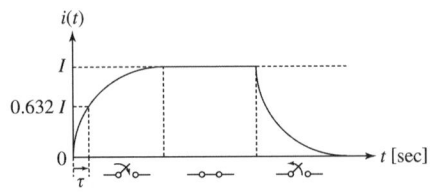

▲ 스위치 동작에 따른 전류 변화 곡선

12

다음 $R-L$ 회로에서 $t=0$인 시점에 스위치(SW)를 닫았을 때 이에 대한 설명으로 옳은 것은?

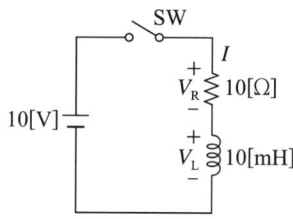

① 회로에 흐르는 초기 전류($t=0^+$)는 $1[\text{mA}]$이다.
② 회로의 시정수는 $10[\text{ms}]$이다.
③ 최종적($t=\infty$)으로 V_R 양단의 전압은 $10[\text{V}]$이다.
④ 최초($t=0^+$)의 V_L 양단의 전압은 $0[\text{V}]$이다.

해설

- SW를 닫은 후 바로 다음인 $t=0^+$ 때에는 L이 개방되므로 회로에 흐르는 전류는 0이다.
- 회로의 시정수
  $\tau = \dfrac{L}{R} = \dfrac{10\times 10^{-3}}{10} = 1\times 10^{-3}[\text{sec}] = 1[\text{ms}]$
- $t=\infty$에서 L이 단락이므로 V_R 양단의 전압은 $10[\text{V}]$이다.
- $t=0^+$에서 L은 개방이므로 V_L 양단의 전압은 $10[\text{V}]$이다.

13

아래 회로에서 오랫동안 ㉠의 위치에 있던 스위치 SW를 $t=0^+$인 순간에 ㉡의 위치로 전환하였다. 충분한 시간이 흐른 후에 인덕터 L에 저장되는 에너지[J]는?(단, $V_1 = 100[\text{V}]$, $R=20[\Omega]$, $L=0.2[\text{H}]$이다.)

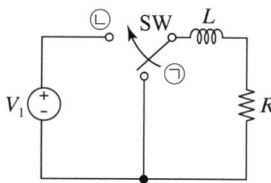

① 0.25
② 2.5
③ 25
④ 250

14

R_1, R_2 저항 및 인덕턴스 L의 직렬 회로가 있다. 이 회로의 시정수[sec]는?

① $-\dfrac{R_1+R_2}{L}$
② $\dfrac{R_1+R_2}{L}$
③ $\dfrac{-L}{R_1+R_2}$
④ $\dfrac{L}{R_1+R_2}$

해설

시정수 $\tau = \dfrac{L}{R} = \dfrac{L}{R_1+R_2}[\text{sec}]$

해설

$R-L$ 직렬 회로에서의 전류 특성

- 스위치 투입 시 과도 전류
  $i(t) = \dfrac{E}{R}\left(1 - e^{-\frac{R}{L}t}\right)[\text{A}]$
- 스위치 투입 후 정상 전류
  $I_s = \dfrac{E}{R}[\text{A}]$
- 스위치 개방 시 감소 전류
  $i(t) = \dfrac{E}{R}e^{-\frac{R}{L}t}[\text{A}]$

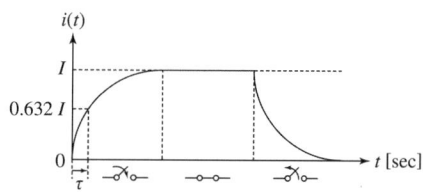

▲ 스위치 동작에 따른 전류 변화 곡선

문제 조건에서 스위치를 ㉡의 위치로 전환한 후 충분한 시간이 흘렀다고 하였으므로 이때의 위 전류 상태는 정상 전류 상태가 된다.
$I_s = \dfrac{E}{R} = \dfrac{100}{20} = 5[\text{A}]$

인덕터에 저장되는 에너지는 아래와 같다.
$W = \dfrac{1}{2}LI_s^2 = \dfrac{1}{2}\times 0.2\times 5^2 = 2.5[\text{J}]$

09
권수가 2,000회이고 저항이 12[Ω]인 솔레노이드에 전류 10[A]를 흘릴 때 자속이 6×10^{-2}[Wb]가 발생하였다. 이 회로의 시정수[sec]는?

① 1
② 0.1
③ 0.01
④ 0.001

해설
문제에 주어진 조건을 이용하여 인덕턴스를 구한다.
$N\phi = LI$
$\Rightarrow L = \dfrac{N\phi}{I} = \dfrac{2,000 \times 6 \times 10^{-2}}{10} = 12[\text{H}]$
따라서 시정수는 아래와 같다.
$\tau = \dfrac{L}{R} = \dfrac{12}{12} = 1[\text{sec}]$

10
그림과 같은 회로의 설명으로 틀린 것은?

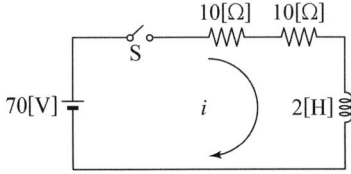

① 이 회로의 시정수는 0.1[s]이다.
② 이 회로의 특성근은 -10이다.
③ 이 회로의 특성근은 +10이다.
④ 정상 전류값은 3.5[A]이다.

해설
- 시정수: $\tau = \dfrac{L}{R} = \dfrac{L}{R_1 + R_2} = \dfrac{2}{10+10} = 0.1[\text{s}]$
- 특성근: $s = -\dfrac{R}{L} = -\dfrac{R_1 + R_2}{L} = -\dfrac{10+10}{2} = -10$
- 정상 전류: $I_s = \dfrac{E}{R} = \dfrac{E}{R_1 + R_2} = \dfrac{70}{10+10} = 3.5[\text{A}]$

11
$Ri(t) + L\dfrac{di(t)}{dt} = E$ 에서 모든 초기값을 0으로 하였을 때 $i(t)$ 값은?

① $\dfrac{E}{R}e^{-\frac{RL}{2}}$
② $\dfrac{E}{R}e^{-\frac{L}{R}t}$
③ $\dfrac{E}{R}\left(1 - e^{-\frac{R}{L}t}\right)$
④ $\dfrac{E}{R}\left(1 - e^{-\frac{L}{R}t}\right)$

해설
문제에 주어진 미분 방정식을 라플라스 변환한다.
$Ri(t) + L\dfrac{di(t)}{dt} = E \Rightarrow RI(s) + LsI(s) = \dfrac{E}{s}$

$\therefore I(s) = \dfrac{E}{s(R + Ls)} = \dfrac{E}{Ls\left(s + \dfrac{R}{L}\right)} = \dfrac{A}{s} + \dfrac{B}{s + \dfrac{R}{L}}$

$= \dfrac{\dfrac{E}{R}}{s} - \dfrac{\dfrac{E}{R}}{s + \dfrac{R}{L}}$

따라서 위의 식을 라플라스 역변환하여 시간 함수를 구한다.
$i(t) = \dfrac{E}{R}\left(1 - e^{-\frac{R}{L}t}\right)[\text{A}]$

04

RL 직렬 회로에서 시정수가 $0.03[\text{sec}]$, 저항이 $14.7[\Omega]$일 때 코일의 인덕턴스$[\text{mH}]$는?

① $441[\text{mH}]$ ② $362[\text{mH}]$
③ $17.6[\text{mH}]$ ④ $2.53[\text{mH}]$

해설

$\tau = \dfrac{L}{R}[\text{sec}]$

$\therefore L = \tau \times R = 0.03 \times 14.7 = 0.441[\text{H}] = 441[\text{mH}]$

05

$t = 0$에서 스위치 S를 닫았을 때 정상 전류값$[\text{A}]$은?

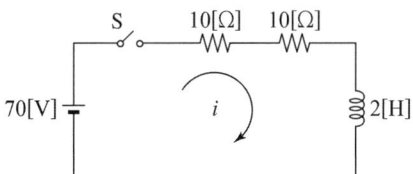

① 1 ② 2.5
③ 3.5 ④ 7

해설

정상상태에서 인덕턴스는 단락상태이므로

$I = \dfrac{E}{R} = \dfrac{70}{10+10} = 3.5[\text{A}]$

06

RL 직렬 회로에 직류 전압 $E[\text{V}]$를 어느 순간에 인가하였을 때 시정수의 5배의 시간에서는 정상 전류의 몇 $[\%]$에 도달하는가?

① 93.3 ② 95.3
③ 97.3 ④ 99.3

해설

$i(t) = \dfrac{E}{R}\left(1 - e^{-\frac{R}{L}t}\right) = \dfrac{E}{R}\left(1 - e^{-\frac{R}{L} \times \frac{5L}{R}}\right)$

$= \dfrac{E}{R}(1 - e^{-5}) = 0.993 \dfrac{E}{R}[\text{A}] (\therefore 99.3[\%])$

07

정상 상태에서 시간 $t = 0$일 때 스위치 S를 열면 흐르는 전류 i는?

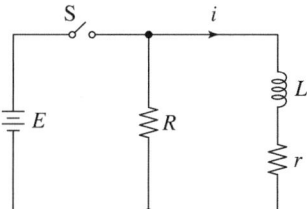

① $\dfrac{E}{R}e^{-\frac{R+r}{L}t}$ ② $\dfrac{E}{r}e^{-\frac{R+r}{L}t}$
③ $\dfrac{E}{r}e^{-\frac{L}{R+r}t}$ ④ $\dfrac{E}{R}e^{-\frac{L}{R+r}t}$

해설

- 스위치를 닫을 때의 과도 전류

  $i(t) = \dfrac{E}{r}\left(1 - e^{-\frac{r}{L}t}\right)[\text{A}]$

- 스위치를 계속 닫고 있을 때의 L에 흐르는 정상 전류

  $I = \dfrac{E}{r}[\text{A}]$

- 스위치를 열 때의 전류

  $i(t) = \dfrac{E}{r}e^{-\frac{R+r}{L}t}[\text{A}]$

08

$t = 0$에서 스위치 S를 닫을 때의 전류 $i(t)$는?

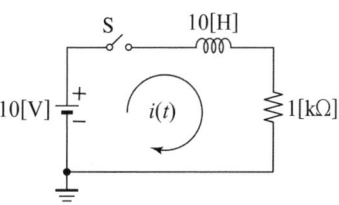

① $0.01(1 - e^{-t})$ ② $0.01(1 + e^{-t})$
③ $0.01(1 - e^{-100t})$ ④ $0.01(1 + e^{-100t})$

해설

$i(t) = \dfrac{E}{R}\left(1 - e^{-\frac{R}{L}t}\right) = \dfrac{10}{1 \times 10^3}\left(1 - e^{-\frac{1 \times 10^3}{10}t}\right)$

$= 0.01(1 - e^{-100t})[\text{A}]$

CHAPTER 14 CBT 적중문제

01
그림과 같은 회로에서 $t=0$의 순간 S를 열었을 때 L의 양단에 발생하는 역기전력은 인가 전압의 몇 배가 발생하는가?(단, 스위치 S를 열기 전 회로는 정상 상태이다.)

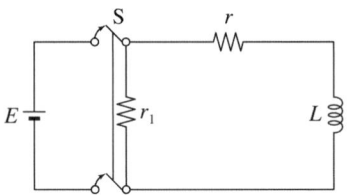

① $\dfrac{r}{r+r_1}$ ② $\dfrac{r_1 r}{r+r_1}$

③ $\dfrac{r-r_1}{r_1}$ ④ $\dfrac{r+r_1}{r}$

해설
- 스위치를 닫을 때 과도 전류
$$i(t) = \frac{E}{r}\left(1-e^{-\frac{r}{L}t}\right)[A]$$
- 스위치를 계속 닫고 있을 때 L에 흐르는 정상 전류
$$I = \frac{E}{\frac{r_1 r}{r_1+r}} \times \frac{r_1}{r_1+r} = \frac{E}{r}[A]$$
- 스위치를 열었을 때 과도 전류
$$i(t) = \frac{E}{r}e^{-\frac{r+r_1}{L}t}[A]$$

따라서 L의 양단에 발생하는 역기전력을 구할 수 있다.
$$V_L = -L\frac{di(t)}{dt} = -L\frac{d}{dt}\left(\frac{E}{r}e^{-\frac{r+r_1}{L}t}\right)\bigg|_{t=0}$$
$$= L \times \frac{E}{r} \times \frac{r+r_1}{L}e^0 = E \times \frac{r+r_1}{r}[V]$$
$$\therefore \frac{V_L}{E} = \frac{r+r_1}{r}$$

즉, 인가 전압 E의 $\dfrac{r+r_1}{r}$ 배가 된다.

02
RL 직렬 회로에서 $R=20[\Omega]$, $L=40[\mathrm{mH}]$이다. 이 회로의 시정수[sec]는?

① 2 ② 2×10^{-3}

③ $\dfrac{1}{2}$ ④ $\dfrac{1}{2} \times 10^{-3}$

해설
$$\tau = \frac{L}{R} = \frac{40 \times 10^{-3}}{20} = 2 \times 10^{-3}[\sec]$$

03
다음 회로에 대한 설명으로 옳은 것은?

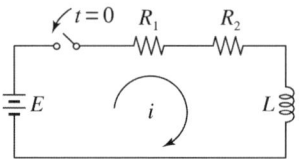

① 이 회로의 시정수는 $\dfrac{L}{R_1+R_2}[\sec]$이다.

② 이 회로의 특성근은 $\dfrac{R_1+R_2}{L}$이다.

③ 정상 전류값은 $\dfrac{E}{R_2}$이다.

④ 이 회로의 전류값은 $i(t) = \dfrac{E}{R_1+R_2}\left(1-e^{-\frac{L}{R_1+R_2}t}\right)$이다.

해설 $R-L$ 직렬 회로의 과도 특성
- 시정수 $\tau = \dfrac{L}{R} = \dfrac{L}{R_1+R_2}[\sec]$
- 특성근 $s = -\dfrac{R}{L} = -\dfrac{R_1+R_2}{L}$
- 정상 전류 $I = \dfrac{E}{R} = \dfrac{E}{R_1+R_2}[A]$
- 과도 전류
$$i(t) = \frac{E}{R}\left(1-e^{-\frac{R}{L}t}\right) = \frac{E}{R_1+R_2}\left(1-e^{-\frac{R_1+R_2}{L}t}\right)[A]$$

| 정답 | 01 ④   02 ②   03 ①

독학이 쉬워지는 기초개념

L, C 소자의 시간 경과에 따른 특성

(1) 인덕터 L

$$\underline{\quad\overset{L}{\text{──────}}\quad}$$

① DC 전원 공급 시
$t \to 0$ ──o o──
$t \to \infty$ ──o─o──

② AC 전원 공급 시
$t \to 0$ ──o o──
$t \to \infty$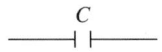
$\qquad\qquad j\omega L$

(2) 커패시터 C

$$\underline{\quad\overset{C}{\text{──┤├──}}\quad}$$

① DC 전원 공급 시
$t \to 0$ ──o─o──
$t \to \infty$ ──o o──

② AC 전원 공급 시
$t \to 0$ ──o─o──
$t \to \infty$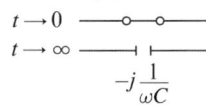
$\qquad\qquad -j\dfrac{1}{\omega C}$

THEME 04 L과 C 소자의 시간 경과에 따른 특성

1 L 소자

(1) 직류(DC)를 회로에 투입할($t \to 0$) 시점에서 인덕터는 개방 상태이었다가, 시간이 충분히 경과($t \to \infty$)한 후에는 단락 상태의 특성을 갖는다.

(2) 교류(AC)를 회로에 투입할($t \to 0$) 시점에서 인덕터는 개방 상태이었다가, 시간이 충분히 경과($t \to \infty$)한 후에는 본래의 인덕터 특성($j\omega L$)을 보인다.

2 C 소자

(1) 직류(DC)를 회로에 투입할($t \to 0$) 시점에서 커패시터는 단락 상태이었다가, 시간이 충분히 경과($t \to \infty$)한 후에는 개방 상태의 특성을 갖는다.

(2) 교류(AC)를 회로에 투입할($t \to 0$) 시점에서 커패시터는 단락 상태이었다가, 시간이 충분히 경과($t \to \infty$)한 후에는 본래의 커패시터 특성($\dfrac{1}{j\omega C}$)을 보인다.

THEME 03 $R-L-C$ 직렬 회로의 과도 현상

1 $R-L-C$ 소자의 각 역할

(1) 저항 R의 역할

저항 소자에 전류가 흐르면 저항에는 줄열($W=0.24I^2Rt\,[\text{cal}]$)이 발생하여 결국 $R-L-C$ 회로에서 과도 현상을 억제하는 작용을 한다.

(2) 인덕터 L 및 커패시터 C의 역할

인덕터와 커패시터에 전류가 흐르면 인덕터 L에는 자속이 축적($\phi=Li(t)\,[\text{Wb}]$)되고 커패시터 C에는 전하가 축적($Q=CV\,[\text{C}]$)되어 과도 현상이 발생하게 된다.

2 $R-L-C$ 소자 값에 따른 과도 현상 특성

(1) $R^2 > 4\dfrac{L}{C}$ 일 경우

저항 소자에서 발생하는 줄열($W=0.24I^2Rt\,[\text{cal}]$)에 의한 억제력이 커서 과도 현상이 없어진다(과제동, 비진동).

(2) $R^2 < 4\dfrac{L}{C}$ 일 경우

저항 소자에서 발생하는 줄열에 의한 억제력보다 L과 C에서 발생하는 과도 현상 발생력이 커서 과도 현상이 일어난다(부족제동, 진동).

(3) $R^2 = 4\dfrac{L}{C}$ 일 경우

저항 소자에서 발생하는 줄열에 의한 억제력과 L과 C에서 발생하는 과도 현상 발생력은 같은 조건으로 임계 상태이다(임계진동, 비진동).

기출예제

RLC 직렬 회로에서 회로 저항의 값이 다음의 어느 때여야 이 회로가 부족제동이 되었다고 하는가?

① $R=0$
② $R > 2\sqrt{\dfrac{L}{C}}$
③ $R = 2\sqrt{\dfrac{L}{C}}$
④ $R < 2\sqrt{\dfrac{L}{C}}$

| 해설 |
부족제동 조건
$R^2 < 4\dfrac{L}{C} \Rightarrow R < 2\sqrt{\dfrac{L}{C}}$

답 ④

독학이 쉬워지는 기초개념

독학이 쉬워지는 기초개념

THEME 02 $R-C$ 직렬 회로의 과도 현상

정상 상태(스위치 ON 후 충분한 시간 경과)에서 스위치 OFF 시 과도 전류식

$$i(t) = -\frac{E}{R}e^{-\frac{1}{RC}t}\,[\text{A}]$$

1 $R-C$ 직렬 회로의 과도 전류

(1) $R-C$ 직렬 회로에 대한 키르히호프의 전압 방정식(KVL)을 세운다.

$$Ri(t) + \frac{1}{C}\int i(t)\,dt = E$$

(2) 위의 미분 방정식을 라플라스 변환한다.

$$RI(s) + \frac{1}{Cs}I(s) = \frac{E}{s}$$

$$I(s) = \frac{\frac{E}{s}}{R + \frac{1}{Cs}} = \frac{C \times E}{RCs + 1} = \frac{\frac{E}{R}}{s + \frac{1}{RC}} = \frac{E}{R} \times \frac{1}{s + \frac{1}{RC}}$$

▲ $R-C$ 직렬 회로

(3) 따라서 위 식을 역라플라스 변환하여 아래와 같은 과도 전류식을 구할 수 있다.

$$i(t) = \frac{E}{R}e^{-\frac{1}{RC}t}\,[\text{A}]$$

Tip 강의 꿀팁

콘덴서는 초기에 단락 상태예요.

2 $R-C$ 직렬 회로의 과도 특성

(1) 특성근: $s = -\dfrac{1}{RC}$

(2) 시정수: $\tau = RC\,[\text{sec}]$
 (∵ 시정수: 초기 전류(100[%])에서 36.8[%]로 감소하는 데 걸리는 시간)

기출예제

RC 직렬 회로의 과도 현상에 대하여 옳게 설명한 것은?

① $\dfrac{1}{RC}$ 의 값이 클수록 과도 전류값은 천천히 사라진다.
② RC 값이 클수록 과도 전류값은 빨리 사라진다.
③ 과도 전류는 RC 값에 관계가 없다.
④ RC 값이 클수록 과도 전류값은 천천히 사라진다.

| 해설 |

$R-C$ 직렬 회로의 과도 전류 $i(t) = \dfrac{E}{R}e^{-\frac{1}{RC}t}$ 에서 시정수 $\tau = RC$ 값이 클수록 지수 함수의 감소 시간이 길어지므로 과도 현상은 천천히 사라진다.

답 ④

2 $R-L$ 직렬 회로의 과도 특성

(1) 특성근: $s = -\dfrac{R}{L}$

(2) 시정수: $\tau = \dfrac{L}{R}$ [sec]

   (∴ 시정수: 정상 전류(100[%])의 63.2[%]에 도달하는 데 걸리는 시간)

(3) 스위치 동작 상태에 따른 $R-L$ 회로의 전류 변화 상태

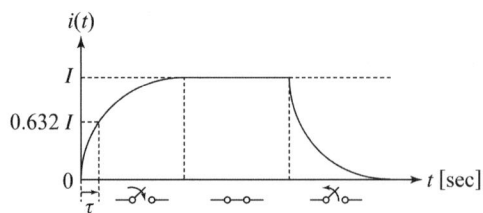

▲ 스위치 동작에 따른 전류 변화 곡선

① 스위치 투입 시 과도 전류

$$i(t) = \dfrac{E}{R}\left(1 - e^{-\frac{R}{L}t}\right)[\text{A}]$$

② 스위치 투입 후 정상 전류

$$I_s = \dfrac{E}{R}[\text{A}]$$

③ 스위치 개방 시 감소 전류

$$i(t) = \dfrac{E}{R}e^{-\frac{R}{L}t}[\text{A}]$$

독학이 쉬워지는 기초개념

> **Tip 강의 꿀팁**
>
> $e^{-1} = 0.368$
> $1 - e^{-1} = 0.632$

> **Tip 강의 꿀팁**
>
> 정상 전류 시($t = \infty$) 인덕턴스의 영향은 없어요.

기출예제

그림의 회로에서 스위치 S를 닫을 때 이 회로의 시정수는?

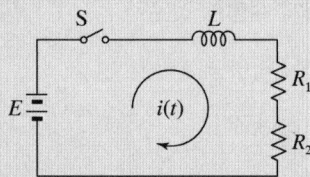

① $\dfrac{L}{R_1 + R_2}$ 　　② $\dfrac{-L}{R_1 + R_2}$

③ $\dfrac{R_1 + R_2}{L}$ 　　④ $-\dfrac{R_1 + R_2}{L}$

| 해설 |

$R-L$ 직렬 회로의 시정수

$\tau = \dfrac{L}{R} = \dfrac{L}{R_1 + R_2}$ [sec]

답 ①

CHAPTER 14 과도 현상

독학이 쉬워지는 기초개념

$\mathcal{L}\left[\dfrac{di(t)}{dt}\right] = sI(s) - i(0)$

$i(0) = 0$이면 $\mathcal{L}\left[\dfrac{di(t)}{dt}\right] = sI(s)$

Tip 강의 꿀팁

$i(0) = 0$에서 유도된 공식이므로 스위치 투입 시의 과도 전류 공식이에요.

THEME 01 $R-L$ 직렬 회로의 과도 현상

1 $R-L$ 직렬 회로의 과도 전류

(1) $R-L$ 직렬 회로에 대한 키르히호프의 전압 방정식(KVL)을 세우면 아래와 같다.

$Ri(t) + L\dfrac{di(t)}{dt} = E$

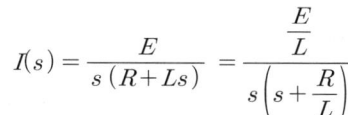

▲ $R-L$ 직렬 회로

(2) 위의 미분 방정식을 라플라스 변환한다.

$RI(s) + Ls \cdot I(s) = \dfrac{E}{s}$

$I(s) = \dfrac{E}{s(R+Ls)} = \dfrac{\frac{E}{L}}{s\left(s + \frac{R}{L}\right)}$

(3) 이를 부분 분수 전개하여 나타낸다.

$I(s) = \dfrac{\frac{E}{L}}{s\left(s + \frac{R}{L}\right)} = \dfrac{A}{s} + \dfrac{B}{s + \frac{R}{L}}$

$A = \left.\dfrac{\frac{E}{L}}{s + \frac{R}{L}}\right|_{s=0} = \dfrac{E}{R}, \quad B = \left.\dfrac{\frac{E}{L}}{s}\right|_{s=-\frac{R}{L}} = -\dfrac{E}{R}$

$\therefore I(s) = \dfrac{E}{R}\left(\dfrac{1}{s} - \dfrac{1}{s + \frac{R}{L}}\right)$

(4) 따라서 위 식을 역 라플라스 변환하여 아래와 같은 과도 전류식을 구할 수 있다.

$$i(t) = \dfrac{E}{R}\left(1 - e^{-\frac{R}{L}t}\right)[\text{A}]$$

학습 전략

과도 현상은 $R-L$ 직렬 회로와 $R-C$ 직렬 회로에 대한 과도 전류 및 시정수 공식을 정리하고 암기하는 것을 추천합니다. 문제 난이도가 평이할 때에는 주로 이 두 회로의 기본적인 사항만 물어보므로 무난하게 풀 수 있습니다. 그 후 $R-L-C$의 조건에 따른 진동 현상 조건을 학습해야 하며, 과도 현상에 대한 문제를 다루는 과정에서 기본적인 지수함수의 미분 방법도 필요하므로 지수함수의 미분 공식을 연습해 두어야 합니다.

CHAPTER 14 | 흐름 미리보기

1. $R-L$ 직렬 회로의 과도 현상
2. $R-C$ 직렬 회로의 과도 현상
3. $R-L-C$ 직렬 회로의 과도 현상
4. L과 C 소자의 시간 경과에 따른 특성

합격!

CHAPTER 14

과도 현상

1. $R-L$ 직렬 회로의 과도 현상
2. $R-C$ 직렬 회로의 과도 현상
3. $R-L-C$ 직렬 회로의 과도 현상
4. L과 C 소자의 시간 경과에 따른 특성

17

그림과 같은 신호 흐름 선도에서 $\dfrac{C(s)}{R(s)}$ 의 값은?

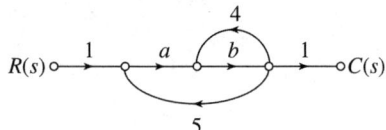

① $\dfrac{ab}{1-4b-5ab}$ ② $\dfrac{ab}{1+4b+5ab}$

③ $\dfrac{a+b}{1-4b+5ab}$ ④ $\dfrac{a+b}{1+4b+5ab}$

해설

$\dfrac{C(s)}{R(s)} = \dfrac{1\times a\times b\times 1}{1-b\times 4-a\times b\times 5} = \dfrac{ab}{1-4b-5ab}$

18

그림과 같은 신호 흐름 선도에서 $\dfrac{C(s)}{R(s)}$ 의 값은?

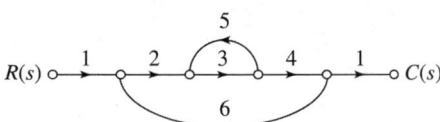

① $-\dfrac{24}{161}$ ② $-\dfrac{12}{79}$

③ $\dfrac{12}{79}$ ④ $\dfrac{24}{161}$

해설

$\dfrac{C(s)}{R(s)} = \dfrac{1\times 2\times 3\times 4\times 1}{1-(3\times 5)-(2\times 3\times 4\times 6)} = -\dfrac{24}{158} = -\dfrac{12}{79}$

19

신호 흐름 선도에서 전달 함수 $\dfrac{C}{R}$ 를 구하면?

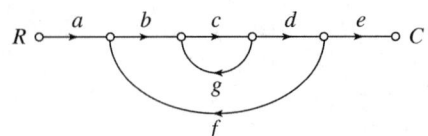

① $\dfrac{abcdg}{1-abcde}$ ② $\dfrac{abcde}{1-cg-bcdf}$

③ $\dfrac{abcde}{1-cg-cgf}$ ④ $\dfrac{abcde}{1+cg+cgf}$

해설

주어진 신호 흐름 선도에 메이슨 공식을 적용하여 전달 함수를 구해보면 아래와 같다.

$\dfrac{C}{R} = \dfrac{\sum 경로}{1-\sum 폐루프} = \dfrac{a\times b\times c\times d\times e}{1-(c\times g)-(b\times c\times d\times f)}$

$= \dfrac{abcde}{1-cg-bcdf}$

| 정답 | 17 ① 18 ② 19 ②

13

그림과 같은 블록선도에서 $\dfrac{C(s)}{R(s)}$ 의 값은?

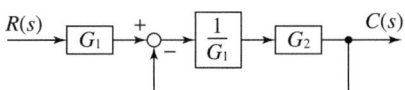

① $\dfrac{G_1}{G_1 - G_2}$ ② $\dfrac{G_2}{G_1 - G_2}$

③ $\dfrac{G_1}{G_1 + G_2}$ ④ $\dfrac{G_1 G_2}{G_1 + G_2}$

해설

주어진 블록선도에 메이슨 공식을 적용하여 전달 함수를 구한다.

$$\dfrac{C(s)}{R(s)} = \dfrac{\sum 경로}{1 - \sum 폐루프} = \dfrac{G_1 \times \dfrac{1}{G_1} \times G_2}{1 - \left(-\dfrac{1}{G_1} \times G_2\right)} = \dfrac{G_2}{1 + \dfrac{G_2}{G_1}}$$

$$= \dfrac{G_1 G_2}{G_1 + G_2}$$

15

다음과 같은 블록선도의 등가 합성 전달 함수는?

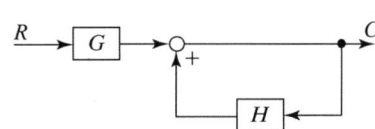

① $\dfrac{G}{1 + H}$ ② $\dfrac{G}{1 + GH}$

③ $\dfrac{G}{1 - GH}$ ④ $\dfrac{G}{1 - H}$

해설

$$\dfrac{C}{R} = \dfrac{\sum 경로}{1 - \sum 폐루프} = \dfrac{G}{1 - H}$$

14

다음 시스템의 전달 함수는?

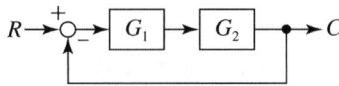

① $\dfrac{C}{R} = \dfrac{G_1 G_2}{1 + G_1 G_2}$

② $\dfrac{C}{R} = \dfrac{G_1 G_2}{1 - G_1 G_2}$

③ $\dfrac{C}{R} = \dfrac{1 + G_1 G_2}{G_1 G_2}$

④ $\dfrac{C}{R} = \dfrac{1 - G_1 G_2}{G_1 G_2}$

해설

$$\dfrac{C}{R} = \dfrac{G_1 \times G_2}{1 - (-G_1 \times G_2)} = \dfrac{G_1 G_2}{1 + G_1 G_2}$$

16

다음 블록선도의 전달 함수는?

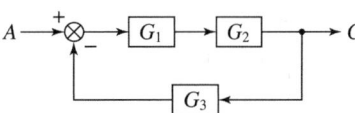

① $\dfrac{G_1 + G_2}{1 - G_1 G_2 G_3}$

② $\dfrac{G_1 G_2}{1 + G_1 G_2 G_3}$

③ $\dfrac{G_1}{1 + G_1 G_2 G_3}$

④ $\dfrac{G_1 + G_2}{1 + G_1 G_2 G_3}$

해설

$$\dfrac{C}{A} = \dfrac{G_1 \times G_2}{1 - (-G_1 \times G_2 \times G_3)} = \dfrac{G_1 G_2}{1 + G_1 G_2 G_3}$$

09

RLC 회로망에서 입력을 $e_i(t)$, 출력을 $i(t)$로 할 때 이 회로의 전달 함수는?

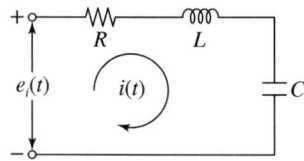

① $\dfrac{Rs}{LCs^2 + RCs + 1}$ ② $\dfrac{RLs}{LCs^2 + RCs + 1}$

③ $\dfrac{Ls}{LCs^2 + RCs + 1}$ ④ $\dfrac{Cs}{LCs^2 + RCs + 1}$

해설

$\dfrac{I(s)}{E_i(s)} = Y(s) = \dfrac{1}{Z(s)} = \dfrac{1}{R + Ls + \dfrac{1}{Cs}}$

$= \dfrac{Cs}{LCs^2 + RCs + 1}$

10

그림과 같은 회로에서 입력을 $v(t)$, 출력을 $i(t)$로 했을 때 입·출력 전달 함수는?(단, 스위치 S는 $t = 0$의 순간 회로에 전압이 공급된다.)

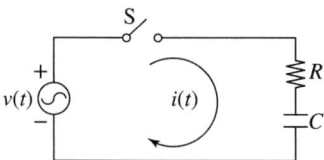

① $\dfrac{s}{R\left(s + \dfrac{1}{RC}\right)}$ ② $\dfrac{s}{RCs + 1}$

③ $\dfrac{1}{RC\left(s + \dfrac{1}{RC}\right)}$ ④ $\dfrac{RCs}{RCs + 1}$

해설

$\dfrac{I(s)}{V(s)} = Y(s) = \dfrac{1}{Z(s)} = \dfrac{1}{R + \dfrac{1}{Cs}} = \dfrac{s}{Rs + \dfrac{1}{C}}$

$= \dfrac{s}{R\left(s + \dfrac{1}{RC}\right)}$

11

두 개의 그림이 등가인 경우 A는?

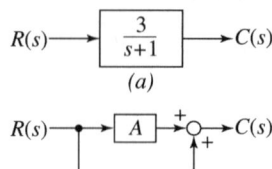

① $\dfrac{s+2}{s+1}$ ② $\dfrac{s-2}{s+1}$

③ $\dfrac{-s+2}{s+1}$ ④ $\dfrac{-s-2}{s+1}$

해설

등가 회로이므로 두 그림의 전달 함수는 같아야 한다.

$\dfrac{C(s)}{R(s)} = \dfrac{3}{s+1} = A + 1$

$\therefore A = \dfrac{3}{s+1} - 1 = \dfrac{3 - s - 1}{s+1} = \dfrac{-s+2}{s+1}$

12

그림과 같은 피드백 제어의 전달 함수를 구하면?

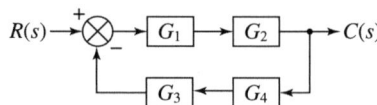

① $\dfrac{G_1 G_2}{1 - G_1 G_2 G_3 G_4}$ ② $\dfrac{G_1 G_2}{1 + G_1 G_2 G_3 G_4}$

③ $\dfrac{G_1 G_2}{1 - G_1 G_2} \cdot \dfrac{G_3 G_4}{1 - G_3 G_4}$ ④ $\dfrac{G_1 G_2}{1 + G_1 G_2} \cdot \dfrac{G_3 G_4}{1 + G_3 G_4}$

해설

주어진 블록선도에 메이슨 공식을 적용하여 전달 함수를 구한다.

$\dfrac{C(s)}{R(s)} = \dfrac{G_1 \times G_2}{1 - (-G_1 \times G_2 \times G_4 \times G_3)} = \dfrac{G_1 G_2}{1 + G_1 G_2 G_3 G_4}$

07

그림과 같은 회로의 전달 함수는?(단, $T_1 = R_1 C$, $T_2 = \dfrac{R_2}{R_1 + R_2}$ 이다.)

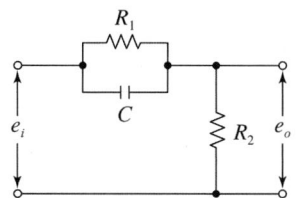

① $\dfrac{1}{1 + T_1 s}$ ② $\dfrac{T_2(1 + T_1 s)}{1 + T_1 T_2 s}$

③ $\dfrac{1 + T_1 s}{1 + T_2 s}$ ④ $\dfrac{T_2(1 + T_1 s)}{T_1(1 + T_2 s)}$

해설

$R_1 - C$ 병렬 부분을 합성한다.

$$Z = \dfrac{R_1 \times \dfrac{1}{sC}}{R_1 + \dfrac{1}{sC}} = \dfrac{R_1}{sR_1 C + 1}$$

출력에 대한 전압 분배 법칙을 적용하여 전압비 전달 함수를 구해 보면 아래와 같다.

$$E_o = \dfrac{R_2}{\dfrac{R_1}{sR_1 C + 1} + R_2} E_i = \dfrac{sR_1 R_2 C + R_2}{R_1 + sR_1 R_2 C + R_2} E_i$$

$$\therefore \dfrac{E_o}{E_i} = \dfrac{sR_1 R_2 C + R_2}{R_1 + sR_1 R_2 C + R_2}$$

위의 식에 문제에서 주어진 조건을 대입해 보면 아래와 같다.

$$\dfrac{E_o}{E_i} = \dfrac{sR_1 R_2 C + R_2}{R_1 + sR_1 R_2 C + R_2} = \dfrac{R_2}{R_1 + R_2} \times \dfrac{sR_1 C + 1}{1 + \dfrac{sR_1 R_2 C}{R_1 + R_2}}$$

$$= T_2 \times \dfrac{T_1 s + 1}{1 + T_1 T_2 s} = \dfrac{T_2(1 + T_1 s)}{1 + T_1 T_2 s}$$

08

그림과 같은 회로의 전달 함수는?(단, e_1은 입력, e_2는 출력이다.)

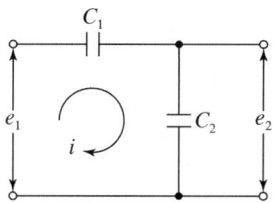

① $C_1 + C_2$ ② $\dfrac{C_2}{C_1}$

③ $\dfrac{C_1}{C_1 + C_2}$ ④ $\dfrac{C_2}{C_1 + C_2}$

해설

전압 분배 법칙을 이용하여 콘덴서 회로에서의 출력 전압을 구하면 아래와 같다.

$$E_2 = \dfrac{\dfrac{1}{C_2 s}}{\dfrac{1}{C_1 s} + \dfrac{1}{C_2 s}} E_1 = \dfrac{\dfrac{1}{C_2 s}}{\dfrac{(C_2 + C_1)s}{C_1 C_2 s^2}} = \dfrac{\dfrac{1}{C_2 s}}{\dfrac{C_2 + C_1}{C_1 C_2 s}} E_1$$

$$= \dfrac{C_1}{C_1 + C_2} E_1$$

따라서 전압비 전달 함수는 아래와 같다.

$$\dfrac{E_2}{E_1} = \dfrac{C_1}{C_1 + C_2}$$

05

시간 지연 요인을 포함한 어떤 특정계가 다음 미분 방정식 $\frac{dy(t)}{dt} + y(t) = x(t-T)$로 표현된다. $x(t)$를 입력, $y(t)$를 출력이라 할 때 이 계의 전달 함수는?

① $\dfrac{e^{-sT}}{s+1}$
② $\dfrac{s+1}{e^{-sT}}$
③ $\dfrac{e^{sT}}{s-1}$
④ $\dfrac{e^{-2sT}}{s+2}$

해설

문제에 주어진 미분 방정식 $\dfrac{dy(t)}{dt} + y(t) = x(t-T)$를 라플라스 변환하면 $sY(s) + Y(s) = X(s)e^{-Ts}$이다.
따라서 입력 $x(t)$, 출력 $y(t)$에 대해 전달 함수를 구하면 아래와 같다.
$(s+1)Y(s) = X(s)e^{-Ts}$
$\therefore \dfrac{Y(s)}{X(s)} = \dfrac{e^{-Ts}}{s+1}$

06

RC 저역 여파기 회로의 전달 함수 $G(j\omega)$에서 $\omega = \dfrac{1}{RC}$인 경우 $|G(j\omega)|$ 값은?

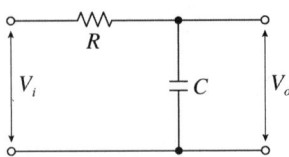

① 1
② $\dfrac{1}{\sqrt{2}}$
③ $\dfrac{1}{\sqrt{3}}$
④ $\dfrac{1}{2}$

해설

전압비 전달 함수를 전압 분배 법칙에 의하여 구한다.
$V_o = \dfrac{\frac{1}{j\omega C}}{R + \frac{1}{j\omega C}} V_i = \dfrac{1}{j\omega RC + 1} V_i$

$\therefore G(j\omega) = \dfrac{V_o}{V_i} = \dfrac{1}{j\omega RC + 1}$

$\omega = \dfrac{1}{RC}$ 조건을 대입하여 크기(절대값)를 구한다.

- $G(j\omega) = \dfrac{1}{j\omega RC + 1} = \dfrac{1}{j\frac{1}{RC} \times RC + 1} = \dfrac{1}{j+1}$
- $|G(j\omega)| = \dfrac{1}{\sqrt{1^2 + 1^2}} = \dfrac{1}{\sqrt{2}}$

| 정답 | 05 ① 06 ②

CHAPTER 13 CBT 적중문제

01
전달 함수 $G(s) = \dfrac{20}{3+2s}$ 을 갖는 요소가 있다. 이 요소에 $\omega = 2[\text{rad/sec}]$인 정현파를 주었을 때 $|G(j\omega)|$를 구하면?

① 8
② 6
③ 4
④ 2

해설

문제에 주어진 전달 함수에 $\omega = 2[\text{rad/sec}]$를 대입한다.

$G(s) = \dfrac{20}{3+2s} = \dfrac{20}{3+2j\omega}\bigg|_{\omega=2} = \dfrac{20}{3+j4}$

따라서 전달 함수의 크기를 구해 보면 아래와 같다.

$|G(j\omega)| = \dfrac{20}{\sqrt{3^2+4^2}} = 4$

02
어떤 계에 임펄스 함수(δ 함수)가 입력으로 가해졌을 때 시간함수 e^{-2t}가 출력으로 나타났다. 이 계의 전달 함수는?

① $\dfrac{1}{s+2}$
② $\dfrac{1}{s-2}$
③ $\dfrac{2}{s+2}$
④ $\dfrac{2}{s-2}$

해설

$g(t) = \dfrac{c(t)}{r(t)} = \dfrac{e^{-2t}}{\delta(t)}$

$\therefore G(s) = \dfrac{C(s)}{R(s)} = \dfrac{\frac{1}{s+2}}{1} = \dfrac{1}{s+2}$

03
부동작 시간(Dead time) 요소의 전달 함수는?

① Ks
② $\dfrac{K}{s}$
③ Ke^{-Ls}
④ $\dfrac{K}{Ts+1}$

해설

- 비례 요소의 전달 함수: $G(s) = K$
- 미분 요소의 전달 함수: $G(s) = Ks$
- 적분 요소의 전달 함수: $G(s) = \dfrac{K}{s}$
- 1차 지연 요소의 전달 함수: $G(s) = \dfrac{K}{1+Ts}$
- 부동작 시간 요소의 전달 함수: $G(s) = Ke^{-Ls}$

04
전달 함수에 대한 설명으로 틀린 것은?

① 어떤 계의 전달 함수는 그 계에 대한 임펄스 응답의 라플라스 변환과 같다.
② 전달 함수는 $\dfrac{\text{출력 라플라스 변환}}{\text{입력 라플라스 변환}}$으로 정의된다.
③ 전달 함수가 s가 될 때 적분 요소라고 한다.
④ 어떤 계의 전달 함수의 분모를 0으로 놓으면 곧 특성 방정식이 된다.

해설

- 비례 요소의 전달 함수: $G(s) = K$
- 미분 요소의 전달 함수: $G(s) = Ks$
- 적분 요소의 전달 함수: $G(s) = \dfrac{K}{s}$
- 1차 지연 요소의 전달 함수: $G(s) = \dfrac{K}{1+Ts}$
- 2차 지연 요소의 전달 함수: $G(s) = \dfrac{\omega_n^2}{s^2 + 2\delta\omega_n s + \omega_n^2}$

| 정답 | 01 ③ 02 ① 03 ③ 04 ③

기출예제

그림과 같은 신호 흐름 선도에서 전달 함수 $\dfrac{C(s)}{R(s)}$ 는?

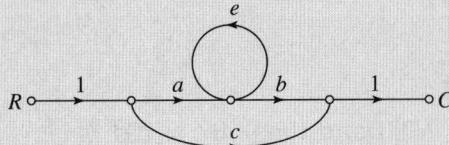

① $\dfrac{ab+c(1-e)}{1-e}$ ② $\dfrac{ab+c}{1-e}$

③ $ab+c$ ④ $\dfrac{ab+c(1+e)}{1+e}$

| 해설 |
문제에 주어진 선도는 c 경로에 접하지 않는 폐루프(e)가 있는 경우이다.
$$G(s) = \dfrac{1 \times a \times b \times 1 + 1 \times c \times 1 \times (1-e)}{1-e} = \dfrac{ab+c(1-e)}{1-e}$$

답 ①

독학이 쉬워지는 기초개념

2 경로에 접하지 않는 폐루프가 있는 신호 흐름 선도에서의 전달 함수

(1) 그림과 같이 어떤 경로에 접하지 않는 폐루프가 있는 신호 흐름 선도의 전달 함수는 아래와 같이 변경된 메이슨 공식을 적용한다.

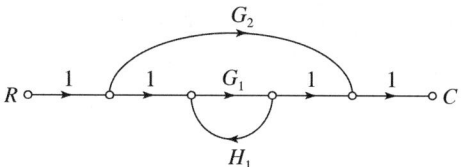

▲ 경로에 접하지 않는 폐루프가 있는 신호 흐름 선도

$$\frac{C(s)}{R(s)} = \frac{\sum \text{폐루프에 접하는 경로} + \sum \text{폐루프에 접하지 않는 경로} \times (1-\text{폐루프})}{1 - \sum \text{폐루프}}$$

(2) 위의 블록선도에 메이슨 공식을 적용한다.

$$G(s) = \frac{C(s)}{R(s)} = \frac{G_1 + G_2(1 - G_1 H_1)}{1 - G_1 H_1}$$

즉, G_2가 폐루프($G_1 H_1$)에 접하지 않는 경로이다.

3 종속 접속인 신호 흐름 선도에서의 전달 함수

(1) 직렬 종속 접속

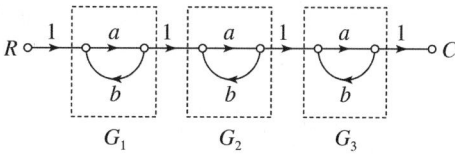

▲ 직렬 종속 접속인 신호 흐름 선도

① G_1, G_2, G_3가 서로 직렬인 종속적인 관계로 각 전달 함수를 구한다.

$$G_1 = G_2 = G_3 = \frac{a}{1-ab}$$

② 전체 전달 함수는 아래와 같다.

$$G = G_1 \times G_2 \times G_3 = \frac{a}{1-ab} \times \frac{a}{1-ab} \times \frac{a}{1-ab} = \frac{a^3}{(1-ab)^3}$$

(2) 병렬 종속 접속

① G_1, G_2, G_3는 서로 병렬인 종속적인 관계로 마찬가지로 각 전달 함수를 구한다.

$$G_1 = G_2 = G_3 = \frac{a}{1-ab}$$

② 전체 전달 함수

$$G = G_1 + G_2 + G_3$$
$$= \frac{a}{1-ab} + \frac{a}{1-ab} + \frac{a}{1-ab}$$
$$= \frac{3a}{1-ab}$$

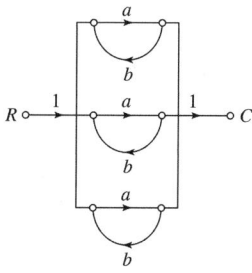

▲ 병렬 종속 접속인 신호 흐름 선도

THEME 04 블록선도 및 신호 흐름 선도의 특수 경우

1 입력이 2개인 블록선도에서의 전달 함수

(1) 그림과 같이 2중 입력(R, U)인 블록선도에서 전체 전달 함수는 각 입력에 대한 전달 함수를 별도로 구한 후 두 결과를 더한다.

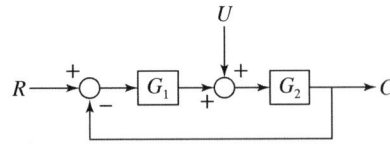

▲ 입력이 2개인 블록선도

(2) 위의 블록선도에 메이슨 공식을 적용한다.

① $\dfrac{C(s)}{R(s)} = \dfrac{G_1 \times G_2}{1-(-G_1 \times G_2)} = \dfrac{G_1 G_2}{1+G_1 G_2}$

② $\dfrac{C(s)}{U(s)} = \dfrac{G_2}{1-(-G_1 \times G_2)} = \dfrac{G_2}{1+G_1 G_2}$

∴ $G(s) = \dfrac{C(s)}{R(s)} + \dfrac{C(s)}{U(s)} = \dfrac{G_1 G_2}{1+G_1 G_2} + \dfrac{G_2}{1+G_1 G_2}$

> **독학이 쉬워지는 기초개념**
>
> **Tip 강의 꿀팁**
>
> 입력이 2개인 블록선도는 메이슨 공식을 2번 활용하여 계산한 후 더하면 돼요. 중첩 원리와 같아요.

기출예제

그림의 전체 전달 함수는?

① 0.22
② 0.33
③ 1.22
④ 3.12

| 해설 |

- $\dfrac{C}{A} = \dfrac{3 \times 5}{1-(-3 \times 5 \times 4)} = \dfrac{15}{61}$

- $\dfrac{C}{B} = \dfrac{5}{1-(-5 \times 4 \times 3)} = \dfrac{5}{61}$

∴ $G(s) = \dfrac{C}{A} + \dfrac{C}{B} = \dfrac{15}{61} + \dfrac{5}{61} = \dfrac{20}{61} = 0.33$

답 ②

독학이 쉬워지는 기초개념

기출예제

중요도 그림과 같은 신호 흐름 선도에서 전달 함수 $\dfrac{C(s)}{R(s)}$는?

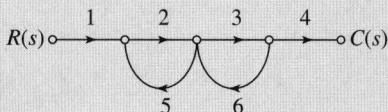

① $-\dfrac{8}{9}$ ② $\dfrac{4}{5}$

③ 180 ④ 10

| 해설 |

$$G(s) = \dfrac{C(s)}{R(s)} = \dfrac{1 \times 2 \times 3 \times 4}{1-(2 \times 5)-(3 \times 6)} = \dfrac{24}{-27} = -\dfrac{8}{9}$$

답 ①

중요도 그림과 같은 신호 흐름 선도에서 전달 함수 $\dfrac{C(s)}{R(s)}$는?

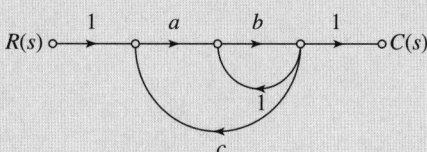

① $\dfrac{ab}{1+b-abc}$ ② $\dfrac{ab}{1-b-abc}$

③ $\dfrac{ab}{1-b+abc}$ ④ $\dfrac{ab}{1-ab+abc}$

| 해설 |

$$G(s) = \dfrac{C(s)}{R(s)} = \dfrac{1 \times a \times b \times 1}{1-(b \times 1)-(a \times b \times c)} = \dfrac{ab}{1-b-abc}$$

답 ②

🔋 그림과 같은 블록선도에서 $C(s)/R(s)$의 값은 어떻게 되는가?

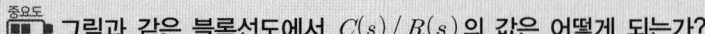

① $\dfrac{G_2}{G_1 + G_2 + G_3}$ ② $\dfrac{G_2}{G_1 + G_2 - G_2 G_3}$

③ $\dfrac{G_1 + G_2}{G_1 + G_2 + G_2 G_3}$ ④ $\dfrac{G_1 G_2}{G_1 + G_2 + G_2 G_3}$

| 해설 |

$$\dfrac{C(s)}{R(s)} = \dfrac{G_1 \times \dfrac{1}{G_1} \times G_2}{1 - (-\dfrac{1}{G_1} \times G_2) - (-\dfrac{1}{G_1} \times G_2 \times G_3)}$$

$$= \dfrac{G_2}{1 + \dfrac{G_2}{G_1} + \dfrac{G_2 G_3}{G_1}}$$

$$= \dfrac{G_1 G_2}{G_1 + G_2 + G_2 G_3}$$

답 ④

2 신호 흐름 선도에서의 전달 함수 산출법

(1) 그림과 같은 신호 흐름 선도에서도 전달 함수 $G(s)$는 메이슨 공식을 적용하여 산출한다.

$$G(s) = \dfrac{C(s)}{R(s)} = \dfrac{\sum 경로}{1 - \sum 폐루프}$$

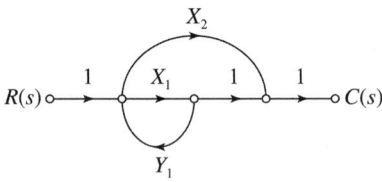

▲ 신호 흐름 선도의 예

(2) 위의 신호 흐름 선도에 메이슨 공식을 적용한다.

$$G(s) = \dfrac{C(s)}{R(s)} = \dfrac{1 \times X_1 \times 1 \times 1 + 1 \times X_2 \times 1}{1 - (X_1 \times Y_1)} = \dfrac{X_1 + X_2}{1 - X_1 Y_1}$$

> **Tip 강의 꿀팁**
> 블록선도와 신호 흐름 선도의 전달 함수를 구하는 방법은 같아요.

독학이 쉬워지는 기초개념

그림과 같은 전기 회로의 전달 함수는?(단, $e_i(t)$: 입력 전압, $e_o(t)$: 출력 전압이다.)

① $\dfrac{1+CRs}{CR}$

② $\dfrac{1+CRs}{CRs}$

③ $\dfrac{CR}{1+CRs}$

④ $\dfrac{CRs}{1+CRs}$

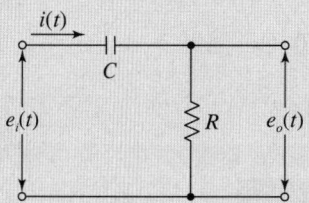

| 해설 |
$$E_o(s) = \dfrac{R}{\dfrac{1}{sC}+R} E_i(s) = \dfrac{CRs}{1+CRs} E_i(s)$$

$$\therefore \dfrac{E_o(s)}{E_i(s)} = \dfrac{CRs}{1+CRs}$$

답 ④

THEME 03 블록선도 및 신호 흐름 선도에서의 전달 함수

1 블록선도에서의 전달 함수 산출법

(1) 그림과 같은 블록선도에서 전달 함수 $G(s)$는 메이슨 공식을 적용하여 산출한다.

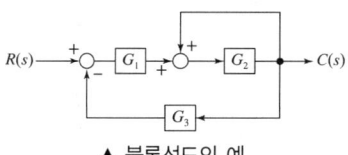

▲ 블록선도의 예

$$G(s) = \dfrac{C(s)}{R(s)} = \dfrac{\sum 경로}{1-\sum 폐루프}$$

(2) 위의 블록선도에 메이슨 공식을 적용한다.

$$G(s) = \dfrac{C(s)}{R(s)} = \dfrac{G_1 \times G_2}{1-(-G_1 \times G_2 \times G_3)-(G_2)} = \dfrac{G_1 G_2}{1+G_1 G_2 G_3 - G_2}$$

강의 꿀팁

블록선도
- 신호 흐름: 화살표로 표시
- 전달 요소: 블록으로 표시

기출예제

자동 제어의 각 요소를 블록선도로 표시할 때 각 요소는 전달 함수로 표시하고, 신호의 전달 경로는 무엇으로 표시하는가?

① 전달 함수 ② 단자
③ 화살표   ④ 출력

| 해설 |
블록선도
제어 요소는 자동제어계의 입·출력의 관계를 블록 내의 전달 함수로 표시하고 제어 신호는 화살표 경로로 표시한 선도

답 ③

2 회로 요소의 임피던스($Z[\Omega]$) 표현

(1) 인덕턴스

$$L[\text{H}] \Rightarrow Z_L = j\omega L = sL\,[\Omega]$$

(2) 정전 용량

$$C[\text{F}] \Rightarrow Z_C = \frac{1}{j\omega C} = \frac{1}{sC}\,[\Omega]$$

기출예제

다음 회로에서의 전압비 전달 함수 $\dfrac{V_2(s)}{V_1(s)}$ 는?

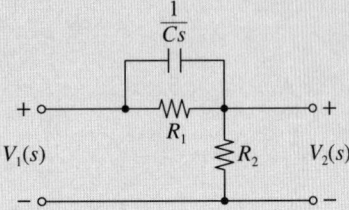

① $\dfrac{R_1 R_2 Cs + R_2}{R_1 R_2 Cs + R_1 + R_2}$ ② $\dfrac{R_1 + R_2 + R_1 R_2 Cs}{R_2 + R_1 R_2 Cs}$

③ $\dfrac{R_1 Cs + R_2}{R_2 + R_1 R_2 Cs}$ ④ $\dfrac{R_1 R_2 Cs}{R_1 R_2 Cs + R_1 + R_2}$

| 해설 |
콘덴서와 저항 병렬 접속 부분을 그림과 같이 Z로 하여 합성 임피던스를 구한다.

$$Z = \frac{\frac{1}{Cs} \times R_1}{\frac{1}{Cs} + R_1} = \frac{R_1}{1 + R_1 Cs}$$

전압비 전달 함수는 아래와 같다.

$$V_2(s) = \frac{R_2}{\frac{R_1}{1 + R_1 Cs} + R_2} V_1(s)$$

$$= \frac{R_2 + R_1 R_2 Cs}{R_1 + R_2 + R_1 R_2 Cs} V_1(s)$$

$$\frac{V_2(s)}{V_1(s)} = \frac{R_2 + R_1 R_2 Cs}{R_1 + R_2 + R_1 R_2 Cs}$$

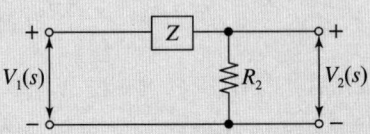

답 ①

독학이 쉬워지는 기초개념

기본 적용 예는 일반공업 프로세스가 있다.

(6) 부동작 시간 요소

일정한 유량이 흐르는 단열관의 예로, 입구에서 $T_1(s)$이고, 관 길이가 l, 유속이 v로 하면, 출구에서 $T_2(s)$는 시간이 $\frac{l}{v}$ 만큼 지연되어 $T_1(s)$가 변한다.

$$T_1(s) \longrightarrow \boxed{e^{-Ls}} \longrightarrow T_2(s)$$

$$G(s) = \frac{T_2(s)}{T_1(s)} = e^{-Ls}$$

여기서, $L = \frac{l}{v}$ 을 부동작 시간이라고 한다.

기출예제

1차 지연 요소의 전달 함수는?

① K ② $\dfrac{K}{s}$

③ Ks ④ $\dfrac{K}{1+Ts}$

| 해설 |
- 비례 요소의 전달 함수: $G(s) = K$
- 미분 요소의 전달 함수: $G(s) = Ks$
- 적분 요소의 전달 함수: $G(s) = \dfrac{K}{s}$
- 1차 지연 요소의 전달 함수: $G(s) = \dfrac{K}{1+Ts}$
- 2차 지연 요소의 전달 함수: $G(s) = \dfrac{\omega_n^2}{s^2 + 2\delta\omega_n s + \omega_n^2}$

답 ④

2차 지연 요소의 전달 함수

$G(s) = \dfrac{\omega_n^2}{s^2 + 2\delta\omega_n s + \omega_n^2}$

- δ : 제동비(감쇠비)
- ω_n : 자연(고유) 주파수

THEME 02 회로망에서의 전달 함수

1 회로망에서 전달 함수 산출법

(1) 그림과 같은 회로의 출력 전압 V_o에 대한 전달 함수는 전압 분배의 법칙에 의해 구한다.

$$V_o = \frac{R_2}{R_1 + R_2} \times V_i$$

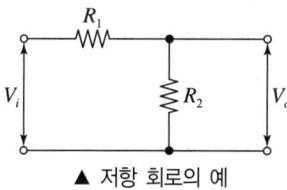

▲ 저항 회로의 예

(2) 전달 함수의 정의는 입력 신호 V_i에 대한 출력 신호 V_o의 비율이므로 위 식을 입력과 출력비 식으로 나타낼 수 있다.

$$G(s) = \frac{V_o}{V_i} = \frac{R_2}{R_1 + R_2}$$

Tip 강의 꿀팁

회로망의 전달 함수 산출 = 전압 분배의 법칙이에요.

3 전달 함수의 종류

(1) 비례 요소
입력 신호 $R(s)$에 대하여 출력 신호 $C(s)$가 어떤 이득 상수 K에 비례해 나타나는 제어장치의 전달 함수 요소이다.

$$C(s) = R(s) \cdot G(s) \Rightarrow \therefore G(s) = \frac{C(s)}{R(s)} = K$$

▲ 비례 요소를 갖는 제어장치

> 기본 적용 예는 전위차계 저항, 지렛대 등이 있다.

(2) 미분 요소
입력 신호 $R(s)$에 대하여 출력 신호 $C(s)$가 어떤 미분 동작 Ks에 의해 나타나는 제어장치의 전달 함수 요소이다.

$$G(s) = \frac{C(s)}{R(s)} = Ks$$

▲ 미분 요소를 갖는 제어장치

> 기본 적용 예는 인덕턴스 회로, 미분 회로, Tacho-발전기 등이 있다.

(3) 적분 요소
입력 신호 $R(s)$에 대하여 출력 신호 $C(s)$가 어떤 적분 동작 $\frac{K}{s}$에 의해 나타나는 제어장치의 전달 함수 요소이다.

$$G(s) = \frac{C(s)}{R(s)} = \frac{K}{s}$$

▲ 적분 요소를 갖는 제어장치

> 기본 적용 예는 수위계, 전기계, 열계 등이 있다.

(4) 1차 지연 요소
입력 신호 $R(s)$에 대하여 출력 신호 $C(s)$가 $\frac{K}{Ts+1}$만큼 1차 함수적으로 지연되어 나타나는 제어장치의 전달 함수 요소이다.

$$G(s) = \frac{C(s)}{R(s)} = \frac{K}{Ts+1}$$

▲ 1차 지연 요소를 갖는 제어장치

> 기본 적용 예는 온수장치 등이 있다.

(5) 2차 지연 요소
입력 신호 $R(s)$에 대하여 출력 신호 $C(s)$가 $\frac{\omega_n^2}{s^2+2\delta\omega_n s+\omega_n^2}$의 2차 함수로 지연되는 제어장치의 전달 함수 요소이다.

$$G(s) = \frac{C(s)}{R(s)} = \frac{\omega_n^2}{s^2+2\delta\omega_n s+\omega_n^2}$$

▲ 2차 지연 요소를 갖는 제어장치

> 기본 적용 예는 감쇠진동기 등이 있다.

CHAPTER 13 전달 함수

독학이 쉬워지는 기초개념

THEME 01 제어 시스템에서의 전달 함수

1 전달 함수의 정의

(1) 전달 함수의 의미: 제어 시스템에서 전달 함수는 제어장치의 입력 신호에 대한 출력 신호 비율이다.

(2) 전달 함수의 표현: 제어장치의 입력 신호 $R(s)$에 대하여 출력 신호 $C(s)$가 나올 때의 전달 함수 $G(s)$이다.

$$G(s) = \frac{C(s)}{R(s)} = \frac{출력을\ 라플라스\ 변환한\ 값}{입력을\ 라플라스\ 변환한\ 값}$$

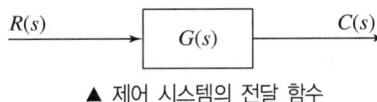

▲ 제어 시스템의 전달 함수

2 전달 함수의 성질

(1) 제어 시스템의 초기 조건은 0으로 한다.
(2) 제어 시스템의 전달 함수는 s만의 함수로 표시된다.
(3) 전달 함수는 선형 시스템에만 적용되고 비선형 시스템에는 적용되지 않는다.
(4) 전달 함수는 시스템 입력과 무관하다.

Tip 강의 꿀팁

초기 조건=0인 상태는 제어장치의 내부 에너지가 전혀 없는 0인 상태를 의미해요.

기출예제

[중요도] 모든 초기값을 0으로 할 때 출력과 입력의 비를 무엇이라고 하는가?

① 전달 함수 ② 충격 함수
③ 경사 함수 ④ 포물선 함수

| 해설 |
전달 함수는 제어장치에서 초기값이 0인 상태에서의 입력과 출력의 비율이다.

답 ①

학습 전략

전달 함수는 비례 요소, 미분 요소, 적분 요소, 1차 지연 요소, 2차 지연 요소 등의 전달 함수의 종류를 암기하고, 이를 문제에 적용할 수 있도록 연습하여야 합니다. 또한 회로망과 블록선도에서의 전달 함수를 산출할 수 있도록 많은 학습이 필요합니다.

CHAPTER 13 | 흐름 미리보기

1. 제어 시스템에서의 전달 함수
2. 회로망에서의 전달 함수
3. 블록선도 및 신호 흐름 선도에서의 전달 함수
4. 블록선도 및 신호 흐름 선도의 특수 경우

NEXT **CHAPTER 14**

전달 함수

1. 제어 시스템에서의 전달 함수
2. 회로망에서의 전달 함수
3. 블록선도 및 신호 흐름 선도에서의 전달 함수
4. 블록선도 및 신호 흐름 선도의 특수 경우

25

$\dfrac{1}{s^2+2s+5}$ 의 라플라스 역변환 값은?

① $e^{-2t}\cos2t$
② $\dfrac{1}{2}e^{-t}\sin t$
③ $\dfrac{1}{2}e^{-t}\sin2t$
④ $\dfrac{1}{2}e^{-t}\cos2t$

해설

문제에 주어진 식을 변형한다.

$F(s) = \dfrac{1}{s^2+2s+5} = \dfrac{1}{(s+1)^2+2^2}$
$= \dfrac{1}{2} \times \dfrac{2}{(s+1)^2+2^2}$

따라서 라플라스 역변환하여 시간 함수를 구하면 아래와 같다.

$f(t) = \dfrac{1}{2}e^{-t}\sin2t$

암기 복소 추이 정리
$f(t)e^{-at} \to F(s+a)$
(단, $F(s) = \mathcal{L}[f(t)]$)

26

$\dfrac{s\sin\theta + \omega\cos\theta}{s^2+\omega^2}$ 의 역 라플라스 변환을 구하면?

① $\sin(\omega t - \theta)$
② $\sin(\omega t + \theta)$
③ $\cos(\omega t - \theta)$
④ $\cos(\omega t + \theta)$

해설

$\dfrac{s\sin\theta + \omega\cos\theta}{s^2+\omega^2} = \dfrac{s}{s^2+\omega^2}\sin\theta + \dfrac{\omega}{s^2+\omega^2}\cos\theta$

→ $\cos\omega t \sin\theta + \sin\omega t \cos\theta = \sin(\omega t + \theta)$
($\because \sin(\alpha+\beta) = \sin\alpha\cos\beta + \cos\alpha\sin\beta$)

27

$F(s) = \dfrac{1}{s^n}$ 의 역 라플라스 변환은?

① t^n
② t^{n-1}
③ $\dfrac{1}{n!}t^n$
④ $\dfrac{1}{(n-1)!}t^{n-1}$

해설

$F(s) = \dfrac{1}{s^n} = \dfrac{1}{(n-1)!} \times \dfrac{(n-1)!}{s^n}$

$\therefore f(t) = \dfrac{1}{(n-1)!} \times t^{n-1}$

28

$\dfrac{1}{s+3}$ 을 역 라플라스 변환하면?

① e^{3t}
② e^{-3t}
③ $e^{\frac{t}{3}}$
④ $e^{-\frac{t}{3}}$

해설

$F(s) = \dfrac{1}{s+3} \Rightarrow f(t) = e^{-3t}$

|정답| 25 ③ 26 ② 27 ④ 28 ②

21

$F(s) = \dfrac{2s+15}{s^3+s^2+3s}$ 일 때 $f(t)$의 최종값은?

① 15　　　　　　② 5
③ 3　　　　　　　④ 2

해설

$$\lim_{t\to\infty} f(t) = \lim_{s\to 0} sF(s) = \lim_{s\to 0} s \times \dfrac{2s+15}{s^3+s^2+3s}$$
$$= \lim_{s\to 0} \dfrac{2s+15}{s^2+s+3} = 5$$

22

다음과 같은 2개의 전류 초기값 $i_1(0_+)$, $i_2(0_+)$가 맞게 구해진 것은?

$$\cdot\ I_1(s) = \dfrac{12(s+8)}{4s(s+6)} \qquad \cdot\ I_2(s) = \dfrac{12}{s(s+6)}$$

① 3, 0　　　　　　② 4, 0
③ 4, 2　　　　　　④ 3, 4

해설

· $\lim_{t\to 0} i_1(t) = \lim_{s\to\infty} sI_1(s) = \lim_{s\to\infty} s \times \dfrac{12(s+8)}{4s(s+6)}$
$= \lim_{s\to\infty} \dfrac{12s+96}{4s+24} = \lim_{s\to\infty} \dfrac{12+\frac{96}{s}}{4+\frac{24}{s}} = 3$

· $\lim_{t\to 0} i_2(t) = \lim_{s\to\infty} sI_2(s) = \lim_{s\to\infty} s \times \dfrac{12}{s(s+6)}$
$= \lim_{s\to\infty} \dfrac{12}{s+6} = 0$

23

$F(s) = \dfrac{2s+3}{s^2+3s+2}$의 시간 함수는?

① $e^{-t} - e^{-2t}$　　　　② $e^{-t} + e^{-2t}$
③ $e^{-t} + 2e^{-2t}$　　　④ $e^{-t} - 2e^{-2t}$

해설

주어진 식을 부분 분수 전개한다.

$$\dfrac{2s+3}{s^2+3s+2} = \dfrac{2s+3}{(s+1)(s+2)} = \dfrac{A}{s+1} + \dfrac{B}{s+2}$$

· $A = \dfrac{2s+3}{(s+1)(s+2)} \times (s+1) = \dfrac{2s+3}{s+2}\bigg|_{s=-1} = 1$

· $B = \dfrac{2s+3}{(s+1)(s+2)} \times (s+2) = \dfrac{2s+3}{s+1}\bigg|_{s=-2} = 1$

따라서 라플라스 역변환하여 구할 수 있다.

$$\dfrac{1}{s+1} + \dfrac{1}{s+2} \Rightarrow e^{-t} + e^{-2t}$$

24

$F(s) = \dfrac{1}{s(s+a)}$의 라플라스 역변환은?

① e^{-at}　　　　　　② $1 - e^{-at}$
③ $a(1 - e^{-at})$　　　④ $\dfrac{1}{a}(1 - e^{-at})$

해설

문제에 주어진 함수를 부분 분수 전개한다.

$$F(s) = \dfrac{1}{s(s+a)} = \dfrac{A}{s} + \dfrac{B}{s+a}$$

계수 A, B를 구하는 과정은 다음과 같다.

$A = \dfrac{1}{s(s+a)} \times s\bigg|_{s=0} = \dfrac{1}{a}$

$B = \dfrac{1}{s(s+a)} \times (s+a)\bigg|_{s=-a} = -\dfrac{1}{a}$

각 값을 대입하여 라플라스 역변환하면 아래와 같다.

$$f(t) = \dfrac{1}{a} - \dfrac{1}{a}e^{-at} = \dfrac{1}{a}(1 - e^{-at})$$

암기

$$\dfrac{1}{A \times B} = \dfrac{1}{B-A}\left(\dfrac{1}{A} - \dfrac{1}{B}\right)$$

$\therefore\ \dfrac{1}{s(s+a)} = \dfrac{1}{s+a-s}\left(\dfrac{1}{s} - \dfrac{1}{s+a}\right) = \dfrac{1}{a}\left(\dfrac{1}{s} - \dfrac{1}{s+a}\right)$

| 정답 | 21 ②　22 ①　23 ②　24 ④

17
그림과 같은 파형의 라플라스 변환은?

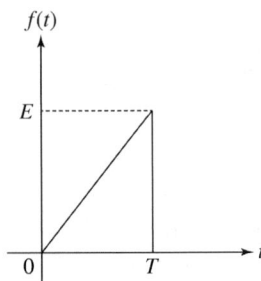

① $\dfrac{E}{Ts}(1-e^{-Ts})$

② $\dfrac{E}{Ts^2}(1-e^{-Ts})$

③ $\dfrac{E}{Ts}(1-e^{-Ts}-Tse^{-Ts})$

④ $\dfrac{E}{Ts^2}(1-e^{-Ts}-Tse^{-Ts})$

해설
문제에 주어진 파형은 다음과 같은 파형들의 합으로 볼 수 있다.

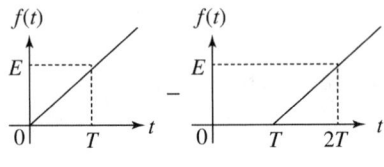 −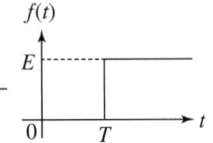

해설에 주어진 파형의 시간 함수를 구한다.
$f(t) = \dfrac{E}{T}tu(t) - \dfrac{E}{T}(t-T)u(t-T) - Eu(t-T)$

따라서 시간 추이 정리를 적용하여 라플라스 변환한다.
$F(s) = \dfrac{E}{T} \times \dfrac{1}{s^2} - \dfrac{E}{T} \times \dfrac{1}{s^2}e^{-Ts} - E \times \dfrac{1}{s}e^{-Ts}$

$= \dfrac{E}{Ts^2}(1-e^{-Ts}-Tse^{-Ts})$

18
다음과 같은 전류의 초기값 $i(0_+)$를 구하면?

$$I(s) = \dfrac{12}{2s(s+6)}$$

① 6 ② 2
③ 1 ④ 0

해설
$\lim\limits_{t \to 0} i(t) = \lim\limits_{s \to \infty} sI(s) = \lim\limits_{s \to \infty} s \times \dfrac{12}{2s(s+6)} = \lim\limits_{s \to \infty} \dfrac{12}{2(s+6)} = 0$

19
$f(t)$와 $\dfrac{df}{dt}$는 라플라스 변환이 가능하며 $\mathcal{L}[f(t)]$를 $F(s)$라고 할 때 최종값 정리는?

① $\lim\limits_{s \to 0} F(s)$ ② $\lim\limits_{s \to \infty} sF(s)$
③ $\lim\limits_{s \to \infty} F(s)$ ④ $\lim\limits_{s \to 0} sF(s)$

해설
- 초기값 정리: $\lim\limits_{t \to 0} f(t) = \lim\limits_{s \to \infty} sF(s)$
- 최종값(정상값) 정리: $\lim\limits_{t \to \infty} f(t) = \lim\limits_{s \to 0} sF(s)$

20
$F(s) = \dfrac{5s+3}{s(s+1)}$ 일 때 $f(t)$의 정상값은?

① 5 ② 3
③ 1 ④ 0

해설
$\lim\limits_{t \to \infty} f(t) = \lim\limits_{s \to 0} sF(s) = \lim\limits_{s \to 0} s \times \dfrac{5s+3}{s(s+1)} = 3$

| 정답 | 17 ④ 18 ④ 19 ④ 20 ②

13

다음 파형의 라플라스 변환은?

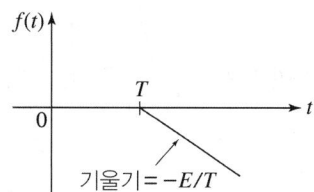

① $-\dfrac{E}{Ts^2}e^{-Ts}$ ② $\dfrac{E}{Ts^2}e^{-Ts}$

③ $-\dfrac{E}{Ts^2}e^{Ts}$ ④ $\dfrac{E}{Ts^2}e^{Ts}$

해설

문제에 주어진 파형의 시간함수는 아래와 같다.
$f(t) = -\dfrac{E}{T}(t-T) \cdot u(t-T)$

따라서 위 함수의 라플라스 변환은 아래와 같다.
$F(s) = -\dfrac{E}{Ts^2}e^{-Ts}$

암기 시간 추이 정리
$f(t-a)u(t-a) \Rightarrow F(s)e^{-as}$
(단, $F(s) = \mathcal{L}[f(t)]$)

14

$f(t) = u(t-a) - u(t-b)$ 식으로 표시되는 사각파의 라플라스 변환은?

① $\dfrac{1}{s}(e^{-as} - e^{-bs})$

② $\dfrac{1}{s}(e^{as} + e^{bs})$

③ $\dfrac{1}{s^2}(e^{-as} - e^{-bs})$

④ $\dfrac{1}{s^2}(e^{as} + e^{bs})$

해설

문제에 주어진 파형은 단위 계단 함수 $f(t) = u(t)$가 각각 a, b만큼 시간이 추이(지연)된 파형이므로 이를 라플라스 변환하면 아래와 같다.
$F(s) = \dfrac{1}{s}e^{-as} - \dfrac{1}{s}e^{-bs} = \dfrac{1}{s}(e^{-as} - e^{-bs})$

15

그림과 같이 높이가 1인 펄스의 라플라스 변환은?

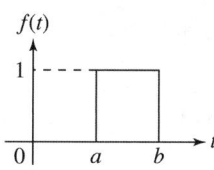

① $\dfrac{1}{s}(e^{-as} + e^{-bs})$ ② $\dfrac{1}{s}(e^{-as} - e^{-bs})$

③ $\dfrac{1}{a-b}(e^{-as} + e^{-bs})$ ④ $\dfrac{1}{a-b}(e^{-as} - e^{-bs})$

해설

문제에 주어진 파형은 다음과 같이 분해할 수 있다.

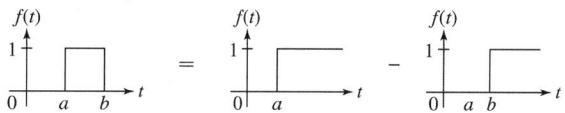

위 파형을 시간함수로 표현하여 라플라스 변환한다.
$f(t) = u(t-a) - u(t-b)$
$F(s) = \dfrac{1}{s}e^{-as} - \dfrac{1}{s}e^{-bs} = \dfrac{1}{s}(e^{-as} - e^{-bs})$

16

그림과 같이 표시된 단위 계단 함수는?

① $u(t)$
② $u(t-a)$
③ $u(t+a)$
④ $-u(t-a)$

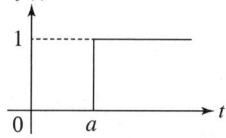

해설

문제에 주어진 파형은 단위 계단 함수 $f(t) = u(t)$가 시간이 0에서 a만큼 추이(지연)된 파형이므로 이를 식으로 표시하면
$f(t) = u(t-a)$ 이다.

10

$\int_0^x f(t)\,dt$를 라플라스 변환하면?

① $s^2 F(s)$
② $s F(s)$
③ $\dfrac{1}{s} F(s)$
④ $\dfrac{1}{s^2} F(s)$

해설

적분 정리에 의한 $\int_0^x f(t)\,dt$의 라플라스 변환은 $\dfrac{1}{s} F(s)$이다.

11

$\dfrac{dx(t)}{dt} + x(t) = 1$의 라플라스 변환 $X(s)$의 값은?(단, $x(0) = 0$이다.)

① $s+1$
② $s(s+1)$
③ $\dfrac{1}{s}(s+1)$
④ $\dfrac{1}{s(s+1)}$

해설

문제에 주어진 방정식을 라플라스 변환한다.

$\dfrac{dx(t)}{dt} + x(t) = 1 \Rightarrow s X(s) + X(s) = \dfrac{1}{s}$

$X(s)(s+1) = \dfrac{1}{s}$

$\therefore X(s) = \dfrac{1}{s(s+1)}$

12

RC 직렬 회로에 직류 전압 $V[\mathrm{V}]$가 인가될 때, 전류 $i(t)$에 대한 시간 영역 방정식이 $V = Ri(t) + \dfrac{1}{C}\int i(t)dt\,[\mathrm{V}]$로 주어져 있다. 전류 $i(t)$의 라플라스 변환 $I(s)$는?(단, C에는 초기 전하가 없다.)

① $I(s) = \dfrac{V}{R}\dfrac{1}{s - \dfrac{1}{RC}}$

② $I(s) = \dfrac{C}{R}\dfrac{1}{s + \dfrac{1}{RC}}$

③ $I(s) = \dfrac{V}{R}\dfrac{1}{s + \dfrac{1}{RC}}$

④ $I(s) = \dfrac{R}{C}\dfrac{1}{s - \dfrac{1}{RC}}$

해설

문제에 주어진 미분 방정식을 라플라스 변환한다.

$V = Ri(t) + \dfrac{1}{C}\int i(t)dt \Rightarrow \dfrac{V}{s} = RI(s) + \dfrac{1}{Cs}I(s)$

위 라플라스 변환된 식을 전류에 대하여 식을 변형한다.

$I(s) = \dfrac{\dfrac{V}{s}}{R + \dfrac{1}{Cs}} = \dfrac{V}{Rs + \dfrac{1}{C}} = \dfrac{V}{R} \times \dfrac{1}{s + \dfrac{1}{RC}}$

05

$\dfrac{e^{at}+e^{-at}}{2}$ 의 라플라스 변환은?

① $\dfrac{s}{s^2+a^2}$ ② $\dfrac{s}{s^2-a^2}$
③ $\dfrac{a}{s^2+a^2}$ ④ $\dfrac{a}{s^2-a^2}$

해설

$f(t) = \dfrac{e^{at}+e^{-at}}{2} \Rightarrow$

$F(s) = \dfrac{1}{2}\left(\dfrac{1}{s-a} + \dfrac{1}{s+a}\right)$

$= \dfrac{1}{2} \times \dfrac{s+a+s-a}{(s-a)(s+a)} = \dfrac{1}{2} \times \dfrac{2s}{s^2-a^2} = \dfrac{s}{s^2-a^2}$

06

그림과 같은 직류 전압의 라플라스 변환을 구하면?

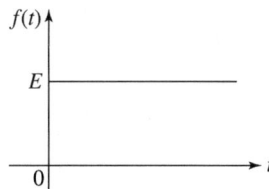

① $\dfrac{E}{s-1}$ ② $\dfrac{E}{s+1}$
③ $\dfrac{E}{s}$ ④ $\dfrac{E}{s^2}$

해설

문제에 주어진 파형의 시간함수는 아래와 같다.
$f(t) = Eu(t)$
위의 식을 라플라스 변환한다.
$f(t) = Eu(t) \Rightarrow F(s) = E \times \dfrac{1}{s} = \dfrac{E}{s}$

07

$e^{-2t}\cos 3t$ 의 라플라스 변환은?

① $\dfrac{s+2}{(s+2)^2+3^2}$ ② $\dfrac{s-2}{(s-2)^2+3^2}$
③ $\dfrac{s}{(s+2)^2+3^2}$ ④ $\dfrac{s}{(s-2)^2+3^2}$

해설

복소 추이 정리에 의하여 아래와 같다.
$f(t) = e^{-2t}\cos 3t \Rightarrow F(s) = \dfrac{s+2}{(s+2)^2+3^2}$

08

어느 회로망의 응답 $h(t)=(e^{-t}+2e^{-2t})u(t)$ 의 라플라스 변환은?

① $\dfrac{3s+4}{(s+1)(s+2)}$ ② $\dfrac{3s}{(s-1)(s-2)}$
③ $\dfrac{3s+2}{(s+1)(s+2)}$ ④ $\dfrac{-s-4}{(s-1)(s-2)}$

해설

$h(t) = (e^{-t}+2e^{-2t})u(t) = (e^{-t}+2e^{-2t}) \times 1$
$= e^{-t}+2e^{-2t}$

$\therefore H(s) = \dfrac{1}{s+1} + \dfrac{2}{s+2} = \dfrac{s+2+2(s+1)}{(s+1)(s+2)}$

$= \dfrac{3s+4}{(s+1)(s+2)}$

09

함수 $f(t) = t^2 e^{-at}$ 를 맞게 라플라스 변환시킨 것은?

① $\dfrac{2}{(s+a)^3}$ ② $\dfrac{2}{(s-a)^3}$
③ $\dfrac{1}{(s+a)^3}$ ④ $\dfrac{1}{(s-a)^3}$

해설

복소 추이 정리에 의하여 아래와 같이 나타낼 수 있다.
$f(t) = t^2 e^{-at} \Rightarrow F(s) = \dfrac{2}{(s+a)^3}$

CHAPTER 12 · CBT 적중문제

01
단위 계단 함수 $u(t)$에 상수 5를 곱해 라플라스 변환식을 구하면?

① $-\dfrac{5}{s}$ ② $\dfrac{5}{s^2}$

③ $\dfrac{5}{s-1}$ ④ $\dfrac{5}{s}$

해설

단위 계단 함수 $u(t)$에 상수 5를 곱한다는 뜻은 $f(t)=5u(t)$라는 것이다. 이를 라플라스 변환하면 $F(s)=5\times\dfrac{1}{s}=\dfrac{5}{s}$가 된다.

02
$f(t)=\sin t\cos t$를 라플라스 변환하면?

① $\dfrac{1}{s^2+4}$ ② $\dfrac{1}{s^2+2}$

③ $\dfrac{1}{(s+2)^2}$ ④ $\dfrac{1}{(s+4)^2}$

해설

$\sin t\cos t$ 식은 라플라스 변환이 직접 되지 않으므로 삼각 함수의 2배각 공식을 이용하여 식을 변환한 후 라플라스 변환한다.

$f(t)=\sin t\cos t=\dfrac{1}{2}\sin 2t \Rightarrow F(s)=\dfrac{1}{2}\times\dfrac{2}{s^2+2^2}=\dfrac{1}{s^2+4}$

암기

$\sin 2\theta=2\sin\theta\cos\theta$

03
$f(t)=\delta(t)-be^{-bt}$의 라플라스 변환은?(단, $\delta(t)$는 임펄스 함수이다.)

① $\dfrac{b}{s+b}$ ② $\dfrac{s(1-b)+5}{s(s+b)}$

③ $\dfrac{1}{s(s+b)}$ ④ $\dfrac{s}{s+b}$

해설

$f(t)=\delta(t)-be^{-bt} \Rightarrow F(s)=1-b\times\dfrac{1}{s+b}=\dfrac{s+b-b}{s+b}=\dfrac{s}{s+b}$

04
함수 $f(t)=1-e^{-at}$를 라플라스 변환하면?

① $\dfrac{1}{s+a}$ ② $\dfrac{1}{s(s+a)}$

③ $\dfrac{a}{s}$ ④ $\dfrac{a}{s(s+a)}$

해설

$f(t)=1-e^{-at}$

$\Rightarrow F(s)=\dfrac{1}{s}-\dfrac{1}{s+a}=\dfrac{s+a-s}{s(s+a)}=\dfrac{a}{s(s+a)}$

| 정답 | 01 ④   02 ①   03 ④   04 ④

독학이 쉬워지는 기초개념

분수 함수의 미분법

- $F(s) = \dfrac{\text{분자}}{\text{분모}}$

- $\dfrac{dF(s)}{ds}$

  $= \dfrac{(\text{분자 미분}\times\text{분모})-(\text{분모 미분}\times\text{분자})}{(\text{분모})^2}$

Tip 강의 꿀팁

분모 미분이 힘들다면 A, C값 도출 후 본래의 식에 대입하여 알맞은 B값을 찾는 방법도 있어요.

2 2차 함수의 부분 분수 전개

(1) 분모에 2차 함수가 있는 부분 분수의 전개

$$F(s) = \frac{s+c}{(s+a)^2(s+b)} = \frac{A}{(s+a)^2} + \frac{B}{s+a} + \frac{C}{s+b}$$

(2) 계수 A, B, C를 구하는 방법

- $A = \dfrac{s+c}{(s+a)^2(s+b)} \times (s+a)^2 = \left.\dfrac{s+c}{s+b}\right|_{s=-a} = \dfrac{-a+c}{-a+b}$

- $B = \dfrac{d}{ds}\left\{\dfrac{s+c}{(s+a)^2(s+b)} \times (s+a)^2\right\} = \dfrac{d}{ds}\left(\dfrac{s+c}{s+b}\right)$

  $= \left.\dfrac{1\times(s+b)-(s+c)\times 1}{(s+b)^2}\right|_{s=-a} = \dfrac{b-c}{(-a+b)^2}$

- $C = \dfrac{s+c}{(s+a)^2(s+b)} \times (s+b) = \left.\dfrac{s+c}{(s+a)^2}\right|_{s=-b} = \dfrac{-b+c}{(-b+a)^2}$

(3) 위 (1)에서 부분 분수로 전개된 $F(s)$ 식에 대입하여 역라플라스 변환된 $f(t)$를 구한다.

기출예제

중요도 ▮▮▯

$F(s) = \dfrac{1}{(s+1)^2(s+2)}$ 의 역라플라스 변환을 구하면?

① $e^{-t} + te^{-t} + e^{-2t}$
② $-e^{-t} + te^{-t} + e^{-2t}$
③ $e^{-t} - te^{-t} + e^{-2t}$
④ $e^{t} + te^{t} + e^{2t}$

| 해설 |

주어진 식을 부분 분수로 전개한다.

$$\frac{1}{(s+1)^2(s+2)} = \frac{A}{(s+1)^2} + \frac{B}{s+1} + \frac{C}{s+2}$$

- $A = \dfrac{1}{(s+1)^2(s+2)} \times (s+1)^2 = \left.\dfrac{1}{s+2}\right|_{s=-1} = 1$

- $B = \dfrac{d}{ds}\left\{\dfrac{1}{(s+1)^2(s+2)} \times (s+1)^2\right\} = \dfrac{d}{ds}\left\{\dfrac{1}{s+2}\right\}$

  $= \left.\dfrac{0\times(s+2)-1\times 1}{(s+2)^2}\right|_{s=-1} = -1$

- $C = \dfrac{1}{(s+1)^2(s+2)} \times (s+2) = \left.\dfrac{1}{(s+1)^2}\right|_{s=-2} = 1$

따라서 라플라스 역변환하면 아래와 같다.

$$F(s) = \frac{1}{(s+1)^2} - \frac{1}{s+1} + \frac{1}{s+2} \Rightarrow f(t) = te^{-t} - e^{-t} + e^{-2t}$$

답 ②

THEME 03 라플라스 역변환

1 1차 함수의 부분 분수 전개

(1) 분모가 1차인 부분 분수의 전개

$$F(s) = \frac{s+c}{(s+a)(s+b)} = \frac{A}{s+a} + \frac{B}{s+b}$$

(2) 계수 A, B를 구하는 방법

- $A = \dfrac{s+c}{(s+a)(s+b)} \times (s+a) = \dfrac{s+c}{s+b}\bigg|_{s=-a} = \dfrac{-a+c}{-a+b}$

- $B = \dfrac{s+c}{(s+a)(s+b)} \times (s+b) = \dfrac{s+c}{s+a}\bigg|_{s=-b} = \dfrac{-b+c}{-b+a}$

(3) 위 (1)에서 부분 분수로 전개된 $F(s)$ 식에 대입하여 역라플라스 변환된 $f(t)$를 구한다.

기출예제

$F(s) = \dfrac{2s+3}{s^2+3s+2}$ 인 라플라스 함수를 시간함수로 고치면?

① $e^{-t} - 2e^{-2t}$
② $e^{-t} + te^{-2t}$
③ $e^{-t} + e^{-2t}$
④ $2t + e^{-t}$

| 해설 |

주어진 함수를 부분 분수로 전개한다.

$$F(s) = \frac{2s+3}{s^2+3s+2} = \frac{2s+3}{(s+1)(s+2)}$$
$$= \frac{A}{s+1} + \frac{B}{s+2}$$

계수 A, B를 구하는 과정은 다음과 같다.

$$A = \frac{2s+3}{(s+1)(s+2)} \times (s+1)\bigg|_{s=-1} = 1$$

$$B = \frac{2s+3}{(s+1)(s+2)} \times (s+2)\bigg|_{s=-2} = 1$$

각 값을 대입하여 라플라스 역변환하면 아래와 같다.

$$F(s) = \frac{1}{s+1} + \frac{1}{s+2} \rightarrow f(t) = e^{-t} + e^{-2t}$$

답 ③

| 독학이 쉬워지는 기초개념 |

4 초기값 정리, 최종값 정리

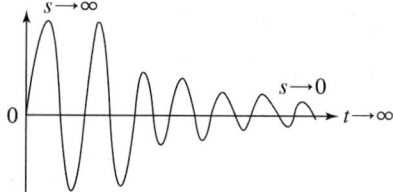

▲ 시간 경과에 따른 제어 신호 파형

- 초기값: $s \to \infty$
- 정상값: $s \to 0$

(1) **초기값 정리**

$$\lim_{t \to 0} f(t) = \lim_{s \to \infty} s F(s)$$

시간함수가 $t \to 0$ 시점에서 주파수 함수는 극한, 즉 $s \to \infty$로 향한다.

(2) **최종값(정상값) 정리**

$$\lim_{t \to \infty} f(t) = \lim_{s \to 0} s F(s)$$

시간함수가 $t \to \infty$ 시점에서 주파수 함수는 최소, 즉 $s \to 0$으로 향한다.

기출예제

중요도 어떤 제어계의 출력이 $C(s) = \dfrac{5}{s(s^2 + s + 2)}$로 주어질 때 출력의 시간함수 $c(t)$의 정상값은?

① 5
② 2
③ $\dfrac{2}{5}$
④ $\dfrac{5}{2}$

| 해설 |

$$\lim_{t \to \infty} c(t) = \lim_{s \to 0} s C(s) = \lim_{s \to 0} s \times \dfrac{5}{s(s^2 + s + 2)}$$
$$= \lim_{s \to 0} \dfrac{5}{s^2 + s + 2} = \dfrac{5}{2}$$

답 ④

| 해설 |
$5\dfrac{d^2q(t)}{dt^2} + \dfrac{dq(t)}{dt} = 10\sin t$ 에서 양변을 라플라스 변환하면 다음과 같다.

$5s^2\,Q(s) + s\,Q(s) = 10 \times \dfrac{1}{s^2 + 1^2}$

$\therefore Q(s) = \dfrac{10}{(5s^2 + s)(s^2 + 1)}$

답 ②

3 시간 추이(지연) 정리

$\mathcal{L}\,[f(t-a)u(t-a)] = F(s)\,e^{-as}$

$\mathcal{L}\,[f(t)] = F(s)$ 이고 $f(t)$를 시간 t의 양의 방향으로 a 만큼 이동한 함수(시간이 지연된 함수) $f(t-a)$에 대한 라플라스 변환이다.

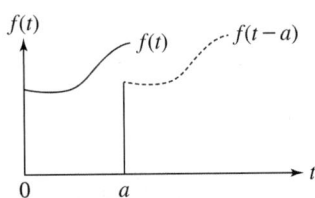

▲ 파형의 시간 지연 곡선

기출예제

중요도 다음과 같은 파형 $v(t)$를 단위 계단 함수로 표시하면 어떻게 되는가?

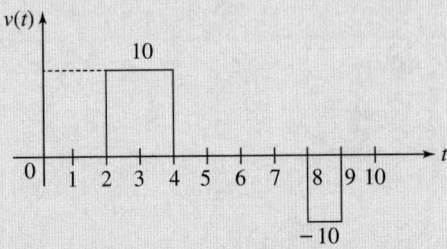

① $10u(t-2) + 10u(t-4) + 10u(t-8) + 10u(t-9)$
② $10u(t-2) - 10u(t-4) - 10u(t-8) - 10u(t-9)$
③ $10u(t-2) - 10u(t-4) + 10u(t-8) - 10u(t-9)$
④ $10u(t-2) - 10u(t-4) - 10u(t-8) + 10u(t-9)$

| 해설 |
시간 추이 정리를 적용하여 주어진 파형의 시간함수를 구한다.
$v(t) = 10\{u(t-2) - u(t-4)\} - 10\{u(t-8) - u(t-9)\}$
$\quad\ = 10u(t-2) - 10u(t-4) - 10u(t-8) + 10u(t-9)$

답 ④

독학이 쉬워지는 기초개념

복소 추이 정리
$\mathcal{L}\left[e^{\pm at}f(t)\right]$
$= F(s)|_{s=s\mp a}$
$= F(s\mp a)$

미분 방정식의 라플라스 변환
- 소문자 $f(t)$ → 대문자 $F(s)$
- 미분 $\dfrac{d}{dt} \to s,\ \dfrac{d^2}{dt^2} \to s^2$
- 적분 $\int dt \to \dfrac{1}{s}$

THEME 02 라플라스 변환의 기본 정리

1 복소 추이 정리

$\mathcal{L}[f(t)] = F(s)$ 일 때, $e^{\pm at}f(t)$에 대한 라플라스 변환은 다음과 같다.
$\mathcal{L}\left[e^{\pm at}f(t)\right] = F(s\mp a)$

2 미적분 정리

(1) 미분식의 라플라스 변환

$$\mathcal{L}\left[\dfrac{d}{dt}f(t)\right] = sF(s),\quad \mathcal{L}\left[\dfrac{d^2}{dt^2}f(t)\right] = s^2 F(s)$$

(2) 적분식의 라플라스 변환

$$\mathcal{L}\left[\int f(t)dt\right] = \dfrac{1}{s}F(s)$$

(3) $\mathcal{L}[f(t)] = F(s)$ 일 때, $tf(t)$에 대한 라플라스 변환은 다음과 같다.

$$\mathcal{L}[tf(t)] = -\dfrac{dF(s)}{ds}$$

기출예제

다음 중 $f(t) = te^{-at}$의 라플라스 변환은?

① $\dfrac{2}{(s-a)^2}$ ② $\dfrac{1}{s(s+a)}$

③ $\dfrac{1}{(s+a)^2}$ ④ $\dfrac{1}{s+a}$

| 해설 |
각 단독 함수에서의 라플라스 변환은 아래와 같다.

$f(t) = t \to F(s) = \dfrac{1}{s^2}$

$f(t) = e^{-at} \to F(s) = \dfrac{1}{s+a}$

따라서 문제에 주어진 함수를 복소 추이 정리를 적용하여 라플라스 변환한다.

$f(t) = te^{-at} \to F(s) = \dfrac{1}{(s+a)^2}$

답 ③

$5\dfrac{d^2q(t)}{dt^2} + \dfrac{dq(t)}{dt} = 10\sin t$ 에서 모든 초기 조건을 0으로 하고 라플라스 변환하면?(단, $Q(s)$는 $q(t)$의 라플라스 변환이다.)

① $Q(s) = \dfrac{10}{(5s+1)(s^2+1)}$

② $Q(s) = \dfrac{10}{(5s^2+s)(s^2+1)}$

③ $Q(s) = \dfrac{10}{2(s^2+1)}$

④ $Q(s) = \dfrac{10}{(s^2+5)(s^2+1)}$

지수함수: e^{at}	$\dfrac{1}{s-a}$
지수함수: e^{-at}	$\dfrac{1}{s+a}$
삼각함수: $\sin \omega t$	$\dfrac{\omega}{s^2+\omega^2}$
삼각함수: $\cos \omega t$	$\dfrac{s}{s^2+\omega^2}$

독학이 쉬워지는 기초개념

 강의 꿀팁

$e^{at} \Rightarrow \dfrac{1}{s-a}$

$e^{-at} \Rightarrow \dfrac{1}{s+a}$

(a앞의 부호 유의)

기출예제

$f(t) = 3t^2$ 의 라플라스 변환은?

① $\dfrac{3}{s^3}$ ② $\dfrac{3}{s^2}$

③ $\dfrac{6}{s^3}$ ④ $\dfrac{6}{s^2}$

| 해설 |

$f(t) = 3t^2 \to F(s) = 3 \times \dfrac{2!}{s^3} = \dfrac{6}{s^3}$

답 ③

$f(t) = At^2$ 의 라플라스 변환은?

① $\dfrac{A}{s^2}$ ② $\dfrac{2A}{s^2}$

③ $\dfrac{A}{s^3}$ ④ $\dfrac{2A}{s^3}$

| 해설 |

$f(t) = At^2 \to F(s) = A \times \dfrac{2!}{s^3} = \dfrac{2A}{s^3}$

답 ④

$f(t) = 3u(t) + 2e^{-t}$ 의 라플라스 변환은?

① $\dfrac{s+3}{s(s+1)}$ ② $\dfrac{5s+3}{s(s+1)}$

③ $\dfrac{3s}{s^2+1}$ ④ $\dfrac{5s+1}{(s+1)s^2}$

| 해설 |

$f(t) = 3u(t) + 2e^{-t}$

$\Rightarrow F(s) = 3 \times \dfrac{1}{s} + 2 \times \dfrac{1}{s+1} = \dfrac{3(s+1)+2s}{s(s+1)}$

$= \dfrac{5s+3}{s(s+1)}$

답 ②

CHAPTER 12 라플라스 변환

독학이 쉬워지는 기초개념

THEME 01 라플라스 기본 변환

1 라플라스 변환과 필요성

(1) 제어 장치는 시간 함수 $f(t)$를 인식하지 못하므로 제어 장치가 받아들일 수 있는 주파수 함수 $F(j\omega) = F(s)$로 변환하여야 한다.

(2) 라플라스 변환 공식을 사용하여 시간 함수를 주파수 함수로 바꾼다.

$$F(s) = \int_0^\infty f(t) e^{-st} dt$$

기출예제

함수 $f(t)$의 라플라스 변환은 어떤 식으로 정의되는가?

① $\int_0^\infty f(t) e^{st} dt$
② $\int_0^\infty f(t) e^{-st} dt$
③ $\int_0^\infty f(-t) e^{st} dt$
④ $\int_{-\infty}^\infty f(-t) e^{-st} dt$

| 해설 |
라플라스 변환은 시간함수가 0[초]에서 ∞[초]까지 경과하였을 경우의 주파수 변화에 대한 함수이다. 라플라스 변환식은 아래와 같다.

$$F(s) = \int_0^\infty f(t) e^{-st} dt$$

답 ②

> **강의 꿀팁**
> 라플라스 변환 공식은 반드시 암기해야 하는 중요한 내용이에요. 라플라스 변환 공식을 암기하지 않으면 문제를 풀 수 없어요!

t^n 라플라스 변환

$$t^n \to \frac{n!}{s^{n+1}}$$

$(n! = 1 \times 2 \times 3 \times \cdots \times n)$

팩토리얼(!) 함수
- $2! = 1 \times 2 = 2$
- $3! = 1 \times 2 \times 3 = 6$
- $4! = 1 \times 2 \times 3 \times 4 = 24$

2 자주 쓰이는 라플라스 변환 공식

라플라스 변환 공식을 이용하여 시간 함수를 주파수 함수로 바꾸면 다음과 같은 기본적인 라플라스 변환 결과식을 얻을 수 있다.

시간 함수 $f(t)$	주파수 함수 $F(s)$
임펄스 함수: $\delta(t)$	1
단위 계단 함수: $u(t) = 1$	$\dfrac{1}{s}$
속도 함수: t	$\dfrac{1}{s^2}$
가속도 함수: t^2	$\dfrac{2}{s^3}$

학습 전략

라플라스 변환은 기본적인 라플라스 변환 공식을 암기한 후 기본 공식을 이용한 여러 가지 함수에 대한 라플라스 변환을 연습합니다. 라플라스 역변환 과정에서 필요한 부분분수 전개법을 익혀 두는 것을 추천하며, 수학 실력이 부족하다면 본인의 수학 실력에 맞는 문제 위주로 학습하는 것이 좋습니다.

CHAPTER 12 | 흐름 미리보기

1. 라플라스 기본 변환

2. 라플라스 변환의 기본 정리

3. 라플라스 역변환

NEXT **CHAPTER 13**

CHAPTER 12

라플라스 변환

1. 라플라스 기본 변환
2. 라플라스 변환의 기본 정리
3. 라플라스 역변환

13

무손실 선로에서 감쇠 정수를 α, 위상 정수를 β라 하면 α와 β의 값은?(단, R, G, L, C는 선로 단위 길이당 저항, 컨덕턴스, 인덕턴스, 커패시턴스이다.)

① $\alpha = \sqrt{RG},\ \beta = 0$
② $\alpha = 0,\ \beta = \dfrac{1}{\sqrt{LC}}$
③ $\alpha = 0,\ \beta = \omega\sqrt{LC}$
④ $\alpha = \sqrt{RG},\ \beta = \omega\sqrt{LC}$

해설

전파 정수 $\gamma = \sqrt{ZY} = \sqrt{(R+j\omega L)(G+j\omega C)} = \alpha + j\beta$
(α: 감쇠 정수, β: 위상 정수)
에서 무손실 선로는 $R = G = 0$이므로 $\alpha = 0$, $\beta = \omega\sqrt{LC}$로 된다.

14

분포 정수 회로에서 선로의 단위 길이당 저항이 $100[\Omega]$, 인덕턴스가 $200[\text{mH}]$, 누설 컨덕턴스가 $0.5[\mho]$라 할 때 일그러짐이 없는 조건을 만족하기 위한 정전 용량은 몇 $[\mu\text{F}]$인가?

① 0.001
② 0.1
③ 10
④ 1,000

해설

무왜형 조건 $LG = RC$를 이용한다.
$C = \dfrac{LG}{R} = \dfrac{200 \times 10^{-3} \times 0.5}{100} = 1 \times 10^{-3}[\text{F}]$
$= 1,000 \times 10^{-6}[\text{F}] = 1,000[\mu\text{F}]$

15

분포 정수 회로가 무왜형 선로로 되는 조건은?(단, 선로의 단위 길이당 저항은 R, 인덕턴스는 L, 정전 용량은 C, 누설 콘덕턴스는 G이다.)

① $RL = CG$
② $RC = LG$
③ $R = \sqrt{L/C}$
④ $R = \sqrt{LC}$

해설

- 무손실 조건: $R = G = 0$
- 무왜형 조건: $RC = LG$

16

전송 선로의 특성 임피던스가 $100[\Omega]$이고 부하 저항이 $400[\Omega]$일 때 전압 정재파 비 S는?

① 0.25
② 0.6
③ 1.67
④ 4.0

해설

반사 계수를 구한다.
$\rho = \dfrac{Z_2 - Z_1}{Z_2 + Z_1} = \dfrac{400 - 100}{400 + 100} = 0.6$
따라서 정재파 비는 아래와 같다.
$S = \dfrac{1+\rho}{1-\rho} = \dfrac{1+0.6}{1-0.6} = 4.0$

별해

$S = \dfrac{Z_2}{Z_1} = \dfrac{400}{100} = 4.0$

10

송전 선로에서 전압이 $3 \times 10^8 [\text{m/s}]$인 광속으로 전파할 때 $200[\text{MHz}]$인 주파수에 대한 위상 정수는 몇 $[\text{rad/m}]$인가?

① $\dfrac{4}{3}\pi$ ② $\dfrac{2}{3}\pi$

③ $\dfrac{\pi}{3}$ ④ π

해설 위상 정수

$\beta = \dfrac{2\pi}{\lambda} = \dfrac{2\pi}{\dfrac{v}{f}} = \dfrac{2\pi f}{v} = \dfrac{2\pi \times 200 \times 10^6}{3 \times 10^8} = \dfrac{4}{3}\pi [\text{rad/m}]$

11

위상 정수가 $\dfrac{\pi}{8}[\text{rad/m}]$인 선로의 $1[\text{MHz}]$에 대한 전파 속도는 몇 $[\text{m/s}]$인가?

① 1.6×10^7 ② 3.2×10^7
③ 5.0×10^7 ④ 8.0×10^7

해설

$v = \dfrac{\omega}{\beta} = \dfrac{2\pi f}{\beta} = \dfrac{2\pi \times 10^6}{\dfrac{\pi}{8}} = 16 \times 10^6 [\text{m/s}]$

$= 1.6 \times 10^7 [\text{m/s}]$

12

무손실 선로의 정상 상태에 대한 설명으로 틀린 것은?

① 전파 정수 γ은 $j\omega\sqrt{LC}$이다.

② 특성 임피던스 $Z_0 = \sqrt{\dfrac{C}{L}}$ 이다.

③ 진행파의 전파 속도 $v = \dfrac{1}{\sqrt{LC}}$ 이다.

④ 감쇠 정수 $\alpha = 0$, 위상 정수 $\beta = \omega\sqrt{LC}$ 이다.

해설
무손실 선로의 특성

- **특성 임피던스** $Z_0 = \sqrt{\dfrac{Z}{Y}} = \sqrt{\dfrac{R+j\omega L}{G+j\omega C}} = \sqrt{\dfrac{L}{C}} [\Omega]$

- 전파 정수 $\gamma = \sqrt{ZY} = \sqrt{(R+j\omega L)(G+j\omega C)} = \alpha + j\beta$
 (감쇠 정수 $\alpha = 0$, 위상 정수 $\beta = \omega\sqrt{LC}[\text{rad/m}]$)
 무손실 선로는 $R = G = 0$이므로 $\gamma = j\omega\sqrt{LC}$

- 전파 속도 $v = \dfrac{\omega}{\beta} = \dfrac{\omega}{\omega\sqrt{LC}} = \dfrac{1}{\sqrt{LC}} = 3 \times 10^8 [\text{m/s}]$

- 파장 $\lambda = \dfrac{2\pi}{\beta} = \dfrac{2\pi}{\omega\sqrt{LC}} = \dfrac{2\pi}{2\pi f\sqrt{LC}} = \dfrac{1}{f\sqrt{LC}}$
 $= \dfrac{v}{f} = \dfrac{3 \times 10^8}{f}[\text{m}]$

| 정답 | 10 ① 11 ① 12 ②

05
선로의 단위 길이당 분포 인덕턴스, 저항, 정전 용량, 누설 컨덕턴스를 각각 L, R, C, G라 하면 전파 정수는?

① $\dfrac{\sqrt{R+j\omega L}}{G+j\omega C}$

② $\sqrt{(R+j\omega L)(G+j\omega C)}$

③ $\sqrt{\dfrac{R+j\omega L}{G+j\omega C}}$

④ $\sqrt{\dfrac{G+j\omega C}{R+j\omega L}}$

해설 전파 정수
$\gamma = \sqrt{ZY} = \sqrt{(R+j\omega L)(G+j\omega C)}$

06
선로의 임피던스가 $Z=R+j\omega L[\Omega]$, 병렬 어드미턴스가 $Y=G+j\omega C[\mho]$이면 선로의 저항 R과 컨덕턴스 G가 동시에 0이 되었을 때 전파 정수는?

① $\sqrt{j\omega LC}$
② $j\omega\sqrt{LC}$
③ $j\omega\sqrt{\dfrac{C}{L}}$
④ $j\omega\sqrt{\dfrac{L}{C}}$

해설
$\gamma = \sqrt{ZY} = \sqrt{(R+j\omega L)(G+j\omega C)} = j\omega\sqrt{LC}$

07
분포 정수 전송 회로에 대한 설명이 아닌 것은?

① $\dfrac{R}{L} = \dfrac{G}{C}$ 인 회로를 무왜형 회로라고 한다.

② $R=G=0$인 회로를 무손실 회로라고 한다.

③ 무손실 회로와 무왜형 회로의 감쇠 정수는 $\sqrt{RG}$ 이다.

④ 무손실 회로와 무왜형 회로에서의 위상 속도는 $\dfrac{1}{\sqrt{LC}}$ 이다.

해설
무손실 선로의 감쇠 정수는 $\alpha = 0$, 무왜형 선로의 감쇠 정수는 $\alpha = \sqrt{RG}$이다.

08
위상 정수 $\beta = 6.28[\text{rad/km}]$일 때 파장[km]은?

① 1
② 2
③ 3
④ 4

해설
$\lambda = \dfrac{2\pi}{\beta} = \dfrac{2\times\pi}{6.28} = 1[\text{km}]$

09
분포 정수 회로에서 위상 정수를 $\beta[\text{rad/m}]$라 할 때 파장은?

① $\dfrac{1}{\sqrt{LC}}$
② $\dfrac{1}{f\sqrt{LC}}$
③ $f\sqrt{LC}$
④ $\sqrt{\dfrac{L}{C}}$

해설
분포정수 회로에서 파장은 아래와 같다.
$\lambda = \dfrac{2\pi}{\beta} = \dfrac{2\pi}{\omega\sqrt{LC}} = \dfrac{2\pi}{2\pi f\sqrt{LC}} = \dfrac{1}{f\sqrt{LC}}[\text{m}]$

|정답| 05 ② 06 ② 07 ③ 08 ① 09 ②

CHAPTER 11 CBT 적중문제

01
분포 정수 회로에서 선로의 특성 임피던스를 Z_0, 전파 정수를 γ라고 할 때 선로의 직렬 임피던스는?

① $\dfrac{Z_0}{\gamma}$ ② $\dfrac{\gamma}{Z_0}$
③ $\sqrt{\gamma Z_0}$ ④ γZ_0

해설
$Z_0 \times \gamma = \sqrt{\dfrac{Z}{Y}} \times \sqrt{ZY} = Z$

02
분포 정수 회로에 직류를 흘릴 때 특성 임피던스는?(단, 단위 길이당 직렬 임피던스 $Z = R + j\omega L\,[\Omega]$, 병렬 어드미턴스 $Y = G + j\omega C\,[\mho]$이다.)

① $\sqrt{\dfrac{L}{C}}\,[\Omega]$ ② $\sqrt{\dfrac{L}{R}}\,[\Omega]$
③ $\sqrt{\dfrac{G}{C}}\,[\Omega]$ ④ $\sqrt{\dfrac{R}{G}}\,[\Omega]$

해설
분포 정수 회로의 특성 임피던스
$Z_0 = \sqrt{\dfrac{Z}{Y}} = \sqrt{\dfrac{R+j\omega L}{G+j\omega C}}$ 에서
직류($\omega = 2\pi f = 0$)를 흘리면
$Z_0 = \sqrt{\dfrac{Z}{Y}} = \sqrt{\dfrac{R+j\omega L}{G+j\omega C}} = \sqrt{\dfrac{R}{G}}\,[\Omega]$이 된다.

03
분포 정수 회로에서 선로 정수가 R, L, C, G이고 무왜형 조건이 $RC = GL$과 같은 관계가 성립될 때 선로의 특성 임피던스 Z_0는?(단, 선로의 단위 길이당 저항을 R, 인덕턴스를 L, 정전 용량을 C, 누설 컨덕턴스를 G라 한다.)

① $Z_0 = \dfrac{1}{\sqrt{CL}}$ ② $Z_0 = \sqrt{\dfrac{L}{C}}$
③ $Z_0 = \sqrt{CL}$ ④ $Z_0 = \sqrt{RG}$

해설
분포 정수 회로에서 무손실($R = G = 0$)과 무왜형($LG = RC$)에서의 특성 임피던스는
$Z_0 = \sqrt{\dfrac{Z}{Y}} = \sqrt{\dfrac{R+j\omega L}{G+j\omega C}} \fallingdotseq \sqrt{\dfrac{L}{C}}\,[\Omega]$

04
무한장 무손실 전송 선로상의 어떤 점에서 전압이 $100[\text{V}]$였다. 이 선로의 인덕턴스가 $7.5[\mu\text{H/m}]$이고 커패시턴스가 $0.003[\mu\text{F/m}]$이라면 이 점에서 전류는 몇 $[\text{A}]$인가?

① $2[\text{A}]$ ② $4[\text{A}]$
③ $6[\text{A}]$ ④ $8[\text{A}]$

해설
특성 임피던스 $Z_0 = \sqrt{\dfrac{L}{C}} = \sqrt{\dfrac{7.5 \times 10^{-6}}{0.003 \times 10^{-6}}} = 50[\Omega]$
전류 $I = \dfrac{V}{Z_0} = \dfrac{100}{50} = 2[\text{A}]$

| 정답 | 01 ④   02 ④   03 ②   04 ①

3 반사 계수, 투과 계수 및 정재파 비

(1) 선로의 변이점에서 진행파의 반사파와 투과파

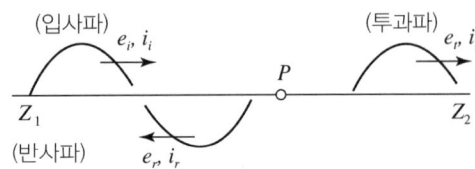

▲ 변이점에서의 반사 및 투과 현상

① 위 그림은 파동 임피던스 Z_1과 Z_2의 선로가 변이점 P에서 연결되고 Z_1 쪽으로부터 진행파가 들어왔을 때, 이 진행파가 변이점에서 어떻게 반사되고 또 어떻게 투과해 나가는지를 보여 주는 것이다.

② 위 그림에서 반사파 전압

$$e_r = \frac{Z_2 - Z_1}{Z_2 + Z_1} e_i$$

③ 위 반사파 전압 식에서 반사 계수

$$\rho = \frac{Z_2 - Z_1}{Z_2 + Z_1} = \frac{e_r}{e_i}$$

④ 위 반사파 전압 식에서 투과파 전압

$$e_t = \frac{2Z_2}{Z_2 + Z_1} e_i$$

⑤ 위 투과파 전압 식에서 투과 계수

$$\gamma = \frac{2Z_2}{Z_2 + Z_1} = \frac{e_t}{e_i}$$

(2) 정재파 비

① 전송 선로상에 발생하고 있는 정재파의 크기를 나타내는 것으로 정재파의 최대값과 최소값의 비로 구한다.

② 정재파 비는 다음과 같이 구한다.

$$s = \frac{1+\rho}{1-\rho} = \frac{Z_2}{Z_1}$$

(단, ρ: 반사 계수)

> **독학이 쉬워지는 기초개념**
>
> 투과 계수와 반사 계수의 관계
> $\gamma = 1 + \rho$

기출예제

반사 계수 값이 $40[\%]$일 때 정재파 비는?

① 1 ② 2
③ 2.3 ④ 3.3

| 해설 |
$$s = \frac{1+\rho}{1-\rho} = \frac{1+0.4}{1-0.4} = 2.3$$

답 ③

독학이 쉬워지는 기초개념

기출예제

무한장 평행 2선 선로에 주파수 4[MHz]의 전압을 가하였을 때 전압의 위상 정수는 몇 [rad/m]인가? (단, 전파 속도는 3×10^8[m/sec]로 한다.)

① 0.0734
② 0.0838
③ 0.0934
④ 0.0634

| 해설 |
위상 정수는 아래와 같다.

$$\beta = \frac{2\pi}{\lambda} = \frac{2\pi}{\frac{v}{f}} = \frac{2\pi f}{v} = \frac{2\pi \times 4 \times 10^6}{3 \times 10^8} = 0.0838 \text{[rad/m]}$$

답 ②

2 무왜형 선로

(1) **무왜형 선로의 의미**: 전력 송전 도중에는 L과 C의 영향으로 교류의 정현 파형은 일그러질 수밖에 없는데 $LG = RC$의 조건이 성립하면 파형의 일그러짐 없이 깨끗한 정현 파형을 송전할 수 있다.

(2) **무왜형 선로의 특성**

① 특성 임피던스: $Z_0 = \sqrt{\frac{Z}{Y}} = \sqrt{\frac{R+j\omega L}{G+j\omega C}} = \sqrt{\frac{L}{C}}$ [Ω]

② 전파 정수: $\gamma = \sqrt{ZY} = \sqrt{(R+j\omega L)(G+j\omega C)} = \alpha + j\beta$
(감쇠 정수 $\alpha = \sqrt{RG}$[dB/m], 위상 정수 $\beta = \omega\sqrt{LC}$[rad/m])

③ 전파 속도: $v = \frac{\omega}{\beta} = \frac{\omega}{\omega\sqrt{LC}} = \frac{1}{\sqrt{LC}} = 3 \times 10^8$ [m/s]

④ 파장: $\lambda = \frac{2\pi}{\beta} = \frac{2\pi}{\omega\sqrt{LC}} = \frac{2\pi}{2\pi f\sqrt{LC}} = \frac{1}{f\sqrt{LC}} = \frac{v}{f}$
$= \frac{3 \times 10^8}{f}$ [m]

무손실 회로와 무왜형 회로의 차이점
- 무손실 회로: $\alpha = 0$
- 무왜형 회로: $\alpha = \sqrt{RG} \neq 0$

기출예제

저항 0.5[Ω/km], 인덕턴스 1[μH/km], 정전 용량 6[μF/km], 길이 10[km]인 송전 선로가 무왜형 선로가 되기 위한 컨덕턴스는?

① 1[℧/km]
② 2[℧/km]
③ 3[℧/km]
④ 4[℧/km]

| 해설 |
무왜형 조건은 $LG = RC$이므로

$$G = \frac{RC}{L} = \frac{0.5 \times 6 \times 10^{-6}}{1 \times 10^{-6}} = 3 \text{[℧/km]}$$

답 ③

기출예제

단위 길이당 인덕턴스 및 커패시턴스가 각각 L 및 C일 때 전송 선로의 특성 임피던스는?(단, 무손실 선로이다.)

① $\sqrt{\dfrac{L}{C}}$ ② $\sqrt{\dfrac{C}{L}}$

③ $\dfrac{L}{C}$ ④ $\dfrac{C}{L}$

| 해설 |

$Z_0 = \sqrt{\dfrac{Z}{Y}} = \sqrt{\dfrac{R+j\omega L}{G+j\omega C}} = \sqrt{\dfrac{L}{C}}\ [\Omega]$

답 ①

THEME 02 무손실 선로와 무왜형 선로

1 무손실 선로

(1) **무손실 선로의 의미**: 전력 송전 도중 저항 R과 누설 컨덕턴스 G에서 송전 손실이 발생하는데 전선의 저항과 누설 컨덕턴스가 극히 작아($R = G = 0$) 전력 손실이 없는 선로를 말한다.

(2) **무손실 선로의 특성**

① 특성 임피던스: $Z_0 = \sqrt{\dfrac{Z}{Y}} = \sqrt{\dfrac{R+j\omega L}{G+j\omega C}} = \sqrt{\dfrac{L}{C}}\ [\Omega]$

② 전파 정수: $\gamma = \sqrt{ZY} = \sqrt{(R+j\omega L)(G+j\omega C)} = \alpha + j\beta$
(감쇠 정수 $\alpha = 0$, 위상 정수 $\beta = \omega\sqrt{LC}$ [rad/m])

③ 전파 속도: $v = \dfrac{\omega}{\beta} = \dfrac{\omega}{\omega\sqrt{LC}} = \dfrac{1}{\sqrt{LC}} = 3 \times 10^8$ [m/s]

④ 파장: $\lambda = \dfrac{2\pi}{\beta} = \dfrac{2\pi}{\omega\sqrt{LC}} = \dfrac{2\pi}{2\pi f\sqrt{LC}} = \dfrac{1}{f\sqrt{LC}} = \dfrac{v}{f}$
$= \dfrac{3 \times 10^8}{f}$ [m]

독학이 쉬워지는 기초개념

무손실 조건과 무왜형 조건
• 무손실 조건: $R = G = 0$
• 무왜형 조건: $LG = RC$

CHAPTER 11 분포 정수 회로

독학이 쉬워지는 기초개념

Tip 강의 꿀팁
분포 정수 회로는 전력공학과 회로이론에서 모두 출제돼요.

THEME 01 특성 임피던스와 전파 정수

1 분포 정수 회로

(1) 분포 정수 회로: 선로 정수(R, L, C, G)가 선로에 직·병렬로 균일하게 형성되어 있는 것으로 취급한다.
(R, L, C, G 등이 한 곳에 집중되어 있는 것으로 해석 → 집중 정수 회로
R, L, C, G 등이 선로에 직·병렬로 균일하게 형성되어 있는 것으로 해석
→ 분포 정수 회로)

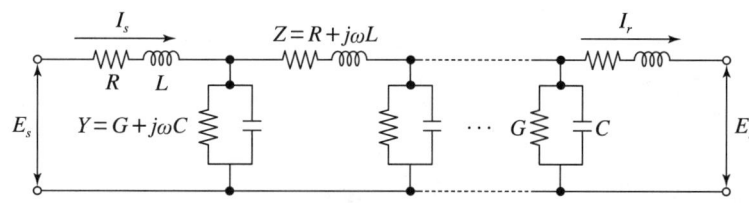

▲ 장거리 선로의 분포 정수 회로의 등가 회로

① 직렬 임피던스: $Z = R + j\omega L = R + jX\,[\Omega]$
② 병렬 어드미턴스: $Y = G + j\omega C = G + jB\,[\mho]$

(2) 장거리 선로의 송전단 전압, 전류식(전파 방정식)

- 송전단 전압: $E_s = \cosh\gamma l\, E_r + Z_0 \sinh\gamma l\, I_r\,[V]$
- 송전단 전류: $I_s = \dfrac{1}{Z_0}\sinh\gamma l\, E_r + \cosh\gamma l\, I_r\,[A]$

2 특성 임피던스와 전파 정수

(1) 특성(서지, 파동, 고유) 임피던스

$$Z_o = \sqrt{\dfrac{Z}{Y}} = \sqrt{\dfrac{R + j\omega L}{G + j\omega C}}\,[\Omega]$$

특성 임피던스
송전선을 이동하는 진행파에 대한 전압과 전류의 비로 그 송전선 특유의 값

(2) 전파 정수

$$\gamma = \sqrt{ZY} = \sqrt{(R + j\omega L)(G + j\omega C)} = \alpha + j\beta$$

단, α: 감쇠 정수(송전단에서 수전단으로 갈수록 전압이 감쇠되는 특성 정수)
β: 위상 정수(송전단에서 수전단으로 갈수록 위상이 지연되는 특성 정수)

학습 전략

분포 정수 회로는 무손실 회로와 무왜형 회로 조건에서의 특성 임피던스 및 전파 정수, 전파 속도, 파장에 대해 집중적으로 출제되므로 이 부분부터 우선적으로 학습해 두는 것이 좋습니다.

CHAPTER 11 | 흐름 미리보기

1. 특성 임피던스와 전파 정수

2. 무손실 선로와 무왜형 선로

NEXT **CHAPTER 12**

CHAPTER 11

분포 정수 회로

1. 특성 임피던스와 전파 정수
2. 무손실 선로와 무왜형 선로

24
그림과 같은 4단자망의 영상 전달 정수 θ는?

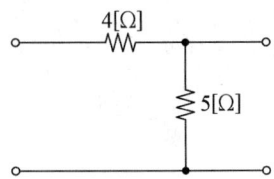

① $\sqrt{5}$
② $\log_e \sqrt{5}$
③ $\log_e \dfrac{1}{\sqrt{5}}$
④ $5\log_e \sqrt{5}$

해설

4단자 정수 A, B, C, D를 구한다.

$$\begin{bmatrix} A & B \\ C & D \end{bmatrix} = \begin{bmatrix} 1 & 4 \\ 0 & 1 \end{bmatrix}\begin{bmatrix} 1 & 0 \\ \frac{1}{5} & 1 \end{bmatrix} = \begin{bmatrix} \frac{9}{5} & 4 \\ \frac{1}{5} & 1 \end{bmatrix}$$

따라서 영상 전달 정수는 아래와 같다.

$\theta = \log_e(\sqrt{AD} + \sqrt{BC}) = \log_e\left(\sqrt{\dfrac{9}{5}\times 1} + \sqrt{4\times\dfrac{1}{5}}\right)$
$\quad = \log_e \sqrt{5}$

25
4단자 회로에서 4단자 정수를 A, B, C, D라고 할 때 전달 정수 θ는?

① $\log_e(\sqrt{AB} + \sqrt{BC})$
② $\log_e(\sqrt{AB} - \sqrt{CD})$
③ $\log_e(\sqrt{AD} + \sqrt{BC})$
④ $\log_e(\sqrt{AD} - \sqrt{BC})$

해설

$\theta = \cosh^{-1}\sqrt{AD} = \sinh^{-1}\sqrt{BC} = \log_e(\sqrt{AD} + \sqrt{BC})$

21

다음과 같은 4단자 회로에서 영상 임피던스[Ω]는?

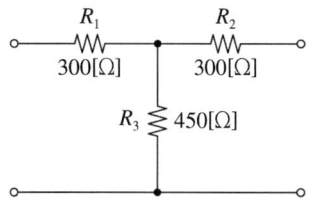

① 200
② 300
③ 450
④ 600

해설

4단자 정수 A, B, C, D

$A = D = 1 + \dfrac{300}{450} = \dfrac{750}{450}$

$B = 300 + 300 + \dfrac{300 \times 300}{450} = 800$

$C = \dfrac{1}{450}$

따라서 T 대칭 회로의 영상 임피던스는 아래와 같다.

$Z_{01} = Z_{02} = \sqrt{\dfrac{B}{C}} = \sqrt{\dfrac{800}{\frac{1}{450}}} = 600[\Omega]$

22

4단자 회로에서 4단자 정수가 $A = \dfrac{15}{4}$, $D = 1$이고 영상 임피던스 $Z_{02} = \dfrac{12}{5}[\Omega]$일 때 영상 임피던스 $Z_{01}[\Omega]$은?

① 9
② 6
③ 4
④ 2

해설

$\dfrac{Z_{01}}{Z_{02}} = \dfrac{\sqrt{\dfrac{AB}{CD}}}{\sqrt{\dfrac{BD}{AC}}} = \dfrac{A}{D}$

$\Rightarrow Z_{01} = Z_{02} \times \dfrac{A}{D} = \dfrac{12}{5} \times \dfrac{15}{4} = 9[\Omega]$

23

그림과 같은 4단자 회로의 영상 임피던스 Z_{02}는 몇 [Ω]인가?

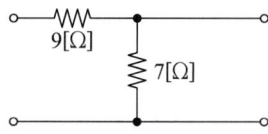

① 14
② 12
③ $\dfrac{21}{4}$
④ $\dfrac{5}{3}$

해설

주어진 4단자 회로의 4단자 정수 A, B, C, D

- $A = 1 + \dfrac{9}{7} = \dfrac{16}{7}$
- $B = 9 + 0 + \dfrac{9 \times 0}{7} = 9$
- $C = \dfrac{1}{7}$
- $D = 1 + \dfrac{0}{7} = 1$

영상 임피던스 Z_{02}는 아래와 같다.

$Z_{02} = \sqrt{\dfrac{BD}{AC}} = \sqrt{\dfrac{9 \times 1}{\dfrac{16}{7} \times \dfrac{1}{7}}} = \sqrt{\dfrac{9 \times 7 \times 7}{16}} = \dfrac{21}{4}$

17
다음 두 회로의 4단자 정수가 같을 조건은?

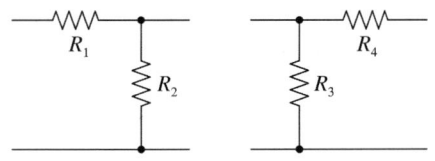

① $R_1 = R_2$, $R_3 = R_4$
② $R_1 = R_3$, $R_2 = R_4$
③ $R_1 = R_4$, $R_2 = R_3 = 0$
④ $R_2 = R_3$, $R_1 = R_4 = 0$

해설
왼쪽 회로의 4단자 정수
$$\begin{bmatrix} A & B \\ C & D \end{bmatrix} = \begin{bmatrix} 1 & R_1 \\ 0 & 1 \end{bmatrix}\begin{bmatrix} 1 & 0 \\ \frac{1}{R_2} & 1 \end{bmatrix} = \begin{bmatrix} 1+\frac{R_1}{R_2} & R_1 \\ \frac{1}{R_2} & 1 \end{bmatrix}$$

오른쪽 회로의 4단자 정수는
$$\begin{bmatrix} A & B \\ C & D \end{bmatrix} = \begin{bmatrix} 1 & 0 \\ \frac{1}{R_3} & 1 \end{bmatrix}\begin{bmatrix} 1 & R_4 \\ 0 & 1 \end{bmatrix} = \begin{bmatrix} 1 & R_4 \\ \frac{1}{R_3} & 1+\frac{R_4}{R_3} \end{bmatrix}$$

위의 두 결과가 같을 조건은 아래와 같다.
- $R_2 = R_3$
- $R_1 = R_4 = 0$

18
그림과 같은 L형 회로의 4단자 A, B, C, D 정수 중 A는?

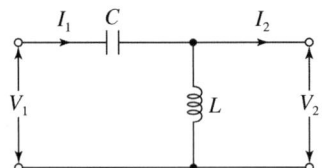

① $1 + \frac{1}{\omega LC}$
② $1 - \frac{1}{\omega^2 LC}$
③ $1 + \frac{1}{j\omega L}$
④ $\frac{1}{2\sqrt{LC}}$

해설
$$A = 1 + \frac{\frac{1}{j\omega C}}{j\omega L} = 1 - \frac{1}{\omega^2 LC}$$

19
그림과 같은 π형 회로에서 Z_3를 4단자 정수로 표시한 것은?

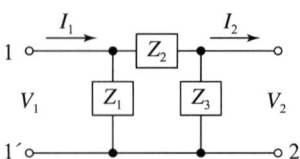

① $\frac{A}{1-B}$
② $\frac{B}{1-A}$
③ $\frac{A}{B-1}$
④ $\frac{B}{A-1}$

해설
$A = 1 + \frac{Z_2}{Z_3}$, $B = Z_2$

$Z_3 = \frac{Z_2}{A-1} = \frac{B}{A-1}$

20
그림과 같이 10[Ω]의 저항에 권수비가 10 : 1의 결합 회로를 연결했을 때 4단자 정수 A, B, C, D는?

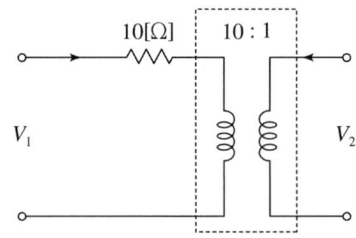

① $A=1$, $B=10$, $C=0$, $D=10$
② $A=10$, $B=1$, $C=0$, $D=10$
③ $A=10$, $B=0$, $C=1$, $D=\frac{1}{10}$
④ $A=10$, $B=1$, $C=0$, $D=\frac{1}{10}$

해설
$$\begin{bmatrix} A & B \\ C & D \end{bmatrix} = \begin{bmatrix} 1 & 10 \\ 0 & 1 \end{bmatrix}\begin{bmatrix} 10 & 0 \\ 0 & \frac{1}{10} \end{bmatrix} = \begin{bmatrix} 10 & 1 \\ 0 & \frac{1}{10} \end{bmatrix}$$

14

그림과 같은 회로망에서 Z_1을 4단자 정수에 의해 표시하면 어떻게 되는가?

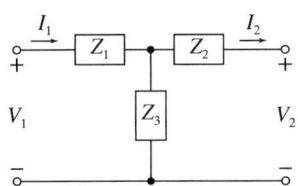

① $\dfrac{1}{C}$ ② $\dfrac{D-1}{C}$

③ $\dfrac{B-1}{C}$ ④ $\dfrac{A-1}{C}$

해설

문제에 주어진 T형 회로의 A, B, C, D 값은 아래와 같다.

$A = 1 + \dfrac{Z_1}{Z_3}$

$B = Z_1 + Z_2 + \dfrac{Z_1 Z_2}{Z_3}$

$C = \dfrac{1}{Z_3}$

$D = 1 + \dfrac{Z_2}{Z_3}$

따라서 위의 식에서 Z_1을 구할 수 있다.

$A = 1 + \dfrac{Z_1}{Z_3} = 1 + Z_1 \times C \Rightarrow Z_1 = \dfrac{A-1}{C}$

15

그림과 같은 4단자 회로의 4단자 정수 중 D 값은?

① $1 - \omega^2 LC$
② $j\omega L(2 - \omega^2 LC)$
③ $j\omega C$
④ $j\omega L$

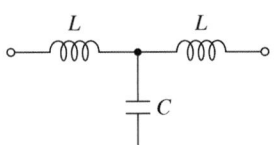

해설

$D = 1 + \dfrac{Z_2}{Z_3} = 1 + \dfrac{j\omega L}{\dfrac{1}{j\omega C}} = 1 + (j\omega)^2 LC = 1 - \omega^2 LC$

16

그림과 같은 T형 회로에서 4단자 정수가 아닌 것은?

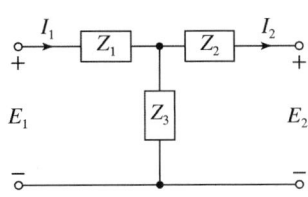

① $1 + \dfrac{Z_1}{Z_3}$

② $1 + \dfrac{Z_2}{Z_3}$

③ $\dfrac{Z_1 Z_2}{Z_3} + Z_1 + Z_2$

④ $1 + \dfrac{Z_3}{Z_2}$

해설

T형 회로에서 4단자 정수를 각각 구한다.

$A = 1 + \dfrac{Z_1}{Z_3}$

$B = Z_1 + Z_2 + \dfrac{Z_1 Z_2}{Z_3}$

$C = \dfrac{1}{Z_3}$

$D = 1 + \dfrac{Z_2}{Z_3}$

10
다음 회로에서 4단자 정수 중 잘못 구한 것은?

① $A = 2$
② $B = 12$
③ $C = \dfrac{1}{2}$
④ $D = 2$

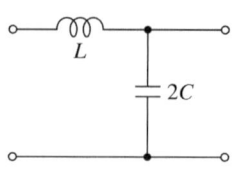

해설

- $A = 1 + \dfrac{4}{4} = 2$
- $B = 4 + 4 + \dfrac{4 \times 4}{4} = 12$
- $C = \dfrac{1}{4}$
- $D = 1 + \dfrac{4}{4} = 2$

11
다음과 같은 π형 회로의 4단자 정수 중 D 값은?

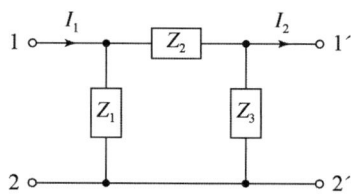

① Z_2
② $1 + \dfrac{Z_2}{Z_1}$
③ $\dfrac{1}{Z_1} + \dfrac{1}{Z_2}$
④ $1 + \dfrac{Z_2}{Z_3}$

해설

$$\begin{bmatrix} A & B \\ C & D \end{bmatrix} = \begin{bmatrix} 1 & 0 \\ \dfrac{1}{Z_1} & 1 \end{bmatrix} \begin{bmatrix} 1 & Z_2 \\ 0 & 1 \end{bmatrix} \begin{bmatrix} 1 & 0 \\ \dfrac{1}{Z_3} & 1 \end{bmatrix}$$

$$= \begin{bmatrix} 1 + \dfrac{Z_2}{Z_3} & Z_2 \\ \dfrac{1}{Z_1} + \dfrac{1}{Z_3} + \dfrac{Z_2}{Z_1 Z_3} & 1 + \dfrac{Z_2}{Z_1} \end{bmatrix}$$

12
다음 회로의 4단자 정수는?

① $A = 1 + 2\omega^2 LC$, $B = j2\omega C$, $C = j\omega L$, $D = 0$
② $A = 1 - 2\omega^2 LC$, $B = j\omega L$, $C = j2\omega C$, $D = 1$
③ $A = 2\omega^2 LC$, $B = j\omega L$, $C = j2\omega C$, $D = 1$
④ $A = 2\omega^2 LC$, $B = j2\omega C$, $C = j\omega L$, $D = 0$

해설

$$\begin{bmatrix} A & B \\ C & D \end{bmatrix} = \begin{bmatrix} 1 & j\omega L \\ 0 & 1 \end{bmatrix} \begin{bmatrix} 1 & 0 \\ j2\omega C & 1 \end{bmatrix} = \begin{bmatrix} 1 - 2\omega^2 LC & j\omega L \\ j2\omega C & 1 \end{bmatrix}$$

13
그림과 같은 4단자 회로망에서 정수 $A = \left.\dfrac{V_1}{V_2}\right|_{I_2 = 0}$ 의 값은?

① 0
② 1
③ Z
④ -1

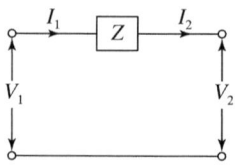

해설

직렬 임피던스 회로의 4단자 정수는 $\begin{bmatrix} A & B \\ C & D \end{bmatrix} = \begin{bmatrix} 1 & Z \\ 0 & 1 \end{bmatrix}$ 이다.

06

그림과 같은 이상적인 변압기로 구성된 4단자 회로에서 정수 A, B, C, D 중 A는?

① 1
② 0
③ n
④ $\dfrac{1}{n}$

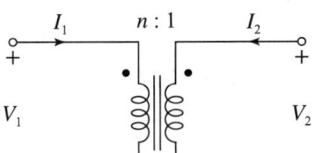

해설

변압기의 권수비
$a = \dfrac{N_1}{N_2} = \dfrac{n}{1} = \dfrac{V_1}{V_2} = \dfrac{I_2}{I_1}$

$\therefore V_1 = nV_2 [\text{V}]$, $I_1 = \dfrac{1}{n} I_2 [\text{A}]$

따라서 4단자 정수 A, B, C, D는 아래와 같다.

$A = \dfrac{V_1}{V_2} = n$

$B = \dfrac{V_1}{I_2} = 0$

$C = \dfrac{I_1}{V_2} = 0$

$D = \dfrac{I_1}{I_2} = \dfrac{1}{n}$

07

4단자 정수 A, B, C, D 중에서 어드미턴스 차원을 가진 정수는?

① A
② B
③ C
④ D

해설

$A = \dfrac{V_1}{V_2}$ (전압비), $B = \dfrac{V_1}{I_2}$ (임피던스)

$C = \dfrac{I_1}{V_2}$ (어드미턴스), $D = \dfrac{I_1}{I_2}$ (전류비)

08

다음의 T형 4단자 회로에서 A, B, C, D 파라미터 사이의 성질 중 성립되는 대칭 조건은?

① $A = D$
② $A = C$
③ $B = C$
④ $B = A$

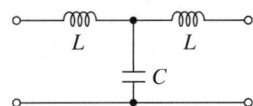

해설

좌우 대칭: ($A = D$)

$\begin{bmatrix} A & B \\ C & D \end{bmatrix} = \begin{bmatrix} 1 + \dfrac{Z_1}{Z_3} & Z_1 + Z_2 + \dfrac{Z_1 Z_2}{Z_3} \\ \dfrac{1}{Z_3} & 1 + \dfrac{Z_2}{Z_3} \end{bmatrix}$

$= \begin{bmatrix} 1 - \omega^2 LC & j\omega L(2 - \omega^2 LC) \\ j\omega C & 1 - \omega^2 LC \end{bmatrix}$

$(Z_1 = Z_2 = j\omega L [\Omega],\ Z_3 = \dfrac{1}{j\omega C}[\Omega])$

09

그림과 같은 종속 접속으로 된 4단자 회로망에서 합성 4단자 망의 4단자 정수 표시로 틀린 것은?

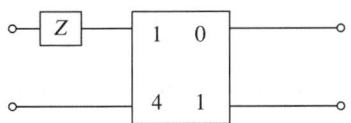

① $A = 1 + 4Z$
② $B = Z$
③ $C = 4$
④ $D = 1 + Z$

해설

$\begin{bmatrix} A & B \\ C & D \end{bmatrix} = \begin{bmatrix} 1 & Z \\ 0 & 1 \end{bmatrix} \begin{bmatrix} 1 & 0 \\ 4 & 1 \end{bmatrix} = \begin{bmatrix} 1 \times 1 + Z \times 4 & 1 \times 0 + Z \times 1 \\ 0 \times 1 + 1 \times 4 & 0 \times 0 + 1 \times 1 \end{bmatrix}$

$= \begin{bmatrix} 1 + 4Z & Z \\ 4 & 1 \end{bmatrix}$

03

어떤 2단자쌍 회로망의 Y 파라미터는 그림과 같다. a-a′ 단자 간에 $V_1 = 36\,[V]$, b-b′ 단자 간에 $V_2 = 24[V]$의 정전압원을 연결하였을 때 I_1, I_2 값은 몇 [A]인가?(단, Y 파라미터의 단위는 [℧]이다.)

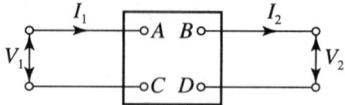

① $I_1 = 4$, $I_2 = 5$ ② $I_1 = 5$, $I_2 = 4$
③ $I_1 = 1$, $I_2 = 4$ ④ $I_1 = 4$, $I_2 = 1$

해설

$$\begin{bmatrix} I_1 \\ I_2 \end{bmatrix} = \begin{bmatrix} Y_{11} & Y_{12} \\ Y_{21} & Y_{22} \end{bmatrix} \begin{bmatrix} V_1 \\ V_2 \end{bmatrix} = \begin{bmatrix} \frac{1}{6} & -\frac{1}{12} \\ -\frac{1}{12} & \frac{1}{6} \end{bmatrix} \begin{bmatrix} 36 \\ 24 \end{bmatrix} = \begin{bmatrix} 4 \\ 1 \end{bmatrix}$$

04

회로망의 4단자 정수가 $A = 8$, $B = j2$, $D = 3 + j2$라면 이 회로망의 C는 얼마인가?

① $24 + j14$ ② $3 - j4$
③ $8 - j11.5$ ④ $4 + j6$

해설

$AD - BC = 1$에서 C값은 아래와 같다.

$$C = \frac{AD - 1}{B} = \frac{8 \times (3 + j2) - 1}{j2} = 8 - j11.5$$

05

그림과 같은 4단자 회로망에서 출력 측을 개방하니 $V_1 = 12\,[V]$, $I_1 = 2\,[A]$, $V_2 = 4\,[V]$이고, 출력 측을 단락하니 $V_1 = 16\,[V]$, $I_1 = 4\,[A]$, $I_2 = 2\,[A]$이었다. 4단자 정수 A, B, C, D는 얼마인가?

① $A = 2$, $B = 3$, $C = 8$, $D = 0.5$
② $A = 0.5$, $B = 2$, $C = 3$, $D = 8$
③ $A = 8$, $B = 0.5$, $C = 2$, $D = 3$
④ $A = 3$, $B = 8$, $C = 0.5$, $D = 2$

해설

- $A = \dfrac{V_1}{V_2} \bigg|_{I_2 = 0} = \dfrac{12}{4} = 3$
- $B = \dfrac{V_1}{I_2} \bigg|_{V_2 = 0} = \dfrac{16}{2} = 8$
- $C = \dfrac{I_1}{V_2} \bigg|_{I_2 = 0} = \dfrac{2}{4} = 0.5$
- $D = \dfrac{I_1}{I_2} \bigg|_{V_2 = 0} = \dfrac{4}{2} = 2$

CHAPTER 10 CBT 적중문제

01
그림과 같은 회로에서 임피던스 파라미터 Z_{11} 은?

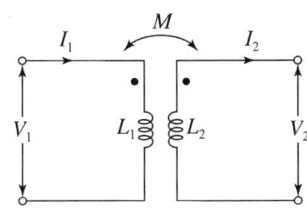

① sL_1
② sM
③ sL_1L_2
④ sL_2

해설
문제에 주어진 감극성 유도 회로의 T형 등가 회로를 구한다.

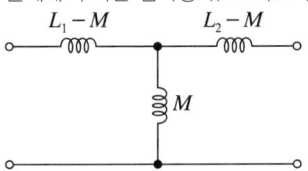

따라서 각 임피던스 파라미터를 구해 보면 아래와 같다.
- $Z_{11} = j\omega(L_1 - M + M) = j\omega L_1 = sL_1$
- $Z_{12} = Z_{21} = j\omega M = sM$
- $Z_{22} = j\omega(L_2 - M + M) = j\omega L_2 = sL_2$

02
그림과 같은 Z 파라미터로 표시되는 4단자망의 $1-1'$ 단자 간에 $4[A]$, $2-2'$ 단자 간에 $1[A]$의 정전류원을 연결하였을 때 $1-1'$ 단자 간의 전압 V_1 과 $2-2'$ 단자 간의 전압 V_2가 옳게 구해진 것은?(단, Z 파라미터는 $[\Omega]$ 단위이다.)

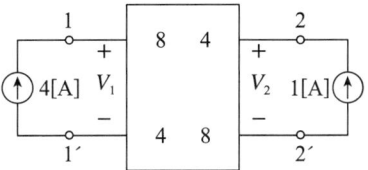

① $18[V]$, $12[V]$
② $36[V]$, $-24[V]$
③ $36[V]$, $24[V]$
④ $24[V]$, $36[V]$

해설
$$\begin{bmatrix} V_1 \\ V_2 \end{bmatrix} = \begin{bmatrix} Z_{11} & Z_{12} \\ Z_{21} & Z_{22} \end{bmatrix}\begin{bmatrix} I_1 \\ I_2 \end{bmatrix} = \begin{bmatrix} 8 & 4 \\ 4 & 8 \end{bmatrix}\begin{bmatrix} 4 \\ 1 \end{bmatrix} = \begin{bmatrix} 36 \\ 24 \end{bmatrix}$$
∴ $V_1 = 36[V]$, $V_2 = 24[V]$

| 정답 | 01 ① 02 ③

(3) 4단자 회로망의 영상 파라미터를 이용하여 전송 파라미터의 기초 방정식

$$E_1 = \left(\sqrt{\frac{Z_{01}}{Z_{02}}}\cosh\theta\right)E_2 + \left(\sqrt{Z_{01}Z_{02}}\sinh\theta\right)I_2$$

$$I_1 = \left(\frac{1}{\sqrt{Z_{01}Z_{02}}}\sinh\theta\right)E_2 + \left(\sqrt{\frac{Z_{02}}{Z_{01}}}\cosh\theta\right)I_2$$

(4) 회로망이 대칭인 경우 $Z_{01} = Z_{02} = Z_0$의 관계라면 기초 방정식

$$E_1 = E_2\cosh\theta + Z_0I_2\sinh\theta$$

$$I_1 = \frac{E_2}{Z_0}\sinh\theta + I_2\cosh\theta$$

기출예제

그림과 같은 T형 회로의 영상 전달 정수 θ는?

① 0
② 1
③ −3
④ −1

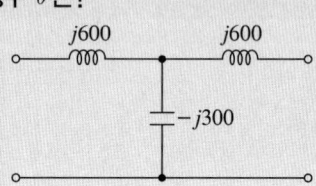

| 해설 |

T형 회로의 4단자 정수를 구한다.

$A = D = 1 + \dfrac{j600}{-j300} = -1$, $B = j600 + j600 + \dfrac{j600 \times j600}{-j300} = 0$

$C = \dfrac{1}{-j300} = j\dfrac{1}{300}$

따라서 T 대칭 회로의 영상 전달 정수는 아래와 같다.

$\theta = \log_e(\sqrt{AD} + \sqrt{BC})$
$= \log_e\left(\sqrt{(-1)\times(-1)} + \sqrt{0 \times j\dfrac{1}{300}}\right) = 0$

답 ①

> 독학이 쉬워지는 기초개념

| 독학이 쉬워지는 기초개념 |

2 전달 정수

(1) 4단자 회로망의 입력 측과 출력 측의 특성 관계를 나타내는 정수를 말한다.

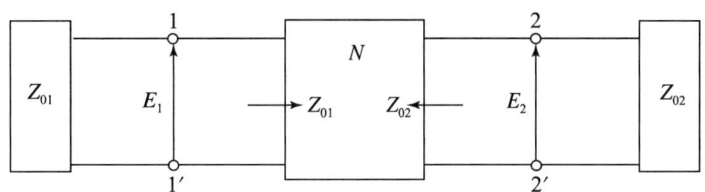

▲ 4단자 회로망

E_1과 E_2의 비(전압 전송비)를 e^{θ_1}이라면

$$\frac{E_1}{E_2} = e^{\theta_1}$$

$$e^{\theta_1} = \sqrt{\frac{A}{D}}(\sqrt{AD} + \sqrt{BC})$$

I_1과 I_2의 비(전류 전송비)를 e^{θ_2}로 하면

$$\frac{I_1}{I_2} = e^{\theta_2}$$

$$e^{\theta_2} = \sqrt{\frac{D}{A}}(\sqrt{AD} + \sqrt{BC})$$

$\theta = \dfrac{\theta_1 + \theta_2}{2}$ 라 하면

$$e^\theta = \sqrt{e^{\theta_1} e^{\theta_2}} = \sqrt{AD} + \sqrt{BC}$$

로그함수의 정의를 적용하면 영상 전달 정수 θ는

$$\theta = \log_e(\sqrt{AD} + \sqrt{BC})$$

$\log_e x = \ln x$

쌍곡선 함수 공식을 사용하면

$$\cosh\theta = \frac{e^\theta + e^{-\theta}}{2} = \sqrt{AD}$$

$$\sinh\theta = \frac{e^\theta - e^{-\theta}}{2} = \sqrt{BC}$$

$$\tanh\theta = \frac{\sinh\theta}{\cosh\theta} = \sqrt{\frac{BC}{AD}}$$

$AD - BC = \cosh^2\theta - \sinh^2\theta = 1$

(2) 전송 파라미터와 영상 파라미터의 관계

$$A = \frac{\sqrt{Z_{01}}}{\sqrt{Z_{02}}}\cosh\theta$$

$$B = \sqrt{Z_{01}Z_{02}}\sinh\theta$$

$$C = \frac{1}{\sqrt{Z_{01}Z_{02}}}\sinh\theta$$

$$D = \sqrt{\frac{Z_{02}}{Z_{01}}}\cosh\theta$$

기출예제

그림과 같은 T형 회로에서 4단자 정수 중 D 값은?

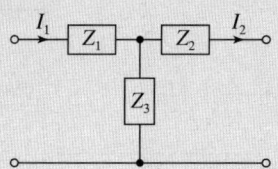

① $1 + \dfrac{Z_1}{Z_3}$ ② $\dfrac{Z_1 Z_2}{Z_3} + Z_2 + Z_1$

③ $\dfrac{1}{Z_3}$ ④ $1 + \dfrac{Z_2}{Z_3}$

| 해설 |

$$\begin{bmatrix} A & B \\ C & D \end{bmatrix} = \begin{bmatrix} 1 & Z_1 \\ 0 & 1 \end{bmatrix} \begin{bmatrix} 1 & 0 \\ \dfrac{1}{Z_3} & 1 \end{bmatrix} \begin{bmatrix} 1 & Z_2 \\ 0 & 1 \end{bmatrix}$$

$$= \begin{bmatrix} 1 + \dfrac{Z_1}{Z_3} & Z_1 + Z_2 + \dfrac{Z_1 Z_2}{Z_3} \\ \dfrac{1}{Z_3} & 1 + \dfrac{Z_2}{Z_3} \end{bmatrix}$$

답 ④

THEME 03 4단자 회로망에서의 A, B, C, D 작용

1 영상 임피던스

4단자 회로망에서 입력 측 전압 E_1, 전류 I_1, 출력 측 전압 E_2, 전류 I_2라 하면 그림과 같이 입력 측과 출력 측에 각각 Z_{01}, Z_{02}인 임피던스를 접속했을 때 입력 측 단자 및 출력 측 단자에서 회로망을 바라본 임피던스가 Z_{01}, Z_{02}와 같으면 이를 영상 임피던스라고 한다.

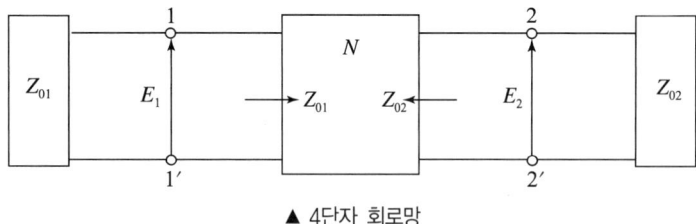

▲ 4단자 회로망

- $Z_{01} = \sqrt{\dfrac{AB}{CD}}\ [\Omega]$ (입력 측에서 본 영상 임피던스)
- $Z_{02} = \sqrt{\dfrac{BD}{AC}}\ [\Omega]$ (출력 측에서 본 영상 임피던스)

영상 임피던스는 임피던스 정합이나 필터 설계 등에 사용

회로망이 대칭 4단자망이면
$A = D$
$Z_{01} = Z_{02} = \sqrt{\dfrac{B}{C}}$

기출예제

4단자 정수 A, B, C, D 중에서 임피던스의 의미를 갖는 것은 무엇인가?

① A ② B
③ C ④ D

| 해설 |
A, B, C, D 파라미터의 정의
① A: 입력과 출력의 전압 이득
② B: 입력과 출력의 임피던스
③ C: 입력과 출력의 어드미턴스
④ D: 입력과 출력의 전류 이득

답 ②

독학이 쉬워지는 기초개념

행렬식의 곱셈 방법

$\begin{bmatrix} a & b \\ c & d \end{bmatrix} \begin{bmatrix} e & f \\ g & h \end{bmatrix}$
$= \begin{bmatrix} a\times e+b\times g & a\times f+b\times h \\ c\times e+d\times g & c\times f+d\times h \end{bmatrix}$

3 A, B, C, D 파라미터 산출 방법

행렬식 계산에 의한 방법

회로망을 행렬식으로 표현하면 다음과 같다.

① 임피던스 및 어드미턴스 회로의 A, B, C, D 값

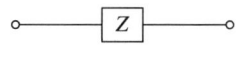

(a) 직렬 임피던스 회로

$\begin{bmatrix} A & B \\ C & D \end{bmatrix} = \begin{bmatrix} 1 & Z \\ 0 & 1 \end{bmatrix}$

(b) 병렬 어드미턴스 회로

$\begin{bmatrix} A & B \\ C & D \end{bmatrix} = \begin{bmatrix} 1 & 0 \\ \dfrac{1}{Z} & 1 \end{bmatrix}$

② T형 회로의 A, B, C, D

$\begin{bmatrix} A & B \\ C & D \end{bmatrix} = \begin{bmatrix} 1 & Z_1 \\ 0 & 1 \end{bmatrix} \begin{bmatrix} 1 & 0 \\ \dfrac{1}{Z_3} & 1 \end{bmatrix} \begin{bmatrix} 1 & Z_2 \\ 0 & 1 \end{bmatrix}$

$= \begin{bmatrix} 1+\dfrac{Z_1}{Z_3} & Z_1+Z_2+\dfrac{Z_1 Z_2}{Z_3} \\ \dfrac{1}{Z_3} & 1+\dfrac{Z_2}{Z_3} \end{bmatrix}$

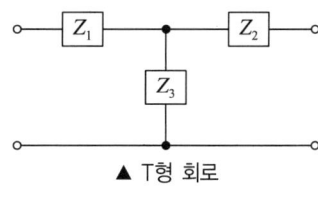

▲ T형 회로

③ π형 회로의 A, B, C, D

$\begin{bmatrix} A & B \\ C & D \end{bmatrix} = \begin{bmatrix} 1 & 0 \\ \dfrac{1}{Z_1} & 1 \end{bmatrix} \begin{bmatrix} 1 & Z_3 \\ 0 & 1 \end{bmatrix} \begin{bmatrix} 1 & 0 \\ \dfrac{1}{Z_2} & 1 \end{bmatrix}$

$= \begin{bmatrix} 1+\dfrac{Z_3}{Z_2} & Z_3 \\ \dfrac{Z_1+Z_2+Z_3}{Z_1 Z_2} & 1+\dfrac{Z_3}{Z_1} \end{bmatrix}$

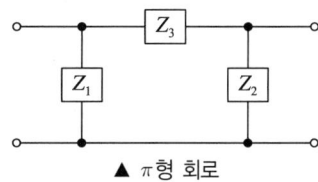

▲ π형 회로

| 해설 |
- $Y_{11} = Y_A + Y_B$
- $Y_{12} = Y_{21} = \pm Y_B$
- $Y_{22} = Y_B + Y_C$

답 ④

THEME 02 A, B, C, D 파라미터

1 A, B, C, D 파라미터의 정의

4단자망의 입력 전압 E_1과 전류 I_1을 출력 전압 E_2와 전류 I_2의 관계를 계산하는 것이 실제로 더 편리하다.

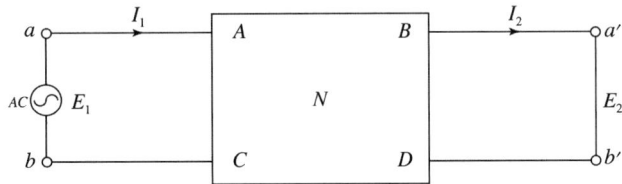

(1) 기초 방정식

$E_1 = AE_2 + BI_2$

$I_1 = CE_2 + DI_2$

(2) A, B, C, D 파라미터 계산

출력 측 $a' - b'$를 개방, 즉, $I_2 = 0$

$A = \left(\dfrac{E_1}{E_2}\right)_{I_2 = 0}$ $C = \left(\dfrac{I_1}{E_2}\right)_{I_2 = 0}$

출력 측 $a' - b'$를 단락, 즉 $E_2 = 0$

$B = \left(\dfrac{E_1}{I_2}\right)_{E_2 = 0}$ $D = \left(\dfrac{I_1}{I_2}\right)_{E_2 = 0}$

2 A, B, C, D 파라미터의 물리적 의미

- A: 출력단 개방할 때 E_1과 E_2의 비 → 전압비(전압이득)
- B: 출력단 단락할 때 E_1과 I_2의 비 → 단락 전달 임피던스[Ω]
- C: 출력단 개방할 때 I_1과 E_2의 비 → 개방 전달 어드미턴스[℧]
- D: 출력단 단락할 때 I_1과 I_2의 비 → 전류비(전류이득)

독학이 쉬워지는 기초개념

A, B, C, D 파라미터
4단자망의 입력과 출력의 관계를 나타내는 계수
$AD - BC = 1$

🔍 강의 꿀팁

A, B, C, D 공식에서 분자는 입력 측이고 분모는 출력 측이에요.

독학이 쉬워지는 기초개념

(2) 임피던스 파라미터 계산

출력 측 $a'-b'$를 단락 즉, $E_2 = 0$

$$Y_{11} = \left(\frac{I_1}{E_1}\right)_{E_2=0} \qquad Y_{21} = \left(\frac{I_2}{E_1}\right)_{E_2=0}$$

입력 측 $a-b$를 단락 즉, $E_1 = 0$

$$Y_{12} = \left(\frac{I_1}{E_2}\right)_{E_1=0} \qquad Y_{22} = \left(\frac{I_2}{E_2}\right)_{E_1=0}$$

(3) 선형회로이면 $Y_{12} = Y_{21}$, 대칭회로이면 $Y_{11} = Y_{22}$

(4) 4단자망의 어드미턴스 파라미터 해석 방법

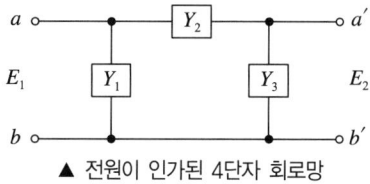

▲ 전원이 인가된 4단자 회로망

Tip 강의 꿀팁

주로 π형 4단자 회로망에 적용하는 방법이에요.

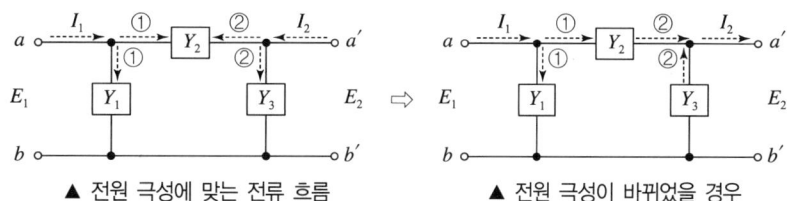

▲ 전원 극성에 맞는 전류 흐름　　　▲ 전원 극성이 바뀌었을 경우

① 4단자 회로망의 전압 극성을 파악한다.
② 전압 극성과 일치하는 전류 흐름을 입력과 출력 측 양쪽에 표시한다.
③ 각 전류 흐름에 맞는 어드미턴스를 산출한다.
④ 전원 극성에 맞는 전류 흐름의 그림에서 아래와 같이 표현할 수 있다.
- $Y_{11} = Y_1 + Y_2 \,[\mho]$
- $Y_{12} = Y_{21} = -Y_2 \,[\mho]$
- $Y_{22} = Y_2 + Y_3 \,[\mho]$

⑤ 전원 극성이 바뀌었을 경우의 그림에서 아래와 같이 표현할 수 있다.
- $Y_{11} = Y_1 + Y_2 \,[\mho]$
- $Y_{12} = Y_{21} = +Y_2 \,[\mho]$
- $Y_{22} = Y_2 + Y_3 \,[\mho]$

기출예제

중요도 그림과 같은 π형 4단자 회로의 어드미턴스 파라미터 중 Y_{22}는?

① $Y_{22} = Y_A + Y_C$
② $Y_{22} = Y_B$
③ $Y_{22} = Y_A$
④ $Y_{22} = Y_B + Y_C$

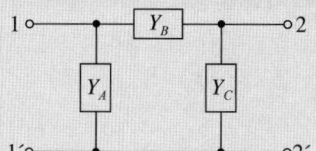

(4) 4단자망의 임피던스 파라미터 해석 방법

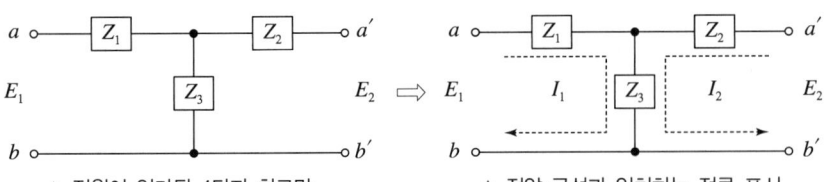

▲ 전원이 인가된 4단자 회로망 　　▲ 전압 극성과 일치하는 전류 표시

① 문제에 주어진 4단자 회로망의 전압 극성을 파악한다.
② 문제에 전압 극성이 주어지지 않으면 임의로 극성을 정한다.
③ 전압 극성과 일치하는 전류 흐름을 입력과 출력 측 양쪽에 표시한다.
④ 각 전류 흐름에 경유하는 임피던스를 구한다.

- $Z_{11} = Z_1 + Z_3 \,[\Omega]$
- $Z_{12} = Z_{21} = Z_3 \,[\Omega]$
- $Z_{22} = Z_2 + Z_3 \,[\Omega]$

> **독학이 쉬워지는 기초개념**
>
> **Tip 강의 꿀팁**
>
> 주로 T형 4단자 회로망에 적용하는 방법이에요.

기출예제

회로에서 Z 파라미터가 잘못 구해진 것은?

① $Z_{11} = 8\,[\Omega]$
② $Z_{12} = 3\,[\Omega]$
③ $Z_{21} = 3\,[\Omega]$
④ $Z_{22} = 5\,[\Omega]$

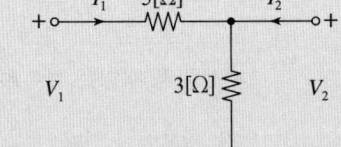

| 해설 |
- $Z_{11} = 5+3 = 8\,[\Omega]$
- $Z_{12} = Z_{21} = 3\,[\Omega]$
- $Z_{22} = 0+3 = 3\,[\Omega]$

답 ④

3 어드미턴스 파라미터

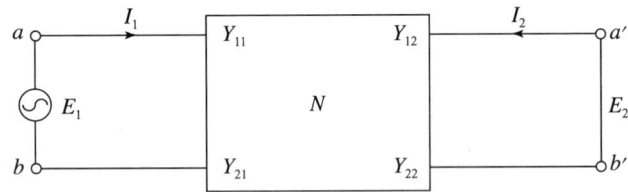

(1) 기초 방정식

$I_1 = Y_{11}E_1 + Y_{12}E_2$
$I_2 = Y_{21}E_1 + Y_{22}E_2$

CHAPTER 10 4단자 회로망

독학이 쉬워지는 기초개념

THEME 01 4단자 회로망 해석 방법

1 4단자 회로망의 정의

회로망을 4개의 인출 단자로 뽑아내 해석한 회로망이다.

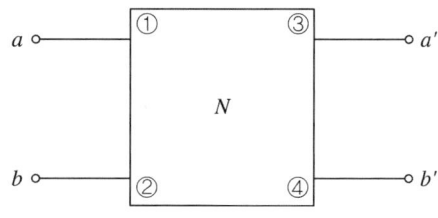

▲ 4단자 회로망

2 임피던스 파라미터

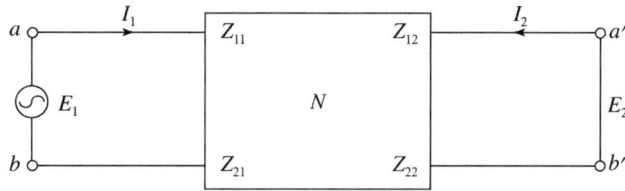

(1) 기초 방정식

$E_1 = Z_{11}I_1 + Z_{12}I_2$

$E_2 = Z_{21}I_1 + Z_{22}I_2$

(2) 임피던스 파라미터 계산

출력 측 $a' - b'$를 개방 즉, $I_2 = 0$

$Z_{11} = \left(\dfrac{E_1}{I_1}\right)_{I_2 = 0}$ $Z_{21} = \left(\dfrac{E_2}{I_1}\right)_{I_2 = 0}$

입력 측 $a - b$를 개방 즉, $I_1 = 0$

$Z_{12} = \left(\dfrac{E_1}{I_2}\right)_{I_1 = 0}$ $Z_{22} = \left(\dfrac{E_2}{I_2}\right)_{I_1 = 0}$

(3) 선형 회로이면 $Z_{12} = Z_{21}$, 대칭 회로이면 $Z_{11} = Z_{22}$

> **Tip 강의 꿀팁**
>
> 4단자 회로망의 입력 단자는 2개, 출력 단자는 2개예요.

학습 전략

4단자 회로망은 T형과 π형 회로에서의 임피던스 파라미터, 어드미턴스 파라미터, A, B, C, D 파라미터에 대해 철저한 학습이 되어야 합니다. 이 부분의 학습이 되어 있지 않으면 그 뒤의 내용도 이해가 되지 않으므로 확실하게 이해한 후 넘어가야 합니다. 그 다음에는 4단자망을 해석하는 데 필요한 여러 가지 공식을 정리하고 암기해 두어야 합니다.

CHAPTER 10 | 흐름 미리보기

1. 4단자 회로망 해석 방법
2. A, B, C, D 파라미터
3. 4단자 회로망에서의 A, B, C, D 작용

NEXT **CHAPTER 11**

CHAPTER 10
4단자 회로망

1. 4단자 회로망 해석 방법
2. A, B, C, D 파라미터
3. 4단자 회로망에서의 A, B, C, D 작용

**에듀윌이
너를
지지할게**
ENERGY

꿈을 풀어라.
꿈이 없는 사람은
아무런 생명력도 없는 인형과 같다.

– 발타사르 그라시안(Baltasar Gracian)

12
그림 (a)와 그림 (b)가 역회로 관계에 있으려면 L_2의 값 [mH]은?(단, $K^2 = 2,000$이다.)

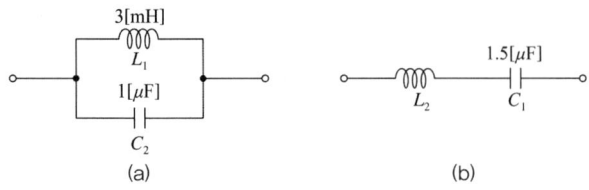

① 1.5×10^9 ② 2×10^6
③ 3 ④ 2

해설

$\dfrac{L_1}{C_1} = \dfrac{L_2}{C_2} = K^2$에서 L_2값을 구하면 아래와 같다.

$L_2 = K^2 C_2 = 2,000 \times 1 \times 10^{-6} = 2 \times 10^{-3} [\text{H}] = 2[\text{mH}]$

13
그림과 같은 (a), (b)의 회로가 서로 역회로 관계가 있으려면 L_2의 값[mH]은?

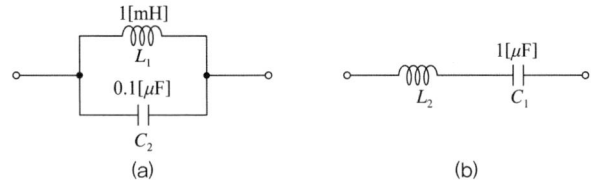

① 0.001 ② 0.01
③ 0.1 ④ 1

해설

$\dfrac{L_1}{C_1} = \dfrac{L_2}{C_2} = K^2$에서 L_2값을 구하면

- $K^2 = \dfrac{L_1}{C_1} = \dfrac{1 \times 10^{-3}}{1 \times 10^{-6}} = 1,000$
- $L_2 = K^2 C_2 = 1,000 \times 0.1 \times 10^{-6} = 0.1 \times 10^{-3} [\text{H}] = 0.1[\text{mH}]$

14
그림 (a)와 그림 (b)가 역회로 관계에 있으려면 L의 값은 몇 [mH]인가?

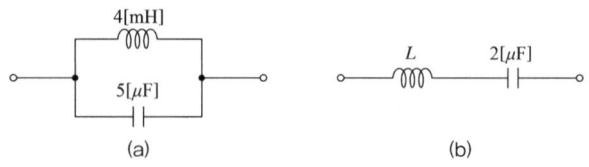

① 1 ② 2
③ 5 ④ 10

해설

문제에 주어진 두 역회로에서 각각의 값은 아래와 같다.
$L_1 = 4[\text{mH}]$, $L_2 = L$, $C_1 = 2[\mu\text{F}]$, $C_2 = 5[\mu\text{F}]$
따라서 이를 역회로 조건에 대입한다.

$\dfrac{L_1}{C_1} = \dfrac{L_2}{C_2}$

$\therefore L = L_2 = \dfrac{L_1}{C_1} \times C_2 = \dfrac{4 \times 10^{-3}}{2 \times 10^{-6}} \times 5 \times 10^{-6} = 10 \times 10^{-3}[\text{H}]$
$= 10[\text{mH}]$

15
그림과 같은 회로의 쌍대회로는?

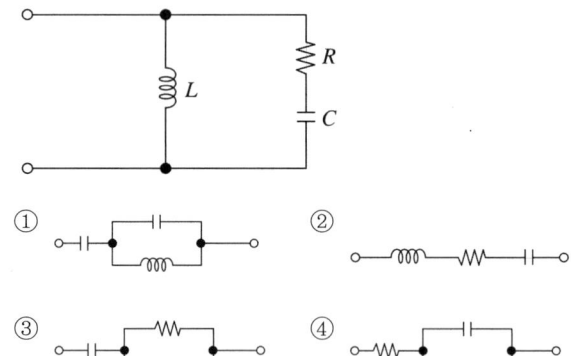

해설

회로망에서의 쌍대 관계
- 직렬 회로 ↔ 병렬 회로
- 저항 ↔ 컨덕턴스
- 인덕턴스 ↔ 커패시턴스

따라서 다음과 같은 회로가 된다.

08

그림과 같은 2단자 회로의 구동점 임피던스가 순저항 회로가 되기 위한 Z_1, Z_2 및 R의 관계식으로 옳은 것은?

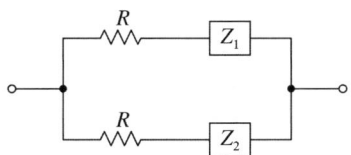

① $Z_1 Z_2 = R$
② $Z_1 Z_2 = R^2$
③ $\dfrac{Z_2}{Z_1} = R$
④ $\dfrac{Z_2}{Z_1} = R^2$

해설

정저항 조건: $R^2 = \dfrac{L}{C} = \dfrac{j\omega L}{j\omega C} = Z_1 Z_2$

09

인덕턴스 $L[\text{H}]$, 커패시턴스 $C[\text{F}]$를 직렬로 연결한 임피던스가 있다. 정저항 회로를 만들기 위하여 그림과 같이 L 및 C의 각각에 서로 같은 저항 $R[\Omega]$을 병렬로 연결할 때, $R[\Omega]$은 얼마인가?(단, $L = 4[\text{mH}]$, $C = 0.1[\mu\text{F}]$이다.)

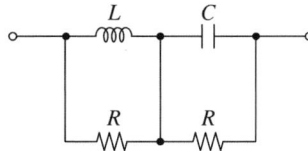

① 100
② 200
③ 2×10^{-5}
④ 0.5×10^{-2}

해설

$R^2 = \dfrac{L}{C} \Rightarrow R = \sqrt{\dfrac{L}{C}} = \sqrt{\dfrac{4 \times 10^{-3}}{0.1 \times 10^{-6}}} = 200[\Omega]$

10

그림과 같은 회로에서 스위치 S를 닫았을 때, 과도분을 포함하지 않기 위한 $R[\Omega]$은?

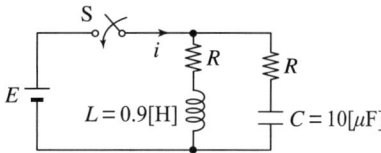

① 100
② 200
③ 300
④ 400

해설

과도분을 포함하지 않는 회로는 정저항 회로이다.
$R^2 = \dfrac{L}{C} \Rightarrow R = \sqrt{\dfrac{L}{C}} = \sqrt{\dfrac{0.9}{10 \times 10^{-6}}} = 300[\Omega]$

11

그림에서 회로가 주파수에 관계없이 일정한 임피던스를 갖도록 C의 값$[\mu\text{F}]$을 결정하면?

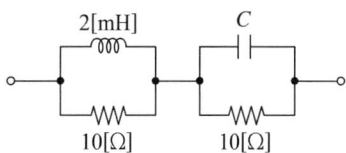

① 20
② 10
③ 2.454
④ 0.24

해설

$C = \dfrac{L}{R^2} = \dfrac{2 \times 10^{-3}}{10^2} = 20 \times 10^{-6}[\text{F}] = 20[\mu\text{F}]$

04

임피던스 함수가 $Z(s) = \dfrac{3s+3}{s}$ 으로 표시되는 2단자 회로망은?(단, $s = j\omega$이다.)

① ─W\[3]─||\[1/3]─
② ─⌇\[3]─||\[1/3]─
③ ─W\[3]─⌇\[3]─
④ ─W\[3]─⌇\[3]─||\[1]─

해설

문제에 주어진 함수를 회로로 그리기 위해 적합한 형태로 변환한다.

$$Z(s) = \dfrac{3s+3}{s} = 3 + \dfrac{3}{s} = 3 + \dfrac{1}{\dfrac{1}{3}s} = R + \dfrac{1}{Cs}[\Omega]$$

위의 식은 저항과 콘덴서의 직렬 회로가 되며 이때 저항은 $R = 3[\Omega]$, 콘덴서는 $C = \dfrac{1}{3}[F]$이 된다.

05

리액턴스 함수가 $Z(s) = \dfrac{3s}{s^2+15}$ 로 표시되는 리액턴스 2단자망은?

①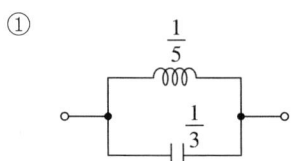

②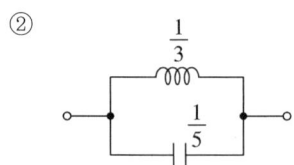

③ ─⌇\[1/3]─||\[1/5]─

④ ─⌇\[1/5]─||\[1/3]─

해설

문제에 주어진 함수 식을 회로를 구성하기 적당한 식으로 변형한다.

$$Z(s) = \dfrac{3s}{s^2+15} = \dfrac{1}{\dfrac{1}{3}s + \dfrac{5}{s}} = \dfrac{1}{\dfrac{1}{3}s + \dfrac{1}{\dfrac{1}{5}s}} = \dfrac{1}{Cs + \dfrac{1}{Ls}}$$

즉, $C = \dfrac{1}{3}[F]$과 $L = \dfrac{1}{5}[H]$의 병렬 회로가 구성된다.

06

2단자 임피던스 함수 $Z(s) = \dfrac{(s+2)(s+3)}{(s+4)(s+5)}$ 일 때, 극점(Pole)은?

① $-2, -3$ ② $-3, -4$
③ $-2, -4$ ④ $-4, -5$

해설

- 극점: 2단자 임피던스 함수 $Z(s)$가 ∞가 되는 s의 값
  $\Rightarrow p = -4, -5$
- 영점: 2단자 임피던스 함수 $Z(s)$가 0이 되는 s의 값
  $\Rightarrow z = -2, -3$

07

다음과 같은 회로가 정저항 회로가 되기 위한 $R[\Omega]$의 값은?

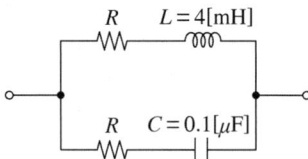

① 200 ② 2
③ 2×10^{-2} ④ 2×10^{-4}

해설

$$R^2 = \dfrac{L}{C} \Rightarrow R = \sqrt{\dfrac{L}{C}} = \sqrt{\dfrac{4 \times 10^{-3}}{0.1 \times 10^{-6}}} = 200[\Omega]$$

암기 정저항 회로의 조건

$R^2 = Z_1 Z_2 = \dfrac{L}{C}$ (단, $Z_1 = j\omega L[\Omega]$, $Z_2 = \dfrac{1}{j\omega C}[\Omega]$)

CHAPTER 09 CBT 적중문제

01
그림과 같은 회로의 2단자 임피던스 $Z(s)$는?(단, $s = j\omega$라 한다.)

① $\dfrac{s^3+1}{3s^2(s+1)}$

② $\dfrac{3s^2(s+1)}{s^3+1}$

③ $\dfrac{s(3s^2+1)}{s^4+2s^2+1}$

④ $\dfrac{s^4+4s^2+1}{s(3s^2+1)}$

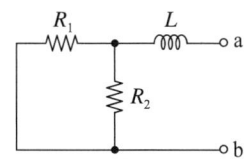

해설

$Z(s) = \dfrac{1}{s} + \dfrac{\left(0.5s+\dfrac{1}{2s}\right)\times s}{\left(0.5s+\dfrac{1}{2s}\right)+s} = \dfrac{1}{s} + \dfrac{(s^2+1)\times s}{s^2+1+2s^2}$

$= \dfrac{3s^2+1+s^4+s^2}{s(3s^2+1)} = \dfrac{s^4+4s^2+1}{s(3s^2+1)} [\Omega]$

02
그림과 같은 2단자 회로망의 출력 단자 a-b에서 바라본 등가 임피던스는?(단, $V_1 = 6\,[\text{V}]$, $V_2 = 3\,[\text{V}]$, $I_1 = 10\,[\text{A}]$, $R_1 = 15\,[\Omega]$, $R_2 = 10\,[\Omega]$, $L = 2\,[\text{H}]$, $j\omega = s$ 이다.)

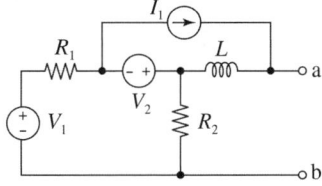

① $\dfrac{1}{s+3}$ ② $s+15$

③ $\dfrac{3}{s+2}$ ④ $2s+6$

해설

a-b 단자에서 임피던스를 구하는 것이므로 전압원은 단락, 전류원은 개방시킨다.

따라서 a-b 단자에서 임피던스를 합성하면

$Z = j\omega L + \dfrac{R_1 \times R_2}{R_1 + R_2} = sL + \dfrac{R_1 \times R_2}{R_1 + R_2} = 2s + \dfrac{15 \times 10}{15 + 10}$

$= 2s + 6\,[\Omega]$

03
그림과 같은 회로의 구동점 임피던스[Ω]는?

① $2 + j\omega$

② $\dfrac{1}{2+4\omega^2}$

③ $\dfrac{\omega^2 + j8\omega}{4 + \omega^2}$

④ $\dfrac{j\omega}{1 - 2\omega^2}$

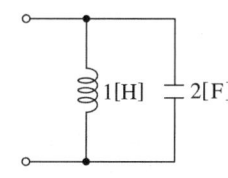

해설

$Z = \dfrac{j\omega \times \dfrac{1}{2j\omega}}{j\omega + \dfrac{1}{2j\omega}} = \dfrac{\dfrac{1}{2}}{(j\omega)^2 + \dfrac{1}{2}} = \dfrac{\dfrac{j\omega}{2}}{\dfrac{1}{2} - \omega^2}$

$= \dfrac{j\omega}{1 - 2\omega^2} [\Omega]$

| 정답 | 01 ④ 02 ④ 03 ④

THEME 05 쌍대 회로

1 쌍대 회로의 정의
회로망에서 서로 대치될 수 있는 성질을 이용하여 회로망을 바꿀 수 있다는 회로망 이론이다.

2 쌍대 회로의 내용
그림과 같은 직렬 회로망은 각 쌍대 성질을 이용하여 병렬 쌍대 회로로 바꿀 수 있다.

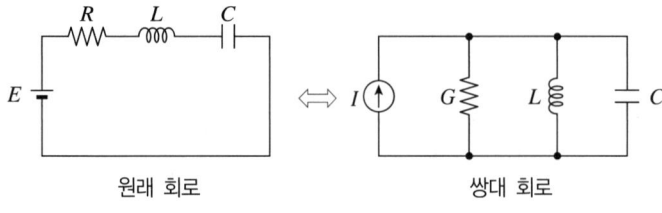

▲ 쌍대 회로

독학이 쉬워지는 기초개념

회로의 쌍대 관계
- 전압원 ↔ 전류원
- $R \leftrightarrow G$
- $L \leftrightarrow C$
- $Z \leftrightarrow Y$
- 직렬 ↔ 병렬

기출예제

다음 회로의 쌍대 회로는?

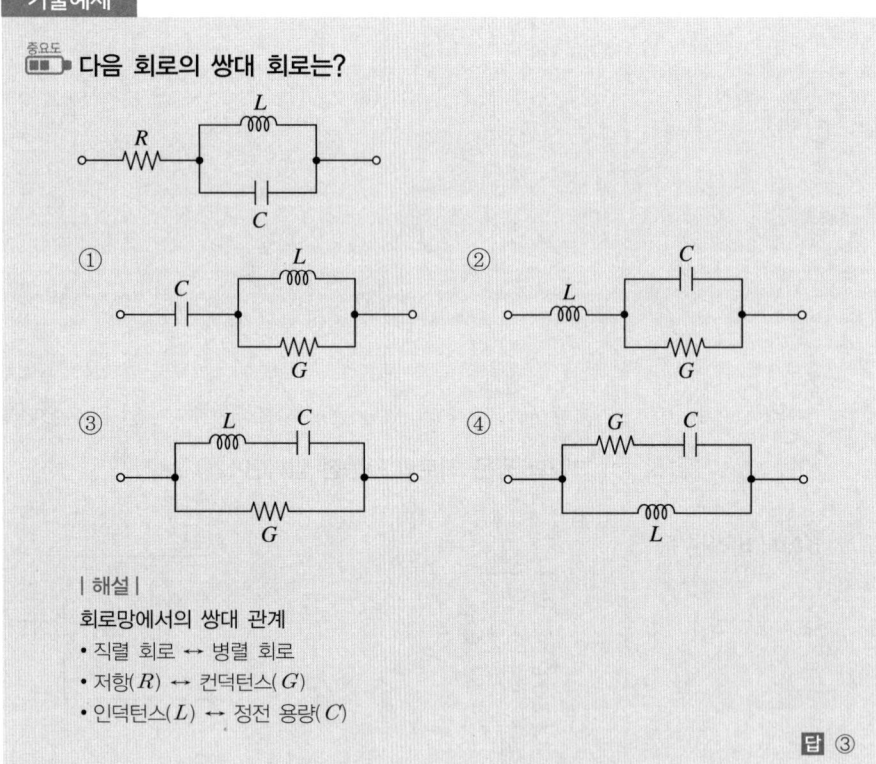

| 해설 |
회로망에서의 쌍대 관계
- 직렬 회로 ↔ 병렬 회로
- 저항(R) ↔ 컨덕턴스(G)
- 인덕턴스(L) ↔ 정전 용량(C)

답 ③

독학이 쉬워지는 기초개념

2 정저항 회로의 조건

$$R^2 = Z_1 Z_2 = \frac{L}{C}$$

(단, $Z_1 = j\omega L[\Omega]$, $Z_2 = \frac{1}{j\omega C}[\Omega]$)

기출예제

그림의 2단자 회로에서 $L = 100[\text{mH}]$, $C = 10[\mu\text{F}]$일 때 주파수와 무관한 정저항 회로가 되기 위한 저항 R의 크기$[\Omega]$는?

① 100
② 147
③ 236
④ 10,000

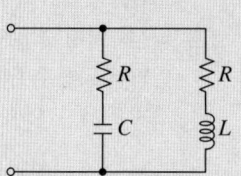

| 해설 |

정저항 조건 $R^2 = \dfrac{L}{C}$에서

$R = \sqrt{\dfrac{L}{C}} = \sqrt{\dfrac{100 \times 10^{-3}}{10 \times 10^{-6}}} = 100[\Omega]$

답 ①

THEME 04 역회로

1 역회로의 정의

L과 C의 병렬 회로와 L과 C의 직렬 회로가 전기적으로 같은 특성을 나타내어 서로 등가 관계에 있는 회로

2 역회로의 표현

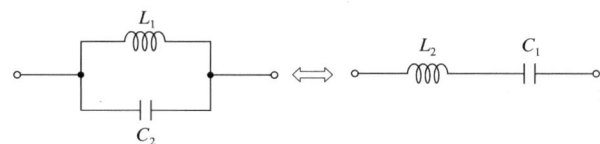

▲ 역회로 관계

- 실정수: $K^2 = \dfrac{L_1}{C_1} = \dfrac{L_2}{C_2}$

역회로가 되기 위한 조건
임피던스의 곱이 주파수에 무관하여야 함

THEME 02 영점과 극점

1 영점과 극점의 의미

$$Z(s) = \frac{s+1}{(s+2)(s+3)} \ [\Omega]$$

(1) **영점**: 어떤 회로의 임피던스 값을 $0[\Omega]$이 되도록 하는 함수의 값이다. 위의 임피던스 함수에서 $s = -1$이면 임피던스 값이 $0[\Omega]$이 되므로 영점은 -1 지점이다.

(2) **극점**: 어떤 회로의 임피던스 값을 $\infty[\Omega]$이 되도록 하는 함수의 값이다. 위의 임피던스 함수에서 $s = -2$ 또는 $s = -3$이면 임피던스 값이 $\infty[\Omega]$이 되므로 극점은 -2와 -3 지점이다.

2 회로망에서 영점과 극점의 역할

(1) 영점에서 임피던스 값이 $0[\Omega]$이므로 회로망을 단락한 상태가 된다.
(2) 극점에서 임피던스 값이 $\infty[\Omega]$이므로 회로망을 개방한 상태가 된다.

> **독학이 쉬워지는 기초개념**
>
> **단락 상태와 개방 상태**
> • 단락 상태: 회로의 두 선이 직접 연결되어 전류가 매우 크게 흐르는 상태(Short)
> • 개방 상태: 회로의 두 선이 전기적으로 연결이 안 되어 전류가 흐르지 못하는 상태(Open)

기출예제

구동점 임피던스 함수에 있어서 극점(Pole)은?

① 개방 회로 상태를 의미한다.
② 단락 회로 상태를 의미한다.
③ 아무 상태도 아니다.
④ 전류가 많이 흐르는 상태를 의미한다.

| 해설 |
• 극점: 구동점 임피던스가 ∞인 상태(회로 개방 상태)
• 영점: 구동점 임피던스가 0인 상태(회로 단락 상태)

답 ①

THEME 03 정저항 회로

1 정저항 회로의 정의

$R - L - C$ 직·병렬 2단자 회로망에 있어서 회로망의 동작이 주파수에 관계없이 항상 일정한 순저항으로 될 때의 회로를 정저항 회로라고 한다.

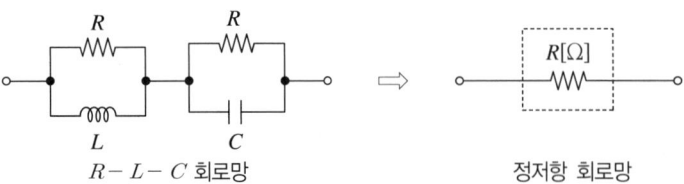

▲ 정저항 회로 변환

CHAPTER 09 2단자 회로망

독학이 쉬워지는 기초개념

복소 함수
$j\omega = s$

THEME 01 2단자 회로망의 해석

1 2단자 회로망

(1) 의미: 회로망을 2개의 인출 단자로 뽑아내어 해석한 회로망이다.
(2) 구동점 임피던스: 어느 회로 소자에 전원을 인가한 상태에서의 임피던스를 의미한다.

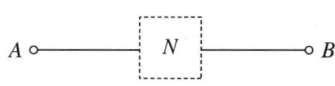

- N: 회로망(Network)

▲ 2단자 회로망

2 회로 소자의 임피던스($Z[\Omega]$)

(1) 저항
$Z = R\,[\Omega]$
(2) 인덕턴스
$Z = j\omega L = sL\,[\Omega]$
(3) 정전 용량
$Z = \dfrac{1}{j\omega C} = \dfrac{1}{sC}\,[\Omega]$

기출예제

그림과 같은 회로의 구동점 임피던스$[\Omega]$는?

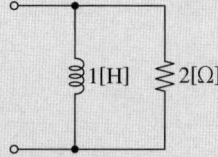

① $2 + j\omega$
② $\dfrac{2\omega^2 + j4\omega}{3}$
③ $\dfrac{\omega^2 + j8\omega}{4 + \omega^2}$
④ $\dfrac{2\omega^2 + j4\omega}{4 + \omega^2}$

| 해설 |

문제에 주어진 인덕턴스 1[H]를 옴으로 단위 변환하면 $Z = j\omega L = j\omega \times 1 = j\omega\,[\Omega]$이므로 임피던스를 합성하면 아래와 같다.

$$Z = \dfrac{2 \times j\omega}{2 + j\omega} = \dfrac{j2\omega}{2 + j\omega} \times \dfrac{2 - j\omega}{2 - j\omega} = \dfrac{j4\omega + 2\omega^2}{2^2 + \omega^2}$$

$$= \dfrac{2\omega^2 + j4\omega}{4 + \omega^2}\,[\Omega]$$

답 ④

학습 전략

2단자 회로망은 구동점 임피던스를 구하기 위한 인덕턴스의 리액턴스 변환, 정전 용량의 리액턴스 변환에 대한 기본 이론을 학습한 후 실제로 2단자 회로망에서 직렬·병렬 합성하는 방법을 충분히 익히면 됩니다. 또한 정저항 조건 공식 활용법에 대해 학습해 둔다면 2단자 회로망의 학습은 거의 완성되었다고 볼 수 있습니다.

CHAPTER 09 | 흐름 미리보기

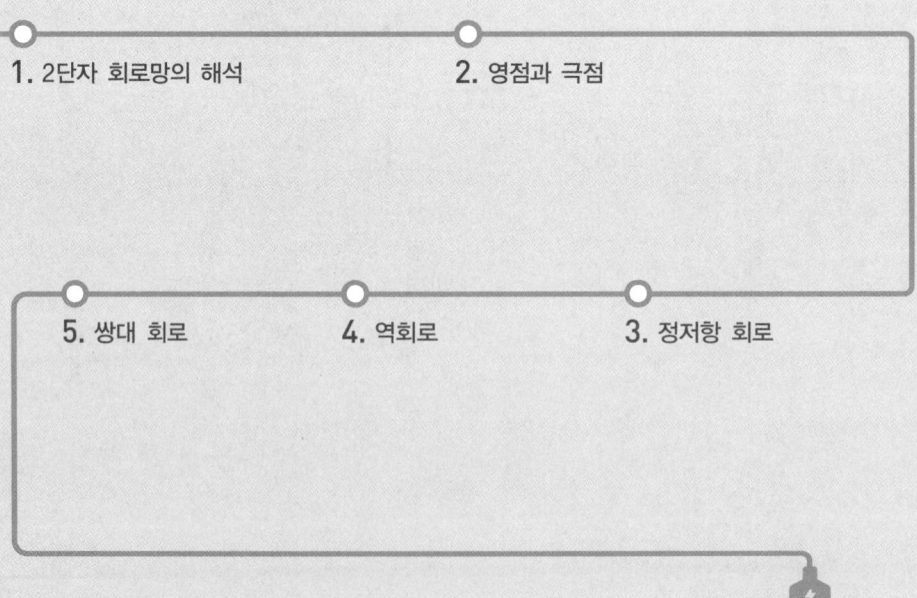

1. 2단자 회로망의 해석
2. 영점과 극점
3. 정저항 회로
4. 역회로
5. 쌍대 회로

NEXT **CHAPTER 10**

2단자 회로망

1. 2단자 회로망의 해석
2. 영점과 극점
3. 정저항 회로
4. 역회로
5. 쌍대 회로

24

$i(t) = \dfrac{4I_m}{\pi}\left(\sin\omega t + \dfrac{1}{3}\sin 3\omega t + \dfrac{1}{5}\sin 5\omega t + \cdots\right)$로 표시하는 파형은?

①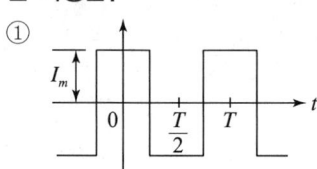

②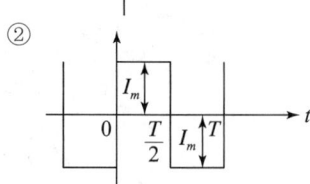

③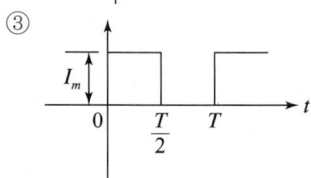

④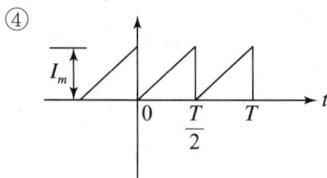

해설
문제에 주어진 식은 sin함수의 홀수(기수)로 이루어진 식이므로 여기에 대한 파형은 ②와 같은 정현 및 반파 대칭파가 되어야 한다.

25
반파 대칭의 왜형파에 포함되는 고조파는?

① 제2고조파 ② 제4고조파
③ 제5고조파 ④ 제6고조파

해설
여현 대칭파와 정현 대칭파는 홀수항과 짝수항이 모두 존재하지만 반파 대칭파는 홀수항 고조파만 존재한다.

26
그림의 왜형파를 푸리에 급수로 전개할 때 옳은 것은?

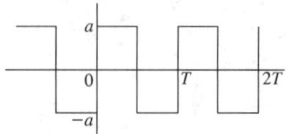

① 우수파만 포함한다.
② 기수파만 포함한다.
③ 우수파·기수파 모두 포함한다.
④ 푸리에 급수로 전개할 수 없다.

해설
문제에 주어진 파형은 정현 대칭파이면서 반파 대칭파이므로 이때 존재하는 고조파의 차수는 홀수(기수)만 남게 된다.

27
반파 대칭 및 정현 대칭인 왜형파의 푸리에 급수의 전개에서 옳게 표현된 것은?(단, $f(t) = a_o + \sum\limits_{n=1}^{\infty} a_n \cos n\omega t + \sum\limits_{n=1}^{\infty} b_n \sin n\omega t$ 이다.)

① a_n의 우수항만 존재한다.
② a_n의 기수항만 존재한다.
③ b_n의 우수항만 존재한다.
④ b_n의 기수항만 존재한다.

해설
• 여현 대칭파: 직류 및 cos 함수의 홀수, 짝수 모두 존재($b_n = 0$)
• 정현 대칭파: sin 함수의 홀수, 짝수 모두 존재($a_o = 0$, $a_n = 0$)
• 반파 대칭파: sin 함수 및 cos 함수의 홀수만 존재

따라서 문제에 주어진 반파 대칭 및 정현 대칭인 파형은 sin함수의 홀수(기수)항만 존재한다.

20

일반적으로 대칭 3상 회로의 전압, 전류에 포함되는 전압, 전류의 고조파 중에서 n을 임의의 정수로 하여 $(3n+1)$일 때의 상회전은 어떻게 되는가?

① 정지 상태
② 각 상 동위상
③ 상회전은 기본파와 반대
④ 상회전은 기본파와 동일

해설

$3n+1$고조파(4, 7, 10, …): 위상이 기본파와 동일한 상회전 방향(정상분)

21

주기 함수 $f(t)$의 푸리에 급수 전개식으로 옳은 것은?

① $f(t) = \sum_{n=1}^{\infty} a_n \sin n\omega t + \sum_{n=1}^{\infty} b_n \sin n\omega t$

② $f(t) = b_0 + \sum_{n=2}^{\infty} a_n \sin n\omega t + \sum_{n=2}^{\infty} b_n \cos n\omega t$

③ $f(t) = a_0 + \sum_{n=1}^{\infty} a_n \cos n\omega t + \sum_{n=1}^{\infty} b_n \sin n\omega t$

④ $f(t) = \sum_{n=1}^{\infty} a_n \cos n\omega t + \sum_{n=1}^{\infty} b_n \cos n\omega t$

해설

푸리에 급수: 직류 + cos 함수 + sin 함수

$f(t) = a_0 + \sum_{n=1}^{\infty} a_n \cos n\omega t + \sum_{n=1}^{\infty} b_n \sin n\omega t$

22

그림과 같은 삼각파를 푸리에 급수로 전개하면?

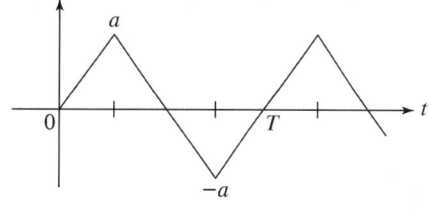

① 반파 정현 대칭으로 기수파만 포함한다.
② 반파 정현 대칭으로 우수파만 포함한다.
③ 반파 여현 대칭으로 기수파만 포함한다.
④ 반파 여현 대칭으로 우수파만 포함한다.

해설

반파 및 정현 대칭파이므로 홀수항의 기수파($\sin$) 성분만 존재한다.

23

그림과 같은 파형을 푸리에 급수로 전개하면?

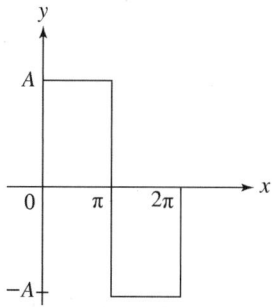

① $\dfrac{A}{\pi} + \dfrac{\sin 2x}{2} + \dfrac{\sin 4x}{4} + \cdots$

② $\dfrac{4A}{\pi}\left(\sin\alpha \sin x + \dfrac{1}{9}\sin 3\alpha \sin 3x + \cdots\right)$

③ $\dfrac{4A}{\pi}\left(\sin x + \dfrac{1}{3}\sin 3x + \dfrac{1}{5}\sin 5x + \cdots\right)$

④ $\dfrac{4}{\pi}\left(\dfrac{\cos 2x}{1\times 3} + \dfrac{\cos 4x}{3\times 5} + \dfrac{\cos 6x}{5\times 7} + \cdots\right)$

해설

반파 및 정현 대칭파이므로 홀수항의 기수파($\sin$) 성분만 존재한다.

16

$R-C$ 직렬 회로의 양단에 $e = 50 + 141.4\sin 2\omega t + 212.1\sin 3\omega t [\text{V}]$인 전압을 인가할 때 제3고조파 전류의 실효값은 몇 $[\text{A}]$인가?(단, $R = 8[\Omega]$, $1/\omega C = 12[\Omega]$이다.)

① 6.67
② 10.87
③ 16.77
④ 20.37

해설

제3고조파에 대한 임피던스값

$$Z_3 = R + \frac{1}{j3\omega C} = 8 - j\frac{12}{3} = 8 - j4 [\Omega]$$

따라서 제3고조파 전류의 실효값은 아래와 같다.

$$I_3 = \frac{V_3}{|Z_3|} = \frac{\frac{212.1}{\sqrt{2}}}{\sqrt{8^2 + 4^2}} = 16.77 [\text{A}]$$

17

비정현파 $f(x)$가 반파 대칭 및 정현 대칭일 때 옳은 식은? (단, 주기는 2π이다.)

① $f(-x) = f(x)$, $f(x+\pi) = f(x)$
② $f(-x) = f(x)$, $f(x+2\pi) = f(x)$
③ $f(-x) = -f(x)$, $-f(x+\pi) = f(x)$
④ $f(-x) = -f(x)$, $-f(x+2\pi) = f(x)$

해설 비정현파의 종류 및 함수식
- 여현 대칭파: $f(t) = f(-t)$
- 정현 대칭파: $f(t) = -f(-t)$
- 반파 대칭파: $f(t) = -f(t+\pi)$ (주기: 2π)

따라서 $f(-x) = -f(x)$, $-f(x+\pi) = f(x)$

18

3상 교류 대칭 전압에 포함되는 고조파 중에서 상회전이 기본파에 대하여 반대인 것은?

① 제3고조파
② 제5고조파
③ 제7고조파
④ 제9고조파

해설

$3n-1$ 고조파(2, 5, 8, …): 위상이 기본파와 반대인 상회전 방향(역상분)

암기

$3n$ 고조파(3, 6, 9, …): 3상 동일 성분(영상분)

$3n+1$ 고조파(4, 7, 10, …): 위상이 기본파와 동일한 상회전 방향(정상분)

19

3상 교류 대칭 전압에 포함되는 고조파 중에서 상회전이 기본파에 대하여 같은 방향인 것은?

① 제3고조파
② 제5고조파
③ 제7고조파
④ 제9고조파

해설

$3n+1$ 고조파(4, 7, 10, …): 위상이 기본파와 동일한 상회전 방향(정상분)

| 정답 | 16 ③ 17 ③ 18 ② 19 ③

13

$R = 4[\Omega]$, $\omega L = 3[\Omega]$의 직렬 회로에 $e = 100\sqrt{2}\sin\omega t + 50\sqrt{2}\sin 3\omega t [V]$를 가할 때 이 회로의 소비 전력은 약 몇 [W]인가?

① 1,414
② 1,514
③ 1,703
④ 1,903

해설

- 정현파 전류에 의한 소비 전력
  $Z_1 = 4 + j3[\Omega]$
  $I_1 = \dfrac{V_1}{Z_1} = \dfrac{100}{\sqrt{4^2 + 3^2}} = 20[A]$
  $\therefore P_1 = I_1^2 R = 20^2 \times 4 = 1,600[W]$

- 제3고조파 전류에 의한 소비 전력
  $Z_3 = 4 + j3 \times 3 = 4 + j9[\Omega]$
  $I_3 = \dfrac{V_3}{Z_3} = \dfrac{50}{\sqrt{4^2 + 9^2}} = 5.07[A]$
  $\therefore P_3 = I_3^2 R = 5.07^2 \times 4 = 103[W]$

따라서 회로에서 소비되는 총 전력은 아래와 같다.
$P = P_1 + P_3 = 1,600 + 103 = 1,703[W]$

14

$R-L-C$ 직렬 공진 회로에서 제 n 고조파의 공진 주파수 $f_n [Hz]$은?

① $\dfrac{1}{2\pi\sqrt{LC}}$
② $\dfrac{1}{2\pi\sqrt{nLC}}$
③ $\dfrac{1}{2\pi n\sqrt{LC}}$
④ $\dfrac{1}{2\pi n^2\sqrt{LC}}$

해설

n차 고조파에서의 공진 주파수는 다음 식과 같다.
$n\omega L = \dfrac{1}{n\omega C} \Rightarrow f = \dfrac{1}{2\pi n\sqrt{LC}}[Hz]$

암기

$\omega = 2\pi f$

15

그림과 같은 $R-C$ 직렬 회로에 비정현파 전압 $v(t) = 20 + 220\sqrt{2}\sin\omega t + 40\sqrt{2}\sin 3\omega t [V]$을 가할 때 제3고조파 전류 $i_3(t)$는 몇 [A]인가?(단, $\omega = 120\pi[rad/s]$이다.)

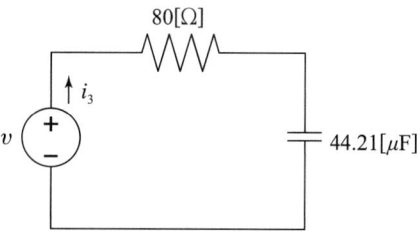

① $0.49\sin(360\pi t - 14.04°)$
② $0.49\sin(360\pi t + 14.04°)$
③ $0.49\sqrt{2}\sin(360\pi t - 14.04°)$
④ $0.49\sqrt{2}\sin(360\pi t + 14.04°)$

해설

$R-C$ 직렬 회로에 대한 제3고조파 임피던스값과 위상

- $Z_3 = R - j\dfrac{1}{3\omega C} = 80 - j\dfrac{1}{3 \times 120\pi \times 44.21 \times 10^{-6}} = 80 - j20[\Omega]$

- $\theta = \tan^{-1}\dfrac{\frac{1}{3\omega C}}{R} = \tan^{-1}\dfrac{\frac{1}{3 \times 120\pi \times 44.21 \times 10^{-6}}}{80} = 14.04°$

따라서 제3고조파 전류의 순시값은 아래와 같다.

$i_3(t) = \dfrac{v_3(t)}{|Z_3|} = \dfrac{40\sqrt{2}\sin(3\omega t + 14.04°)}{\sqrt{80^2 + 20^2}}$
$= 0.49\sqrt{2}\sin(360\pi t + 14.04°)[A]$

별해

$I_3 = \dfrac{V_3}{Z_3} = \dfrac{40\angle 0°}{80 - j20} = 0.49\angle 14.04°[A]$

$\therefore i_3(t) = 0.49\sqrt{2}\sin(360\pi t + 14.04°)[A]$

09
비정현파의 전압과 전류가 다음과 같을 때 이 비정현파의 전력은 몇 [W]인가?

$$e = 10\sin100\pi t + 4\sin\left(300\pi t - \frac{\pi}{2}\right)[V]$$
$$i = 2\sin\left(100\pi t - \frac{\pi}{3}\right) + \sin\left(300\pi t - \frac{\pi}{4}\right)[A]$$

① 24.21 ② 12.83
③ 8.59   ④ 6.41

해설

$P = \sum VI\cos\theta$
$= \frac{10}{\sqrt{2}} \times \frac{2}{\sqrt{2}} \times \cos\{0° - (-60°)\}$
$+ \frac{4}{\sqrt{2}} \times \frac{1}{\sqrt{2}} \times \cos\{-90° - (-45°)\}$
$= 6.41[W]$

10
다음 용어 설명 중 틀린 것은?

① 역률 = 유효 전력 / 피상 전력
② 파형률 = 평균값 / 실효값
③ 파고율 = 최대값 / 실효값
④ 왜형률 = 전고조파의 실효값 / 기본파의 실효값

해설

파형률 = 실효값 / 평균값

11
$R-C$ 회로에 비정현파 전압을 가하여 흐른 전류가 다음과 같을 때, 이 회로의 역률은 약 몇 [%]인가?

$$v = 20 + 220\sqrt{2}\sin120\pi t + 40\sqrt{2}\sin360\pi t[V]$$
$$i = 2.2\sqrt{2}\sin(120\pi t + 36.87°)$$
$$+ 0.49\sqrt{2}\sin(360\pi t + 14.04°)[A]$$

① 75.8   ② 80.3
③ 86.3   ④ 89.7

해설

- $P = \sum VI\cos\theta$
  $= 220 \times 2.2 \times \cos(0° - 36.87°) + 40 \times 0.49 \times \cos(0° - 14.04°)$
  $= 406.2[W]$
- $P_a = VI = \sqrt{20^2 + 220^2 + 40^2} \times \sqrt{2.2^2 + 0.49^2} = 506[VA]$
- $\cos\theta = \frac{P}{P_a} = \frac{406.2}{506} = 0.803 (\therefore 80.3[\%])$

12
$e(t) = 100\sqrt{2}\sin\omega t + 150\sqrt{2}\sin3\omega t + 260\sqrt{2}\sin5\omega t[V]$
인 전압을 $R-L$ 직렬 회로에 가할 때 제5고조파 전류의 실효값은 약 몇 [A]인가?(단, $R = 12[\Omega]$, $\omega L = 1[\Omega]$이다.)

① 10   ② 15
③ 20   ④ 25

해설

$Z_5 = R + j5\omega L = 12 + j5 \times 1 = 12 + j5[\Omega]$
$|Z_5| = \sqrt{12^2 + 5^2} = 13[\Omega]$
$I_5 = \frac{V_5}{|Z_5|} = \frac{260}{13} = 20[A]$

05

대칭 3상 전압이 있다. 1상의 Y 결선 전압의 순시값이 다음과 같을 때 선간 전압에 대한 상전압의 비율은?

$$e = 1{,}000\sqrt{2}\sin\omega t + 500\sqrt{2}\sin(3\omega t + 20°) + 100\sqrt{2}\sin(5\omega t + 30°)[\text{V}]$$

① 약 55[%] ② 약 65[%]
③ 약 70[%] ④ 약 75[%]

해설

선간 전압의 실효값 크기를 구한다.(제3고조파 전압은 Y 결선의 선간에서 소멸된다.)
$V_l = \sqrt{3}\,V_p = \sqrt{3} \times \sqrt{1{,}000^2 + 100^2} = 1{,}740[\text{V}]$
상전압의 실효값 크기를 구한다.
$V_p = \sqrt{1{,}000^2 + 500^2 + 100^2} = 1{,}122[\text{V}]$
따라서 선간 전압에 대한 상전압의 비율을 구해 보면 아래와 같다.
$\dfrac{V_p}{V_l} \times 100 = \dfrac{1{,}122}{1{,}740} \times 100 = 65[\%]$

06

$C[\text{F}]$인 용량을 $v = V_1\sin(\omega t + \theta_1) + V_3\sin(3\omega t + \theta_3)[\text{V}]$인 전압으로 충전할 때 몇 [A]의 전류(실효값)가 필요한가?

① $\dfrac{1}{\sqrt{2}}\sqrt{V_1^2 + 9V_3^2}$ ② $\dfrac{1}{\sqrt{2}}\sqrt{V_1^2 + V_3^2}$
③ $\dfrac{\omega C}{\sqrt{2}}\sqrt{V_1^2 + 9V_3^2}$ ④ $\dfrac{\omega C}{\sqrt{2}}\sqrt{V_1^2 + V_3^2}$

해설

기본파 전류를 구한다.
$Z_1 = \dfrac{1}{j\omega C}[\Omega] \Rightarrow I_1 = \dfrac{\frac{V_1}{\sqrt{2}}}{\frac{1}{j\omega C}} = \dfrac{j\omega C V_1}{\sqrt{2}}[\text{A}]$

제3고조파 전류를 구한다.
$Z_3 = \dfrac{1}{j3\omega C}[\Omega] \Rightarrow I_3 = \dfrac{\frac{V_3}{\sqrt{2}}}{\frac{1}{j3\omega C}} = \dfrac{j3\omega C V_3}{\sqrt{2}}[\text{A}]$

전체 전류의 실효값 크기는 아래와 같다.
$I = \sqrt{I_1^2 + I_3^2} = \sqrt{\left(\dfrac{\omega C V_1}{\sqrt{2}}\right)^2 + \left(\dfrac{3\omega C V_3}{\sqrt{2}}\right)^2}$
$= \dfrac{\omega C}{\sqrt{2}}\sqrt{V_1^2 + 9V_3^2}[\text{A}]$

07

다음 왜형파 전압과 전류에 의한 전력은 몇 [W]인가?(단, 전압의 단위는 [V], 전류의 단위는 [A]이다.)

$$v = 100\sin(\omega t + 30°) - 50\sin(3\omega t + 60°) + 25\sin 5\omega t$$
$$i = 20\sin(\omega t - 30°) + 15\sin(3\omega t + 30°) + 10\cos(5\omega t - 60°)$$

① 933.0 ② 566.9
③ 420.0 ④ 283.5

해설

$P = \sum VI\cos\theta$
$= \dfrac{100}{\sqrt{2}} \times \dfrac{20}{\sqrt{2}} \times \cos\{30° - (-30°)\} +$
$\dfrac{-50}{\sqrt{2}} \times \dfrac{15}{\sqrt{2}} \times \cos(60° - 30°)$
$+ \dfrac{25}{\sqrt{2}} \times \dfrac{10}{\sqrt{2}} \times \cos\{0° - (-60° + 90°)\}$
$= 283.5[\text{W}]$

08

어떤 회로의 단자 전압과 전류가 다음과 같을 때, 회로에 공급되는 평균 전력은 약 몇 [W]인가?

$$v(t) = 100\sin\omega t + 70\sin 2\omega t + 50\sin(3\omega t - 30°)[\text{V}]$$
$$i(t) = 20\sin(\omega t - 60°) + 10\sin(3\omega t + 45°)[\text{A}]$$

① 565 ② 525
③ 495 ④ 465

해설

$P = \sum VI\cos\theta$
$= \dfrac{100}{\sqrt{2}} \times \dfrac{20}{\sqrt{2}} \times \cos(0° + 60°) + \dfrac{50}{\sqrt{2}} \times \dfrac{10}{\sqrt{2}} \times \cos(-30° - 45°)$
$= 565[\text{W}]$

| 정답 | 05 ② 06 ③ 07 ④ 08 ①

CHAPTER 08 CBT 적중문제

01
주기적인 구형파 신호의 구성은?

① 직류 성분만으로 구성된다.
② 기본파 성분만으로 구성된다.
③ 고조파 성분만으로 구성된다.
④ 직류 성분, 기본파 성분, 무수히 많은 고조파 성분으로 구성된다.

해설
구형파(사각파)는 정현파뿐만 아니라 무수히 많은 고조파 성분이 중첩되어 발생되는 파형이다.

02
$v = 3 + 5\sqrt{2}\sin\omega t + 10\sqrt{2}\sin\left(3\omega t - \dfrac{\pi}{3}\right)$ [V]의 실효값 [V]은?

① 9.6
② 10.6
③ 11.6
④ 12.6

해설
$V = \sqrt{3^2 + 5^2 + 10^2} = 11.6$ [V]

03
전압의 순시값이 다음과 같을 때 실효값은 약 몇 [V]인가?

$$v = 3 + 10\sqrt{2}\sin\omega t + 5\sqrt{2}\sin(3\omega t - 30°)\,[V]$$

① 11.6
② 13.2
③ 16.4
④ 20.1

해설
$V = \sqrt{3^2 + 10^2 + 5^2} = 11.6$ [V]

04
그림과 같은 비정현파의 실효값은 몇 [V]인가?

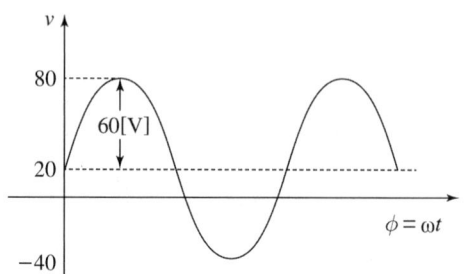

① 46.9
② 51.6
③ 56.6
④ 63.3

해설

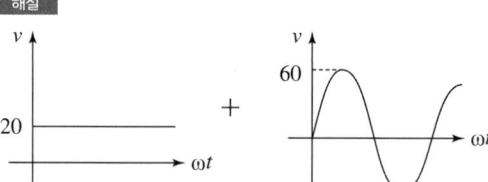

문제에 주어진 파형은 직류와 교류의 합성파이므로 이를 순시값 식으로 표현하면 아래와 같다.
$v = 20 + 60\sin\omega t$ [V]
따라서 실효값의 크기를 구하면 아래와 같다.
$V = \sqrt{20^2 + \left(\dfrac{60}{\sqrt{2}}\right)^2} = 46.9$ [V]

| 정답 | 01 ④ 02 ③ 03 ① 04 ①

독학이 쉬워지는 기초개념

Tip 강의 꿀팁

푸리에 급수는 교류 발전기 또는 변압기의 전력 분야 해석에 이용해요.

(2) 여현항 $a_n (n \neq 0)$

$$a_n = \frac{2}{T} \int_0^T f(t) \cos n\omega t \, dt$$
$$= \frac{1}{\pi} \int_0^{2\pi} f(t) \cos n\omega t \, dt \, (n = 1, 2, 3, \cdots\cdots)$$

(3) 정현항 b_n

$$b_n = \frac{2}{T} \int_0^T f(t) \sin n\omega t \, dt$$
$$= \frac{1}{\pi} \int_0^{2\pi} f(t) \sin n\omega t \, dt \, (n = 1, 2, 3, \cdots\cdots)$$

(4) 비정현파의 대칭(반파대칭($a_0 = 0$, 홀수항))

$$f(t) = -f(t \pm \frac{T}{2})$$

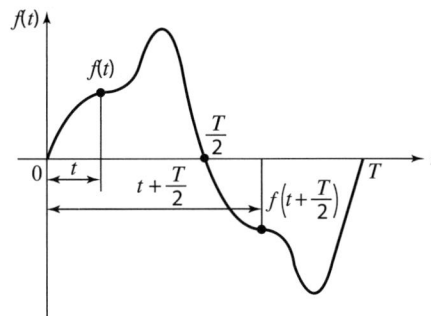

$$f(t) = \sum_{n=0}^{\infty} a_n \cos n\omega t + \sum_{n=0}^{\infty} b_n \sin n\omega t \, (n = 1, 3, 5, \cdots\cdots)$$

THEME 04 푸리에 급수

1 푸리에 급수의 정의

(1) 직류 성분, 정현파(기본파) 및 수많은 고조파가 포함되어 있는 비정현파를 수학적으로 표현한 함수를 말한다.

(2) 푸리에 급수 표현식

$$f(t) = a_0 + a_1\cos\omega t + a_2\cos 2\omega t + \cdots + b_1\sin\omega t + b_2\sin 2\omega t + \cdots$$
$$= a_0 + \sum_{n=1}^{\infty} a_n \cos n\omega t + \sum_{n=1}^{\infty} b_n \sin n\omega t$$

즉, '비정현파 교류 = 직류분 + 기본파 + 고조파'로 함수식을 표현할 수 있다.

(3) 푸리에 급수 파형의 종류

종류	파형	함수식	성분
여현 대칭		$f(t)=f(-t)$	직류, cos ($n=1, 2, 3, 4...$)
정현 대칭		$f(t)=-f(-t)$	sin ($n=1, 2, 3, 4...$)
반파 대칭		$f(t)=-f(t+\pi)$ (주기: 2π)	sin, cos ($n=1, 3, 5...$)

기출예제

비정현파에서 여현 대칭 조건은? (단, $f(t)$의 주기는 T이다.)

① $f(t) = f(-t)$
② $f(t) = -f(-t)$
③ $f(t) = -f(t)$
④ $f(t) = -f\left(t + \dfrac{T}{2}\right)$

| 해설 |
- 여현 대칭: $f(t) = f(-t)$
- 정현 대칭: $f(t) = -f(-t)$
- 반파 대칭: $f(t) = -f\left(t + \dfrac{T}{2}\right)$

답 ①

2 푸리에 급수의 해석

(1) 직류 성분 a_0

$$a_0 = \frac{1}{T}\int_0^T f(t)dt = \frac{1}{2\pi}\int_0^{2\pi} f(t)dt$$

독학이 쉬워지는 기초개념

푸리에 급수
모든 주기함수는 cosine과 sine의 적절한 합으로 나타낼 수 있다.

직류분
비정현파의 한 주기까지의 평균값

여현 대칭
$f(t) = f(-t)$

정현 대칭
$f(t) = -f(-t)$

반파 대칭(주기: 2π)
$f(t) = -f(t+\pi)$

THEME 03 고조파에서의 임피던스 변화

1 $R-L$ 직렬 회로

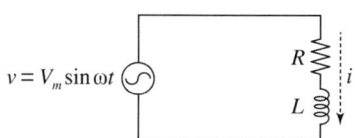

▲ $R-L$ 직렬 회로

(1) 기본파 임피던스: $Z_1 = R + j\omega L\,[\Omega]$

(2) 제2고조파 임피던스: $Z_2 = R + j2\omega L\,[\Omega]$

(3) 제3고조파 임피던스: $Z_3 = R + j3\omega L\,[\Omega]$

(∴ $R-L$ 직렬 회로에서는 주파수가 증가할수록 임피던스값이 증가한다.)

2 $R-C$ 직렬 회로

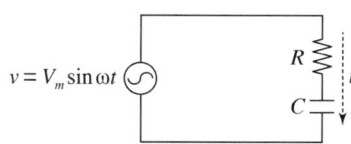

▲ $R-C$ 직렬 회로

(1) 기본파 임피던스: $Z_1 = R - j\dfrac{1}{\omega C}\,[\Omega]$

(2) 제2고조파 임피던스: $Z_2 = R - j\dfrac{1}{2\omega C}\,[\Omega]$

(3) 제3고조파 임피던스: $Z_3 = R - j\dfrac{1}{3\omega C}\,[\Omega]$

(∴ $R-C$ 직렬 회로에서는 주파수가 증가할수록 임피던스값이 감소한다.)

독학이 쉬워지는 기초개념

$R-L$, $R-C$ 직렬 회로
- 저항: 주파수와 무관
- 유도 리액턴스: 주파수에 비례
- 용량 리액턴스: 주파수에 반비례

공진 조건(임피던스 허수부가 0)

$n\omega L = \dfrac{1}{n\omega C}$

∴ $n^2\omega^2 LC = 1$

기출예제

RC 직렬 회로의 양단에 $e = 50 + 141.4\sin 2\omega t + 212.1\sin 4\omega t\,[\mathrm{V}]$인 전압을 인가할 때 제2고조파 전류의 실효값은 몇 $[\mathrm{A}]$인가? (단, $R = 8\,[\Omega]$, $\dfrac{1}{\omega C} = 12\,[\Omega]$이다.)

① 6
② 8
③ 10
④ 12

| 해설 |

제2고조파에 대한 임피던스를 구한다.

$Z_2 = R + \dfrac{1}{j2\omega C} = 8 - j\dfrac{12}{2} = 8 - j6\,[\Omega]$

∴ $|Z_2| = \sqrt{8^2 + 6^2} = 10\,[\Omega]$

따라서 제2고조파 전류의 실효값은 아래와 같다.

$I_2 = \dfrac{V_2}{Z_2} = \dfrac{\frac{141.4}{\sqrt{2}}}{10} = 10\,[\mathrm{A}]$

답 ③

THEME 02   비정현파의 전력 계산

1   각각의 전력 계산

- $v(t) = V_0 + \sqrt{2}\, V_1 \sin(\omega t + \theta_1) + \sqrt{2}\, V_3 \sin(3\omega t + \theta_3)\,[\mathrm{V}]$
- $i(t) = I_0 + \sqrt{2}\, I_1 \sin(\omega t + \phi_1) + \sqrt{2}\, I_2 \sin(2\omega t + \phi_2) + \sqrt{2}\, I_3 \sin(3\omega t + \phi_3)\,[\mathrm{A}]$

위와 같이 전압에 제2고조파(V_2) 성분이 없다고 가정할 때 유효 전력, 무효 전력, 피상 전력은 다음과 같다.

(1) 유효 전력

$$P = \sum VI\cos\theta = V_0 I_0 + V_1 I_1 \cos(\theta_1 - \phi_1) + V_3 I_3 \cos(\theta_3 - \phi_3)\,[\mathrm{W}]$$

(∵ 전압에 제2고조파 성분이 없기 때문에)

(2) 무효 전력

$$Q = \sum VI\sin\theta = V_1 I_1 \sin(\theta_1 - \phi_1) + V_3 I_3 \sin(\theta_3 - \phi_3)\,[\mathrm{Var}]$$

(3) 피상 전력

$$P_a = |V||I| = \sqrt{V_0^2 + V_1^2 + V_3^2} \times \sqrt{I_0^2 + I_1^2 + I_2^2 + I_3^2}\,[\mathrm{VA}]$$

2   역률 및 왜형률 계산

(1) 역률

$$\cos\theta = \frac{P}{P_a} = \frac{\sum VI\cos\theta}{|V||I|}$$

(2) 왜형률

비정현파에서 기본파에 대해 고조파 성분이 어느 정도 포함되었는지를 나타내는 지표로서, 이는 비정현파가 정현파를 기준으로 하였을 때 얼마나 일그러졌는가를 표시하는 척도가 된다.

$$D = \frac{\sqrt{V_2^2 + V_3^2 + V_4^2 + \cdots + V_n^2}}{V_1} = \frac{\text{고조파의 실효값}}{\text{기본파의 실효값}}$$

기출예제

다음 왜형파 전류의 왜형률은 약 얼마인가?

$$i(t) = 30\sin\omega t + 10\cos 3\omega t + 5\sin 5\omega t\,[\mathrm{A}]$$

① 0.46   ② 0.26
③ 0.53   ④ 0.37

| 해설 |

$$D = \frac{\text{고조파의 실효값}}{\text{기본파의 실효값}} = \frac{\sqrt{\left(\frac{10}{\sqrt{2}}\right)^2 + \left(\frac{5}{\sqrt{2}}\right)^2}}{\frac{30}{\sqrt{2}}} = 0.37$$

답 ④

독학이 쉬워지는 기초개념

Tip 강의 꿀팁

3상 발전기는 발전 전압이 전기적으로 대칭이고, 기본 파형이 sin파이므로 각 상의 기전력은 비정현파일 때는 반파 대칭파이고 기함수 고조파예요.(푸리에 급수 참고)

왜형
고조파 성분으로 인하여 파형이 찌그러지게 되는 것

왜형률
$D = \dfrac{\text{고조파의 실효값}}{\text{기본파의 실효값}}$

CHAPTER 08 비정현파 교류

> **독학이 쉬워지는 기초개념**
>
> **Tip 강의 꿀팁**
>
> [비정현파 교류 = 직류 성분 + 기본파 성분 + 고조파 성분]으로 구성돼요.

THEME 01   비정현파의 전압 및 전류 실효값

1 비정현파의 정의

(1) 정현파가 여러 가지 원인으로 인하여 일그러진 파형을 말한다.
(2) 비정현파가 포함된 전원의 순시값 표현은 다음과 같다.

$$v(t) = V_0 + \sqrt{2}\,V_1 \sin\omega t + \sqrt{2}\,V_2 \sin 2\omega t + \sqrt{2}\,V_3 \sin 3\omega t + \cdots \,[\text{V}]$$

> - V_0: 직류 실효값(직류는 실효값, 평균값, 최대값이 모두 같다.)
> - V_1: 정현파(기본파) 실효값
> - V_2: 제2고조파 실효값
> - V_3: 제3고조파 실효값

> **Tip 강의 꿀팁**
>
> 비정현파의 실효값 크기는 임피던스 크기 계산 방법과 동일하게 계산하면 돼요.

2 비정현파의 전압(실효값) 크기

$$V = \sqrt{V_0^2 + V_1^2 + V_2^2 + V_3^2 + \cdots}\,[\text{V}]$$

3 비정현파의 전류(실효값) 크기

$$I = \sqrt{I_0^2 + I_1^2 + I_2^2 + I_3^2 + \cdots}\,[\text{A}]$$

기출예제

어떤 회로에 흐르는 전류가 $i(t) = 7 + 14.1\sin\omega t\,[\text{A}]$인 경우 실효값은 약 몇 [A]인가?

① 11.2   ② 12.2
③ 13.2   ④ 14.2

| 해설 |

$$I = \sqrt{7^2 + \left(\frac{14.1}{\sqrt{2}}\right)^2} = 12.2\,[\text{A}]$$

답 ②

학습 전략

비정현파 교류는 비정현 파형을 어떻게 수학적으로 표현하는지를 익혀 두어야 합니다. 수학적인 지식을 어느 정도 가지고 있어야 이번 챕터의 내용을 이해하는 데 어려움이 없습니다. 특히 고조파의 성분별로 어떻게 전력을 구해 내는지, 주파수가 변할 때 임피던스는 어떻게 되는지 등의 개념 학습이 중요합니다.

CHAPTER 08 | 흐름 미리보기

1. 비정현파의 전압 및 전류 실효값

2. 비정현파의 전력 계산

3. 고조파에서의 임피던스 변화

4. 푸리에 급수

NEXT **CHAPTER 09**

비정현파 교류

1. 비정현파의 전압 및 전류 실효값
2. 비정현파의 전력 계산
3. 고조파에서의 임피던스 변화
4. 푸리에 급수

42

2 전력계법으로 평형 3상 전력을 측정하였더니 한쪽의 지시가 500[W], 다른 한쪽의 지시가 1,500[W]이었다. 피상 전력은 약 몇 [VA]인가?

① 2,000
② 2,310
③ 2,646
④ 2,771

해설

$P_a = 2\sqrt{P_1^2 + P_2^2 - P_1 P_2}$
$= 2\sqrt{500^2 + 1,500^2 - 500 \times 1,500} = 2,646[\text{VA}]$

43

2 전력계법으로 평형 3상 전력을 측정하였더니 각각의 전력계가 500[W], 300[W]를 지시하였다면 유효 전력[W]은?

① 200
② 300
③ 500
④ 800

해설

유효 전력 $P = P_1 + P_2 = 500 + 300 = 800[\text{W}]$

44

3상 회로에서 단상 전력계 2개로 전력을 측정하였더니 각 전력계의 값이 각각 301[W] 및 1,327[W]이었다. 이때의 역률은 약 얼마인가?

① 0.34
② 0.62
③ 0.68
④ 0.75

해설

$\cos\theta = \dfrac{P_1 + P_2}{2\sqrt{P_1^2 + P_2^2 - P_1 P_2}}$
$= \dfrac{301 + 1,327}{2\sqrt{301^2 + 1,327^2 - 301 \times 1,327}} = 0.68$

45

그림과 같은 회로에서 전압계 3개로 단상 전력을 측정할 때 유효 전력[W]은?

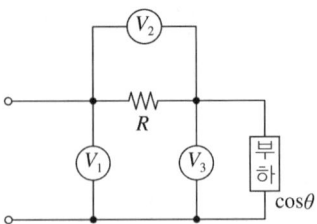

① $\dfrac{1}{2R}(V_1^2 - V_2^2 - V_3^2)$
② $\dfrac{1}{2R}(V_3^2 - V_1^2)$
③ $\dfrac{R}{2}(V_3^2 - V_1^2 - V_2^2)$
④ $\dfrac{R}{2}(V_2^2 - V_1^2 - V_3^2)$

해설

$P = \dfrac{1}{2R}(V_1^2 - V_2^2 - V_3^2)[\text{W}]$

46

그림과 같이 전류계 A_1, A_2, A_3, 25[Ω]의 저항 R을 접속하였더니 전류계의 지시는 $A_1 = 10[\text{A}]$, $A_2 = 4[\text{A}]$, $A_3 = 7[\text{A}]$이다. 부하의 전력[W]과 역률을 구하면?

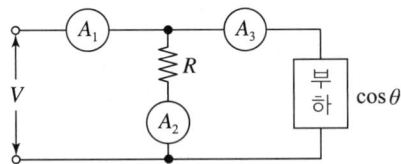

① $P = 437.5$, $\cos\theta = 0.625$
② $P = 437.5$, $\cos\theta = 0.547$
③ $P = 487.5$, $\cos\theta = 0.647$
④ $P = 507.5$, $\cos\theta = 0.747$

해설

$P = \dfrac{R}{2}(A_1^2 - A_2^2 - A_3^2) = \dfrac{25}{2}(10^2 - 4^2 - 7^2) = 437.5[\text{W}]$

$\cos\theta = \dfrac{A_1^2 - A_2^2 - A_3^2}{2A_2 A_3} = \dfrac{10^2 - 4^2 - 7^2}{2 \times 4 \times 7} = 0.625$

37

대칭 n상에서 선전류와 상전류 사이의 위상차[rad]는?

① $\dfrac{n}{2}\left(1-\dfrac{\pi}{2}\right)$ ② $\dfrac{\pi}{2}\left(1-\dfrac{n}{2}\right)$

③ $2\left(1-\dfrac{\pi}{n}\right)$ ④ $\dfrac{\pi}{2}\left(1-\dfrac{2}{n}\right)$

해설 대칭 n상 전원

- 선간 전압: $V_l = 2V_p\sin\dfrac{\pi}{n}$[V]
- 위상 차: $\theta = \dfrac{\pi}{2}\left(1-\dfrac{2}{n}\right)$[rad]

38

3상 평형 부하가 있다. 선간 전압이 200[V], 역률이 0.8이고 소비 전력이 10[kW]라면 선전류는 약 몇 [A]인가?

① 30 ② 32
③ 34 ④ 36

해설
$P = \sqrt{3}\,V_l I_l \cos\theta$[W]

$\therefore I_l = \dfrac{P}{\sqrt{3}\,V_l\cos\theta} = \dfrac{10\times 10^3}{\sqrt{3}\times 200\times 0.8} = 36$[A]

39

선간 전압이 200[V], 선전류가 $10\sqrt{3}$[A], 부하 역률이 80[%]인 평형 3상 회로의 무효 전력[Var]은?

① 3,600 ② 3,000
③ 2,400 ④ 1,800

해설
$Q = \sqrt{3}\,V_l I_l \sin\theta = \sqrt{3}\times 200\times 10\sqrt{3}\times 0.6 = 3,600$[Var]

40

평형 3상 회로에서 그림과 같이 변류기를 접속하고 전류계를 연결하였을 때 A_2에 흐르는 전류[A]는?

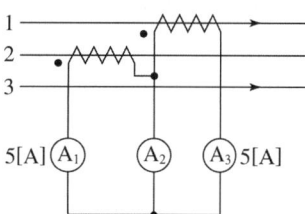

① $5\sqrt{3}$ ② $5\sqrt{2}$
③ 5 ④ 0

해설
차동 접속이므로
$A_2 = |\dot{A}_1 - \dot{A}_3| = \sqrt{3}\,A_1 = \sqrt{3}\times 5 = 5\sqrt{3}$[A]

별해
$\dot{A}_1 = I\angle 0°,\ \dot{A}_3 = I\angle -120°$

$\dot{A}_1 - \dot{A}_3 = I\angle 0° - I\angle -120°$

$= I\left(\dfrac{3}{2}+j\dfrac{\sqrt{3}}{2}\right) = \sqrt{3}\,I\left(\dfrac{\sqrt{3}}{2}+j\dfrac{1}{2}\right)$

$\therefore |\dot{A}_1 - \dot{A}_3| = \sqrt{3}\,I$[A]

41

대칭 3상 전압을 공급한 3상 유도 전동기에서 각 계기의 지시는 다음과 같다. 유도 전동기의 역률은?(단, $W_1 = 2.36$[kW], $W_2 = 5.95$[kW], $V = 200$[V], $A = 30$[A]이다.)

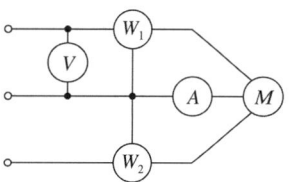

① 0.6 ② 0.8
③ 0.65 ④ 0.86

해설
- $P = W_1 + W_2 = 2.36\times 10^3 + 5.95\times 10^3 = 8,310$[W]
- $P_a = \sqrt{3}\,VI = \sqrt{3}\times 200\times 30 = 10,392$[VA]

$\therefore \cos\theta = \dfrac{P}{P_a} = \dfrac{8,310}{10,392} = 0.8$

32

역률이 $60[\%]$이고 1상의 임피던스가 $60[\Omega]$인 유도 부하를 Δ로 결선하고 여기에 병렬로 저항 $20[\Omega]$을 Y 결선으로 하여 3상 선간 전압 $200[V]$를 가할 때의 소비 전력$[W]$은?

① 3,200　　② 3,000
③ 2,000　　④ 1,000

해설

Δ 결선의 유도 부하를 Y 결선으로 변환한다.

$Z_Y = \dfrac{60}{3} = 20[\Omega]$

저항과 임피던스에서 소비되는 전력을 각각 구한다.

$P_R = 3\dfrac{V_p^2}{R} = 3 \times \dfrac{\left(\dfrac{200}{\sqrt{3}}\right)^2}{20} = 2,000[W]$

$P_Z = 3V_p I_p \cos\theta = 3 \times \left(\dfrac{200}{\sqrt{3}}\right) \times \left(\dfrac{\dfrac{200}{\sqrt{3}}}{20}\right) \times 0.6 = 1,200[W]$

따라서 전 소비 전력은 $2,000 + 1,200 = 3,200[W]$이다.

33

V 결선 변압기 이용률$[\%]$은?

① 57.7　　② 86.6
③ 80　　　④ 100

해설

- 이용률: $\dfrac{\text{실제 출력}}{\text{이론 출력}} = \dfrac{\sqrt{3}\,P}{2P} = \dfrac{\sqrt{3}}{2} = 0.866\,(\therefore 86.6[\%])$

- 출력비: $\dfrac{P_v}{P_\Delta} = \dfrac{\sqrt{3}\,P}{3P} = \dfrac{1}{\sqrt{3}} = 0.577\,(\therefore 57.7[\%])$

34

단상 변압기 3대($50[kVA] \times 3$)를 Δ 결선으로 운전 중 한 대가 고장이 생겨 V 결선으로 한 경우 출력은 몇 $[kVA]$인가?

① $30\sqrt{3}$　　② $50\sqrt{3}$
③ $100\sqrt{3}$　　④ $200\sqrt{3}$

해설

$P_v = \sqrt{3}\,P = \sqrt{3} \times 50 = 50\sqrt{3}[kVA]$

35

$10[kVA]$의 변압기 2대로 공급할 수 있는 최대 3상 전력 $[kVA]$은?

① 20　　② 17.3
③ 14.1　④ 10

해설

변압기 2대를 V 결선하여 3상 전력을 공급할 수 있다.
$P_v = \sqrt{3}\,P = \sqrt{3} \times 10 = 17.3[kVA]$

36

3상 유도 전동기의 출력이 $3.7[kW]$, 선간 전압 $200[V]$, 효율 $90[\%]$, 역률 $80[\%]$일 때 이 전동기에 유입되는 선전류는 약 몇 $[A]$인가?

① 8　　② 10
③ 12　④ 15

해설

$P = \sqrt{3}\,VI\cos\theta\,\eta$

$\therefore I = \dfrac{P}{\sqrt{3}\,V\cos\theta\,\eta} = \dfrac{3,700}{\sqrt{3} \times 200 \times 0.8 \times 0.9} = 14.83[A] \fallingdotseq 15[A]$

| 정답 | 32 ① 33 ② 34 ② 35 ② 36 ④

28

$10[\Omega]$의 저항 3개를 Y로 결선한 것을 등가 Δ 결선으로 환산한 저항의 크기는?

① $20[\Omega]$
② $30[\Omega]$
③ $40[\Omega]$
④ $60[\Omega]$

해설 $Y \to \Delta$ 등가 변환 시 저항값 변화
- $Y \to \Delta$ 변환: $R_\Delta = 3R_Y = 3 \times 10 = 30[\Omega]$
- $\Delta \to Y$ 변환: $R_Y = \frac{1}{3}R_\Delta = \frac{1}{3} \times 30 = 10[\Omega]$

29

$3r[\Omega]$인 6개의 저항을 그림과 같이 접속하고 평형 3상 전압 $[V]$를 가했을 때 전류 I는 몇 $[A]$인가?(단, $r=2[\Omega]$, $V=200\sqrt{3}[V]$이다.)

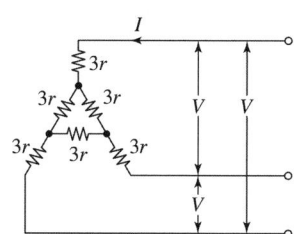

① 10
② 15
③ 20
④ 25

해설
$3r$ Δ 결선 부분의 저항을 Y 결선으로 변환한 후 1상당 합성 저항을 구한다.

$R_Y = \frac{R_\Delta}{3} = \frac{3r}{3} = r[\Omega]$

$\therefore R = r + 3r = 4r = 4 \times 2 = 8[\Omega]$

따라서 선전류는 아래와 같다.

$I_l = I_p = \frac{V_p}{R} = \frac{\frac{200\sqrt{3}}{\sqrt{3}}}{8} = 25[A]$

30

Δ 결선된 저항 부하를 Y 결선으로 바꾸면 소비 전력은?(단, 저항과 선간 전압은 일정하다.)

① 3배가 된다.
② 9배가 된다.
③ $\frac{1}{9}$이 된다.
④ $\frac{1}{3}$이 된다.

해설
- Δ 결선 시 소비 전력: $P_\Delta = 3\frac{V_p^2}{R} = \frac{3V_l^2}{R}[W]$
- Y 결선 시 소비 전력:

$P_Y = 3\frac{V_p^2}{R} = \frac{3\left(\frac{V_l}{\sqrt{3}}\right)^2}{R} = \frac{V_l^2}{R}[W]$

따라서 위의 두 값을 비교해 보면 $\Delta \to Y$ 결선 변경 시 소비 전력은 $\frac{1}{3}$이 된다.

31

그림과 같은 순저항으로 된 회로에 대칭 3상 전압을 가했을 때 각 선에 흐르는 전류가 같으려면 $R[\Omega]$의 값은?

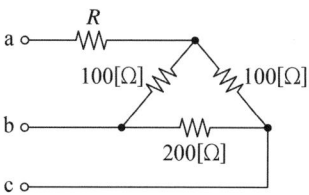

① $20[\Omega]$
② $25[\Omega]$
③ $30[\Omega]$
④ $35[\Omega]$

해설
Δ 부분의 저항 3개를 Y 결선으로 바꾼다.
- $R_1 = \frac{100 \times 100}{100+100+200} = 25[\Omega]$
- $R_2 = R_3 = \frac{100 \times 200}{100+100+200} = 50[\Omega]$

따라서 각 선에 흐르는 전류가 같기 위해서는 3상의 저항이 같아야 한다. 즉, $R_1 + R = R_2 = R_3$에서 $R = 50 - 25 = 25[\Omega]$이다.

24

상순이 a-b-c인 3상 회로의 각 상전압이 보기와 같을 때 역상분 전압은 약 몇 [V]인가?(단, 보기 전압의 단위는 [V]이다.)

[보기]
$V_a = 220\angle 0$, $V_b = 220\angle -130$, $V_c = 185.95\angle 115°$

① 22
② 28
③ 30
④ 35

해설

$V_2 = \dfrac{1}{3}(V_a + a^2 V_b + a V_c)$

$= \dfrac{1}{3}(220\angle 0° + 1\angle 240° \times 220\angle -130° + 1\angle 120° \times 185.95\angle 115°)$

$= \dfrac{1}{3}(220 + 220\angle 110° + 185.95\angle 235°)$

$= \dfrac{1}{3}\{220 + 220(\cos 110° + j\sin 110°) + 185.95(\cos 235° + j\sin 235°)\}$

$= \dfrac{1}{3}(38.1 + j54.4) = 12.7 + j18.1$

$\therefore |V_2| = \sqrt{12.7^2 + 18.1^2} = 22 [V]$

25

3상 불평형 전압에서 역상 전압 50[V], 정상 전압 250[V] 및 영상 전압 20[V]라면 전압 불평형률은 몇 [%]인가?

① 10[%]
② 15[%]
③ 20[%]
④ 25[%]

해설

불평형률 $= \dfrac{V_2}{V_1} \times 100[\%] = \dfrac{50}{250} \times 100 = 20[\%]$

26

3상 불평형 전압에서 역상 전압이 35[V]이고, 정상 전압이 100[V], 영상 전압이 10[V]라 할 때, 전압의 불평형률은?

① 0.10
② 0.25
③ 0.35
④ 0.45

해설

불평형률 $= \dfrac{V_2}{V_1} = \dfrac{35}{100} = 0.35$

27

3상 회로의 선간 전압이 각각 80[V], 50[V], 50[V]일 때의 전압의 불평형률[%]은?

① 39.6
② 57.3
③ 73.6
④ 86.7

해설

문제에 주어진 3상 전압의 벡터값은 아래와 같다.
$V_a = 80[V]$, $V_b = -40 - j30[V]$, $V_c = -40 + j30[V]$
위 값에서 정상 전압과 역상 전압을 구한다.

- $V_1 = \dfrac{1}{3}(V_a + a V_b + a^2 V_c)$

  $= \dfrac{1}{3}\{80 + (-0.5 + j0.866) \times (-40 - j30) + (-0.5 - j0.866)$

  $\times (-40 + j30)\} = 57.32 [V]$

- $V_2 = \dfrac{1}{3}(V_a + a^2 V_b + a V_c)$

  $= \dfrac{1}{3}\{80 + (-0.5 - j0.866) \times (-40 - j30) + (-0.5 + j0.866)$

  $\times (-40 + j30)\} = 22.68 [V]$

따라서 전압 불평형률은 아래와 같다.

전압 불평형률 $= \dfrac{역상\ 전압}{정상\ 전압} \times 100 = \dfrac{22.68}{57.32} \times 100 = 39.6[\%]$

별해

위 풀이가 어려운 수험생들은 아래와 같은 방법으로 정리하면 된다.
- 선간 전압 조건이 80[V], 50[V], 50[V]라고 주어진 경우: 전압 불평형률 약 40[%] 정도
  ($V_a = 80[V]$, $V_b = -40 - j30[V]$, $V_c = -40 + j30[V]$)
- 선간 전압 조건이 120[V], 100[V], 100[V]라고 주어진 경우: 전압 불평형률 약 13[%] 정도
  ($V_a = 120[V]$, $V_b = -60 - j80[V]$, $V_c = -60 + j80[V]$)
(전압 불평형 문제는 위의 2가지 수치로 출제되는 경우가 많다.)

19

$V_a = 3[V]$, $V_b = 2 - j3[V]$, $V_c = 4 + j3[V]$를 3상 불평형 전압이라고 할 때 영상 전압[V]은?

① 0 ② 3
③ 9 ④ 27

해설

$V_0 = \dfrac{1}{3}(V_a + V_b + V_c) = \dfrac{1}{3}(3+2-j3+4+j3) = 3[V]$

20

상순이 a-b-c인 3상 회로에 있어서 대칭분 전압이 $V_0 = -8+j3[V]$, $V_1 = 6-j8[V]$, $V_2 = 8+j12[V]$일 때 a상의 전압 $V_a[V]$는?

① $6 + j7$ ② $8 + j12$
③ $6 + j14$ ④ $16 + j4$

해설

$V_a = V_0 + V_1 + V_2$
$= -8+j3+6-j8+8+j12 = 6+j7[V]$

21

3상 회로의 영상분, 정상분, 역상분을 각각 I_0, I_1, I_2라고 하고 선전류를 I_a, I_b, I_c라고 할 때 I_b는?(단, $a = -\dfrac{1}{2} + j\dfrac{\sqrt{3}}{2}$이다.)

① $I_0 + I_1 + I_2$ ② $\dfrac{1}{3}(I_0 + I_1 + I_2)$
③ $I_0 + a^2 I_1 + a I_2$ ④ $\dfrac{1}{3}(I_0 + a I_1 + a^2 I_2)$

해설

- $I_a = I_0 + I_1 + I_2[A]$
- $I_b = I_0 + a^2 I_1 + a I_2[A]$
- $I_c = I_0 + a I_1 + a^2 I_2[A]$

22

3상 4선식에서 중성선이 필요하지 않아서 중성선을 제거하여 3상 3선식으로 하려고 한다. 이때 중성선의 조건식은 어떻게 되는가?(단, I_a, I_b, $I_c[A]$는 각 상의 전류이다.)

① $I_a + I_b + I_c = 1$ ② $I_a + I_b + I_c = \sqrt{3}$
③ $I_a + I_b + I_c = 3$ ④ $I_a + I_b + I_c = 0$

해설

중성선을 제거하려면 중성선에 흐르는 전류가 0이어야 한다.
$I_n = I_a + I_b + I_c = I_a + a^2 I_a + a I_a = I_a(1+a^2+a) = 0$
($\because I_n = 3I_0 = I_a + I_b + I_c[A]$)

23

3상 불평형 전압을 V_a, V_b, V_c라고 할 때 역상 전압 V_2는?

① $V_2 = \dfrac{1}{3}(V_a + V_b + V_c)$

② $V_2 = \dfrac{1}{3}(V_a + a V_b + a^2 V_c)$

③ $V_2 = \dfrac{1}{3}(V_a + a^2 V_b + V_c)$

④ $V_2 = \dfrac{1}{3}(V_a + a^2 V_b + a V_c)$

해설

- $V_0 = \dfrac{1}{3}(V_a + V_b + V_c)[V]$
- $V_1 = \dfrac{1}{3}(V_a + a V_b + a^2 V_c)[V]$
- $V_2 = \dfrac{1}{3}(V_a + a^2 V_b + a V_c)[V]$

14

각 상의 임피던스 $Z = 6 + j8\,[\Omega]$인 평형 Δ 부하에 선간 전압이 $220[V]$인 대칭 3상 전압을 가했을 때의 선전류[A] 및 전 전력[W]은?

① $17[A]$, $5,620[W]$
② $25[A]$, $6,570[W]$
③ $27[A]$, $7,180[W]$
④ $38.1[A]$, $8,710[W]$

해설

선전류를 구한다.

$$I_l = \sqrt{3}\,I_p = \sqrt{3} \times \frac{V_p}{Z_p} = \sqrt{3} \times \frac{220}{\sqrt{6^2+8^2}} = 38.1[A]$$

3상 소비 전력을 구해 보면 아래와 같다.

$$P = 3I_p^2 R = 3 \times \left(\frac{I_l}{\sqrt{3}}\right)^2 \times R = 3 \times \left(\frac{38.1}{\sqrt{3}}\right)^2 \times 6 = 8,710[W]$$

15

선간 전압이 $200[V]$인 대칭 3상 전원에 평형 3상 부하가 접속되어 있다. 부하 1상의 저항은 $10[\Omega]$, 유도 리액턴스 $15[\Omega]$, 용량 리액턴스 $5[\Omega]$가 직렬로 접속된 것이다. 부하가 Δ 결선일 경우 선전류[A]와 3상 전력[W]은 약 얼마인가?

① $I_\ell = 10\sqrt{6}$, $P_3 = 6,000$
② $I_\ell = 10\sqrt{6}$, $P_3 = 8,000$
③ $I_\ell = 10\sqrt{3}$, $P_3 = 6,000$
④ $I_\ell = 10\sqrt{3}$, $P_3 = 8,000$

해설

1상의 임피던스는 아래와 같다.

$$Z_p = R + j(X_L - X_C) = 10 + j(15-5) = 10 + j10[\Omega]$$

• 선전류

$$I_l = \sqrt{3}\,I_p = \sqrt{3} \times \frac{V_p}{Z_p} = \sqrt{3} \times \frac{200}{\sqrt{10^2+10^2}} = 10\sqrt{6}\,[A]$$

• 3상 전력

$$P = 3I_p^2 R = 3 \times \left(\frac{10\sqrt{6}}{\sqrt{3}}\right)^2 \times 10 = 6,000[W]$$

16

$a + a^2$ 의 값은?(단, $a = e^{j120°}$이다.)

① 0
② -1
③ 1
④ a^3

해설

$1 + a + a^2 = 0 \Rightarrow a + a^2 = -1$

17

대칭 3상 전압이 a상 V_a, b상 $V_b = a^2 V_a$, c상 $V_c = aV_a$ 일 때 a상을 기준으로 한 대칭분 전압 중 정상분 $V_1[V]$은 어떻게 표시되는가?

① $\frac{1}{3}V_a$
② V_a
③ aV_a
④ $a^2 V_a$

해설

$$V_1 = \frac{1}{3}(V_a + aV_b + a^2 V_c)$$
$$= \frac{1}{3}(V_a + a \times a^2 V_a + a^2 \times aV_a)$$
$$= \frac{1}{3}V_a(1 + a^3 + a^3) = \frac{1}{3}V_a \times 3 = V_a[V]$$

($\because a^3 = 1$)

18

단자 전압의 각 대칭분 V_0, V_1, V_2가 0이 아니면서 서로 같아지는 고장의 종류는?

① 1선 지락
② 선간 단락
③ 2선 지락
④ 3선 단락

해설

• 1선 지락 고장: $I_0 = I_1 = I_2[A]$
• 2선 지락 고장: $V_0 = V_1 = V_2[V]$

| 정답 | 14 ④ 15 ① 16 ② 17 ② 18 ③

10

1상의 직렬 임피던스가 $R = 6[\Omega]$, $X_L = 8[\Omega]$인 Δ 결선 평형 부하가 있다. 여기에 선간 전압 $100[\mathrm{V}]$인 대칭 3상 교류 전압을 가하면 선전류는 몇 $[\mathrm{A}]$인가?

① $\dfrac{10\sqrt{3}}{3}$
② $3\sqrt{3}$
③ 10
④ $10\sqrt{3}$

해설

$I_l = \sqrt{3}\, I_p = \sqrt{3} \times \dfrac{V_p}{Z_p} = \sqrt{3} \times \dfrac{100}{\sqrt{6^2 + 8^2}} = 10\sqrt{3}\,[\mathrm{A}]$

11

평형 3상 Δ 결선 회로에서 선간 전압(E_ℓ)과 상전압(E_p)의 관계로 옳은 것은?

① $E_\ell = \sqrt{3}\, E_p$
② $E_\ell = 3 E_p$
③ $E_\ell = E_p$
④ $E_\ell = \dfrac{1}{\sqrt{3}} E_p$

해설

Δ 결선: $E_\ell = E_p[\mathrm{V}]$, $I_\ell = \sqrt{3}\, I_p[\mathrm{A}]$

12

평형 3상 Δ 결선 부하의 각 상의 임피던스가 $Z = 8 + j6[\Omega]$인 회로에 대칭 3상 전원 전압 $100[\mathrm{V}]$를 가할 때 무효율과 무효 전력$[\mathrm{Var}]$은?

① 무효율: 0.6, 무효 전력: $1{,}800$
② 무효율: 0.6, 무효 전력: $2{,}400$
③ 무효율: 0.8, 무효 전력: $1{,}800$
④ 무효율: 0.8, 무효 전력: $2{,}400$

해설

• 무효율
$\sin\theta = \dfrac{X}{Z} = \dfrac{6}{\sqrt{8^2 + 6^2}} = 0.6$

• 무효 전력
$Q = 3I^2 X = 3\left(\dfrac{V_p}{Z_p}\right)^2 X = 3 \times \left(\dfrac{100}{\sqrt{8^2 + 6^2}}\right)^2 \times 6$
$= 1{,}800[\mathrm{Var}]$

13

한 상의 임피던스가 $3 + j4\,[\Omega]$인 평형 Δ 부하에 대칭인 선간 전압 $200[\mathrm{V}]$를 가할 때 3상 전력은 몇 $[\mathrm{kW}]$인가?

① 9.6
② 12.5
③ 14.4
④ 20.5

해설

상전류
$I_p = \dfrac{V_p}{Z_p} = \dfrac{200}{\sqrt{3^2 + 4^2}} = 40[\mathrm{A}]$

3상 전력을 계산한다.
$P = 3 I_p^2 R = 3 \times 40^2 \times 3 = 14{,}400[\mathrm{W}] = 14.4[\mathrm{kW}]$

| 정답 | 10 ④　11 ③　12 ①　13 ③

05

대칭 3상 Y 결선 부하에서 각 상의 임피던스가 $16 + j12[\Omega]$이고 부하 전류가 $10[A]$일 때 이 부하의 선간 전압은 약 몇 $[V]$인가?

① 152.6   ② 229.1
③ 346.4   ④ 445.1

해설

$V_l = \sqrt{3}\, V_p = \sqrt{3}\, I_p Z_p = \sqrt{3} \times 10 \times \sqrt{16^2 + 12^2}$
$= 346.4[V]$

06

$Z = 8 + j6[\Omega]$인 평형 Y 부하에 선간 전압 $200[V]$인 대칭 3상 전압을 가할 때 선전류는 약 몇 $[A]$인가?

① 20   ② 11.5
③ 7.5   ④ 5.5

해설

$I_l = I_p = \dfrac{V_p}{Z_p} = \dfrac{\frac{200}{\sqrt{3}}}{\sqrt{8^2 + 6^2}} = 11.5[A]$

07

상전압이 $120[V]$인 평형 3상 Y 결선의 전원에 Y 결선 부하를 도선으로 연결하였다. 도선의 임피던스는 $1 + j[\Omega]$이고, 부하의 임피던스는 $20 + j10[\Omega]$이다. 이때 부하에 걸리는 전압은 약 몇 $[V]$인가?

① $67.18 \angle -25.4°$ ② $101.62 \angle 0°$
③ $113.12 \angle -1.1°$ ④ $118.42 \angle -30°$

해설

상전류 I_p를 구하면 아래와 같다.
$I_p = \dfrac{V_p}{Z + Z_L} = \dfrac{120}{1 + j + 20 + j10} = \dfrac{120}{21 + j11}$
$= 4.48 - j2.35[A]$

따라서 부하에 걸리는 전압은 아래와 같다.
$V_L = I_p \times Z_L = (4.48 - j2.35) \times (20 + j10)$
$= 113.1 - j2.2 = 113.12 \angle -1.1°[V]$

08

전원과 부하가 다같이 Δ 결선된 3상 평형 회로가 있다. 전원 전압이 $200[V]$, 부하 임피던스가 $6 + j8[\Omega]$인 경우 선전류$[A]$는?

① 20   ② $\dfrac{20}{\sqrt{3}}$
③ $20\sqrt{3}$ ④ $10\sqrt{3}$

해설

Δ 결선의 상전류를 구한다.
$I_p = \dfrac{V_p}{Z_p} = \dfrac{200}{\sqrt{6^2 + 8^2}} = 20[A]$

따라서 Δ 결선 회로에서의 선전류는 상전류의 $\sqrt{3}$ 배이므로 아래와 같다.
$I_l = \sqrt{3}\, I_p = \sqrt{3} \times 20 = 20\sqrt{3}[A]$

09

3상 회로에 Δ 결선된 평형 순저항 부하를 사용하는 경우 선간 전압 $220[V]$, 상전류가 $7.33[A]$라면 1상의 부하 저항은 약 몇 $[\Omega]$인가?

① 80   ② 60
③ 45   ④ 30

해설

$R = \dfrac{V_p}{I_p} = \dfrac{220}{7.33} = 30[\Omega]$

암기

Δ 결선에서 $V_l = V_p[V]$

CHAPTER 07 CBT 적중문제

01
대칭 3상 교류에서 각 상의 전압이 v_a, v_b, v_c일 때 3상 전압의 합은?

① 0
② $0.3v_a$
③ $0.5v_a$
④ $3v_a$

해설

$v_a + v_b + v_c = v_a + a^2 v_a + a v_a = v_a(1 + a^2 + a) = 0$
($\because v_b = a^2 v_a,\ v_c = a v_a$)

암기

$a = 1\angle 120°,\ a^3 = 1,\ a^2 + a + 1 = 0$

02
$R[\Omega]$의 저항 3개를 Y로 접속하고 이것을 선간 전압 200[V]의 평형 3상 교류 전원에 연결할 때 선전류 20[A]가 흘렀다. 이 3개 저항을 Δ로 접속하고 같은 전원에 연결하였을 때의 선전류는 몇 [A]인가?

① 30[A]
② 40[A]
③ 50[A]
④ 60[A]

해설

- Y 결선 시 선전류

$I_Y = I_p = \dfrac{V_p}{R} = \dfrac{\frac{200}{\sqrt{3}}}{R} = \dfrac{200}{\sqrt{3}\,R}[A]$

- Δ 결선 시 선전류

$I_\Delta = \sqrt{3}\, I_p = \sqrt{3} \times \dfrac{V_p}{R} = \sqrt{3} \times \dfrac{200}{R} = \dfrac{200\sqrt{3}}{R}[A]$

따라서 두 전류를 비교해 보면 아래와 같다.

$\dfrac{I_\Delta}{I_Y} = \dfrac{\frac{200\sqrt{3}}{R}}{\frac{200}{\sqrt{3}\,R}} = 3$

$\therefore I_\Delta = 3 I_Y = 3 \times 20 = 60[A]$

03
$R[\Omega]$인 3개의 저항을 같은 전원에 Δ 결선으로 접속시킬 때와 Y 결선으로 접속시킬 때 선전류의 크기 비 $\left(\dfrac{I_\Delta}{I_Y}\right)$는?

① $\dfrac{1}{3}$
② $\sqrt{2}$
③ $\sqrt{3}$
④ 3

해설

Y 결선으로 접속할 때의 선전류와 Δ 결선으로 접속할 때의 선전류를 각각 구하면 아래와 같다.

$I_Y = I_p = \dfrac{V_p}{R} = \dfrac{\frac{V_l}{\sqrt{3}}}{R} = \dfrac{V_l}{\sqrt{3}\,R}[A]$

$I_\Delta = \sqrt{3}\, I_p = \sqrt{3} \times \dfrac{V_p}{R} = \sqrt{3} \times \dfrac{V_l}{R} = \dfrac{\sqrt{3}\,V_l}{R}[A]$

따라서 선전류의 크기 비를 비교해 보면 아래와 같다.

$\dfrac{I_\Delta}{I_Y} = \dfrac{\frac{\sqrt{3}\,V_l}{R}}{\frac{V_l}{\sqrt{3}\,R}} = \sqrt{3} \times \sqrt{3} = 3$

04
3상 평형 부하가 있을 때 선전류가 10[A]이고 부하의 전 소비 전력이 4[kW]이다. 이 부하의 등가 Y 회로에 대한 각 상의 저항[Ω]은?

① 40
② $40\sqrt{3}$
③ $\dfrac{40}{3}$
④ $\dfrac{40}{\sqrt{3}}$

해설

$P = 3I^2 R \Rightarrow R = \dfrac{P}{3I^2} = \dfrac{4{,}000}{3 \times 10^2} = \dfrac{40}{3}[\Omega]$

| 정답 | 01 ① 02 ④ 03 ④ 04 ③

2 3 전압계법

전압계 3개로 단상 전력 및 역률을 측정하는 방법이다.

(1) 유효 전력

$$P = \frac{V^2}{R}$$
$$= \frac{1}{2R}\left(V_1^2 - V_2^2 - V_3^2\right)[\mathrm{W}]$$

(2) 역률

$$\cos\theta = \frac{V_1^2 - V_2^2 - V_3^2}{2V_2V_3}$$

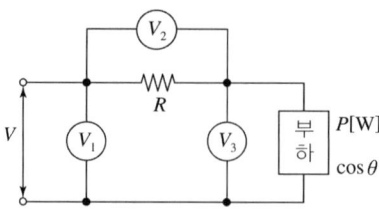

▲ 3 전압계법 회로

3 3 전류계법

전류계 3개로 단상 전력 및 역률을 측정하는 방법이다.

(1) 유효 전력

$$P = I^2 R$$
$$= \frac{R}{2}\left(I_1^2 - I_2^2 - I_3^2\right)[\mathrm{W}]$$

(2) 역률

$$\cos\theta = \frac{I_1^2 - I_2^2 - I_3^2}{2I_2 I_3}$$

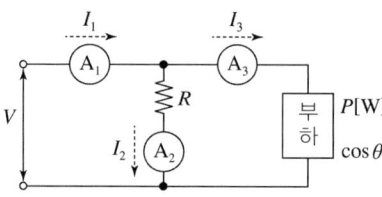

▲ 3 전류계법 회로

독학이 쉬워지는 기초개념

3 전압계법
$P = \dfrac{V^2}{R}[\mathrm{W}]$의 원리를 이용

3 전류계법
$P = I^2 R[\mathrm{W}]$의 원리를 이용

기출예제

중요도 회로와 같은 3 전압계법으로 단상 전력을 측정하고자 할 때의 유효 전력 표현식은?

① $\dfrac{1}{2R}\left(V_3^2 - V_1^2 - V_2^2\right)$

② $\dfrac{1}{2R}\left(V_3^2 - V_1^2\right)$

③ $\dfrac{R}{2}\left(V_3^2 - V_1^2 - V_2^2\right)$

④ $\dfrac{R}{2}\left(V_2^2 - V_1^2 - V_3^2\right)$

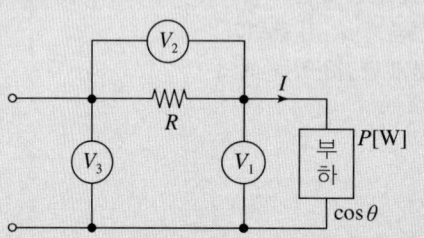

| 해설 |

$$P = \frac{1}{2R}\left(V_3^2 - V_1^2 - V_2^2\right)[\mathrm{W}]$$

(V_3가 회로 입력 측에 있음에 유의한다.)

답 ①

독학이 쉬워지는 기초개념

기출예제

중요도 대칭 5상 회로의 선간 전압과 상전압의 위상차는?

① 27° ② 36°
③ 54° ④ 72°

| 해설 |
$$\theta = \frac{\pi}{2}\left(1 - \frac{2}{n}\right) = 90° \times \left(1 - \frac{2}{5}\right) = 54°$$

답 ③

THEME 06 전력의 측정

1 2 전력계법

단상 전력계 2대로 3상의 전력 및 역률을 측정하는 방법이다.

(1) 유효 전력
$$P = P_1 + P_2 \,[\text{W}]$$

(2) 피상 전력
$$P_a = 2\sqrt{P_1^2 + P_2^2 - P_1 P_2} = \sqrt{3}\, VI\,[\text{VA}]$$

(3) 역률
$$\cos\theta = \frac{P}{P_a} = \frac{P_1 + P_2}{2\sqrt{P_1^2 + P_2^2 - P_1 P_2}}$$

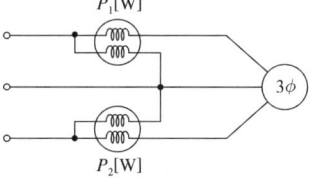

▲ 2 전력계법

Tip 강의 꿀팁

2 전력계법은 3상 전력을 3대의 전력계가 아닌 2대의 전력계로 측정할 수 있는 경제적인 측정 방법이에요.

기출예제

중요도 2 전력계법에서 지시 $P_1 = 100\,[\text{W}]$, $P_2 = 200\,[\text{W}]$일 때 역률[%]은?

① 50.2 ② 70.7
③ 86.6 ④ 90.4

| 해설 |
$$\cos\theta = \frac{P_1 + P_2}{2\sqrt{P_1^2 + P_2^2 - P_1 P_2}} = \frac{100 + 200}{2\sqrt{100^2 + 200^2 - 100 \times 200}}$$
$$= 0.866\,(\therefore 86.6[\%])$$

답 ③

③ 출력비(Δ 결선 출력과 V 결선 출력 비교)

$$\frac{P_v}{P_\Delta} = \frac{\sqrt{3}\,P}{3P} = \frac{1}{\sqrt{3}} = \boxed{0.577(\therefore 57.7\,[\%])}$$

④ 이용률(V 결선 출력 비교)

$$\frac{\text{실제 출력}}{\text{이론 출력}} = \frac{\sqrt{3}\,P}{2P} = \frac{\sqrt{3}}{2} = \boxed{0.866(\therefore 86.6\,[\%])}$$

기출예제

중요도 3대의 단상 변압기를 Δ 결선으로 하여 운전하던 도중 변압기 1대가 고장으로 제거하여 V 결선으로 한 경우 공급할 수 있는 전력은 고장 전 전력의 몇 [%]인가?

① 57.7[%] ② 50.0[%]
③ 63.3[%] ④ 67.7[%]

| 해설 |
- 단상 변압기 3대 Δ 결선 운전 시 출력: $P_\Delta = 3P$
- 단상 변압기 2대 V 결선 운전 시 출력: $P_V = \sqrt{3}\,P$

따라서 위의 두 값을 비교해 보면 아래와 같다.

$$\frac{P_V}{P_\Delta} = \frac{\sqrt{3}\,P}{3P} = \frac{1}{\sqrt{3}} = 0.577(\therefore 57.7\,[\%])$$

답 ①

> **독학이 쉬워지는 기초개념**
>
> V 결선
> - 출력비: 57.7[%]
> - 이용률: 86.6[%]

2 n상 전원

(1) 3상 전원을 넘는 전원을 모두 n상 전원이라 하며 특수한 용도로만 사용한다.

(2) n상 전원의 전압, 전류 및 위상 관계식은 다음과 같다.

> - n상 전원의 전압 및 전류 관계식
>
> $$V_l = V_p \times 2\sin\frac{\pi}{n}\,[\text{V}], \quad I_l = I_p \times 2\sin\frac{\pi}{n}\,[\text{A}]$$
>
> - n상 전원의 위상 관계식
>
> $$\theta = \frac{\pi}{2}\left(1 - \frac{2}{n}\right) = 90°\left(1 - \frac{2}{n}\right)$$

(3) n상 전력

① 상전압 V_p, 상전류 I_p, 위상차 θ일 때

$$P = n V_p I_p \cos\theta\,[\text{W}]$$

② 성형 결선, 환상 결선 모두 선간 전압 V_l, 선전류 I_l일 때 평형 n상 전력은

$$P = \frac{n}{2\sin\dfrac{\pi}{n}} V_l I_l \cos\theta\,[\text{W}]$$

독학이 쉬워지는 기초개념

기출예제

다음의 회로에 평형 3상 전원을 인가했을 때 각 선에 흐르는 전류 I_L[A]가 같으면 R[Ω]은?

① 12.5
② 25
③ 25.5
④ 12

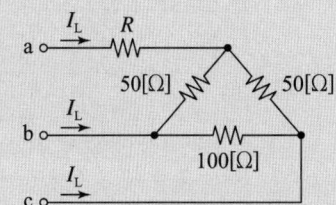

| 해설 |

△ 결선의 저항을 Y 결선으로 변환한다.

$$R_a = \frac{50 \times 50}{50+50+100} = 12.5[\Omega], \quad R_b = R_c = \frac{50 \times 100}{50+50+100} = 25[\Omega]$$

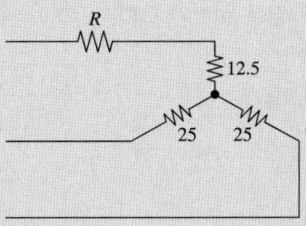

각 선에 흐르는 전류가 같으려면 평형 3상 전원을 인가하였으므로 저항이 같으면 된다.

$R_a = R_b = R_c \Rightarrow 12.5 + R = 25[\Omega]$

$\therefore R = 12.5[\Omega]$

답 ①

THEME 05 특수한 결선법

1 V 결선

(1) 3상 전원을 △ 결선으로 운전하던 중 그 중에 한 상의 전원 측에 고장이 발생하였을 때 나머지 2상의 전원으로 운전하는 결선법을 말한다.

(2) 이때 각각의 출력은 다음과 같다.

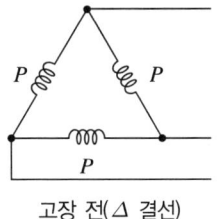
고장 전(△ 결선)

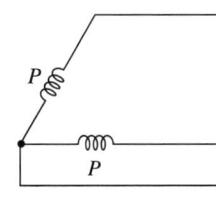
고장 후(V 결선)

▲ 3상 △ 결선 및 V 결선

① 고장 전(3개의 전원을 △ 결선 운전)
$P_\Delta = 3P$

② 고장 후(2개의 전원을 V결선 운전)
- $P_v = 2P$(이론 출력)
- $P_v = \sqrt{3}\,P$(실제 출력)

Tip 강의 꿀팁

변압기 △ 결선의 장점은 3대의 변압기 중 1대가 고장나도 V 결선으로 계속 사용이 가능하다는 것이에요.

(3) $Y-\Delta$ 변환 공식

- 저항의 크기가 모두 다를 경우
$$R_{ab} = \frac{R_aR_b+R_bR_c+R_cR_a}{R_c}, \ R_{bc} = \frac{R_aR_b+R_bR_c+R_cR_a}{R_a}$$
$$R_{ca} = \frac{R_aR_b+R_bR_c+R_cR_a}{R_b}$$
- 저항의 크기가 모두 같을 경우
$$R_a = R_b = R_c = R, \ R_{ab} = R_{bc} = R_{ca} = 3R$$

독학이 쉬워지는 기초개념

Tip 강의 꿀팁

$Y-\Delta$ 변환 공식은 분자가 모두 같고, $\Delta-Y$ 변환 공식은 분모가 모두 같아요.

기출예제

중요도 세 변의 저항 $R_a = R_b = R_c = 15[\Omega]$인 Y 결선 회로가 있다. 이것과 등가인 Δ 결선 회로의 각 변의 저항$[\Omega]$은?

① 135$[\Omega]$ ② 45$[\Omega]$
③ 15$[\Omega]$ ④ 5$[\Omega]$

| 해설 |
$R_\Delta = 3R_Y = 3 \times 15 = 45[\Omega]$
($\because \Delta$ 결선은 Y 결선의 3배)

답 ②

전압, 임피던스가 동일한 경우
$I_\Delta = 3I_Y$(선전류)
$P_\Delta = 3P_Y$(전력)
$Z_\Delta = 3Z_Y$

2 $\Delta-Y$ 변환

(1) 회로를 해석하기 위해서는 Δ 결선을 Y 결선으로 변환해야 하는 경우가 있다.
(2) 이 경우에 Δ 결선의 3단자에서 본 저항과 Y 결선의 3단자에서 본 저항의 합성 저항값이 같아야 한다.

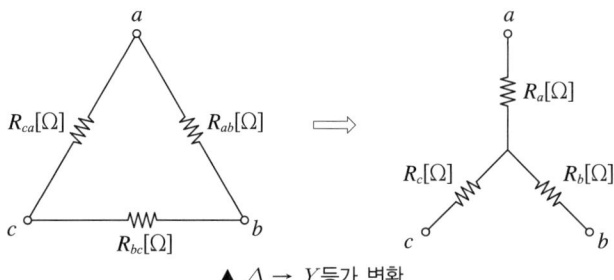

▲ $\Delta \rightarrow Y$ 등가 변환

(3) $\Delta-Y$ 변환 공식

- 저항의 크기가 모두 다를 경우
$$R_a = \frac{R_{ab}R_{ca}}{R_{ab}+R_{bc}+R_{ca}}, \ R_b = \frac{R_{ab}R_{bc}}{R_{ab}+R_{bc}+R_{ca}}, \ R_c = \frac{R_{bc}R_{ca}}{R_{ab}+R_{bc}+R_{ca}}$$
- 저항의 크기가 모두 같을 경우
$$R_{ab} = R_{bc} = R_{ca} = R, \ R_a = R_b = R_c = \frac{1}{3}R$$

독학이 쉬워지는 기초개념

3 불평형률

(1) 3상 대칭이 아닌 3상 비대칭 전원이나 부하에서는 정상분(V_1, I_1)뿐만 아니라 반드시 영상분(V_0, I_0) 및 역상분(V_2, I_2)이 포함된다.

(2) 3상 회로의 불평형 정도를 나타내는 척도를 불평형률이라고 한다.

$$불평형률 = \frac{역상분}{정상분} \times 100 = \frac{V_2}{V_1} \times 100 = \frac{I_2}{I_1} \times 100 [\%]$$

기출예제

3상 불평형 전압에서 영상 전압이 150[V]이고 정상 전압이 500[V], 역상 전압이 300[V]라면, 전압의 불평형률[%]은?

① 70[%] ② 60[%]
③ 50[%] ④ 40[%]

| 해설 |

$$불평형률 = \frac{역상\ 전압}{정상\ 전압} \times 100 = \frac{300}{500} \times 100 = 60[\%]$$

답 ②

THEME 04 부하의 $Y-\Delta$ 및 $\Delta-Y$ 등가 변환

1 $Y-\Delta$ 변환

(1) 회로를 해석하기 위해서는 Y 결선을 Δ 결선으로 변환해야 하는 경우가 있다.
(2) 이 경우에 Y 결선의 3단자에서 본 저항과 Δ 결선의 3단자에서 본 저항의 합성 저항값이 같아야 한다.

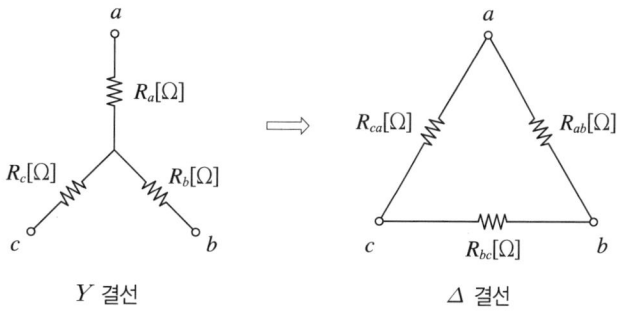

▲ $Y \to \Delta$ 등가 변환

(3) 대칭 3상 교류 발전기의 기본식

각 상의 기전력을 E_a, E_b, E_c, 단자 전압을 V_a, V_b, V_c, 불평형 선전류를 I_a, I_b, I_c라 할 때

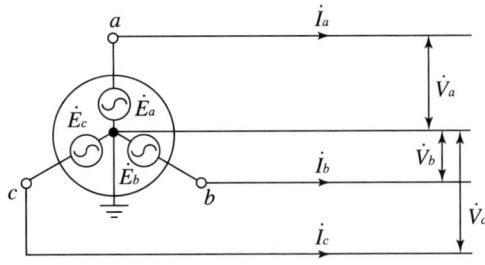

- $V_0 = -Z_0 I_0 [\text{V}]$
- $V_1 = E_a - Z_1 I_1 [\text{V}]$
- $V_2 = -Z_2 I_2 [\text{V}]$

> **독학이 쉬워지는 기초개념**
>
> 교류 발전기의 E_a, E_b, E_c는 3상 대칭이므로
>
> $E_o = \dfrac{1}{3}(E_a + E_b + E_c) = 0$
>
> $E_1 = \dfrac{1}{3}(E_a + aE_b + a^2 E_c) = E_a$
>
> $E_2 = \dfrac{1}{3}(E_a + a^2 E_b + aE_c) = 0$
>
> (3상 대칭 시 정상분만 존재)

(4) 고장 종류와 대칭분

① 1상 지락 사고

지락 임피던스가 없는 경우	지락 임피던스가 있는 경우
지락이 발견된 a상에 임피던스가 없는 경우	지락이 발생된 a상에 임피던스가 있는 경우
$I_a = \dfrac{3E_a}{Z_0 + Z_1 + Z_2}[\text{A}]$	$I_a = 3I_0 = \dfrac{3E_a}{Z_0 + Z_1 + Z_2 + 3Z}[\text{A}]$

② 2상 단락 사고

단락 임피던스가 없는 경우	단락 임피던스가 있는 경우
$I_b = -I_c = \dfrac{E_b - E_c}{Z_1 + Z_2}[\text{A}]$	$I_b = -I_c = \dfrac{E_b - E_c}{Z_1 + Z_2 + Z}[\text{A}]$

독학이 쉬워지는 기초개념

벡터 연산자

$a = 1\angle 120° = -\dfrac{1}{2} + j\dfrac{\sqrt{3}}{2}$

$a^2 = 1\angle 240° = -\dfrac{1}{2} - j\dfrac{\sqrt{3}}{2}$

- $1 = a^3 = a^6 = a^{-3}$
- $a = a^4 = a^7 = a^{-2}$
- $a^2 = a^5 = a^8 = a^{-1}$

3상 전원 공식 암기법

$\begin{bmatrix} 1 & 1 & 1 \\ 1 & a^2 & a \\ 1 & a & a^2 \end{bmatrix}$

불평형 3상 전압

$V_a,\ V_b,\ V_c$

대칭 성분 공식 암기법

$\dfrac{1}{3}\begin{bmatrix} 1 & 1 & 1 \\ 1 & a & a^2 \\ 1 & a^2 & a \end{bmatrix}$

- 영상 전압: V_0
- 정상 전압: V_1
- 역상 전압: V_2

(영상분은 접지도체 또는 중성선에 존재하며 크기가 같고, 위상이 동상)

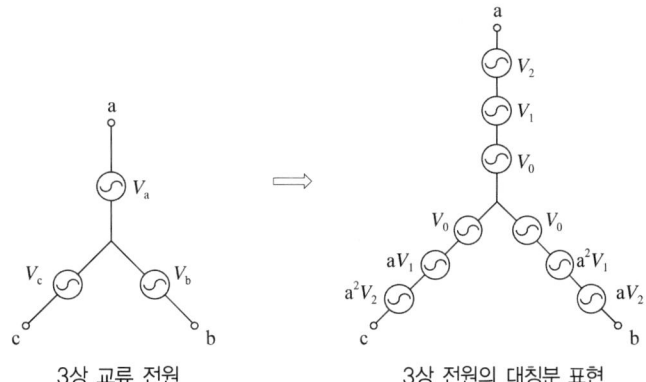

3상 교류 전원 ⇒ 3상 전원의 대칭분 표현

▲ 3상 전원의 대칭 성분

2 3상의 대칭분 표현식 및 대칭 성분

(1) 3상 전원의 대칭분 표현

- $V_a = V_0 + V_1 + V_2\ [\text{V}]$
- $V_b = V_0 + a^2 V_1 + a V_2\ [\text{V}]$
- $V_c = V_0 + a V_1 + a^2 V_2\ [\text{V}]$

(2) 대칭 성분

- $V_0 = \dfrac{1}{3}(V_a + V_b + V_c)\ [\text{V}]$
- $V_1 = \dfrac{1}{3}(V_a + a V_b + a^2 V_c)\ [\text{V}]$
- $V_2 = \dfrac{1}{3}(V_a + a^2 V_b + a V_c)\ [\text{V}]$

기출예제

대칭 좌표법에서 대칭분을 각 상전압으로 표시한 것 중 틀린 것은?

① $E_0 = \dfrac{1}{3}(E_a + E_b + E_c)$
② $E_1 = \dfrac{1}{3}(E_a + aE_b + a^2 E_c)$
③ $E_2 = \dfrac{1}{3}(E_a + a^2 E_b + aE_c)$
④ $E_3 = \dfrac{1}{3}(E_a^2 + E_b^2 + E_c^2)$

| 해설 |

- $E_0 = \dfrac{1}{3}(E_a + E_b + E_c)\ [\text{V}]$
- $E_1 = \dfrac{1}{3}(E_a + aE_b + a^2 E_c)\ [\text{V}]$
- $E_2 = \dfrac{1}{3}(E_a + a^2 E_b + aE_c)\ [\text{V}]$

답 ④

THEME 02 3상 결선의 종류

1 Y 결선

- $I_l = I_p \,[\mathrm{A}]$
- $V_l = \sqrt{3}\, V_p \angle 30°\,[\mathrm{V}]$

단, V_p, I_p: 상전압, 상전류
   V_l, I_l: 선간 전압, 선전류

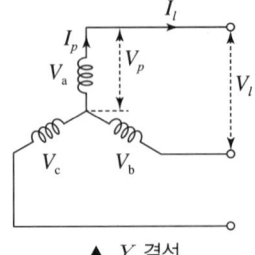

▲ Y 결선

2 Δ 결선

- $V_l = V_p\,[\mathrm{V}]$
- $I_l = \sqrt{3}\, I_p \angle -30°\,[\mathrm{A}]$

단, V_p, I_p: 상전압, 상전류
   V_l, I_l: 선간 전압, 선전류

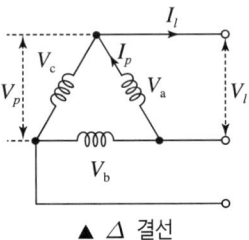

▲ Δ 결선

독학이 쉬워지는 기초개념

- 3상 Y 결선: 고전압, 소전류
- 3상 Δ 결선: 저전압, 대전류
- 전원과 부하의 가능한 결선 형태
  $Y-Y$, $Y-\Delta$
  $\Delta-Y$, $\Delta-\Delta$

기출예제

그림과 같은 대칭 3상 Y 결선 부하 $Z = 6 + j8\,[\Omega]$에 $200[\mathrm{V}]$의 상전압이 공급될 때 선전류는 몇 $[\mathrm{A}]$인가?

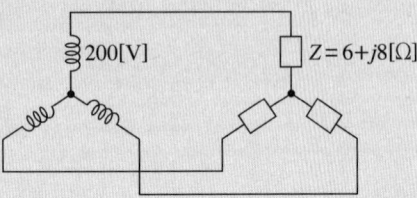

① $15\,[\mathrm{A}]$ ② $20\,[\mathrm{A}]$
③ $15\sqrt{3}\,[\mathrm{A}]$ ④ $20\sqrt{3}\,[\mathrm{A}]$

| 해설 |

$$I_l = I_p = \frac{V_p}{Z_p} = \frac{200}{\sqrt{6^2+8^2}} = 20[\mathrm{A}]$$

답 ②

THEME 03 대칭 좌표법(불평형 고장 계산 방법)

1 대칭 좌표법의 정의

대칭 좌표법은 사고 성분을 영상분(V_0, I_0), 정상분(V_1, I_1), 역상분(V_2, I_2)으로 나누어 계산하는 방법이다.

CHAPTER 07 3상 교류

THEME 01 3상 대칭 기전력의 발생 원리

독학이 쉬워지는 기초개념

동기 발전기를 사용하는 이유
- 유도 발전기보다 대형 제작이 용이하다.
- 역률 조정이 쉽다.
- 유도 발전기보다 튼튼하다.

Tip 강의 꿀팁

3상 전압의 페이저도

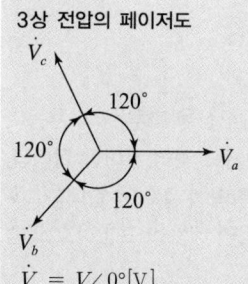

$\dot{V}_a = V\angle 0°[V]$
$\dot{V}_b = V\angle -120°[V]$
$\dot{V}_c = V\angle -240°[V]$
$\therefore \dot{V}_a + \dot{V}_b + \dot{V}_c = 0[V]$

1 3상 동기 발전기

(1) 3상 대칭 기전력은 발전소에 설치되어 있는 3상 동기 발전기에서 발생시킨다.
(2) 3상 동기 발전기에서의 3상 대칭 기전력의 발생 원리는 다음과 같다.

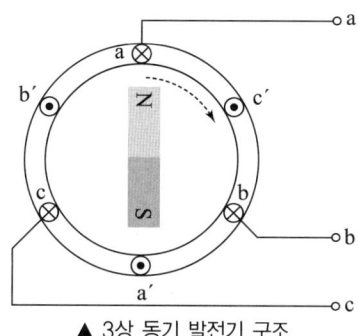

▲ 3상 동기 발전기 구조

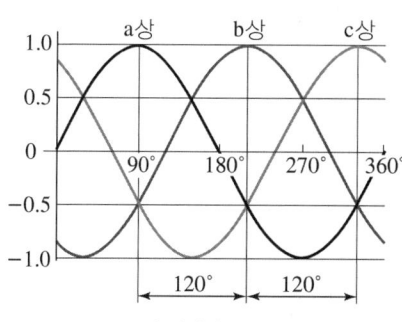

▲ 3상 기전력 교류 파형

2 3상 교류의 성질

(1) 3상 기전력은 항상 '0° → -120° → -240°'의 순서로 발생한다.
(2) 3상 교류의 각 상의 순시값은 다음과 같이 표현한다.
  ① $v_a = V_m \sin\omega t[V]$
  ② $v_b = V_m \sin(\omega t - 120°)[V]$
  ③ $v_c = V_m \sin(\omega t - 240°)[V]$
(3) 대칭 3상 교류의 합은 0이 된다.

기출예제

대칭 3상 교류에서 순시값의 벡터 합은?

① 0
② 40
③ 0.577
④ 86.6

| 해설 |
$\dot{V}_a + \dot{V}_b + \dot{V}_c = V\angle 0° + V\angle -120° + V\angle -240° = 0$
대칭 3상 교류의 합은 0이 된다.

답 ①

학습 전략

3상 교류는 Y 결선과 Δ 결선에 대한 내용을 정확하게 학습해 두어야 3상을 다루는 데 혼동이 없습니다. 또한 Y 결선과 Δ 결선을 상호 등가 변환하는 방법에 대해서도 익혀 두어야 합니다. Y 결선과 Δ 결선에 대한 학습을 마친 후에는 V 결선에 대해서도 학습해 두어야 합니다. V 결선은 전기기기나 전력공학 및 2차 실기에도 많은 도움이 되는 공통적인 내용을 포함하고 있습니다.

CHAPTER 07 | 흐름 미리보기

1. 3상 대칭 기전력의 발생 원리
2. 3상 결선의 종류
3. 대칭 좌표법(불평형 고장 계산 방법)
6. 전력의 측정
5. 특수한 결선법
4. 부하의 $Y-\Delta$ 및 $\Delta-Y$ 등가 변환

NEXT **CHAPTER 08**

3상 교류

1. 3상 대칭 기전력의 발생 원리
2. 3상 결선의 종류
3. 대칭 좌표법(불평형 고장 계산 방법)
4. 부하의 $Y-\Delta$ 및 $\Delta-Y$ 등가 변환
5. 특수한 결선법
6. 전력의 측정

17
$V = 40 + j30\,[\mathrm{V}]$의 전압을 가하면 $I = 30 + j10\,[\mathrm{A}]$ 전류가 흐른다. 이 회로의 역률값은?

① 0.456
② 0.567
③ 0.854
④ 0.949

해설

복소 전력을 계산한다.
$P_a = \overline{V}I = (40 - j30) \times (30 + j10) = 1{,}500 - j500\,[\mathrm{VA}]$
위 복소 전력을 이용하여 역률값을 구하면 아래와 같다.
$\cos\theta = \dfrac{P}{P_a} = \dfrac{1{,}500}{\sqrt{1{,}500^2 + 500^2}} = 0.949$

18
그림과 같은 회로에서 부하 R_L에 최대 전력이 공급될 때의 전력값이 $5\,[\mathrm{W}]$라고 하면 $R_L + R_i$의 값은 몇 $[\Omega]$인가?(단, R_i는 전원의 내부 저항이다.)

① 5
② 10
③ 15
④ 20

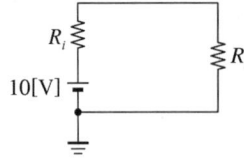

해설

$P_L = I^2 R_L = \left(\dfrac{V}{R_i + R_L}\right)^2 R_L = \left(\dfrac{V}{R_i + R_i}\right)^2 R_i$
$\quad = \dfrac{V^2}{4R_i} = \dfrac{10^2}{4R_i} = 5$
$R_i = \dfrac{100}{4 \times 5} = 5\,[\Omega]$
$\therefore R_i + R_L = 5 + 5 = 10\,[\Omega]$

19
그림과 같이 전압 V와 저항 R로 구성되는 회로 단자 A−B 간에 적당한 저항 R_L을 접속하여 R_L에서 소비되는 전력을 최대로 하게 했다. 이때 R_L에서 소비되는 전력 P는?

① $\dfrac{V^2}{4R}\,[\mathrm{W}]$
② $\dfrac{V^2}{2R}\,[\mathrm{W}]$
③ $R\,[\mathrm{W}]$
④ $2R\,[\mathrm{W}]$

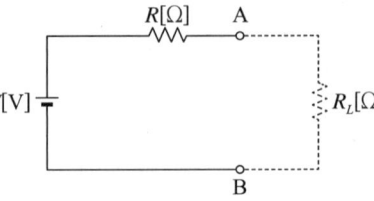

해설

- 최대 전력 전송 조건: $R = R_L$ (내부 저항 = 부하 저항)
- 소비 전력(최대 전력):
$P_m = I^2 R_L = \left(\dfrac{V}{R + R_L}\right)^2 R_L = \left(\dfrac{V}{R + R}\right)^2 R$
$\quad = \dfrac{V^2 R}{4R^2} = \dfrac{V^2}{4R}\,[\mathrm{W}]$

20
발전기 임피던스 $Z_g = 0.6 + j4\,[\Omega]$에 선로 임피던스 $Z_l = 3.4 + j6\,[\Omega]$인 선로를 통하여 부하에 전력을 공급하고 있다. 부하에 최대전력이 전송되기 위한 부하 임피던스 $Z_0\,[\Omega]$은?

① 4
② 10
③ $4 + j10$
④ $4 - j10$

해설

$Z_s = Z_g + Z_l = 0.6 + j4 + 3.4 + j6 = 4 + j10\,[\Omega]$
최대 전력 전달 조건 $Z_0 = \overline{Z_s}$에서 부하 임피던스는
$Z_0 = 4 - j10\,[\Omega]$

13

어떤 코일의 임피던스를 측정하고자 직류 전압 100[V]를 가했더니 500[W]가 소비되고, 교류 전압 150[V]를 가했더니 720[W]가 소비되었다. 코일의 저항[Ω]과 리액턴스[Ω]는 각각 얼마인가?

① $R=20$, $X_L=15$　② $R=15$, $X_L=20$
③ $R=25$, $X_L=20$　④ $R=30$, $X_L=25$

해설

직류 인가시 $f=0$이 되어 $X=0$, 저항만의 회로가 된다. 먼저, 직류를 가했을 때의 저항값을 구한다.

$P=\dfrac{V^2}{R} \Rightarrow R=\dfrac{V^2}{P}=\dfrac{100^2}{500}=20[\Omega]$

교류 전압을 가했을 때의 리액턴스를 구해 보면 아래와 같다.

$P=I^2R=\left(\dfrac{V}{Z}\right)^2 R=\dfrac{V^2R}{R^2+X^2}$

$\therefore X=\sqrt{\dfrac{V^2R}{P}-R^2}=\sqrt{\dfrac{150^2\times 20}{720}-20^2}=15[\Omega]$

14

60[Hz], 120[V] 정격인 단상 유도 전동기의 출력은 3[HP]이고 효율은 90[%]이며 역률은 80[%]이다. 역률을 100[%]로 개선하기 위한 병렬 콘덴서가 흡수하는 복소 전력은 몇 [VA]인가?(단, 1[HP] = 746[W]이다.)

① $-j1,865$　② $-j2,252$
③ $-j2,667$　④ $-j3,156$

해설

$P=\dfrac{3\times 746}{0.9}=2,487[W]$

$Q_c=P(\tan\theta_1-\tan\theta_2)=2,487\times\left(\dfrac{0.6}{0.8}-\dfrac{0}{1}\right)$
$\quad=1,865[VA]$

병렬 콘덴서는 역률을 100[%]로 향상시키기 위해서 부하의 $-j1,865[Var]$의 지상 무효 전력을 흡수하여야 한다.

15

교류 회로에서 역률이란 무엇인가?

① 전압과 전류의 위상차의 정현
② 전압과 전류의 위상차의 여현
③ 임피던스와 리액턴스의 위상차의 여현
④ 임피던스와 저항의 위상차의 정현

해설

역률 $\cos\theta$에서 θ는 전압과 전류 간의 위상차의 여현($\cos$값)을 의미한다.

16

어떤 회로에 $E=200\angle\dfrac{\pi}{3}[V]$의 전압을 가했더니 $I=10\sqrt{3}+j10[A]$의 전류가 흘렀다. 이 회로의 무효 전력[Var]은?

① 707　② 1,000
③ 1,732　④ 2,000

해설

문제에 주어진 전압을 복소수로 변환한 후 피상 전력을 구해 보면 아래와 같다.

$E=200\angle\dfrac{\pi}{3}=200(\cos 60°+j\sin 60°)$
$\quad=100+j173.2[V]$

$\therefore P_a=\overline{E}I=(100-j173.2)\times(10\sqrt{3}+j10)$
$\quad=3,464-j2,000[VA]$

따라서 유효 전력은 $3,464[W]$이고, 무효 전력은 지상 $2,000[Var]$이다.

암기

$\dot{V}=V\angle\theta_v$, $\dot{I}=I\angle\theta_i$

복소 전력 $P_a=\overline{\dot{V}}\dot{I}=(V\angle-\theta_v)(I\angle\theta_i)=VI\angle(\theta_i-\theta_v)$
$\qquad\qquad\quad=VI\{\cos(\theta_i-\theta_v)+j\sin(\theta_i-\theta_v)\}$
$\qquad\qquad\quad=P+jP_r$

$\therefore$ 용량성(진상): $P_r>0$, 유도성(지상): $P_r<0$

| 정답 | 13 ① 14 ① 15 ② 16 ④

09

회로에서 각 계기들의 지시값은 다음과 같다. 전압계 Ⓥ는 $240[V]$, 전류계 Ⓐ는 $5[A]$, 전력계 Ⓦ는 $720[W]$이다. 이때 인덕턴스 $L[H]$은 얼마인가?(단, 전원 주파수 $60[Hz]$이다.)

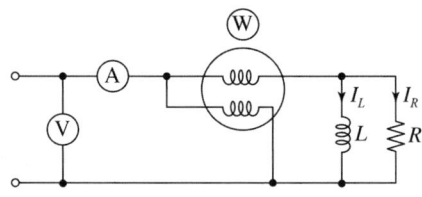

① $\dfrac{1}{\pi}[H]$　　　　　② $\dfrac{1}{2\pi}[H]$

③ $\dfrac{1}{3\pi}[H]$　　　　　④ $\dfrac{1}{4\pi}[H]$

해설

문제에 주어진 조건에서 무효 전력을 구한다.
$P_a = VI = 240 \times 5 = 1,200[VA]$
$\Rightarrow Q = \sqrt{P_a^2 - P^2} = \sqrt{1,200^2 - 720^2} = 960[Var]$
위의 무효 전력으로부터 인덕턴스를 구한다.
$Q = \dfrac{V^2}{X} \Rightarrow X = \dfrac{V^2}{Q} = \dfrac{240^2}{960} = 60[\Omega]$
$X = 2\pi f L \Rightarrow L = \dfrac{X}{2\pi f} = \dfrac{60}{2\pi \times 60} = \dfrac{1}{2\pi}[H]$

10

공급 전압이 $10[V]$이며 회로에 흐른 전류가 $10[A]$일 때 이 회로의 유효 전력이 $50[W]$라면 전압과 전류의 위상차는?

① $0°$　　　　　② $30°$
③ $45°$　　　　　④ $60°$

해설

$P = VI\cos\theta \Rightarrow \cos\theta = \dfrac{P}{VI} = \dfrac{50}{10 \times 10} = 0.5$

$\therefore \theta = \cos^{-1}0.5 = 60°$

11

정격 전압에서 $1[kW]$의 전력을 소비하는 저항에 정격의 $80[\%]$ 전압을 가할 때의 전력$[W]$은?

① $320[W]$　　　　② $540[W]$
③ $640[W]$　　　　④ $860[W]$

해설

$P = \dfrac{V^2}{R} = 1,000[W]$

$\therefore P' = \dfrac{(0.8V)^2}{R} = \dfrac{V^2}{R} \times 0.64 = 1,000 \times 0.64$
$= 640[W]$

12

코일에 단상 $100[V]$의 전압을 가하면 $30[A]$의 전류가 흐르고 $1.8[kW]$의 전력을 소비한다고 한다. 이 코일과 병렬로 콘덴서를 접속하여 회로의 역률을 $100[\%]$로 하기 위한 용량 리액턴스는 약 몇 $[\Omega]$인가?

① $4.2[\Omega]$　　　　② $6.2[\Omega]$
③ $8.2[\Omega]$　　　　④ $10.2[\Omega]$

해설

문제의 조건을 이용하여 무효 전력을 구한다.
$P_a = VI = 100 \times 30 = 3,000[VA]$
$\therefore Q = \sqrt{P_a^2 - P^2} = \sqrt{3,000^2 - 1,800^2} = 2,400[Var]$
역률을 $100[\%]$로 하기 위해서는 위의 지상 무효 전력과 같은 콘덴서 용량이 되어야 한다.
$Q = \dfrac{V^2}{X} \Rightarrow X = \dfrac{V^2}{Q} = \dfrac{100^2}{2,400} = 4.17[\Omega]$

05

0.2[H]의 인덕터와 150[Ω]의 저항을 직렬로 접속하고 220[V] 상용 교류를 인가하였다. 1시간 동안 소비된 전력량은 약 몇 [Wh]인가?

① 209.6　　② 226.4
③ 257.6　　④ 286.9

해설

회로에 흐르는 전류는 아래와 같다.

$I = \dfrac{V}{Z} = \dfrac{V}{R+j\omega L} = \dfrac{220}{150+j2\pi \times 60 \times 0.2}$
$= 1.1708 - j0.5885[A]$

$|I| = \sqrt{1.1708^2 + 0.5885^2} = 1.3104[A]$

따라서 1시간 동안 소비한 전력량은 아래와 같다.

$W = I^2 Rt = 1.3104^2 \times 150 \times 1 = 257.6[Wh]$

06

전압과 전류가 각각 $e = 141.4\sin\left(377t + \dfrac{\pi}{3}\right)[V]$, $i = \sqrt{8}\sin\left(377t + \dfrac{\pi}{6}\right)[A]$인 회로의 소비 전력은 약 몇 [W]인가?

① 100[W]　　② 173[W]
③ 200[W]　　④ 344[W]

해설

$P = VI\cos\theta = \dfrac{141.4}{\sqrt{2}} \times \dfrac{\sqrt{8}}{\sqrt{2}} \times \cos(60° - 30°) = 173[W]$

07

그림과 같은 회로에 주파수 60[Hz], 교류 전압 200[V]의 전원이 인가되었다. R의 전력 손실을 $L = 0$일 때의 $\dfrac{1}{2}$로 하면 L의 크기는 몇 [H]인가?(단, $R = 600[Ω]$이다.)

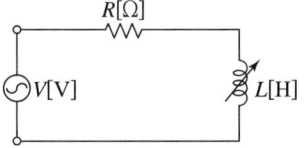

① 0.59[H]　　② 1.59[H]
③ 3.62[H]　　④ 4.62[H]

해설

문제에 주어진 조건에 따른 각 전력 손실을 구한다.

$P_1 = P_2 \Rightarrow \dfrac{V^2 R}{R^2 + X^2} = \dfrac{1}{2} \times \dfrac{V^2}{R}$

따라서 위의 식에서 인덕턴스값을 구해 보면 아래와 같다.

$\dfrac{V^2 R}{R^2 + X^2} = \dfrac{1}{2} \times \dfrac{V^2}{R} \Rightarrow 2R^2 = R^2 + X^2, \therefore R = X$

$X = 2\pi f L = R \Rightarrow L = \dfrac{R}{2\pi f} = \dfrac{600}{2\pi \times 60} = 1.59[H]$

08

전압 200[V], 전류 30[A]로서 4.3[kW]의 전력을 소비하는 회로의 리액턴스는 약 몇 [Ω]인가?

① 3.35[Ω]　　② 4.65[Ω]
③ 5.35[Ω]　　④ 6.65[Ω]

해설

문제에 주어진 조건에서 무효 전력을 구한다.

$P_a = VI = 200 \times 30 = 6,000[VA]$

$\Rightarrow Q = \sqrt{P_a^2 - P^2} = \sqrt{6,000^2 - 4,300^2} = 4,184.5[Var]$

따라서 리액턴스는 아래와 같다.

$Q = I^2 X \Rightarrow X = \dfrac{Q}{I^2} = \dfrac{4,184.5}{30^2} = 4.65[Ω]$

CHAPTER 06 CBT 적중문제

01

그림과 같은 회로에서 $C = 100[\mu F]$의 콘덴서에 $Q_0 = 3 \times 10^{-2}[C]$의 전하량이 축적되어 있다. $t = 0$인 순간, 스위치 K를 닫은 후 저항 $R = 5[\Omega]$에서 소비되는 총 전력량[J]은?

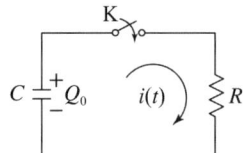

① $4.5 \times 10^2[J]$
② $1.8 \times 10^4[J]$
③ $1.8[J]$
④ $4.5[J]$

해설

콘덴서에 걸리는 전압은 아래와 같다.

$V = \dfrac{Q}{C} = \dfrac{3 \times 10^{-2}}{100 \times 10^{-6}} = 300[V]$

따라서 저항에서 소비되는 총 전력량은 아래와 같다.

$W = Pt[J = W \cdot sec] = \dfrac{1}{2}CV^2$

$= \dfrac{1}{2} \times 100 \times 10^{-6} \times 300^2 = 4.5[J]$

02

어떤 회로에 전압을 $115[V]$ 인가하였더니 유효 전력이 $230[W]$, 무효 전력이 $345[Var]$를 지시한다면 회로에 흐르는 전류는 약 몇 $[A]$인가?

① 2.5
② 5.6
③ 3.6
④ 4.5

해설

문제에 주어진 조건을 이용하여 피상 전력을 계산한다.

$P_a = \sqrt{P^2 + Q^2} = \sqrt{230^2 + 345^2} = 414.6[VA]$

따라서 회로에 흐르는 전류는 아래와 같다.

$I = \dfrac{P_a}{V} = \dfrac{414.6}{115} = 3.6[A]$

03

저항 $R[\Omega]$, 리액턴스 $X[\Omega]$와의 직렬 회로에 교류 전압 $V[V]$를 가했을 때 소비되는 전력[W]은?

① $\dfrac{V^2R}{\sqrt{R^2+X^2}}$
② $\dfrac{V}{\sqrt{R^2+X^2}}$
③ $\dfrac{V^2R}{R^2+X^2}$
④ $\dfrac{X}{R^2+X^2}$

해설

$P = I^2 R = \left(\dfrac{V}{Z}\right)^2 R = \left(\dfrac{V}{\sqrt{R^2+X^2}}\right)^2 R = \dfrac{V^2R}{R^2+X^2}[W]$

04

어떤 회로에 $e = 50\sin\omega t[V]$를 가할 때 $i = 4\sin(\omega t - 30°)[A]$가 흘렀다면 유효 전력은 몇 $[W]$인가?

① $173.2[W]$
② $122.5[W]$
③ $86.6[W]$
④ $61.2[W]$

해설

$P = VI\cos\theta = \dfrac{50}{\sqrt{2}} \times \dfrac{4}{\sqrt{2}} \times \cos\{0-(-30°)\}$

$= 86.6[W]$

| 정답 | 01 ④ 02 ③ 03 ③ 04 ③

독학이 쉬워지는 기초개념

순저항 부하인 경우
$R_L = |Z_0|$

그러므로 $Z_L = \overline{Z_0} = R_0 - jX_0[\Omega]$의 경우가 최대 전력 전달 조건이다.

단, 여기서 주의할 점은 임피던스 회로에서 크기는 내부 임피던스와 부하 임피던스가 같은 조건에서 반드시 내부 임피던스에 공액을 취한 값과 같아야 한다는 것이다.

$$Z_L = \overline{Z_0} = R_0 - jX_0[\Omega]$$

단, Z_0: 회로의 내부 임피던스[Ω], $\overline{Z_0}$: 내부 공액 임피던스[Ω]
Z_L: 회로의 부하 임피던스[Ω]

기출예제

중요도 내부 임피던스가 $0.3 + j2[\Omega]$인 발전기에 임피던스가 $1.7 + j3[\Omega]$인 선로를 연결하여 전력을 공급한다. 부하 임피던스가 몇 [Ω]일 때 부하에 최대 전력이 전달되는가?

① $1.4 - j1[\Omega]$
② $1.4 + j1[\Omega]$
③ $2 - j5[\Omega]$
④ $2 + j5[\Omega]$

| 해설 |
발전기와 선로의 직렬 합성 내부 임피던스를 구한다.
$Z_0 = Z_g + Z_l = 0.3 + j2 + 1.7 + j3 = 2 + j5[\Omega]$
'부하 임피던스 = 내부 임피던스의 공액'일 경우가 최대 전력 전달 조건이므로 아래와 같다.
$Z_L = \overline{Z_0} = 2 - j5[\Omega]$

답 ③

THEME 04 회로의 최대 전력 전달 조건

1 저항 회로

회로에 인가한 전압이 $E[V]$이고 회로의 내부 저항이 R_0인 회로의 양 단자 a, b에 가변할 수 있는 부하 저항 R_L을 접속한 경우, 이 회로망이 최대로 전력을 전달시킬 수 있는 조건은 '내부 저항 = 부하 저항'인 상태이다.

부하 전류를 구하면

$$P_L = I^2 R_L = \left(\frac{E}{R_0+R_L}\right)^2 \times R_L$$

$$= \frac{E^2 \times R_L}{(R_0+R_L)^2}[W]$$

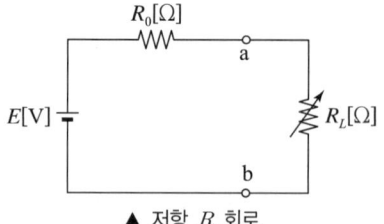

▲ 저항 R 회로

위 소비 전력 P_L이 최대값이 되기 위해서는

$$\frac{dP_L}{dR_L} = \frac{d}{dR_L}\left\{\frac{E^2 \times R_L}{(R_0+R_L)^2}\right\} = E^2 \times \frac{1 \times (R_0+R_L)^2 - 2 \times (R_0+R_L) \times R_L}{(R_0+R_L)^4}$$

$$= E^2 \times \frac{R_0 - R_L}{(R_0+R_L)^3} = 0$$

따라서 소비 전력(=공급 전력)이 최대가 되기 위해서는
$R_0 = R_L$(내부 저항 = 부하 저항)이어야 한다.

$$R_0 = R_L$$

단, R_0: 회로의 내부 저항[Ω]
R_L: 회로의 부하 저항[Ω]

2 임피던스 회로

임피던스 회로도 저항 회로와 같이 '부하 = 내부'인 $Z_L = Z_0[\Omega]$의 조건이 되어야 한다. 그런데 임피던스 회로에서는 다음의 경우를 생각해야 한다.

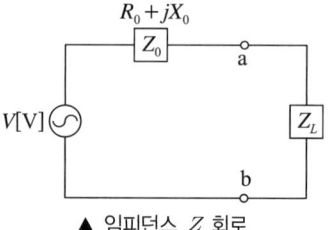

▲ 임피던스 Z 회로

(1) $Z_L = Z_0 = R_0 + jX_0$인 경우

$$P_{L1} = \left(\frac{V}{Z_0+Z_L}\right)^2 \times R_L = \left(\frac{V}{R_0+jX_0+R_L+jX_L}\right)^2 \times R_L$$

$$= \left(\frac{V}{2R_0+j2X_0}\right)^2 \times R_0[W]$$

(2) $Z_L = \overline{Z_0} = R_0 - jX_0$인 경우

$$P_{L2} = \left(\frac{V}{Z_0+Z_L}\right)^2 \times R_L = \left(\frac{V}{R_0+jX_0+R_0-jX_0}\right)^2 \times R_0 = \left(\frac{V}{2R_0}\right)^2 \times R_0[W]$$

따라서 임피던스 회로에서는 단순히 내부 임피던스와 부하 임피던스가 같은 조건 ($Z_0 = Z_L$)보다는 내부 임피던스에 공액을 취한 값의 부하 임피던스($Z_L = \overline{Z_0}$)인 경우가 최대 전력 전달 조건임을 알 수 있다.

독학이 쉬워지는 기초개념

최대 전력 조건
- $R_L = R_0$
- $Z_L = \overline{Z_0}$

독학이 쉬워지는 기초개념

공액 복소수
어떤 복소수의 허수부의 부호가 반대인 복소수

Tip 강의 꿀팁
복소 전력을 계산할 때 공액을 전압에 취할 수도 있고 전류에 취할 수도 있는데, 보통 회로에서는 전압에 공액을 취하는 방법을 많이 사용해요.

기출예제

어느 회로의 전압과 전류가 각각 $e = 50\sin(\omega t + \theta)[\text{V}]$, $i = 4\sin(\omega t + \theta - 30°)[\text{A}]$일 때 무효 전력[Var]은?

① 100[Var] ② 86.6[Var]
③ 70.7[Var] ④ 50[Var]

| 해설 |

$$Q = VI\sin\theta = \frac{50}{\sqrt{2}} \times \frac{4}{\sqrt{2}} \times \sin\{\theta - (\theta - 30°)\} = \frac{200}{2}\sin 30°$$
$$= 50[\text{Var}]$$

답 ④

THEME 03 복소 전력

1 복소 전력의 정의
전압 및 전류가 복소수(벡터)로 표현된 식에서 피상 전력을 의미한다.

2 복소 전력의 계산 방법 및 의미
(1) 복소수로 표현된 전압 및 전류의 피상 전력은 전압에 공액을 취하여 계산한다.
(2) 따라서 $\dot{V} = a + jb[\text{V}]$, $\dot{I} = c + jd[\text{A}]$일 경우 피상 전력은 다음과 같이 구한다.

$$P_a = \overline{\dot{V}}\dot{I} = (a - jb) \times (c + jd) = P \pm jQ[\text{VA}]$$

단, P: 유효 전력[W], $+jQ$: 진상(용량성) 무효 전력[Var]
$-jQ$: 지상(유도성) 무효 전력[Var]

기출예제

$E = 40 + j30[\text{V}]$의 전압을 가하면 $I = 30 + j10[\text{A}]$의 전류가 흐르는 회로의 역률은?

① 0.949 ② 0.831
③ 0.764 ④ 0.651

| 해설 |

$$P_a = \overline{E}I = (40 - j30) \times (30 + j10) = 1,500 - j500[\text{VA}]$$
$$\cos\theta = \frac{P}{P_a} = \frac{P}{\sqrt{P^2 + Q^2}} = \frac{1,500}{\sqrt{1,500^2 + 500^2}} = 0.949$$

답 ①

기출예제

RLC 직렬 회로에 $e = 170\cos\left(120t + \dfrac{\pi}{6}\right)$[V]를 인가할 때 $i = 8.5\cos\left(120t - \dfrac{\pi}{6}\right)$[A]가 흐르는 경우 소비되는 전력은 약 몇 [W]인가?

① 361
② 623
③ 720
④ 1,445

| 해설 |

$P = VI\cos\theta = \dfrac{170}{\sqrt{2}} \times \dfrac{8.5}{\sqrt{2}} \times \cos\{30° - (-30°)\}$

$= 361.25\,[\text{W}]$

답 ①

THEME 02 교류 전력의 역률 및 무효율

1 역률의 정의

(1) 역률: 피상 전력과 유효 전력과의 각도이다.
(2) 표기: pf(power factor) 또는 $\cos\theta$ 라 표기한다.
(3) 계산 방법

$$\cos\theta = \dfrac{P}{P_a} = \dfrac{P}{\sqrt{P^2 + Q^2}}$$

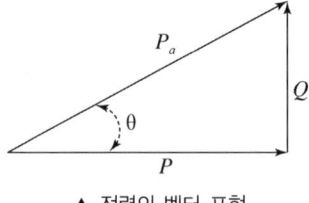

▲ 전력의 벡터 표현

2 무효율의 정의

(1) 무효율: 피상 전력과 무효 전력의 각도이다.
(2) 표기: $\sin\theta$ 라 표기한다.
(3) 계산 방법

$$\sin\theta = \dfrac{Q}{P_a} = \dfrac{Q}{\sqrt{P^2 + Q^2}}$$

독학이 쉬워지는 기초개념

6 : 8 : 10의 법칙
$P = 6\,[\text{W}] : Q = 8\,[\text{Var}]$
$\quad : P_a = 10\,[\text{VA}]$
- $\cos\theta = 0.6$일 때 $\sin\theta = 0.8$
- $\cos\theta = 0.8$일 때 $\sin\theta = 0.6$
- $\cos\theta = 1.0$일 때 $\sin\theta = 0$

$\cos^2\theta + \sin^2\theta = 1$

CHAPTER 06 교류 전력

독학이 쉬워지는 기초개념

THEME 01 전력의 종류

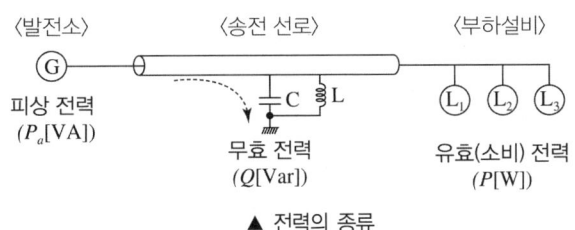

▲ 전력의 종류

1 피상 전력 P_a

(1) 피상 전력은 발전소의 교류 발전기에서 공급하는 전기 에너지를 의미한다.
(2) 기호는 P_a 또는 W로 표시하고, 단위는 [VA]를 사용하며 [볼트-암페어]라고 읽는다.

2 유효 전력(소비 전력, 평균 전력, 전력) P

(1) 유효 전력은 부하(전기 사용 기기)에서 소비되는 전기 에너지를 의미한다.
(2) 기호는 P로 표시하고, 단위는 [W]를 사용하며 [와트]라고 읽는다.

3 무효 전력 Q

(1) 무효 전력은 부하에 포함되어 있는 L과 C 성분에서 소모되는 전력으로 일반적으로 L 부하(전동기 등)에서 소비되는 전기에너지를 의미한다.
(2) 기호는 Q 또는 P_r로 표시하고 단위는 [Var]를 사용하며 [바]라고 읽는다.

4 전력 계산 공식 정리

- 피상 전력 $P_a = VI = I^2 Z = \left(\dfrac{V}{Z}\right)^2 Z = \dfrac{V^2}{Z}$ [VA]
- 유효 전력 $P = VI\cos\theta = I^2 R = \left(\dfrac{V}{Z}\right)^2 R$ [W]
- 무효 전력 $Q = VI\sin\theta = I^2 X = \left(\dfrac{V}{Z}\right)^2 X$ [Var]

단, V, I: 실효값 전압[V] 및 실효값 전류[A], θ: 전압과 전류 간의 위상차

> **Tip 강의 꿀팁**
> 우리나라 발전소는 3상 동기 발전기를 사용해요.

학습 전략

교류 전력에서는 전력의 종류와 각각의 전력을 계산하는 방법을 중점적으로 학습하고, 복소 전력의 개념, 최대 전력 조건도 충실하게 이해해 두어야 합니다. 특히 교류 전력은 2차 실기에서도 중요한 부분이므로 상당한 수준까지 실력을 올려 두면 유리합니다.

CHAPTER 06 | 흐름 미리보기

1. 전력의 종류
2. 교류 전력의 역률 및 무효율
3. 복소 전력
4. 회로의 최대 전력 전달 조건

NEXT **CHAPTER 07**

교류 전력

1. 전력의 종류
2. 교류 전력의 역률 및 무효율
3. 복소 전력
4. 회로의 최대 전력 전달 조건

21

그림의 회로에서 절점 전압 $V_a[V]$와 지로 전류 $I_a[A]$의 크기는?

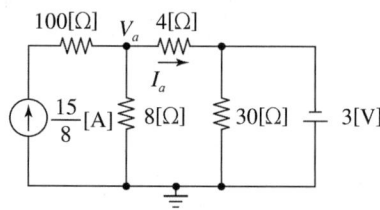

① $V_a = 4\,[V],\ I_a = \dfrac{11}{8}\,[A]$

② $V_a = 5\,[V],\ I_a = \dfrac{5}{4}\,[A]$

③ $V_a = 2\,[V],\ I_a = \dfrac{13}{8}\,[A]$

④ $V_a = 3\,[V],\ I_a = \dfrac{3}{2}\,[A]$

해설

절점 V_a에 대하여 KCL 방정식을 세우면 아래와 같다.

$$-\frac{15}{8} + \frac{V_a}{8} + \frac{V_a - (-3)}{4} = 0 \;\Rightarrow\; V_a = 3[V]$$

따라서 I_a를 구할 수 있다.

$$I_a = \frac{V_a - (-3)}{4} = \frac{3+3}{4} = \frac{6}{4} = \frac{3}{2}\,[A]$$

22

다음 회로에서 절점 a와 절점 b의 전압이 같을 조건은?

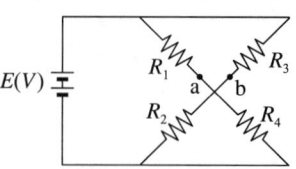

① $R_1 R_3 = R_2 R_4$

② $R_1 R_2 = R_3 R_4$

③ $R_1 + R_3 = R_2 + R_4$

④ $R_1 + R_2 = R_3 + R_4$

해설

문제의 회로를 브리지 형태로 변형한다.

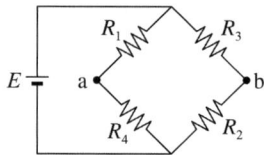

a점과 b점의 전압이 같으려면 브리지 평형 상태가 되어야 하므로 $R_1 R_2 = R_3 R_4$이다.

17

그림의 T 회로에서 전류 I_2는 몇 [A]인가?

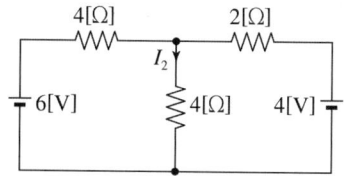

① 0.875[A]
② 0.954[A]
③ 1.062[A]
④ 1.326[A]

해설

밀만의 정리에 의하여 중간 4[Ω]의 양단에 걸리는 전압을 구해 보면 아래와 같다.

$$V_{4[\Omega]} = \frac{\frac{V_1}{R_1}+\frac{V_2}{R_2}+\frac{V_3}{R_3}}{\frac{1}{R_1}+\frac{1}{R_2}+\frac{1}{R_3}} = \frac{\frac{6}{4}+\frac{0}{4}+\frac{4}{2}}{\frac{1}{4}+\frac{1}{4}+\frac{1}{2}} = 3.5[V]$$

따라서 전류 I_2를 구할 수 있다.

$$I_2 = \frac{3.5}{4} = 0.875[A]$$

18

그림과 같은 회로에서 a, b 사이의 전위차는?

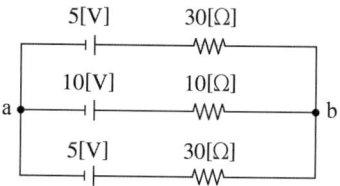

① 10[V]
② 8[V]
③ 6[V]
④ 4[V]

해설

밀만의 정리에 의하여 아래와 같이 구할 수 있다.

$$V_{ab} = \frac{\frac{E_1}{R_1}+\frac{E_2}{R_2}+\frac{E_3}{R_3}}{\frac{1}{R_1}+\frac{1}{R_2}+\frac{1}{R_3}} = \frac{\frac{5}{30}+\frac{10}{10}+\frac{5}{30}}{\frac{1}{30}+\frac{1}{10}+\frac{1}{30}} = 8[V]$$

19

그림과 같은 회로망의 1차 측 Z_a에 400[V] 전압을 가했을 때 2차 측 Z_b에 40[A]의 전류가 흘렀다. 2차 측 Z_b에 200[V]의 전압을 가하면 1차 측 Z_a에 흐르는 전류는 몇 [A]인가?

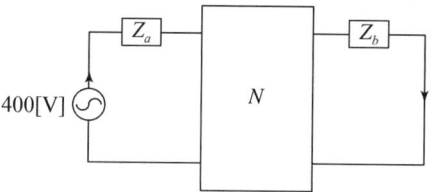

① 40
② 30
③ 20
④ 10

해설

가역 정리에 의하여 $V_1 I_1 = V_2 I_2$를 이용한다.

$$I_1 = \frac{V_2 I_2}{V_1} = \frac{200 \times 40}{400} = 20[A]$$

20

그림과 같은 회로에서 i_x는 몇 [A]인가?

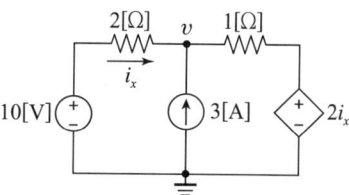

① 3.2[A]
② 2.6[A]
③ 2.0[A]
④ 1.4[A]

해설

절점 v에 대하여 키르히호프의 전류 법칙을 적용한다.

$$\frac{v-10}{2} - 3 + \frac{v-2i_x}{1} = 0, \quad i_x = \frac{10-v}{2}$$

$$\therefore \frac{v-10}{2} - 3 + \frac{v-2\times\left(\frac{10-v}{2}\right)}{1} = 0 \Rightarrow v = \frac{36}{5} = 7.2[V]$$

따라서 전류 i_x 값은 아래와 같다.

$$i_x = \frac{10-v}{2} = \frac{10-7.2}{2} = 1.4[A]$$

암기 일반적으로 절점에 대한 KCL 적용시 접지 부분의 전위는 0, 들어오는 전류는 (−), 나가는 전류는 (+)로 한다.

13
회로의 $3[\Omega]$ 저항 양단에 걸리는 전압[V]은?

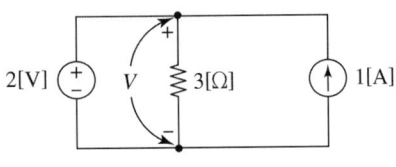

① 2
② -2
③ 3
④ -3

해설

중첩의 원리를 적용하여 각각 전원이 단독으로 있을 경우 각각의 전압
- $V_{2[V]} = 2[V]$ (1[A] 전류원 개방)
- $V_{1[A]} = IR = 0 \times 3 = 0[V]$ (2[V] 전압원 단락)

따라서 두 전압을 중첩시키면 아래와 같다.
$V = 2 + 0 = 2[V]$

별해

병렬 회로이므로 $3[\Omega]$에 걸리는 전압은 $2[V]$이다.

14
그림과 같은 회로에서 $15[\Omega]$에 흐르는 전류는 몇 [A]인가?

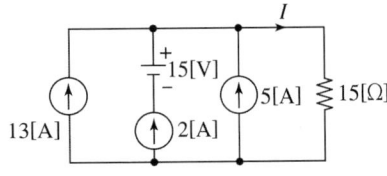

① 4[A]
② 8[A]
③ 10[A]
④ 20[A]

해설

중첩의 원리를 적용(전압원 제거 = 단락, 전류원 제거 = 개방)하여 각각의 전원이 단독으로 존재할 때의 저항에 흐르는 전류를 차례로 구한다.
- $I_{13[A]} = 13[A]$
- $I_{15[V]} = 0[A]$
- $I_{2[A]} = 2[A]$
- $I_{5[A]} = 5[A]$

따라서 저항에 흐르는 총 전류 $I = 13 + 0 + 2 + 5 = 20[A]$가 된다.

15
그림에서 a-b 단자의 전압이 $50\angle 0°[V]$, a-b 단자에서 본 능동 회로망의 임피던스가 $Z = 6 + j8[\Omega]$일 때 a-b 단자에 임피던스 $Z' = 2 - j2[\Omega]$을 접속하면 이 임피던스에 흐르는 전류[A]는 얼마인가?

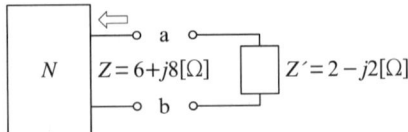

① $4 - j3[A]$
② $4 + j3[A]$
③ $3 - j4[A]$
④ $3 + j4[A]$

해설

$I = \dfrac{V}{Z + Z'} = \dfrac{50}{6 + j8 + 2 - j2} = \dfrac{50}{8 + j6} = 4 - j3[A]$

16
그림과 같은 회로에서 $E_1 = 110[V]$, $E_2 = 120[V]$, $R_1 = 1[\Omega]$, $R_2 = 2[\Omega]$이고 a, b 단자에 $5[\Omega]$의 R_3를 접속하였을 때 a, b 간의 전압 $V_{ab}[V]$은?

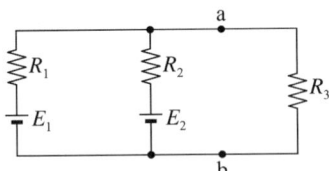

① 85[V]
② 90[V]
③ 100[V]
④ 105[V]

해설

밀만의 정리에 의하여 해석하면 다음과 같다.

$V_{ab} = \dfrac{\dfrac{E_1}{R_1} + \dfrac{E_2}{R_2} + \dfrac{E_3}{R_3}}{\dfrac{1}{R_1} + \dfrac{1}{R_2} + \dfrac{1}{R_3}} = \dfrac{\dfrac{110}{1} + \dfrac{120}{2} + \dfrac{0}{5}}{\dfrac{1}{1} + \dfrac{1}{2} + \dfrac{1}{5}} = 100[V]$

09

그림의 회로에서 단자 b-c에 나타나는 전압 V_{bc}는 몇 [V]인가?

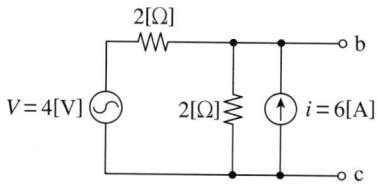

① 4[V] ② 6[V]
③ 8[V] ④ 10[V]

해설

중첩의 원리를 적용하여 각 전원이 단독으로 존재할 때의 단자 전압을 구한다.

- $V_{4[V]} = \dfrac{2}{2+2} \times 4 = 2[V]$
- $V_{6[A]} = \left(\dfrac{2}{2+2} \times 6\right) \times 2 = 6[V]$

따라서 두 전압을 중첩하여 단자 전압을 구한다.
$V_{bc} = 2 + 6 = 8[V]$

10

다음 회로에서 $10[\Omega]$의 저항에 흐르는 전류는 몇 [A]인가?

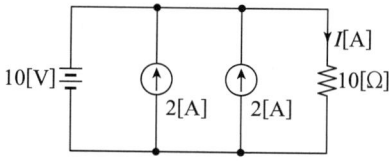

① 1[A] ② 2[A]
③ 4[A] ④ 5[A]

해설

중첩의 원리를 적용해 전원이 단독으로 존재할 때 저항에 흐르는 전류를 각각 구한다.

- $I_{10[V]} = \dfrac{V}{R} = \dfrac{10}{10} = 1[A]$
- $I_{2[A]} = 0[A]$

단락된 전압원쪽으로만 전류가 흘러 저항에는 전류가 흐르지 않는다. 따라서 저항에 흐르는 총 전류는 아래와 같다.
$I = 1 + 0 + 0 = 1[A]$

11

그림과 같은 회로에서 저항 R에 흐르는 전류 $I[A]$는?

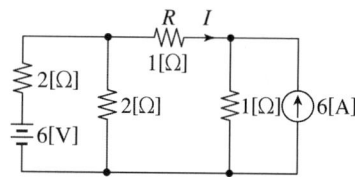

① $-2[A]$ ② $-1[A]$
③ $2[A]$ ④ $1[A]$

해설

중첩의 원리를 적용하여 각 전원이 단독으로 있을 때 저항 R에 흐르는 전류를 각각 구한다.

- $I_{6[V]} = \dfrac{6}{2+\dfrac{2\times(1+1)}{2+(1+1)}} = 2[A]$

  $\therefore I_R{'} = \dfrac{2}{2+(1+1)} \times 2 = 1[A]$

  (저항 R의 왼쪽에서 오른쪽으로 흐름)

- $I_{6[A]} = \dfrac{1}{1+1+\dfrac{2\times 2}{2+2}} \times 6 = 2[A]$

  (저항 R의 오른쪽에서 왼쪽으로 흐름)
  $\therefore I_R{''} = -2[A]$

따라서 두 전류를 합성하면 아래와 같다.
$I_R = I_R{'} + I_R{''} = 1 - 2 = -1[A]$

12

그림의 회로에서 a-b 사이의 단자 전압[V]은?

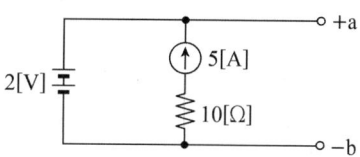

① 2[V] ② $-2[V]$
③ 5[V] ④ $-5[V]$

해설

문제에 주어진 회로는 $a-b$ 단자에 회로 전압 2[V]가 걸리므로 전류원과 상관없이 2[V]이다.

07

그림과 같은 회로에서 $20[\Omega]$의 저항이 소비하는 전력[W]은?

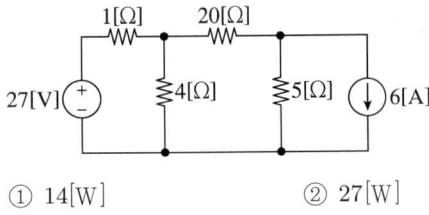

① 14[W]
② 27[W]
③ 40[W]
④ 80[W]

해설

테브난 ↔ 노튼 등가 변환을 이용하여 $20[\Omega]$에 흐르는 전류를 구한다.

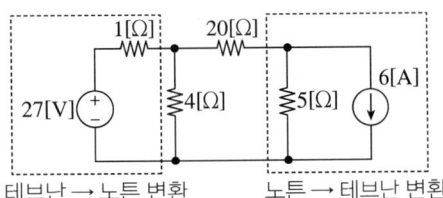

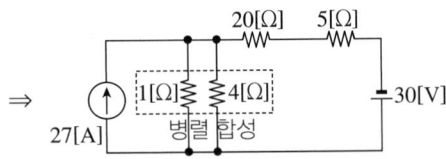

$1[\Omega]$ 저항과 $4[\Omega]$ 저항을 병렬 합성한 후 왼쪽 회로를 다시 테브난 회로로 변환한다.

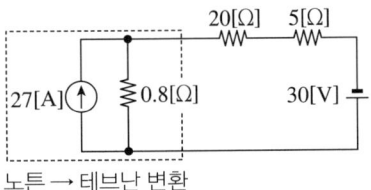

노튼 → 테브난 변환

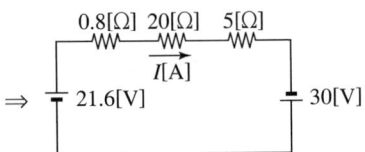

$$I = \frac{V}{R} = \frac{21.6 + 30}{0.8 + 20 + 5} = 2[\text{A}]$$

따라서 $20[\Omega]$ 저항에 소비되는 전력은 아래와 같다.

$$P = I^2 R = 2^2 \times 20 = 80[\text{W}]$$

08

그림 (a)와 (b)의 회로가 등가 회로가 되기 위한 전류원 $I[\text{A}]$와 저항 $R[\Omega]$의 값은?

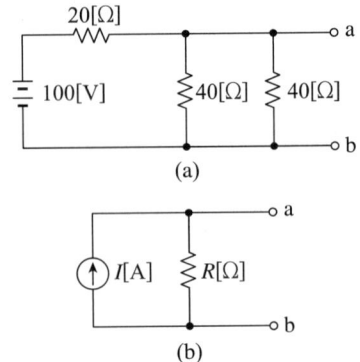

① 5[A], 10[Ω]
② 2.5[A], 10[Ω]
③ 5[A], 20[Ω]
④ 2.5[A], 20[Ω]

해설

테브난-노튼 등가 변환에 의하여 왼쪽의 전압원(100[V])과 저항($20[\Omega]$)의 직렬 회로를 노튼 회로로 바꾸면 아래와 같다.

$$I = \frac{V}{R} = \frac{100}{20} = 5[\text{A}]$$

또 3개 저항은 모두 병렬 회로이므로 이를 합성하면 아래와 같다.

$$R = \frac{1}{\frac{1}{20} + \frac{1}{40} + \frac{1}{40}} = 10[\Omega]$$

04

회로의 양 단자에서 테브난의 정리에 의한 등가 회로로 변환할 경우 V_{ab} 전압과 테브난 등가 저항은?

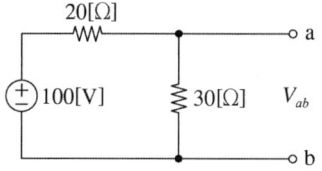

① 60[V], 12[Ω]   ② 60[V], 15[Ω]
③ 50[V], 15[Ω]   ④ 50[V], 50[Ω]

해설

- 테브난 등가 전압: $V_{ab} = \dfrac{30}{20+30} \times 100 = 60[V]$
- 테브난 등가 저항: $R_{ab} = \dfrac{20 \times 30}{20+30} = 12[\Omega]$

05

그림에서 저항 $0.2[\Omega]$에 흐르는 전류[A]는?

① 0.1[A]
② 0.2[A]
③ 0.3[A]
④ 0.4[A]

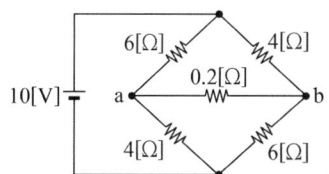

해설

a, b 단자에 연결된 부하 저항($0.2[\Omega]$)을 개방한 후 a, b 단자에서 본 테브난 등가 회로를 구한다.

- $V_T = \dfrac{6}{4+6} \times 10 - \dfrac{4}{6+4} \times 10 = 2[V]$
- $R_T = \dfrac{6 \times 4}{6+4} + \dfrac{4 \times 6}{4+6} = 4.8[\Omega]$

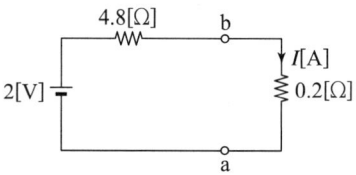

위의 테브난 회로의 a, b 단자에 부하 저항($0.2[\Omega]$)을 연결한 후 부하 저항에 흐르는 전류를 구한다.

$I = \dfrac{V}{R} = \dfrac{2}{4.8+0.2} = 0.4[A]$

06

그림과 같은 직류 회로에서 저항 $R[\Omega]$의 값은?

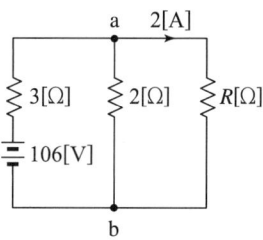

① 10[Ω]   ② 20[Ω]
③ 30[Ω]   ④ 40[Ω]

해설

키르히호프의 전류 법칙에 의하여 a절점의 전압을 구한다.

$\dfrac{V_a - 106}{3} + \dfrac{V_a}{2} + 2 = 0 \Rightarrow V_a = 40[V]$

따라서 저항 R의 값은 아래와 같다.

$R = \dfrac{V_a}{I} = \dfrac{40}{2} = 20[\Omega]$

별해

테브난의 정리를 이용한다.

$R_{th} = \dfrac{3 \times 2}{3+2} = 1.2[\Omega]$

$V_{th} = \dfrac{2}{3+2} \times 106 = 42.4[V]$

$I = \dfrac{V_{th}}{R_{th}+R} = \dfrac{42.4}{1.2+R} = 2[A]$

$\therefore R = 20[\Omega]$

| 정답 | 04 ① 05 ④ 06 ②

CHAPTER 05 CBT 적중문제

01

그림과 같이 선형 저항 R_1과 이상 전압원 V_2와의 직렬 접속된 회로에서 $V-i$ 특성을 나타낸 것은?

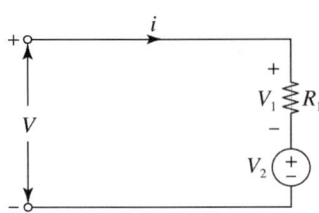

① 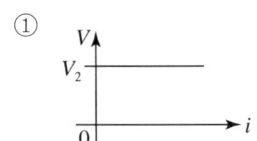 ②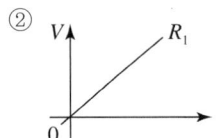

③ 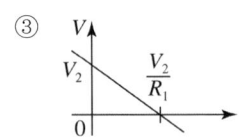 ④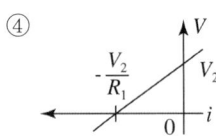

해설

$i = \dfrac{V - V_2}{R_1}$ 에서

- $V = 0$일 때, $i = -\dfrac{V_2}{R_1}$ [A]
- $V = V_2$일 때, $i = 0$

별해

$V = V_1 + V_2$
$V_1 = iR_1$
$\therefore V = iR_1 + V_2$

02

테브난의 정리를 이용하여 (a) 회로를 (b)와 같은 등가 회로로 바꾸려 한다. $V[\mathrm{V}]$와 $R[\Omega]$의 값은?

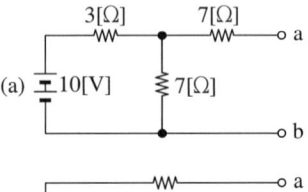

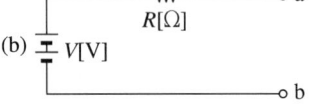

① 7[V], 9.1[Ω] ② 10[V], 9.1[Ω]
③ 7[V], 6.5[Ω] ④ 10[V], 6.5[Ω]

해설

- $V = \dfrac{7}{3+7} \times 10 = 7[\mathrm{V}]$
- $R = 7 + \dfrac{3 \times 7}{3+7} = 9.1[\Omega]$

03

그림 (a)의 회로를 그림 (b)와 같은 등가 회로로 구성하고자 한다. 이때 V 및 R의 값은?

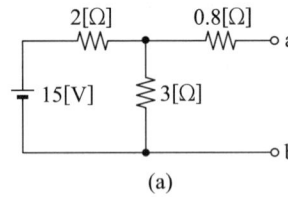 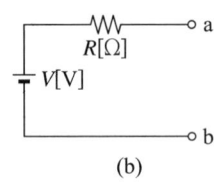

(a) (b)

① 6[V], 2[Ω] ② 6[V], 6[Ω]
③ 9[V], 2[Ω] ④ 9[V], 6[Ω]

해설

- $V_{ab} = \dfrac{3}{2+3} \times 15 = 9[\mathrm{V}]$
- $R_{ab} = 0.8 + \dfrac{2 \times 3}{2+3} = 2[\Omega]$

| 정답 | 01 ④ 02 ① 03 ③

독학이 쉬워지는 기초개념

브리지 평형
전압이 같은 절점 사이의 저항은 회로에 아무 영향도 미치지 않는다.

THEME 06 브리지 평형 회로

1 정의

회로망에서 두 절점의 전위차가 같은 조건이 성립하면 그 절점 사이에는 전류가 흐르지 않는다. 따라서 그 절점 사이의 소자를 소거시키더라도 회로망에 어떠한 영향도 미치지 않는 성질이 있다.

2 내용

그림과 같은 회로망에서 두 절점 간의 전위차가 같다는 조건을 적용하면 다음과 같다.

$V_1 = V_2$

$\rightarrow \dfrac{R_2}{R_1+R_2} V = \dfrac{R_4}{R_3+R_4} V$

$\rightarrow R_2 R_3 + R_2 R_4 = R_1 R_4 + R_2 R_4$

$\rightarrow R_2 R_3 = R_1 R_4$ (브리지 평형 조건)

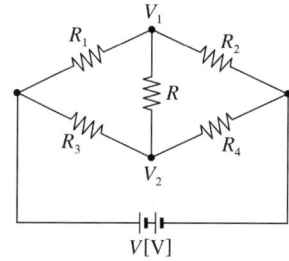

▲ 브리지 회로

위의 브리지 평형 조건이 성립하면 두 절점의 전위차는 같다.
따라서 저항 R에는 전류가 흐르지 않으므로 R을 개방시키더라도 회로에 어떠한 영향도 미치지 않는다.

기출예제

회로에서 단자 a-b 사이의 합성 저항 R_{ab}는 몇 $[\Omega]$인가?(단, 저항의 크기는 $r[\Omega]$이다.)

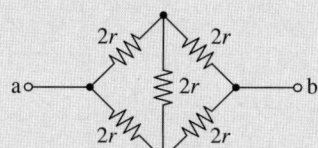

① $\dfrac{1}{3}r$ ② $\dfrac{1}{2}r$
③ r ④ $2r$

| 해설 |
브리지 평형 상태이므로 중간의 $2r$ 저항은 개방시키고 합성 저항을 구한다.

$R_{ab} = \dfrac{(2r+2r) \times (2r+2r)}{(2r+2r)+(2r+2r)} = \dfrac{16r^2}{8r} = 2r\,[\Omega]$

답 ④

기출예제

그림의 T 회로에서 전류 I_1은 몇 [A]인가?

① 0.625
② 1.333
③ 1.505
④ 1.673

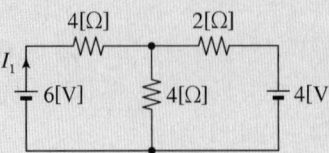

| 해설 |

밀만의 정리에 의하여 중간 4[Ω] 양단에 걸리는 전압을 구한다.

$$V_{4[\Omega]} = \frac{\frac{V_1}{R_1}+\frac{V_2}{R_2}+\frac{V_3}{R_3}}{\frac{1}{R_1}+\frac{1}{R_2}+\frac{1}{R_3}} = \frac{\frac{6}{4}+\frac{0}{4}+\frac{4}{2}}{\frac{1}{4}+\frac{1}{4}+\frac{1}{2}} = 3.5[V]$$

따라서 전류 I_1은 $I_1 = \dfrac{6-3.5}{4} = 0.625[A]$ 이다.

답 ①

THEME 05 가역 정리

1 정의

회로의 입력 측 에너지와 출력 측 에너지는 항상 같다는 회로망 이론이다.

2 내용

그림과 같은 회로망에서 입력 에너지(P_1)와 출력 에너지(P_2)는 서로 같다(에너지 보존 법칙).

- $P_1 = P_2$
- $V_1 I_1 = V_2 I_2$

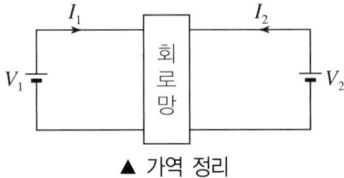

▲ 가역 정리

기출예제

그림과 같은 선형 회로망에서 단자 a, b 간에 100[V]의 전압을 가할 때 c, d에 흐르는 전류가 5[A]였다. 반대로 같은 회로에서 c, d 간에 50[V]를 가하면 a, b에 흐르는 전류[A]는?

① 2.5[A]
② 5[A]
③ 7.5[A]
④ 10[A]

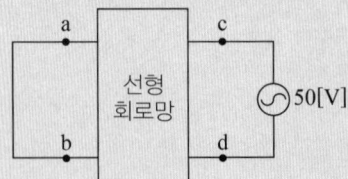

| 해설 |

$V_1 I_1 = V_2 I_2 \Rightarrow I_1 = \dfrac{V_2 I_2}{V_1} = \dfrac{50 \times 5}{100} = 2.5[A]$

답 ①

독학이 쉬워지는 기초개념

기출예제

다음 회로에서 $10[\Omega]$의 저항에 흐르는 전류는?

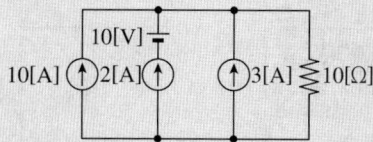

① 20[A]   ② 15[A]
③ 10[A]   ④ 8[A]

| 해설 |
중첩의 원리를 적용하여 각각 단독의 전원만 존재할 때 $10[\Omega]$ 저항에 흐르는 각 전류
- $I_{10[A]} = 10[A]$ (10[V] 전압원 단락, 2[A], 3[A] 전류원 개방)
- $I_{10[V]} = 0[A]$ (10[A], 2[A], 3[A] 전류원 개방)
- $I_{2[A]} = 2[A]$ (10[V] 전압원 단락, 10[A], 3[A] 전류원 개방)
- $I_{3[A]} = 3[A]$ (10[V] 전압원 단락, 10[A], 2[A] 전류원 개방)

따라서 $10[\Omega]$ 저항에 흐르는 총 전류는 아래와 같다.
$I = 10 + 0 + 2 + 3 = 15[A]$

답 ②

Tip 강의 꿀팁

밀만의 정리는 모든 전원의 주파수가 같은 회로에 적용할 수 있어요.

THEME 04 밀만의 정리

1 정의

여러 개의 전압원이 병렬로 접속된 회로에서 출력 단자(a, b)의 전압을 구할 때 적용하는 회로망 해석 기법이다.

2 내용

다음과 같은 회로에서 노튼 정리를 이용하여 변환한 후 각 지로에 옴의 법칙을 적용해 해석하면 아래와 같다.

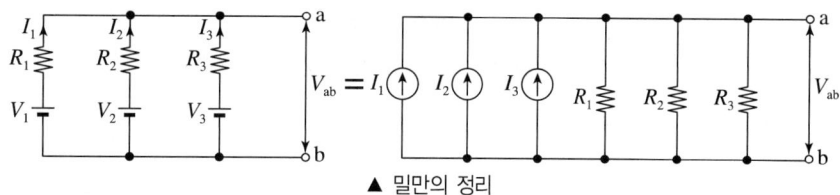

▲ 밀만의 정리

$$V_{ab} = IR = \frac{\sum I}{\sum \frac{1}{R}} = \frac{I_1 + I_2 + I_3}{\frac{1}{R_1} + \frac{1}{R_2} + \frac{1}{R_3}}$$

$$= \frac{\frac{V_1}{R_1} + \frac{V_2}{R_2} + \frac{V_3}{R_3}}{\frac{1}{R_1} + \frac{1}{R_2} + \frac{1}{R_3}} [V]$$

기출예제

 그림의 (a), (b)가 등가가 되기 위한 $I_g[\text{A}]$, $R[\Omega]$ 값은?

① 0.5, 10
② 0.5, $\frac{1}{10}$
③ 5, 10
④ 10, 10

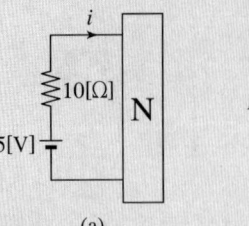 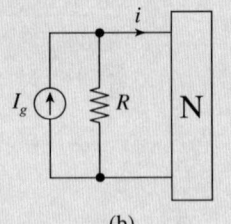

| 해설 |
- $I_g = \dfrac{V}{R} = \dfrac{5}{10} = 0.5[\text{A}]$
- $R = R_T = 10[\Omega]$

답 ①

THEME 03 중첩의 원리

1 정의

여러 개의 전압원과 전류원이 있는 회로망을 각각 1개의 전압원과 전류원이 있는 회로로 나누어 해석한 후 각 결과를 합하여 회로를 해석하는 기법이다.

2 내용

전압원과 전류원이 있는 회로의 일부에 흐르는 전류 I_2는 다음과 같이 전원이 각각 1개인 회로로 나누어 해석할 수 있다.

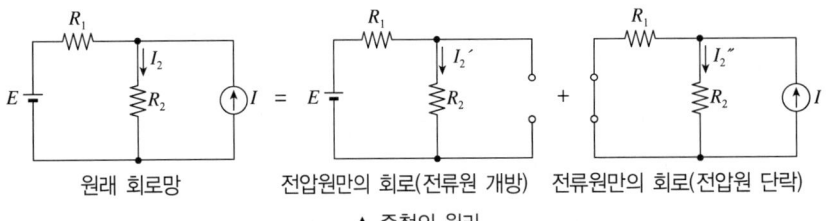

▲ 중첩의 원리

이때 분리된 회로의 각 전류 $I_2{'}$, $I_2{''}$는 다음과 같이 계산한다.

- $I_2{'} = \dfrac{E}{R_1 + R_2}[\text{A}]$

- $I_2{''} = \dfrac{R_1}{R_1 + R_2} I[\text{A}]$

따라서 R_2에 실제로 흐르는 전류는 아래와 같다.

$I_2 = I_2{'} + I_2{''}[\text{A}]$

> **Tip 강의 꿀팁**
>
> **중첩의 원리**
> 여러 개의 전압원과 전류원이 있는 회로에 적용할 수 있어요. 또한, 중첩의 원리는 선형 회로에만 적용할 수 있어요.

독학이 쉬워지는 기초개념

기출예제

중요도 그림과 같은 회로에서 저항 $1.2[\Omega]$에 흐르는 전류는 몇 $[A]$인가?

① 0.4
② 0.33
③ 0.2
④ 0.11

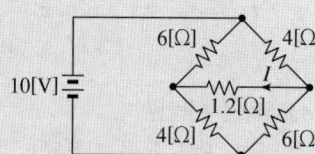

| 해설 |

부하 저항 $1.2[\Omega]$을 개방한 상태에서 양 단자에서 본 테브난 저항과 테브난 전압을 구한다.

$R_{th} = \dfrac{6 \times 4}{6+4} + \dfrac{4 \times 6}{4+6} = 4.8[\Omega]$, $V_{th} = \dfrac{6}{4+6} \times 10 - \dfrac{4}{6+4} \times 10 = 2[V]$

따라서 $1.2[\Omega]$에 흐르는 전류는 아래와 같다.

$I_L = \dfrac{V_{th}}{R_{th}+R_L} = \dfrac{2}{4.8+1.2} = 0.33[A]$

답 ②

2 노튼 정리

(1) 정의

테브난 회로의 전압원을 전류원으로, 직렬 저항을 병렬 저항으로 등가 변환하여 해석하는 기법이다.

(2) 내용

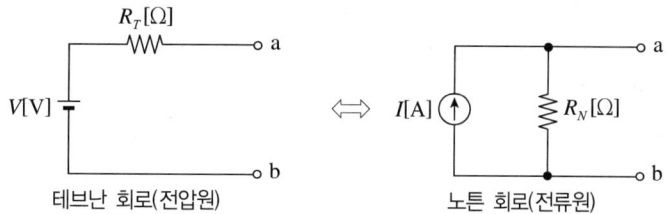

▲ 테브난 ↔ 노튼 등가 변환

① 테브난 저항(R_T)과 노튼 저항(R_N)의 저항 값은 같다.
② 접속 방법은 직렬과 병렬 접속 차이 밖에 없다.
③ 전압과 전류의 등가 변환은 옴의 법칙에 의하여 구한다.
  • $V = IR_N[V]$
  • $I = \dfrac{V}{R_T}[A]$
④ 회로망 해석에서 테브난 회로와 노튼 회로는 서로 자유로운 변환이 가능하다.

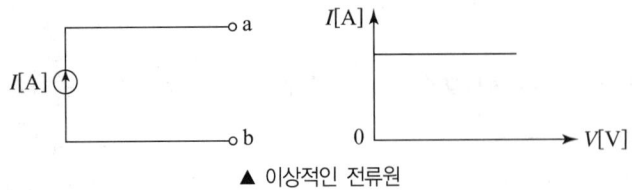

▲ 이상적인 전류원

(2) 실제적인 전류원
① 내부 저항 R이 전류원에 병렬로 존재하는 경우를 말한다.
② 이 경우에는 내부 저항 R에서 전류의 분류가 이루어지므로 그림과 같이 전압의 크기에 비례하여 전류의 크기가 점차 감소하는 특성을 보인다.

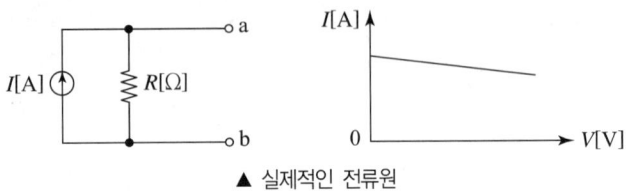

▲ 실제적인 전류원

> **실제적인 전류원**
> 전류원과 내부 저항이 병렬로 연결된 회로이다.

THEME 02 테브난 정리 및 노튼 정리

1 테브난 정리

(1) 정의
복잡한 회로를 1개의 전압원과 1개의 직렬 저항으로 한 실제적인 전압원 회로로 바꾸어 쉽게 풀이하는 회로 해석 기법 중 하나이다.

(2) 내용

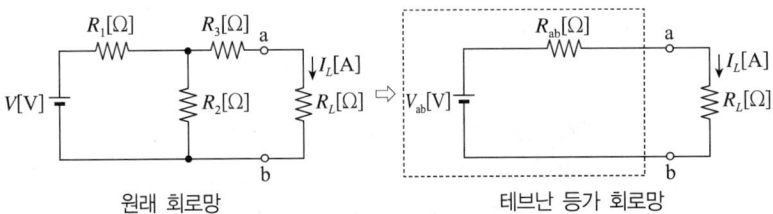

▲ 테브난 정리 설명도

① 부하 저항(R_L)을 제거(개방)하여 회로의 a, b 단자를 개방 상태로 둔다.
② a, b 단자에서 본 테브난 등가 저항과 등가 전압을 구한다.

- $R_{ab} = \dfrac{R_1 \times R_2}{R_1 + R_2} + R_3\,[\Omega]$

- $V_{ab} = \dfrac{R_2}{R_1 + R_2}\,V\,[\mathrm{V}]$

③ a, b 단자에 부하 저항(R_L)을 연결하여 회로를 해석한다.

- $I_L = \dfrac{V_{ab}}{R_{ab} + R_L}\,[\mathrm{A}]$

> **테브난 등가 저항 R_{ab} 계산**
> 전압원은 단락, 전류원은 개방한 후 두 단자 사이의 저항을 계산한다.

CHAPTER 05 회로망 해석 기법

독학이 쉬워지는 기초개념

THEME 01 전원의 등가 변환

1 전압원

(1) 이상적인 전압원

① 내부 저항 R이 0인 경우를 말한다.
② 이 경우에는 전압원 내부에 전압강하가 없으므로 그림과 같이 전류의 크기에 상관없이 전압의 크기가 일정한 특성을 보인다.

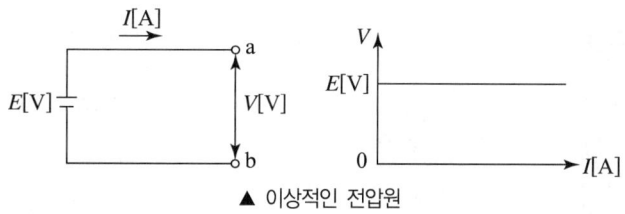

▲ 이상적인 전압원

> **Tip 강의 꿀팁**
> 이상적인 전압원의 내부 저항은 $0[\Omega]$이에요.

실제적인 전압원
전압원과 내부 저항이 직렬로 연결된 회로이다.

(2) 실제적인 전압원

① 내부 저항 R이 전압원에 직렬로 존재하는 경우를 말한다.
② 이 경우에는 내부 저항 R에서 전압강하가 발생하므로 그림과 같이 전류의 크기에 비례하여 전압의 크기가 점차 감소하는 특성을 보인다.

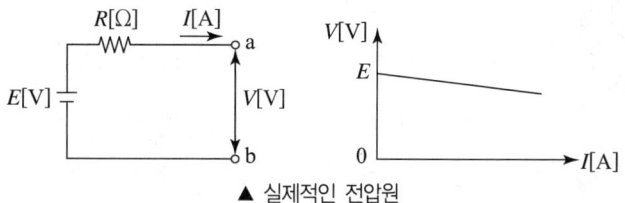

▲ 실제적인 전압원

2 전류원

(1) 이상적인 전류원

① 내부 저항 R이 ∞인 경우를 말한다.
② 이 경우에는 전류원 내부에 전류의 분류가 없으므로 그림과 같이 전압의 크기에 상관없이 전류의 크기가 일정한 특성을 보인다.

> **Tip 강의 꿀팁**
> 이상적인 전류원의 내부 저항은 $\infty[\Omega]$이에요.

학습 전략

회로망 해석 기법에서는 테브난 정리, 노튼 정리, 중첩의 원리를 먼저 학습하며, 이 3가지 회로망 해석 기법을 터득하는 것이 이 챕터의 가장 중요한 학습 목표입니다. 이후에는 나머지 회로망 해석 기법인 밀만의 정리, 가역 정리, 브리지 평형 원리 순서로 학습해 나가면 됩니다.

CHAPTER 05 | 흐름 미리보기

1. 전원의 등가 변환
2. 테브난 정리 및 노튼 정리
3. 중첩의 원리
4. 밀만의 정리
5. 가역 정리
6. 브리지 평형 회로

NEXT **CHAPTER 06**

회로망 해석 기법

1. 전원의 등가 변환
2. 테브난 정리 및 노튼 정리
3. 중첩의 원리
4. 밀만의 정리
5. 가역 정리
6. 브리지 평형 회로

'젊을 때 도전하라'는
구글 회장의 말은 틀렸다.
도전할 때 젊은 것이다.

— 김은주, 「1cm+」

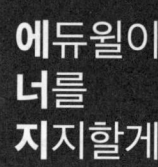

07

$20[\text{mH}]$와 $60[\text{mH}]$의 두 인덕턴스가 병렬로 연결되어 있다. 합성 인덕턴스 값$[\text{mH}]$은?(단, 상호 인덕턴스는 없는 것으로 한다.)

① $15[\text{mH}]$ ② $20[\text{mH}]$
③ $50[\text{mH}]$ ④ $75[\text{mH}]$

해설

$$L = \frac{L_1 \times L_2}{L_1 + L_2} = \frac{20 \times 60}{20 + 60} = 15[\text{mH}]$$

암기

$L = \frac{L_1 L_2 - M^2}{L_1 + L_2 - 2M}$에서 상호 인덕턴스 $M = 0$이므로

$\therefore L = \frac{L_1 L_2}{L_1 + L_2}$ (저항의 병렬 접속 계산과 동일)

08

그림과 같은 회로에서 $i_1 = I_m \sin \omega t [\text{A}]$일 때, 개방된 2차 단자에 나타나는 유기 기전력 e_2는 몇 $[\text{V}]$인가?

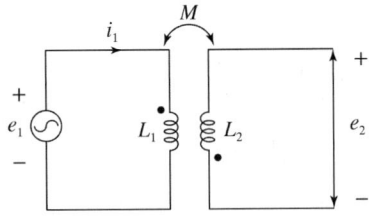

① $\omega M I_m \sin(\omega t - 90°)$ ② $\omega M I_m \cos(\omega t - 90°)$
③ $-\omega M \sin \omega t$ ④ $\omega M \cos \omega t$

해설

$$e_2 = -M\frac{di_1}{dt} = -M\frac{d}{dt}(I_m \sin \omega t)$$
$$= -MI_m \omega \cos \omega t = -MI_m \sin(\omega t + 90°)$$
$$= MI_m \omega \sin(\omega t - 90°) = \omega MI_m \sin(\omega t - 90°)[\text{V}]$$

09

어떤 코일에 흐르는 전류를 $0.5[\text{ms}]$ 동안 $5[\text{A}]$만큼 변화시켰을 때 $20[\text{V}]$의 전압이 발생한다. 이 코일의 자기 인덕턴스 $[\text{mH}]$는?

① $2[\text{mH}]$ ② $4[\text{mH}]$
③ $6[\text{mH}]$ ④ $8[\text{mH}]$

해설

$e = L\frac{di}{dt}[\text{V}]$에서

$\therefore L = e \times \frac{dt}{di} = 20 \times \frac{0.5 \times 10^{-3}}{5} = 2 \times 10^{-3}[\text{H}]$
$= 2[\text{mH}]$

10

두 코일이 있다. 한 코일의 전류가 매초 $40[\text{A}]$의 비율로 변화할 때 다른 코일에는 $20[\text{V}]$의 기전력이 발생하였다면 두 코일의 상호 인덕턴스는 몇 $[\text{H}]$인가?

① $0.2[\text{H}]$ ② $0.5[\text{H}]$
③ $1.0[\text{H}]$ ④ $2.0[\text{H}]$

해설

$e = M\frac{di}{dt} \rightarrow M = e \times \frac{dt}{di} = 20 \times \frac{1}{40} = 0.5[\text{H}]$

| 정답 | 07 ① 08 ① 09 ① 10 ②

04

그림과 같은 회로에서 $L_1[\text{H}]$ 양단의 전압 $V_1[\text{V}]$은?(단, 상호 인덕턴스는 무시한다.)

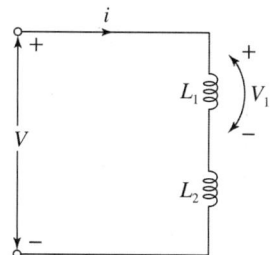

① $\dfrac{L_1}{L_1+L_2}V$ ② $\dfrac{L_1+L_2}{L_1}V$

③ $\dfrac{L_2}{L_1+L_2}V$ ④ $\dfrac{L_1+L_2}{L_2}V$

해설

전압 분배의 법칙에 의하여 아래와 같이 나타낼 수 있다.

$V_1 = \dfrac{L_1}{L_1+L_2}V[\text{V}]$

암기 인덕터의 직렬 접속

$L = L_1 + L_2 + 2M$에서 상호 인덕턴스 $M = 0$이므로

∴ $L = L_1 + L_2$(저항의 직렬접속 계산과 동일)

05

그림과 같이 1개의 콘덴서와 2개의 코일이 직렬로 접속된 회로에 $300[\text{Hz}]$의 주파수가 공진한다고 한다. 콘덴서의 정전 용량 및 코일의 자기 인덕턴스를 각각 $C = 25[\mu\text{F}]$, $L_1 = 4.3[\text{mH}]$, $L_2 = 4.6[\text{mH}]$ 라고 하면 코일 간의 상호 인덕턴스 $M[\text{mH}]$은 얼마인가?(단, 코일은 같은 방향으로 감겨져 있고, 동일축 상에 놓여져 있는 것으로 한다.)

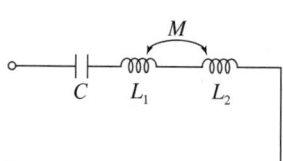

① 2.36 ② 1.18
③ 1.91 ④ 1.0

해설

문제에 주어진 조건에서 $L-C$ 직렬 공진 상태이고 인덕터는 직렬 접속의 가동 접속이므로 아래와 같다.

$\omega L = \dfrac{1}{\omega C} \Rightarrow \omega(L_1 + L_2 + 2M) = \dfrac{1}{\omega C}$

따라서 상호 인덕턴스를 구해 보면 아래와 같다.

$M = \dfrac{1}{2}\left(\dfrac{1}{\omega^2 C} - L_1 - L_2\right)$

$= \dfrac{1}{2}\left(\dfrac{1}{(2\pi \times 300)^2 \times 25 \times 10^{-6}} - 4.3 \times 10^{-3} - 4.6 \times 10^{-3}\right)$

$= 1.18 \times 10^{-3}[\text{H}] = 1.18[\text{mH}]$

06

그림은 직렬로 유도 결합된 회로이다. 단자 a-b에서 본 등가 임피던스 $Z_{ab}[\Omega]$를 나타낸 식은?

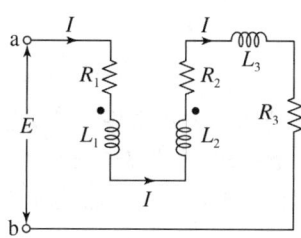

① $R_1 + R_2 + R_3 + j\omega(L_1 + L_2 - 2M)$
② $R_1 + R_2 + j\omega(L_1 + L_2 + 2M)$
③ $R_1 + R_2 + R_3 + j\omega(L_1 + L_2 + L_3 + 2M)$
④ $R_1 + R_2 + R_3 + j\omega(L_1 + L_2 + L_3 - 2M)$

해설

인덕터가 차동 접속이므로 아래와 같다.

$Z_{ab} = R + j\omega L = R_1 + R_2 + R_3 + j\omega(L_1 + L_2 + L_3 - 2M)[\Omega]$

CHAPTER 04 CBT 적중문제

01
$20[\text{mH}]$의 두 자기 인덕턴스가 있다. 결합 계수를 0.1부터 0.9까지 변화시킬 수 있다면 이것을 접속시켜 얻을 수 있는 합성 인덕턴스의 최대값과 최소값의 비는?

① $9:1$
② $19:1$
③ $13:1$
④ $16:1$

해설
두 개의 인덕터가 가동 접속과 차동 접속인 경우의 합성 인덕턴스
- $L = L_1 + L_2 + 2M = L_1 + L_2 + 2k\sqrt{L_1 L_2}$
- $L = L_1 + L_2 - 2M = L_1 + L_2 - 2k\sqrt{L_1 L_2}$

위 두 식에 문제의 조건을 대입한다.
- $L = L_1 + L_2 + 2M = L_1 + L_2 + 2k\sqrt{L_1 L_2}$
  $= 20 + 20 + 2 \times 0.9 \times \sqrt{20 \times 20} = 76[\text{mH}]$(최대값)
- $L = L_1 + L_2 - 2M = L_1 + L_2 - 2k\sqrt{L_1 L_2}$
  $= 20 + 20 - 2 \times 0.9 \times \sqrt{20 \times 20} = 4[\text{mH}]$(최소값)

따라서 최대값과 최소값의 비는 $76:4$
이를 4로 약분하면 $19:1$

02
그림과 같이 고주파 브리지를 가지고 상호 인덕턴스를 측정하고자 한다. 그림 (a)와 같이 접속하면 합성 자기 인덕턴스는 $30[\text{mH}]$이고, (b)와 같이 접속하면 $14[\text{mH}]$이다. 상호 인덕턴스$[\text{mH}]$는?

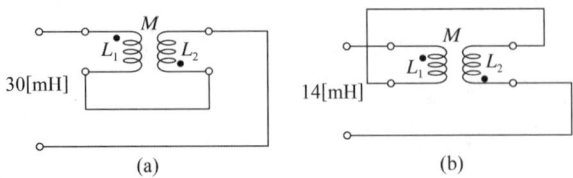

① 2
② 4
③ 3
④ 16

해설
문제에 주어진 각각의 회로의 경우
(a) 회로(가동 접속): $30 = L_1 + L_2 + 2M$
(b) 회로(차동 접속): $14 = L_1 + L_2 - 2M$
위 두 식을 빼서 상호 인덕턴스를 구하면 아래와 같다.
$16 = 4M \Rightarrow M = \dfrac{16}{4} = 4[\text{mH}]$

03
다음 회로의 $A - B$ 간의 합성 임피던스 $Z_0[\Omega]$는?

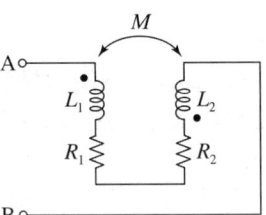

① $R_1 + R_2 + j\omega M$
② $R_1 + R_2 - j\omega M$
③ $R_1 + R_2 + j\omega(L_1 + L_2 + 2M)$
④ $R_1 + R_2 + j\omega(L_1 + L_2 - 2M)$

해설
문제에 주어진 유도 회로는 가동 결합이므로 합성 임피던스는 아래와 같다.
$Z_0 = R + j\omega L = R_1 + R_2 + j\omega(L_1 + L_2 + 2M)[\Omega]$

| 정답 | 01 ② 02 ② 03 ③

독학이 쉬워지는 기초개념

기출예제

중요도 전원 측 저항 $1[k\Omega]$, 부하 저항 $10[\Omega]$일 때 이것에 변압비 $n:1$의 이상 변압기를 사용하여 정합을 취하려고 한다. n의 값으로 옳은 것은?

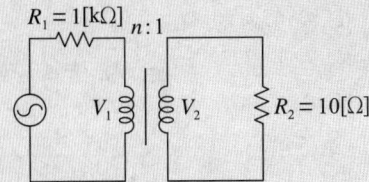

① 1 ② 10
③ 100 ④ 1,000

| 해설 |
변압기의 권수비

$a = \dfrac{N_1}{N_2} = \dfrac{V_1}{V_2} = \dfrac{I_2}{I_1} = \sqrt{\dfrac{Z_1}{Z_2}} = \sqrt{\dfrac{1 \times 10^3}{10}} = 10$

답 ②

기출예제

인덕턴스 L_1, L_2가 각각 $3[\text{mH}]$, $6[\text{mH}]$인 두 코일 간의 상호 인덕턴스 M이 $4[\text{mH}]$라고 하면 결합 계수 k는?

① 약 0.94
② 약 0.44
③ 약 0.89
④ 약 1.12

| 해설 |

$$k = \frac{M}{\sqrt{L_1 L_2}} = \frac{4}{\sqrt{3 \times 6}} = 0.94$$

답 ①

THEME 05 유도 전압

1 패러데이의 전자 유도 법칙

(1) 어느 코일에 전류가 흐르면 앙페르의 법칙에 의하여 자속이 발생하고, 이 자속의 변화에 의하여 인덕턴스 회로에는 유도 기전력이 유도된다.

(2) 이 유도되는 기전력은 자기 인덕턴스 및 상호 인덕턴스 회로 모두에 발생한다.

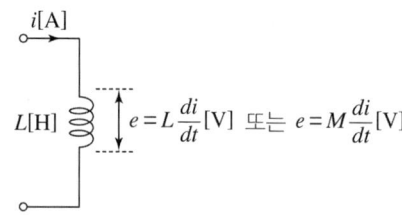

▲ 패러데이의 전자 유도 법칙

독학이 쉬워지는 기초개념

패러데이 – 렌츠의 법칙
$$e = -N\frac{d\phi}{dt} = -L\frac{di}{dt}[\text{V}]$$

2 유도 작용을 이용한 전력기기

(1) 유도 작용을 이용한 대표적인 전력기기에는 변압기가 있다.
(2) 변압기의 권수비는 다음과 같다.

$$a = \frac{N_1}{N_2} = \frac{V_1}{V_2} = \frac{I_2}{I_1} = \sqrt{\frac{Z_1}{Z_2}}$$

단, N_1, N_2: 변압기의 1차, 2차 권선 횟수[회]
 V_1, V_2: 변압기의 1차, 2차 전압[V]
 I_1, I_2: 변압기의 1차, 2차 전류[A]
 Z_1, Z_2: 변압기의 1차, 2차 임피던스[Ω]

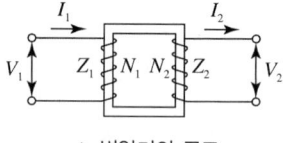

▲ 변압기의 구조

독학이 쉬워지는 기초개념

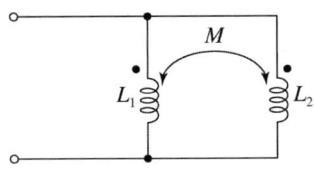
2개 코일의 병렬 가동 접속

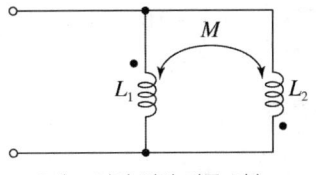
2개 코일의 병렬 차동 접속

▲ 인덕터의 병렬 접속 방법

- 병렬 가동 접속: $L = \dfrac{L_1 L_2 - M^2}{L_1 + L_2 - 2M}$ [H]

- 병렬 차동 접속: $L = \dfrac{L_1 L_2 - M^2}{L_1 + L_2 + 2M}$ [H]

기출예제

중요도 그림과 같은 회로의 합성 인덕턴스는?

① $\dfrac{L_1 - M^2}{L_1 + L_2 - 2M}$

② $\dfrac{L_2 - M^2}{L_1 + L_2 - 2M}$

③ $\dfrac{L_1 L_2 + M^2}{L_1 + L_2 - 2M}$

④ $\dfrac{L_1 L_2 - M^2}{L_1 + L_2 - 2M}$

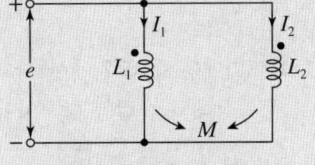

| 해설 |
문제에 주어진 인덕터의 병렬 회로는 가동 접속이므로

$L = \dfrac{L_1 L_2 - M^2}{L_1 + L_2 - 2M}$

답 ④

THEME 04 결합 계수

1 결합 계수의 정의
두 개의 코일 회로의 자속에 의한 유도 결합 정도를 나타내는 정수이다.

2 결합 계수 관계식

$$k = \dfrac{M}{\sqrt{L_1 L_2}}$$

(1) $k = 0$: 무결합(두 코일 간의 쇄교 자속이 전혀 없는 상태)
(2) $k = 1$: 완전 결합(누설 자속이 전혀 없이 자속이 전부 쇄교되는 상태)
(3) 보통 결합 계수 값은 '$0 \leq k \leq 1$'의 범위이다.

결합 계수의 범위
$0 \leq k \leq 1$

THEME 02 　인덕터의 직렬 접속 방법

1 가동 결합

(1) 두 개의 코일을 같은 방향으로 직렬 접속한 회로이다.
(2) 이때에는 두 코일에서 나오는 자속이 합해지는 결합 방식이다.
(3) 코일의 감는 방향은 보통 점(•)으로 표시한다.

$$L = L_1 + L_2 + M + M$$
$$= L_1 + L_2 + 2M [\text{H}]$$

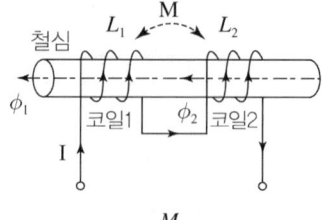

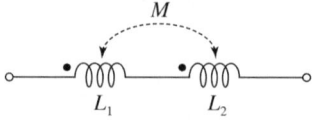

▲ 가동 결합 회로

2 차동 결합

(1) 두 개의 코일을 반대 방향으로 직렬 접속한 회로이다.
(2) 이때에는 두 코일에서 나오는 자속이 서로 상쇄되는 결합 방식이다.

$$L = L_1 + L_2 - M - M$$
$$= L_1 + L_2 - 2M [\text{H}]$$

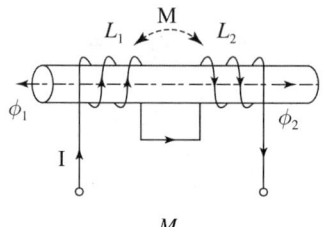

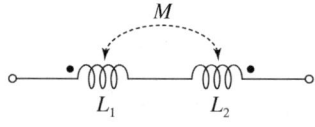

▲ 차동 결합 회로

Tip 강의 꿀팁
점의 위치를 파악하는 것이 중요해요.

기출예제

그림과 같은 결합 회로의 등가 인덕턴스[H]는?

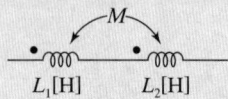

① $L_1 + L_2 + M [\text{H}]$　　② $L_1 + L_2 - M [\text{H}]$
③ $L_1 + L_2 + 2M [\text{H}]$　　④ $L_1 + L_2 - 2M [\text{H}]$

| 해설 |
문제에 주어진 인덕터의 직렬 회로는 가동 결합이므로 $L = L_1 + L_2 + 2M [\text{H}]$

답 ③

THEME 03 　인덕터의 병렬 접속 방법

1 인덕터의 병렬 접속

(1) 인덕터의 병렬 접속에도 가동 접속법과 차동 접속법이 있다.
(2) 병렬 접속의 합성 인덕턴스값은 저항의 병렬 합성 계산법과 거의 동일하다.

Tip 강의 꿀팁
인덕터가 병렬 접속일 경우, 공식 유도보다는 공식을 정리하고 암기하는 것이 더 효과적인 공부 방법이에요.

CHAPTER 04 유도 결합 회로

독학이 쉬워지는 기초개념

THEME 01 인덕턴스의 종류

1 자기 인덕턴스(L[H])

(1) 어느 한 단독 회로에 전류 I[A]를 흘릴 경우, '앙페르의 오른손 법칙'에 의해 발생하는 자속 ϕ[Wb]와의 관계를 나타내는 비례 상수이다.
(2) 자기 인덕턴스의 기호는 'L'로 표시한다.
- $\phi = LI$[Wb]
- $L = \dfrac{\phi}{I}$[H]

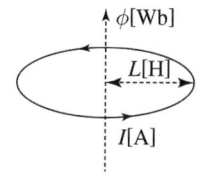

▲ 앙페르의 법칙

> **Tip 강의 꿀팁**
> 자기 인덕턴스는 자속이 단독 회로에 쇄교하면 발생하고, 두 회로 이상에서는 자기와 상호 인덕턴스가 발생해요.

2 상호 인덕턴스(M[H])

(1) 두 개 이상의 회로에서 어느 한 회로에 전류 I[A]를 흘릴 경우, 다른 회로에서 쇄교하는 ϕ[Wb]와의 관계를 나타내는 비례 상수이다.
(2) 상호 인덕턴스의 기호는 'M'으로 표시한다.

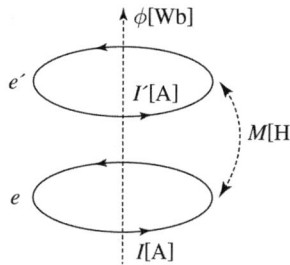

- $\phi = MI$[Wb]
- $M = \dfrac{\phi}{I}$[H]

▲ 2개의 코일 회로

학습 전략

유도 결합 회로는 자기 인덕턴스와 상호 인덕턴스의 차이를 철저하게 파악한 후, 인덕터의 직렬 접속과 병렬 접속일 경우의 계산 공식을 학습하는 것이 좋습니다. 또한 유도 작용에 따른 유도 회로에서의 기전력이 어떻게 유기되는지도 파악해 두어야 합니다. 이러한 내용만 정확하게 학습한다면 유도 결합 회로는 큰 어려움 없이 이해가 될 것입니다.

CHAPTER 04 | 흐름 미리보기

1. 인덕턴스의 종류
2. 인덕터의 직렬 접속 방법
3. 인덕터의 병렬 접속 방법
4. 결합 계수
5. 유도 전압

NEXT **CHAPTER 05**

유도 결합 회로

1. 인덕턴스의 종류
2. 인덕터의 직렬 접속 방법
3. 인덕터의 병렬 접속 방법
4. 결합 계수
5. 유도 전압

26

그림과 같은 회로에서 공진 시의 어드미턴스[℧]는?

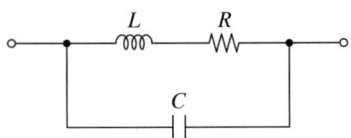

① $\dfrac{CR}{L}$ ② $\dfrac{LC}{R}$

③ $\dfrac{C}{RL}$ ④ $\dfrac{R}{LC}$

해설

문제에 주어진 회로의 어드미턴스를 구해 보면 아래와 같다.

$Y = \dfrac{1}{R+j\omega L} + j\omega C = \dfrac{R-j\omega L}{R^2 + (\omega L)^2} + j\omega C$

$= \dfrac{R}{R^2 + (\omega L)^2} + j\left(\omega C - \dfrac{\omega L}{R^2 + (\omega L)^2}\right)[℧]$

회로가 공진이 되기 위해서는 허수부가 0이어야 한다.

$\omega C - \dfrac{\omega L}{R^2 + (\omega L)^2} = 0 \Rightarrow \omega C = \dfrac{\omega L}{R^2 + (\omega L)^2}$, $R^2 + (\omega L)^2 = \dfrac{L}{C}$

따라서 공진 시 어드미턴스는 아래와 같다.

$Y_0 = \dfrac{R}{R^2 + (\omega L)^2} = \dfrac{R}{\dfrac{L}{C}} = \dfrac{CR}{L}[℧]$

27

그림과 같은 회로에서 전류 I[A]는?

① 0.2
② 0.5
③ 0.7
④ 0.9

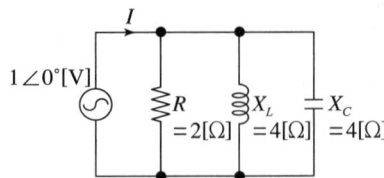

해설

$I_R = \dfrac{V}{R} = \dfrac{1}{2} = 0.5\,[A]$

$I_L = \dfrac{V}{X_L} = \dfrac{1}{4} = 0.25\,[A]\,(지상)$

$I_C = \dfrac{V}{X_C} = \dfrac{1}{4} = 0.25\,[A]\,(진상)$

$\therefore I = I_R + j(I_C - I_L) = 0.5 + j(0.25 - 0.25) = 0.5[A]$

24

RLC 직렬 회로에서 전원 전압을 V라 하고, L, C에 걸리는 전압을 각각 V_L 및 V_C라고 하면 선택도 Q는?

① $\dfrac{CR}{L}$ ② $\dfrac{CL}{R}$

③ $\dfrac{V}{V_L}$ ④ $\dfrac{V_C}{V}$

해설

선택도(전압 확대비)

$Q = \dfrac{V_L}{V} = \dfrac{V_C}{V} = \dfrac{1}{R}\sqrt{\dfrac{L}{C}}$

25

그림과 같은 회로에서 a-b 양단 간의 전압은 몇 [V]인가?

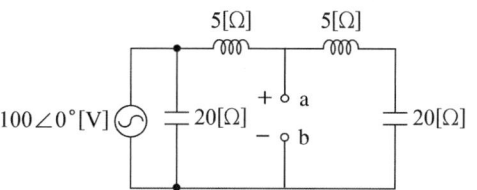

① 80[V]   ② 90[V]
③ 120[V]   ④ 150[V]

해설

회로를 정리하여 변환하면 다음과 같다.

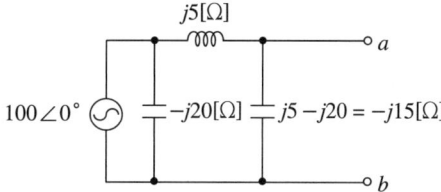

전압 분배법칙을 이용하면 $a-b$ 양단 간의 전압을 구할 수 있다.

$V_{ab} = \dfrac{(-j15)}{j5 + (-j15)} \times 100 = 150[\text{V}]$

20

$R = 50[\Omega]$, $L = 200[\text{mH}]$의 직렬 회로에서 주파수 $f = 50[\text{Hz}]$의 교류에 대한 역률[%]은?

① 82.3 ② 72.3
③ 62.3 ④ 52.3

해설

문제의 인덕턴스를 리액턴스 값으로 환산한다.
$X = 2\pi f L = 2\pi \times 50 \times 200 \times 10^{-3} = 62.83[\Omega]$
따라서 역률은 아래와 같다.

$\cos\theta = \dfrac{R}{\sqrt{R^2 + X^2}} \times 100$

$= \dfrac{50}{\sqrt{50^2 + 62.83^2}} \times 100 = 62.3[\%]$

21

단상 유도 부하 $R + j\omega L[\Omega]$에 정전 용량 $C[\text{F}]$을 병렬로 접속하여 회로의 역률을 1로 만들었다. 이 경우의 $C[\text{F}]$의 값은?

① $\dfrac{L}{R - \omega L}$ ② $\dfrac{L}{R + \omega L}$

③ $\dfrac{L}{R^2 - \omega^2 L^2}$ ④ $\dfrac{L}{R^2 + \omega^2 L^2}$

해설

문제에 주어진 회로의 합성 어드미턴스는 아래와 같다.

$Y = \dfrac{1}{R + j\omega L} + j\omega C = \dfrac{R - j\omega L}{R^2 + (\omega L)^2} + j\omega C$

$= \dfrac{R}{R^2 + (\omega L)^2} + j\left(\omega C - \dfrac{\omega L}{R^2 + (\omega L)^2}\right)[\mho]$

역률이 1이라고 하였으므로 허수부 값은 0이 되어야 한다.

$\omega C = \dfrac{\omega L}{R^2 + (\omega L)^2} \Rightarrow C = \dfrac{L}{R^2 + (\omega L)^2}[\text{F}]$

22

$R = 100[\Omega]$, $X_C = 100[\Omega]$이고 L만을 가변할 수 있는 RLC 직렬 회로가 있다. 이때 $f = 500[\text{Hz}]$, $E = 100[\text{V}]$를 인가하여 L을 변화시킬 때 L의 단자 전압 E_L의 최대값은 몇 [V]인가?(단, 공진 회로이다.)

① 50 ② 100
③ 150 ④ 200

해설

$R-L-C$ 직렬 회로에서 공진 회로라고 하였으므로 $X_L = X_C$의 조건이 된다. 회로의 전류를 제어하는 소자는 저항 $R = 100[\Omega]$밖에 없다.
$I = \dfrac{V}{R} = \dfrac{100}{100} = 1[\text{A}]$
따라서 L의 단자 전압 E_L은 아래와 같다.
$E_L = IX_L = IX_C = 1 \times 100 = 100[\text{V}]$

23

$R-L-C$ 직렬 회로에서 공진 시의 전류는 공급 전압에 대하여 어떤 위상차를 갖는가?

① 0° ② 90°
③ 180° ④ 270°

해설

$R-L-C$ 직렬 회로에서 공진에서는 유도성 리액턴스 ωL과 용량성 리액턴스 $\dfrac{1}{\omega C}$이 같아져서 저항 R만의 회로가 되므로 전압과 전류의 위상차는 0°이다.

| 정답 | 20 ③ 21 ④ 22 ② 23 ①

16
그림과 같은 회로에서 유도성 리액턴스 X_L의 값[Ω]은?

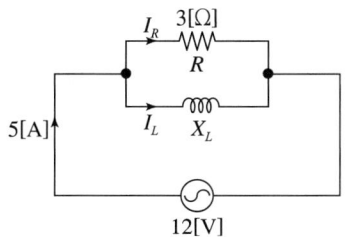

① 8
② 6
③ 4
④ 1

해설
저항에 흐르는 전류는 아래와 같다.
$I_R = \dfrac{V}{R} = \dfrac{12}{3} = 4[A]$
회로 전체의 전류가 5[A]이므로 리액터에 흐르는 전류는 아래와 같다.
$I_L = \sqrt{I^2 - I_R^2} = \sqrt{5^2 - 4^2} = 3[A]$
따라서 리액턴스값은 아래와 같다.
$X_L = \dfrac{V}{I_L} = \dfrac{12}{3} = 4[\Omega]$

17
저항 $\dfrac{1}{3}[\Omega]$, 유도 리액턴스 $\dfrac{1}{4}[\Omega]$인 $R-L$ 병렬 회로의 합성 어드미턴스[℧]는?

① $3+j4$
② $3-j4$
③ $\dfrac{1}{3}+j\dfrac{1}{4}$
④ $\dfrac{1}{3}-j\dfrac{1}{4}$

해설
$Y = \dfrac{1}{R} + \dfrac{1}{jX_L} = \dfrac{1}{\frac{1}{3}} - j\dfrac{1}{\frac{1}{4}} = 3 - j4[℧]$

18
RL 병렬 회로의 합성 임피던스[Ω]는?(단, ω[rad/s]는 이 회로의 각 주파수이다.)

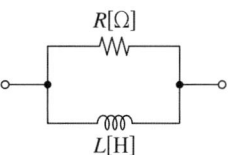

① $R\left(1 + j\dfrac{\omega L}{R}\right)$
② $R\left(1 - j\dfrac{1}{\omega L}\right)$
③ $\dfrac{R}{1 - j\dfrac{R}{\omega L}}$
④ $\dfrac{R}{1 + j\dfrac{R}{\omega L}}$

해설
$Z = \dfrac{R \times j\omega L}{R + j\omega L} = \dfrac{\frac{j\omega RL}{j\omega L}}{\frac{R + j\omega L}{j\omega L}} = \dfrac{R}{1 - j\dfrac{R}{\omega L}}[\Omega]$

19
그림과 같이 저항 $R = 3[\Omega]$과 용량 리액턴스 $\dfrac{1}{\omega C} = 4[\Omega]$인 콘덴서가 병렬로 연결된 회로에 $100[V]$의 교류 전압을 인가할 때, 합성 임피던스 $Z[\Omega]$는?

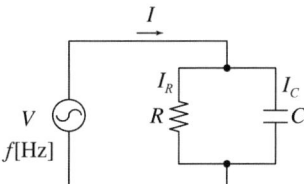

① 1.2
② 1.8
③ 2.2
④ 2.4

해설
$Z = \dfrac{R \times \dfrac{1}{j\omega C}}{R + \dfrac{1}{j\omega C}} = \dfrac{R \times \left(-j\dfrac{1}{\omega C}\right)}{R - j\dfrac{1}{\omega C}} = \dfrac{3 \times (-j4)}{3 - j4} = 1.92 - j1.44[\Omega]$
$\therefore |Z| = \sqrt{1.92^2 + 1.44^2} = 2.4[\Omega]$

14

그림과 같은 회로에서 지로 전류 I_L[A]와 I_C[A]가 크기는 같고 $90°$의 위상차를 이루는 조건은?

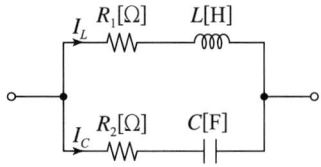

① $R_1 = R_2,\ R_2 = \dfrac{1}{\omega C}$

② $R_1 = \dfrac{1}{\omega C},\ R_2 = \omega L$

③ $R_1 = \omega L,\ R_2 = -\dfrac{1}{\omega C}$

④ $R_1 = -\omega L,\ R_2 = \dfrac{1}{\omega L}$

해설

각각의 지로 전류를 구해 보면 아래와 같다.

$I_L = \dfrac{V}{R_1 + j\omega L}$, $I_C = \dfrac{V}{R_2 + \dfrac{1}{j\omega C}}$

위의 두 지로 전류의 크기가 같고, 위상차가 90°이므로

$jI_L = I_C \Rightarrow j\dfrac{V}{R_1 + j\omega L} = \dfrac{V}{R_2 + \dfrac{1}{j\omega C}}$

위 식을 정리하여 각각의 조건을 구해 보면 아래와 같다.

$j\dfrac{V}{R_1 + j\omega L} = \dfrac{V}{R_2 + \dfrac{1}{j\omega C}} \Rightarrow jR_2 + \dfrac{1}{\omega C} = R_1 + j\omega L$

$\therefore R_1 = \dfrac{1}{\omega C}[\Omega],\ R_2 = \omega L[\Omega]$

15

정현파 교류 전원인 $e = E_m \sin(\omega t + \theta)$[V]가 인가된 $R-L-C$ 직렬 회로에 있어서 $\omega L > \dfrac{1}{\omega C}$ 일 경우, 이 회로에 흐르는 전류 I[A]의 위상은 인가 전압 e[V]의 위상보다 어떻게 되는가?

① $\tan^{-1}\dfrac{\omega L - \dfrac{1}{\omega C}}{R}$ 앞선다.

② $\tan^{-1}\dfrac{\omega L - \dfrac{1}{\omega C}}{R}$ 뒤진다.

③ $\tan^{-1}R\left(\dfrac{1}{\omega L} - \omega C\right)$ 앞선다.

④ $\tan^{-1}R\left(\dfrac{1}{\omega L} - \omega C\right)$ 뒤진다.

해설

$R-L-C$ 직렬 회로에서 $\omega L > \dfrac{1}{\omega C}$ 일 경우 유도성 리액턴스(ωL)가 용량성 리액턴스$\left(\dfrac{1}{\omega C}\right)$보다 크므로, 회로에 흐르는 전류가 회로에 인가한 전압보다 위상이 늦은 지상으로 작용한다.

이때의 위상각은 $\tan^{-1}\dfrac{\omega L - \dfrac{1}{\omega C}}{R}$ 로 된다.

별해

$Z = R + j\left(\omega L - \dfrac{1}{\omega C}\right) = |Z|\angle \tan^{-1}\dfrac{\omega L - \dfrac{1}{\omega C}}{R}$

$\omega L > \dfrac{1}{\omega C}$ 일 경우, $\dfrac{\omega L - \dfrac{1}{\omega C}}{R} > 0$ 이므로 전류는 지상이 된다.

10

저항 $R = 50\,[\Omega]$과 용량 리액턴스 $\dfrac{1}{\omega C} = 50\,[\Omega]$인 콘덴서가 직렬로 연결된 회로에 $100[\mathrm{V}]$의 교류 전압을 인가할 때 이 회로의 임피던스 $Z[\Omega]$와 전압, 전류의 위상차 θ는?

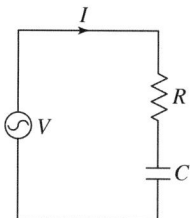

① $Z = 50\sqrt{2}$, $\theta = 45°$
② $Z = 50\sqrt{3}$, $\theta = 45°$
③ $Z = 50\sqrt{2}$, $\theta = 60°$
④ $Z = 50\sqrt{3}$, $\theta = 60°$

해설

- 임피던스

$$Z = R + \dfrac{1}{j\omega C} = R - j\dfrac{1}{\omega C} = 50 - j50\,[\Omega]$$

$$\therefore\ |Z| = \sqrt{50^2 + 50^2} = 50\sqrt{2}\,[\Omega]$$

- 위상 차

$$\theta = \tan^{-1}\dfrac{X}{R} = \tan^{-1}\dfrac{50}{50} = 45°\ (\text{진상})$$

11

$R = 100[\Omega]$, $C = 30[\mu\mathrm{F}]$의 직렬 회로에 $f = 60[\mathrm{Hz}]$, $V = 100[\mathrm{V}]$의 교류 전압을 인가할 때 전류는 약 몇 $[\mathrm{A}]$인가?

① 0.42
② 0.64
③ 0.75
④ 0.87

해설

저항과 콘덴서 직렬 회로의 임피던스 크기를 구한다.

$$Z = R + \dfrac{1}{j\omega C} = 100 - j\dfrac{1}{2\pi \times 60 \times 30 \times 10^{-6}}$$
$$= 100 - j88.4\,[\Omega]$$

$$\therefore\ |Z| = \sqrt{100^2 + 88.4^2} = 133.5\,[\Omega]$$

따라서 회로에 흐르는 전류는 아래와 같다.

$$I = \dfrac{V}{|Z|} = \dfrac{100}{133.5} = 0.75[\mathrm{A}]$$

12

임피던스 $Z = 15 + j4\,[\Omega]$의 회로에 $I = 5(2+j)[\mathrm{A}]$의 전류를 흘리는 데 필요한 전압 $V[\mathrm{V}]$는?

① $10(26 + j23)$
② $10(34 + j23)$
③ $5(26 + j23)$
④ $5(34 + j23)$

해설

$$V = IZ = 5(2+j) \times (15+j4) = 5(30+j15+j8-4)$$
$$= 5(26+j23)\,[\mathrm{V}]$$

암기

$j = \sqrt{-1}$, $j^2 = (\sqrt{-1})^2 = -1$

13

$Z_1 = 2 + j11\,[\Omega]$, $Z_2 = 4 - j3\,[\Omega]$의 직렬 회로에 교류 전압 $100[\mathrm{V}]$를 가할 때 회로에 흐르는 전류는 몇 $[\mathrm{A}]$인가?

① 10
② 8
③ 6
④ 4

해설

합성 임피던스를 구하면 아래와 같다.

$$Z = Z_1 + Z_2 = 2 + j11 + 4 - j3 = 6 + j8\,[\Omega]$$

$$\therefore\ |Z| = \sqrt{6^2 + 8^2} = 10\,[\Omega]$$

따라서 회로에 흐르는 전류는 아래와 같다.

$$I = \dfrac{V}{Z} = \dfrac{100}{10} = 10[\mathrm{A}]$$

06

저항 $20[\Omega]$, 인덕턴스 $0.1[H]$인 직렬 회로에 $60[Hz]$, $110[V]$의 교류 전압이 인가되어 있다. 인덕터에 축적되는 자기 에너지의 평균값은 몇 $[J]$인가?

① $0.14[J]$ ② $0.33[J]$
③ $0.75[J]$ ④ $1.45[J]$

해설

$R-L$ 직렬 회로에 흐르는 전류를 구한다.
$$I = \frac{V}{|Z|} = \frac{110}{\sqrt{20^2 + (2\pi \times 60 \times 0.1)^2}} = 2.58[A]$$

따라서 인덕터에 저장되는 자기 에너지는 아래와 같다.
$$W = \frac{1}{2}LI^2 = \frac{1}{2} \times 0.1 \times 2.58^2 = 0.33[J]$$

07

RL 직렬 회로에 $e = 100\sin 120\pi t[V]$의 전압을 인가하여 $i = 2\sin(120\pi t - 45°)[A]$의 전류가 흐르도록 하려면 저항은 약 몇 $[\Omega]$인가?

① 25.0 ② 35.4
③ 50.0 ④ 70.7

해설

$R-L$ 직렬 회로의 임피던스를 구한다.
$$Z = \frac{e}{i} = \frac{100\sin 120\pi t}{2\sin(120\pi t - 45°)} = \frac{\frac{100}{\sqrt{2}}\angle 0°}{\frac{2}{\sqrt{2}}\angle -45°} = 50\angle 45°$$
$$= 50\cos 45° + j50\sin 45° = \frac{50}{\sqrt{2}} + j\frac{50}{\sqrt{2}}[\Omega]$$

따라서 $Z = R + jX[\Omega]$이므로 아래와 같다.
$$R = \frac{50}{\sqrt{2}} = 35.36[\Omega]$$

08

저항 $R = 60[\Omega]$과 유도 리액턴스 $\omega L = 80[\Omega]$인 코일이 직렬로 연결된 회로에 $200[V]$의 전압을 인가할 때 전압과 전류의 위상차는?

① $48.17°$ ② $50.23°$
③ $53.13°$ ④ $55.27°$

해설

위상차 $\theta = \tan^{-1}\frac{\omega L}{R} = \tan^{-1}\frac{80}{60} = 53.13°$ (지상)

09

그림과 같은 회로의 출력 전압 $e_o(t)$의 위상은 입력 전압 $e_i(t)$의 위상보다 어떻게 되는가?

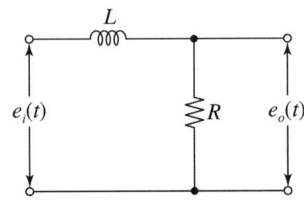

① 앞선다.
② 늦다.
③ 같다.
④ 앞설 수도 늦을 수도 있다.

해설

문제에 주어진 회로에서 전류가 인덕터를 흐르면서 지상으로 바뀌고 이 지상 전류가 저항을 통해 흐르므로 출력 전압은 지상이 되어 입력 전압보다 위상이 늦어진다.

별해

$$e_o(t) = \frac{R}{R + j\omega L}e_i(t) = \frac{R}{\sqrt{R^2 + (\omega L)^2}}e_i(t) \angle -\tan^{-1}\frac{\omega L}{R}$$

CHAPTER 03 CBT 적중문제

01
자기 인덕턴스 0.1[H]인 코일에 실효값 100[V], 60[Hz], 위상각 0°인 전압을 가했을 때 흐르는 전류의 실효값은 약 몇 [A]인가?

① 1.25
② 2.24
③ 2.65
④ 3.41

해설

$$I = \frac{V}{X_L} = \frac{V}{2\pi f L} = \frac{100}{2\pi \times 60 \times 0.1} = 2.65 [A]$$

암기

$\omega = 2\pi f [rad/s]$

02
0.1[H]인 코일의 리액턴스가 377[Ω]일 때 주파수[Hz]는?

① 60[Hz]
② 120[Hz]
③ 360[Hz]
④ 600[Hz]

해설

$X_L = 2\pi f L [\Omega]$에서 주파수는 아래와 같다.

$$f = \frac{X_L}{2\pi L} = \frac{377}{2\pi \times 0.1} = 600 [Hz]$$

03
314[mH]의 자기 인덕턴스에 120[V], 60[Hz]의 교류 전압을 가하였을 때 흐르는 전류[A]는?

① 10[A]
② 8[A]
③ 1[A]
④ 0.5[A]

해설

$$I = \frac{V}{X_L} = \frac{V}{2\pi f L} = \frac{120}{2\pi \times 60 \times 314 \times 10^{-3}} = 1 [A]$$

04
0.1[μF]의 콘덴서에 주파수 1[kHz], 최대 전압 2,000[V]를 인가할 때 전류의 순시값[A]은?

① $4.446\sin(\omega t + 90°)$
② $4.446\cos(\omega t - 90°)$
③ $1.256\sin(\omega t + 90°)$
④ $1.256\cos(\omega t - 90°)$

해설

$$I_m = \frac{V_m}{X_C} = \frac{V_m}{\frac{1}{\omega C}} [A]$$

$$i(t) = I_m \sin(\omega t + 90°)$$

$$= \frac{2,000}{\frac{1}{2\pi \times 1 \times 10^3 \times 0.1 \times 10^{-6}}} \sin(\omega t + 90°)$$

$$= 1.256\sin(\omega t + 90°) [A]$$

05
코일에 최대값이 $E_m = 200[V]$, 주파수 $f = 50[Hz]$인 정현파 전압을 가했더니 전류의 최대값 $I_m = 10[A]$이었다. 인덕턴스 L은 약 몇 [mH]인가?(단, 코일의 내부 저항은 5[Ω]이다.)

① 62
② 52
③ 42
④ 32

해설

주어진 조건에서 임피던스 및 리액턴스 값은 아래와 같다.

$$Z = \frac{E_m}{I_m} = \frac{200}{10} = 20[\Omega]$$

$$X = \sqrt{Z^2 - R^2} = \sqrt{20^2 - 5^2} = 19.36[\Omega]$$

따라서 위 리액턴스에 의하여 인덕턴스 값을 구하면
$X = 2\pi f L$

$$\therefore L = \frac{X}{2\pi f} = \frac{19.36}{2\pi \times 50} = 0.062 [H] = 62 [mH]$$

| 정답 | 01 ③ 02 ④ 03 ③ 04 ③ 05 ①

5 실제의 병렬 공진 회로

(1) 회로도

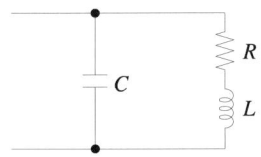

(2) 어드미턴스 Y

$$Y = \frac{1}{R+j\omega L} + j\omega C = \frac{R}{R^2+(\omega L)^2} + j\left(\omega C - \frac{\omega L}{R^2+(\omega L)^2}\right)$$

(3) 병렬 공진 조건(허수부 = 0)

$$\omega C = \frac{\omega L}{R^2+(\omega L)^2}$$

(4) 공진 시 어드미턴스 Y

$$Y = \frac{R}{R^2+(\omega L)^2} = \frac{CR}{L}$$

(5) 공진 주파수 f_0

$$f_0 = \frac{1}{2\pi}\sqrt{\frac{1}{LC} - \left(\frac{R}{L}\right)^2} = \frac{1}{2\pi}\sqrt{\frac{1}{LC}\left(1 - \frac{CR^2}{L}\right)}$$

$$= \frac{1}{2\pi\sqrt{LC}}\sqrt{1 - \frac{CR^2}{L}}$$

기출예제

병렬 RLC 공진 회로에 대한 설명으로 옳은 것은?

① 공진 주파수에서 임피던스가 최소값을 가지며, 커패시터에 의한 리액턴스와 인덕터에 의한 리액턴스의 값이 다르다.
② 공진 주파수에서 임피던스가 최대값을 가지며, 커패시터에 의한 리액턴스와 인덕터에 의한 리액턴스의 값이 다르다.
③ 공진 주파수에서 임피던스가 최소값을 가지며, 커패시터에 의한 리액턴스와 인덕터에 의한 리액턴스의 값이 같다.
④ 공진 주파수에서 임피던스가 최대값을 가지며, 커패시터에 의한 리액턴스와 인덕터에 의한 리액턴스의 값이 같다.

| 해설 |
- 병렬 RLC 공진 회로에서는 어드미턴스가 최소로 되어(역으로 임피던스가 최대로 되어) 공진 시 공진 전류는 최소가 된다.
- RLC 공진 현상은 직렬 공진이나 병렬 공진이나 모두 허수부가 0이 되면서 주파수와 무관한 저항만의 회로로 동작하는 공진 조건($X_L = X_C$)이 성립할 때 발생한다.

$$X_L = X_C \Rightarrow \omega L = \frac{1}{\omega C}$$

답 ④

| 독학이 쉬워지는 기초개념 | THEME 06 $R-L-C$ 병렬 회로의 공진 현상 |

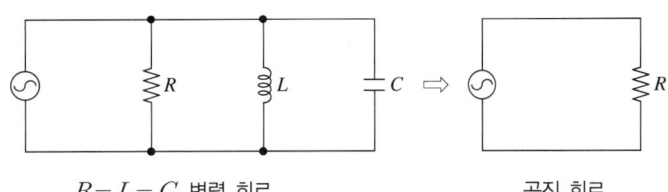

▲ $R-L-C$ 병렬 회로의 공진 현상 개념도

1 공진 조건

(1) 유도성 리액턴스(X_L)와 용량성 리액턴스(X_C)가 같아지는 조건, 즉
$$X_L = X_C \rightarrow \omega L = \frac{1}{\omega C}$$

(2) 공진 조건이 성립되면 유도성(지상) 특성과 용량성(진상) 특성이 서로 상쇄되므로 결국 회로에 작용하는 성질은 저항 특성 밖에 없게 된다.

2 공진 주파수

회로망에서 공진 해석 방법
- 주어진 회로망에서 직렬 회로인 경우에는 임피던스에 대해서, 병렬 회로인 경우에는 어드미턴스에 대해서 식을 세운다.
- 직렬 회로는 임피던스 식이 다루기 쉽고, 병렬 회로는 어드미턴스 식이 다루기 쉽기 때문에 계산 과정에서 시간을 단축시킬 수 있다.
- 이렇게 구한 임피던스 또는 어드미턴스 식에서 대부분의 공진 문제는 허수부 $j=0$으로 하여 해석하는 것이 전형적인 공진 풀이 방법이다.

공진이 발생할 때의 주파수로서 위의 공진에서
$$2\pi f_0 L = \frac{1}{2\pi f_0 C} \rightarrow f_0 = \frac{1}{2\pi\sqrt{LC}} \text{[Hz]}$$

3 공진 전류

(1) $R-L-C$ 병렬 회로에 흐르는 전류는 아래와 같다.
$$i = Yv = \left\{\frac{1}{R} + j\left(\omega C - \frac{1}{\omega L}\right)\right\} V_m \sin\omega t \text{ [A]}$$

(2) 공진 회로에 흐르는 전류는
$$i_0 = Yv = \frac{V_m}{R}\sin\omega t \text{ [A]}$$로서 $|Y| \geq \frac{1}{R}$ 의 관계에 의하여 공진 시에 회로의 전류는 최소로 감소한다.(어드미턴스 최소)

4 전류 확대비

Tip 강의 꿀팁
전압 확대비 공식과 전류 확대비 공식은 서로 분자, 분모가 역수예요.

(1) 공진 시 회로에 흐르는 전류 I와 L 및 C에 흐르는 전류 I_L, I_C를 비교해 보면 아래에 주어진 만큼의 전류가 L 및 C에서 확대된다.

- $Q = \dfrac{I_L}{I} = \dfrac{\frac{V}{X_L}}{\frac{V}{R}} = \dfrac{R}{X_L} = \dfrac{R}{\omega L}$ [배]

- $Q = \dfrac{I_C}{I} = \dfrac{\frac{V}{X_C}}{\frac{V}{R}} = \dfrac{R}{X_C} = \omega CR$ [배]

(2) 위 두 식을 곱해서 식을 정리해 보면 아래와 같이 전류 확대비 Q를 구할 수 있다.
$$Q^2 = \frac{R}{\omega L} \times \omega CR = \frac{R^2 C}{L} \rightarrow \boxed{Q = R\sqrt{\frac{C}{L}}}$$

3 공진 시 회로의 특성

(1) 공진 임피던스는 $Z = R + j(X_L - X_C)$에서 $Z = R$로 감소하여 회로에는 매우 큰 전류가 흐른다.(임피던스 최소)
(2) 공진 시 주파수에 영향을 받는 유도성 리액턴스와 용량성 리액턴스가 사라지므로 회로는 주파수와 무관한 저항만의 회로가 된다.
(3) 공진 시 저항 소자만이 회로에 작용하므로 이때의 전류는 동상이 된다.

4 $R-L-C$ 직렬 회로에서의 전압 확대 현상

(1) 공진 시 회로에 인가한 전압 V와 L 및 C에 걸리는 전압 V_L, V_C을 비교해 보면 아래에 주어진 만큼의 전압이 L 및 C에서 확대된다.

- $Q = \dfrac{V_L}{V} = \dfrac{I_0 X_L}{I_0 R} = \dfrac{X_L}{R} = \dfrac{\omega L}{R}$ [배]
- $Q = \dfrac{V_C}{V} = \dfrac{I_0 X_C}{I_0 R} = \dfrac{X_C}{R} = \dfrac{1}{\omega C R}$ [배]

(2) 위 두 식을 곱해서 식을 정리해 보면 아래와 같이 전압 확대비 Q를 구할 수 있다.

$$Q^2 = \dfrac{\omega L}{R} \times \dfrac{1}{\omega C R} = \dfrac{L}{R^2 C} \rightarrow \boxed{Q = \dfrac{1}{R}\sqrt{\dfrac{L}{C}}}$$

기출예제

$R-L-C$ 직렬 교류 회로의 공진 현상에 대한 설명으로 옳지 않은 것은?

① 회로의 전류는 유도 리액턴스의 값에 의해 결정된다.
② 유도 리액턴스와 용량 리액턴스의 크기가 서로 같다.
③ 공진일 때 전류의 크기는 최대이다.
④ 전류의 위상은 전압의 위상과 같다.

| 해설 |
공진이 일어나게 되면 회로는 저항 소자만으로 동작하게 되므로 회로의 전류는 저항의 크기에 의해 결정되는 최대 전류가 흐르게 된다. 따라서 공진 전류는 인가된 전압과 위상이 같아지는 동상의 전류가 된다.

답 ①

독학이 쉬워지는 기초개념

$R-L-C$ 공진
(1) 기본적으로 R, L, C 직렬 공진과 병렬 공진의 특성은 거의 같다.
  ① 공진 조건
  $$\omega L = \dfrac{1}{\omega C}$$
  ② 공진 주파수
  $$f_0 = \dfrac{1}{2\pi\sqrt{LC}} \text{ [Hz]}$$
  ③ 공진 발생 시, 회로의 L과 C의 영향은 없어지고 저항 R에 의한 동상의 전류 특성
(2) 직렬과 병렬 공진의 차이점
  ① 공진 전류
   • 직렬 공진에서는 회로 전류가 최대
   • 병렬 공진에서는 회로 전류가 최소
  ② 확대 현상
   • 직렬 공진에서는 전압이 확대되는 현상이 발생
   • 병렬 공진에서는 전류가 확대되는 현상이 발생

| 해설 |
문제에 주어진 직렬 임피던스 값은 $Z = 9 + j(15-3) = 9 + j12\,[\Omega]$이다.
따라서 $R-X$ 직렬 회로의 역률은 아래와 같다.
$$\cos\theta = \frac{R}{|Z|} = \frac{9}{\sqrt{9^2+12^2}} = 0.6$$

답 ②

THEME 05 $R-L-C$ 직렬 회로의 공진 현상

1 공진의 정의

(1) 특정 진동수를 가진 물체에 같은 진동수의 힘이 외부에서 가해질 때 진폭이 커지면서 에너지가 증가하는 현상이다.

(2) 회로망에서는 R, L, C의 소자에서 저항 R은 회로에 가한 주파수와 무관하나, L과 C는 회로의 주파수에 따라 그 값이 변하게 되므로 유도성 리액턴스 ($X_L = 2\pi fL$)와 용량성 리액턴스($X_C = \frac{1}{2\pi fC}$)의 값이 같아지는 주파수대가 되면 $X_L = X_C$로 되어 $R-L-C$ 회로에서 L과 C의 작용력이 상실되고 오로지 저항 R만으로 작용하는 회로가 된다.

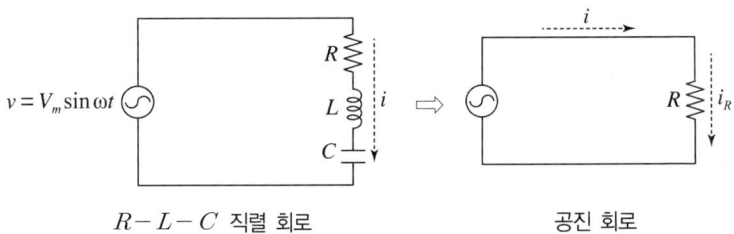

▲ $R-L-C$ 직렬 회로의 공진 현상 개념도

2 공진 현상 수식 해석

(1) $R-L-C$ 직렬 회로의 임피던스
$$Z = R + j\omega L + \frac{1}{j\omega C} = R + j\left(\omega L - \frac{1}{\omega C}\right)[\Omega]$$

(2) 공진 시 임피던스

위 식에서 유도성 리액턴스(ωL) 값과 용량성 리액턴스$\left(\frac{1}{\omega C}\right)$ 값이 같아지는 공진 주파수는 $2\pi f_0 L = \frac{1}{2\pi f_0 C} \rightarrow f_0 = \frac{1}{2\pi\sqrt{LC}}\,[\text{Hz}]$으로 되고 이때의 공진 임피던스는 $Z = R + j\left(\omega L - \frac{1}{\omega C}\right) = R + j0 = R\,[\Omega]$으로 ==회로의 임피던스가 저항만의 작용으로 되면서 회로의 임피던스는 최솟값을 가지게 된다.==

독학이 쉬워지는 기초개념

공진
회로의 유도 리액턴스와 용량 리액턴스가 같아져서 회로에서 인덕터와 커패시터가 아무런 역할도 하지 못하는 상태이다.
즉, $Z = R$

공진 첨예도(Resonance sharpness)
- $R-L-C$ 직렬 회로에서 발생하는 전압 확대비를 나타내는 척도로서 공진 곡선의 첨예(예리함) 정도를 나타낸다.
- 첨예도 곡선은 전압 확대비 Q가 클수록 더욱 예리해지는 특성이 있다.

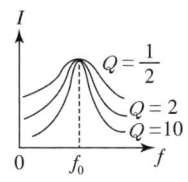

▲ 첨예도 곡선

THEME 04 $R-X$의 직렬 및 병렬 회로에서의 역률 및 무효율

1 저항과 리액터의 직렬 회로

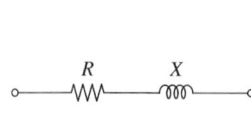

▲ $R-X$ 직렬 회로   ▲ $R-X$ 직렬 회로 벡터도

(1) 역률

$$\cos\theta = \frac{R}{|Z|} = \frac{R}{\sqrt{R^2+X^2}}$$

(2) 무효율

$$\sin\theta = \frac{X}{|Z|} = \frac{X}{\sqrt{R^2+X^2}}$$

2 저항과 리액터의 병렬 회로

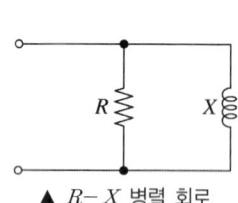 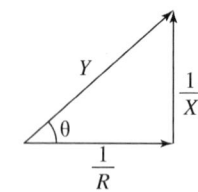

▲ $R-X$ 병렬 회로   ▲ $R-X$ 병렬 회로 벡터도

(1) 역률

$$\cos\theta = \frac{\frac{1}{R}}{|Y|} = \frac{\frac{1}{R}}{\sqrt{\left(\frac{1}{R}\right)^2+\left(\frac{1}{X}\right)^2}} = \frac{X}{\sqrt{R^2+X^2}}$$

(2) 무효율

$$\sin\theta = \frac{\frac{1}{X}}{|Y|} = \frac{\frac{1}{X}}{\sqrt{\left(\frac{1}{R}\right)^2+\left(\frac{1}{X}\right)^2}} = \frac{R}{\sqrt{R^2+X^2}}$$

독학이 쉬워지는 기초개념

Tip 강의 꿀팁

역률이 80[%]일 때 무효율은 60[%], 역률이 60[%]일 때 무효율은 80[%]라고 알고 있으면 문제 풀 때 편리해요.
$\sin^2\theta + \cos^2\theta = 1$
$\therefore \sin\theta = \sqrt{1-\cos^2\theta}$

기출예제

중요도 다음 회로에서 전압[V]을 가하니 20[A]의 전류가 흘렀다. 이 회로의 역률은?

① 0.8
② 0.6
③ 1.0
④ 0.9

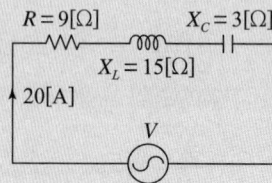

독학이 쉬워지는 기초개념

(4) 전류 벡터도

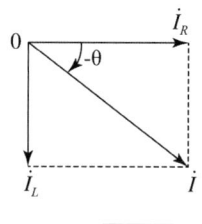

$$|\dot{I}| = \sqrt{I_R^2 + I_L^2}\,[\text{A}]$$

2 저항과 커패시터의 병렬 회로

(1) 어드미턴스

$$\dot{Y} = \frac{1}{R} + j\omega C\,[\mho] = \frac{1}{R} + j\frac{1}{X_C}$$

$$= |Y| \angle \theta \,[\mho]$$

① 크기: $|Y| = \sqrt{\left(\dfrac{1}{R}\right)^2 + \left(\dfrac{1}{X_C}\right)^2}\,[\mho]$

② 위상: $\theta = \tan^{-1}\dfrac{R}{X_C}$

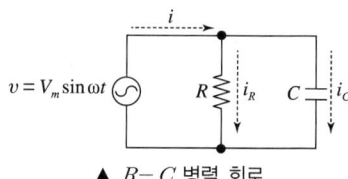

▲ $R-C$ 병렬 회로

(2) 전류
$$i = Yv = |Y|V_m \sin(\omega t + \theta)\,[\text{A}]$$

(3) 위상: 회로의 인가 전압에 비해 전류의 위상이 θ 만큼 빠르다(진상 회로).

(4) 전류 벡터도

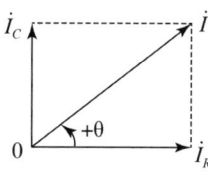

$$|\dot{I}| = \sqrt{I_R^2 + I_C^2}\,[\text{A}]$$

기출예제

중요도 저항 $4[\Omega]$과 유도 리액턴스 $X_L[\Omega]$이 병렬로 접속된 회로에 $12[\text{V}]$의 교류 전압을 가하니 $5[\text{A}]$의 전류가 흘렀다. 이 회로의 $X_L[\Omega]$은?

① $8[\Omega]$　　　　　② $6[\Omega]$
③ $3[\Omega]$　　　　　④ $1[\Omega]$

| 해설 |
저항과 리액터에 흐르는 전류를 구한다.
$$I_R = \frac{V}{R} = \frac{12}{4} = 3[\text{A}]$$
$$I_L = \sqrt{I^2 - I_R^2} = \sqrt{5^2 - 3^2} = 4[\text{A}]$$
따라서 유도 리액턴스 값은 아래와 같다.
$$X_L = \frac{V}{I_L} = \frac{12}{4} = 3[\Omega]$$

답 ③

(4) 전압과 전류의 벡터도

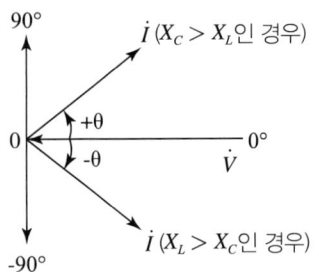

기출예제

중요도 코일에 $e = 211\sin\omega t\,[\mathrm{V}]$인 교류 전압이 가해졌을 때 오실로스코프에 의하여 전류의 최댓값이 $10\,[\mathrm{A}]$임을 알 수 있었다. 만약 코일 내부 저항이 $10\,[\Omega]$임이 알려져 있었다면 코일의 인덕턴스는 몇 $[\mathrm{mH}]$인가?(단, 주파수는 $60\,[\mathrm{Hz}]$이다.)

① 39[mH] ② 49[mH]
③ 59[mH] ④ 69[mH]

| 해설 |
코일의 임피던스는 아래와 같다.
$$Z = \sqrt{R^2 + (\omega L)^2} = \frac{V_m}{I_m} = \frac{211}{10} = 21.1\,[\Omega]$$
따라서 코일의 인덕턴스는 아래와 같다.
$$\omega L = \sqrt{Z^2 - R^2} \Rightarrow L = \frac{\sqrt{Z^2 - R^2}}{\omega} = \frac{\sqrt{21.1^2 - 10^2}}{2\pi \times 60}$$
$$= 0.049\,[\mathrm{H}] = 49\,[\mathrm{mH}]$$

답 ②

THEME 03 병렬 회로

1 저항과 인덕터의 병렬 회로

(1) 어드미턴스
$$Y = \frac{1}{R} + \frac{1}{j\omega L}\,[\mho] = \frac{1}{R} - j\frac{1}{X_L}$$
$$= |Y| \angle -\theta\,[\mho]$$

① 크기: $|Y| = \sqrt{\left(\dfrac{1}{R}\right)^2 + \left(\dfrac{1}{X_L}\right)^2}\,[\mho]$

② 위상: $\theta = \tan^{-1}\dfrac{R}{X_L}$

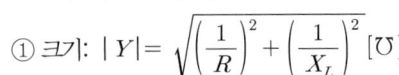

▲ $R-L$ 병렬 회로

(2) 전류
$$i = Yv = |Y|V_m \sin(\omega t - \theta)\,[\mathrm{A}]$$

(3) 위상: 회로의 인가 전압에 비해 전류의 위상이 θ 만큼 늦다(지상 회로).

독학이 쉬워지는 기초개념

Tip 강의 꿀팁

병렬 회로는 어드미턴스로 해석하는 것이 편리해요.

독학이 쉬워지는 기초개념

2 저항과 커패시터의 직렬 회로

(1) 임피던스

$$Z = R - j\frac{1}{\omega C}\,[\Omega] = R - jX_C$$
$$= |Z| \angle -\theta\,[\Omega]$$

① 크기: $|Z| = \sqrt{R^2 + X_C^2}\,[\Omega]$

② 위상: $\theta = \tan^{-1}\dfrac{X_C}{R}$

▲ $R-C$ 직렬 회로

(2) 전류

$$i = \frac{v}{Z} = \frac{V_m \sin\omega t}{|Z| \angle -\theta} = \frac{V_m}{|Z|}\sin(\omega t + \theta)\,[A]$$

(3) 위상: 회로의 인가 전압에 비해 전류의 위상이 θ만큼 빠르다(진상 회로).

(4) 전압과 전류의 벡터도

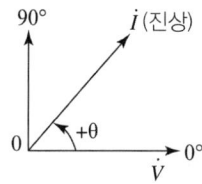

3 저항과 인덕터 및 커패시터의 직렬 회로

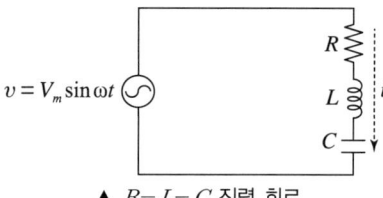
▲ $R-L-C$ 직렬 회로

(1) 임피던스

$$Z = R + j\omega L - j\frac{1}{\omega C}\,[\Omega] = R + j\left(\omega L - \frac{1}{\omega C}\right)[\Omega] = R + j(X_L - X_C)$$
$$= |Z| \angle \pm\theta\,[\Omega]$$

① 크기: $|Z| = \sqrt{R^2 + X^2}$, $X = X_L - X_C\,[\Omega]$

② 위상: $\theta = \tan^{-1}\dfrac{X}{R}$ ($X_L > X_C$인 경우 θ, $X_L < X_C$인 경우 $-\theta$)

(2) 전류

$$i = \frac{v}{Z} = \frac{V_m \sin\omega t}{|Z| \angle \pm\theta} = \frac{V_m}{|Z|}\sin(\omega t \mp \theta)\,[A]$$

(3) 위상: 회로의 인가 전압에 비해 전류의 위상이 θ만큼 늦거나 빠를 수 있다.

(2) 전류

$$i = \frac{v}{X} = \frac{V_m \sin\omega t}{X_C \angle -90°} = \frac{V_m}{X_C} \sin(\omega t + 90°)[\text{A}]$$

(3) 위상: 회로의 인가 전압에 비해 전류의 위상이 90° 빠르다(진상 소자).

(4) 전압과 전류의 파형

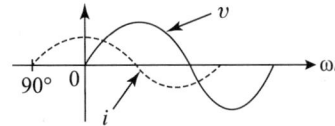

기출예제

3[μF]인 커패시턴스를 50[Ω]의 용량성 리액턴스로 사용하려면 정현파 교류의 주파수를 몇 [kHz]로 해야 하는가?

① 1.02[kHz] ② 1.04[kHz]
③ 1.06[kHz] ④ 1.08[kHz]

| 해설 |

$$X_C = \frac{1}{2\pi fC} \Rightarrow f = \frac{1}{2\pi X_C C} = \frac{1}{2\pi \times 50 \times 3 \times 10^{-6}}$$
$$= 1,061[\text{Hz}] = 1.06[\text{kHz}]$$

답 ③

THEME 02 직렬 회로

1 저항과 인덕터의 직렬 회로

(1) 임피던스

$$Z = R + j\omega L[\Omega] = R + jX_L$$
$$= |Z| \angle \theta [\Omega]$$

① 크기: $|Z| = \sqrt{R^2 + X_L^2}[\Omega]$

② 위상: $\theta = \tan^{-1} \frac{X_L}{R}$

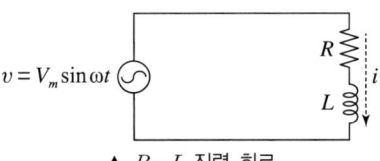

▲ $R-L$ 직렬 회로

(2) 전류

$$i = \frac{v}{Z} = \frac{V_m \sin\omega t}{|Z| \angle \theta} = \frac{V_m}{|Z|} \sin(\omega t - \theta)[\text{A}]$$

(3) 위상: 회로의 인가 전압에 비해 전류의 위상이 θ만큼 늦다(지상 회로).

(4) 전압과 전류의 벡터도

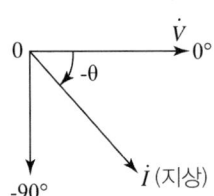

> **Tip 강의 꿀팁**
> 직렬 회로는 임피던스로 해석하는 것이 편리해요.

CHAPTER 03 교류 기본 회로

독학이 쉬워지는 기초개념

회로 기본 소자
- 저항: 동상
- 인덕터: 지상
- 커패시터: 진상

THEME 01 회로 기본 소자의 특성

1 저항 회로 $R\,[\Omega]$

(1) 전류
$$i = \frac{v}{R} = \frac{V_m}{R}\sin\omega t\,[\mathrm{A}]$$

(2) 위상: 전압과 전류의 위상이 같다 (동상 소자).

(3) 전압과 전류의 파형

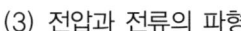

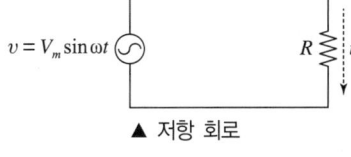
▲ 저항 회로

2 인덕터 회로 $L\,[\mathrm{H}]$

(1) 리액턴스
$$Z = j\omega L\,[\Omega] = jX_L\,[\Omega] = X_L \angle 90°\,[\Omega]$$
(X_L: 유도성 리액턴스$[\Omega]$)

자기 에너지
자기회로에 축적되는 에너지 또는 코일에 축적되는 에너지

$$W = \frac{1}{2}LI^2 = \frac{1}{2}L\left(\frac{V}{X_L}\right)^2$$
$$= \frac{V^2}{8\pi^2 f^2 L}\,[\mathrm{J}]\,(X_L = 2\pi f L)$$

(2) 전류
$$i = \frac{v}{X} = \frac{V_m\sin\omega t}{X_L \angle 90°} = \frac{V_m}{X_L}\sin(\omega t - 90°)\,[\mathrm{A}]$$

(3) 위상: 회로의 인가 전압에 비해 전류의 위상이 90° 늦다 (지상 소자).

(4) 전압과 전류의 파형

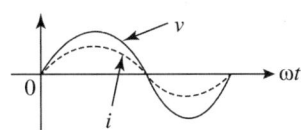

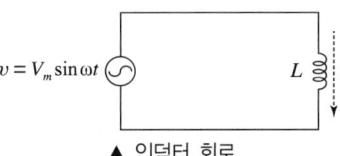
▲ 인덕터 회로

3 커패시터 회로 $C\,[\mathrm{F}]$

(1) 리액턴스
$$Z = \frac{1}{j\omega C}\,[\Omega]$$
$$= -jX_C\,[\Omega] = X_C \angle -90°\,[\Omega]$$
(X_C: 용량성 리액턴스$[\Omega]$)

정전 에너지
전하를 운반하는 데 필요한 일 또는 콘덴서에 축적되는 에너지

$$W = \frac{1}{2}QV = \frac{1}{2}CV^2$$
$$= \frac{1}{2}\frac{Q^2}{C}\,[\mathrm{J}]\,(Q = CV)$$

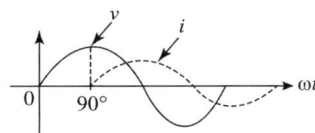

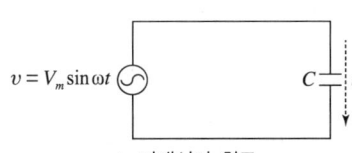
▲ 커패시터 회로

학습 전략

교류 기본 회로에서는 저항, 인덕터, 커패시터가 각각 전류의 위상에 어떠한 영향을 주는지를 이해한 후 각 회로에서 옴의 법칙이 어떻게 적용되는지, 단위가 어떻게 바뀌는지를 학습합니다. 또한 회로에서의 역률이 무엇인지, 회로에서의 공진 현상이란 무엇인지를 파악해 두어야 합니다.

CHAPTER 03 | 흐름 미리보기

1. 회로 기본 소자의 특성
2. 직렬 회로
3. 병렬 회로
4. $R-X$의 직렬 및 병렬 회로에서의 역률 및 무효율
5. $R-L-C$ 직렬 회로의 공진 현상
6. $R-L-C$ 병렬 회로의 공진 현상

NEXT **CHAPTER 04**

CHAPTER 03
교류 기본 회로

1. 회로 기본 소자의 특성
2. 직렬 회로
3. 병렬 회로
4. $R-X$의 직렬 및 병렬 회로에서의 역률 및 무효율
5. $R-L-C$ 직렬 회로의 공진 현상
6. $R-L-C$ 병렬 회로의 공진 현상

29

어떤 회로의 단자 전압 및 전류의 순시값이
$v = 220\sqrt{2}\sin\left(377t + \dfrac{\pi}{4}\right)$[V], $i = 5\sqrt{2}\sin\left(377t + \dfrac{\pi}{3}\right)$[A]
일 때 복소 임피던스는 약 몇 [Ω]인가?

① $42.5 - j11.4$
② $42.5 - j9$
③ $50 + j11.4$
④ $50 - j11.4$

해설

문제에 주어진 전압과 전류의 순시값을 극좌표로 변환한다.

- $v = 220\sqrt{2}\sin\left(377t + \dfrac{\pi}{4}\right) \Rightarrow \dot{V} = 220\angle 45°$[V]
- $i = 5\sqrt{2}\sin\left(377t + \dfrac{\pi}{3}\right) \Rightarrow \dot{I} = 5\angle 60°$[A]

따라서 복소 임피던스는 아래와 같다.

$\dot{Z} = \dfrac{\dot{V}}{\dot{I}} = \dfrac{220\angle 45°}{5\angle 60°}$
$= 44\angle(45° - 60°) = 44(\cos 15° - j\sin 15°)$
$= 42.5 - j11.4$[Ω]

30

2개의 교류 전압 $e_1 = 141\sin(120\pi t - 30°)$[V]과 $e_2 = 150\cos(120\pi t - 30°)$[V]의 위상 차를 시간으로 표시하면 몇 초인가?

① $\dfrac{1}{60}$[sec]
② $\dfrac{1}{120}$[sec]
③ $\dfrac{1}{240}$[sec]
④ $\dfrac{1}{360}$[sec]

해설

교류의 기본은 sin 함수이므로 전압 e_2 의 cos 함수를 sin 함수로 변환하면 아래와 같다.
$e_2 = 150\cos(120\pi t - 30°) = 150\sin(120\pi t - 30° + 90°)$
$\quad = 150\sin(120\pi t + 60°)$

따라서 두 전압의 위상 차는 아래와 같다.
$\theta = 60° - (-30°) = 90°$
$\omega t = \theta \Rightarrow t = \dfrac{\theta}{\omega}$

$\therefore t = \dfrac{\dfrac{\pi}{2}}{120\pi} = \dfrac{1}{240}$[sec]

25

$i_1 = 5\sqrt{2}\sin(\omega t + \theta)[\text{A}]$ 와 $i_2 = 3\sqrt{2}\sin(\omega t + \theta - \pi)[\text{A}]$
의 합에 상당하는 전류의 실효값[A]은?

① 2
② $2\sqrt{2}$
③ 8
④ $8\sqrt{2}$

해설

문제에 주어진 전류의 순시값을 극좌표 형식으로 변환한다.
$i_1 = 5\sqrt{2}\sin(\omega t + \theta) \Rightarrow \dot{I_1} = 5\angle\theta$
$i_2 = 3\sqrt{2}\sin(\omega t + \theta - \pi) \Rightarrow \dot{I_2} = 3\angle\theta - \pi$
따라서 두 전류의 합에 상당하는 전류의 실효값은 아래와 같다.
$I = |\dot{I_1} + \dot{I_2}| = \sqrt{I_1^2 + I_2^2 + 2I_1I_2\cos\alpha}$
$= \sqrt{5^2 + 3^2 + 2\times 5\times 3\times \cos 180°}$
$= 2[\text{A}]$

26

$e_1 = 6\sqrt{2}\sin\omega t[\text{V}]$, $e_2 = 4\sqrt{2}\sin(\omega t - 60°)[\text{V}]$일 때
$e_1 - e_2$의 실효값[V]은?

① $2\sqrt{2}$
② 4
③ $2\sqrt{7}$
④ $2\sqrt{13}$

해설

문제에 주어진 순시값을 극좌표 형태로 표현한다.
- $e_1 = 6\sqrt{2}\sin\omega t \Rightarrow E_1 = 6\angle 0°$
- $e_2 = 4\sqrt{2}\sin(\omega t - 60°) \Rightarrow E_2 = 4\angle -60°$

따라서 두 전압 차를 구해 보면 아래와 같다.
$\dot{E_1} - \dot{E_2} = 6 - 4(\cos 60° - j\sin 60°)$
$= 4 + j2\sqrt{3}[\text{V}]$
$E = |\dot{E_1} - \dot{E_2}| = \sqrt{4^2 + (2\sqrt{3})^2}$
$= 2\sqrt{7}[\text{V}]$

27

$A_1 = 20\left(\cos\dfrac{\pi}{3} + j\sin\dfrac{\pi}{3}\right)$, $A_2 = 5\left(\cos\dfrac{\pi}{6} + j\sin\dfrac{\pi}{6}\right)$로
표시되는 두 벡터가 있다. $A_3 = \dfrac{A_1}{A_2}$의 값은 얼마인가?

① $10\left(\cos\dfrac{\pi}{3} + j\sin\dfrac{\pi}{3}\right)$
② $10\left(\cos\dfrac{\pi}{6} + j\sin\dfrac{\pi}{6}\right)$
③ $4\left(\cos\dfrac{\pi}{3} + j\sin\dfrac{\pi}{3}\right)$
④ $4\left(\cos\dfrac{\pi}{6} + j\sin\dfrac{\pi}{6}\right)$

해설

$A_3 = \dfrac{A_1}{A_2} = \dfrac{20\left(\cos\dfrac{\pi}{3} + j\sin\dfrac{\pi}{3}\right)}{5\left(\cos\dfrac{\pi}{6} + j\sin\dfrac{\pi}{6}\right)} = \dfrac{20\angle\dfrac{\pi}{3}}{5\angle\dfrac{\pi}{6}}$
$= 4\angle\dfrac{\pi}{6} = 4\left(\cos\dfrac{\pi}{6} + j\sin\dfrac{\pi}{6}\right)$

암기

- $\dfrac{A\angle\theta_1}{B\angle\theta_2} = \dfrac{A}{B}\angle(\theta_1 - \theta_2)$
- $A\angle\theta = A(\cos\theta + j\sin\theta)$

28

복소수 $I_1 = 10\angle\tan^{-1}\dfrac{4}{3}[\text{A}]$, $I_2 = 10\angle\tan^{-1}\dfrac{3}{4}[\text{A}]$일 때
$I = I_1 + I_2$는 얼마인가?

① $-2 + j2[\text{A}]$
② $14 + j14[\text{A}]$
③ $14 + j4[\text{A}]$
④ $14 + j3[\text{A}]$

해설

두 전류 합의 극좌표 형식은 아래와 같다.
$I_1 + I_2 = 10\angle\tan^{-1}\dfrac{4}{3} + 10\angle\tan^{-1}\dfrac{3}{4}$
$= 10\angle 53.13° + 10\angle 36.87°$
위의 벡터값을 계산한다.
$I_1 + I_2 = 10\angle 53.13° + 10\angle 36.87°$
$= 10(\cos 53.13° + j\sin 53.13°) + 10(\cos 36.87° + j\sin 36.87°)$
$= 14 + j14[\text{A}]$

| 정답 | 25 ① 26 ③ 27 ④ 28 ②

21

복소 전압 $E = -20e^{j\frac{3}{2}\pi}$ [V]를 정현파의 순시값으로 나타내면 어떻게 되는가?

① $-20\sin\left(\omega t + \dfrac{\pi}{2}\right)$ [V]

② $20\sin\left(\omega t + \dfrac{2}{3}\pi\right)$ [V]

③ $20\sqrt{2}\sin\left(\omega t - \dfrac{\pi}{2}\right)$ [V]

④ $20\sqrt{2}\sin\left(\omega t + \dfrac{\pi}{2}\right)$ [V]

해설

문제에 주어진 복소 전압을 극좌표로 바꾼다.

$E = -20e^{j\frac{3}{2}\pi} = -20\angle\dfrac{3\pi}{2} = 20\angle\dfrac{5\pi}{2} = 20\angle\dfrac{\pi}{2}$ [V]

위의 극좌표 전압을 정현파의 순시값으로 표현한다.

$e(t) = V_m \sin(\omega t \pm \theta) = 20\sqrt{2}\sin\left(\omega t + \dfrac{\pi}{2}\right)$ [V]

별해

$-20\angle\dfrac{3\pi}{2} = 20\angle\dfrac{3\pi}{2}\times(-1) = 20\angle\dfrac{3\pi}{2}\times 1\angle\pi = 20\angle\dfrac{5\pi}{2}$

22

어느 소자에 걸리는 전압은 $v = 3\cos 3t$ [V]이고 흐르는 전류는 $i = -\sin(3t + 10°)$ [A]이다. 전압과 전류 간의 위상차는?

① 10° ② 30°
③ 70° ④ 100°

해설

$v = 3\cos 3t = 3\sin(3t + 90°)$ [V]

$i = -\sin(3t + 10°) = \sin(3t - 10°)$ [A]

$\therefore \theta = 90° - (-10°) = 100°$

23

$i_1 = I_m \sin\omega t$ [A]와 $i_2 = I_m \cos\omega t$ [A]인 두 교류 전류의 위상차는 몇 도인가?

① 0° ② 30°
③ 60° ④ 90°

해설

$i_1 = I_m \sin\omega t$ [A], $i_2 = I_m \cos\omega t = I_m \sin(\omega t + 90°)$ [A]이므로 두 전류의 위상차는 90°이다.

24

$e = E_m \cos\left(100\pi t - \dfrac{\pi}{3}\right)$ [V]와 $i = I_m \sin\left(100\pi t + \dfrac{\pi}{4}\right)$ [A]의 위상차를 시간으로 나타내면 약 몇 초인가?

① 3.33×10^{-4} [sec] ② 4.33×10^{-4} [sec]
③ 6.33×10^{-4} [sec] ④ 8.33×10^{-4} [sec]

해설

전압과 전류 간의 위상차를 구한다.

$e = E_m \cos\left(100\pi t - \dfrac{\pi}{3}\right) = E_m \sin\left(100\pi t - \dfrac{\pi}{3} + \dfrac{\pi}{2}\right)$

$= E_m \sin\left(100\pi t + \dfrac{\pi}{6}\right)$

$\therefore \theta = \dfrac{\pi}{4} - \dfrac{\pi}{6} = \dfrac{\pi}{12}$

따라서 이를 시간으로 환산해 보면 아래와 같다.

$\theta = \omega t \Rightarrow t = \dfrac{\theta}{\omega} = \dfrac{\dfrac{\pi}{12}}{100\pi} = 8.33 \times 10^{-4}$ [sec]

| 정답 | 21 ④ 22 ④ 23 ④ 24 ④

16
구형파의 파형률 ㉠과 파고율 ㉡은?

① ㉠ 1, ㉡ 0
② ㉠ 1.11, ㉡ 1.414
③ ㉠ 1, ㉡ 1
④ ㉠ 1.57, ㉡ 2

해설

구형파의 실효값과 평균값은 최대값과 같다.

파형률 = $\dfrac{실효값}{평균값} = \dfrac{V_m}{V_m} = 1$

파고율 = $\dfrac{최대값}{실효값} = \dfrac{V_m}{V_m} = 1$

17
파형이 톱니파일 경우 파형률은?

① 1.155
② 1.732
③ 1.414
④ 0.577

해설

- 톱니파(삼각파)의 평균값, 실효값

$V_a = \dfrac{V_m}{2}$, $V = \dfrac{V_m}{\sqrt{3}}$

- 톱니파의 파형률, 파고율

파형률 = $\dfrac{실효값(V)}{평균값(V_a)} = \dfrac{\frac{V_m}{\sqrt{3}}}{\frac{V_m}{2}} = \dfrac{2}{\sqrt{3}} = 1.155$

파고율 = $\dfrac{최대값(V_m)}{실효값(V)} = \dfrac{V_m}{\frac{V_m}{\sqrt{3}}} = \sqrt{3} = 1.732$

18
어떤 회로에서 $i = 10\sin\left(314t - \dfrac{\pi}{6}\right)$[A]의 전류가 흐른다. 이를 복소수로 표시하면?

① $3.54 - j6.12$[A]
② $5 - j17.32$[A]
③ $6.12 - j3.54$[A]
④ $17.32 - j5$[A]

해설

$\dot{I} = \dfrac{10}{\sqrt{2}} \angle -30° = \dfrac{10}{\sqrt{2}}\{\cos(-30°) + j\sin(-30°)\}$
$= 6.12 - j3.54$[A]

19
$v = 100\sqrt{2}\sin\left(\omega t + \dfrac{\pi}{3}\right)$[V]를 복소수로 나타내면?

① $25 + j25\sqrt{3}$
② $50 + j25\sqrt{3}$
③ $25 + j50\sqrt{3}$
④ $50 + j50\sqrt{3}$

해설

$v = 100\sqrt{2}\sin\left(\omega t + \dfrac{\pi}{3}\right)$[V]

$\therefore \dot{V} = 100\angle 60° = 100(\cos 60° + j\sin 60°)$
$= 50 + j50\sqrt{3}$ [V]

20
$i = 10\sin\left(\omega t - \dfrac{\pi}{6}\right)$[A]로 표시되는 전류와 주파수는 같으나 위상이 45° 앞서는 실효값 100[V]의 전압을 표시하는 식으로 옳은 것은?

① $100\sin\left(\omega t - \dfrac{\pi}{10}\right)$
② $100\sqrt{2}\sin\left(\omega t + \dfrac{\pi}{12}\right)$
③ $\dfrac{100}{\sqrt{2}}\sin\left(\omega t - \dfrac{5}{12}\pi\right)$
④ $100\sqrt{2}\sin\left(\omega t - \dfrac{\pi}{12}\right)$

해설

$v(t) = V_m \sin(\omega t \pm \theta) = 100\sqrt{2}\sin\left(\omega t - \dfrac{\pi}{6} + \dfrac{\pi}{4}\right)$
$= 100\sqrt{2}\sin\left(\omega t + \dfrac{\pi}{12}\right)$[V]

13

다음과 같은 파형의 맥동 전류를 열선형 계기로 측정한 결과 10[A]였다. 이를 가동 코일형 계기로 측정할 때 전류의 값 [A]은?

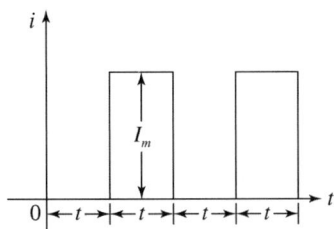

① 7.07
② 10
③ 14.14
④ 17.32

해설

열선형 계기로 측정한 결과값 10[A]는 실효값이다.
따라서 최대값은 아래와 같다.

$I = \dfrac{I_m}{\sqrt{2}} \Rightarrow I_m = \sqrt{2}\,I = \sqrt{2} \times 10\,[A]$

따라서 이를 가동 코일형 계기(평균값)로 측정하였을 때의 전류는 아래와 같다.

$I_a = \dfrac{I_m}{2} = \dfrac{10\sqrt{2}}{2} = 5\sqrt{2} = 7.07\,[A]$

14

최대값이 E_m인 반파 정류 정현파의 실효값은 몇 [V]인가?

① $\dfrac{3E_m}{\pi}$
② $\sqrt{2}\,E_m$
③ $\dfrac{E_m}{\sqrt{2}}$
④ $\dfrac{E_m}{2}$

해설

종류	파형	평균값	실효값
정현파	∿	$\dfrac{2}{\pi}E_m$	$\dfrac{1}{\sqrt{2}}E_m$
반파 정현파	⌒	$\dfrac{1}{\pi}E_m$	$\dfrac{1}{2}E_m$
구형파	⊓⊔	E_m	E_m
반 구형파	⊓	$\dfrac{1}{2}E_m$	$\dfrac{1}{\sqrt{2}}E_m$
삼각파	△▽	$\dfrac{1}{2}E_m$	$\dfrac{1}{\sqrt{3}}E_m$

15

그림과 같은 반파 정현파의 실효값은 몇 [A]인가?

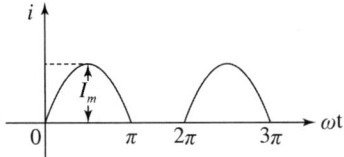

① $\dfrac{1}{\sqrt{2}}I_m$
② $\dfrac{2}{\pi}I_m$
③ $\dfrac{1}{\pi}I_m$
④ $\dfrac{1}{2}I_m$

해설

반파 정현파의 값은 다음과 같다.

- 평균값 $I_a = \dfrac{1}{\pi}I_m\,[A]$
- 실효값 $I = \dfrac{1}{2}I_m\,[A]$

| 정답 | 13 ① 14 ④ 15 ④

09
그림과 같은 파형의 전압 순시값은?

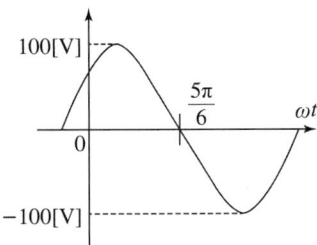

① $100\sin\left(\omega t + \dfrac{\pi}{6}\right)$
② $100\sqrt{2}\sin\left(\omega t + \dfrac{\pi}{6}\right)$
③ $100\sin\left(\omega t - \dfrac{\pi}{6}\right)$
④ $100\sqrt{2}\sin\left(\omega t - \dfrac{\pi}{6}\right)$

해설

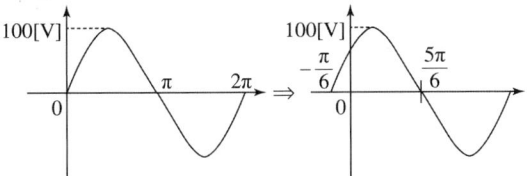

위와 같이 위상이 $\dfrac{\pi}{6}$ 만큼 진상으로 이동된 파형이다.

$v(t) = V_m \sin(\omega t \pm \theta) = 100\sin\left(\omega t + \dfrac{\pi}{6}\right)[\text{V}]$

10
$i(t) = 10\sin\left(\omega t - \dfrac{\pi}{3}\right)[\text{A}]$ 로 표시되는 전류 파형보다 위상이 30° 앞서고 최대값이 100[V]인 전압 파형을 식으로 나타내면?

① $100\sin\left(\omega t - \dfrac{\pi}{2}\right)$
② $100\sin\left(\omega t - \dfrac{\pi}{6}\right)$
③ $100\sqrt{2}\sin\left(\omega t - \dfrac{\pi}{6}\right)$
④ $100\sqrt{2}\cos\left(\omega t - \dfrac{\pi}{6}\right)$

해설

문제에 주어진 전류식 $i(t) = 10\sin\left(\omega t - \dfrac{\pi}{3}\right)$ 에 대해 위상이 $30°\left(= \dfrac{\pi}{6}\right)$ 앞서고 최대값이 100[V]인 전압의 순시값은

$v(t) = 100\sin\left(\omega t - \dfrac{\pi}{3} + \dfrac{\pi}{6}\right) = 100\sin\left(\omega t - \dfrac{\pi}{6}\right)[\text{V}]$

11
정현파 사이클의 수학적인 평균값은?

① 0
② 0.637 × 최대값
③ 0.707 × 최대값
④ 1.414 × 실효값

해설

정현파의 한 사이클에서는 (+), (-)로 극성이 바뀌므로 단순히 수학적인 평균값은 0이 된다.

12
횡축에 대칭인 삼각파 교류 전압의 평균값[V]은?

① 3
② 5
③ 8
④ 10

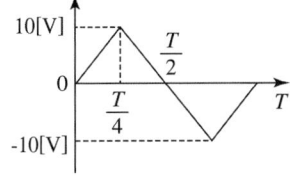

해설

$V_a = \dfrac{V_m}{2} = \dfrac{10}{2} = 5[\text{V}]$

05

그림과 같이 주기가 $3[\text{s}]$인 전압 파형의 실효값은 약 몇 $[\text{V}]$인가?

① 5.67
② 6.67
③ 7.57
④ 8.57

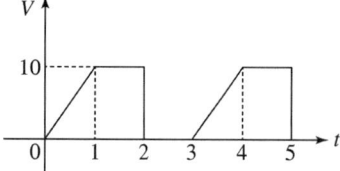

해설

문제에 주어진 파형을 실효값 구하는 식에 대입하면 아래와 같다.

$$V = \sqrt{\frac{1}{T}\int_0^T v^2(t)\,dt}$$

$$= \sqrt{\frac{1}{3}\left\{\int_0^1 (10t)^2 dt + \int_1^2 10^2 dt\right\}}$$

$$= \sqrt{\frac{1}{3}\left\{\left[100 \times \frac{1}{3}t^3\right]_0^1 + [100t]_1^2\right\}} = \sqrt{\frac{1}{3}\left(\frac{100}{3} + 100\right)}$$

$$= 6.67[\text{V}]$$

06

다음과 같은 왜형파의 실효값$[\text{V}]$은?

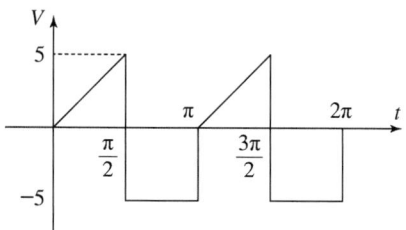

① $5\sqrt{2}$
② $\dfrac{10}{\sqrt{6}}$
③ 15
④ 35

해설

$$V = \sqrt{\frac{1}{T}\int_0^T v^2 dt} = \sqrt{\frac{1}{\pi}\left\{\int_0^{\frac{\pi}{2}}\left(\frac{5}{\frac{\pi}{2}}t\right)^2 dt + \int_{\frac{\pi}{2}}^{\pi}(-5)^2 dt\right\}}$$

$$= \sqrt{\frac{1}{\pi}\left\{\left(\frac{10}{\pi}\right)^2 \left[\frac{1}{3}t^3\right]_0^{\frac{\pi}{2}} + 25[t]_{\frac{\pi}{2}}^{\pi}\right\}} = \frac{10}{\sqrt{6}}[\text{V}]$$

07

전류 $\sqrt{2}\,I\sin(\omega t + \theta)[\text{A}]$와 기전력 $\sqrt{2}\,V\cos(\omega t - \phi)[\text{V}]$ 사이의 위상차는?

① $\dfrac{\pi}{2} - (\phi - \theta)$
② $\dfrac{\pi}{2} - (\phi + \theta)$
③ $\dfrac{\pi}{2} + (\phi + \theta)$
④ $\dfrac{\pi}{2} + (\phi - \theta)$

해설

$i(t) = \sqrt{2}\,I\sin(\omega t + \theta)[\text{A}]$

$v(t) = \sqrt{2}\,V\cos(\omega t - \phi) = \sqrt{2}\,V\sin\left(\omega t - \phi + \dfrac{\pi}{2}\right)[\text{V}]$

∴ 위상차 $\Delta\theta = \dfrac{\pi}{2} - \phi - \theta = \dfrac{\pi}{2} - (\phi + \theta)$

암기

$\cos\theta = \sin\left(\theta + \dfrac{\pi}{2}\right)$

08

최대값이 $10[\text{V}]$인 정현파 전압이 있다. $t=0$에서의 순시값이 $5[\text{V}]$이고 이 순간에 전압이 증가하고 있다. 주파수가 $60[\text{Hz}]$일 때, $t=2\,[\text{ms}]$에서의 전압의 순시값$[\text{V}]$은?

① $10\sin 30°$
② $10\sin 43.2°$
③ $10\sin 73.2°$
④ $10\sin 103.2°$

해설

최대값이 $10[\text{V}]$일 때 순시값이 $5[\text{V}]$이면
$v = V_m \sin(\omega t \pm \theta) = 10\sin(0+\theta) = 5[\text{V}]$이므로

$\theta = \sin^{-1}\left(\dfrac{5}{10}\right) = 30°$

즉, 위상은 $+30°$인 상태이다.
$t = 2 \times 10^{-3}\,[\text{sec}]$일 때 순시값은 아래와 같다.

$v = 10\sin\left(2\pi \times 60 \times 2 \times 10^{-3} \times \dfrac{180°}{\pi} + 30°\right)$

$= 10\sin 73.2°[\text{V}]$

CHAPTER 02 CBT 적중문제

01
어떤 정현파 전압의 평균값이 $190[V]$라면 최대값$[V]$은 얼마인가?

① 약 $200[V]$ ② 약 $250[V]$
③ 약 $300[V]$ ④ 약 $350[V]$

해설

정현파에서 평균값은 $V_a = \dfrac{2}{\pi}V_m$이므로 최대값을 구하면 아래와 같다.

$V_m = \dfrac{\pi}{2} \times V_a = \dfrac{\pi}{2} \times 190 = 298[V](\therefore 약\ 300[V])$

02
정현파 교류의 평균값에 어떤 수를 곱해야 실효값을 얻을 수 있는가?

① $\dfrac{2\sqrt{2}}{\pi}$ ② $\dfrac{\sqrt{3}}{2}$
③ $\dfrac{2}{\sqrt{3}}$ ④ $\dfrac{\pi}{2\sqrt{2}}$

해설

정현파 교류의 평균값에서 최대값

$V_a = \dfrac{2}{\pi}V_m \Rightarrow V_m = \dfrac{\pi}{2}V_a[V]$

이를 정현파 교류의 실효값에 대입해 보면 아래와 같다.

$V = \dfrac{1}{\sqrt{2}}V_m = \dfrac{1}{\sqrt{2}} \times \dfrac{\pi}{2}V_a = \dfrac{\pi}{2\sqrt{2}}V_a[V]$

03
처음 10초간은 $100[A]$의 전류를 흘리고 다음 20초간은 $20[A]$의 전류를 흘리는 전류의 실효값은 몇 $[A]$인가?

① 50 ② 55
③ 60 ④ 65

해설

$I = \sqrt{\dfrac{1}{T}\int_0^T i^2(t)\,dt} = \sqrt{\dfrac{1}{30}\left\{\int_0^{10}100^2\,dt + \int_{10}^{30}20^2\,dt\right\}}$

$= \sqrt{\dfrac{1}{30}\left\{[100^2 \times t]_0^{10} + [20^2 \times t]_{10}^{30}\right\}} = 60[A]$

04
그림과 같은 주기 파형의 전류 $i(t) = 10e^{-100t}[A]$의 평균값은 약 몇 $[A]$인가?

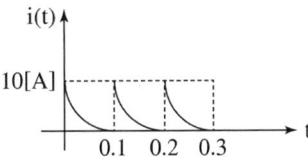

① $0.5[A]$ ② $1[A]$
③ $2.5[A]$ ④ $5[A]$

해설

$I_a = \dfrac{1}{T}\int_0^T i(t)\,dt = \dfrac{1}{0.1}\int_0^{0.1}10e^{-100t}\,dt$

$= \dfrac{10}{0.1}\left[\dfrac{1}{-100}e^{-100t}\right]_0^{0.1}$

$= 100 \times \dfrac{1}{-100}(e^{-10} - 1) = 1[A]$

|정답| 01 ③ 02 ④ 03 ③ 04 ②

- 편각: $\theta = \tan^{-1}\dfrac{b_1-b_2}{a_1-a_2} = \tan^{-1}\dfrac{d}{c}$

기출예제

중요도 $X=8+j7$, $Y=5-j3$일 때 $A=X-Y$의 크기와 편각은?

① 5, 16.7°
② $\sqrt{109}$, 73.3°
③ 5, 17.1°
④ $\sqrt{109}$, 53.1°

| 해설 |

$A=(8-5)+j\{7-(-3)\} = 3+j10$

- 크기: $|A| = \sqrt{3^2+10^2} = \sqrt{109}$
- 편각: $\theta = \tan^{-1}\dfrac{10}{3} = 73.3°$

답 ②

(3) 복소수의 곱셈

$$\dot{A} = \dot{A}_1 \cdot \dot{A}_2 = (a_1+jb_1)(a_2+jb_2)$$
$$= (a_1a_2 - b_1b_2) + j(a_2b_1 + a_1b_2)$$

- 크기: $|A| = \sqrt{(a_1a_2-b_1b_2)^2 + (a_2b_1+a_1b_2)^2}$
- 편각: $\theta = \tan^{-1}\dfrac{a_2b_1+a_1b_2}{a_1a_2-b_1b_2}$

기출예제

중요도 두 복소수가 $X=8+j6$, $Y=4+j3$일 때 $A=X\cdot Y$의 편각은 몇 도인가?

① 53.74°
② 63.74°
③ 73.74°
④ 83.74°

| 해설 |

$A=(8+j6)(4+j3)$
$=\{(8\times4)-(6\times3)\}+j\{(6\times4)+(8\times3)\}=14+j48$

- 크기: $|A| = \sqrt{14^2+48^2} = \sqrt{2,500} = 50$
- 편각: $\theta = \tan^{-1}\dfrac{48}{14} = 73.74°$

답 ③

(4) 복소수의 나눗셈

$$\dot{A} = \dfrac{\dot{A}_1}{\dot{A}_2} = \dfrac{a_1+jb_1}{a_2+jb_2} = \dfrac{(a_1+jb_1)(a_2-jb_2)}{(a_2+jb_2)(a_2-jb_2)}$$

$$= \dfrac{a_1a_2+b_1b_2}{a_2^2+b_2^2} + j\dfrac{a_2b_1-a_1b_2}{a_2^2+b_2^2}$$

- 크기: $|A| = \sqrt{\left(\dfrac{a_1a_2+b_1b_2}{a_2^2+b_2^2}\right)^2 + \left(\dfrac{a_2b_1-a_1b_2}{a_2^2+b_2^2}\right)^2}$
- 편각: $\theta = \tan^{-1}\dfrac{a_2b_1-a_1b_2}{a_1a_2+b_1b_2}$

독학이 쉬워지는 기초개념

Tip 강의 꿀팁

허수 단위의 연산
- $j = \sqrt{-1}$
- $j^2 = -1$
- $j^3 = j^2 \times j = -j$
- $j^4 = j^2 \times j^2 = 1$

회전 연산자

회전 연산자 j가 어떤 벡터에 곱해지면 그 벡터는 원점을 중심으로 반시계 방향으로 90° 회전된다.
$j = 1\angle 90°$

독학이 쉬워지는 기초개념

위상차 계산
• 곱셈: 더해 준다.
• 나눗셈: 빼 준다.

(3) 뺄셈 계산

$$\dot{V_1} - \dot{V_2} = \frac{V_{1m}}{\sqrt{2}} \angle \theta_1 - \frac{V_{2m}}{\sqrt{2}} \angle \theta_2$$

$$= \frac{V_{1m}}{\sqrt{2}}(\cos\theta_1 + j\sin\theta_1) - \frac{V_{2m}}{\sqrt{2}}(\cos\theta_2 + j\sin\theta_2)$$

$$= \left(\frac{V_{1m}}{\sqrt{2}}\cos\theta_1 - \frac{V_{2m}}{\sqrt{2}}\cos\theta_2\right) + j\left(\frac{V_{1m}}{\sqrt{2}}\sin\theta_1 - \frac{V_{2m}}{\sqrt{2}}\sin\theta_2\right)[\text{V}]$$

(4) 곱셈 계산

$$\dot{V_1} \times \dot{V_2} = \frac{V_{1m}}{\sqrt{2}} \angle \theta_1 \times \frac{V_{2m}}{\sqrt{2}} \angle \theta_2 = \frac{V_{1m}}{\sqrt{2}} \times \frac{V_{2m}}{\sqrt{2}} \angle (\theta_1 + \theta_2)$$

(5) 나눗셈 계산

$$\frac{\dot{V_1}}{\dot{V_2}} = \frac{V_{1m} \angle \theta_1}{V_{2m} \angle \theta_2} = \frac{V_{1m}}{V_{2m}} \angle (\theta_1 - \theta_2)$$

기출예제

중요도

$v_1 = 20\sqrt{2}\sin\omega t\,[\text{V}]$, $v_2 = 50\sqrt{2}\cos\left(\omega t - \frac{\pi}{6}\right)[\text{V}]$ 일 때 $v_1 + v_2$의 실효값[V]은?

① $\sqrt{1,400}$　　　　　　　　② $\sqrt{2,400}$
③ $\sqrt{2,900}$　　　　　　　　④ $\sqrt{3,900}$

| 해설 |
문제에 주어진 전압의 순시값을 극좌표로 변환하면 아래와 같다.
• $v_1 = 20\sqrt{2}\sin\omega t \Rightarrow \dot{V_1} = 20\angle 0°$
• $v_2 = 50\sqrt{2}\cos\left(\omega t - \frac{\pi}{6}\right) = 50\sqrt{2}\sin\left(\omega t + \frac{\pi}{3}\right) \Rightarrow \dot{V_2} = 50\angle 60°$

따라서 두 전압을 합하여 실효값을 구해 보면 아래와 같다.
$\dot{V_1} + \dot{V_2} = 20 + 50(\cos 60° + j\sin 60°)$
$\qquad\qquad = 45 + j25\sqrt{3}\,[\text{V}]$
∴ $V = |\dot{V_1} + \dot{V_2}| = \sqrt{45^2 + (25\sqrt{3})^2}$
$\qquad\quad = \sqrt{3,900}\,[\text{V}]$

답 ④

3 복소수의 사칙연산

벡터인 두 복소수 $\dot{A_1} = a_1 + jb_1$, $\dot{A_2} = a_2 + jb_2$일 때

(1) 복소수의 합
$\dot{A} = \dot{A_1} + \dot{A_2} = (a_1 + a_2) + j(b_1 + b_2) = a + jb$
• 크기: $|A| = \sqrt{(a_1 + a_2)^2 + (b_1 + b_2)^2} = \sqrt{a^2 + b^2}$
• 편각: $\theta = \tan^{-1}\dfrac{b_1 + b_2}{a_1 + a_2} = \tan^{-1}\dfrac{b}{a}$

(2) 복소수의 차
$\dot{A} = \dot{A_1} - \dot{A_2} = (a_1 - a_2) + j(b_1 - b_2) = c + jd$
• 크기: $|A| = \sqrt{(a_1 - a_2)^2 + (b_1 - b_2)^2} = \sqrt{c^2 + d^2}$

기출예제

그림과 같은 파형의 파고율은?

① 0.707
② 1.414
③ 1.732
④ 2.000

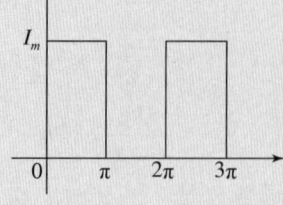

| 해설 |

반구형파의 평균값 및 실효값

$$I_a = \frac{I_m}{2}, \quad I = \frac{I_m}{\sqrt{2}}$$

따라서 반구형파의 파고율 및 파형률은 아래와 같다.

- 파고율 $= \dfrac{I_m}{I} = \dfrac{I_m}{\dfrac{I_m}{\sqrt{2}}} = \sqrt{2} = 1.414$

- 파형률 $= \dfrac{I}{I_a} = \dfrac{\dfrac{I_m}{\sqrt{2}}}{\dfrac{I_m}{2}} = \dfrac{2}{\sqrt{2}} = 1.414$

답 ②

THEME 02 교류의 벡터 표현

1 순시값의 벡터 표현

(1) 순시값 $v(t) = V_m\sin(\omega t \pm \theta)[\mathrm{V}]$인 교류 전압을 극좌표 형식과 삼각 함수형으로 표현해 보면 아래와 같다.

$$v(t) = V_m\sin(\omega t \pm \theta) = \frac{V_m}{\sqrt{2}} \angle \pm \theta = \frac{V_m}{\sqrt{2}}(\cos\theta \pm j\sin\theta)[\mathrm{V}]$$

(2) 교류의 순시값을 벡터로 표현할 때 벡터 크기는 실효값으로 나타낸다.

2 벡터 계산 방법

(1) 두 교류 전압의 순시값이 $v_1(t) = V_{1m}\sin(\omega t + \theta_1)[\mathrm{V}]$, $v_2(t) = V_{2m}\sin(\omega t + \theta_2)[\mathrm{V}]$라면 각 실효값으로 구한 연산 방법은 다음과 같다.

(2) 덧셈 계산

$$\dot{V_1} + \dot{V_2} = \frac{V_{1m}}{\sqrt{2}} \angle \theta_1 + \frac{V_{2m}}{\sqrt{2}} \angle \theta_2$$

$$= \frac{V_{1m}}{\sqrt{2}}(\cos\theta_1 + j\sin\theta_1) + \frac{V_{2m}}{\sqrt{2}}(\cos\theta_2 + j\sin\theta_2)$$

$$= \left(\frac{V_{1m}}{\sqrt{2}}\cos\theta_1 + \frac{V_{2m}}{\sqrt{2}}\cos\theta_2\right) + j\left(\frac{V_{1m}}{\sqrt{2}}\sin\theta_1 + \frac{V_{2m}}{\sqrt{2}}\sin\theta_2\right)[\mathrm{V}]$$

독학이 쉬워지는 기초개념

$A \angle \theta = Ae^{j\theta}$
$= A(\cos\theta + j\sin\theta)$

독학이 쉬워지는 기초개념

기출예제

그림과 같은 전압 파형의 평균값은 얼마인가?

① 15[V]
② 25[V]
③ 35[V]
④ 45[V]

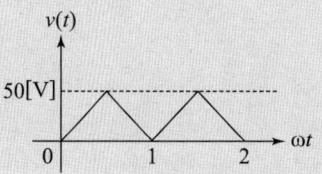

| 해설 |
문제에 주어진 삼각파의 평균값은 아래와 같다.

$$V_a = \frac{V_m}{2} = \frac{50}{2} = 25[\text{V}]$$

답 ②

6 파고율 및 파형률

(1) 정의

구형파를 기준(1.0)으로 하였을 때 교류 파형들의 찌그러진 정도를 나타낸 계수를 말하며 여러 가지 파형들의 특성을 나타낸다.

① 파고율(Peak factor): 교류 파형에서 최대값을 실효값으로 나눈 값으로 각종 파형의 날카로움의 정도를 나타내기 위한 것이다.

② 파형률(Form factor): 교류 파형에서 실효값을 평균값으로 나눈 값으로 비정현파의 파형 평활도를 나타내는 것이다.

파고율과 파형률
- 파고율: 높은 위치
- 파형률: 낮은 위치

최대값 > 실효값 > 평균값

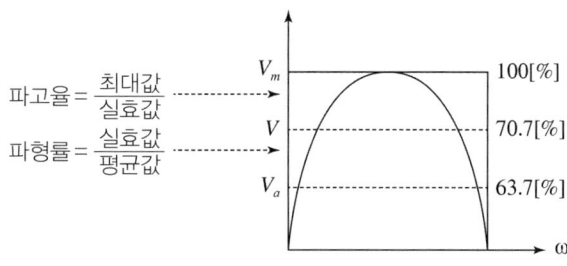

▲ 파고율과 파형률

(2) 파고율 및 파형률 계산식

- 파고율 = $\dfrac{\text{최대값}(V_m)}{\text{실효값}(V)}$
- 파형률 = $\dfrac{\text{실효값}(V)}{\text{평균값}(V_a)}$

Tip 강의 꿀팁

파형률 = $\dfrac{\dfrac{\text{최대값}}{\text{실효값}} = \text{파고율}}{\text{평균값}}$

기출예제

정현파 교류 전압의 실효값에 어떠한 수를 곱하면 평균값을 얻을 수 있는가?

① $\dfrac{2\sqrt{2}}{\pi}$
② $\dfrac{\sqrt{3}}{2}$
③ $\dfrac{2}{\sqrt{3}}$
④ $\dfrac{\pi}{2\sqrt{2}}$

| 해설 |

정현파 교류의 평균값과 실효값은 각각 $V_a = \dfrac{2}{\pi} V_m$, $V = \dfrac{1}{\sqrt{2}} V_m$이다.

$V_m = \sqrt{2}\, V$이므로

평균값은 $V_a = \dfrac{2}{\pi} V_m = \dfrac{2}{\pi} \times \sqrt{2}\, V = \dfrac{2\sqrt{2}}{\pi} V$

답 ①

5 대표적인 교류 파형

종류	파형	평균값	실효값
정현파	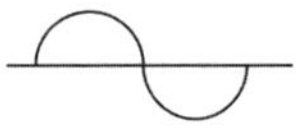	$\dfrac{2}{\pi} V_m$	$\dfrac{1}{\sqrt{2}} V_m$
전파 정류파		$\dfrac{2}{\pi} V_m$	$\dfrac{1}{\sqrt{2}} V_m$
반파 정류파		$\dfrac{1}{\pi} V_m$	$\dfrac{1}{2} V_m$
구형파	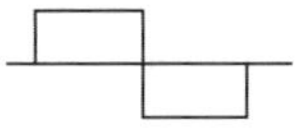	V_m	V_m
반 구형파		$\dfrac{1}{2} V_m$	$\dfrac{1}{\sqrt{2}} V_m$
삼각파	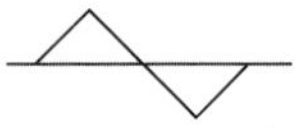	$\dfrac{1}{2} V_m$	$\dfrac{1}{\sqrt{3}} V_m$
톱니파	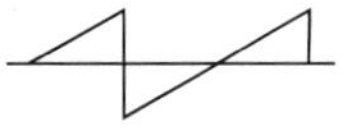	$\dfrac{1}{2} V_m$	$\dfrac{1}{\sqrt{3}} V_m$

단, V_m : 교류의 최대값 전압(Maximum voltage)

독학이 쉬워지는 기초개념

독학이 쉬워지는 기초개념

- $v(t) = V_m \sin(\omega t \pm \theta)[\text{V}]$
- $i(t) = I_m \sin(\omega t \pm \theta)[\text{A}]$

V_m, I_m: 전압, 전류의 최대값
ω: 각 주파수($= 2\pi f[\text{rad/sec}]$)
θ: 전압, 전류의 위상[°]

(2) 평균값
① 수시로 크기가 변하는 교류의 평균을 취한 값을 말한다.
② 정현파 반주기에 대한 평균값으로 정의
③ 정현파 교류의 평균값(대칭성 이용)

$$V_a = \frac{1}{T}\int_0^T v(t)\,dt = \frac{1}{\frac{\pi}{2}}\int_0^{\frac{\pi}{2}} V_m \sin t\, dt = \frac{2}{\pi}V_m \left[-\cos t\right]_0^{\frac{\pi}{2}}$$

$$= \frac{2}{\pi}V_m = 0.637\,V_m[\text{V}]$$

기출예제

정현파 교류 전압의 평균값은 최대값의 약 몇 [%]인가?

① 50.1[%]   ② 63.7[%]   ③ 70.7[%]   ④ 90.1[%]

| 해설 |
정현파의 평균값은 아래와 같다.
$V_a = \frac{2}{\pi}V_m = 0.637\,V_m$ (최대값의 63.7[%])

답 ②

(3) 실효값
① 우리가 실제로 사용하는 교류를 표현한 값으로, 해당 교류가 하는 일과 동등한 일을 하는 직류의 값으로 정의
② 정현파 교류의 실효값

$$V = \sqrt{\frac{1}{T}\int_0^T v^2(t)\,dt} = \sqrt{\frac{1}{\frac{\pi}{2}}\int_0^{\frac{\pi}{2}} V_m^2 \sin^2 t\, dt}$$

$$= \sqrt{\frac{2}{\pi}V_m^2 \int_0^{\frac{\pi}{2}} \frac{1}{2}(1-\cos 2t)\,dt}$$

$$= \sqrt{\frac{1}{\pi}\times V_m^2 \left[t - \frac{1}{2}\sin 2t\right]_0^{\frac{\pi}{2}}} = \sqrt{\frac{V_m^2}{2}} = \frac{V_m}{\sqrt{2}} = 0.707\,V_m[\text{V}]$$

Tip 강의 꿀팁

정현파 교류에서
- 평균값: 최대값의 약 60[%]
- 실효값: 최대값의 약 70[%]

평균값과 실효값의 차이를 10[%]로 적용해 문제를 풀 수 있어요.

배각 정리
$\cos 2\theta = \cos^2\theta - \sin^2\theta$
$= 2\cos^2\theta - 1$
$= 1 - 2\sin^2\theta$
($\because \sin^2\theta + \cos^2\theta = 1$)

도[°]와 호도법의 라디안[rad]의 비교

도[°]	30°	45°	60°	90°	120°	180°	360°
라디안 [rad]	$\frac{\pi}{6}$	$\frac{\pi}{4}$	$\frac{\pi}{3}$	$\frac{\pi}{2}$	$\frac{2\pi}{3}$	π	2π

$1[\text{rad}] = \dfrac{360°}{2\pi} = 57.3°$

- 각주파수(각속도)
  - 문자 표현 및 단위: $\omega[\text{rad/s}]$
  - 정현파 교류에서 각주파수: $\omega = 2\pi f [\text{rad/s}]$

독학이 쉬워지는 기초개념

우리나라의 상용 주파수는 $60[\text{Hz}]$ 이므로 정현파 교류의 각 주파수는 $\omega = 2\pi f = 2\pi \times 60 = 377[\text{rad/s}]$ 이다.

기출예제

상용 주파수가 $60[\text{Hz}]$인 교류에서 주기, 각속도를 구하면 얼마인가?

① 0.0167, 377   ② 0.0267, 400
③ 0.0367, 500   ④ 0.0467, 550

| 해설 |
- 주기 $T = \dfrac{1}{f} = \dfrac{1}{60} = 0.0167[\text{s}]$
- 각속도 $\omega = 2\pi f = 2\pi \times 60 = 377[\text{rad/s}]$

답 ①

3 교류의 특성

(1) 직류는 시간 경과와 관계없이 전압이나 전류의 크기가 일정한 전원이고, 교류는 시간이 경과함에 따라 전압이나 전류의 크기가 수시로 변하는 전원이다.

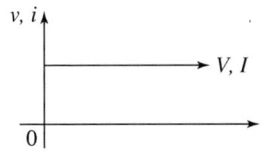
▲ 직류 전원의 파형

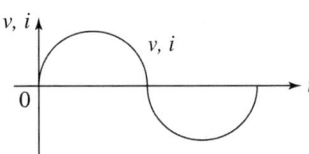
▲ 교류 전원의 파형

(2) 직류는 보통 대문자(V, I)로, 교류는 보통 소문자 ($v(t), i(t)$)로 표현하는 것이 일반적이다.

4 교류 표현 방법

(1) 순시값: 시간 경과에 따라 그 크기가 변하는 교류의 매 순간 값을 표현한 방법이다.

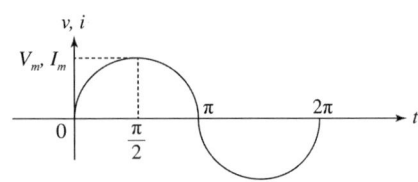
▲ 정현파 교류 파형의 예

Tip 강의 꿀팁

정현파 교류를 기본파라고도 불러요.

CHAPTER 02 교류 전기

THEME 01 정현파 교류

독학이 쉬워지는 기초개념

1 정현파 교류의 발생 원리

자계 안에 놓인 도체를 외력으로 일정한 방향으로 회전시키면 도체가 자력선을 끊게 되어 도체에 기전력이 발생

(1) 발생 교류 기전력의 크기: $e = vBl\sin\phi$ [V]
(2) 발생 교류 기전력의 방향: 플레밍의 오른손 법칙

플레밍의 오른손 법칙
- 엄지: v(도체의 방향)
- 검지: B(자력선의 방향)
- 중지: e(기전력의 방향)

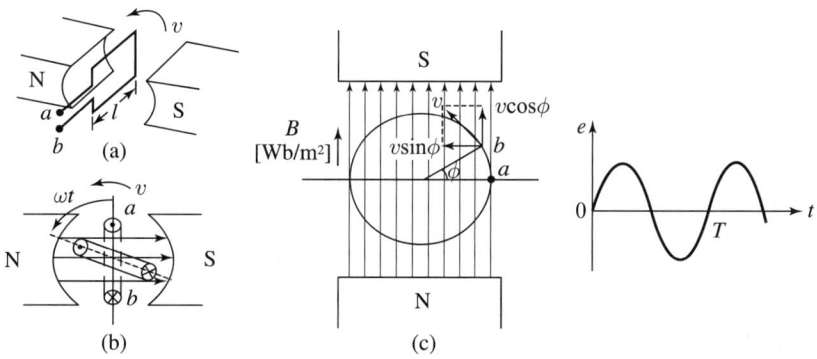

2 주기와 전기각

(1) 주기
  ① 사이클(Cycle): 주기파에서 임의 값에서 시작하여 다시 그 값이 되는 점까지의 주기
  ② 주기(Period)
    - 1 사이클이 진행되는 시간
    - 문자 표현 및 단위: T[s]
  ③ 주파수(Frequency)
    - 1초 동안에 반복되는 사이클의 수
    - 문자 표현 및 단위: f[Hz]
  ④ 주기와 주파수의 관계

$$f = \frac{1}{T}[\text{Hz}], \quad T = \frac{1}{f}[\text{s}]$$

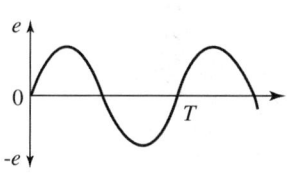

우리나라 교류의 주파수
60[Hz]의 주파수를 갖는 교류 사용

(2) 전기각
  ① 정현파 교류 파형에서 시간에 따라 전개되는 각
  ② 정현파 1사이클의 전기각 2π[rad]($=360°$)
    - 각의 표현

학습 전략

교류 전기는 교류 순시값의 정의와 교류 순시값 표현 방법을 먼저 학습합니다. 또한, 순시값을 학습하면서 교류에서의 최대값과 실효값의 차이점 및 교류의 위상 표현을 이해한 후 시험에 자주 출제되는 5가지의 대표적인 교류 파형을 정리하고, 교류를 여러 가지 형식으로 나타내는 변환 과정을 학습하는 것을 추천합니다.

CHAPTER 02 | 흐름 미리보기

1. 정현파 교류

2. 교류의 벡터 표현

NEXT **CHAPTER 03**

CHAPTER 02
교류 전기

1. 정현파 교류
2. 교류의 벡터 표현

19
키르히호프의 전류 법칙(KCL) 적용에 대한 설명 중 틀린 것은?

① 이 법칙은 집중 정수 회로에 적용된다.
② 이 법칙은 선형 소자로만 이루어진 회로에 적용된다.
③ 이 법칙은 회로의 선형, 비선형에 관계 받지 않고 적용된다.
④ 이 법칙은 회로의 시변, 시불변에는 관계 받지 않고 적용된다.

해설
키르히호프의 법칙은 어떠한 회로망에도 적용 가능한 법칙으로써 선형 회로망이든 비선형 회로망이든 상관없이 적용 가능하다.

20
다음 그림에서 전류 i_5 는 몇 [A]인가?

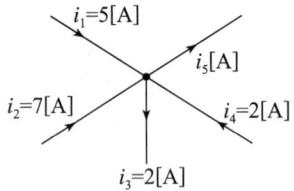

① 3[A]　② 5[A]
③ 8[A]　④ 12[A]

해설
키르히호프의 전류 법칙을 적용한다.
$i_1 + i_2 + i_4 = i_3 + i_5 \Rightarrow 5+7+2=2+i_5$
$\therefore i_5 = 5+7+2-2 = 12[A]$

21
다음 중 전하 보존의 법칙과 가장 관련 있는 것은?

① 키르히호프의 전류 법칙
② 키르히호프의 전압 법칙
③ 옴의 법칙
④ 렌츠의 법칙

해설
- 키르히호프의 전류 법칙
  - 어떤 임의의 회로에서 그 회로의 절점에 유입하는 전류의 합과 유출하는 전류 합은 같다.
  - $i_1 + i_2 = i_3 + i_4$
- 전하 보존의 법칙
  - 어떤 임의의 회로에서 그 회로의 절점에 유입하는 전하량 합과 유출하는 전하량 합은 같다.
  - $Q_1 + Q_2 = Q_3 + Q_4$

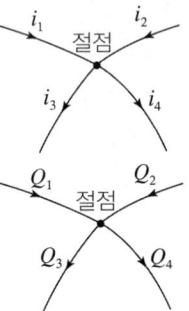

17

저항 R인 검류계 G에 그림과 같이 r_1인 저항을 병렬로, 또 r_2인 저항을 직렬로 접속하였을 때 A, B 단자 사이의 저항을 R과 같게 하고 또 G에 흐르는 전류를 전 전류의 $\frac{1}{n}$로 하기 위한 $r_1[\Omega]$의 값은?

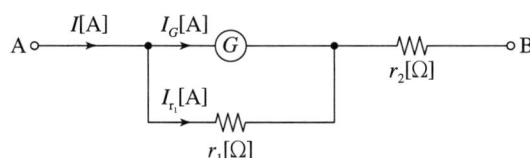

① $\dfrac{n-1}{R}$
② $R\left(1-\dfrac{1}{n}\right)$
③ $\dfrac{R}{n-1}$
④ $R\left(1+\dfrac{1}{n}\right)$

해설

검류계에 흐르는 전류를 구한다.
$I_G = \dfrac{r_1}{R+r_1} I = \dfrac{1}{n} I$

따라서 위의 식에서 r_1 값을 구한다.
$nr_1 = R+r_1 \Rightarrow r_1 = \dfrac{R}{n-1}[\Omega]$

18

다음과 같은 회로에서의 전류 방향을 옳게 나타낸 것은?

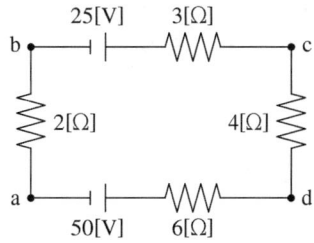

① 알 수 없다.
② 시계 방향이다.
③ 흐르지 않는다.
④ 시계 반대 방향이다.

해설

문제에 주어진 전압원을 합성하고 저항을 합성하여 회로를 간단히 만들어 보면 아래와 같다.
$V = 50 - 25 = 25[V]$
$R = 2+3+4+6 = 15[\Omega]$

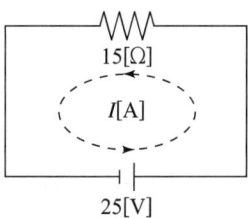

∴ 회로에 흐르는 전류는 시계 반대 방향으로 흐른다.

14

내부 저항이 $15[\mathrm{k}\Omega]$이고 최대 눈금이 $150[\mathrm{V}]$인 전압계와 내부 저항이 $10[\mathrm{k}\Omega]$이고 최대 눈금이 $150[\mathrm{V}]$인 전압계가 있다. 두 전압계를 직렬 접속하여 측정하면 최대 몇 $[\mathrm{V}]$까지 측정할 수 있는가?

① $200[\mathrm{V}]$ ② $250[\mathrm{V}]$
③ $300[\mathrm{V}]$ ④ $315[\mathrm{V}]$

해설

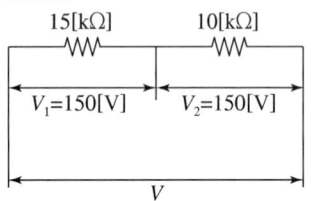

$15[\mathrm{k}\Omega]$에 대해 전압 분배의 법칙을 적용

- $V_1 = \dfrac{15}{15+10} \times V = 150[\mathrm{V}]$

$\therefore V = \dfrac{15+10}{15} \times 150 = 250[\mathrm{V}]$

$10[\mathrm{k}\Omega]$에 대해 전압 분배의 법칙을 적용

- $V_2 = \dfrac{10}{15+10} \times V = 150[\mathrm{V}]$

$\therefore V = \dfrac{15+10}{10} \times 150 = 375[\mathrm{V}]$

$375[\mathrm{V}]$ 전압은 2개의 전압계 최대 눈금인 $150+150 = 300[\mathrm{V}]$를 초과하게 되므로 측정이 불가하다. 따라서 작은 값인 $250[\mathrm{V}]$까지 측정할 수 있다.

15

그림과 같은 회로에서 $V-i$ 관계식은?

① $V = 0.8i$
② $V = i_s R_s - 2i$
③ $V = 3 + 0.2i$
④ $V = 2i$

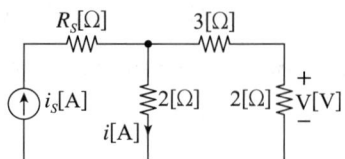

해설

문제에 주어진 회로의 조건에서 $2[\Omega]$에 흐르는 전류가 i이므로 $2[\Omega]$ 저항 양단의 전압은 $V_1 = IR = 2i[\mathrm{V}]$임을 알 수 있다.

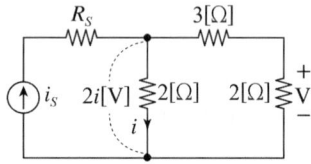

따라서 나머지 저항 $3[\Omega]$과 $2[\Omega]$에 대해 전압 분배 법칙을 적용하여 $2[\Omega]$ 양단의 전압을 구해 보면 아래와 같다.

$V = \dfrac{2}{3+2} \times 2i = 0.8i\,[\mathrm{V}]$

16

DC $15[\mathrm{V}]$의 전압을 측정하기 위하여 $10[\mathrm{V}]$용 전압계 2개를 직렬 연결하였을 때 전압계 V_1의 지시값은 몇 $[\mathrm{V}]$인가?(단, 전압계 V_1의 내부 저항은 $4[\Omega]$, V_2의 내부 저항은 $2[\Omega]$이다.)

① $4[\mathrm{V}]$ ② $6[\mathrm{V}]$
③ $8[\mathrm{V}]$ ④ $10[\mathrm{V}]$

해설

$V_1 = \dfrac{R_1}{R_1 + R_2} V = \dfrac{4}{4+2} \times 15 = 10[\mathrm{V}]$

12

그림과 같은 회로에서 r_1 저항에 흐르는 전류를 최소로 하기 위한 저항 $r_2[\Omega]$는?

① $\dfrac{r_1}{2}$

② $\dfrac{r}{2}$

③ r_1

④ r

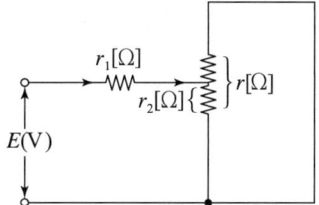

해설

r_1에 흐르는 전류가 최소가 되려면 r_2의 저항이 최대가 되어야 한다. 따라서 병렬 부분의 저항이 같아야 하므로 r_2는 전체 저항(r)의 $\dfrac{1}{2}$이 되어야 한다.

별해

합성저항 $R = r_1 + \dfrac{r_2 \times (r - r_2)}{r_2 + (r - r_2)} = r_1 + \dfrac{r_2(r - r_2)}{r}$

전류가 최소가 되려면 합성저항 R이 최대가 되어야 하므로

$\dfrac{dR}{dr_2} = \dfrac{1}{r}\{(r - r_2) + r_2(-1)\} = \dfrac{1}{r}(r - 2r_2)$

$\dfrac{dR}{dr_2} = 0$, 즉 $r_2 = \dfrac{r}{2}$에서 합성저항 R은 최대이고, 전류는 최소이다.

13

그림의 사다리꼴 회로에서 부하 전압 V_L의 크기는 몇 [V]인가?

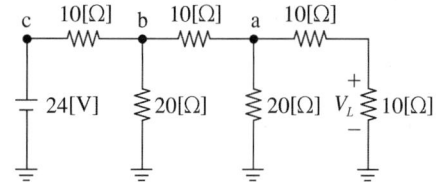

① 3.0

② 3.25

③ 4.0

④ 4.15

해설

b점에서 오른쪽의 직·병렬 합성 저항값은 아래와 같다.

$R_a = \dfrac{20 \times (10 + 10)}{20 + (10 + 10)} = 10[\Omega]$

$R_b = \dfrac{20 \times (10 + 10)}{20 + (10 + 10)} = 10[\Omega]$

따라서 b점의 전압은 전압 분배의 법칙에 의해 구할 수 있다.

$V_b = \dfrac{10}{10 + 10} \times 24 = 12[V]$

마찬가지로 하여 a점의 전압도 구할 수 있다.

$R_a = 10[\Omega]$이므로

$V_a = \dfrac{10}{10 + 10} \times 12 = 6.0[V]$

마지막으로 부하단의 전압 V_L은 아래와 같다.

$V_L = \dfrac{10}{10 + 10} \times 6 = 3.0[V]$

10

그림과 같이 $r=1[\Omega]$인 저항을 무한대로 연결할 때 a, b 사이의 합성 저항은?

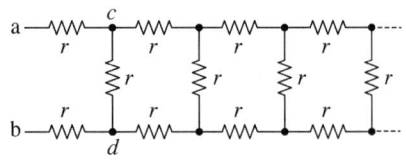

① $1+\sqrt{3}\,[\Omega]$
② $\sqrt{3}\,[\Omega]$
③ $1+\sqrt{2}\,[\Omega]$
④ $\infty\,[\Omega]$

해설

문제에 주어진 무한대 회로를 유한 회로의 등가 회로로 바꾼다.

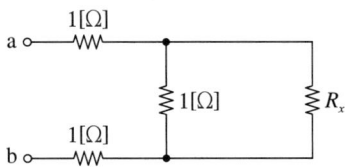

합성 저항

$$R_{ab}=2+\frac{1\times R_x}{1+R_x}=\frac{2+2R_x+R_x}{1+R_x}=\frac{2+3R_x}{1+R_x}$$

$\Rightarrow R_{ab}(1+R_x)=R_{ab}+R_{ab}R_x=2+3R_x$

근사적으로 $R_{ab}≒R_x$라고 볼 수 있으므로
이를 적용하여 합성 저항을 구해 보면 아래와 같다.

$R_{ab}+R_{ab}R_x=2+3R_x \Rightarrow R_x+R_x^2=2+3R_x$

$\Rightarrow R_x^2-2R_x-2=0$

$\therefore R_x=\frac{2\pm\sqrt{4+4\times1\times2}}{2\times1}=1+\sqrt{3},\,1-\sqrt{3}\,[\Omega]$

저항은 (−) 값이 나올 수 없으므로 합성 저항은 $1+\sqrt{3}\,[\Omega]$이 된다.

별해

다음과 같이 근사적으로 정답을 유추할 수 있다.
1. $a-b$ 단자의 직렬 부분의 저항은 $1+1=2[\Omega]$이다.
2. $c-d$점 이후의 병렬 부분의 합성 저항은 $1[\Omega]$보다는 작다.
3. 따라서 합성 저항은 $2[\Omega]+1[\Omega]$보다 작은 값으로 보기에서 $1+\sqrt{3}=1+1.73=2.73[\Omega]$이 정답이 될 수 있다.

별해

이러한 문제는 이해가 힘들다면 정답을 외우는 것도 하나의 방법이 될 수 있다.

11

기전력 3[V], 내부 저항 0.5[Ω]인 전지 9개가 있다. 이것을 3개씩 직렬로 하여 3조 병렬 접속한 것에 부하 저항 1.5[Ω]을 접속하면 부하 전류[A]는?

① 2.5[A]
② 3.5[A]
③ 4.5[A]
④ 5.5[A]

해설

기전력이 3[V], 내부 저항이 0.5[Ω]인 전지를 3개씩 직렬로 하였을 때의 합성 기전력 및 저항은 아래와 같다.

$V_s=3\times3=9[V]$, $R_s=0.5\times3=1.5[\Omega]$

위 직렬 접속의 전지 3조를 병렬로 접속하였을 때의 합성 기전력 및 저항은 아래와 같다.

$V_p=9[V]$(병렬 접속 시 건전지 기전력의 변화는 없음)

$R_p=\frac{1.5}{3}=0.5[\Omega]$

따라서 여기에 부하 저항 1.5[Ω]을 접속하였을 때의 부하 전류는 아래와 같다.

$$I=\frac{V}{R}=\frac{9}{0.5+1.5}=4.5[A]$$

08

그림과 같이 3개의 같은 저항 $R[\Omega]$을 Δ 결선하고 기전력 $V[V]$, 내부 저항 $r[\Omega]$인 전지를 n개 직렬 접속했다. 이때 전지 안에 흐르는 전류가 $I[A]$라면 R은 몇 $[\Omega]$인가?

① $\dfrac{3}{2}n\left(\dfrac{V}{I}+r\right)$

② $\dfrac{2}{3}n\left(\dfrac{V}{I}+r\right)$

③ $\dfrac{3}{2}n\left(\dfrac{V}{I}-r\right)$

④ $\dfrac{2}{3}n\left(\dfrac{V}{I}-r\right)$

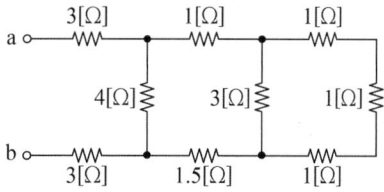

해설

문제에 주어진 전압과 전류 및 저항 접속을 이용하여 회로의 합성 저항을 구한다.

$\dfrac{nV}{I} = nr + \dfrac{2R \times R}{2R+R} = nr + \dfrac{2}{3}R$

위 식에서 저항 R을 구해 보면 아래와 같다.

$\dfrac{2}{3}R = \dfrac{nV}{I} - nr \;\Rightarrow\; R = \dfrac{3}{2}\left(\dfrac{nV}{I} - nr\right) = \dfrac{3}{2}n\left(\dfrac{V}{I} - r\right)[\Omega]$

09

그림과 같은 회로의 a, b 단자에서 본 합성 저항은 몇 $[\Omega]$인가?

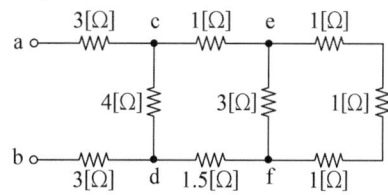

① $2[\Omega]$ ② $4[\Omega]$
③ $6[\Omega]$ ④ $8[\Omega]$

해설

e−f 지점의 우측 3개의 직렬 저항을 합성한다.
$R_1 = 1+1+1 = 3[\Omega]$

e−f 지점의 합성 저항을 합성한다.
$R_{ef} = \dfrac{3 \times 3}{3+3} = 1.5[\Omega]$

c−d 지점의 우측 3개의 직렬 저항을 합성한다.
$R_2 = 1+1.5+1.5 = 4[\Omega]$

c−d 지점의 합성 저항을 합성한다.
$R_{cd} = \dfrac{4 \times 4}{4+4} = 2[\Omega]$

따라서 a−b 단자에서 본 회로의 총 합성 저항을 구하면 아래와 같다.
$R_{ab} = 3+2+3 = 8[\Omega]$

04

옴의 법칙은 저항에 흐르는 전류와 전압의 관계를 나타낸 것이다. 회로의 저항이 일정할 때 전류는?

① 전압에 비례한다.
② 전압에 반비례한다.
③ 전압의 제곱에 비례한다.
④ 전압의 제곱에 반비례한다.

해설

$I = \dfrac{V}{R}$에서 회로의 저항(R)이 일정하면 전류는 전압에 비례($I \propto V$)한다.

05

내부 저항 $0.1[\Omega]$인 건전지 10개를 직렬로 접속하고 이것을 한 조로 하여 5조 병렬로 접속하면 합성 내부 저항은 몇 $[\Omega]$인가?

① 5
② 1
③ 0.5
④ 0.2

해설

내부 저항 $0.1[\Omega]$인 건전지 10개를 직렬로 연결했을 때의 합성 저항값은 $0.1 \times 10 = 1[\Omega]$이다. 이것을 한 조로 하여 5조 병렬로 접속하였으므로 병렬 합성 저항값은 $R = \dfrac{1}{5} = 0.2[\Omega]$이다.

06

그림과 같은 회로에서 S를 열었을 때 전류계가 $10[A]$를 지시하였다. S를 닫을 때 전류계의 지시는 몇 $[A]$인가?

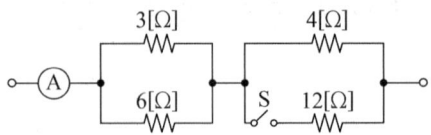

① $10[A]$
② $12[A]$
③ $14[A]$
④ $16[A]$

해설

스위치를 열었을 때의 회로 전체 저항
$R = \dfrac{3 \times 6}{3+6} + 4 = 6[\Omega]$
$\therefore V = IR = 10 \times 6 = 60[V]$

스위치를 닫았을 때의 회로 전체 저항
$R' = \dfrac{3 \times 6}{3+6} + \dfrac{4 \times 12}{4+12} = 5[\Omega]$
$\therefore I = \dfrac{V}{R'} = \dfrac{60}{5} = 12[A]$

07

단자 a, b 사이에 $10[V]$의 전압을 가했을 때 전류 I가 $1[A]$ 흘렀다면 저항 $r[\Omega]$은 얼마인가?

① 5
② 10
③ 15
④ 20

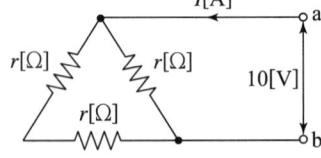

해설

단자 a, b 사이의 합성 저항을 구한다.
$R = \dfrac{2r \times r}{2r + r} = \dfrac{2}{3} r [\Omega]$

따라서 옴의 법칙에 의하여 아래와 같이 나타낼 수 있다.
$V = IR = I \times \dfrac{2}{3} r \Rightarrow r = \dfrac{V}{I} \times \dfrac{3}{2} = \dfrac{10}{1} \times \dfrac{3}{2} = 15[\Omega]$

CHAPTER 01 CBT 적중문제

01
어떤 도선에 $i(t) = 3{,}000(2t + 3t^2)$[A]의 전류가 2초 동안 흘렀다면 통과한 전체 전기량은 몇 [A·sec]인가?

① 360
② 3,600
③ 36,000
④ 360,000

해설

$$q = \int_0^t i(t)\,dt = \int_0^2 3{,}000(2t+3t^2)\,dt$$
$$= 3{,}000\left[t^2 + t^3\right]_0^2 = 3{,}000 \times \{(2^2-0^2) + (2^3-0^3)\}$$
$$= 36{,}000[\text{A}\cdot\sec]$$

02
굵기가 일정한 도체에서 체적은 변하지 않고 지름을 $\dfrac{1}{n}$로 줄였다면 저항은?

① $\dfrac{1}{n^2}$로 된다.
② n배로 된다.
③ n^2배로 된다.
④ n^4배로 된다.

해설

전선에서 체적은 변하지 않고 지름이 $\dfrac{1}{n}$로 줄어들면 전선 길이의 변화는 다음과 같다.

체적 $V = \dfrac{\pi}{4}d^2 l\,[\text{m}^3] = \dfrac{\pi}{4}\left(\dfrac{1}{n}d\right)^2 l' \Rightarrow l' = l \times n^2$

따라서 저항의 변화는 다음과 같다.

$R = \rho\dfrac{l}{A} \Rightarrow R' = \rho\dfrac{l'}{A'} = \rho\dfrac{l \times n^2}{A \times \dfrac{1}{n^2}} = \rho\dfrac{l}{A} \times n^4 = R \times n^4$

03
회로에서 V_{30}과 V_{15}는 각각 몇 [V]인가?

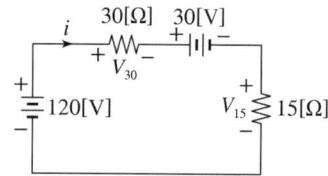

① $V_{30} = 60$, $V_{15} = 30$
② $V_{30} = 80$, $V_{15} = 40$
③ $V_{30} = 90$, $V_{15} = 45$
④ $V_{30} = 120$, $V_{15} = 60$

해설

회로에 흐르는 전류를 구한다.
$$I = \dfrac{V}{R} = \dfrac{120-30}{30+15} = 2[\text{A}]$$

따라서 각 저항에 걸리는 전압은 아래와 같다.
- $V_{30} = IR_{30} = 2 \times 30 = 60[\text{V}]$
- $V_{15} = IR_{15} = 2 \times 15 = 30[\text{V}]$

| 정답 | 01 ③ 02 ④ 03 ①

3 줄의 법칙

(1) 전류가 흐르는 도체에서는 줄열이 발생한다.
(2) 저항 $R[\Omega]$의 도체에 전류 $I[A]$를 t초간 흘릴 때 줄열이 발생한다.
   $W = I^2Rt[J]$
(3) 일의 열당량 $1[J] = 0.24[cal]$로 줄열을 칼로리 단위로 변환한다.
   $H = 0.24I^2Rt[cal]$
(4) 줄열은 도체를 통과하는 자유 전자가 도체의 원자와 충돌하여 발생하는 열이며, 저항이 존재하면 반드시 발생한다.

기출예제

중요도 어떤 저항에 전압 $100[V]$를 인가하여 $5[A]$의 전류를 10분간 흘렸을 때 발생한 열량은 몇 $[cal]$인가?

① 30,000　　　　② 300,000
③ 72,000　　　　④ 82,000

| 해설 |
$R = \dfrac{V}{I} = \dfrac{100}{5} = 20[\Omega]$
$W = I^2Rt = 5^2 \times 20 \times 600 = 300,000[J]$
$H = 0.24I^2Rt = 0.24 \times 300,000 = 72,000[cal]$

답 ③

독학이 쉬워지는 기초개념

줄의 법칙
- $W = I^2Rt[J]$ (t: 초)
- $1[J] = 0.24[cal]$
- $H = 0.24I^2Rt[cal]$
- $1[kWh] = 860[kcal]$

독학이 쉬워지는 기초개념

전압 강하
회로 소자에 전류가 흐르면서 발생하는 전압의 저하량

전하 보존의 법칙
회로에 유입하는 전하의 양과 유출하는 전하의 양은 같다.

THEME 05 키르히호프 법칙

1 키르히호프의 전압 법칙(KVL)

폐회로망에서 회로에 인가한 전압과 각 소자에서 발생한 전압 강하의 합은 같다.
(∵ 에너지 보존의 법칙)
$E = IR_1 + IR_2 [\mathrm{V}]$

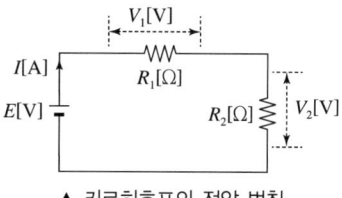

▲ 키르히호프의 전압 법칙

2 키르히호프의 전류 법칙(KCL)

회로의 어느 한 절점에 유입하는 전류와 유출하는 전류의 합은 항상 같다. (∵ 전하 보존의 법칙)
$i_1 + i_2 = i_3 + i_4$ 또는
$i_1 + i_2 - i_3 - i_4 = 0$

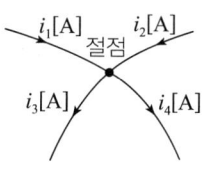

▲ 키르히호프의 전류 법칙

기출예제

중요도 그림에서 전류 i_5 의 크기는?

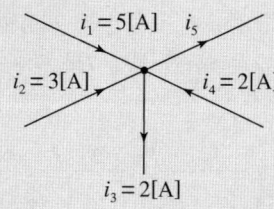

① 3[A]　　② 5[A]
③ 8[A]　　④ 12[A]

| 해설 |
키르히호프의 전류 법칙을 적용한다.
$i_1 + i_2 + i_4 = i_3 + i_5 \Rightarrow i_5 = i_1 + i_2 + i_4 - i_3 = 5 + 3 + 2 - 2 = 8[\mathrm{A}]$

답 ③

THEME 04 전압 분배의 법칙 및 전류 분배의 법칙 응용 기기

1 배율기

(1) 전압계의 측정 범위를 확대시키는 직렬 저항을 배율기의 저항이라고 한다.
(2) 측정 전압 범위가 작은 전압계를 이용하여 높은 전압을 측정할 때 사용한다.
(3) 실제 배율을 구할 때에는 전압 분배의 법칙을 적용하면 쉽게 계산할 수 있다.
(4) 배율기의 배율
- 측정 전압

$$V_m = \frac{R_m}{R_s + R_m} V[\text{V}]$$

- 배율

$$m = \frac{V}{V_m} = \frac{R_s + R_m}{R_m} = 1 + \frac{R_s}{R_m} [\text{배}]$$

단, R_m: 전압계의 내부 저항[Ω]
R_s: 배율기 저항[Ω]

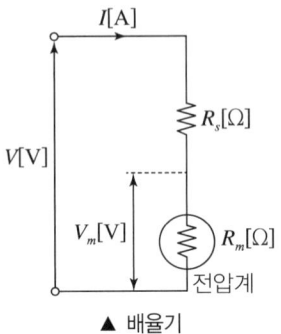
▲ 배율기

독학이 쉬워지는 기초개념

배율기 저항
$R_s = (m-1)R_m [\Omega]$

2 분류기

(1) 전류계의 측정 범위를 확대시키는 병렬 저항을 분류기의 저항이라고 한다.
(2) 측정 전류 범위가 작은 전류계를 이용하여 큰 전류를 측정할 때 사용한다.
(3) 실제 배율을 구할 때에는 전류 분배의 법칙을 적용하면 쉽게 계산할 수 있다.
(4) 분류기의 배율
- 측정 전류

$$I_m = \frac{R_p}{R_p + R_m} I[\text{A}]$$

- 배율

$$m = \frac{I}{I_m} = \frac{R_p + R_m}{R_p} = 1 + \frac{R_m}{R_p} [\text{배}]$$

단, R_p: 분류기 저항[Ω]
R_m: 전류계의 내부 저항[Ω]

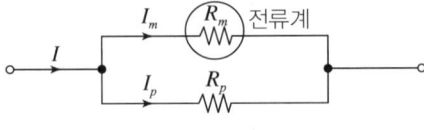
▲ 분류기

분류기
- 전류계만 사용하여 회로에 인가한 전류를 측정하려면 가능한 전류계의 측정 범위가 넓은 전류계를 사용해야 하므로 그만큼 전류계 가격이 비싸진다.
- 측정 범위가 작은, 가격이 저렴한 전류계를 사용하기 위해 전류계와 병렬로 저항을 추가로 접속하면 큰 전류도 측정이 가능하다.
- 이렇게 전류계에 병렬로 추가하여 연결한 저항을 분류 저항이라고 한다.

분류기 저항
$R_p = \frac{R_m}{m-1} [\Omega]$

기출예제

측정하고자 하는 전압이 전압계의 최대 눈금보다 클 때 전압계에 직렬로 저항을 접속하여 측정 범위를 넓히는 것은?

① 분류기　　② 분광기
③ 배율기　　④ 감쇠기

| 해설 |
- 배율기: 전압 분배의 법칙을 이용하여 전압계의 측정 범위를 크게 하기 위해 전압계에 직렬로 저항을 접속한 것
- 분류기: 전류 분배의 법칙을 이용하여 전류계의 측정 범위를 크게 하기 위해 전류계에 병렬로 저항을 접속한 것

답 ③

독학이 쉬워지는 기초개념

2 전류 분배의 법칙

(1) <u>각 저항에 흐르는 전류는 저항에 반비례한다는 법칙</u>이다.
   (∴ 병렬 회로에 적용된다.)

(2) 회로 전체에 인가한 전압

$$V = IR = I \times \frac{R_1 \times R_2}{R_1 + R_2} [\text{V}]$$

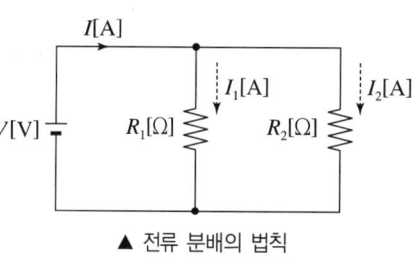
▲ 전류 분배의 법칙

(3) 각각의 저항에 흐르는 전류

- $I_1 = \dfrac{V}{R_1} = \dfrac{1}{R_1} \times I \times \dfrac{R_1 \times R_2}{R_1 + R_2} = \dfrac{R_2}{R_1 + R_2} I [\text{A}]$

- $I_2 = \dfrac{V}{R_2} = \dfrac{1}{R_2} \times I \times \dfrac{R_1 \times R_2}{R_1 + R_2} = \dfrac{R_1}{R_1 + R_2} I [\text{A}]$

(4) 전류 분배의 원리가 적용된 각 저항에 흐르는 전류는 다음과 같이 정리할 수 있다.

- $I_1 = \dfrac{R_2}{R_1 + R_2} I [\text{A}]$

- $I_2 = \dfrac{R_1}{R_1 + R_2} I [\text{A}]$

저항의 병렬연결
회로에 인가한 전압과 각 저항에 걸리는 전압은 모두 같다.

기출예제

DC 12[V]의 전압을 측정하기 위하여 10[V]용 전압계 2개를 직렬로 연결하였을 때 전압계 V_1의 지시값은 몇 [V]인가?(단, 전압계 V_1의 내부 저항은 8[kΩ], V_2의 내부 저항은 4[kΩ]이다.)

① 4[V] ② 6[V]
③ 8[V] ④ 10[V]

| 해설 |

$V_1 = \dfrac{R_1}{R_1 + R_2} V = \dfrac{8 \times 10^3}{8 \times 10^3 + 4 \times 10^3} \times 12 = 8[\text{V}]$

답 ③

Tip 강의 꿀팁

옴의 법칙: $V = I \times R [\text{V}]$
전압을 구할 때 $V \propto R$
전류를 구할 때 $I \propto \dfrac{1}{R}$

> 기출예제

단자 a-b에 20[V]의 전압을 가했을 때 전류 I는 3[A]가 흘렀다고 한다. 저항 $r[\Omega]$은 얼마인가?

① 5[Ω]
② 10[Ω]
③ 15[Ω]
④ 20[Ω]

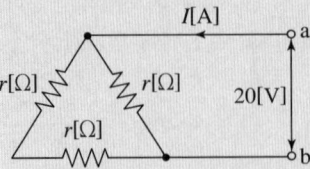

| 해설 |
회로의 합성 저항을 구하면 다음과 같다.
$$R = \frac{2r \times r}{2r + r} = \frac{2r^2}{3r} = \frac{2}{3}r$$
$R = \dfrac{V}{I}$ 이므로 $\dfrac{2}{3}r = \dfrac{20}{3}$ ∴ $r = 10[\Omega]$

답 ②

THEME 03 전압 분배의 법칙과 전류 분배의 법칙

1 전압 분배의 법칙

(1) 각 저항에 걸리는 전압은 저항에 비례한다는 법칙이다.(∴ 직렬 회로에 적용된다.)

(2) 회로에 흐르는 전체의 전류

- $I = \dfrac{V}{R} = \dfrac{V}{R_1 + R_2}$ [A]

(3) 각 저항에 걸리는 전압(전압강하)

- $V_1 = IR_1 = \dfrac{V}{R_1 + R_2} \times R_1 = \dfrac{R_1}{R_1 + R_2} \times V$ [V]
- $V_2 = IR_2 = \dfrac{V}{R_1 + R_2} \times R_2 = \dfrac{R_2}{R_1 + R_2} \times V$ [V]

(4) 전압 분배의 원리가 적용된 각 저항에 걸리는 전압은 다음과 같이 정리할 수 있다.

- $V_1 = \dfrac{R_1}{R_1 + R_2} V$ [V]
- $V_2 = \dfrac{R_2}{R_1 + R_2} V$ [V]

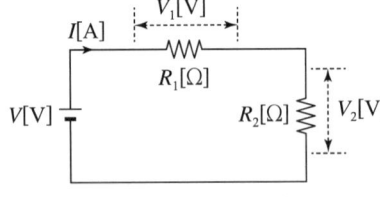

▲ 전압 분배의 법칙

> **독학이 쉬워지는 기초개념**
>
> **저항의 직렬연결**
> 회로에 흐르는 전류가 일정하다.

독학이 쉬워지는 기초개념

(3) 저항(R)

① 어떤 회로나 부하에 항상 존재하며 전류의 흐름을 방해하는 요소
② 기호는 R로 표기하고 단위는 [Ω](옴)으로 표기

$$R = \rho \frac{l}{S} [\Omega] = \frac{l}{kS} [\Omega]$$

단, ρ: 전선의 고유 저항[Ω·m], k: 도전율[℧/m](고유 저항의 역수)
l: 전선의 길이[m], S: 전선의 단면적[m²]

(4) 컨덕턴스(G)

① 컨덕턴스 G는 저항 R의 역수로 전류가 흐르기 쉬운 정도를 나타낸다.

$$G = \frac{1}{R} [℧]$$

② 단위는 [℧](모우)로 표기

> **Tip 강의 꿀팁**
> 전선의 저항값은 전선의 고유 저항이 클수록, 전선의 길이가 길수록, 전선의 굵기가 가늘수록 커지는 성질이 있어요.

전선의 %도전율
• 경동선: 97[%]
• 시선: 61[%]

2 옴(Ohm)의 법칙

(1) 전기 회로의 3요소인 전압(V), 전류(I), 저항(R)의 상관 관계를 나타내는 회로의 가장 기본적인 법칙을 말하며 회로이론의 중요한 법칙 중 하나이다.
(2) 회로에 가한 전압(V[V])이 클수록 전류(I[A])는 많이 흐른다.
(3) 회로에 흐르는 전류가 클수록 회로의 전압은 높아진다.
(4) 회로의 저항(R[Ω])이 클수록 회로에 전류가 흐르기 어렵다.

- 전류 $I = \dfrac{V}{R}$ [A]
- 전압 $V = IR$ [V]
- 저항 $R = \dfrac{V}{I}$ [Ω]

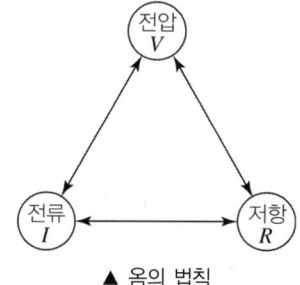

▲ 옴의 법칙

3 저항의 직렬연결 및 병렬연결

(1) 직렬연결

합성 저항: $R = R_1 + R_2$ [Ω]

저항을 직렬로 연결할수록 합성 저항값은 커지게 된다.

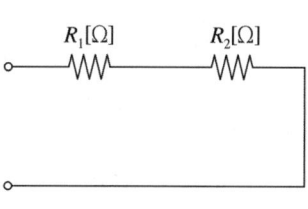

▲ 저항의 직렬접속

> **Tip 강의 꿀팁**
> n개의 직렬 연결에서 저항값이 같을 경우 n배예요.
> (예: 10[Ω] 저항 10개 직렬 접속
> → $R = 10 \times 10 = 100[\Omega]$)

(2) 병렬연결

합성 저항: $R = \dfrac{1}{\dfrac{1}{R_1} + \dfrac{1}{R_2}}$

$= \dfrac{R_1 \times R_2}{R_1 + R_2}$ [Ω]

저항을 병렬로 연결할수록 합성 저항값은 작아지게 된다.

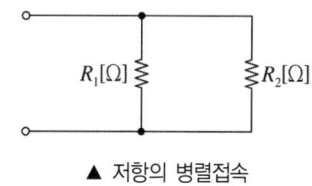

▲ 저항의 병렬접속

> **Tip 강의 꿀팁**
> n개의 병렬 연결에서 저항값이 같을 경우 $\dfrac{1}{n}$배예요.
> (예: 10[Ω] 저항 10개 병렬 접속
> → $R = \dfrac{10}{10} = 1[\Omega]$)

4 전기량(전하량)

(1) 전하량

전하가 가지고 있는 전기의 양으로서 기호는 Q, 단위는 [C] 또는 [A·sec]로 표기한다.

(2) 직류와 교류에서의 전하량은 다음과 같이 구한다.

① 직류: $Q = It$ [A·sec]

② 교류: $q = \int_0^t i(t)\,dt$ [A·sec]

단, I: 직류 전류[A], $i(t)$: 교류 전류[A], t: 전류 통전 시간[sec]

독학이 쉬워지는 기초개념

MKS 단위계
Meter-Kilogram-Second

CGS 단위계
Centimeter-Gram-Second

기출예제

$i(t) = 2t^2 + t$ [A]의 전류가 어떤 도선을 3[초] 동안 흘렀다. 이 시간 동안 도선에 통과한 전체 전기량은 몇 [A·sec]인가?

① 12.5 ② 22.5
③ 36   ④ 42

| 해설 |

$q = \int_0^t i(t)\,dt = \int_0^3 (2t^2 + t)\,dt = \left[\dfrac{2}{3}t^3 + \dfrac{1}{2}t^2\right]_0^3$

$= \dfrac{2}{3}(3^3 - 0^3) + \dfrac{1}{2}(3^2 - 0^2) = \dfrac{2}{3} \times 27 + \dfrac{1}{2} \times 9$

$= 22.5$ [A·sec]

답 ②

정적분 계산

$\int_a^b x^2\,dx = \left[\dfrac{1}{2+1}x^{2+1}\right]_a^b$

$= \left[\dfrac{1}{3}x^3\right]_a^b$

$= \dfrac{1}{3}(b^3 - a^3)$

THEME 02 옴의 법칙

1 전기 회로의 3요소

(1) 전압(V)

① 어떤 회로나 부하가 동작하도록 가한 전기 에너지

② 기호는 V 또는 E로 표기하고 단위는 [V](볼트)로 표기

(2) 전류(I)

① 어떤 회로나 부하에 전압이 가해졌을 때 그 전압의 크기에 비례한 에너지의 흐름

② 기호는 I로 표기하고 단위는 [A](암페어)로 표기

전압의 정의

임의의 위치에 있는 전하가 다른 전하를 향하여 이동할 때 얻거나 잃는 에너지

$V = \dfrac{W}{Q}$ [V]

CHAPTER 01 기초 회로 법칙

독학이 쉬워지는 기초개념

전자 1개의 질량
$m ≒ 9.1 \times 10^{-31}$ [kg]

전자 1개의 전기량
$e = -1.602 \times 10^{-19}$ [C]

전기량 Q(전하량)
전하가 가지는 전기의 양[C]

THEME 01 전기의 발생

1 전기

전기의 발생은 본질적으로 전자의 이동에 의하여 발생된다. 따라서 어떠한 물질 내에서 전자의 이동을 정확히 파악하는 것이 전기의 본질을 이해하는 것이다.

2 원자의 구조

(1) 모든 물질은 원자의 집합으로 되어 있으며, 이들 원자는 그림과 같이 양전기(+)를 가진 원자핵, 그 주위를 회전하고 있는 음전기(-)를 가진 전자로 구성되어 있다.
(2) 원자핵은 몇 개의 양자와 중성자로 이루어져 있다.

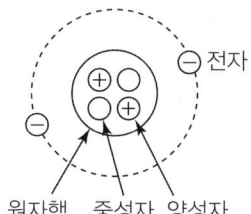

▲ 헬륨 원자의 구조

3 전기의 발생 원리

(1) 대전
    물질이 여분의 양전기나 음전기를 가지게 되는 상태
(2) 중성 상태
    양전기를 가진 원자핵과 음전기를 가진 전자가 단단하게 결합된 상태
(3) 양전기 발생
    자유 전자가 물질 밖으로 나가 물질 속에 양전기가 음전기보다 많아진 상태
(4) 음전기 발생
    자유 전자가 물질 밖으로부터 들어와서 양전기보다 음전기가 많아진 상태

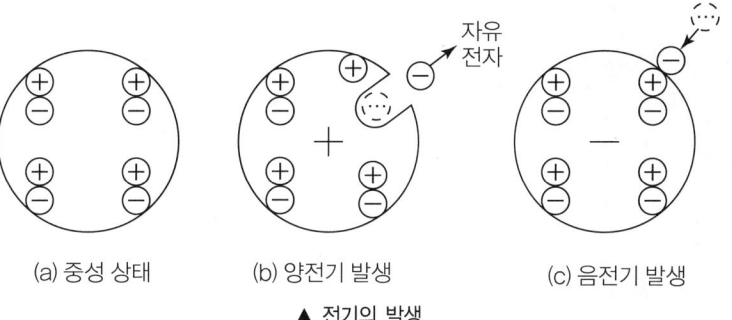

(a) 중성 상태　　(b) 양전기 발생　　(c) 음전기 발생

▲ 전기의 발생

학습 전략

기초 회로 법칙에서 가장 중요한 것은 옴의 법칙을 완벽하게 이해하는 것입니다. 회로에서 직렬 접속과 병렬접속이 이루어지는 원리와 같은 기초적인 부분부터 확실하게 학습한 후, 전압 분배의 법칙과 전류 분배의 법칙이 회로에 어떻게 적용되는지를 익히는 것이 좋습니다.

CHAPTER 01 | 흐름 미리보기

1. 전기의 발생
2. 옴의 법칙
3. 전압 분배의 법칙과 전류 분배의 법칙
4. 전압 분배의 법칙 및 전류 분배의 법칙 응용 기기
5. 키르히호프 법칙

NEXT **CHAPTER 02**

기초 회로 법칙

1. 전기의 발생
2. 옴의 법칙
3. 전압 분배의 법칙과 전류 분배의 법칙
4. 전압 분배의 법칙 및 전류 분배의 법칙 응용 기기
5. 키르히호프 법칙

CHAPTER 08 비정현파 교류

1. 비정현파의 전압 및 전류 실효값	142
2. 비정현파의 전력 계산	143
3. 고조파에서의 임피던스 변화	144
4. 푸리에 급수	145
CBT 적중문제	147

CHAPTER 09 2단자 회로망

1. 2단자 회로망의 해석	156
2. 영점과 극점	157
3. 정저항 회로	157
4. 역회로	158
5. 쌍대 회로	159
CBT 적중문제	160

CHAPTER 10 4단자 회로망

1. 4단자 회로망 해석 방법	168
2. A, B, C, D 파라미터	171
3. 4단자 회로망에서의 A, B, C, D 작용	173
CBT 적중문제	176

CHAPTER 11 분포 정수 회로

1. 특성 임피던스와 전파 정수	186
2. 무손실 선로와 무왜형 선로	187
CBT 적중문제	190

CHAPTER 12 라플라스 변환

1. 라플라스 기본 변환	196
2. 라플라스 변환의 기본 정리	198
3. 라플라스 역변환	201
CBT 적중문제	203

CHAPTER 13 전달 함수

1. 제어 시스템에서의 전달 함수	212
2. 회로망에서의 전달 함수	214
3. 블록선도 및 신호 흐름 선도에서의 전달 함수	216
4. 블록선도 및 신호 흐름 선도의 특수 경우	219
CBT 적중문제	222

CHAPTER 14 과도 현상

1. $R-L$ 직렬 회로의 과도 현상	230
2. $R-C$ 직렬 회로의 과도 현상	232
3. $R-L-C$ 직렬 회로의 과도 현상	233
4. L과 C소자의 시간 경과에 따른 특성	234
CBT 적중문제	235

CONTENTS
기본서 차례

CHAPTER 01 기초 회로 법칙
1. 전기의 발생 — 24
2. 옴의 법칙 — 25
3. 전압 분배의 법칙과 전류 분배의 법칙 — 27
4. 전압 분배의 법칙 및 전류 분배의 법칙 응용 기기 — 29
5. 키르히호프 법칙 — 30
CBT 적중문제 — 32

CHAPTER 02 교류 전기
1. 정현파 교류 — 42
2. 교류의 벡터 표현 — 47
CBT 적중문제 — 50

CHAPTER 03 교류 기본 회로
1. 회로 기본 소자의 특성 — 60
2. 직렬 회로 — 61
3. 병렬 회로 — 63
4. $R-X$의 직렬 및 병렬 회로에서의 역률 및 무효율 — 65
5. $R-L-C$ 직렬 회로의 공진 현상 — 66
6. $R-L-C$ 병렬 회로의 공진 현상 — 68
CBT 적중문제 — 70

CHAPTER 04 유도 결합 회로
1. 인덕턴스의 종류 — 80
2. 인덕터의 직렬 접속 방법 — 81
3. 인덕터의 병렬 접속 방법 — 81
4. 결합 계수 — 82
5. 유도 전압 — 83
CBT 적중문제 — 85

CHAPTER 05 회로망 해석 기법
1. 전원의 등가 변환 — 92
2. 테브난 정리 및 노튼 정리 — 93
3. 중첩의 원리 — 95
4. 밀만의 정리 — 96
5. 가역 정리 — 97
6. 브리지 평형 회로 — 98
CBT 적중문제 — 99

CHAPTER 06 교류 전력
1. 전력의 종류 — 108
2. 교류 전력의 역률 및 무효율 — 109
3. 복소 전력 — 110
4. 회로의 최대 전력 전달 조건 — 111
CBT 적중문제 — 113

CHAPTER 07 3상 교류
1. 3상 대칭 기전력의 발생 원리 — 120
2. 3상 결선의 종류 — 121
3. 대칭 좌표법(불평형 고장 계산 방법) — 121
4. 부하의 $Y-\Delta$ 및 $\Delta-Y$ 등가 변환 — 124
5. 특수한 결선법 — 126
6. 전력의 측정 — 128
CBT 적중문제 — 130

전기공사기사

구분	시험과목	검정방법	합격기준
필기	· 전기응용 및 공사재료 · 전력공학 · 전기기기 · 회로이론 및 제어공학 · 전기설비기술기준	객관식 4지 택일형, 과목당 20문항(30분)	과목당 40점 이상, 전과목 평균 60점 이상(100점 만점 기준)
실기	전기설비 견적 및 시공	필답형(2시간 30분)	60점 이상(100점 만점 기준)

분류	종목	인정학점	표준교육과정 해당 전공	
			전문학사	학사
전기일반	전기기사	20(30)	시스템제어, 자동제어, 전기, 전기공사, 전자기기	메카트로닉스학, 전기공학, 제어계측공학
	전기산업기사	16(24)		
전기설비	전기공사기사	20(30)	시스템제어, 자동제어, 전기, 전기공사	전기공학, 제어계측공학
	전기공사산업기사	16(24)		

※ 인정학점 옆 괄호 학점은 2009년 3월 1일 이전 취득한 자격에 한해 인정

전기공사산업기사

구분	시험과목	검정방법	합격기준
필기	· 전기응용 · 전력공학 · 전기기기 · 회로이론 · 전기설비기술기준	객관식 4지 택일형, 과목당 20문항(30분)	과목당 40점 이상, 전과목 평균 60점 이상(100점 만점 기준)
실기	전기설비 견적 및 시공	필답형(2시간)	60점 이상(100점 만점 기준)

분류	종목	인정학점	표준교육과정 해당 전공	
			전문학사	학사
전기일반	전기기사	20(30)	시스템제어, 자동제어, 전기, 전기공사, 전자기기	메카트로닉스학, 전기공학, 제어계측공학
	전기산업기사	16(24)		
전기설비	전기공사기사	20(30)	시스템제어, 자동제어, 전기, 전기공사	전기공학, 제어계측공학
	전기공사산업기사	16(24)		

※ 인정학점 옆 괄호 학점은 2009년 3월 1일 이전 취득한 자격에 한해 인정

GUIDE
전기기사 시험안내

전기기사

구분	시험과목	검정방법	합격기준
필기	· 전기자기학 · 전력공학 · 전기기기 · 회로이론 및 제어공학 · 전기설비기술기준	객관식 4지 택일형, 과목당 20문항(30분)	과목당 40점 이상, 전과목 평균 60점 이상(100점 만점 기준)
실기	전기설비 설계 및 관리	필답형(2시간 30분)	60점 이상(100점 만점 기준)

분류	종목	인정학점	표준교육과정 해당 전공	
			전문학사	학사
전기일반	전기기사	20(30)	시스템제어, 자동제어, 전기, 전기공사, 전자기기	메카트로닉스학, 전기공학, 제어계측공학
	전기산업기사	16(24)		
전기설비	전기공사기사	20(30)	시스템제어, 자동제어, 전기, 전기공사	전기공학, 제어계측공학
	전기공사산업기사	16(24)		

※ 인정학점 옆 괄호 학점은 2009년 3월 1일 이전 취득한 자격에 한해 인정

전기산업기사

구분	시험과목	검정방법	합격기준
필기	· 전기자기학 · 전력공학 · 전기기기 · 회로이론 · 전기설비기술기준	객관식 4지 택일형, 과목당 20문항(30분)	과목당 40점 이상, 전과목 평균 60점 이상(100점 만점 기준)
실기	전기설비 설계 및 관리	필답형(2시간)	60점 이상(100점 만점 기준)

분류	종목	인정학점	표준교육과정 해당 전공	
			전문학사	학사
전기일반	전기기사	20(30)	시스템제어, 자동제어, 전기, 전기공사, 전자기기	메카트로닉스학, 전기공학, 제어계측공학
	전기산업기사	16(24)		
전기설비	전기공사기사	20(30)	시스템제어, 자동제어, 전기, 전기공사	전기공학, 제어계측공학
	전기공사산업기사	16(24)		

※ 인정학점 옆 괄호 학점은 2009년 3월 1일 이전 취득한 자격에 한해 인정

검정기준 및 응시자격

1. 검정기준

등급	검정기준
기사	해당 국가기술자격의 종목에 관한 공학적 기술이론 지식을 가지고 설계·시공·분석 등의 업무를 수행할 수 있는 능력 보유
산업기사	해당 국가기술자격의 종목에 관한 기술기초이론 지식 또는 숙련기능을 바탕으로 복합적인 기초기술 및 기능업무를 수행할 수 있는 능력 보유

※ 국가기술자격 검정의 기준(제14조 제1항 관련)

2. 응시자격

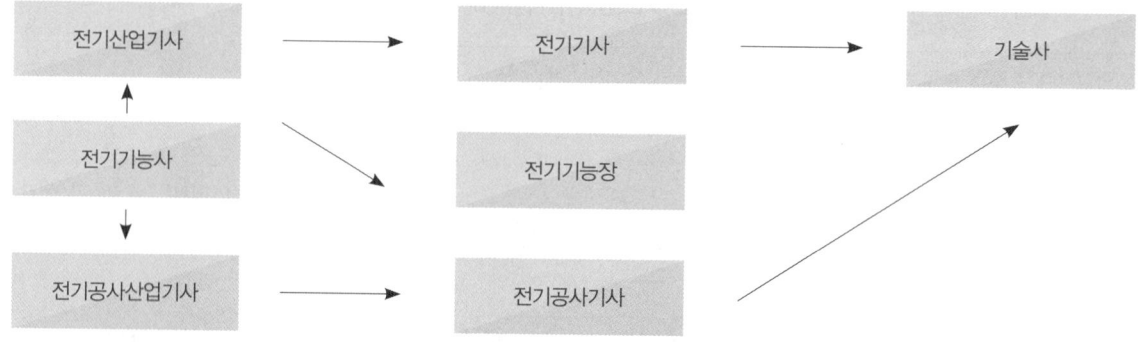

등급		응시자격 조건
기능사	자격제한 없음	
산업기사	자격증 + 경력	기능사 + 실무경력 1년
		실무경력 2년
	관련학과 졸업	관련학과 4년제 대졸 또는 졸업 예정
		관련학과 2, 3년제 대졸 또는 졸업 예정
기사	자격증 + 경력	산업기사 + 실무경력 1년
		기능사 + 실무경력 3년
		실무경력 4년
	관련학과 졸업	관련학과 4년제 대졸 또는 졸업 예정
		관련학과 3년제 대졸 + 실무경력 1년
		관련학과 2년제 대졸 + 실무경력 2년

전기기사 시험안내

2026 시험 예상 일정

1. 전기(산업)기사, 전기공사(산업)기사

구분	필기시험	필기합격 (예정자)발표	실기시험	최종합격 발표일
제1회	2~3월	3월	4~5월	6월
제2회	5월	6월	7~8월	9월
제3회	7월	8월	10~11월	12월

※ 정확한 시험 일정은 한국산업인력공단(Q-net) 참고

2. 빈자리 추가 접수기간

구분	필기시험	실기시험
제1회	2월	4월
제2회	5월	7월
제3회	6월	-

※ 정확한 시험 일정은 한국산업인력공단(Q-net) 참고

3. 공통사항

(1) 원서접수 시간은 원서접수 첫날 10:00부터 마지막 날 18:00까지 임
(2) 필기시험 합격(예정)자 및 최종합격자 발표시간은 해당 발표일 09:00임

회로이론의 흐름을 잡는
완벽한 출제분석

회로이론 출제기준

분야	세부 출제기준
1. 전기 회로의 기초	전기 회로의 기본 개념 / 전압과 전류의 기준 방향 / 전원 등
2. 직류 회로	전류 및 옴의 법칙 / 도체의 고유 저항 및 온도에 의한 저항 / 저항의 접속 / 키르히호프의 법칙 / 전지의 접속 및 줄열과 전력 / 배율기와 분류기 / 회로망 해석
3. 교류 회로	정현파 교류 / 교류 회로의 페이저 해석 / 교류 전력 / 유도 결합 회로
4. 비정현파 교류	비정현파의 푸리에 급수에 의한 전개 / 푸리에 급수의 계수 / 비정현파의 대칭 / 비정현파의 실효값 / 비정현파의 임피던스 등
5. 다상 교류	대칭 n상 교류 및 평형 3상 회로 / 선간 전압과 상전압 / 평형 부하의 경우 성형 전류와 환상 전류와의 관계 / $2\pi/n$씩 위상차를 가진 대칭n상 기전력의 기호 표시법 / 3상 Y결선 부하인 경우 / 3상 △결선의 각부 전압, 전류 / 다상 교류의 전력 / 3상 교류의 복소수에 의한 표시 / △−Y의 결선 변환 / 평형 3상 회로의 전력 등
6. 대칭 좌표법	대칭 좌표법 / 불평형률 / 3상 교류 기기의 기본식 / 대칭분에 의한 전력 표시 등
7. 4단자 및 2단자	4단자 파라미터 / 4단자 회로망의 각종 접속 / 대표적인 4단자망의 정수 / 반복 파라미터 및 영상 파라미터 / 역회로 및 정저항 회로 / 리액턴스 2단자망 등
8. 분포 정수 회로	기본식과 특성 임피던스 / 무한장 선로 / 무손실 선로와 무왜형 선로 / 일반의 유한장 선로 / 반사 계수 / 무손실 유한장 회로와 공진 등
9. 라플라스 변환	라플라스 변환의 정의 / 간단한 함수의 변환 / 기본 정리 / 라플라스 변환 등
10. 회로의 전달 함수	전달 함수의 정의 / 기본적 요소의 전달 함수 등
11. 과도 현상	R−L 직렬의 직류 회로 / R−C 직렬의 직류 회로 / R−L 병렬의 직류 회로 / R−L−C 직렬의 직류 회로 / R−L−C 직렬의 교류 회로 / 시정수와 상승 시간 / 미분 적분 회로 등

회로이론 최근 20개년 출제비중

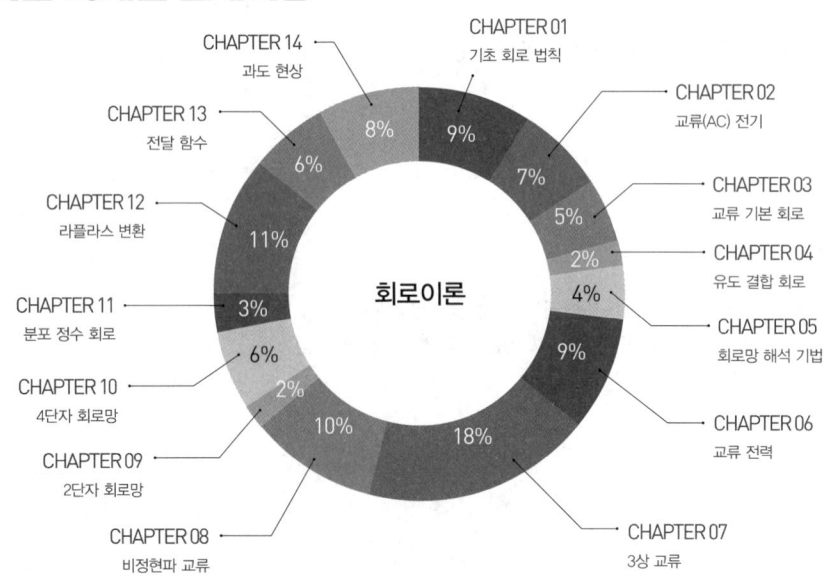

How? 전기기사

전기기사 합격전략

효율 UP 학습순서

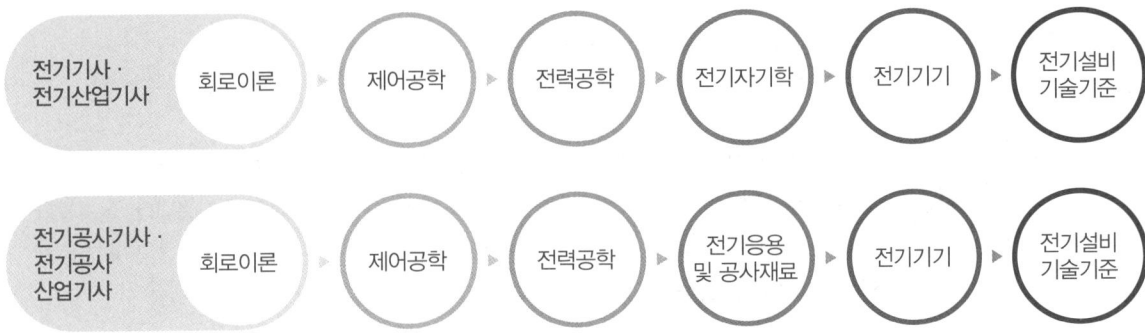

전략 UP 과목별 맞춤학습법

과목	학습법	목표점수
회로이론	• 모든 과목의 바탕이 되는 중요한 과목 • 전기기사는 회로이론 전체를 학습 • 산업기사는 회로이론 앞부분을 중심으로 학습	60점 이상
제어공학	• 70점 이상의 점수를 얻기 쉬운 과목 • 전기기사는 회로이론의 기본만 학습하고 제어공학을 중심으로 학습	70점 이상
전력공학	• 고득점을 얻어야 유리한 과목 • 필기시험과 실기시험에도 영향을 미치는 과목 • 발전보다는 전력 부분에 초점을 맞추어 학습	70점 이상
전기자기학	• 고난도 문제가 자주 출제되는 과목 • 출제 기준에 맞추어서 학습	60점 이상
전기기기	• 어려운 내용에 비해 문제는 비교적 쉽게 출제되는 과목 • 기본공식을 암기하는 것에 집중하여 학습 • 기출문제를 중심으로 학습	70점 이상
전기응용 및 공사재료	• 난이도가 높지 않은 과목 • 기출문제 위주로 학습	70점 이상
전기설비기술기준	• 암기가 중요한 과목 • 고득점을 얻어야 하는 쉽지만 중요한 과목 • 내용을 요약하여 정리한 후 문제를 풀면서 학습	75점 이상

알아 두면 쓸데 있는 전기기사 시험 Q&A

 Q 전기기사와 전기공사기사 시험, 무엇이 다를까요?

A 전기기사와 전기공사기사의 필기시험은 총 5과목입니다. 이 중에서 4과목은 공통이고 1과목만 서로 다릅니다. 전기기사는 전기자기학, 전기공사기사는 전기응용 및 공사재료 과목이 다릅니다. 실기시험은 50%만 공통으로 출제되고 나머지 50%는 다르게 출제됩니다. 2과목만 더 준비하면 합격이 가능하기 때문에 쌍기사 자격증에 도전하는 것을 권합니다.

 필기시험과 실기시험, 무엇이 다른가요?

 필기시험이 5과목이어서 어려워 보일 수도 있지만, 실제 시험 결과는 정반대입니다. 필기는 객관식 문제로 출제되고 평균 60점을 넘으면 합격할 수 있지만, 실기는 논술식이기 때문에 체감 난이도가 훨씬 높습니다.
또 필기시험의 학습 분량에 비해 실기시험의 학습 분량은 2배입니다. 실기시험은 단답, 시퀀스, 수변전 설비의 3과목으로 나누어 필기보다 2과목이 적지만, 단답을 세분화하면 필기보다 더 많은 부분을 공부해야 합니다.

 CBT 시험으로 변경된 후 어떤 출제 경향을 보이나요?

 2022년 제3회 시험부터 CBT 시험 방식이 도입되었습니다. CBT 시험 특성상 수험자별로 출제되는 문제가 다르기 때문에 출제 경향을 예측하기 쉽지 않은 상황입니다. 그러나 문제은행 방식으로 출제된다는 특징이 있기 때문에, 유형별로 이론과 문제들을 반복학습하면 쉽게 합격할 수 있습니다.

Why? 전기기사
취업의 치트키 전기기사 자격증

취업 기회가 늘어나는 전기 관련 시장

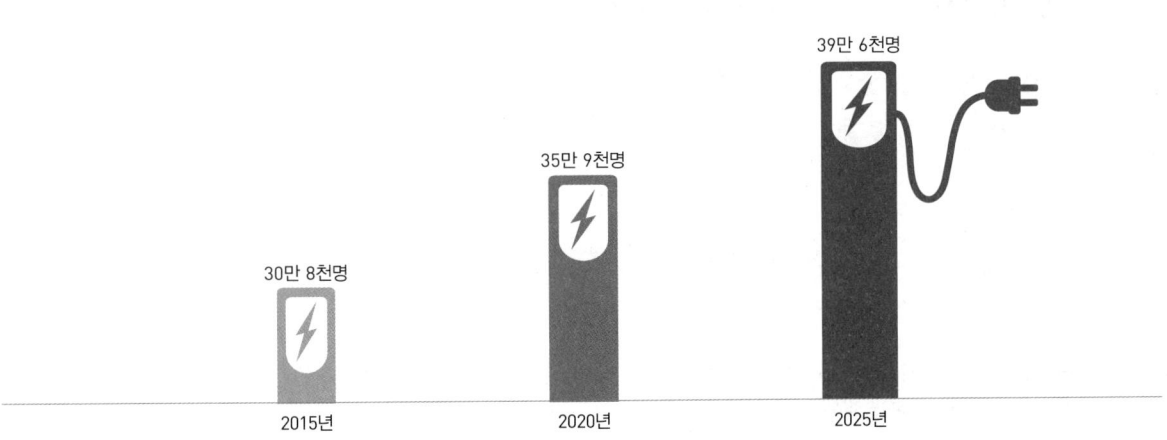

전기전자 관련직 수요증가

- 2015년: 30만 8천명
- 2020년: 35만 9천명
- 2025년: 39만 6천명

※ 출처: 고용노동부 직종별 사업체 노동력 조사

취업 부담이 줄어드는 다양한 가산점

한국전력공사 채용	한국철도공사 일반직 6급 채용
전기기사 10점 + 전기공사기사 10점 총 20점까지 부여	전기기사 4점 가산 전기산업기사 2.5점 가산

6급 이하 및 기술직공무원 채용	경찰공무원 채용
과목별 만점의 3~5% 가산	전기기사 4점 가산 전기산업기사 2점 가산

전기직 취업 정보

전기직군 공사·공단 취업	
       	• 회로이론 • 제어공학 • 전기기기 • 전기자기학 • 전력공학 • 전기설비기술기준

➔ 전기 전문성을 갖춘 인력의 수요는 꾸준히 존재하므로 관련 공사·공단에서 전기직 중심의 채용이 이루어지고 있음. 회사마다 시험 과목은 다르므로 자세한 내용은 회사별 채용 공지사항 확인

전기직 공무원 취업			
직렬	선발예정인원	시험과목(선택형 필기시험)	
전기직 (7급)	• 일반: 14명 • 장애인: 1명	언어논리영역, 자료해석영역, 상황판단영역, 영어(영어능력검정시험으로 대체), 한국사(한국사능력검정시험으로 대체), 물리학개론, 전기자기학, 회로이론, 전기기기	• 회로이론 • 제어공학 • 전기기기 • 전기자기학
전기직 (9급)	• 일반: 43명 • 장애인: 4명 • 저소득: 1명	국어, 영어, 한국사, 전기이론, 전기기기	

➔ 2023년 7·9급 전기직 공무원, 군무원 시험과목에 전기 기초 과목이 포함됨

결국 최종 목표는 취업, 전기기사 자격증부터 취업까지
에듀윌 전기기사 시리즈로 한번에 해결!

합격의 첫 걸음
전기직 취업

전기기사 과목별 출제 정보

과목	전기(산업)기사	전기공사(산업)기사	전기직 공사·공단	전기직 공무원
회로이론	O	O	O	O
제어공학	O	O	O	O
전기기기	O	O	O	O
전기자기학	O	X	O	O
전력공학	O	O	O	X
전기설비기술기준	O	O	O	X
전기응용 및 공사재료	X	O	O	X
전기설비 설계 및 관리	O	X	X	X
전기설비 견적 및 시공	X	O	X	X

※ 단, 전기산업기사 및 전기공사산업기사는 제어공학이 출제되지 않음
※ 전기직 공사·공단 출제 정보는 회사마다 다름

필기

- 회로이론
- 제어공학
- 전력공학
- 전기자기학
- 전기기기
- 전기설비기술기준
- 전기응용 및 공사재료

실기

- 전기설비 설계 및 관리
- 전기설비 견적 및 시공

시험 전에 준비하는, 최신기출 CBT 모의고사

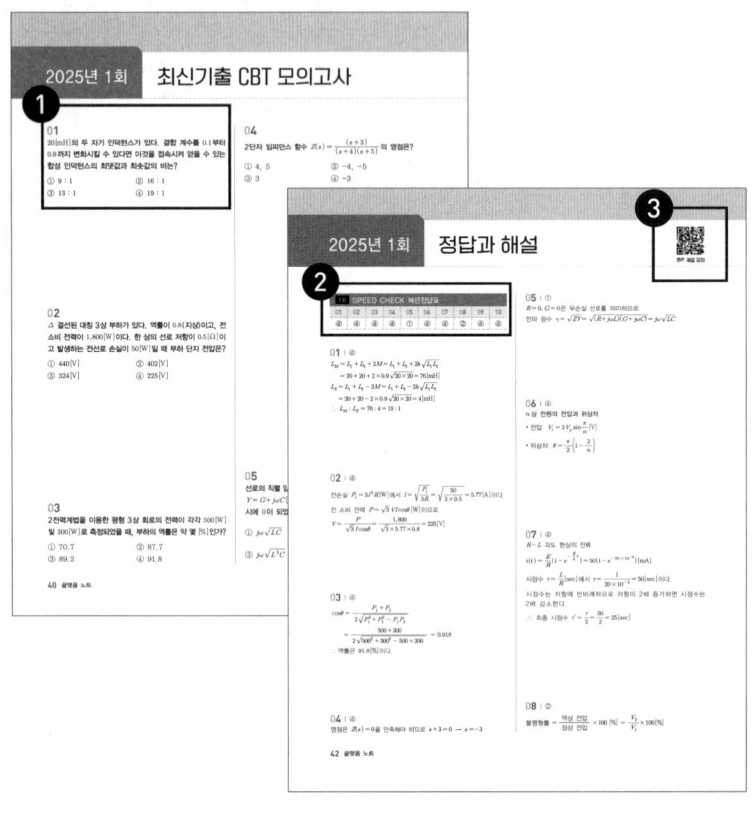

최신기출 CBT 모의고사 편

❶ 기출문제를 기반으로 실제 시험에 출제될 만한 문제들로 구성한 모의고사 3회를 제공합니다.
하단의 링크를 입력하거나 QR코드를 스캔하여 온라인 CBT 모의고사에 응시해 보세요!

정답과 해설 편

❷ 정답을 한눈에 확인할 수 있도록 빠른 정답표를 제공하였다.
❸ QR코드를 스캔하여 무료 해설 특강으로 접근할 수 있으며, 강의를 통해 효율적인 학습이 가능합니다.

※ CBT 모의고사 유효기간은 2027년 12월 31일까지이며, 이후 서비스 제공이 중단될 수 있습니다.

이 책의 구성

2026 에듀윌 전기 기본서

마무리 학습을 위한, 끝맺음 노트

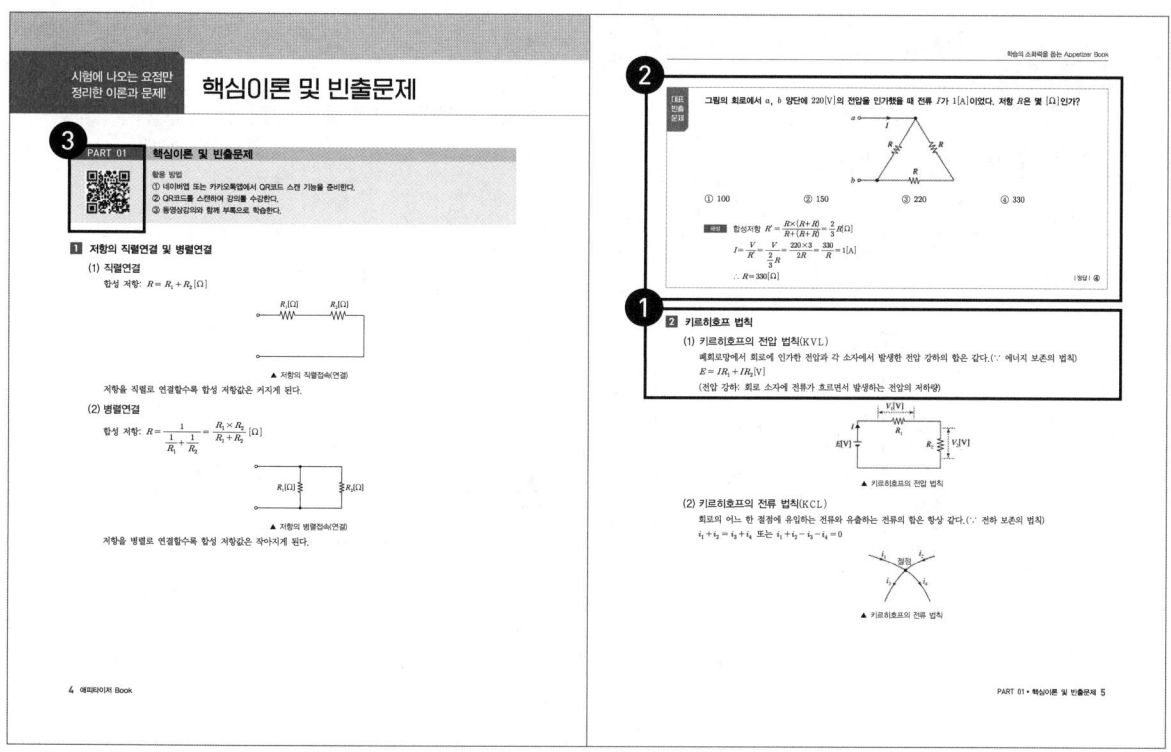

❶ 시험에 나오는 요점만 정리한 핵심이론을 제공하였다.
❷ 대표 빈출문제를 수록하여 핵심이론에 관련된 문제를 바로 풀어볼 수 있게 하였다.
❸ QR코드를 스캔하여 학습을 돕는 무료특강을 수강할 수 있도록 하였다.

"시험 전, 끝맺음 노트와 함께 최종 점검하면 좋습니다."

합격에 꼭 필요한, 유형별 N제

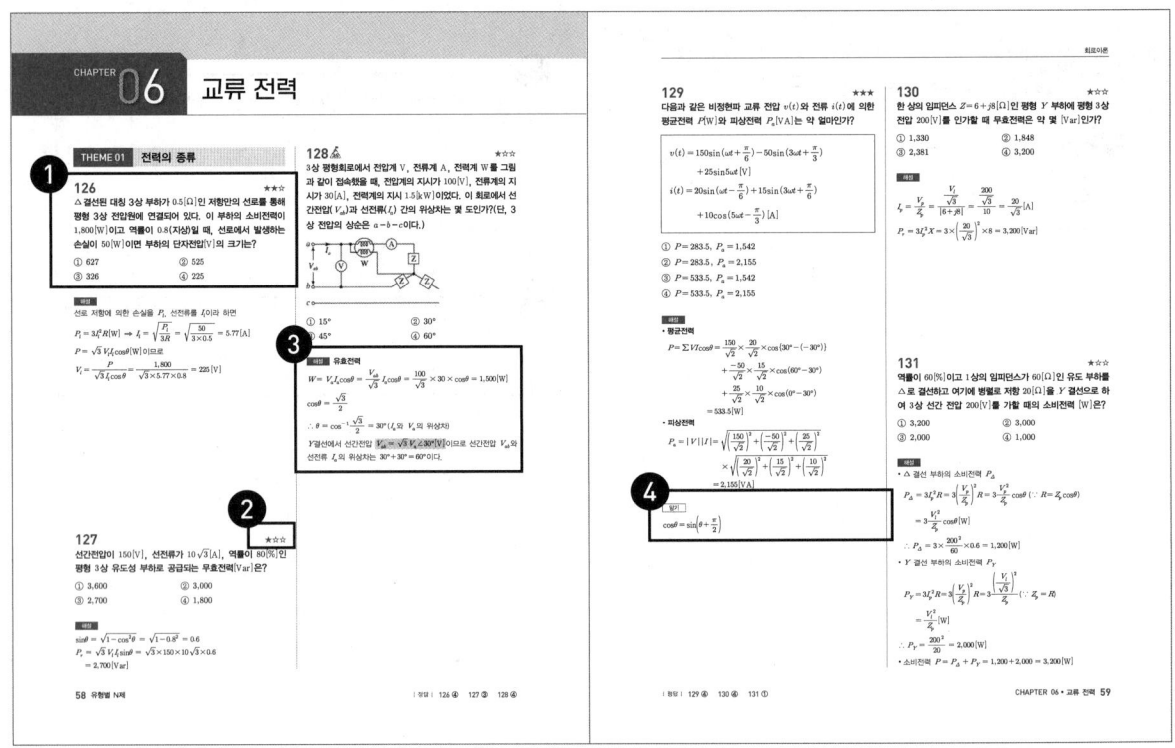

1. 유형별로 쉬운 문제부터 어려운 문제까지 엄선하여 수록하였습니다.
2. 출제 비중을 ★~★★★로 표시하여 중요도를 한눈에 알 수 있습니다.
3. 누구나 쉽게 이해할 수 있게 친절한 해설을 제공하였습니다.
4. 중요한 이론이나 공식은 암기 로 수록하였습니다.

"유형별 N제 3회독 학습으로 쉽고 빠르게 합격 가능합니다."

2026

에듀윌 전기
회로이론
필기
+무료특강

합격자 수가 선택의 기준!

유형별 N제
- 전기기사, 전기산업기사
- 전기공사기사, 전기공사산업기사
- 전기직 공사, 공단, 공무원 대비

YES24 25년 5월
월별 베스트 기준
베스트셀러
1위

YES24 수험서 자격증
한국산업인력공단 전기분야
전기공사 베스트셀러 1위

Ⅰ

22개월 베스트셀러 1위! 산출근거 후면표기

- [끝맺음 노트] 핵심이론 + 빈출문제 + 최신기출 CBT 모의고사 3회
- [무료특강] 최신기출 CBT 모의고사 해설
- [학습자료] 용어 표준화 및 국문순화 신구비교표

eduwill

처음에는 당신이 원하는 곳으로
갈 수는 없겠지만,
당신이 지금 있는 곳에서
출발할 수는 있을 것이다.

– 작자 미상

에듀윌 전기 회로이론
필기 유형별 N제

CONTENTS

유형별 N제 차례

CHAPTER 01 기초 회로 법칙
1. 전기의 발생 ... 8
2. 옴의 법칙 ... 8
3. 전압 분배의 법칙과 전류 분배의 법칙 ... 11
4. 전압 분배의 법칙과 전류 분배의 법칙 응용기기 ... 13
5. 키르히호프 법칙 ... 14

CHAPTER 02 교류 전기
1. 정현파 교류 ... 18
2. 교류의 벡터 표현 ... 25

CHAPTER 03 교류 기본 회로
1. 회로 기본소자의 특성 ... 30
2. 직렬 회로 ... 32
3. 병렬 회로 ... 34
4. $R-X$의 직렬 및 병렬 회로에서의 역률 및 무효율 ... 37
5. $R-L-C$ 직렬 회로의 공진현상 ... 38
6. $R-L-C$ 병렬 회로의 공진현상 ... 39

CHAPTER 04 유도 결합 회로
2. 인덕터의 직렬 접속 방법 ... 42
3. 인덕터의 병렬 접속 방법 ... 42
4. 결합계수 ... 42
5. 유도 전압 ... 43

CHAPTER 05 회로망 해석 기법
1. 전원의 등가 변환 ... 46
2. 테브난 정리 및 노튼 정리 ... 46
3. 중첩의 원리 ... 48
4. 밀만의 정리 ... 52
5. 가역 정리 ... 54
6. 브리지 평형 회로 ... 54

CHAPTER 06 교류 전력
1. 전력의 종류 ... 58
2. 교류 전력의 역률 및 무효율 ... 65
3. 복소 전력 ... 65
4. 회로의 최대 전력 전달 조건 ... 67

CHAPTER 07 3상 교류
1. 3상 대칭 기전력의 발생원리 ... 70
2. 3상 결선의 종류 ... 70
3. 대칭 좌표법(불평형 고장 계산 방법) ... 77
4. 부하의 $Y-\Delta$ 및 $\Delta-Y$ 등가변환 ... 85
5. 특수한 결선법 ... 91
6. 전력의 측정 ... 95

CHAPTER 08 비정현파 교류

1. 비정현파의 전압 및 전류 실효값 — 100
2. 비정현파의 전력 계산 — 102
3. 고조파에서의 임피던스 변화 — 104
4. 푸리에 급수 — 106

CHAPTER 09 2단자 회로망

1. 2단자 회로망의 해석 — 110
2. 영점과 극점 — 111
3. 정저항 회로 — 111
4. 역회로 — 112
5. 쌍대 회로 — 112

CHAPTER 10 4단자 회로망

1. 4단자 회로망 해석 방법 — 116
2. A, B, C, D 파라미터 — 118
3. 4단자 회로망에서의 A, B, C, D 작용 — 125

CHAPTER 11 분포 정수 회로

1. 특성 임피던스와 전파 정수 — 130
2. 무손실 선로와 무왜형 선로 — 130

CHAPTER 12 라플라스 변환

1. 라플라스 기본 변환 — 138
2. 라플라스 변환의 기본정리 — 141
3. 라플라스 역변환 — 149

CHAPTER 13 전달 함수

1. 제어 시스템에서의 전달 함수 — 156
2. 회로망에서의 전달 함수 — 157
3. 블록선도 및 신호 흐름 선도에서의 전달 함수 — 164
4. 블록선도 및 신호 흐름 선도의 특수 경우 — 167

CHAPTER 14 과도 현상

1. $R-L$ 직렬 회로의 과도 현상 — 170
2. $R-C$ 직렬 회로의 과도 현상 — 177
3. $R-L-C$ 직렬 회로의 과도 현상 — 180
4. L과 C소자의 시간 경과에 따른 특성 — 182

기초 회로 법칙

1. 전기의 발생
2. 옴의 법칙
3. 전압 분배의 법칙과 전류 분배의 법칙
4. 전압 분배의 법칙과 전류 분배의 법칙 응용기기
5. 키르히호프 법칙

CBT 완벽대비 가능한 유형마스터 학습!

THEME	유형분석	관련 번호
THEME 01 전기의 발생	전기의 정의와 전체적인 전기의 흐름을 묻는 문제가 출제되며, 전기량을 구하는 문제가 주로 출제됩니다.	001
THEME 02 옴의 법칙	옴의 법칙을 바탕으로 직렬 연결과 병렬 연결에 따른 전압, 전류, 저항을 구하는 문제가 주로 출제됩니다.	002~010
THEME 03 전압 분배의 법칙과 전류 분배의 법칙	회로의 연결방식에 따른 전압과 전류의 분배에 관한 문제가 출제되며, 간단한 공식으로 답을 구할 수 있습니다.	011~017
THEME 04 전압 분배의 법칙과 전류 분배의 법칙 응용기기	전압 분배 법칙과 전류 분배 법칙을 배율기 및 분류기에 응용한 부분으로 어렵게 느낄 수 있습니다.	018~019
THEME 05 키르히호프 법칙	키르히호프의 전압 법칙(KVL)과 전류 법칙(KCL) 개념을 이용한 문제 풀이로, 개념부터 응용 문제까지 골고루 출제되는 편입니다.	020~025

학습 효과를 높이는 N제 3회독 시스템

챕터 별 전체 1회독이 끝났다면 회독 체크표에 날짜를 기입하고 체크표시를 해주세요.

회독 체크표	☐ 1회독	월 일	☐ 2회독	월 일	☐ 3회독	월 일

CHAPTER 01 기초 회로 법칙

THEME 01 전기의 발생

001 ★★☆

어떤 회로에서 $t=0$초에 스위치를 닫은 후 $i(t)=2t+3t^2$[A]의 전류가 흘렀다. 30초까지 스위치를 통과한 총 전기량[Ah]은?

① 4.25
② 6.75
③ 7.75
④ 8.25

해설

$$Q = \int_0^{30} i(t)dt = \int_0^{30} (2t+3t^2)dt = [t^2+t^3]_0^{30}$$
$$= (30^2+30^3) - (0+0)$$
$$= 27{,}900[\text{A·sec}] = 7.75[\text{Ah}] \quad (\because 1[\text{Ah}] = 3{,}600[\text{A·sec}])$$

THEME 02 옴의 법칙

002 ★★☆

길이에 따라 비례하는 저항값을 가진 어떤 전열선에 E_0[V]의 전압을 인가하면 P_0[W]의 전력이 소비된다. 이 전열선을 잘라 원래 길이의 $\frac{2}{3}$로 만들고 E[V]의 전압을 가한다면 소비 전력 P[W]는?

① $P = \dfrac{P_0}{2}\left(\dfrac{E}{E_0}\right)^2$
② $P = \dfrac{3P_0}{2}\left(\dfrac{E}{E_0}\right)^2$
③ $P = \dfrac{2P_0}{3}\left(\dfrac{E}{E_0}\right)^2$
④ $P = \dfrac{\sqrt{3}P_0}{2}\left(\dfrac{E}{E_0}\right)^2$

해설

원래 전열선에서의 소비 전력은 아래와 같다.

$$P_0 = \frac{E_0^2}{R}\ [\text{W}]$$

$R = \rho\dfrac{l}{S}$ 이므로 전열선(l)은 R과 비례관계이다.

따라서 $R' = \dfrac{2}{3}R$이 된다.

$$P = \frac{E^2}{R'} = \frac{E^2}{\frac{2}{3}R} = \frac{3}{2} \times \frac{E^2}{R}$$

위 두 전력을 비교해 보면 아래와 같다.

$$\frac{P}{P_0} = \frac{\frac{3}{2}\times\frac{E^2}{R}}{\frac{E_0^2}{R}} = \frac{3}{2}\times\frac{E^2}{E_0^2} \Rightarrow P = \frac{3P_0}{2}\left(\frac{E}{E_0}\right)^2[\text{W}]$$

003 ★☆☆

$a-b$ 단자의 전압이 $50\angle 0°$[V], $a-b$ 단자에서 본 능동 회로망(N)의 임피던스가 $Z=6+j8$[Ω]일 때, $a-b$ 단자에 임피던스 $Z'=2-j2$[Ω]를 접속하면 이 임피던스에 흐르는 전류[A]는?

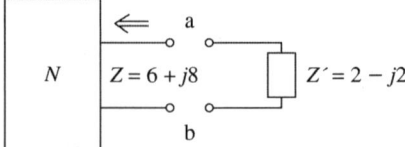

① $3-j4$
② $3+j4$
③ $4-j3$
④ $4+j3$

해설

$$I = \frac{V}{Z+Z'} = \frac{50\angle 0°}{6+j8+2-j2} = \frac{50}{8+j6}$$
$$= 4-j3[\text{A}]$$

004 ★★★

옴의 법칙은 저항에 흐르는 전류와 전압의 관계를 나타낸 것이다. 회로의 저항이 일정할 때 전류는?

① 전압에 비례한다.
② 전압에 반비례한다.
③ 전압의 제곱에 비례한다.
④ 전압의 제곱에 반비례한다.

해설

$I = \dfrac{V}{R}$ 에서 회로의 저항(R)이 일정하면 전류와 전압은 비례($I \propto V$)한다.

005 ★★★

그림의 회로에서 a, b 양단에 $220[\text{V}]$의 전압을 인가했을 때 전류 I가 $1[\text{A}]$이었다. 저항 R은 몇 $[\Omega]$인가?

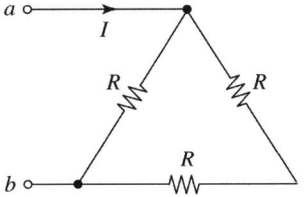

① 100
② 150
③ 220
④ 330

해설

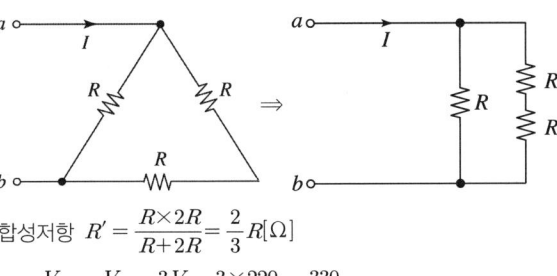

합성저항 $R' = \dfrac{R \times 2R}{R + 2R} = \dfrac{2}{3}R[\Omega]$

$I = \dfrac{V}{R'} = \dfrac{V}{\dfrac{2}{3}R} = \dfrac{3V}{2R} = \dfrac{3 \times 220}{2R} = \dfrac{330}{R} = 1[\text{A}]$

$\therefore R = 330[\Omega]$

006 ★☆☆

그림과 같은 회로에서 R의 값은?

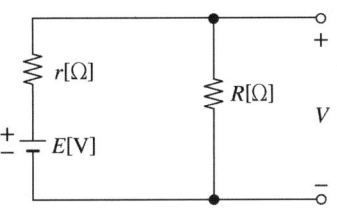

① $\dfrac{E}{E-V}r$
② $\dfrac{V}{E-V}r$
③ $\dfrac{E-V}{E}r$
④ $\dfrac{E-V}{V}r$

해설

R과 r은 직렬연결이므로 전체 저항은 $R+r[\Omega]$이다.

전체 전류 $I = \dfrac{E}{R+r}[\text{A}]$이고, $V = IR[\text{V}]$이므로

$V = \dfrac{E}{R+r} \times R[\text{V}] \Rightarrow V(R+r) = ER$

$VR + Vr = ER$

$R(E-V) = Vr$

$\therefore R = \dfrac{V}{E-V}r[\Omega]$

007 ★★☆

$r_1[\Omega]$인 저항에 $r[\Omega]$인 가변 저항이 연결된 그림과 같은 회로에서 전류 I를 최소로 하기 위한 저항 $r_2[\Omega]$은?(단, $r[\Omega]$은 가변 저항의 최대 크기이다.)

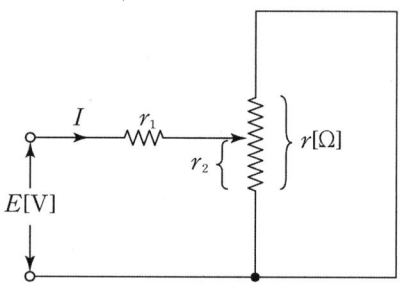

① $\dfrac{r_1}{2}$　　　② $\dfrac{r}{2}$

③ r_1　　　④ r

해설

전류가 최소가 되려면 합성 저항이 최대가 되어야 한다. 따라서 병렬 부분의 저항이 같아야 하므로 r_2는 전체 저항(r)의 $\dfrac{1}{2}$이 되어야 한다.

별해

합성저항 $R = r_1 + \dfrac{r_2(r-r_2)}{r_2+(r-r_2)} = r_1 + \dfrac{r_2(r-r_2)}{r}[\Omega]$

$\dfrac{dR}{dr_2} = \dfrac{d}{dr_2}\left\{r_1 + \dfrac{r_2(r-r_2)}{r}\right\} = \dfrac{1}{r} \times \dfrac{d}{dr_2}(r_1 r + r r_2 - r_2^2)$

$= \dfrac{1}{r}(r - 2r_2)$

$\therefore r_2 = \dfrac{1}{2}r[\Omega]$일 때 합성저항 R이 최대

008 ★☆☆

$10[\Omega]$의 저항 5개를 접속하여 얻을 수 있는 합성저항 중 가장 적은 값은 몇 $[\Omega]$인가?

① 10　　　② 5
③ 2　　　④ 0.5

해설

- 직렬 합성저항 $= nR = 5 \times 10 = 50[\Omega]$
- 병렬 합성저항 $= \dfrac{R}{n} = \dfrac{10}{5} = 2[\Omega]$

저항을 병렬로 연결하였을 때 가장 적은 합성저항을 얻을 수 있다.

009 ★★☆

기전력 $3[V]$, 내부 저항 $0.5[\Omega]$의 전지 9개가 있다. 이것을 3개씩 직렬로 하여 3조 병렬 접속한 것에 부하 저항 $1.5[\Omega]$을 접속하면 부하 전류$[A]$는?

① 2.5　　　② 3.5
③ 4.5　　　④ 5.5

해설

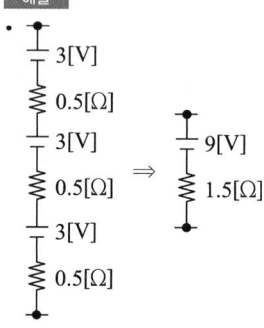

기전력 $3[V]$, 내부 저항 $0.5[\Omega]$인 건전지 3개의 직렬 연결시 $V = 3 \times 3 = 9[V]$, $R = 0.5 \times 3 = 1.5[\Omega]$

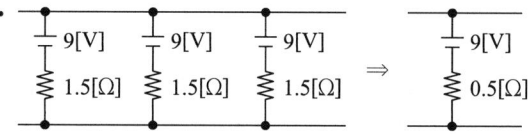

위 직렬 조합의 건전지 3조를 병렬 연결
$V_{ab} = 9[V]$ (병렬에서 건전지의 전압은 불변)

$R_{ab} = \dfrac{1.5}{3} = 0.5[\Omega]$

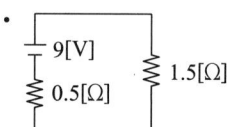

이 회로에 부하 저항(R_L) $1.5[\Omega]$을 연결했을 때 부하 저항에 흐르는 전류

$I_L = \dfrac{V_{ab}}{R_{ab}+R_L} = \dfrac{9}{0.5+1.5} = 4.5[A]$

010 ★☆☆

내부 저항 0.1[Ω]인 건전지 10개를 직렬로 접속하고 이것을 한 조로 하여 5조 병렬로 접속하면 합성 내부 저항은 몇 [Ω]인가?

① 5 ② 1
③ 0.5 ④ 0.2

해설

내부 저항 0.1[Ω]인 건전지 10개를 직렬로 연결했을 때
합성저항 $R = 0.1 \times 10 = 1[\Omega]$이다.
이것을 한 조로 하여 5조 병렬 접속하였으므로
병렬 합성저항 $R' = \dfrac{R}{n} = \dfrac{1}{5} = 0.2[\Omega]$이다.

THEME 03 전압 분배의 법칙과 전류 분배의 법칙

011 ★★☆

그림에서 a, b 단자에 200[V]를 가할 때 저항 2[Ω]에 흐르는 전류 I_1[A]는?

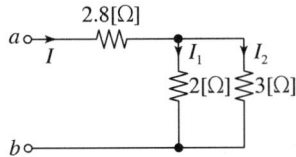

① 40 ② 30
③ 20 ④ 10

해설

합성저항 $R = 2.8 + \dfrac{2 \times 3}{2+3} = 4[\Omega]$

전체 전류 $I = \dfrac{V}{R} = \dfrac{200}{4} = 50[\text{A}]$

전류 분배 법칙에 의해 저항 2[Ω]에 흐르는 전류는 다음과 같다.

$\therefore I_1 = \dfrac{3}{2+3} \times 50 = 30[\text{A}]$

---

012 ★☆☆

다음과 같은 회로에서 a, b 양단의 전압은 몇 [V]인가?

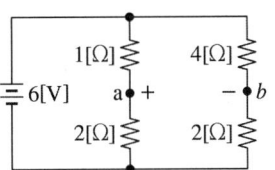

① 1 ② 2
③ 2.5 ④ 3.5

해설

$V_a = \dfrac{2}{1+2} \times 6 = 4[\text{V}]$, $V_b = \dfrac{2}{4+2} \times 6 = 2[\text{V}]$

$\therefore V_{ab} = V_a - V_b = 4 - 2 = 2[\text{V}]$

---

013 ★★☆

어떤 전지에 연결된 외부 회로의 저항은 5[Ω]이고 전류는 8[A]가 흐른다. 외부 회로에 5[Ω]대신 15[Ω]의 저항을 접속하면 전류는 4[A]로 떨어진다. 이 전지의 내부 기전력은 몇 [V]인가?

① 15 ② 20
③ 50 ④ 80

해설

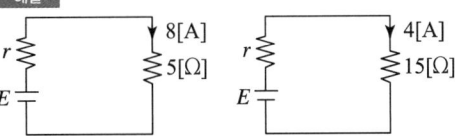

$E = (r+5) \times 8 = (r+15) \times 4$이므로 r을 구하면,
$8r + 40 = 4r + 60$, $r = 5[\Omega]$
$\therefore E = (5+5) \times 8 = 80[\text{V}]$

014 ★☆☆

그림과 같은 회로에서 $G_2[\mho]$ 양단의 전압 강하 $E_2[V]$는?

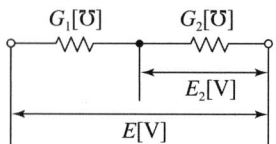

① $\dfrac{G_2}{G_1+G_2}E$ ② $\dfrac{G_1}{G_1+G_2}E$

③ $\dfrac{G_1 G_2}{G_1+G_2}E$ ④ $\dfrac{G_1+G_2}{G_1+G_2}E$

해설

문제에 주어진 회로에 전압 분배의 법칙을 적용한다.

$E_2 = \dfrac{G_1}{G_1+G_2}E\,[V]$

015 ★☆☆

$20[\Omega]$과 $30[\Omega]$의 병렬 회로에서 $20[\Omega]$에 흐르는 전류가 $6[A]$이라면 전체 전류 $I[A]$는?

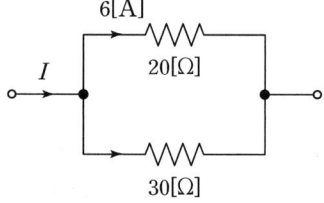

① 3   ② 4
③ 9   ④ 10

해설

공급 전압 $V = I_{20}R_{20} = 6 \times 20 = 120[V]$

병렬 회로는 전압이 일정하므로 $30[\Omega]$에 흐르는 전류

$I_{30} = \dfrac{V}{R_{30}} = \dfrac{120}{30} = 4[A]$

$\therefore I = I_{20} + I_{30} = 6 + 4 = 10[A]$

별해

병렬 회로 전류 분배법칙을 적용하면

$6 = \dfrac{30}{20+30} \times I \quad \therefore I = 10[A]$

016 ★★☆

그림과 같은 회로의 컨덕턴스 G_2에 흐르는 전류 i는 몇 $[A]$인가?

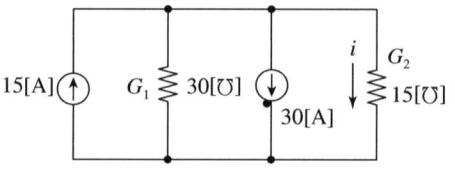

① -5 ② 5
③ -10 ④ 10

해설

2개의 전류원을 합성하고, 전류 분배 법칙을 적용한다.

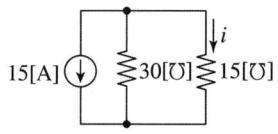

$i = \dfrac{15}{30+15} \times (-15) = -5[A]$

017 ★☆☆

그림과 같은 회로에서 저항 r_1, r_2에 흐르는 전류의 크기가 1 : 2의 비율이라면 r_1, r_2는 각각 몇 $[\Omega]$인가?

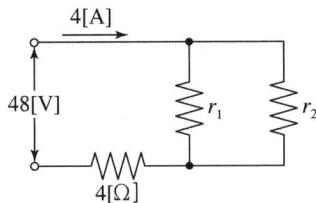

① $r_1 = 6,\ r_2 = 3$
② $r_1 = 8,\ r_2 = 4$
③ $r_1 = 16,\ r_2 = 8$
④ $r_1 = 24,\ r_2 = 12$

해설

$\dfrac{V}{I} = \dfrac{48}{4} = 12[\Omega]$은 회로의 전체 합성저항 값이다.

즉, $R = 12 = 4 + \dfrac{r_1 \times r_2}{r_1 + r_2} \Rightarrow \dfrac{r_1 \times r_2}{r_1 + r_2} = 12 - 4 = 8[\Omega]$

$I = \dfrac{V}{R}$[A]에서 저항과 전류는 반비례 관계이므로 전류의 크기가 $i_1 : i_2 = 1 : 2$이면 저항의 크기는 $r_1 : r_2 = 2 : 1$이다.

∴ $r_1 = 2r_2$

r_1을 위 식에 대입한다.

$\dfrac{2r_2 \times r_2}{2r_2 + r_2} = 8[\Omega]$

∴ $r_2 = 12[\Omega],\ r_1 = 2r_2 = 24[\Omega]$

THEME 04 전압 분배의 법칙과 전류 분배의 법칙 응용기기

018 ★★☆

최대 눈금이 $50[\text{V}]$인 직류 전압계가 있다. 이 전압계를 써서 $150[\text{V}]$의 전압을 측정하려면 몇 $[\Omega]$의 저항을 배율기로 사용하여야 되는가?(단, 전압계의 내부 저항은 $5,000[\Omega]$이다.)

① 1,000
② 2,500
③ 5,000
④ 10,000

해설

배율 $m = \dfrac{150}{50} = 3$

배율기 저항 $R_m = R_v(m-1) = 5,000 \times (3-1) = 10,000[\Omega]$

019 ★☆☆

측정하고자 하는 전압이 전압계의 최대 눈금보다 클 때 전압계에 직렬로 저항을 접속하여 측정 범위를 넓히는 것은?

① 분류기
② 분광기
③ 배율기
④ 감쇠기

해설

- **배율기**: 전압 분배의 법칙을 이용하여 전압계의 측정 범위를 크게 하기 위하여 전압계에 직렬로 저항을 접속한 것
- **분류기**: 전류 분배의 법칙을 이용하여 전류계의 측정 범위를 크게 하기 위하여 전류계에 병렬로 저항을 접속한 것

THEME 05 키르히호프 법칙

020 ★★☆
회로에서의 전류 방향을 옳게 나타낸 것은?

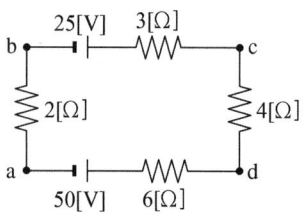

① 알 수 없다. ② 시계 방향이다.
③ 흐르지 않는다. ④ 반시계 방향이다.

해설
문제에 주어진 전압원을 합성하고 저항을 합성하여 회로를 간단히 만들면 아래와 같다.
- $V = 50 - 25 = 25[\text{V}]$
- $R = 2+3+4+6 = 15[\Omega]$

따라서 회로에 흐르는 전류는 반시계 방향으로 흐른다.

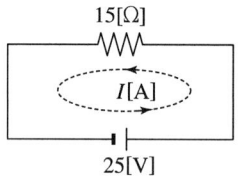

021 ★★★
그림에서 전류 i_5의 크기는?

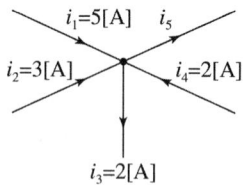

① 3[A] ② 5[A]
③ 8[A] ④ 12[A]

해설
키르히호프 전류법칙(KCL)에 따라 절점으로 들어오는 전류의 합과 나가는 전류의 합은 같다.
$i_1 + i_2 + i_4 = i_3 + i_5$
$\therefore i_5 = i_1 + i_2 + i_4 - i_3 = 5+3+2-2 = 8[\text{A}]$

022 ★☆☆
키르히호프의 전류법칙(KCL) 적용에 대한 설명 중 틀린 것은?

① 이 법칙은 집중정수회로에 적용된다.
② 이 법칙은 회로의 시변, 시불변에 관계 받지 않고 적용된다.
③ 이 법칙은 회로의 선형, 비선형에 관계 받지 않고 적용된다.
④ 이 법칙은 선형소자로만 이루어진 회로에 적용된다.

해설 키르히호프 전류법칙(Kirchhoff's Current Law, KCL)
- 한 절점으로 들어오는 전류의 합과 나가는 전류의 합은 같다. (전하량 보존 법칙)
- 모든 회로에 적용이 가능하며 적용 시 제한이 없다.

023 ★☆☆
그림과 같은 직류 회로에서 저항 $R[\Omega]$의 값은?

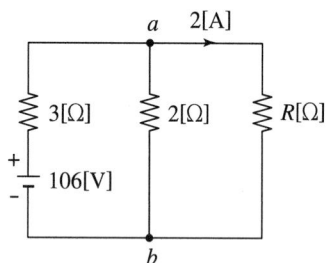

① 10 ② 20
③ 30 ④ 40

해설
키르히호프의 전류 법칙에 의해 a 절점의 전압을 구한다.
$\dfrac{106 - V_a}{3} - \dfrac{V_a}{2} - 2 = 0 \Rightarrow V_a = 40[\text{V}]$

따라서 저항 R의 값은 아래와 같다.
$R = \dfrac{V_a}{I} = \dfrac{40}{2} = 20[\Omega]$

024

그림에서 $2[\Omega]$에 흐르는 전류 i는 몇 $[A]$인가?

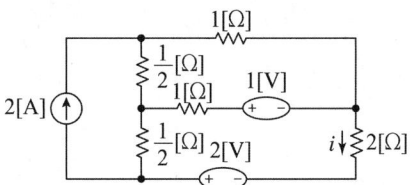

① $\dfrac{28}{31}$ ② $\dfrac{4}{13}$

③ $\dfrac{4}{7}$ ④ $-\dfrac{8}{35}$

해설

키르히호프의 전류 법칙을 주어진 회로에 적용한다.

$-2+\dfrac{V_1-V_2}{\dfrac{1}{2}}+\dfrac{V_1-V_3}{1}=0$ …… ㉠ (절점 V_1)

$\dfrac{V_2-V_1}{\dfrac{1}{2}}+\dfrac{V_2-1-V_3}{1}+\dfrac{V_2-0}{\dfrac{1}{2}}=0$ …… ㉡ (절점 V_2)

$\dfrac{V_3-V_1}{1}+\dfrac{V_3+1-V_2}{1}+\dfrac{V_3+2-0}{2}=0$ …… ㉢ (절점 V_3)

위 3가지 식을 정리하면 아래와 같다.

$3V_1-2V_2-V_3=2$ …… ㉠

$-2V_1+5V_2-V_3=1$ …… ㉡

$-2V_1-2V_2+5V_3=-4$ …… ㉢

㉠×2=㉠′, ㉡×3=㉡′라 할때

$6V_1-4V_2-2V_3=4$ …… ㉠′

$-6V_1+15V_2-3V_3=3$ …… ㉡′

㉠′+㉡′ = $11V_2-5V_3=7$

㉡-㉢ = $7V_2-6V_3=5$ 이므로

㉠′+㉡′와 ㉡-㉢을 연립하면 $V_3=-\dfrac{6}{31}[V]$이다.

따라서 $2[\Omega]$ 저항에 흐르는 전류 i를 구하면 아래와 같다.

$i=\dfrac{V_3+2}{R}=\dfrac{-\dfrac{6}{31}+2}{2}=\dfrac{28}{31}[A]$

025

그림과 같은 회로망에서 전류를 산출하는 데 옳게 표시한 식은?

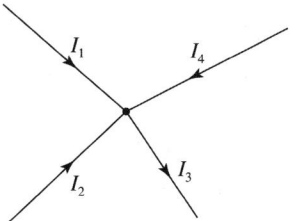

① $I_1+I_2-I_4-I_3=0$

② $I_1+I_4-I_2-I_3=0$

③ $I_1+I_2+I_3+I_4=0$

④ $I_1+I_2-I_3+I_4=0$

해설

키르히호프의 전류 법칙은 어느 절점에 유입하는 전류와 유출하는 전류가 같다는 것이다.

$I_1+I_2+I_4=I_3$

$I_1+I_2-I_3+I_4=0$

CHAPTER 02
교류 전기

1. 정현파 교류
2. 교류의 벡터 표현

CBT 완벽대비 가능한 유형마스터 학습!

THEME	유형분석	관련 번호
THEME 01 정현파 교류	플레밍의 오른손 법칙에 관한 문제가 출제되며, 기전력의 크기와 각 교류의 표현 방법에 맞는 값을 구하는 문제가 자주 출제됩니다.	026~051
THEME 02 교류의 벡터 표현	벡터와 복소수의 계산을 바탕으로 문제를 구하는 유형입니다. 복소수 계산 시 기호에 주의하여 문제를 풀어야 합니다.	052~057

학습 효과를 높이는 N제 3회독 시스템

챕터 별 전체 1회독이 끝났다면 회독 체크표에 날짜를 기입하고 체크표시를 해주세요.

회독 체크표	■ 1회독	월 일	■ 2회독	월 일	■ 3회독	월 일

CHAPTER 02 교류 전기

THEME 01 정현파 교류

026 ★★☆
$i = 20\sqrt{2} \sin\left(377t - \dfrac{\pi}{6}\right)$ [A]의 주파수는 약 몇 [Hz]인가?

① 50 ② 60
③ 70 ④ 80

해설

$\omega = 2\pi f = 377 \,[\text{rad/s}] \;\Rightarrow\; f = \dfrac{377}{2\pi} = 60[\text{Hz}]$

027 ★☆☆
정현파 교류 전압의 평균값은 최대값의 약 몇 [%]인가?

① 50.1[%] ② 63.7[%]
③ 70.7[%] ④ 90.1[%]

해설

정현파 교류 평균값 $V_a = \dfrac{2}{\pi} V_m = 0.637 V_m \,[\text{V}]$

∴ 평균값은 최대값의 63.7[%]

028 ★★★
정현파 교류 전류의 실효치를 계산하는 식은?(단, i는 순시치, I는 실효치, T는 주기이다.)

① $I = \dfrac{1}{T^2} \displaystyle\int_0^T i^2(t)dt$

② $I = \sqrt{\dfrac{2}{T} \displaystyle\int_0^T i^2(t)dt}$

③ $I^2 = \dfrac{1}{T} \displaystyle\int_0^T i^2(t)dt$

④ $I^2 = \dfrac{2}{T} \displaystyle\int_0^T i(t)dt$

해설

교류 전류 실효값 $I = \sqrt{\dfrac{1}{T} \displaystyle\int_0^T i^2(t)dt}$ [A]이므로

∴ $I^2 = \dfrac{1}{T} \displaystyle\int_0^T i^2(t)dt$

029 ★★☆
$i(t) = 3\sqrt{2} \sin(377t - 30°)$[A]의 평균값은 약 몇 [A]인가?

① 1.35 ② 2.7
③ 4.35 ④ 5.4

해설

$I_{av} = \dfrac{2I_m}{\pi} = \dfrac{2 \times 3\sqrt{2}}{\pi} = 2.7[\text{A}]$

| 정답 | 026 ② | 027 ② | 028 ③ | 029 ② |

030 ★★★

처음 10초간은 100[A]의 전류를 흘리고, 다음 20초간은 20[A]의 전류를 흘리는 전류의 실효값은 몇 [A]인가?

① 50
② 55
③ 60
④ 65

해설

$$I = \sqrt{\frac{1}{T}\int_0^T i^2(t)dt}$$
$$= \sqrt{\frac{1}{30}\left\{\int_0^{10} 100^2 dt + \int_{10}^{30} 20^2 dt\right\}}$$
$$= \sqrt{\frac{1}{30}\left\{[100^2 t]_0^{10} + [20^2 t]_{10}^{30}\right\}}$$
$$= \sqrt{\frac{1}{30}\{(100^2 \times 10 - 0) + (20^2 \times 30 - 20^2 \times 10)\}}$$
$$= \sqrt{\frac{1}{30} \times 108,000} = 60[A]$$

031 ★☆☆

그림과 같이 주기가 3[s]인 전압 파형의 실효값은 약 몇 [V]인가?

① 5.67
② 6.67
③ 7.57
④ 8.57

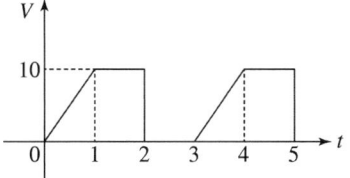

해설

문제에 주어진 파형을 실효값 구하는 식에 대입한다.

$$V = \sqrt{\frac{1}{T}\int_0^T v^2(t)dt}$$
$$= \sqrt{\frac{1}{3}\left\{\int_0^1 (10t)^2 dt + \int_1^2 10^2 dt\right\}}$$
$$= \sqrt{\frac{1}{3}\left\{\left[100 \times \frac{1}{3}t^3\right]_0^1 + [100t]_1^2\right\}} = \sqrt{\frac{1}{3}\left(\frac{100}{3} + 100\right)}$$
$$= 6.67[V]$$

032 ★☆☆

$e = E_m\cos\left(100\pi t - \frac{\pi}{3}\right)$[V]와 $i = I_m\sin\left(100\pi t + \frac{\pi}{4}\right)$[A]의 위상차를 시간으로 나타내면 약 몇 [초]인가?

① 3.33×10^{-4}
② 4.33×10^{-4}
③ 6.33×10^{-4}
④ 8.33×10^{-4}

해설

전압과 전류 간의 위상차를 구한다.

$$e = E_m\cos\left(100\pi t - \frac{\pi}{3}\right) = E_m\sin\left(100\pi t - \frac{\pi}{3} + \frac{\pi}{2}\right)$$
$$= E_m\sin\left(100\pi t + \frac{\pi}{6}\right)[V] \quad \left(\because \cos\theta = \sin\left(\theta + \frac{\pi}{2}\right)\right)$$
$$\therefore \theta = \frac{\pi}{4} - \frac{\pi}{6} = \frac{\pi}{12}$$

따라서 이를 시간으로 환산한다.

$$\theta = \omega t \Rightarrow t = \frac{\theta}{\omega} = \frac{\frac{\pi}{12}}{100\pi} = 8.33 \times 10^{-4}[초]$$

033 ★★☆

정현파 사이클의 수학적인 평균값은?

① 0
② 0.637 × 최대값
③ 0.707 × 최대값
④ 1.414 × 실효값

해설

정현파의 한 사이클에서는 (+), (−)로 극성이 바뀌므로 수학적인 평균값은 0이 된다.

034 〔NEW〕

최대값이 10[V]인 정현파 전압이 있다. $t=0$에서의 순시값이 5[V]이고 이 순간에 전압이 증가하고 있다. 주파수가 60[Hz]일 때, $t=2\,[\text{ms}]$에서의 전압의 순시값[V]은?

① $10\sin30°$ ② $10\sin43.2°$
③ $10\sin73.2°$ ④ $10\sin103.2°$

해설

최대값이 10[V]인 정현파가 $t=0$일 때 순시값이 5[V]이면
$v=V_m\sin(\omega t\pm\theta)=10\sin(0+\theta)=5[V]$로 표현된다.
즉, 위상 $\theta=+30°$인 상태이다.
$t=2\times10^{-3}[\text{sec}]$일 때 순시값은 아래와 같다.
$v=10\sin\left(2\pi\times60\times2\times10^{-3}\times\dfrac{180°}{\pi}+30°\right)$
$=10\sin73.2°[V]$

암기 호도법
$1\text{rad}=\dfrac{360°}{2\pi}=\dfrac{180°}{\pi}$

035 ★★☆

그림과 같은 파형의 전압 순시값 [V]은?

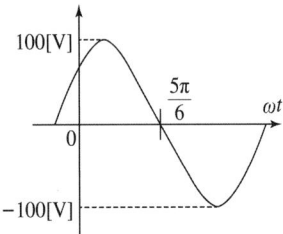

① $100\sin\left(\omega t+\dfrac{\pi}{6}\right)$ ② $100\sqrt{2}\sin\left(\omega t+\dfrac{\pi}{6}\right)$
③ $100\sin\left(\omega t-\dfrac{\pi}{6}\right)$ ④ $100\sqrt{2}\sin\left(\omega t-\dfrac{\pi}{6}\right)$

해설

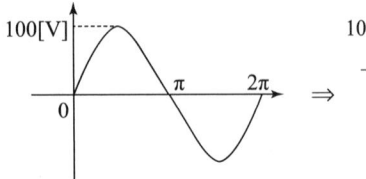

위와 같이 위상이 $\dfrac{\pi}{6}$ 만큼 진상으로 이동된 파형이다.
$v(t)=V_m\sin(\omega t\pm\theta)=100\sin\left(\omega t+\dfrac{\pi}{6}\right)[V]$

036 ★★☆

$i_1=I_m\sin\omega t\,[A]$와 $i_2=I_m\cos\omega t\,[A]$인 두 교류 전류의 위상차는 몇 도인가?

① $0°$ ② $30°$
③ $60°$ ④ $90°$

해설

$i_1=I_m\sin\omega t\,[A]$, $i_2=I_m\cos\omega t=I_m\sin(\omega t+90°)[A]$이므로 두 전류의 위상차는 $90°$이다.

037 ★★★

그림과 같은 주기 파형의 전류 $i(t)=10e^{-100t}[A]$의 평균값은 약 몇 [A]인가?

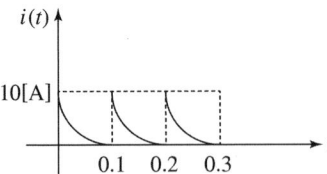

① 0.5 ② 1
③ 2.5 ④ 5

해설

$I_a=\dfrac{1}{T}\displaystyle\int_0^T i(t)\,dt=\dfrac{1}{0.1}\int_0^{0.1}10e^{-100t}\,dt$
$=\dfrac{10}{0.1}\left[\dfrac{1}{-100}e^{-100t}\right]_0^{0.1}$
$=100\times\dfrac{1}{-100}\left[e^{-100t}\right]_0^{0.1}=-(e^{-10}-1)=1[A]$

038 ★☆☆

$i(t) = 10\sin\left(\omega t - \dfrac{\pi}{3}\right)$[A]로 표시되는 전류 파형보다 위상이 $30°$ 앞서고, 최대치가 100[V]인 전압 파형을 식으로 나타내면?

① $100\sin\left(\omega t - \dfrac{\pi}{2}\right)$

② $100\sin\left(\omega t - \dfrac{\pi}{6}\right)$

③ $100\sqrt{2}\sin\left(\omega t - \dfrac{\pi}{6}\right)$

④ $100\sqrt{2}\cos\left(\omega t - \dfrac{\pi}{6}\right)$

해설

문제에 주어진 전류식 $i(t) = 10\sin\left(\omega t - \dfrac{\pi}{3}\right)$[A]에 대해서 위상이 $30°\left(= \dfrac{\pi}{6}\right)$ 앞서고, 최대값이 100[V]인 전압의 순시값 표현은 $v(t) = 100\sin\left(\omega t - \dfrac{\pi}{3} + \dfrac{\pi}{6}\right) = 100\sin\left(\omega t - \dfrac{\pi}{6}\right)$[V]

039 ★★☆

파형이 톱니파인 경우 파형률은 약 얼마인가?

① 1.155
② 1.732
③ 1.414
④ 0.577

해설 톱니파(삼각파) 파형

실효값 $V = \dfrac{1}{\sqrt{3}}V_m$, 평균값 $V_a = \dfrac{1}{2}V_m$

파형률 $= \dfrac{\text{실효값}}{\text{평균값}} = \dfrac{\dfrac{1}{\sqrt{3}}V_m}{\dfrac{1}{2}V_m} = \dfrac{2}{\sqrt{3}} = 1.155$

040 ★★★

파형율과 파고율이 모두 1인 파형은?

① 고조파
② 삼각파
③ 구형파
④ 사인파

해설 주기적인 비정현파의 파고율과 파형율

파형	파고율	파형율
구형파	1	1
정현파	1.414	1.109
삼각파	1.732	1.155
정현반파	2	1.57

041 ★★★

구형파의 파고율은 얼마인가?

① 1.0
② 1.414
③ 1.732
④ 2.0

해설 주기적인 비정현파의 파고율과 파형율

파형	파고율	파형율
구형파	1	1
정현파	1.414	1.109
삼각파	1.732	1.155
정현반파	2	1.57

042 ★★☆
구형파의 파형률(㉠)과 파고율(㉡)은?

① ㉠ 1   ㉡ 0
② ㉠ 1.11   ㉡ 1.414
③ ㉠ 1   ㉡ 1
④ ㉠ 1.57   ㉡ 2

해설 교류 파형의 평균값 및 실효값

종류	파형	평균값	실효값
정현파		$\frac{2}{\pi}V_m$	$\frac{1}{\sqrt{2}}V_m$
반파 정현파		$\frac{1}{\pi}V_m$	$\frac{1}{2}V_m$
구형파		V_m	V_m
반 구형파		$\frac{1}{2}V_m$	$\frac{1}{\sqrt{2}}V_m$
삼각파		$\frac{1}{2}V_m$	$\frac{1}{\sqrt{3}}V_m$

구형파의 파형률과 파고율을 구한다.

- 파형률 = $\frac{실효값}{평균값} = \frac{V_m}{V_m} = 1$
- 파고율 = $\frac{최대값}{실효값} = \frac{V_m}{V_m} = 1$

043 ★☆☆
어떤 정현파 교류 전압의 실효값이 $314[\text{V}]$일 때 평균값은 약 몇 $[\text{V}]$인가?

① 142   ② 283
③ 365   ④ 382

해설
정현파의 평균값과 실효값은 각각 아래와 같다.
$V_a = \frac{2}{\pi}V_m, \ V = \frac{1}{\sqrt{2}}V_m$

따라서 평균값을 구할 수 있다.
$V_a = \frac{2}{\pi}V_m = \frac{2}{\pi} \times \sqrt{2}\,V = \frac{2\sqrt{2}}{\pi} \times 314 = 283[\text{V}]$

044 ★★☆
정현파 교류의 평균치에 어떠한 수를 곱하여 실효치를 얻을 수 있는가?

① $\frac{\pi}{2\sqrt{2}}$ ② $\frac{2}{\sqrt{3}}$
③ $\frac{\sqrt{3}}{2}$ ④ $\frac{2\sqrt{2}}{\pi}$

해설
정현파 교류의 평균값과 실효값은 아래와 같다.
$V_a = \frac{2}{\pi}V_m, \ V = \frac{1}{\sqrt{2}}V_m$

따라서 실효값을 구할 수 있다.
$V = \frac{1}{\sqrt{2}}V_m = \frac{1}{\sqrt{2}} \times \frac{\pi}{2}V_a = \frac{\pi}{2\sqrt{2}}V_a$

045 ★★☆

최대값이 E_m인 반파 정류 정현파의 실효값은 몇 [V]인가?

① $\dfrac{2E_m}{\pi}$ ② $\sqrt{2}\,E_m$

③ $\dfrac{E_m}{\sqrt{2}}$ ④ $\dfrac{E_m}{2}$

해설

종류	파형	평균값	실효값
정현파		$\dfrac{2}{\pi}E_m$	$\dfrac{1}{\sqrt{2}}E_m$
반파 정현파		$\dfrac{1}{\pi}E_m$	$\dfrac{1}{2}E_m$
구형파		E_m	E_m
반 구형파		$\dfrac{1}{2}E_m$	$\dfrac{1}{\sqrt{2}}E_m$
삼각파		$\dfrac{1}{2}E_m$	$\dfrac{1}{\sqrt{3}}E_m$

046 ★★☆

그림과 같은 $e = E_m \sin\omega t$ 인 정현파 교류의 반파 정류파형의 실효값은?

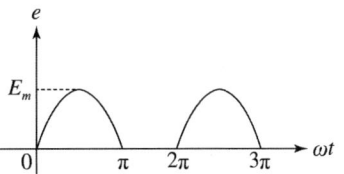

① E_m ② $\dfrac{E_m}{\sqrt{2}}$

③ $\dfrac{E_m}{2}$ ④ $\dfrac{E_m}{\sqrt{3}}$

해설

종류	파형	평균값	실효값
정현파		$\dfrac{2}{\pi}E_m$	$\dfrac{1}{\sqrt{2}}E_m$
반파 정현파		$\dfrac{1}{\pi}E_m$	$\dfrac{1}{2}E_m$
구형파		E_m	E_m
반 구형파		$\dfrac{1}{2}E_m$	$\dfrac{1}{\sqrt{2}}E_m$
삼각파		$\dfrac{1}{2}E_m$	$\dfrac{1}{\sqrt{3}}E_m$

047 ★★★
교류의 파형률이란?

① $\dfrac{실효값}{평균값}$ ② $\dfrac{평균값}{실효값}$

③ $\dfrac{실효값}{최대값}$ ④ $\dfrac{최대값}{실효값}$

해설

파형률 = $\dfrac{\frac{최대값}{실효값}}{평균값}$ = 파고율

048 ★★☆
정현파 교류 전압의 파고율은?

① 0.91   ② 1.11
③ 1.41   ④ 1.73

해설

파고율 = $\dfrac{최대값}{실효값} = \dfrac{V_m}{\frac{V_m}{\sqrt{2}}} = \sqrt{2} = 1.414$

암기

파형률 = $\dfrac{\frac{최대값}{실효값}}{평균값}$ = 파고율

049 ★☆☆
파고율이 2가 되는 파형은?

① 정현파   ② 톱니파
③ 사각파   ④ 정류파(정현반파)

해설 정현반파

파고율 = $\dfrac{최대값(V_m)}{실효값(V)} = \dfrac{V_m}{\frac{V_m}{2}} = 2$

실효값이 최대값의 절반인 파형은 ④ 정류파(정현반파)이다.

050 ★★☆
그림과 같은 파형의 파고율은?

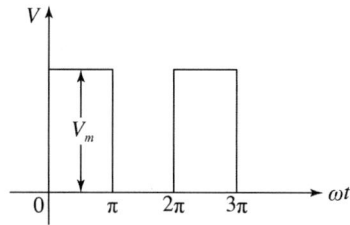

① 1   ② $\dfrac{1}{\sqrt{2}}$
③ $\sqrt{2}$ ④ $\sqrt{3}$

해설

반구형파의 평균값 및 실효값은 아래와 같다.

$V_a = \dfrac{V_m}{2}, \ V = \dfrac{V_m}{\sqrt{2}}$

따라서 반구형파의 파고율을 구할 수 있다.

파고율 = $\dfrac{최대값}{실효값} = \dfrac{V_m}{\frac{V_m}{\sqrt{2}}} = \sqrt{2}$

051

그림과 같은 파형의 파고율은?

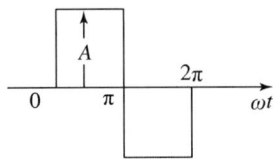

① 1
② 2
③ $\sqrt{2}$
④ $\sqrt{3}$

해설

문제의 파형은 구형파이므로 실효값은 최대값과 같다.

파고율 $= \dfrac{\text{최대값}(V_m)}{\text{실효값}(V)} = \dfrac{A}{A} = 1$

THEME 02 교류의 벡터 표현

052

전압 및 전류가 다음과 같을 때 유효전력[W] 및 역률[%]은 각각 약 얼마인가?

$$v(t) = 100\sin\omega t - 50\sin(3\omega t + 30°)$$
$$\quad + 20\sin(5\omega t + 45°)[\text{V}]$$
$$i(t) = 20\sin(\omega t + 30°) + 10\sin(3\omega t - 30°)$$
$$\quad + 5\cos 5\omega t[\text{A}]$$

① 825[W], 48.6[%]
② 776.4[W], 59.7[%]
③ 1,120[W], 77.4[%]
④ 1,850[W], 89.6[%]

해설

$$P = \Sigma VI\cos\theta = \dfrac{100}{\sqrt{2}} \times \dfrac{20}{\sqrt{2}} \times \cos(0° - 30°)$$
$$- \dfrac{50}{\sqrt{2}} \times \dfrac{10}{\sqrt{2}} \times \cos\{30° - (-30°)\}$$
$$+ \dfrac{20}{\sqrt{2}} \times \dfrac{5}{\sqrt{2}} \times \cos(45° - 90°) = 776.4[\text{W}]$$

$$P_a = VI = \sqrt{\left(\dfrac{100}{\sqrt{2}}\right)^2 + \left(\dfrac{-50}{\sqrt{2}}\right)^2 + \left(\dfrac{20}{\sqrt{2}}\right)^2}$$
$$\times \sqrt{\left(\dfrac{20}{\sqrt{2}}\right)^2 + \left(\dfrac{10}{\sqrt{2}}\right)^2 + \left(\dfrac{5}{\sqrt{2}}\right)^2}$$
$$= 1,301.2[\text{VA}]$$

$\therefore \cos\theta = \dfrac{P}{P_a} = \dfrac{776.4}{1,301.2} = 0.597 = 59.7[\%]$

암기

$\cos\theta = \sin(\theta + 90°)$

053 ★☆☆

정현파 교류 $i = 10\sqrt{2}\sin\left(\omega t + \dfrac{\pi}{3}\right)$[A]를 복소수의 극좌표 형식인 페이저(Phasor)로 나타내면?

① $10\sqrt{2}\angle\dfrac{\pi}{3}$ ② $10\sqrt{2}\angle-\dfrac{\pi}{3}$

③ $10\angle\dfrac{\pi}{3}$ ④ $10\angle-\dfrac{\pi}{3}$

해설

$i = 10\sqrt{2}\sin\left(\omega t + \dfrac{\pi}{3}\right)$[A] $\Rightarrow \dot{I} = 10\angle\dfrac{\pi}{3}$ [A]

(∴ 극좌표 형식에서 크기는 실효값을 의미한다.)

054 ★☆☆

$e^{j\frac{2}{3}\pi}$와 같은 것은?

① $\dfrac{1}{2} - j\dfrac{\sqrt{3}}{2}$ ② $-\dfrac{1}{2} - j\dfrac{\sqrt{3}}{2}$

③ $-\dfrac{1}{2} + j\dfrac{\sqrt{3}}{2}$ ④ $\cos\dfrac{2}{3}\pi + \sin\dfrac{2}{3}\pi$

해설

$e^{j\frac{2}{3}\pi} = 1\angle\dfrac{2}{3}\pi = 1\angle 120° = 1\times(\cos 120° + j\sin 120°)$
$= -\dfrac{1}{2} + j\dfrac{\sqrt{3}}{2}$

055 ★★☆

어떤 회로에서 $i = 10\sin\left(314t - \dfrac{\pi}{6}\right)$[A]의 전류가 흐른다. 이를 복소수로 표시하면?

① $3.54 - j6.12$[A]
② $5 - j17.32$[A]
③ $6.12 - j3.54$[A]
④ $17.32 - j5$[A]

해설

$\dot{I} = \dfrac{10}{\sqrt{2}}\angle -30° = \dfrac{10}{\sqrt{2}}\{\cos(-30°) + j\sin(-30°)\}$
$= 6.12 - j3.54$[A]

056 ★★☆

$e_1 = 6\sqrt{2}\sin\omega t$[V], $e_2 = 4\sqrt{2}\sin(\omega t - 60°)$[V]일 때, $e_1 - e_2$의 실효값[V]은?

① 4 ② $2\sqrt{2}$
③ $2\sqrt{7}$ ④ $2\sqrt{13}$

해설

문제에 주어진 교류 순시값 수식을 복소수 형식으로 변환한다.
- $e_1 = 6\sqrt{2}\sin\omega t$ [V] $\Rightarrow \dot{E}_1 = 6\angle 0° = 6$[V]
- $e_2 = 4\sqrt{2}\sin(\omega t - 60°)$ [V]
  $\Rightarrow \dot{E}_2 = 4\angle -60° = 4\{\cos(-60°) + j\sin(-60°)\}$
  $= 2 - j2\sqrt{3}$ [V]

따라서 두 전압의 차인 $\dot{E}_1 - \dot{E}_2$는 아래와 같다.

$\dot{E}_1 - \dot{E}_2 = 6 - (2 - j2\sqrt{3}) = 4 + j2\sqrt{3}$ [V]

∴ $|\dot{E}_1 - \dot{E}_2| = \sqrt{4^2 + (2\sqrt{3})^2} = \sqrt{28} = 2\sqrt{7}$ [V]

| 정답 | 053 ③ 054 ③ 055 ③ 056 ③

057 ★★★

극좌표 형식으로 표현된 전류의 페이저가 각각 $I_1 = 10\angle\tan^{-1}\frac{4}{3}$[A], $I_2 = 10\angle\tan^{-1}\frac{3}{4}$[A]이고, $I = I_1 + I_2$일 때, I[A]는?

① $-2+j2$　　② $14+j14$

③ $14+j4$　　④ $14+j3$

해설

문제에 주어진 전류를 복소수로 표현한다.

- $\dot{I}_1 = 10\angle\tan^{-1}\frac{4}{3} = 10\angle 53.13°$

  $= 10(\cos 53.13° + j\sin 53.13°) = 6 + j8$[A]
- $\dot{I}_2 = 10\angle\tan^{-1}\frac{3}{4} = 10\angle 36.87°$

  $= 10(\cos 36.87° + j\sin 36.87°) = 8 + j6$[A]

따라서 두 전류의 합은 아래와 같다.

$\dot{I} = \dot{I}_1 + \dot{I}_2 = 6 + j8 + 8 + j6 = 14 + j14$[A]

| 정답 | 057 ②

교류 기본 회로

1. 회로 기본소자의 특성
2. 직렬 회로
3. 병렬 회로
4. $R-X$의 직렬 및 병렬 회로에서의 역률 및 무효율
5. $R-L-C$ 직렬 회로의 공진현상
6. $R-L-C$ 병렬 회로의 공진현상

CBT 완벽대비 가능한 유형마스터 학습!

THEME	유형분석	관련 번호
THEME 01 회로 기본소자의 특성	회로의 가장 기본 소자인 저항, 인덕터, 커패시터의 전류를 구하는 문제와 위상을 묻는 문제가 자주 출제됩니다.	058~068
THEME 02 직렬 회로	회로를 직렬로 배치하였을 때 임피던스와 전류값이 어떻게 달라지는지 이해하는 것이 중요합니다.	069~076
THEME 03 병렬 회로	회로를 병렬로 배치하였을 때 임피던스와 전류값이 어떻게 달라지는지 이해하는 것이 중요합니다.	077~083
THEME 04 $R-X$의 직렬 및 병렬 회로에서의 역률 및 무효율	회로의 연결에 따른 역률과 무효율을 묻는 문제가 주로 출제되며, 공식을 통해 간단하게 구할 수 있습니다.	084~086
THEME 05 $R-L-C$ 직렬 회로의 공진현상	저항, 인덕터, 커패시터를 직렬로 연결하였을 때의 공진 조건을 확실하게 이해한다면 쉽게 문제를 풀 수 있습니다.	087~089
THEME 06 $R-L-C$ 병렬 회로의 공진현상	저항, 인덕터, 커패시터를 병렬로 연결하였을 때의 공진 조건을 확실하게 이해한다면 쉽게 문제를 풀 수 있습니다.	090~092

학습 효과를 높이는 N제 3회독 시스템

챕터 별 전체 1회독이 끝났다면 회독 체크표에 날짜를 기입하고 체크표시를 해주세요.

회독 체크표	☐ 1회독	월 일	☐ 2회독	월 일	☐ 3회독	월 일

CHAPTER 03 교류 기본 회로

THEME 01 회로 기본소자의 특성

058 ★☆☆
2단자 회로 소자 중에서 인가한 전류 파형과 동위상의 전압 파형을 얻을 수 있는 것은?

① 저항
② 콘덴서
③ 인덕턴스
④ 저항+콘덴서

해설
저항 소자는 위상에 영향을 주지 않는 특성 때문에 인가 전압과 전류가 동위상으로 된다.

059 ★☆☆
어떤 소자가 $60[\text{Hz}]$에서 리액턴스 값이 $10[\Omega]$이었다. 이 소자를 인덕터 또는 커패시터라고 할 때 인덕턴스[mH]와 정전용량[μF]은 각각 얼마인가?

① $26.53[\text{mH}]$, $295.37[\mu\text{F}]$
② $18.37[\text{mH}]$, $265.26[\mu\text{F}]$
③ $18.37[\text{mH}]$, $295.37[\mu\text{F}]$
④ $26.53[\text{mH}]$, $265.26[\mu\text{F}]$

해설
- $X_L = 2\pi f L [\Omega]$

$$L = \frac{X_L}{2\pi f} = \frac{10}{2\pi \times 60} = 0.02653[\text{H}] = 26.53[\text{mH}]$$

- $X_C = \frac{1}{2\pi f C}[\Omega]$

$$C = \frac{1}{2\pi f X_C} = \frac{1}{2\pi \times 60 \times 10} = 2.6526 \times 10^{-4}[\text{F}]$$
$$= 265.26[\mu\text{F}]$$

060 ★★☆
커패시터와 인덕터에서 물리적으로 급격히 변화할 수 없는 것은?

① 커패시터와 인덕터에서 모두 전압
② 커패시터와 인덕터에서 모두 전류
③ 커패시터에서 전류, 인덕터에서 전압
④ 커패시터에서 전압, 인덕터에서 전류

해설
- 커패시터(C)에 흐르는 전류 $i_c = C\dfrac{dv(t)}{dt}$에서 전압 $v(t)$가 아주 짧은 시간(dt) 동안에 급격히 증가하면 커패시터에 흐르는 전류는 순간적으로 무한대가 되어 커패시터 소자가 파괴되므로 커패시터에서는 전압이 급격히 변화할 수 없다.
- 인덕터(L) 양단에 걸리는 전압 $e_L = L\dfrac{di(t)}{dt}$에서 전류 $i(t)$가 아주 짧은 시간(dt) 동안에 급격히 증가하면 인덕터에 걸리는 전압은 순간적으로 무한대가 되어 인덕터 소자가 파괴되므로 인덕터에서는 전류가 급격히 변화할 수 없다.

061 ★☆☆
인덕턴스가 $0.1[\text{H}]$인 코일에 실효값 $100[\text{V}]$, $60[\text{Hz}]$, 위상 30도인 전압을 가했을 때 흐르는 전류의 실효값 크기는 약 몇 $[\text{A}]$인가?

① 43.7
② 37.7
③ 5.46
④ 2.65

해설
유도성 리액턴스를 구한다.
$$X_L = \omega L = 2\pi f L = 2\pi \times 60 \times 0.1 = 37.7[\Omega]$$
따라서 전류의 실효값은 아래와 같다.
$$I = \frac{V}{X_L} = \frac{100}{37.7} = 2.65[\text{A}]$$

| 정답 | 058 ① 059 ④ 060 ④ 061 ④

062 ★★☆

어느 소자에 전압 $e = 125\sin 377t[\text{V}]$를 가하니 전류 $i = 50\cos 377t[\text{A}]$가 흘렀다. 이 회로의 소자는?

① 순저항
② 저항과 유도 리액턴스
③ 용량 리액턴스
④ 유도 리액턴스

해설

$i = 50\cos 377t = 50\sin(377t + 90°)[\text{A}]$

이 전류는 전압보다 위상이 90° 빠르므로(진상 전류), 회로의 소자는 용량 리액턴스이다.

063 ★☆☆

2단자 회로망에 단상 $100[\text{V}]$의 전압을 가하면 $30[\text{A}]$의 전류가 흐르고 $1.8[\text{kW}]$의 전력이 소비된다. 이 회로망과 병렬로 커패시터를 접속하여 합성 역률을 $100[\%]$로 하기 위한 용량성 리액턴스는 약 몇 $[\Omega]$인가?

① 2.18
② 4.17
③ 6.37
④ 8.46

해설

$P_a = VI = 100 \times 30 = 3[\text{kVA}]$, $P = 1.8[\text{kW}]$

$Q = \sqrt{P_a^2 - P^2} = \sqrt{3^2 - 1.8^2} = 2.4[\text{kVar}]$

합성 역률 100[%]로 위한 용량성 리액턴스

$Q = \omega CV^2 = \dfrac{V^2}{X_C} = 2.4 \times 10^3 [\text{Var}]$

$\therefore X_C = \dfrac{100^2}{2.4 \times 10^3} = 4.17[\Omega]$

064 ★★★

그림과 같은 회로의 a−b 간 합성 인덕턴스는 몇 [H]인가? (단, $L_1 = 4[\text{H}]$, $L_2 = 4[\text{H}]$, $L_3 = 2[\text{H}]$, $L_4 = 2[\text{H}]$이다.)

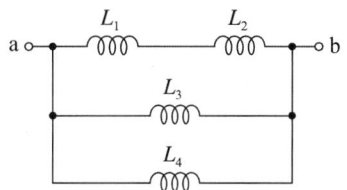

① $\dfrac{8}{9}$
② 6
③ 9
④ 12

해설

- L_1과 L_2 직렬 합성 인덕턴스
  $L_1 + L_2 = 4 + 4 = 8[\text{H}]$
- L_3과 L_4 병렬 합성 인덕턴스
  $\dfrac{L_3 \times L_4}{L_3 + L_4} = \dfrac{2 \times 2}{2 + 2} = 1[\text{H}]$

$\therefore$ 전체 병렬 합성 인덕턴스 $= \dfrac{8 \times 1}{8 + 1} = \dfrac{8}{9}[\text{H}]$

065 ★★☆

어떤 콘덴서를 $300[\text{V}]$로 충전하는 데 $9[\text{J}]$의 에너지가 필요하였다. 이 콘덴서의 정전 용량은 몇 $[\mu\text{F}]$인가?

① 100
② 200
③ 300
④ 400

해설

$W = \dfrac{1}{2}CV^2[\text{J}]$

$\therefore C = \dfrac{2W}{V^2} = \dfrac{2 \times 9}{300^2} = 2 \times 10^{-4}[\text{F}] = 200[\mu\text{F}]$

066 ★☆☆

다음 중 정전 용량의 단위 [F](패럿)과 같은 것은?(단, [C]는 쿨롱, [N]은 뉴턴, [V]는 볼트, [m]은 미터이다.)

① $\left[\dfrac{V}{C}\right]$
② $\left[\dfrac{N}{C}\right]$
③ $\left[\dfrac{C}{m}\right]$
④ $\left[\dfrac{C}{V}\right]$

해설

$Q = CV[\text{C}]$에서 $C[\text{F}] = \dfrac{Q[\text{C}]}{V[\text{V}]}$ 이다.

067 ★★☆

$R = 10[\Omega]$, $C = 50[\mu F]$의 직렬 회로에 $200[V]$의 직류를 가할 때 완충된 전기량 $Q[\text{C}]$는?

① 10
② 0.1
③ 0.01
④ 0.001

해설

$Q = CV[\text{C}] = 50 \times 10^{-6} \times 200 = 0.01[\text{C}]$

068 ★★☆

인덕턴스 $L = 20[\text{mH}]$인 코일에 실효값 $V = 50[\text{V}]$, 주파수 $f = 60[\text{Hz}]$인 정현파 전압을 인가했을 때, 코일에 축적되는 평균 자기 에너지(W_L)은 약 몇 [J]인가?

① 0.22
② 0.33
③ 0.44
④ 0.55

해설

$I = \dfrac{V}{X} = \dfrac{V}{2\pi f L} = \dfrac{50}{2\pi \times 60 \times 0.02} = 6.63[\text{A}]$

$W = \dfrac{1}{2}LI^2 = \dfrac{1}{2} \times 0.02 \times 6.63^2 = 0.44[\text{J}]$

THEME 02 직렬 회로

069 ★★☆

전압 $v(t)$를 RL 직렬회로에 인가했을 때 제3고조파 전류의 실효값[A]의 크기는?(단, $R = 8[\Omega]$, $\omega L = 2[\Omega]$, $v(t) = 100\sqrt{2}\sin\omega t + 200\sqrt{2}\sin 3\omega t + 50\sqrt{2}\sin 5\omega t[\text{V}]$이다.)

① 10
② 14
③ 20
④ 28

해설

제n고조파 임피던스 $Z_n = R + jn\omega L[\Omega]$

$Z_3 = 8 + (3 \times 2)j = 8 + j6[\Omega]$

$\therefore I_3 = \dfrac{V_3}{|Z_3|} = \dfrac{200}{\sqrt{8^2 + 6^2}} = 20[\text{A}]$

| 정답 | 066 ④ | 067 ③ | 068 ③ | 069 ③

070 ★☆☆

회로에서 인덕터의 양단 전압 V_L의 크기는 약 몇 [V]인가? (단, $V_1 = 100\angle 0°[\mathrm{V}]$, $V_2 = 100\angle 60°[\mathrm{V}]$)

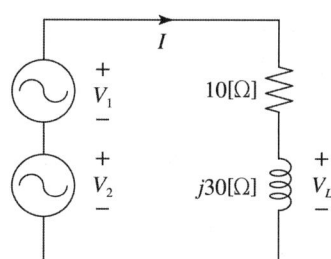

① 164　　② 174
③ 150　　④ 200

해설

$I = \dfrac{V}{Z} = \dfrac{100\angle 0° + 100\angle 60°}{10 + j30} = 4.1 - j3.6[\mathrm{A}]$

$V_L = IX_L = (4.1 - j3.6) \times j30 = 108 + j123[\mathrm{V}]$

$\therefore |V_L| = \sqrt{108^2 + 123^2} = 164[\mathrm{V}]$

071 ★☆☆

$R = 10[\Omega]$, $L = 0.045[\mathrm{H}]$의 직렬 회로에 실효값 $140[\mathrm{V}]$, 주파수 $25[\mathrm{Hz}]$의 정현파 교류 전압을 가했을 때, 임피던스 $[\Omega]$의 크기는 약 얼마인가?

① 17.25　　② 15.31
③ 12.25　　④ 10.41

해설

$X_L = 2\pi f L = 2\pi \times 25 \times 0.045 = 7.069[\Omega]$

$Z = 10 + j7.069[\Omega]$

$|Z| = \sqrt{10^2 + 7.069^2} = 12.25[\Omega]$

072 ★★☆

저항 $1[\Omega]$과 인덕턴스 $1[\mathrm{H}]$를 직렬로 연결한 후 $60[\mathrm{Hz}]$, $100[\mathrm{V}]$의 전압을 인가할 때 흐르는 전류의 위상은 전압의 위상보다 어떻게 되는가?

① 뒤지지만 90° 이하이다.
② 90° 늦다.
③ 앞서지만 90° 이하이다.
④ 90° 빠르다.

해설

$Z = R + j\omega L = 1 + j2\pi \times 60 \times 1 = 1 + j377$

$= \sqrt{1^2 + 377^2} \angle \tan^{-1}\dfrac{377}{1} = 377\angle 89.8°[\Omega]$

따라서 전류를 구하면 아래와 같다.

$I = \dfrac{V}{Z} = \dfrac{100}{377\angle 89.8°} = 0.27\angle -89.8°[\mathrm{A}]$

따라서 전류가 전압보다 위상이 89.8° 뒤지는 지상 전류가 된다.

073 ★★★

RL 직렬 회로에 $e = 100\sin(120\pi t)[\mathrm{V}]$의 전압을 인가하여 $i = 2\sin(120\pi t - 45°)[\mathrm{A}]$의 전류가 흐르도록 하려면 저항은 약 몇 $[\Omega]$인가?

① 25.0　　② 35.4
③ 50.0　　④ 70.7

해설

$R-L$ 직렬 회로의 임피던스를 구한다.

$Z = \dfrac{e}{i} = \dfrac{100\sin(120\pi t)}{2\sin(120\pi t - 45°)} = \dfrac{\dfrac{100}{\sqrt{2}}\angle 0°}{\dfrac{2}{\sqrt{2}}\angle -45°} = 50\angle 45°$

$= 50\cos 45° + j50\sin 45° = \dfrac{50}{\sqrt{2}} + j\dfrac{50}{\sqrt{2}}[\Omega]$

$Z = R + jX[\Omega]$이므로 저항은 아래와 같다.

$R = \dfrac{50}{\sqrt{2}} = 35.4[\Omega]$

074 ★☆☆

코일에 최대값이 $E_m = 200[\text{V}]$, 주파수 $f = 50[\text{Hz}]$인 정현파 전압을 가했더니 전류의 최대값 $I_m = 10[\text{A}]$이었다. 인덕턴스 L은 약 몇 [mH]인가?(단, 코일의 내부 저항은 $5[\Omega]$이다.)

① 62 　　② 52
③ 42 　　④ 32

해설

$$Z = \frac{E_m}{I_m} = \frac{200}{10} = 20[\Omega]$$

$$X = 2\pi f L = \sqrt{Z^2 - R^2} = \sqrt{20^2 - 5^2} = 19.36[\Omega]$$

$$\therefore L = \frac{X}{2\pi f} = \frac{19.36}{2\pi \times 50} = 0.062[\text{H}] = 62[\text{mH}]$$

075 ★☆☆

$R = 40[\Omega]$, $L = 80[\text{mH}]$의 코일이 있다. 이 코일에 $100[\text{V}]$, $60[\text{Hz}]$의 전압을 가할 때 소비되는 전력은 약 몇 [W]인가?

① 200 　　② 160
③ 120 　　④ 100

해설

코일에 흐르는 전류를 구한다.

$$I = \frac{V}{Z} = \frac{100}{\sqrt{40^2 + (2\pi \times 60 \times 80 \times 10^{-3})^2}} = 2[\text{A}]$$

따라서 코일에서 소비되는 전력은 아래와 같다.

$$P = I^2 R = 2^2 \times 40 = 160[\text{W}]$$

076 ★★★

$R = 100[\Omega]$, $C = 30[\mu\text{F}]$의 직렬 회로에 $f = 60[\text{Hz}]$, $V = 100[\text{V}]$의 교류 전압을 인가할 때 전류는 약 몇 [A]인가?

① 0.42 　　② 0.64
③ 0.75 　　④ 0.87

해설

저항과 콘덴서 직렬 회로의 임피던스 크기를 구한다.

$$Z = R + \frac{1}{j\omega C} = 100 - j\frac{1}{2\pi \times 60 \times 30 \times 10^{-6}}$$

$$= 100 - j88.4[\Omega]$$

$$\therefore |Z| = \sqrt{100^2 + 88.4^2} = 133.5[\Omega]$$

따라서 회로에 흐르는 전류는 아래와 같다.

$$I = \frac{V}{|Z|} = \frac{100}{133.5} = 0.75[\text{A}]$$

THEME 03 　병렬 회로

077 ★★☆

저항 $R = 15[\Omega]$과 인덕턴스 $L = 3[\text{mH}]$를 병렬로 접속한 회로의 서셉턴스의 크기는 약 몇 [℧]인가?(단, $\omega = 2\pi \times 10^5$이다.)

① 3.2×10^{-2}　　② 8.6×10^{-3}
③ 5.3×10^{-4}　　④ 4.9×10^{-5}

해설

RL 병렬회로의 컨덕턴스 $G[℧]$, 서셉턴스 $B[℧]$, 어드미턴스 $Y[℧]$의 관계식은

$$Y = \frac{1}{R} + \frac{1}{j\omega L} = \frac{1}{R} - j\frac{1}{\omega L} = G - jB[℧]$$

$$\therefore B = \frac{1}{\omega L} = \frac{1}{2\pi \times 10^5 \times 3 \times 10^{-3}} = 5.3 \times 10^{-4}[℧]$$

| 정답 | 074 ① 　075 ② 　076 ③ 　077 ③

078

$30[\Omega]$의 저항과 $40[\Omega]$의 유도성 리액턴스가 병렬로 연결되어 있다. 이 RL 병렬 회로에 $v(t) = 220\sqrt{2}\sin 377t [V]$의 전압을 인가할 때 흐르는 전류는 약 몇 $[A]$인가?

① $12.96\sin(377t - 36.87°)$
② $9.17\sin(377t - 36.87°)$
③ $12.96 \angle -36.87°$
④ $10.37 + j7.78$

해설

저항과 유도성 리액턴스의 합성 어드미턴스를 구한다.

$$Y = \sqrt{\left(\frac{1}{30}\right)^2 + \left(\frac{1}{40}\right)^2} \angle \tan^{-1}\frac{-\frac{1}{40}}{\frac{1}{30}}$$

$= 0.0417 \angle -36.87°[℧]$

따라서 회로에 흐르는 전류는 아래와 같다.

$i(t) = Yv(t) = 0.0417 \times 220\sqrt{2}\sin(377t - 36.87°)$
$= 12.96\sin(377t - 36.87°)[A]$

079

저항 $\frac{1}{3}[\Omega]$, 유도 리액턴스 $\frac{1}{4}[\Omega]$인 $R-L$ 병렬 회로의 합성 어드미턴스$[℧]$는?

① $3 + j4$
② $3 - j4$
③ $\frac{1}{3} + j\frac{1}{4}$
④ $\frac{1}{3} - j\frac{1}{4}$

해설

$Y = \frac{1}{R} + \frac{1}{jX_L} = \frac{1}{\frac{1}{3}} - j\frac{1}{\frac{1}{4}} = 3 - j4[℧]$

080

그림과 같은 회로에서 유도성 리액턴스 X_L의 값$[\Omega]$은?

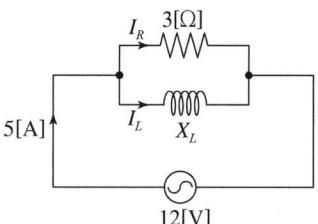

① 8
② 6
③ 4
④ 1

해설

저항에 흐르는 전류는 $I_R = \frac{V}{R} = \frac{12}{3} = 4[A]$

회로 전체에 흐르는 전류가 5[A]이므로
리액턴스에 흐르는 전류 $I_L = \sqrt{I^2 - I_R^2} = \sqrt{5^2 - 4^2} = 3[A]$

$\therefore X_L = \frac{V}{I_L} = \frac{12}{3} = 4[\Omega]$

081 ★★★

다음의 회로에서 입력 임피던스 Z의 실수부가 $\dfrac{R}{2}$이 되려면 $\dfrac{1}{\omega C}$은?(단, 각 주파수는 $\omega[\text{rad/s}]$이다.)

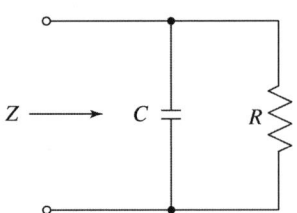

① R ② $R\omega$
③ $\dfrac{1}{R}$ ④ $\dfrac{\omega}{R}$

해설

주어진 회로의 합성 임피던스를 구한다.

$$Z = \dfrac{R \times \dfrac{1}{j\omega C}}{R + \dfrac{1}{j\omega C}} = \dfrac{R}{1+j\omega RC} = \dfrac{R}{1+j\omega RC} \times \dfrac{1-j\omega RC}{1-j\omega RC}$$

$$= \dfrac{R}{1+\omega^2 R^2 C^2} - j\dfrac{\omega R^2 C}{1+\omega^2 R^2 C^2}[\Omega]$$

위 식에서 실수부가 $\dfrac{R}{2}$이 되려면 아래와 같다.

$\dfrac{R}{1+\omega^2 R^2 C^2} = \dfrac{R}{2}$

$\omega^2 R^2 C^2 = 1$, $\dfrac{1}{\omega^2 C^2} = R^2$

$\therefore \dfrac{1}{\omega C} = R$

082 ★☆☆

그림과 같은 $R-C$ 병렬 회로에서 전원 전압이 $e(t) = 3e^{-5t}[\text{V}]$인 경우 이 회로의 임피던스는?

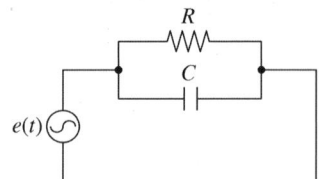

① $\dfrac{j\omega RC}{1+j\omega RC}$ ② $\dfrac{R}{1-5RC}$
③ $\dfrac{R}{1+RCs}$ ④ $\dfrac{1+j\omega RC}{R}$

해설

$R-C$ 병렬 회로이므로 합성 임피던스는

$$Z = \dfrac{R \times \dfrac{1}{j\omega C}}{R + \dfrac{1}{j\omega C}} = \dfrac{R}{1+j\omega RC}[\Omega]$$

또한 문제에 주어진 전원 전압이

$e(t) = 3e^{j\omega t} = 3e^{-5t}[\text{V}]$에서 $j\omega = -5$가 되므로

$Z = \dfrac{R}{1+j\omega RC} = \dfrac{R}{1-5RC}[\Omega]$이다.

083 ★★★

그림과 같은 회로에서 L_2에 흐르는 전류 I_2[A]가 단자 전압 V[V]보다 위상이 90° 뒤지기 위한 조건은?(단, ω는 회로의 각주파수[rad/s]이다.)

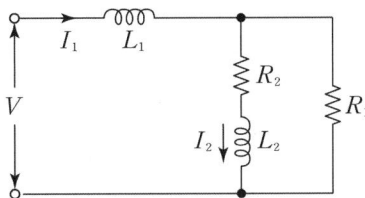

① $\dfrac{R_2}{R_1} = \dfrac{L_2}{L_1}$ ② $R_1 R_2 = L_1 L_2$

③ $R_1 R_2 = \omega L_1 L_2$ ④ $R_1 R_2 = \omega^2 L_1 L_2$

해설

전체 임피던스 Z, I_2가 흐르는 최초 임피던스를 Z_2라 하면 아래와 같다.

$I_1 = \dfrac{V}{Z}$[A], $Z = j\omega L_1 + \dfrac{(R_2 + j\omega L_2) \times R_1}{(R_2 + j\omega L_2) + R_1}$[Ω]

$Z_2 = R_2 + j\omega L_2$[Ω], $I_2 = \dfrac{R_1}{Z_2 + R_1} I_1$[A]

여기서 I_2에 흐르는 전류의 실수부가 0이면 V[V]보다 위상이 90° 늦다.

∴ $R_1 R_2 = \omega^2 L_1 L_2$

THEME 04 $R-X$의 직렬 및 병렬 회로에서의 역률 및 무효율

084 ★★☆

22[kVA]의 부하가 0.8의 역률로 운전될 때 이 부하의 무효전력[kVar]은?

① 11.5   ② 12.3
③ 13.2   ④ 14.5

해설

$\cos^2\theta + \sin^2\theta = 1$을 이용한다.

$\sin\theta = \sqrt{1 - \cos^2\theta} = \sqrt{1 - 0.8^2} = 0.6$

∴ $Q = P_a \sin\theta = 22 \times 0.6 = 13.2$[kVar]

085 ★★☆

$R = 50$[Ω], $L = 200$[mH]의 직렬 회로에서 주파수 $f = 50$[Hz]의 교류에 대한 역률[%]은?

① 82.3   ② 72.3
③ 62.3   ④ 52.3

해설

문제의 인덕턴스를 리액턴스 값으로 환산한다.

$X = 2\pi f L = 2\pi \times 50 \times 200 \times 10^{-3} = 62.83$[Ω]

따라서 역률은 아래와 같다.

$\cos\theta = \dfrac{R}{\sqrt{R^2 + X^2}} \times 100$[%]

$= \dfrac{50}{\sqrt{50^2 + 62.83^2}} \times 100$[%] $= 62.3$[%]

086 ★☆☆

저항 R[Ω]과 리액턴스 X[Ω]이 직렬로 연결된 회로에서 $\dfrac{X}{R} = \dfrac{1}{\sqrt{2}}$일 때, 이 회로의 역률은?

① $\dfrac{1}{\sqrt{2}}$ ② $\dfrac{1}{\sqrt{3}}$

③ $\sqrt{\dfrac{2}{3}}$ ④ $\dfrac{\sqrt{3}}{2}$

해설

문제에 주어진 조건 $\dfrac{X}{R} = \dfrac{1}{\sqrt{2}}$에서 $R = \sqrt{2} X$

$R-X$ 직렬 회로의 역률식에 대입한다.

$\cos\theta = \dfrac{R}{\sqrt{R^2 + X^2}} = \dfrac{\sqrt{2} X}{\sqrt{2X^2 + X^2}} = \dfrac{\sqrt{2}}{\sqrt{3}} = \sqrt{\dfrac{2}{3}}$

THEME 05 — $R-L-C$ 직렬 회로의 공진 현상

087 ★★☆

$R=100[\Omega]$, $X_C=100[\Omega]$이고 L만을 가변할 수 있는 $R-L-C$ 직렬 회로가 있다. 이때 $f=500[\text{Hz}]$, $E=100[\text{V}]$를 인가하여 L을 변화시킬 때 L의 단자 전압 E_L의 최대값은 몇 [V]인가?(단, 공진 회로이다.)

① 50
② 100
③ 150
④ 200

해설

$R-L-C$ 직렬 회로에서 공진 조건은 $X_L=X_C$이므로 회로의 전류를 제어하는 소자는 저항 $R=100[\Omega]$ 밖에 없다.

$I=\dfrac{V}{R}=\dfrac{100}{100}=1[\text{A}]$

따라서 L의 단자전압 E_L은 아래와 같다.

$E_L=IX_L=IX_C=1\times 100=100[\text{V}]$

088 ★☆☆

$R-L-C$ 직렬 회로에서 공진 시의 전류는 공급 전압에 대하여 어떤 위상차를 갖는가?

① 0°
② 90°
③ 180°
④ 270°

해설

$R-L-C$ 직렬 회로에서 공진 조건은 $\omega L=\dfrac{1}{\omega C}$이므로 저항 R만의 회로가 된다. 따라서 전압과 전류의 위상차는 0°이다.

089 ★★★

그림과 같은 회로가 공진이 되기 위한 조건을 만족하는 어드미턴스는?

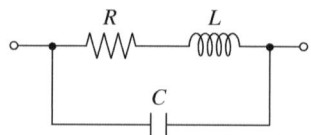

① $\dfrac{CL}{R}$
② $\dfrac{CR}{L}$
③ $\dfrac{L}{CR}$
④ $\dfrac{LR}{C}$

해설

주어진 회로의 합성 어드미턴스는 아래와 같다.

$Y=\dfrac{1}{R+j\omega L}+j\omega C=\dfrac{R-j\omega L}{R^2+(\omega L)^2}+j\omega C$

$=\dfrac{R}{R^2+(\omega L)^2}+j\omega\left(C-\dfrac{L}{R^2+(\omega L)^2}\right)[\mho]$

공진이 되기 위해서는 허수부가 0이어야 한다.

$C-\dfrac{L}{R^2+(\omega L)^2}=0 \Rightarrow C=\dfrac{L}{R^2+(\omega L)^2} \Rightarrow \dfrac{L}{C}=R^2+(\omega L)^2$

따라서 공진 시의 어드미턴스를 구할 수 있다.

$Y_0=\dfrac{R}{R^2+(\omega L)^2}=\dfrac{R}{\dfrac{L}{C}}=\dfrac{CR}{L}[\mho]$

THEME 06 $R-L-C$ 병렬 회로의 공진 현상

090 ★★☆

그림과 같이 주파수 f[Hz]인 교류 회로에서 전류 I와 I_R이 같은 값으로 되는 조건은?(단, R은 저항[Ω], C는 정전 용량[F], L은 인덕턴스[H]이다.)

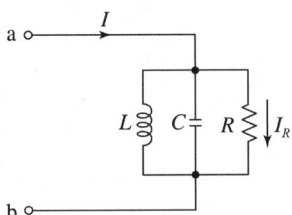

① $f = \dfrac{1}{\sqrt{LC}}$
② $f = \dfrac{2\pi}{\sqrt{LC}}$
③ $f = \dfrac{1}{2\pi\sqrt{LC}}$
④ $f = 2\pi(LC)^2$

해설

회로의 전체 전류 I와 저항에 흐르는 전류 I_R이 같으려면 L과 C가 서로 상쇄되는 병렬 공진 조건 $\left(\omega L = \dfrac{1}{\omega C}\right)$이 되어야 한다.

공진 주파수는 아래와 같다.

$2\pi fL = \dfrac{1}{2\pi fC} \Rightarrow f^2 = \dfrac{1}{4\pi^2 LC} \Rightarrow \boxed{f = \dfrac{1}{2\pi\sqrt{LC}}}$ [Hz]

091 NEW

그림과 같은 회로에서 전류 I[A]는?

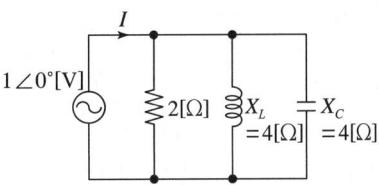

① 0.2
② 0.5
③ 0.7
④ 0.9

해설

$\dot{I} = \dot{I_R} + j(\dot{I_C} - \dot{I_L})$

$|I| = \sqrt{I_R^2 + (I_C - I_L)^2}$

이때 $X_L = X_C$이므로 $I_L = I_C$이다.

$\therefore I = I_R = \dfrac{1}{2} = 0.5$ [A]

별해

$I_R = \dfrac{V}{R} = \dfrac{1}{2} = 0.5$ [A]

$I_L = \dfrac{V}{X_L} = \dfrac{1}{4} = 0.25$ [A] (지상)

$I_C = \dfrac{V}{X_C} = \dfrac{1}{4} = 0.25$ [A] (진상)

$\therefore I = I_R + j(I_C - I_L) = 0.5 + j(0.25 - 0.25) = 0.5$ [A]

092 ★★☆

$R-L-C$ 병렬 공진 회로에 관한 설명 중 틀린 것은?

① R의 비중이 작을수록 Q가 높다.
② 공진 시 입력 어드미턴스는 매우 작아진다.
③ 공진 주파수 이하에서의 입력 전류는 전압보다 위상이 뒤진다.
④ 공진 시 L 또는 C에 흐르는 전류는 입력 전류 크기의 Q배가 된다.

해설

$Q = R\sqrt{\dfrac{C}{L}}$ 의 병렬 공진 전류 확대비 식에서 R의 비중이 작을수록 (저항값이 작을수록) Q도 비례해서 작아진다.

유도 결합 회로

2. 인덕터의 직렬 접속 방법
3. 인덕터의 병렬 접속 방법
4. 결합계수
5. 유도 전압

CBT 완벽대비 가능한 유형마스터 학습!

THEME	유형분석	관련 번호
THEME 02 인덕터의 직렬 접속 방법	자기 인덕턴스와 상호 인덕턴스에 관한 개념만 잘 이해하고 있다면, 쉽게 맞힐 수 있습니다.	093
THEME 03 인덕터의 병렬 접속 방법	가동 결합과 차동 결합의 공식을 묻는 문제가 출제됩니다. 기본적인 수준으로 나오므로 어렵지 않게 맞힐 수 있습니다.	094
THEME 04 결합계수	가동 결합과 차동 결합의 응용 버전으로, 간혹 고난도 문제도 출제되는 편입니다.	095~097
THEME 05 유도 전압	패러데이의 전자 유도 법칙과 권수비 문제가 출제됩니다. 응용문제가 많이 출제되니 이 개념을 이해하는 것이 중요합니다.	098~099

학습 효과를 높이는 N제 3회독 시스템

챕터 별 전체 1회독이 끝났다면 회독 체크표에 날짜를 기입하고 체크표시를 해주세요.

| 회독 체크표 | ☐ 1회독 | 월   일 | ☐ 2회독 | 월   일 | ☐ 3회독 | 월   일 |

CHAPTER 04 유도 결합 회로

THEME 02 인덕터의 직렬 접속 방법

093 ★★★
인덕턴스가 각각 $5[\mathrm{H}]$, $3[\mathrm{H}]$인 두 코일을 모두 dot 방향으로 전류가 흐르게 직렬로 연결하고 인덕턴스를 측정하였더니 $15[\mathrm{H}]$이었다. 두 코일 간의 상호 인덕턴스$[\mathrm{H}]$는?

① 3.5　　　② 4.5
③ 7　　　　④ 9

해설
문제에 주어진 조건은 가동결합(두 코일 모두 dot 방향으로 전류가 흐르게 직렬로 연결)이다.
$L = L_1 + L_2 + 2M[\mathrm{H}]$
$\therefore M = \dfrac{1}{2}(L - L_1 - L_2) = \dfrac{1}{2} \times (15 - 5 - 3) = 3.5[\mathrm{H}]$

THEME 03 인덕터의 병렬 접속 방법

094 ★★★
그림과 같은 회로의 합성 인덕턴스는?

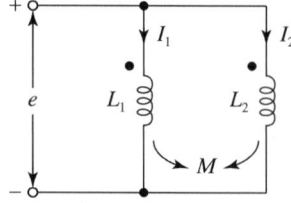

① $\dfrac{L_1 - M^2}{L_1 + L_2 - 2M}$　　② $\dfrac{L_2 - M^2}{L_1 + L_2 - 2M}$
③ $\dfrac{L_1 L_2 + M^2}{L_1 + L_2 - 2M}$　　④ $\dfrac{L_1 L_2 - M^2}{L_1 + L_2 - 2M}$

해설
인덕터의 병렬 회로에서 합성 인덕턴스는 각각 아래와 같다.
- 가동 접속: $L = \dfrac{L_1 L_2 - M^2}{L_1 + L_2 - 2M}[\mathrm{H}]$
- 차동 접속: $L = \dfrac{L_1 L_2 - M^2}{L_1 + L_2 + 2M}[\mathrm{H}]$

암기
문제에서 전류의 방향과 dot 의 위치가 서로 같으므로 가동 접속이다.

THEME 04 결합계수

095 ★★☆
인덕턴스 L_1, L_2가 각각 $3[\mathrm{mH}]$, $6[\mathrm{mH}]$인 두 코일 간의 상호 인덕턴스 M이 $4[\mathrm{mH}]$라고 하면 결합 계수 k는?

① 약 0.94　　② 약 0.44
③ 약 0.89　　④ 약 1.12

해설
$k = \dfrac{M}{\sqrt{L_1 L_2}} = \dfrac{4}{\sqrt{3 \times 6}} = 0.94$

096 ★☆☆

자기 인덕턴스가 L_1, L_2이고 상호 인덕턴스가 M인 두 회로의 결합 계수가 1일 때, 성립되는 식은?

① $L_1 \cdot L_2 = M$
② $L_1 \cdot L_2 < M^2$
③ $L_1 \cdot L_2 > M^2$
④ $L_1 \cdot L_2 = M^2$

해설

자기 인덕턴스 L_1과 L_2, 상호 인덕턴스 M, 결합 계수 k와의 관계

$k = \dfrac{M}{\sqrt{L_1 L_2}} (0 \leq k \leq 1)$

$k = 0$: 무결합(두 인덕터 간 쇄교 지속이 없는 경우)
$k = 1$: 완전 결합(누설 지속 발생 없이 전부 쇄교 지속으로 되는 경우)
∴ $L_1 \cdot L_2 = M^2$

097 NEW

$20[\mathrm{mH}]$의 두 자기 인덕턴스가 있다. 결합 계수를 0.1부터 0.9까지 변화시킬 수 있다면 이것을 접속시켜 얻을 수 있는 합성 인덕턴스의 최대값과 최소값의 비는?

① $9:1$
② $19:1$
③ $13:1$
④ $16:1$

해설

최대값
$L_M = L_1 + L_2 + 2M = L_1 + L_2 + 2k\sqrt{L_1 L_2}$
$= 20 + 20 + 2 \times 0.9 \sqrt{20 \times 20} = 76[\mathrm{mH}]$

최소값
$L_S = L_1 + L_2 - 2M = L_1 + L_2 - 2k\sqrt{L_1 L_2}$
$= 20 + 20 - 2 \times 0.9 \sqrt{20 \times 20} = 4[\mathrm{mH}]$

∴ $L_M : L_S = 76 : 4 = 19 : 1$

THEME 05 유도 전압

098 ★☆☆

그림과 같은 회로에서 스위치 S를 $t = 0$에서 닫았을 때 $(V_L)_{t=0} = 100[\mathrm{V}]$, $\left(\dfrac{di}{dt}\right)_{t=0} = 400[\mathrm{A/s}]$이다. $L[\mathrm{H}]$의 값은?

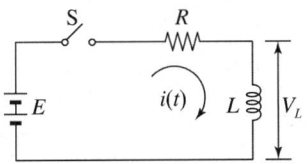

① 0.75
② 0.5
③ 0.25
④ 0.1

해설

$V_L = L \dfrac{di}{dt} [\mathrm{V}]$ 식에 문제 조건을 대입하면

$100 = L \times 400$이므로 $L = \dfrac{100}{400} = 0.25[\mathrm{H}]$이다.

099 ★★★

그림과 같은 회로에서 $i_1 = I_m \sin \omega t [\mathrm{A}]$일 때, 개방된 2차 단자에 나타나는 유기기전력 e_2는 몇 $[\mathrm{V}]$인가?

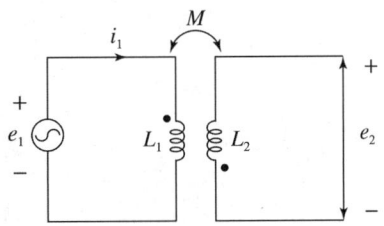

① $\omega M I_m \sin(\omega t - 90°)$
② $\omega M I_m \cos(\omega t - 90°)$
③ $-\omega M \sin \omega t$
④ $\omega M \cos \omega t$

해설

$e_2 = -M \dfrac{di_1}{dt} = -M \dfrac{d}{dt}(I_m \sin \omega t)$
$= -M I_m \omega \cos \omega t$
$= -M I_m \omega \sin(\omega t + 90°)$
$= M I_m \omega \sin(\omega t - 90°)$
$= \omega M I_m \sin(\omega t - 90°) [\mathrm{V}]$

CHAPTER 05
회로망 해석 기법

1. 전원의 등가 변환
2. 테브난 정리 및 노튼 정리
3. 중첩의 원리
4. 밀만의 정리
5. 가역 정리
6. 브리지 평형 회로

CBT 완벽대비 가능한 유형마스터 학습!

THEME	유형분석	관련 번호
THEME 01 전원의 등가 변환	전압원과 전류원에 따른 등가 변환을 묻는 문제로, 빈출도는 낮은 편이지만, 가장 기본적인 개념으로 꼭 알고 있어야 합니다.	100
THEME 02 테브난 정리 및 노튼 정리	전압원을 전류원으로, 전류원을 전압원으로 변경할 때 사용하는 공식으로, 빈출도가 높고 응용 문제가 많이 출제됩니다.	101~105
THEME 03 중첩의 원리	여러 개의 전압원과 전류원이 있는 회로에 적용하는 문제로, 간혹 고난도 문제가 출제되기도 합니다.	106~114
THEME 04 밀만의 정리	여러 개의 전압원이 병렬로 연결되었을 때 사용하는 해석 기법으로, 특성을 완벽하게 이해하고 있다면, 쉽게 접근할 수 있습니다.	115~118
THEME 05 가역 정리	회로의 입력 측 에너지와 출력 측 에너지는 항상 같다는 회로망 이론으로, 기본적인 해석 기법입니다.	119
THEME 06 브리지 평형 회로	브리지 평형 회로의 개념을 이해하고 계산을 요구하는 문제가 출제됩니다. 간혹 고난도 문제도 출제되는 편입니다.	120~125

학습 효과를 높이는 N제 3회독 시스템

챕터 별 전체 1회독이 끝났다면 회독 체크표에 날짜를 기입하고 체크표시를 해주세요.

회독 체크표	☐ 1회독	월 일	☐ 2회독	월 일	☐ 3회독	월 일

CHAPTER 05 회로망 해석 기법

THEME 01 전원의 등가 변환

100 ★★★
회로에서 $0.5[\Omega]$ 양단 전압$[V]$은 약 몇 $[V]$인가?

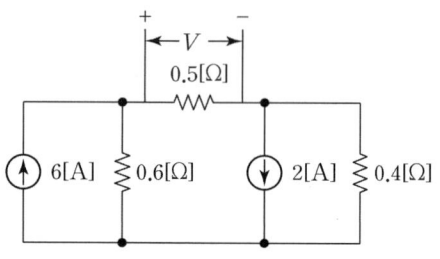

① 0.6
② 0.93
③ 1.47
④ 1.5

해설

전류원 개방이므로 아래와 같다.
- $6[A]$ 기준

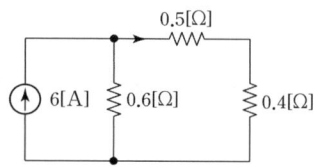

$$I_{0.5} = \frac{R_{0.6}}{R_{0.6}+R_{0.9}} \times I = \frac{0.6}{0.6+0.9} \times 6$$
$$= 2.4[A]$$

- $2[A]$ 기준

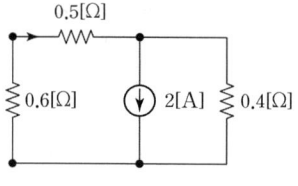

$$I_{0.5} = \frac{R_{0.4}}{R_{1.1}+R_{0.4}} I = \frac{0.4}{1.1+0.4} \times 2$$
$$= 0.53[A]$$

전류의 방향이 같으므로
$V = (2.4+0.53) \times 0.5 = 1.47[V]$

THEME 02 테브난 정리 및 노튼 정리

101 ★★☆
테브난의 정리를 이용하여 (a) 회로를 (b)와 같은 등가 회로로 바꾸려 한다. $V[V]$와 $R[\Omega]$의 값은?

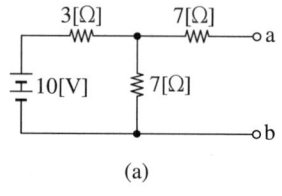 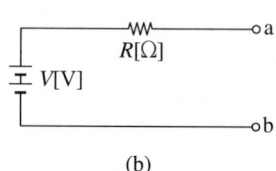

(a)   (b)

① $7[V]$, $9.1[\Omega]$
② $10[V]$, $9.1[\Omega]$
③ $7[V]$, $6.5[\Omega]$
④ $10[V]$, $6.5[\Omega]$

해설

$$V = \frac{7}{3+7} \times 10 = 7[V]$$
$$R = \frac{3 \times 7}{3+7} + 7 = 9.1[\Omega]$$

102
회로에서 20[Ω]의 저항이 소비하는 전력은 몇 [W]인가?

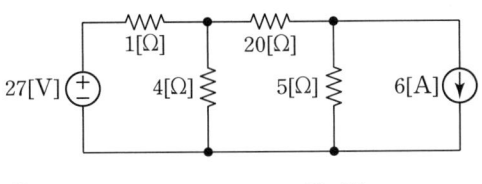

① 14   ② 27
③ 40   ④ 80

해설

테브난 ↔ 노튼 등가 변환을 이용하여 20[Ω]에 흐르는 전류를 구한다.

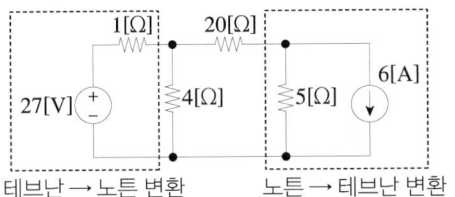

테브난 → 노튼 변환 / 노튼 → 테브난 변환

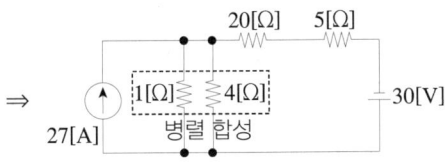

1[Ω] 저항과 4[Ω] 저항을 병렬 합성한 후 왼쪽 회로를 다시 테브난 회로로 변환한다.

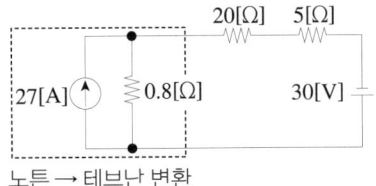

노튼 → 테브난 변환

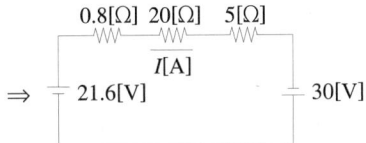

$$I = \frac{V}{R} = \frac{21.6 + 30}{0.8 + 20 + 5} = 2[A]$$

따라서 20[Ω] 저항에 소비되는 전력은 아래와 같다.
$$P = I^2 R = 2^2 \times 20 = 80[W]$$

103
그림과 같은 회로에서 0.2[Ω]의 저항에 흐르는 전류는 몇 [A]인가?

① 0.1
② 0.2
③ 0.3
④ 0.4

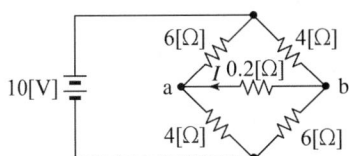

해설

a, b 단자에 연결된 부하 저항(0.2[Ω])을 개방한 후 a, b 단자에서 본 테브난 등가 회로를 구한다.

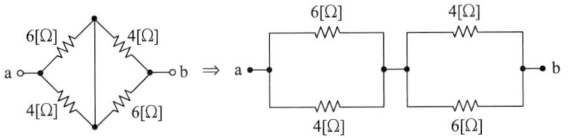

$$R_T = \frac{6 \times 4}{6+4} + \frac{4 \times 6}{4+6} = 4.8[\Omega]$$

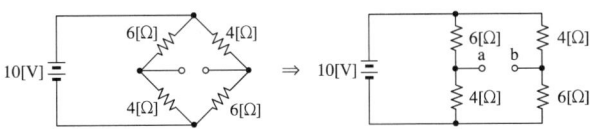

$$V_T = \frac{6}{4+6} \times 10 - \frac{4}{6+4} \times 10 = 2[V]$$

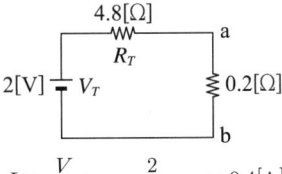

위 테브난 회로의 a, b 단자에 부하 저항(0.2[Ω])을 연결한 후 부하 저항에 흐르는 전류를 구한다.

$$I = \frac{V}{R} = \frac{2}{4.8 + 0.2} = 0.4[A]$$

104 ★☆☆

회로의 양 단자에서 테브난의 정리에 의한 등가 회로로 변환할 경우 V_{ab} 전압과 테브난 등가 저항은?

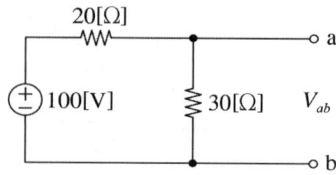

① 60[V], 12[Ω]
② 60[V], 15[Ω]
③ 50[V], 15[Ω]
④ 50[V], 50[Ω]

해설

- 테브난 등가 전압 $V_{ab} = \dfrac{30}{20+30} \times 100 = 60[\mathrm{V}]$
- 테브난 등가 저항 $R_{ab} = \dfrac{20 \times 30}{20+30} = 12[\Omega]$

THEME 03 중첩의 원리

106 ★☆☆

회로에서 전압 $V_{ab}[\mathrm{V}]$는?

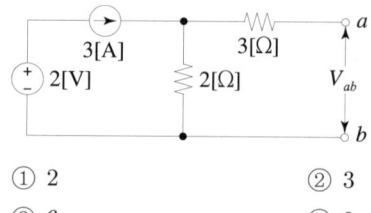

① 2
② 3
③ 6
④ 9

해설 중첩의 원리

- 전압원 2[V]만 인가 시(전류원 개방)
  전류원이 개방된 상태이므로 $V_{ab}' = 0[\mathrm{V}]$
- 전류원 3[A]만 인가 시(전압원 단락)

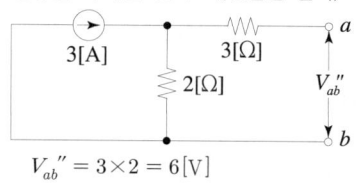

$V_{ab}'' = 3 \times 2 = 6[\mathrm{V}]$

∴ $V_{ab} = V_{ab}' + V_{ab}'' = 6[\mathrm{V}]$

105 ★★☆

테브난의 정리와 쌍대의 관계가 있는 것은 다음 중 어느 것인가?

① 밀만의 정리
② 중첩의 원리
③ 노튼의 정리
④ 보상의 정리

해설

테브난의 정리와 쌍대관계에 있는 것은 노튼의 정리이다.

107 ★★★

회로에서 저항 $1[\Omega]$에 흐르는 전류 $I[\mathrm{A}]$는?

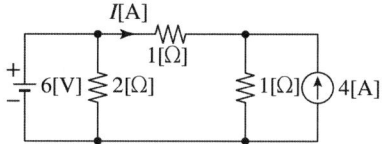

① 3
② 2
③ 1
④ −1

해설 중첩의 원리

• 전압원 6[V]만 인가 시(전류원 개방)

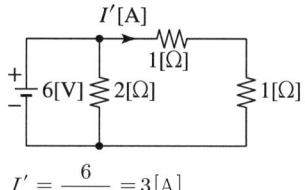

$$I' = \frac{6}{1+1} = 3[\mathrm{A}]$$

• 전류원 4[A]만 인가 시(전압원 단락)

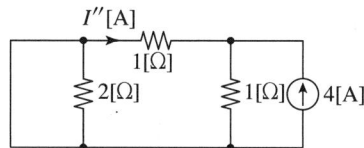

전압원이 단락되어 있어 저항 2[Ω]으로 전류가 흐르지 않으므로 양단에 걸리는 전압은 0이다.

$$I'' = -\frac{1}{1+1} \times 4 = -2[\mathrm{A}]$$

$$\therefore I = I' + I'' = 3 - 2 = 1[\mathrm{A}]$$

별해

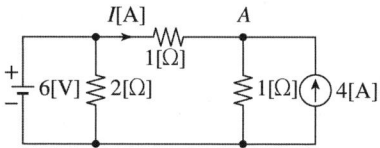

KCL(키르히호프 전류 법칙)을 이용한 A의 절점(노드) 방정식은 다음과 같다.

$$\frac{6 - V_A}{1} + 4 = \frac{V_A - 0}{1}$$

$$6 - V_A + 4 = V_A \Rightarrow V_A = 5[\mathrm{V}]$$

$$\therefore I = \frac{V}{R} = \frac{6-5}{1} = 1[\mathrm{A}]$$

108 ★★☆

$1[\Omega]$의 저항에 걸리는 전압 $V_R[\mathrm{V}]$은?

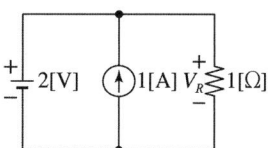

① 1.5
② 1
③ 2
④ 3

해설 중첩의 원리

• 전압원 2[V]만 인가 시(전류원 개방)

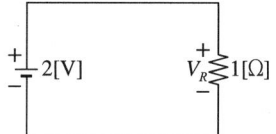

$$I_R' = \frac{2}{1} = 2[\mathrm{A}]$$

• 전류원 1[A]만 인가 시(전압원 단락)

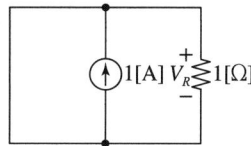

전압원이 단락되어 있어 저항 1[Ω]으로는 전류가 흐르지 않는다.

$$I_R'' = \frac{0}{1+0} \times 1 = 0$$

• $I_R = I_R' + I_R'' = 2 + 0 = 2[\mathrm{A}]$

$$\therefore V_R = I_R R = 2 \times 1 = 2[\mathrm{V}]$$

109 ★★☆
다음 회로에서 5[Ω]에 흐르는 전류의 크기는?

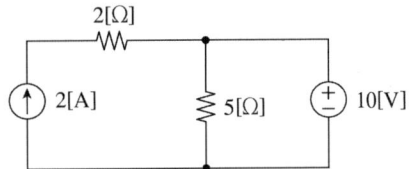

① 1[A]   ② 2[A]
③ 3[A]   ④ 4[A]

해설 중첩의 원리
- 전압원 10[V]만 인가 시(전류원 개방)

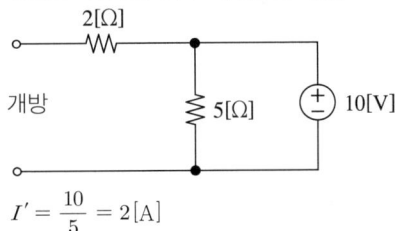

$I' = \dfrac{10}{5} = 2[A]$

- 전류원 2[A]만 인가 시(전압원 단락)

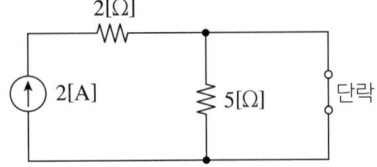

전압원이 단락($R = 0$)되어 있어 저항 5[Ω]으로는 전류가 흐르지 않는다.

$I'' = \dfrac{0}{5+0} \times 2 = 0$

- $I = I' + I'' = 2 + 0 = 2[A]$

110 ★★★
그림과 같은 회로에서 5[Ω]에 흐르는 전류 I는 몇 [A]인가?

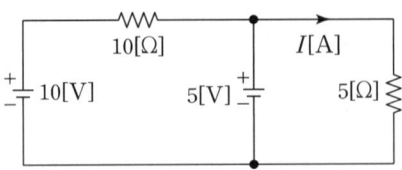

① $\dfrac{1}{2}$ ② $\dfrac{2}{3}$
③ 1   ④ $\dfrac{5}{3}$

해설 중첩의 원리
전압원은 단락, 전류원은 개방 이용
- 10[V] 기준
  5[Ω]에는 전류가 흐르지 않음

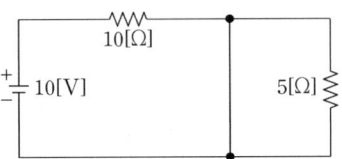

- 5[V] 기준
  10[Ω]과 5[Ω]은 병렬 연결이므로 $I = \dfrac{5}{5} = 1[A]$

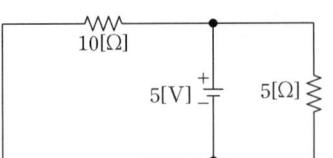

따라서 두 전류를 합하면 $I = 0 + 1 = 1[A]$

111 ★☆☆
회로에서 10[Ω]의 저항에 흐르는 전류[A]는?

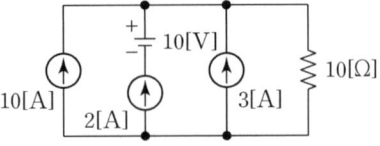

① 8   ② 10
③ 15   ④ 20

해설
전압원은 단락, 전류원은 개방으로 중첩의 원리를 이용한다.
$I_{10} = 10 + 2 + 3 = 15[A]$

112

그림에서 저항 $20[\Omega]$에 흐르는 전류[A]는? ★★☆

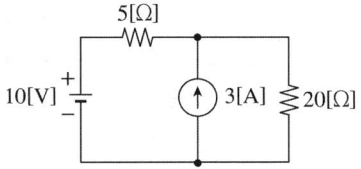

① 0.5
② 1.0
③ 1.5
④ 2.0

해설

중첩의 원리를 이용한다.

• 전압원만 있는 회로

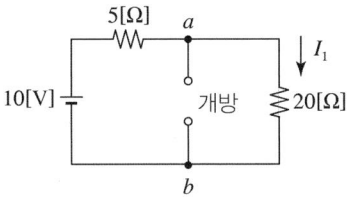

$$I_1 = \frac{10}{5+20} = \frac{10}{25}[A]$$

• 전류원만 있는 회로

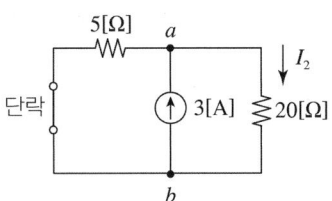

$$I_2 = \frac{5}{5+20} \times 3 = \frac{15}{25}[A]$$

따라서 $20[\Omega]$에 흐르는 전류는 아래와 같다.

$$I = \frac{10}{25} + \frac{15}{25} = \frac{25}{25} = 1[A]$$

113

회로에서 저항 R에 흐르는 전류 $I[A]$는? ★★★

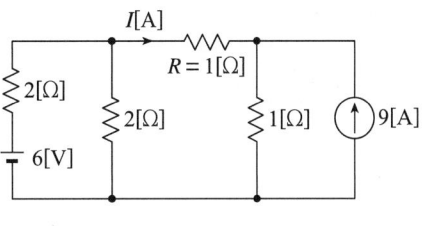

① -1
② -2
③ 2
④ 4

해설 중첩의 원리

• $6[V]$ 전압원만 있는 회로(전류원 개방 상태)

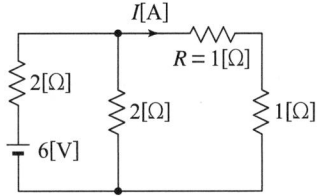

− 회로 전체에 흐르는 전류

$$I = \frac{6}{2 + \frac{2 \times (1+1)}{2+(1+1)}} = 2[A]$$

− 저항 $R=1[\Omega]$에 흐르는 전류(왼쪽에서 오른쪽 방향)

$$I_1 = \frac{2}{2+1+1} \times 2 = 1[A]$$

• $9[A]$ 전류원만 있는 회로(전압원 단락 상태)

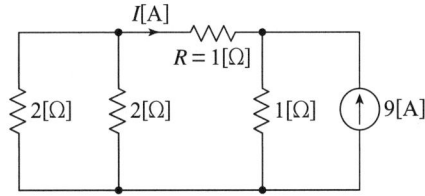

− 저항 $R=1[\Omega]$에 흐르는 전류(오른쪽에서 왼쪽 방향)

$$I_2 = \frac{1}{\left(1+\frac{2\times 2}{2+2}\right)+1} \times 9 = 3[A]$$

그런데 위에서 구한 두 전류는 서로 전류 방향이 반대이므로 이를 서로 뺀다.

$$I_1 - I_2 = 1 - 3 = -2[A]$$

114 ★★☆
그림에서 저항 양단의 전압 $V[\text{V}]$는 얼마인가?

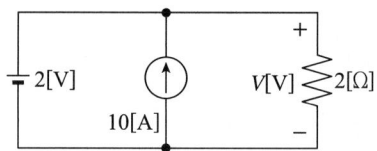

① 2　　　② 4
③ 18　　　④ 22

해설

주어진 회로에서 전압원과 전류원 및 저항이 모두 병렬 회로이고, 전압원 $2[\text{V}]$가 저항 $2[\Omega]$에 바로 걸리게 되므로 전류원과는 상관없이 저항에는 $2[\text{V}]$가 걸리게 된다.

별해

중첩의 원리에 의해 전압원과 전류원이 단독으로 있을 때의 값을 각각 계산하여 더한다.

• 전압원 단독(전류원 개방)

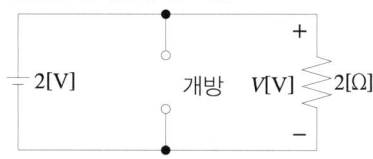

$V_{R1} = 2[\text{V}]$

• 전류원 단독(전압원 단락)

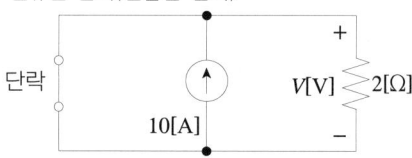

전압원이 단락되어 단락된 쪽(저항이 0)으로만 전류가 흐른다.
$V_{R2} = 0[\text{V}]$
$\therefore V = V_{R1} + V_{R2} = 2[\text{V}]$

THEME 04　밀만의 정리

115 ★★☆
불평형 Y결선의 부하 회로에 평형 3상 전압을 가할 경우 중성점의 전위 $V_{n'n}[\text{V}]$는? (단, Z_1, Z_2, Z_3는 각 상의 임피던스$[\Omega]$이고, Y_1, Y_2, Y_3는 각 상의 임피던스에 대한 어드미턴스$[\mho]$이다.)

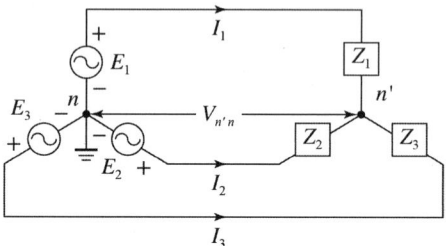

① $\dfrac{E_1 + E_2 + E_3}{Z_1 + Z_2 + Z_3}$　　② $\dfrac{Z_1 E_1 + Z_2 E_2 + Z_3 E_3}{Z_1 + Z_2 + Z_3}$

③ $\dfrac{E_1 + E_2 + E_3}{Y_1 + Y_2 + Y_3}$　　④ $\dfrac{Y_1 E_1 + Y_2 E_2 + Y_3 E_3}{Y_1 + Y_2 + Y_3}$

해설

3상 3선식 $Y-Y$ 회로를 다음과 같이 변환한 후 밀만의 정리를 이용한다.

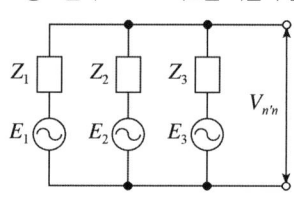

$$\therefore V_{n'n} = \dfrac{\dfrac{E_1}{Z_1} + \dfrac{E_2}{Z_2} + \dfrac{E_3}{Z_3}}{\dfrac{1}{Z_1} + \dfrac{1}{Z_2} + \dfrac{1}{Z_3}}$$

$$= \dfrac{Y_1 E_1 + Y_2 E_2 + Y_3 E_3}{Y_1 + Y_2 + Y_3}[\text{V}]$$

116 ★☆☆
회로의 단자 a와 b 사이에 나타나는 전압 V_{ab}는 몇 [V]인가?

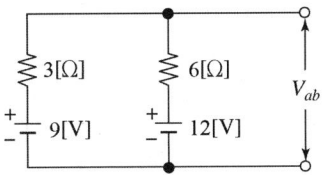

① 3
② 9
③ 10
④ 12

해설

밀만의 정리를 적용한다.

$$V_{ab} = \frac{\frac{E_1}{R_1} + \frac{E_2}{R_2}}{\frac{1}{R_1} + \frac{1}{R_2}} = \frac{\frac{9}{3} + \frac{12}{6}}{\frac{1}{3} + \frac{1}{6}} = \frac{3+2}{\frac{3}{6}} = 10[V]$$

117 ★★★
그림의 회로에서 단자 $a-b$에 나타나는 전압은 몇 [V]인가?

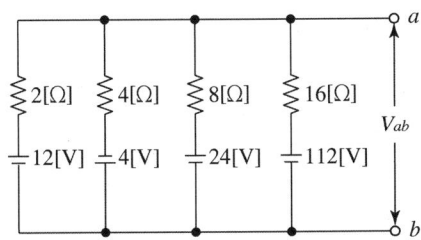

① 10
② 12
③ 14
④ 16

해설

밀만 정리를 이용한다. (이때 전압의 방향에 주의한다.)

$$V_{ab} = \frac{\frac{V_1}{R_1} + \frac{V_2}{R_2} + \frac{V_3}{R_3} + \frac{V_4}{R_4}}{\frac{1}{R_1} + \frac{1}{R_2} + \frac{1}{R_3} + \frac{1}{R_4}} = \frac{\frac{12}{2} - \frac{4}{4} + \frac{24}{8} + \frac{112}{16}}{\frac{1}{2} + \frac{1}{4} + \frac{1}{8} + \frac{1}{16}}$$
$$= 16[V]$$

118 NEW
그림의 회로에서 전류 I는 약 몇 [A]인가?(단, 저항의 단위는 [Ω]이다.)

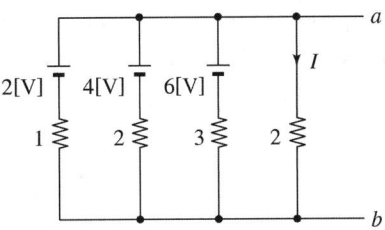

① 1.125
② 1.29
③ 6
④ 7

해설

밀만의 정리에 의하여 $a-b$ 양단의 전압을 구한다.

$$V_{ab} = \frac{\frac{V_1}{R_1} + \frac{V_2}{R_2} + \frac{V_3}{R_3} + \frac{V_4}{R_4}}{\frac{1}{R_1} + \frac{1}{R_2} + \frac{1}{R_3} + \frac{1}{R_4}}$$
$$= \frac{\frac{2}{1} + \frac{4}{2} + \frac{6}{3} + \frac{0}{2}}{\frac{1}{1} + \frac{1}{2} + \frac{1}{3} + \frac{1}{2}} = 2.57[V]$$

따라서 그림의 회로에서 전류는 아래와 같다.

$$I = \frac{V_{ab}}{R} = \frac{2.57}{2} = 1.29[A]$$

| 정답 | 116 ③ 117 ④ 118 ②

THEME 05 가역 정리

119 ★☆☆

그림과 같은 선형 회로망에서 단자 a, b 간에 $100[\text{V}]$의 전압을 가할 때 c, d 에 흐르는 전류가 $5[\text{A}]$였다. 반대로 같은 회로에서 c, d 간에 $50[\text{V}]$를 가하면 a, b에 흐르는 전류 $[\text{A}]$는?

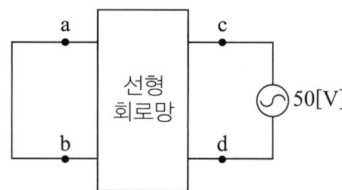

① 2.5　　② 5
③ 7.5　　④ 10

해설

$V_1 I_1 = V_2 I_2 \Rightarrow I_1 = \dfrac{V_2 I_2}{V_1} = \dfrac{50 \times 5}{100} = 2.5[\text{A}]$

THEME 06 브리지 평형 회로

120 ★★☆

다음과 같은 브리지 회로가 평형이 되기 위한 Z_4의 값은?

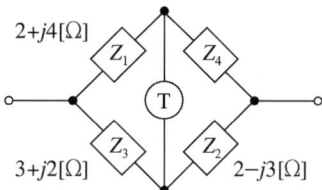

① $2+j4$　　② $-2+j4$
③ $4+j2$　　④ $4-j2$

해설

브리지 평형조건은 $Z_1 Z_2 = Z_3 Z_4$

$\therefore Z_4 = \dfrac{Z_1 Z_2}{Z_3} = \dfrac{(2+j4) \times (2-j3)}{3+j2} = 4-j2\,[\Omega]$

121 ★☆☆

그림의 교류 브리지 회로가 평형이 되는 조건은?

① $L = \dfrac{R_1 R_2}{C}$

② $L = \dfrac{C}{R_1 R_2}$

③ $L = R_1 R_2 C$

④ $L = \dfrac{R_2}{R_1} C$

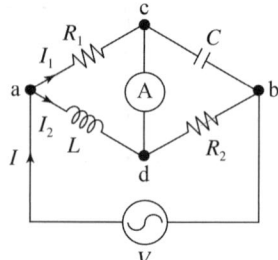

해설

브리지의 평형 조건에 의해
$R_1 \cdot R_2 = j\omega L \cdot \dfrac{1}{j\omega C} = \dfrac{L}{C}$

$\therefore L = R_1 R_2 C$

122 ★★☆

회로에서 단자 $a-b$ 사이의 합성저항 R_{ab}는 몇 $[\Omega]$인가?

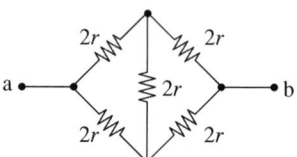

① $\dfrac{1}{3}r$　　② $\dfrac{1}{2}r$
③ r　　④ $2r$

해설

브리지 평형 상태($2r \times 2r = 2r \times 2r$)이므로 중간의 $2r$ 저항은 개방시키고 합성저항을 구하면 아래와 같다.

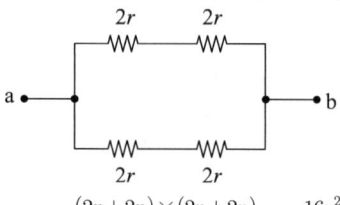

$R_{ab} = \dfrac{(2r+2r) \times (2r+2r)}{(2r+2r)+(2r+2r)} = \dfrac{16r^2}{8r} = 2r\,[\Omega]$

123 ★★★
다음 회로에서 절점 a와 절점 b의 전압이 같은 조건은?

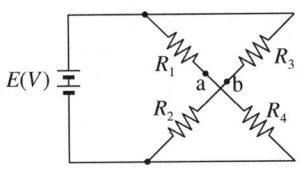

① $R_1R_3 = R_2R_4$
② $R_1R_2 = R_3R_4$
③ $R_1 + R_3 = R_2 + R_4$
④ $R_1 + R_2 = R_3 + R_4$

해설
문제의 회로를 브리지 형태로 변형한다.

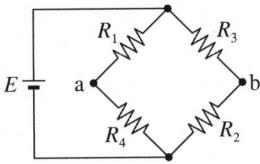

a점과 b점의 전압이 같아지려면 브리지 평형 상태가 되어야 한다.
$R_1R_2 = R_3R_4$

124 ★★★
다음과 같은 교류 브리지 회로에서 Z_0에 흐르는 전류가 0이 되기 위한 각 임피던스의 조건은?

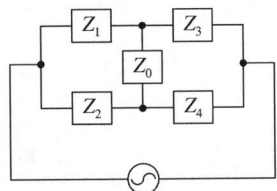

① $Z_1Z_2 = Z_3Z_4$ ② $Z_1Z_2 = Z_3Z_0$
③ $Z_2Z_3 = Z_1Z_0$ ④ $Z_2Z_3 = Z_1Z_4$

해설
브리지 평형 조건: $Z_2Z_3 = Z_1Z_4$

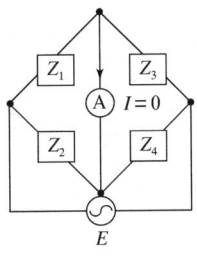

125 ★★☆
그림과 같은 회로에서 단자 a, b 사이의 합성 저항[Ω]은?

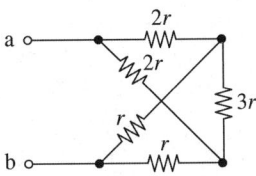

① r ② $\dfrac{1}{2}r$
③ $\dfrac{3}{2}r$ ④ $3r$

해설
주어진 회로는 브리지 평형 상태($2r \times r = 2r \times r$)이므로 $3r$ 저항은 개방시켜 소거시킬 수 있다.

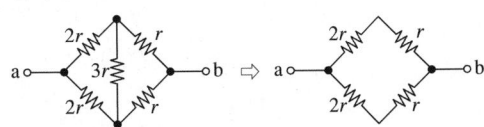

따라서 단자 a, b 사이의 합성 저항은 아래와 같다.
$$R_{ab} = \frac{(2r+r)(2r+r)}{(2r+r)+(2r+r)} = \frac{3r \times 3r}{6r} = \frac{9r^2}{6r} = \frac{3}{2}r\,[\Omega]$$

교류 전력

1. 전력의 종류
2. 교류 전력의 역률 및 무효율
3. 복소 전력
4. 회로의 최대 전력 전달 조건

CBT 완벽대비 가능한 유형마스터 학습!

THEME	유형분석	관련 번호
THEME 01 전력의 종류	피상 전력, 유효 전력, 무효 전력의 개념과 공식을 응용한 문제가 많이 출제되므로 꼭 암기하고 있어야 합니다.	126~151
THEME 02 교류 전력의 역률 및 무효율	역률과 무효율의 정의와 계산 문제가 나오며, 기본적으로 꼭 암기하고 있어야 합니다.	152~155
THEME 03 복소 전력	복소수를 이용하여 전력을 구하는 부분으로, 복소수 기호에 주의한다면 쉽게 풀 수 있는 문제입니다.	156~160
THEME 04 회로의 최대 전력 전달 조건	회로의 최대 전력 전달 조건을 바탕으로 주어지는 문제가 많이 출제되므로 개념과 공식을 확실하게 알고 있어야 합니다.	161~163

학습 효과를 높이는 N제 3회독 시스템

챕터 별 전체 1회독이 끝났다면 회독 체크표에 날짜를 기입하고 체크표시를 해주세요.

회독 체크표	☐ 1회독	월 일	☐ 2회독	월 일	☐ 3회독	월 일

CHAPTER 06 교류 전력

THEME 01 전력의 종류

126 ★★☆

△결선된 대칭 3상 부하가 $0.5[\Omega]$인 저항만의 선로를 통해 평형 3상 전압원에 연결되어 있다. 이 부하의 소비전력이 $1,800[\text{W}]$이고 역률이 0.8(지상)일 때, 선로에서 발생하는 손실이 $50[\text{W}]$이면 부하의 단자전압$[\text{V}]$의 크기는?

① 627 ② 525
③ 326 ④ 225

해설

선로 저항에 의한 손실을 P_l, 선전류를 I_l이라 하면
$$P_l = 3I_l^2 R[\text{W}] \Rightarrow I_l = \sqrt{\frac{P_l}{3R}} = \sqrt{\frac{50}{3 \times 0.5}} = 5.77[\text{A}]$$
$P = \sqrt{3}\, V_l I_l \cos\theta[\text{W}]$이므로
$$V_l = \frac{P}{\sqrt{3}\, I_l \cos\theta} = \frac{1,800}{\sqrt{3} \times 5.77 \times 0.8} = 225[\text{V}]$$

127 ★☆☆

선간전압이 $150[\text{V}]$, 선전류가 $10\sqrt{3}[\text{A}]$, 역률이 $80[\%]$인 평형 3상 유도성 부하로 공급되는 무효전력$[\text{Var}]$은?

① 3,600 ② 3,000
③ 2,700 ④ 1,800

해설

$\sin\theta = \sqrt{1-\cos^2\theta} = \sqrt{1-0.8^2} = 0.6$
$P_r = \sqrt{3}\, V_l I_l \sin\theta = \sqrt{3} \times 150 \times 10\sqrt{3} \times 0.6$
$\quad = 2,700[\text{Var}]$

128 ★☆☆

3상 평형회로에서 전압계 V, 전류계 A, 전력계 W를 그림과 같이 접속했을 때, 전압계의 지시가 $100[\text{V}]$, 전류계의 지시가 $30[\text{A}]$, 전력계의 지시 $1.5[\text{kW}]$이었다. 이 회로에서 선간전압(V_{ab})과 선전류(I_a) 간의 위상차는 몇 도인가?(단, 3상 전압의 상순은 $a-b-c$이다.)

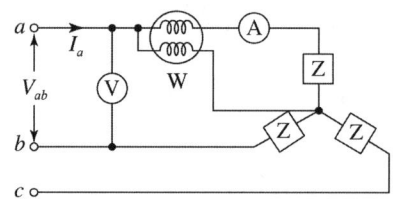

① 15° ② 30°
③ 45° ④ 60°

해설 유효전력

$W = V_a I_a \cos\theta = \frac{V_{ab}}{\sqrt{3}} I_a \cos\theta = \frac{100}{\sqrt{3}} \times 30 \times \cos\theta = 1,500[\text{W}]$
$\cos\theta = \frac{\sqrt{3}}{2}$
$\therefore \theta = \cos^{-1}\frac{\sqrt{3}}{2} = 30°$ (I_a와 V_a의 위상차)
Y결선에서 선간전압 $V_{ab} = \sqrt{3}\, V_a \angle 30°[\text{V}]$이므로 선간전압 V_{ab}와 선전류 I_a의 위상차는 $30° + 30° = 60°$이다.

| 정답 | 126 ④ 127 ③ 128 ④

129 ★★★

다음과 같은 비정현파 교류 전압 $v(t)$와 전류 $i(t)$에 의한 평균전력 $P[\text{W}]$와 피상전력 $P_a[\text{VA}]$는 약 얼마인가?

$$v(t) = 150\sin(\omega t + \frac{\pi}{6}) - 50\sin(3\omega t + \frac{\pi}{3})$$
$$+ 25\sin 5\omega t \,[\text{V}]$$
$$i(t) = 20\sin(\omega t - \frac{\pi}{6}) + 15\sin(3\omega t + \frac{\pi}{6})$$
$$+ 10\cos(5\omega t - \frac{\pi}{3}) \,[\text{A}]$$

① $P = 283.5$, $P_a = 1{,}542$
② $P = 283.5$, $P_a = 2{,}155$
③ $P = 533.5$, $P_a = 1{,}542$
④ $P = 533.5$, $P_a = 2{,}155$

해설

- 평균전력

$$P = \sum VI\cos\theta = \frac{150}{\sqrt{2}} \times \frac{20}{\sqrt{2}} \times \cos\{30° - (-30°)\}$$
$$+ \frac{-50}{\sqrt{2}} \times \frac{15}{\sqrt{2}} \times \cos(60° - 30°)$$
$$+ \frac{25}{\sqrt{2}} \times \frac{10}{\sqrt{2}} \times \cos(0° - 30°)$$
$$= 533.5[\text{W}]$$

- 피상전력

$$P_a = |V||I| = \sqrt{\left(\frac{150}{\sqrt{2}}\right)^2 + \left(\frac{-50}{\sqrt{2}}\right)^2 + \left(\frac{25}{\sqrt{2}}\right)^2}$$
$$\times \sqrt{\left(\frac{20}{\sqrt{2}}\right)^2 + \left(\frac{15}{\sqrt{2}}\right)^2 + \left(\frac{10}{\sqrt{2}}\right)^2}$$
$$= 2{,}155[\text{VA}]$$

암기

$$\cos\theta = \sin\left(\theta + \frac{\pi}{2}\right)$$

130 ★☆☆

한 상의 임피던스 $Z = 6 + j8[\Omega]$인 평형 Y 부하에 평형 3상 전압 $200[\text{V}]$를 인가할 때 무효전력은 약 몇 $[\text{Var}]$인가?

① 1,330
② 1,848
③ 2,381
④ 3,200

해설

$$I_p = \frac{V_p}{Z_p} = \frac{\frac{V_l}{\sqrt{3}}}{|6+j8|} = \frac{\frac{200}{\sqrt{3}}}{10} = \frac{20}{\sqrt{3}}[\text{A}]$$

$$P_r = 3I_p^2 X = 3 \times \left(\frac{20}{\sqrt{3}}\right)^2 \times 8 = 3{,}200[\text{Var}]$$

131 ★☆☆

역률이 $60[\%]$이고 1상의 임피던스가 $60[\Omega]$인 유도 부하를 $\triangle$로 결선하고 여기에 병렬로 저항 $20[\Omega]$을 Y 결선으로 하여 3상 선간 전압 $200[\text{V}]$를 가할 때의 소비전력 $[\text{W}]$은?

① 3,200
② 3,000
③ 2,000
④ 1,000

해설

- $\triangle$ 결선 부하의 소비전력 $P_\triangle$

$$P_\triangle = 3I_p^2 R = 3\left(\frac{V_p}{Z_p}\right)^2 R = 3\frac{V_p^2}{Z_p}\cos\theta \; (\because R = Z_p\cos\theta)$$
$$= 3\frac{V_l^2}{Z_p}\cos\theta [\text{W}]$$

$$\therefore P_\triangle = 3 \times \frac{200^2}{60} \times 0.6 = 1{,}200[\text{W}]$$

- Y 결선 부하의 소비전력 P_Y

$$P_Y = 3I_p^2 R = 3\left(\frac{V_p}{Z_p}\right)^2 R = 3\frac{\left(\frac{V_l}{\sqrt{3}}\right)^2}{Z_p} \; (\because Z_p = R)$$
$$= \frac{V_l^2}{Z_p}[\text{W}]$$

$$\therefore P_Y = \frac{200^2}{20} = 2{,}000[\text{W}]$$

- 소비전력 $P = P_\triangle + P_Y = 1{,}200 + 2{,}000 = 3{,}200[\text{W}]$

132 ★★☆

평형 3상 Y 결선의 부하에서 상전압과 선전류의 실효값이 각각 $60[\text{V}]$, $10[\text{A}]$이고, 부하의 역률이 0.8일 때 무효전력 $[\text{Var}]$은?

① 624
② 1,440
③ 821
④ 1,080

해설

$P_r = \sqrt{3}\,V_l I_l \sin\theta = \sqrt{3}\,(\sqrt{3}\,V_p)I_l\sin\theta = 3V_p I_l \sin\theta\,[\text{Var}]$

$\therefore P_r = 3\times 60\times 10\times 0.6 = 1{,}080[\text{Var}]$

암기

$\cos^2\theta + \sin^2\theta = 1$
$\cos\theta = 0.8$일 때, $\sin\theta = 0.6$

133 ★★☆

전압이 $v = 10\sin 10t + 20\sin 20t[\text{V}]$이고 전류가 $i = 20\sin 10t + 10\sin 20t[\text{A}]$이면, 유효전력 $[\text{W}]$은?

① 400
② 283
③ 200
④ 141

해설

$P = \sum VI\cos\theta$
$= \dfrac{10}{\sqrt{2}}\times \dfrac{20}{\sqrt{2}}\times \cos 0° + \dfrac{20}{\sqrt{2}}\times \dfrac{10}{\sqrt{2}}\times \cos 0°$
$= 200[\text{W}]$

134 ★☆☆

$100[\text{V}]$, $800[\text{W}]$, 역률 $80[\%]$인 교류 회로의 리액턴스는 몇 $[\Omega]$인가?

① 6
② 8
③ 10
④ 12

해설

$I = \dfrac{P}{V\cos\theta} = \dfrac{800}{100\times 0.8} = 10[\text{A}]$

- 피상전력
  $P_a = VI = 100\times 10 = 1{,}000[\text{VA}]$
- 무효전력
  $P_r = \sqrt{P_a^2 - P^2} = \sqrt{1{,}000^2 - 800^2} = 600[\text{Var}]$
- 리액턴스
  $X = \dfrac{P_r}{I^2} = \dfrac{600}{10^2} = 6[\Omega]$

135 ★☆☆

한 상의 임피던스가 $14 + j48[\Omega]$인 평형 △ 부하에 선간 전압이 $200[\text{V}]$인 평형 3상 전압이 인가될 때 이 부하의 피상전력$[\text{VA}]$은?

① 1,200
② 1,384
③ 2,400
④ 4,157

해설

$|Z| = \sqrt{14^2 + 48^2} = 50[\Omega]$

$P_a = 3I^2 Z = 3\times \left(\dfrac{200}{50}\right)^2 \times 50 = 2{,}400[\text{VA}]$

136 ★☆☆

저항 $R=6[\Omega]$과 유도 리액턴스 $X_L=8[\Omega]$이 직렬로 접속된 회로에서 $v=200\sqrt{2}\sin\omega t[\text{V}]$인 전압을 인가하였다. 이 회로의 소비되는 전력[kW]은?

① 1.2
② 2.2
③ 2.4
④ 3.2

해설

- 임피던스 $Z=6+j8[\Omega] \Rightarrow |Z|=\sqrt{6^2+8^2}=10[\Omega]$
- 전류 $I=\dfrac{V}{|Z|}=\dfrac{200}{10}=20[\text{A}]$
- 소비 전력 $P=I^2R=20^2\times 6=2,400[\text{W}]=2.4[\text{kW}]$

137 ★★★

정격 전압에서 $1[\text{kW}]$의 전력을 소비하는 저항에 정격의 $80[\%]$의 전압을 가할 때의 전력[W]은?

① 340
② 540
③ 640
④ 740

해설

- 정격 전압 인가 시 소비 전력
  $P=\dfrac{V^2}{R}=1,000[\text{W}]$
- 정격 전압의 $80[\%]$ 인가 시 소비 전력
  $P'=\dfrac{V'^2}{R}=\dfrac{(0.8V)^2}{R}=0.64\times\dfrac{V^2}{R}$
  $=0.64\times 1,000=640[\text{W}]$

138 ★★★

전압과 전류가 각각 $v=141.4\sin\left(377t+\dfrac{\pi}{3}\right)[\text{V}]$, $i=\sqrt{8}\sin\left(377t+\dfrac{\pi}{6}\right)[\text{A}]$인 회로의 소비(유효) 전력은 약 몇 $[\text{W}]$인가?

① 100
② 173
③ 200
④ 344

해설

$P=VI\cos\theta=\dfrac{141.4}{\sqrt{2}}\times\dfrac{\sqrt{8}}{\sqrt{2}}\times\cos(60°-30°)=173[\text{W}]$

139 ★★☆

$600[\text{kVA}]$, 역률 0.6(지상)의 부하 A와 $800[\text{kVA}]$, 역률 0.8(진상)의 부하 B가 함께 접속되어 있을 때 전체 피상전력 $[\text{kVA}]$은?

① 0
② 960
③ 1,000
④ 1,400

해설

- A 부하의 유효전력과 무효전력
  $P_A=600\times 0.6=360[\text{kW}]$
  $Q_A=600\times 0.8=480[\text{kVar}]$(지상)
- B 부하의 유효전력과 무효전력
  $P_B=800\times 0.8=640[\text{kW}]$
  $Q_B=800\times 0.6=480[\text{kVar}]$(진상)
- A, B 부하의 총 유효전력과 무효전력
  $P=360+640=1,000[\text{kW}]$
  $Q=-480+480=0[\text{kVar}]$
  따라서 전체 피상전력은
  $P_a=\sqrt{P^2+Q^2}=\sqrt{1,000^2+0^2}=1,000[\text{kVA}]$

140 ★☆☆

어떤 회로에 전압을 $115[\text{V}]$ 인가하였더니 유효 전력이 $230[\text{W}]$, 무효 전력이 $345[\text{Var}]$를 지시한다면 회로에 흐르는 전류는 약 몇 $[\text{A}]$인가?

① 2.52
② 5.6
③ 3.6
④ 4.5

해설

문제에 주어진 조건을 이용하여 피상 전력을 계산한다.
$P_a = \sqrt{P^2 + Q^2} = \sqrt{230^2 + 345^2} = 414.6[\text{VA}]$
따라서 회로에 흐르는 전류는 아래와 같다.
$I = \dfrac{P_a}{V} = \dfrac{414.6}{115} = 3.6[\text{A}]$

142 ★★☆

$R = 4[\Omega]$, $\omega L = 3[\Omega]$의 직렬 RL 회로에서 $v(t) = 100\sqrt{2}\sin\omega t + 50\sqrt{2}\sin 3\omega t \, [\text{V}]$의 전압을 인가할 때, 저항에서 소비되는 전력$[\text{W}]$은?

① 1,603
② 1,703
③ 2,003
④ 2,123.75

해설

회로에 흐르는 전류는 아래와 같다.
$I_1 = \dfrac{V_1}{Z_1} = \dfrac{100}{\sqrt{4^2 + 3^2}} = 20[\text{A}]$
$I_3 = \dfrac{V_3}{Z_3} = \dfrac{50}{\sqrt{4^2 + 9^2}} = 5.08[\text{A}]$
따라서 저항에서 소비되는 전력을 구할 수 있다.
$P = I_1^2 R + I_3^2 R = 20^2 \times 4 + 5.08^2 \times 4 = 1,703[\text{W}]$

141 ★★★

어떤 소자에 걸리는 전압이 $100\sqrt{2}\cos\left(314t - \dfrac{\pi}{6}\right)[\text{V}]$이고, 흐르는 전류가 $3\sqrt{2}\cos\left(314t + \dfrac{\pi}{6}\right)[\text{A}]$일 때 소비되는 전력 $[\text{W}]$은?

① 100
② 150
③ 250
④ 300

해설

$P = VI\cos\theta = 100 \times 3 \times \cos\{30° - (-30°)\}$
$\quad = 300\cos 60° = 150[\text{W}]$

143 ★☆☆

부하에 $100\angle 30°[\text{V}]$의 전압을 가하였을 때 $10\angle 60°[\text{A}]$의 전류가 흘렀다면 부하에서 소비되는 유효 전력은 약 몇 $[\text{W}]$인가?

① 400
② 500
③ 682
④ 866

해설

$P = VI\cos\theta = 100 \times 10 \times \cos(30° - 60°) = 866[\text{W}]$

144

0.2[H]의 인덕터와 150[Ω]의 저항을 직렬로 접속하고 220[V] 상용 교류를 인가하였다. 1시간 동안 소비된 전력량은 약 몇 [Wh]인가?

① 209.6
② 226.4
③ 257.6
④ 286.9

해설

회로에 흐르는 전류는 아래와 같다.
$$I = \frac{V}{Z} = \frac{V}{R+j\omega L} = \frac{220}{150+j2\pi \times 60 \times 0.2}$$
$$= 1.1708 - j0.5885[A]$$
$$|I| = \sqrt{1.1708^2 + 0.5885^2} = 1.3104[A]$$
따라서 1시간 동안 소비한 전력량을 구할 수 있다.
$$W = I^2 Rt = 1.3104^2 \times 150 \times 1 = 257.6[Wh]$$

145 ★☆☆

어떤 교류 전동기의 명판에 역률=0.6, 소비 전력=120[kW]로 표기되어 있다. 이 전동기의 무효 전력은 몇 [kVar]인가?

① 80
② 100
③ 140
④ 160

해설

$$Q = P\tan\theta = 120 \times \frac{0.8}{0.6} = 160[kVar]$$

146 ★★☆

성형(Y) 결선의 부하가 있다. 선간 전압 300[V]의 3상 교류를 가했을 때 선전류가 40[A]이고, 역률이 0.8이라면 리액턴스는 약 몇 [Ω]인가?

① 1.66
② 2.60
③ 3.56
④ 4.33

해설

3상 무효전력을 구한다.
$$Q = \sqrt{3}\,VI\sin\theta = \sqrt{3} \times 300 \times 40 \times 0.6 = 12,471[Var]$$
$Q = 3I^2 X$ 이므로 리액턴스는 아래와 같다.
$$X = \frac{Q}{3I^2} = \frac{12,471}{3 \times 40^2} = 2.60[\Omega]$$

147 ★☆☆

그림과 같은 회로가 있다. $I = 10[A]$, $R = 4[\Omega]$, $R_L = 6[\Omega]$일 때 R_L의 소비 전력[W]은?

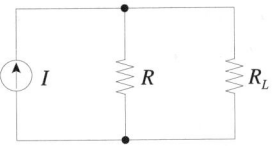

① 100
② 300
③ 96
④ 416

해설

$$I_L = \frac{4}{4+6} \times 10 = 4[A]$$
$$P_L = I_L^2 R_L = 4^2 \times 6 = 96[W]$$

148 ★☆☆

저항 $R[\Omega]$, 리액턴스 $X[\Omega]$와의 직렬 회로에 교류 전압 $V[V]$를 가했을 때 소비되는 전력[W]은?

① $\dfrac{V^2 R}{\sqrt{R^2+X^2}}$ ② $\dfrac{V}{\sqrt{R^2+X^2}}$

③ $\dfrac{V^2 R}{R^2+X^2}$ ④ $\dfrac{X}{R^2+X^2}$

해설

$P = I^2 R = \left(\dfrac{V}{Z}\right)^2 R = \left(\dfrac{V}{\sqrt{R^2+X^2}}\right)^2 R = \dfrac{V^2 R}{R^2+X^2}$ [W]

149 ★★☆

$R-L$ 병렬 회로의 양단에 $e = E_m \sin(\omega t + \theta)[V]$의 전압이 가해졌을 때 소비되는 유효전력[W]은?

① $\dfrac{E_m{}^2}{2R}$ ② $\dfrac{E_m{}^2}{\sqrt{2}R}$

③ $\dfrac{E_m}{2R}$ ④ $\dfrac{E_m}{\sqrt{2}R}$

해설

$P = \dfrac{V^2}{R} = \dfrac{\left(\dfrac{E_m}{\sqrt{2}}\right)^2}{R} = \dfrac{E_m{}^2}{2R}$ [W]

150 ★★☆

코일에 단상 $100[V]$의 전압을 가하면 $30[A]$의 전류가 흐르고 $1.8[kW]$의 전력을 소비한다고 한다. 이 코일과 병렬로 콘덴서를 접속하여 회로의 역률을 $100[\%]$로 하기 위한 용량 리액턴스는 약 몇 $[\Omega]$인가?

① 4.2 ② 6.2
③ 8.2 ④ 10.2

해설

$P_a = VI = 100 \times 30 = 3{,}000[VA]$, $P = 1{,}800[W]$

∴ $Q = \sqrt{P_a{}^2 - P^2} = \sqrt{3{,}000^2 - 1{,}800^2} = 2{,}400[Var]$

역률 $\cos\theta = \dfrac{P}{\sqrt{P^2+Q^2}}$ 에서 역률이 $100[\%]$가 되기 위해서는 무효전력이 0이 되어야 하므로 $Q = \dfrac{V^2}{X}$에서 $X = \dfrac{V^2}{Q} = \dfrac{100^2}{2{,}400} = 4.2[\Omega]$ 이다.

151 ★☆☆

회로에서 각 계기들의 지시값은 다음과 같다. 전압계 Ⓥ는 $240[V]$, 전류계 Ⓐ는 $5[V]$, 전력계 Ⓦ는 $720[W]$이다. 이때 인덕턴스 $L[H]$은 얼마인가?(단, 전원 주파수 $60[Hz]$이다.)

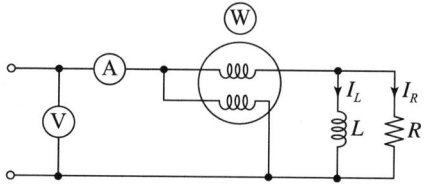

① $\dfrac{1}{\pi}$ ② $\dfrac{1}{2\pi}$

③ $\dfrac{1}{3\pi}$ ④ $\dfrac{1}{4\pi}$

해설

문제에 주어진 조건에서 무효전력을 구해 보면

$P_a = VI = 240 \times 5 = 1{,}200[VA]$

∴ $Q = \sqrt{P_a{}^2 - P^2} = \sqrt{1{,}200^2 - 720^2} = 960[Var]$

위의 무효전력으로부터 인덕턴스를 구해 보면

• $Q = \dfrac{V^2}{X} \Rightarrow X = \dfrac{V^2}{Q} = \dfrac{240^2}{960} = 60[\Omega]$

• $X = 2\pi f L \Rightarrow L = \dfrac{X}{2\pi f} = \dfrac{60}{2\pi \times 60} = \dfrac{1}{2\pi}$ [H]

THEME 02 교류 전력의 역률 및 무효율

152 ★★★

전압이 $v(t) = 20\sin\omega t + 30\sin3\omega t$[V]이고, 전류가 $i(t) = 30\sin\omega t + 20\sin3\omega t$[A]인 왜형파 교류 전압과 전류에 대한 역률은 약 얼마인가?

① 0.43　　② 0.57
③ 0.86　　④ 0.92

해설

유효 전력과 피상 전력을 구한다.
$P = \sum VI\cos\theta$
$= \dfrac{20}{\sqrt{2}} \times \dfrac{30}{\sqrt{2}} \times \cos0° + \dfrac{30}{\sqrt{2}} \times \dfrac{20}{\sqrt{2}} \times \cos0°$
$= 600$[W]
$P_a = |V||I|$
$= \sqrt{\left(\dfrac{20}{\sqrt{2}}\right)^2 + \left(\dfrac{30}{\sqrt{2}}\right)^2} \times \sqrt{\left(\dfrac{30}{\sqrt{2}}\right)^2 + \left(\dfrac{20}{\sqrt{2}}\right)^2}$
$= 650$[VA]
따라서 역률은 아래와 같다.
$\cos\theta = \dfrac{P}{P_a} = \dfrac{600}{650} = 0.92$

153 NEW

60[Hz], 120[V] 정격인 단상 유도 전동기의 출력은 3[HP]이고 효율은 90[%]이며 역률은 80[%]이다. 역률을 100[%]로 개선하기 위한 병렬 콘덴서가 흡수하는 복소 전력은 몇 [VA]인가?(단, 1[HP] = 746[W]이다.)

① $-j1,865$　　② $-j2,252$
③ $-j2,667$　　④ $-j3,156$

해설

- $P = \dfrac{3 \times 746}{0.9} = 2,487$[W]
- $Q_c = P(\tan\theta_1 - \tan\theta_2) = 2,487 \times \left(\dfrac{0.6}{0.8} - \dfrac{0}{1}\right)$
$= 1,865$[VA]

병렬 콘덴서는 역률을 100[%]로 향상시키기 위해서 부하의 $-j1,865$[VA]의 지상 무효 전력을 흡수하여야 한다.

154 ★☆☆

$E = 40 + j30$[V]의 전압을 가하면 $I = 30 + j10$[A]의 전류가 흐르는 회로의 역률은?

① 0.949　　② 0.831
③ 0.764　　④ 0.651

해설

$P_a = \overline{E}I = (40 - j30) \times (30 + j10) = 1,500 - j500$[VA]
$\cos\theta = \dfrac{P}{P_a} = \dfrac{P}{\sqrt{P^2 + Q^2}} = \dfrac{1,500}{\sqrt{1,500^2 + 500^2}} = 0.949$

155 ★★☆

선간 전압이 100[V]이고, 역률이 0.6인 평형 3상 부하에서 무효전력이 $Q = 10$[kVar]일 때, 선전류의 크기는 약 몇 [A]인가?

① 57.7　　② 72.2
③ 96.2　　④ 125

해설

역률이 0.6이므로 무효율은 아래와 같다.
$\sin\theta = \sqrt{1 - 0.6^2} = 0.8$
$Q = \sqrt{3}\,VI\sin\theta$[Var]
$I = \dfrac{Q}{\sqrt{3}\,V\sin\theta} = \dfrac{10 \times 10^3}{\sqrt{3} \times 100 \times 0.8} = 72.2$[A]

THEME 03 복소 전력

156 ★★★

$8 + j6$[Ω]인 임피던스에 $13 + j20$[V]의 전압을 인가할 때 복소 전력은 약 몇 [VA]인가?

① $12.7 + j34.1$　　② $12.7 + j55.5$
③ $45.5 - j34.1$　　④ $45.5 + j55.5$

해설

$I = \dfrac{V}{Z} = \dfrac{13 + j20}{8 + j6} = 2.24 + j0.82$[A]
$P_a = \overline{V}I = (13 - j20)(2.24 + j0.82)$
$= 45.5 - j34.1$[VA]

| 정답 | 152 ④　153 ①　154 ①　155 ②　156 ③

157 ★☆☆

어떤 회로의 유효 전력이 $300[\text{W}]$, 무효 전력이 $400[\text{Var}]$이다. 이 회로의 복소 전력의 크기$[\text{VA}]$는?

① 350
② 500
③ 600
④ 700

해설

$P_a = P + jP_r [\text{VA}]$

$|P_a| = \sqrt{P^2 + P_r^2} = \sqrt{300^2 + 400^2} = 500[\text{VA}]$

158 ★★★

$V = 50\sqrt{3} - j50[\text{V}]$, $I = 15\sqrt{3} + j15[\text{A}]$일 때 유효 전력 $P[\text{W}]$와 무효 전력 $Q[\text{Var}]$는 각각 얼마인가?

① $P = 3,000$, $Q = 1,500$
② $P = 1,500$, $Q = 1,500\sqrt{3}$
③ $P = 750$, $Q = 750\sqrt{3}$
④ $P = 2,250$, $Q = 1,500\sqrt{3}$

해설

$P_a = \overline{V}I = (50\sqrt{3} + j50)(15\sqrt{3} + j15)$
$\quad = (2,250 - 750) + j(750\sqrt{3} + 750\sqrt{3})$
$\quad = 1,500 + j1,500\sqrt{3} = P + jQ[\text{VA}]$

∴ $P = 1,500[\text{W}]$, $Q = 1,500\sqrt{3}[\text{Var}]$

159 ★★★

어느 회로에 $V = 120 + j90[\text{V}]$의 전압을 인가하면 $I = 3 + j4[\text{A}]$의 전류가 흐른다. 이 회로의 역률은?

① 0.92
② 0.94
③ 0.96
④ 0.98

해설

$P_a = \overline{V}I = (120 - j90)(3 + j4)$
$\quad = 720 + j210[\text{VA}]$

$\cos\theta = \dfrac{P}{P_a} = \dfrac{720}{\sqrt{720^2 + 210^2}} = 0.96$

160 ★★☆

불평형 3상 회로에서 전압의 대칭분을 각각 V_0, V_1, V_2, 전류의 대칭분을 각각 I_0, I_1, I_2라 할 때 대칭분으로 표시되는 복소 전력은?

① $V_0 I_1^* + V_1 I_2^* + V_2 I_0^*$
② $V_0 I_0^* + V_1 I_1^* + V_2 I_2^*$
③ $3V_0 I_1^* + 3V_1 I_2^* + 3V_2 I_0^*$
④ $3V_0 I_0^* + 3V_1 I_1^* + 3V_2 I_2^*$

해설

$P_a = V\overline{I} = V_a \overline{I_a} + V_b \overline{I_b} + V_c \overline{I_c} = 3V_0 \overline{I_0} + 3V_1 \overline{I_1} + 3V_2 \overline{I_2}$
$\quad = 3V_0 I_0^* + 3V_1 I_1^* + 3V_2 I_2^*$

암기

공액복소수 표기 -와 *는 같은 의미이다.

| 정답 | 157 ② 158 ② 159 ③ 160 ④

THEME 04 회로의 최대 전력 전달 조건

161 ★☆☆
그림과 같은 회로에서 부하 R_L에 최대 전력이 공급될 때의 전력값이 5[W]라고 하면, $R_L + R_i$의 값은 몇 [Ω]인가?
(단, R_i는 전원의 내부 저항이다.)

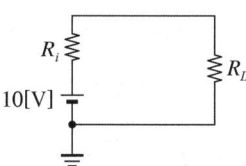

① 5 ② 10
③ 15 ④ 20

해설
최대 전력 공급 조건은 $R_L = R_i$이므로
$$P_L = I^2 R_L = \left(\frac{V}{R_i + R_L}\right)^2 R_L = \left(\frac{V}{R_i + R_i}\right)^2 R_i$$
$$= \frac{V^2}{4R_i} = \frac{10^2}{4R_i} = 5[W]$$
$$R_i = \frac{100}{4 \times 5} = 5[Ω]$$
$$\therefore R_i + R_L = 5 + 5 = 10[Ω]$$

162 ★★☆
내부 임피던스가 $0.3 + j2[Ω]$인 발전기에 임피던스가 $1.1 + j3[Ω]$인 선로를 연결하여 어떤 부하에 전력을 공급하고 있다. 이 부하의 임피던스가 몇 [Ω]일 때 발전기로부터 부하로 전달되는 전력이 최대가 되는가?

① $1.4 - j5$ ② $1.4 + j5$
③ 1.4 ④ $j5$

해설 최대 전력 공급
전원으로부터 최대의 전력이 공급되기 위한 조건
: 부하 임피던스(Z_L)가 전원의 내부 임피던스(Z_g), 선로 임피던스(Z_l)의 합과 서로 공액관계에 있을 때
$Z_g + Z_l = 0.3 + j2 + 1.1 + j3 = 1.4 + j5[Ω]$
$\therefore Z_L = \overline{Z_g + Z_l} = 1.4 - j5[Ω]$

163 NEW
최대값 V_a, 내부 임피던스 $Z_0 = R_0 + jX_0$인 전원에서 공급할 수 있는 최대 전력은?

① $\dfrac{V_a^2}{8R_0}$ ② $\dfrac{V_a^2}{4R_0}$
③ $\dfrac{V_a^2}{2R_0}$ ④ $\dfrac{V_a^2}{2\sqrt{2}R_0}$

해설
최대 공급 가능 전력은 부하(R_L)가 내부 저항(R_0)과 같을 때이다.
즉, $P = I^2 R_L = \left(\dfrac{V}{R_0 + R_L}\right)^2 R_L = \left(\dfrac{V}{R_0 + R_0}\right)^2 R_0$
$$= \frac{V^2}{4R_0} = \frac{\left(\dfrac{V_a}{\sqrt{2}}\right)^2}{4R_0} = \frac{V_a^2}{8R_0}$$

| 정답 | 161 ② 162 ① 163 ①

CHAPTER 07

3상 교류

1. 3상 대칭 기전력의 발생원리
2. 3상 결선의 종류
3. 대칭 좌표법(불평형 고장 계산 방법)
4. 부하의 $Y-\triangle$ 및 $\triangle-Y$ 등가변환
5. 특수한 결선법
6. 전력의 측정

CBT 완벽대비 가능한 유형마스터 학습!

THEME	유형분석	관련 번호
THEME 01 3상 대칭 기전력의 발생원리	3상 전압의 페이저도 기전력의 순서등 중요한 키워드를 암기하고 있어야 합니다. 기본적인 내용을 묻는 수준으로 출제됩니다.	164~165
THEME 02 3상 결선의 종류	Y결선과 Δ결선에 따른 상전압과 선간전압의 관계, 상전류와 선전류의 관계등을 확실히 이해하고 있어야 합니다.	166~190
THEME 03 대칭 좌표법(불평형 고장 계산 방법)	대칭분의 표현식 및 대칭 성분의 종류에 관해 묻는 문제가 나옵니다. 대부분 계산문제가 출제됩니다.	191~225
THEME 04 부하의 $Y-\Delta$ 및 $\Delta-Y$ 등가변환	Y결선과 Δ결선과의 변환을 이해하고, 이를 활용한 응용문제가 출제됩니다. 어렵지 않은 수준에서 문제가 나오는 편입니다.	226~239
THEME 05 특수한 결선법	V결선의 출력비와 이용률, 정의에 대해 묻는 문제가 출제됩니다. 계산 문제로 출제되지만, 암기하여 학습하여도 괜찮습니다.	240~256
THEME 06 전력의 측정	2전력계법에 관한 문제의 비중이 높고, 기본적인 수준으로 나오므로 어렵지 않게 맞힐 수 있습니다.	257~267

학습 효과를 높이는 N제 3회독 시스템

챕터 별 전체 1회독이 끝났다면 회독 체크표에 날짜를 기입하고 체크표시를 해주세요.

회독 체크표	☐ 1회독	월 일	☐ 2회독	월 일	☐ 3회독	월 일

CHAPTER 07 3상 교류

THEME 01 3상 대칭 기전력의 발생원리

164 ★☆☆

극좌표형식으로 표현된 전류의 페이저가 $I_1 = 10 \angle \tan^{-1}\frac{4}{3}$[A], $I_2 = 10 \angle \tan^{-1}\frac{3}{4}$[A]이고, $I = I_1 + I_2$일 때, I[A]는?

① $14 + j14$
② $14 + j4$
③ $-2 + j2$
④ $14 + j3$

해설

- $\tan^{-1}\frac{4}{3}$인 경우

$\theta_1 = \tan^{-1}\frac{4}{3} \Rightarrow \cos\theta_1 = \frac{3}{5}, \sin\theta_1 = \frac{4}{5}$

- $\tan^{-1}\frac{3}{4}$인 경우

$\theta_2 = \tan^{-1}\frac{3}{4} \Rightarrow \cos\theta_2 = \frac{4}{5}, \sin\theta_2 = \frac{3}{5}$

$\therefore I = I_1 + I_2 = 10\left(\frac{3}{5} + j\frac{4}{5}\right) + 10\left(\frac{4}{5} + j\frac{3}{5}\right)$
$= 6 + j8 + 8 + j6$
$= 14 + j14$ [A]

165 ★★★

대칭 3상 교류 전원에서 각 상의 전압이 v_a, v_b, v_c일 때 3상 전압[V]의 합은 얼마인가?

① 0
② 0.3
③ 0.5
④ 3

해설

대칭 3상 교류 전원은 a상, b상, c상 전원의 크기 및 위상이 모두 같은 전원을 말하는 것이므로 3상 전원의 벡터 합은 0이 된다.

THEME 02 3상 결선의 종류

166 ★★☆

$R[\Omega]$의 저항 3개를 Y로 접속하고 이것을 200[V]의 평형 3상 교류 전원에 연결할 때 선전류가 20[A]흘렀다. 이 3개의 저항을 △로 접속하고 동일 전원에 연결하였을 때의 선전류는 몇 [A]인가?

① 30
② 40
③ 50
④ 60

해설

Y 결선에서 $V_l = \sqrt{3}V_p$[V], $I_l = I_p$[A]이므로

$R = \frac{V_p}{I_p} = \frac{\frac{V_l}{\sqrt{3}}}{I_l} = \frac{\frac{200}{\sqrt{3}}}{20} = \frac{10}{\sqrt{3}}[\Omega]$

△결선에서 $V_l = V_p$[V], $I_l = \sqrt{3}I_p$[A]이므로

$I_l = \sqrt{3}I_p = \sqrt{3}\frac{V_p}{R} = \sqrt{3}\frac{V_l}{R}$[A]

$\therefore I_l = \sqrt{3} \times \frac{200}{\frac{10}{\sqrt{3}}} = 60$[A]

별해

Y 결선 선전류 $I_{Yl} = I_{Yp} = \frac{V_p}{R} = \frac{V_l}{\sqrt{3}R}$[A]

△ 결선 선전류 $I_{\triangle l} = \sqrt{3}I_{\triangle p} = \frac{\sqrt{3}V_p}{R} = \frac{\sqrt{3}V_l}{R}$[A]

$\frac{I_{\triangle l}}{I_{Yl}} = \frac{\frac{\sqrt{3}V_l}{R}}{\frac{V_l}{\sqrt{3}R}} = 3$

$\therefore I_{\triangle l} = 3I_{Yl}$[A]

$\therefore I_{\triangle l} = 3I_{Yl} = 3 \times 20 = 60$[A]

167 ★★★

각 상의 임피던스가 $Z = 6 + j8[\Omega]$인 평형 Y 부하에 선간전압 $220[\text{V}]$인 대칭 3상 전압이 가해졌을 때 선전류는 약 몇 $[\text{A}]$인가?

① 11.7　　② 12.7
③ 13.7　　④ 14.7

해설

Y 결선에서 $V_l = \sqrt{3}\,V_p[\text{V}]$, $I_l = I_p[\text{A}]$이므로

$$I_l = I_p = \frac{V_p}{Z_p} = \frac{\frac{V_l}{\sqrt{3}}}{Z_p} = \frac{\frac{220}{\sqrt{3}}}{\sqrt{6^2 + 8^2}} = 12.7[\text{A}]$$

168 ★★★

$3r[\Omega]$인 6개의 저항을 그림과 같이 접속하고 평형 3상 전압 V를 가했을 때 전류 I는 몇 $[\text{A}]$인가? (단, $r = 2[\Omega]$, $V = 200\sqrt{3}[\text{V}]$이다.)

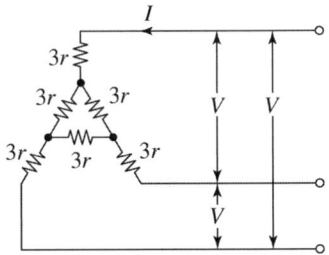

① 10　　② 15
③ 20　　④ 25

해설

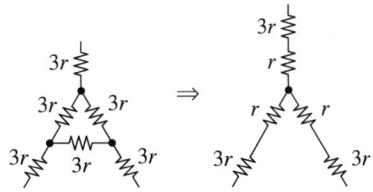

$\triangle - Y$ 등가 변환 시 $R_Y = \frac{1}{3}R_\triangle$이므로 $\triangle$ 결선 부분의 저항($3r$)을 Y 결선으로 변환한 후 1상당 합성저항을 구한다.

$$\therefore Z_p = \frac{1}{3} \times 3r + 3r = 4r[\Omega]$$

Y 결선에서 $V_l = \sqrt{3}\,V_p[\text{V}]$, $I_l = I_p[\text{A}]$이므로

$$I = I_l = I_p = \frac{V_p}{Z_p} = \frac{\frac{V_l}{\sqrt{3}}}{Z_p} = \frac{V_l}{\sqrt{3}\,Z_p}[\text{A}]$$

$$\therefore I = \frac{200\sqrt{3}}{\sqrt{3} \times 4 \times 2} = 25[\text{A}]$$

169 ★☆☆

Y 결선의 평형 3상 회로에서 선간 전압 V_{ab}와 상전압 V_{an}의 관계로 옳은 것은? (단, $V_{bn} = V_{an}e^{-j(2\pi/3)}$, $V_{cn} = V_{bn}e^{-j(2\pi/3)}$)

① $V_{ab} = \frac{1}{\sqrt{3}}e^{j(\pi/6)}V_{an}$

② $V_{ab} = \sqrt{3}\,e^{j(\pi/6)}V_{an}$

③ $V_{ab} = \frac{1}{\sqrt{3}}e^{-j(\pi/6)}V_{an}$

④ $V_{ab} = \sqrt{3}\,e^{-j(\pi/6)}V_{an}$

해설

선간 전압은 상전압보다 30° 앞선다.

$$\therefore V_{ab} = \sqrt{3}\,V_{an}\angle 30° = \sqrt{3}\,e^{j(\pi/6)}V_{an}[\text{V}]$$

170

불평형 Y 결선의 부하 회로에 평형 3상 전압을 가할 경우 중성점의 전위 $V_{n'n}[\text{V}]$는?(단, Z_1, Z_2, Z_3는 각 상의 임피던스$[\Omega]$이고, Y_1, Y_2, Y_3는 각 상의 임피던스에 대한 어드미턴스$[\mho]$이다.)

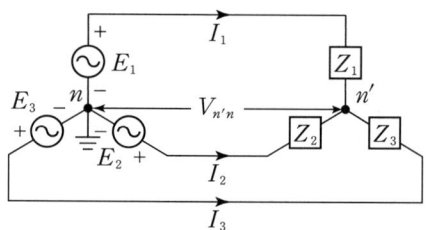

① $\dfrac{E_1+E_2+E_3}{Z_1+Z_2+Z_3}$ ② $\dfrac{Z_1E_1+Z_2E_2+Z_3E_3}{Z_1+Z_2+Z_3}$

③ $\dfrac{E_1+E_2+E_3}{Y_1+Y_2+Y_3}$ ④ $\dfrac{Y_1E_1+Y_2E_2+Y_3E_3}{Y_1+Y_2+Y_3}$

해설

그림과 같은 경우

$Y_n=0$, $I_n=0$, $Y_1=\dfrac{1}{Z_1}$, $Y_2=\dfrac{1}{Z_2}$, $Y_3=\dfrac{1}{Z_3}$ 이라면

$I_1=(E_1-V_{n'n})Y_1[\text{A}]$

$I_2=(E_2-V_{n'n})Y_2[\text{A}]$

$I_3=(E_3-V_{n'n})Y_3[\text{A}]$

$I_1+I_2+I_3=0$에 I_1, I_2, I_3를 대입하여 $V_{n'n}$에 대하여 정리한다.

$V_{n'n}=\dfrac{Y_1E_1+Y_2E_2+Y_3E_3}{Y_1+Y_2+Y_3}[\text{V}]$

별해

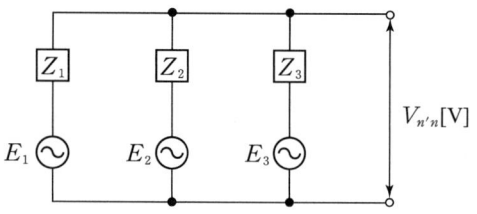

밀만의 정리에 의해

$V_{n'n}=\dfrac{\dfrac{E_1}{Z_1}+\dfrac{E_2}{Z_2}+\dfrac{E_3}{Z_3}}{\dfrac{1}{Z_1}+\dfrac{1}{Z_2}+\dfrac{1}{Z_3}}[\text{V}]$

$Y_1=\dfrac{1}{Z_1}$, $Y_2=\dfrac{1}{Z_2}$, $Y_3=\dfrac{1}{Z_3}$ 이라면

$V_{n'n}=\dfrac{Y_1E_1+Y_2E_2+Y_3E_3}{Y_1+Y_2+Y_3}[\text{V}]$

171

평형 3상 3선식 회로에서 부하는 Y 결선이고, 선간 전압이 $173.2\angle 0°[\text{V}]$일 때 선전류는 $20\angle -120°[\text{A}]$이었다면, Y 결선된 부하 한 상의 임피던스는 약 몇 $[\Omega]$인가?

① $5\angle 60°$ ② $5\angle 90°$

③ $5\sqrt{3}\angle 60°$ ④ $5\sqrt{3}\angle 90°$

해설

Y 결선에서의 전압과 전류의 관계는 아래와 같다.

$V_l=\sqrt{3}\,V_p\angle 30°$, $I_l=I_p$

따라서 위 관계식을 이용하여 부하 한 상의 임피던스를 구할 수 있다.

$Z_p=\dfrac{V_p}{I_p}=\dfrac{\dfrac{173.2\angle 0°}{\sqrt{3}}\angle 30°}{20\angle -120°}=5\angle 90°[\Omega]$

172

대칭 3상 Y 결선에서 선간 전압이 $200\sqrt{3}\,[\text{V}]$이고 각 상의 임피던스가 $30+j40[\Omega]$의 평형 부하일 때 선전류$[\text{A}]$는?

① 2 ② $2\sqrt{3}$

③ 4 ④ $4\sqrt{3}$

해설

Y 결선에서의 선전류는 아래와 같다.

$I_l=I_p=\dfrac{V_p}{Z}=\dfrac{\dfrac{200\sqrt{3}}{\sqrt{3}}}{\sqrt{30^2+40^2}}=\dfrac{200}{50}=4[\text{A}]$

정답 | 170 ④ 171 ② 172 ③

173 ★★☆

평형 3상 부하에 전력을 공급할 때 선전류가 $20[\mathrm{A}]$이고 부하의 소비 전력이 $4[\mathrm{kW}]$이다. 이 부하의 등가 Y 회로에 대한 각 상의 저항은 약 몇 $[\Omega]$인가?

① 3.3
② 5.7
③ 7.2
④ 10

해설

$P = 3I^2 R [\mathrm{W}] \Rightarrow R = \dfrac{P}{3I^2} = \dfrac{4,000}{3 \times 20^2} = 3.3[\Omega]$

(Y 결선 시 전류의 관계: $I = I_p = I_l$)

174 ★☆☆

3상 평형 회로에서 선간 전압이 $200[\mathrm{V}]$이고 각 상의 임피던스가 $24 + j7[\Omega]$인 Y 결선 3상 부하의 유효 전력은 약 몇 $[\mathrm{W}]$인가?

① 192
② 512
③ 1,536
④ 4,608

해설

$P = 3I^2 R = 3 \times \left(\dfrac{V_p}{Z}\right)^2 R = 3 \times \left(\dfrac{\dfrac{200}{\sqrt{3}}}{\sqrt{24^2 + 7^2}}\right)^2 \times 24$
$\quad = 1,536[\mathrm{W}]$

175 ★☆☆

그림과 같은 평형 3상 Y 결선에서 각 상이 $8[\Omega]$의 저항과 $6[\Omega]$의 리액턴스가 직렬로 연결된 부하에 선간 전압 $100\sqrt{3}[\mathrm{V}]$가 공급되었다. 이때 선전류는 몇 $[\mathrm{A}]$인가?

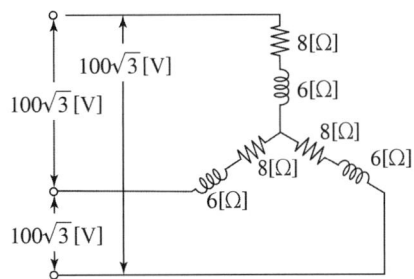

① 5
② 10
③ 15
④ 20

해설

$I_l = I_p = \dfrac{V_p}{Z_p} = \dfrac{100}{\sqrt{8^2 + 6^2}} = 10[\mathrm{A}]$

176 ★★☆

Y 결선된 대칭 3상 회로에서 전원 한 상의 전압이 $V_a = 220\sqrt{2}\sin\omega t[\mathrm{V}]$일 때 선간 전압의 실효값 크기는 약 몇 $[\mathrm{V}]$인가?

① 221
② 311
③ 381
④ 541

해설

문제에 주어진 상전압의 실효값은 아래와 같다.

$V_p = \dfrac{V_m}{\sqrt{2}} = \dfrac{220\sqrt{2}}{\sqrt{2}} = 220[\mathrm{V}]$

따라서 Y 결선에서의 선간 전압을 구할 수 있다.

$V_l = \sqrt{3}\,V_p = \sqrt{3} \times 220 = 381[\mathrm{V}]$

177 ★★☆

평형 3상 Y 결선 회로의 선간 전압이 V_l, 상전압이 V_p, 선전류가 I_l, 상전류가 I_p일 때 다음의 수식 중 틀린 것은?(단, P는 3상 부하 전력을 의미한다.)

① $V_l = \sqrt{3}\, V_p$
② $I_l = I_p$
③ $P = \sqrt{3}\, V_l I_l \cos\theta$
④ $P = \sqrt{3}\, V_p I_p \cos\theta$

해설

$P = 3V_p I_p \cos\theta = 3 \times \dfrac{V_l}{\sqrt{3}} \times I_l \cos\theta = \sqrt{3}\, V_l I_l \cos\theta\,[\text{W}]$

178 ★☆☆

3상 Y 결선의 전원에서 각 상전압의 크기가 $220[\text{V}]$일 때 선간 전압의 크기는 약 몇 $[\text{V}]$인가?

① 127　② 220
③ 311　④ 381

해설

$V_l = \sqrt{3}\, V_p = \sqrt{3} \times 220 = 381[\text{V}]$

179 ★☆☆

대칭 3상 Y 결선 부하에서 1상당의 부하 임피던스가 $Z = 16 + j12[\Omega]$이다. 부하 전류의 크기가 $10[\text{A}]$일 때 이 부하의 선간 전압의 크기는 약 몇 $[\text{V}]$인가?

① 200　② 245
③ 346　④ 375

해설

Y 결선에서의 선간전압
$V_l = \sqrt{3}\, V_p = \sqrt{3}\, I_p Z_p = \sqrt{3} \times 10 \times \sqrt{16^2 + 12^2} = 346[\text{V}]$

180 ★★★

그림과 같은 평형 3상 회로에서 전원 전압이 $V_{ab} = 200[\text{V}]$이고 부하 한상의 임피던스가 $Z = 4 + j3[\Omega]$인 경우 전원과 부하 사이 선전류 I_a는 약 몇 $[\text{A}]$인가?

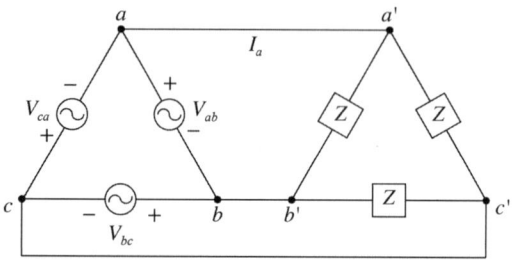

① $40\sqrt{3} \angle 36.87°[\text{A}]$
② $40\sqrt{3} \angle -36.87°[\text{A}]$
③ $40\sqrt{3} \angle 66.87°[\text{A}]$
④ $40\sqrt{3} \angle -66.87°[\text{A}]$

해설

$I_p = \dfrac{V_p}{Z} = \dfrac{200}{4 + j3} = 32 - j24 = 40 \angle -36.87°[\text{A}]$

Δ 결선에서 $V_l = V_p$, $I_l = \sqrt{3}\, I_p \angle -30°$이므로

$\therefore I_a = I_l = \sqrt{3} \times (40 \angle -36.87°) \times (1 \angle -30°)$
　　　$= 40\sqrt{3} \angle -66.87°[\text{A}]$

181 ★☆☆

전원과 부하가 $\Delta - \Delta$ 결선인 평형 3상 회로의 선간 전압이 $220[\text{V}]$, 선전류가 $30[\text{A}]$이었다면 부하 1상의 임피던스$[\Omega]$는?

① 9.7　② 10.7
③ 11.7　④ 12.7

해설

Δ 결선에서 $V_l = V_p[\text{V}]$, $I_l = \sqrt{3}\, I_p[\text{A}]$이므로

$Z_p = \dfrac{V_p}{I_p} = \dfrac{V_l}{\dfrac{I_l}{\sqrt{3}}} = \dfrac{\sqrt{3}\, V_l}{I_l}[\Omega]$

$\therefore Z_p = \dfrac{\sqrt{3} \times 220}{30} = 12.7[\Omega]$

182 ★★☆

대칭 3상 교류에서 선간전압이 $100[\text{V}]$, 한 상의 임피던스가 $5\angle 45°[\Omega]$인 부하를 △ 결선하였을 때 선전류는 약 몇 [A]인가?

① 42.3
② 34.6
③ 28.2
④ 19.2

해설

$Z_p = |5\angle 45°| = 5|1\angle 45°| = 5[\Omega]$

△ 결선에서 $V_l = V_p[\text{V}]$, $I_l = \sqrt{3}\, I_p[\text{A}]$이므로

$\therefore I_l = \sqrt{3}\, I_p = \sqrt{3}\,\dfrac{V_p}{Z_p} = \sqrt{3}\,\dfrac{V_l}{Z_p} = \sqrt{3}\times\dfrac{100}{5}$
$= 34.6[\text{A}]$

별해

△ 결선에서 $V_l = V_p[\text{V}]$, $I_l = \sqrt{3}\, I_p[\text{A}]$이므로

$I_p = \dfrac{100}{5\angle 45°} = 14.14 - j14.14[\text{A}]$

$I_l = \sqrt{3}\, I_p = \sqrt{3}(14.14 - j14.14)$
$= 24.49 - j24.49[\text{A}]$

$\therefore I_l = \sqrt{24.49^2 + 24.49^2} = 34.6[\text{A}]$

183 ★★☆

전원과 부하가 △ 결선된 3상 평형 회로가 있다. 전원 전압이 $200[\text{V}]$, 부하 1상의 임피던스가 $6+j8[\Omega]$일 때 선전류[A]는?

① 20
② $20\sqrt{3}$
③ $\dfrac{20}{\sqrt{3}}$
④ $\dfrac{\sqrt{3}}{20}$

해설

$I_l = \sqrt{3}\, I_p = \sqrt{3}\times\dfrac{V_p}{Z_p} = \sqrt{3}\times\dfrac{200}{\sqrt{6^2+8^2}} = 20\sqrt{3}\,[\text{A}]$

184 ★★★

3상 회로에 △ 결선된 평형 순저항 부하를 사용하는 경우 선간 전압 $220[\text{V}]$, 상전류가 $7.33[\text{A}]$라면 1상의 부하 저항은 약 몇 $[\Omega]$인가?

① 80
② 60
③ 45
④ 30

해설

△ 결선에서 $I_p = \dfrac{V_p}{R} = \dfrac{V_l}{R}$이므로 저항은 아래와 같다.

$R = \dfrac{V_l}{I_p} = \dfrac{220}{7.33} = 30[\Omega]$

185 ★★☆

1상의 직렬 임피던스가 $R=6[\Omega]$, $X_L=8[\Omega]$인 △결선의 평형 부하가 있다. 여기에 선간 전압 $100[\text{V}]$인 대칭 3상 교류 전압을 가하면 선전류는 몇 [A]인가?

① $3\sqrt{3}$
② $\dfrac{10\sqrt{3}}{3}$
③ 10
④ $10\sqrt{3}$

해설

$I_l = \sqrt{3}\, I_p = \sqrt{3}\times\dfrac{V_p}{Z_p} = \sqrt{3}\times\dfrac{100}{\sqrt{6^2+8^2}}$
$= 10\sqrt{3}\,[\text{A}]$

186 ★★☆

선간 전압이 $200[V]$인 대칭 3상 전원에 평형 3상 부하가 접속되어 있다. 부하 1상의 저항은 $10[\Omega]$, 유도 리액턴스 $15[\Omega]$, 용량 리액턴스 $5[\Omega]$가 직렬로 접속된 것이다. 부하가 Δ 결선일 경우 선로 전류$[A]$와 3상 전력$[W]$은 약 얼마인가?

① $I_l = 10\sqrt{6}$, $P_3 = 6,000$
② $I_l = 10\sqrt{6}$, $P_3 = 8,000$
③ $I_l = 10\sqrt{3}$, $P_3 = 6,000$
④ $I_l = 10\sqrt{3}$, $P_3 = 8,000$

해설

- 1상의 임피던스
$Z_p = R + j(X_L - X_C) = 10 + j(15-5) = 10 + j10[\Omega]$
- 선전류
$I_l = \sqrt{3} I_p = \sqrt{3} \times \dfrac{V_p}{Z_p} = \sqrt{3} \times \dfrac{200}{\sqrt{10^2 + 10^2}}$
$= 10\sqrt{6}[A]$
- 3상 전력
$P_3 = 3I_p^2 R = 3 \times \left(\dfrac{10\sqrt{6}}{\sqrt{3}}\right)^2 \times 10 = 6,000[W]$

187 ★☆☆

Δ 결선된 대칭 3상 부하가 있다. 역률이 0.8(지상)이고 소비 전력이 $1,800[W]$이다. 선로의 저항 $0.5[\Omega]$에서 발생하는 선로 손실이 $50[W]$이면 부하 단자 전압$[V]$은?

① 627 ② 525
③ 326 ④ 225

해설

- $P = \sqrt{3} VI\cos\theta[W] \Rightarrow VI = \dfrac{P}{\sqrt{3}\cos\theta} = \dfrac{1,800}{\sqrt{3}\times 0.8} = 1,299[VA]$
- $P_l = 3I^2 R[W] \Rightarrow I^2 = \dfrac{P_l}{3R} = \dfrac{50}{3\times 0.5} = 33.33$
$I = \sqrt{33.33} = 5.77[A]$
$\therefore V = \dfrac{1,299}{5.77} = 225[V]$

188 ★★★

그림과 같은 대칭 3상 Y 결선 부하 $Z = 6 + j8[\Omega]$에 $200[V]$의 상전압이 공급될 때 선전류는 몇 $[A]$인가?

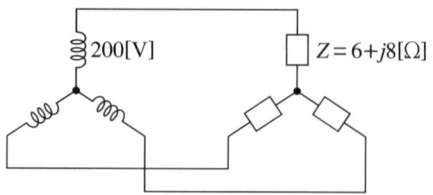

① $15[A]$ ② $20[A]$
③ $15\sqrt{3}[A]$ ④ $20\sqrt{3}[A]$

해설

$I_l = I_p = \dfrac{V_p}{Z_p} = \dfrac{200}{\sqrt{6^2 + 8^2}} = 20[A]$

189 ★★★

$R[\Omega]$인 3개의 저항을 같은 전원에 Δ 결선으로 접속시킬 때와 Y 결선으로 접속시킬 때 선전류의 크기 비 $\left(\dfrac{I_\Delta}{I_Y}\right)$는?

① $\dfrac{1}{3}$ ② $\sqrt{2}$
③ $\sqrt{3}$ ④ 3

해설

Y 결선으로 접속할 때의 선전류와 Δ 결선으로 접속할 때의 선전류를 각각 구하면 아래와 같다.

$I_Y = I_p = \dfrac{V_p}{R} = \dfrac{\frac{V_l}{\sqrt{3}}}{R} = \dfrac{V_l}{\sqrt{3} R}[A]$

$I_\Delta = \sqrt{3} I_p = \sqrt{3} \times \dfrac{V_p}{R} = \sqrt{3} \times \dfrac{V_l}{R} = \dfrac{\sqrt{3} V_l}{R}[A]$

따라서 선전류의 크기 비를 비교해 보면 아래와 같다.

$\dfrac{I_\Delta}{I_Y} = \dfrac{\frac{\sqrt{3} V_l}{R}}{\frac{V_l}{\sqrt{3} R}} = \sqrt{3} \times \sqrt{3} = 3$

| 정답 | 186 ① 187 ④ 188 ② 189 ④

190 ★☆☆

상전압이 $120[\text{V}]$인 평형 3상 Y 결선의 전원에 Y 결선 부하를 도선으로 연결하였다. 도선의 임피던스는 $1+j[\Omega]$이고, 부하의 임피던스는 $20+j10[\Omega]$이다. 이때 부하에 걸리는 전압은 약 몇 $[\text{V}]$인가?

① $67.18 \angle -25.4°$
② $101.62 \angle 0°$
③ $113.14 \angle -1.1°$
④ $118.42 \angle -30°$

해설

상전류 I_p를 구한다.

$I_p = \dfrac{V_p}{Z+Z_L} = \dfrac{120}{1+j+20+j10} = \dfrac{120}{21+j11}$
$= 4.48 - j2.35 [\text{A}]$

따라서 부하에 걸리는 전압은 아래와 같다.

$V_L = I_p \times Z_L = (4.48 - j2.35) \times (20+j10)$
$= 113.1 - j2.2 = 113.14 \angle -1.1°[\text{V}]$

THEME 03 대칭 좌표법(불평형 고장 계산 방법)

191 ★★★

대칭 좌표법에 관한 설명으로 틀린 것은?

① 불평형 3상 Y 결선의 비접지식 회로에서는 영상분이 존재한다.
② 불평형 3상 Y 결선의 접지식 회로에서는 영상분이 존재한다.
③ 평형 3상 전압은 정상분만 존재한다.
④ 평형 3상 전압에서 영상분은 0이다.

해설

- 영상분은 접지선이나 중성선에 존재하며, 비접지식 회로에는 존재하지 않는다.
- 평형 3상 전압은 정상분만 존재하며, 영상분 및 역상분은 0이다.

---

192 ★★★

3상 4선식에서 중성선이 필요하지 않아서 중성선을 제거하여 3상 3선식으로 하려고 한다. 이때 중성선의 조건식은 어떻게 되는가?

① $I_a + I_b + I_c = 1$
② $I_a + I_b + I_c = \sqrt{3}$
③ $I_a + I_b + I_c = 3$
④ $I_a + I_b + I_c = 0$

해설

3상 평형 시 중성선에는 전류가 흐르지 않으므로 제거가 가능하다.
3상 평형 시 전류 I_a, $I_b = a^2 I_a$, $I_c = a I_a$에서
$I_a + I_b + I_c = I_a + a^2 I_a + a I_a = (1+a+a^2)I_a = 0$

---

193 ★★☆

대칭 좌표법에 관한 설명이 아닌 것은?

① 대칭 좌표법은 일반적인 비대칭 3상 교류회로의 계산에도 이용된다.
② 대칭 3상 전압의 영상분과 역상분은 0이고, 정상분만 남는다.
③ 비대칭 3상 교류회로는 영상분, 역상분 및 정상분의 3성분으로 해석한다.
④ 비대칭 3상 회로의 접지식 회로에는 영상분이 존재하지 않는다.

해설

- 영상분은 접지선이나 중성선에 존재하며, 비접지식 회로에는 존재하지 않는다.
- 평형 3상 전압은 정상분만 존재하며, 영상분 및 역상분은 0이다.

194 ★★★

비접지 3상 Y 부하의 각 선에 흐르는 비대칭 각 선전류를 I_a, I_b, I_c라 할 때, 선전류의 영상분 I_0는?

① 0
② $I_a + I_b$
③ $I_a + I_b + I_c$
④ $\frac{1}{3}(I_a - I_b - I_c)$

해설
비접지 회로는 접지선이 없어 영상 전류의 통로가 없어지게 되므로 영상 전류는 0이 된다.

195 ★★★

비접지 3상 Y 회로에서 전류 $I_a = 15 + j2\,[\text{A}]$, $I_b = -20 - j14\,[\text{A}]$일 경우 $I_c\,[\text{A}]$는?

① $5 + j12$
② $-5 + j12$
③ $5 - j12$
④ $-5 - j12$

해설
비접지 방식에서는 영상 전류(I_0)가 0이므로 문제의 조건을 대입한다.
$I_0 = \frac{1}{3}(I_a + I_b + I_c) = \frac{1}{3}(15 + j2 - 20 - j14 + I_c) = 0$
$\therefore I_c = 5 + j12\,[\text{A}]$

196 ★★★

△ 결선된 평형 3상 부하로 흐르는 선전류가 I_a, I_b, I_c일 때, 이 부하로 흐르는 영상분 전류 $I_0\,[\text{A}]$는?

① $3I_a$
② I_a
③ $\frac{1}{3}I_a$
④ 0

해설
영상분 $I_0 = \frac{1}{3}(I_a + I_b + I_c)\,[\text{A}]$에서 평형상태이므로
$I_a + I_b + I_c = 0$
$\therefore I_0 = 0\,[\text{A}]$

197 ★★★

상의 순서가 $a-b-c$인 불평형 3상 전류가 $I_a = 15 + j2\,[\text{A}]$, $I_b = -20 - j14\,[\text{A}]$, $I_c = -3 + j10\,[\text{A}]$일 때 영상분 전류 I_0는 약 몇 [A]인가?

① $2.67 + j0.38$
② $2.02 + j6.98$
③ $15.5 - j3.56$
④ $-2.67 - j0.67$

해설
$I_0 = \frac{1}{3}(I_a + I_b + I_c) = \frac{1}{3} \times (15 + j2 - 20 - j14 - 3 + j10)$
$= -2.67 - j0.67\,[\text{A}]$

198 ★★☆

각 상의 전류가 $i_a(t) = 90\sin\omega t\,[\text{A}]$, $i_b(t) = 90\sin(\omega t - 90°)\,[\text{A}]$, $i_c(t) = 90\sin(\omega t + 90°)\,[\text{A}]$일 때 영상분 전류[A]의 순시치는?

① $30\cos\omega t$
② $30\sin\omega t$
③ $90\sin\omega t$
④ $90\cos\omega t$

해설
$i_0(t) = \frac{1}{3}\{(i_a(t) + i_b(t) + i_c(t))\}$
$= \frac{1}{3} \times 90\{\sin\omega t + \sin(\omega t - 90°) + \sin(\omega t + 90°)\}$
$= 30\{\sin\omega t + \sin(\omega t - 90°) - \sin(\omega t - 90°)\}$
$= 30\sin\omega t\,[\text{A}]$

별해
$I_a = \frac{90}{\sqrt{2}} \angle 0°\,[\text{A}]$, $I_b = \frac{90}{\sqrt{2}} \angle -90°\,[\text{A}]$, $I_c = \frac{90}{\sqrt{2}} \angle 90°\,[\text{A}]$
$I_0 = \frac{1}{3}(I_a + I_b + I_c) = \frac{1}{3} \times \left(\frac{90}{\sqrt{2}} - j\frac{90}{\sqrt{2}} + j\frac{90}{\sqrt{2}}\right) = \frac{30}{\sqrt{2}}\,[\text{A}]$
$\therefore i_0(t) = 30\sin\omega t\,[\text{A}]$

| 정답 | 194 ① | 195 ① | 196 ④ | 197 ④ | 198 ②

199 ★★☆

상순이 $a-b-c$인 회로에서 3상 전압이 $V_a[\text{V}]$, $V_b[\text{V}]$, $V_c[\text{V}]$일 때 역상분 전압 $V_2[\text{V}]$는?

① $V_2 = \dfrac{1}{3}(V_a + V_b + V_c)$

② $V_2 = \dfrac{1}{3}(V_a + aV_b + a^2V_c)$

③ $V_2 = \dfrac{1}{3}(V_a + a^2V_b + aV_c)$

④ $V_2 = \dfrac{1}{3}(aV_a + a^2V_b + V_c)$

해설

- 영상분 $V_0 = \dfrac{1}{3}(V_a + V_b + V_c)[\text{V}]$
- 정상분 $V_1 = \dfrac{1}{3}(V_a + aV_b + a^2V_c)[\text{V}]$
- 역상분 $V_2 = \dfrac{1}{3}(V_a + a^2V_b + aV_c)[\text{V}]$

200 ★★☆

A, B 및 C 상의 전류를 각각 I_a, I_b, I_c라 할 때, $I_x = \dfrac{1}{3}(I_a + aI_b + a^2I_c)$ 이고, $a = -\dfrac{1}{2} + j\dfrac{\sqrt{3}}{2}$ 이다. I_x는 어떤 전류인가?

① 정상 전류   ② 역상 전류
③ 영상 전류   ④ 무효 전류

해설

- 영상 전류 $I_0 = \dfrac{1}{3}(I_a + I_b + I_c)$
- 정상 전류 $I_1 = \dfrac{1}{3}(I_a + aI_b + a^2I_c)$
- 역상 전류 $I_2 = \dfrac{1}{3}(I_a + a^2I_b + aI_c)$

201 ★★☆

전류의 대칭분이 $I_0 = -2 + j4[\text{A}]$, $I_1 = 6 - j5[\text{A}]$, $I_2 = 8 + j10[\text{A}]$일 때 3상 전류 중 a상 전류(I_a)의 크기($|I_a|$)는 몇 [A]인가? (단, I_0는 영상분이고, I_1은 정상분이고, I_2는 역상분이다.)

① 9   ② 12
③ 15   ④ 19

해설

$I_a = I_0 + I_1 + I_2 = -2 + j4 + 6 - j5 + 8 + j10 = 12 + j9[\text{A}]$

$\therefore |I_a| = \sqrt{12^2 + 9^2} = 15[\text{A}]$

202 ★★☆

3상 전류가 $I_a = 10 + j3[\text{A}]$, $I_b = -5 - j2[\text{A}]$, $I_c = -3 + j4[\text{A}]$일 때 정상분 전류의 크기는 약 몇 [A]인가?

① 5   ② 6.4
③ 10.5   ④ 13.34

해설

$I_1 = \dfrac{1}{3}(I_a + aI_b + a^2I_c)$

$= \dfrac{1}{3}\left\{10 + j3 + \left(-\dfrac{1}{2} + j\dfrac{\sqrt{3}}{2}\right)(-5 - j2) \right.$

$\left. + \left(-\dfrac{1}{2} - j\dfrac{\sqrt{3}}{2}\right)(-3 + j4)\right\}$

$= \dfrac{1}{3}(19.2 + j0.27) = 6.4 + j0.09[\text{A}]$

$\therefore |I_1| = \sqrt{6.4^2 + 0.09^2} = 6.4[\text{A}]$

| 정답 | 199 ③   200 ①   201 ③   202 ②

203 ★★☆

불평형 3상 전류가 $I_a = 15 + j2[A]$, $I_b = -20 - j14[A]$, $I_c = -3 + j10[A]$일 때, 역상분 전류 $I_2[A]$는?

① $1.91 + j6.24$
② $15.74 - j3.57$
③ $-2.67 - j0.67$
④ $-8 - j2$

해설 3상 불평형에서 역상분

$$I_2 = \frac{1}{3}(I_a + a^2 I_b + a I_c)$$
$$= \frac{1}{3}\left\{15 + j2 + \left(-\frac{1}{2} - j\frac{\sqrt{3}}{2}\right)(-20 - j14)\right.$$
$$\left. + \left(-\frac{1}{2} + j\frac{\sqrt{3}}{2}\right)(-3 + j10)\right\}$$
$$= 1.91 + j6.24[A]$$

204 ★★☆

불평형 3상 전류 $I_a = 25 + j4[A]$, $I_b = -18 - j16[A]$, $I_c = 7 + j15[A]$일 때 영상전류 $I_0[A]$는?

① $2.67 + j$
② $2.67 + j2$
③ $4.67 + j$
④ $4.67 + j2$

해설

$$I_0 = \frac{1}{3}(I_a + I_b + I_c)$$
$$= \frac{1}{3}(25 + j4 - 18 - j16 + 7 + j15)$$
$$= \frac{1}{3}(14 + j3)$$
$$= 4.67 + j[A]$$

205 ★☆☆

다음과 같은 회로에서 V_a, V_b, $V_c[V]$를 평형 3상 전압이라 할 때 전압 $V_0[V]$은?

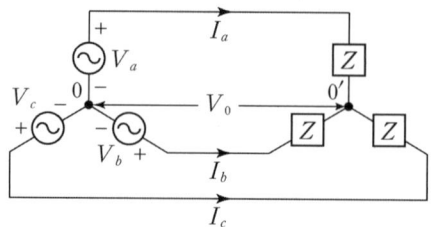

① 0
② $\dfrac{V_1}{3}$
③ $\dfrac{2}{3}V_1$
④ V_1

해설 평형 3상 전압
$\dot{V}_a = V\angle 0°[V]$
$\dot{V}_b = V\angle -120°[V]$
$\dot{V}_c = V\angle -240° = V\angle 120°[V]$
$\therefore \dot{V}_a + \dot{V}_b + \dot{V}_c = 0$
$V_o = \frac{1}{3}(V_a + V_b + V_c) = 0$

206 ★★☆

3상 회로의 대칭분 전압이 $V_0 = -8 + j3[V]$, $V_1 = 6 - j8[V]$, $V_2 = 8 + j12[V]$일 때 a상의 전압[V]은?(단, V_0는 영상분, V_1은 정상분, V_2는 역상분 전압이다.)

① $5 - j6$
② $5 + j6$
③ $6 - j7$
④ $6 + j7$

해설

$V_a = V_0 + V_1 + V_2$
$= -8 + j3 + 6 - j8 + 8 + j12$
$= 6 + j7[V]$

207 ★☆☆

불평형 3상 전압(V_a, V_b, V_c)에 대한 영상분(V_0), 정상분(V_1), 역상분(V_2)을 모두 더하면?

① 0
② 1
③ V_a
④ $V_a + 1$

해설

$V_0 + V_1 + V_2$
$= \frac{1}{3}(V_a + V_b + V_c) + \frac{1}{3}(V_a + aV_b + a^2 V_c)$
$\quad + \frac{1}{3}(V_a + a^2 V_b + aV_c)$
$= \frac{1}{3}(3V_a + (1+a+a^2)V_b + (1+a^2+a)V_c)$
$= V_a [\mathrm{V}]$

암기

$a^2 + a + 1 = 0$

208 ★★★

V_a, V_b, V_c를 3상 불평형 전압이라 하면 정상(正相) 전압 [V]은?(단, $a = -\frac{1}{2} + j\frac{\sqrt{3}}{2}$ 이다.)

① $3(V_a + V_b + V_c)$
② $\frac{1}{3}(V_a + V_b + V_c)$
③ $\frac{1}{3}(V_a + a^2 V_b + aV_c)$
④ $\frac{1}{3}(V_a + aV_b + a^2 V_c)$

해설

- 영상 전압 $V_0 = \frac{1}{3}(V_a + V_b + V_c)$
- 정상 전압 $V_1 = \frac{1}{3}(V_a + aV_b + a^2 V_c)$
- 역상 전압 $V_2 = \frac{1}{3}(V_a + a^2 V_b + aV_c)$

209 ★★☆

$a + a^2$의 값은?(단, $a = e^{j2\pi/3} = 1 \angle 120°$ 이다.)

① 0
② -1
③ 1
④ a^3

해설

$1 + a + a^2 = 0$
$\therefore a + a^2 = -1$

210 ★★★

3상 회로에서 각 상전압이 $V_a = 60[\mathrm{V}]$, $V_b = 0[\mathrm{V}]$, $V_c = -10 + j120[\mathrm{V}]$일 때, a상의 정상분 전압은 약 몇 [V]인가?

① $-13 - j24$
② $16 + j40$
③ $56 - j17$
④ $60 + j0$

해설

$V_1 = \frac{1}{3}(V_a + aV_b + a^2 V_c)$
$= \frac{1}{3}\left\{60 + \left(-\frac{1}{2} + j\frac{\sqrt{3}}{2}\right) \times 0 + \left(-\frac{1}{2} - j\frac{\sqrt{3}}{2}\right)(-10 + j120)\right\}$
$= 56 - j17 [\mathrm{V}]$

211 ★★★

대칭 좌표법에서 대칭분을 각 상전압으로 표시한 것 중 틀린 것은?

① $E_0 = \frac{1}{3}(E_a + E_b + E_c)$
② $E_1 = \frac{1}{3}(E_a + aE_b + a^2 E_c)$
③ $E_2 = \frac{1}{3}(E_a + a^2 E_b + aE_c)$
④ $E_3 = \frac{1}{3}(E_a^2 + E_b^2 + E_c^2)$

해설 대칭분 전압

- 영상 전압 $E_0 = \frac{1}{3}(E_a + E_b + E_c)[\mathrm{V}]$
- 정상 전압 $E_1 = \frac{1}{3}(E_a + aE_b + a^2 E_c)[\mathrm{V}]$
- 역상 전압 $E_2 = \frac{1}{3}(E_a + a^2 E_b + aE_c)[\mathrm{V}]$

212 ★★☆

전류의 대칭분을 I_0, I_1, I_2, 유기 기전력을 E_a, E_b, E_c, 단자 전압의 대칭분을 V_0, V_1, V_2라 할 때 3상 교류 발전기의 기본식 중 정상분 V_1 값은?(단, Z_0, Z_1, Z_2는 영상, 정상, 역상 임피던스이다.)

① $-Z_0 I_0$
② $-Z_2 I_2$
③ $E_a - Z_1 I_1$
④ $E_b - Z_2 I_2$

해설 발전기 기본식
- 영상분: $V_0 = -Z_0 I_0 [\text{V}]$
- 정상분: $V_1 = E_a - Z_1 I_1 [\text{V}]$
- 역상분: $V_2 = -Z_2 I_2 [\text{V}]$

213 ★★☆

3상 부하가 △ 결선되었을 때 a상에는 컨덕턴스 $0.3[\mho]$, b상에는 컨덕턴스 $0.3[\mho]$, c상은 유도 서셉턴스 $0.3[\mho]$가 연결되어 있다. 이 부하의 영상 어드미턴스$[\mho]$는?

① $0.2 - j0.1$
② $0.3 + j0.3$
③ $0.6 - j0.3$
④ $0.6 + j0.3$

해설
$$Y_0 = \frac{1}{3}(Y_a + Y_b + Y_c) = \frac{1}{3}(0.3 + 0.3 - j0.3)$$
$$= 0.2 - j0.1 [\mho]$$

214 ★★★

대칭 좌표법에서 사용되는 용어 중 3상에 공통된 성분을 표시하는 것은?

① 공통분
② 정상분
③ 역상분
④ 영상분

해설
3상 전원을 대칭분으로 표현하면 아래와 같다.
$I_a = I_0 + I_1 + I_2 [\text{A}]$
$I_b = I_0 + a^2 I_1 + a I_2 [\text{A}]$
$I_c = I_0 + a I_1 + a^2 I_2 [\text{A}]$
따라서 3상에 공통인 성분은 영상분(I_0)이다.

215 ★☆☆

대칭 3상 전압이 a상 $V_a[\text{V}]$, b상 $V_b = a^2 V_a[\text{V}]$, c상 $V_c = a V_a[\text{V}]$일 때 a상을 기준으로 한 대칭분 전압 중 정상분 $V_1[\text{V}]$은 어떻게 표시되는가?(단, $a = -\frac{1}{2} + j\frac{\sqrt{3}}{2}$이다.)

① 0
② V_a
③ $a V_a$
④ $a^2 V_a$

해설
$$V_1 = \frac{1}{3}(V_a + a V_b + a^2 V_c) = \frac{1}{3}(V_a + a^3 V_a + a^3 V_a)$$
$$= \frac{1}{3}(V_a + V_a + V_a) = V_a [\text{V}]$$

암기
$a^3 = 1$

216 ★★★

$V_a = 3[\text{V}]$, $V_b = 2 - j3[\text{V}]$, $V_c = 4 + j3[\text{V}]$를 3상 불평형 전압이라고 할 때 영상 전압$[\text{V}]$은?

① 0
② 3
③ 9
④ 27

해설
$$V_0 = \frac{1}{3}(V_a + V_b + V_c) = \frac{1}{3}(3 + 2 - j3 + 4 + j3) = 3[\text{V}]$$

217 ★★☆

불평형 3상 전류가 다음과 같을 때, 역상 전류 I_2는 약 몇 [A]인가?

- $I_a = 15 + j2[\text{A}]$
- $I_b = -20 - j14[\text{A}]$
- $I_c = -3 + j10[\text{A}]$

① $1.91 + j6.24$
② $2.17 + j5.34$
③ $3.38 - j4.26$
④ $4.27 - j3.68$

해설

$$I_2 = \frac{1}{3}(I_a + a^2 I_b + a I_c)$$
$$= \frac{1}{3}\left\{15 + j2 + \left(-\frac{1}{2} - j\frac{\sqrt{3}}{2}\right) \times (-20 - j14)\right.$$
$$\left. + \left(-\frac{1}{2} + j\frac{\sqrt{3}}{2}\right) \times (-3 + j10)\right\}$$
$$= 1.91 + j6.24[\text{A}]$$

218 ★★☆

단자 전압의 각 대칭분 V_0, V_1, V_2가 0이 아니면서 서로 같아지는 고장의 종류는?

① 1선 지락
② 선간 단락
③ 2선 지락
④ 3선 단락

해설
- 1선 지락 고장: $I_0 = I_1 = I_2[\text{A}]$
- 2선 지락 고장: $V_0 = V_1 = V_2[\text{V}]$

219 ★☆☆

3상 회로의 선간 전압이 각각 $80[\text{V}]$, $50[\text{V}]$, $50[\text{V}]$일 때의 전압의 불평형률[%]은?

① 39.6
② 57.3
③ 73.6
④ 86.7

해설

문제에 주어진 3상 전압의 벡터값은 아래와 같다.
$V_a = 80[\text{V}]$, $V_b = -40 - j30[\text{V}]$, $V_c = -40 + j30[\text{V}]$
위 값에서 정상 전압과 역상 전압을 구한다.

- $V_1 = \frac{1}{3}(V_a + aV_b + a^2V_c)$
$= \frac{1}{3}\{80 + (-0.5 + j0.866) \times (-40 - j30) + (-0.5 - j0.866)$
$\times (-40 + j30)\} = 57.32[\text{V}]$

- $V_2 = \frac{1}{3}(V_a + a^2V_b + aV_c)$
$= \frac{1}{3}\{80 + (-0.5 - j0.866) \times (-40 - j30) + (-0.5 + j0.866)$
$\times (-40 + j30)\} = 22.68[\text{V}]$

따라서 전압 불평형률은 아래와 같다.

전압 불평형률 $= \frac{\text{역상 전압}}{\text{정상 전압}} \times 100 = \frac{22.68}{57.32} \times 100 = 39.6[\%]$

별해

위 풀이가 어려운 수험생들은 아래와 같은 방법으로 정리하면 된다.
- 선간 전압 조건이 $80[\text{V}]$, $50[\text{V}]$, $50[\text{V}]$라고 주어진 경우:
  전압 불평형률 약 $40[\%]$ 정도
  ($V_a = 80[\text{V}]$, $V_b = -40 - j30[\text{V}]$, $V_c = -40 + j30[\text{V}]$)
- 선간 전압 조건이 $120[\text{V}]$, $100[\text{V}]$, $100[\text{V}]$라고 주어진 경우:
  전압 불평형률 약 $13[\%]$ 정도
  ($V_a = 120[\text{V}]$, $V_b = -60 - j80[\text{V}]$, $V_c = -60 + j80[\text{V}]$)
(전압 불평형 문제는 위의 2가지 수치로 출제되는 경우가 많다.)

220 ★★★

3상 회로의 영상분, 정상분, 역상분을 각각 I_0, I_1, I_2라 하고 선전류를 I_a, I_b, I_c라 할 때 I_b는?(단, $a = -\frac{1}{2} + j\frac{\sqrt{3}}{2}$ 이다.)

① $I_0 + I_1 + I_2$
② $I_0 + a^2 I_1 + a I_2$
③ $\frac{1}{3}(I_0 + I_1 + I_2)$
④ $\frac{1}{3}(I_0 + a I_1 + a^2 I_2)$

해설 대칭분으로 표현한 3상 전류
- $I_a = I_0 + I_1 + I_2$ [A]
- $I_b = I_0 + a^2 I_1 + a I_2$ [A]
- $I_c = I_0 + a I_1 + a^2 I_2$ [A]

221 ★☆☆

불평형 회로에서 영상분이 존재하는 3상 회로 구성은?

① $\Delta - \Delta$ 결선의 3상 3선식
② $\Delta - Y$ 결선의 3상 3선식
③ $Y - Y$ 결선의 3상 3선식
④ $Y - Y$ 결선의 3상 4선식

해설
영상 전류는 접지선에 흐르므로 접지 계통인 $Y-Y$ 결선의 3상 4선식에서만 영상분이 존재한다.

222 ★★☆

상순이 a-b-c인 3상 회로의 각 상전압이 보기와 같을 때 역상분 전압은 약 몇 [V]인가?(단, 보기 전압의 단위는 [V]이다.)

- $V_a = 220 \angle 0°$
- $V_b = 220 \angle -130°$
- $V_c = 185.95 \angle 115°$

① 22
② 28
③ 30
④ 35

해설
$$V_2 = \frac{1}{3}(V_a + a^2 V_b + a V_c)$$
$$= \frac{1}{3}(220 \angle 0° + 1 \angle 240° \times 220 \angle -130° + 1 \angle 120° \times 185.95 \angle 115°)$$
$$= \frac{1}{3}(220 + 220 \angle 110° + 185.95 \angle 235°)$$
$$= \frac{1}{3}[220 + 220(\cos 110° + j \sin 110°) + 185.95(\cos 235° + j \sin 235°)]$$
$$= \frac{1}{3}(38 + j54) = 12.7 + j18$$
$$\therefore |V_2| = \sqrt{12.7^2 + 18^2} = 22 [V]$$

223 ★★☆

3상 불평형 전압에서 영상전압이 150[V]이고 정상전압이 500[V], 역상전압이 300[V]이면 전압의 불평형률[%]은?

① 70
② 60
③ 50
④ 40

해설
계통에 불평형이 발생하면 이를 정상분, 영상분, 역상분의 대칭분으로 분해할 수 있으며, 정상분에 대한 역상분의 비를 불평형률[%]이라고 한다.
$$\therefore 불평형률 = \frac{V_2}{V_1} \times 100 = \frac{300}{500} \times 100 = 60 [\%]$$

224

3상 불평형 전압에서 불평형률은?

① $\dfrac{\text{영상 전압}}{\text{정상 전압}} \times 100 [\%]$

② $\dfrac{\text{역상 전압}}{\text{정상 전압}} \times 100 [\%]$

③ $\dfrac{\text{정상 전압}}{\text{역상 전압}} \times 100 [\%]$

④ $\dfrac{\text{정상 전압}}{\text{영상 전압}} \times 100 [\%]$

해설

불평형률 $= \dfrac{\text{역상 전압}}{\text{정상 전압}} \times 100 [\%] = \dfrac{V_2}{V_1} \times 100 [\%]$

225

대칭 좌표법에서 불평형률을 나타내는 것은?

① $\dfrac{\text{영상분}}{\text{정상분}} \times 100$

② $\dfrac{\text{정상분}}{\text{역상분}} \times 100$

③ $\dfrac{\text{정상분}}{\text{영상분}} \times 100$

④ $\dfrac{\text{역상분}}{\text{정상분}} \times 100$

해설

전압이나 전류의 불평형은 역상 성분 때문에 발생하는 것이므로 불평형률 관계식은 아래와 같다.

불평형률 $= \dfrac{\text{역상분}}{\text{정상분}} \times 100 [\%]$

$= \dfrac{V_2}{V_1} \times 100 [\%] = \dfrac{I_2}{I_1} \times 100 [\%]$

THEME 04 부하의 $Y-\Delta$ 및 $\Delta-Y$ 등가변환

226

9[Ω]과 3[Ω]인 저항 6개를 그림과 같이 연결하였을 때, a와 b 사이의 합성 저항[Ω]은?

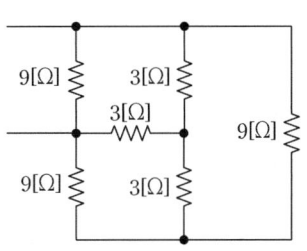

① 9
② 4
③ 3
④ 2

해설

최초 내부 Y 결선되어 있는 3[Ω]의 저항을 Δ 결선으로 변환한다.

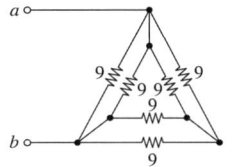 ⇒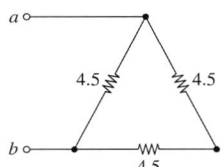

$R_{ab} = \dfrac{4.5 \times 9}{4.5 + 9} = \dfrac{40.5}{13.5} = 3[\Omega]$

| 정답 | 224 ② 225 ④ 226 ③

227

그림과 같이 $R[\Omega]$의 저항을 Y 결선하여 단자의 a, b 및 c에 비대칭 3상 전압을 가할 때, a 단자의 중성점 N에 대한 전압은 약 몇 [V]인가?(단, $V_{ab}=210[\text{V}]$, $V_{bc}=-90-j180[\text{V}]$, $V_{ca}=-120+j180[\text{V}]$)

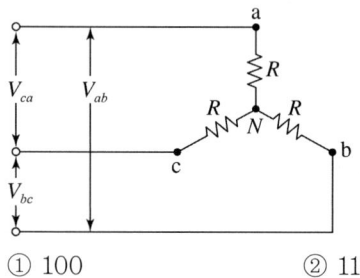

① 100　　② 116
③ 121　　④ 125

해설

구하는 상전압 $V_a = I_a R[\text{V}]$이다.
R을 $Y \to \triangle$ 변환하면 평형 부하이므로 $3R$이다.
$\triangle$ 결선에서 상전류 $I_a = I_{ab} - I_{ac}[\text{A}]$

$I_{ab} = \dfrac{V_{ab}}{3R}$, $I_{ac} = \dfrac{V_{ac}}{3R}$

$I_a = \dfrac{210}{3R} - \dfrac{-120+j180}{3R} = \dfrac{110-j60}{R}$

상전압 V_a는 아래와 같다.

$V_a = I_a R = \dfrac{110-j60}{R} \times R = 110-j60[\text{V}]$

$\therefore |V_a| = \sqrt{110^2 + 60^2} = 125.3[\text{V}]$

별해

위 풀이 방법이 너무 복잡하고 어려우면 아래와 같이 약식으로 구하면 된다. a상의 전압을 구하는 문제이므로 다른 조건은 오차가 크고, a상에서 가장 가까운 V_{ca}를 기준으로 하여 상전압을 구하면 된다.

$V_a = \dfrac{\sqrt{(-120)^2 + 180^2}}{\sqrt{3}} = 125[\text{V}]$

228

그림과 같이 Y 결선을 $\triangle$ 결선으로 변환할 경우 R_1의 임피던스는 몇 $[\Omega]$인가?

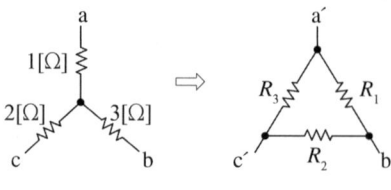

① 0.33　　② 3.67
③ 5.5　　④ 11

해설

Y 결선에서 $\triangle$ 결선으로 변환 시 공식은 다음과 같다.

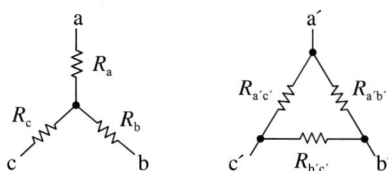

$R_{a'b'} = \dfrac{R_a R_b + R_b R_c + R_c R_a}{R_c}$

따라서 문제에서 R_1은 아래와 같다.

$R_1 = \dfrac{1 \times 3 + 3 \times 2 + 2 \times 1}{2} = 5.5[\Omega]$

229 ★★☆

다음과 같은 Y 결선 회로와 등가인 △ 결선 회로의 A, B, C 값은 몇 [Ω]인가?

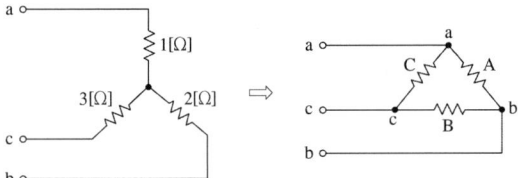

① $A = \dfrac{7}{3}$, $B = 7$, $C = \dfrac{7}{2}$

② $A = 7$, $B = \dfrac{7}{2}$, $C = \dfrac{7}{3}$

③ $A = 11$, $B = \dfrac{11}{2}$, $C = \dfrac{11}{3}$

④ $A = \dfrac{11}{3}$, $B = 11$, $C = \dfrac{11}{2}$

해설

$Y \to \Delta$ 등가 변환 공식에 문제의 조건을 대입한다.

- $A = \dfrac{1\times2+2\times3+3\times1}{3} = \dfrac{11}{3}[\Omega]$
- $B = \dfrac{1\times2+2\times3+3\times1}{1} = 11[\Omega]$
- $C = \dfrac{1\times2+2\times3+3\times1}{2} = \dfrac{11}{2}[\Omega]$

231 ★☆☆

대칭 3상 전압을 그림과 같은 평형 부하에 가할 때 부하의 역률은 약 얼마인가?(단, $R = 12[\Omega]$, $\dfrac{1}{\omega C} = 4[\Omega]$이다.)

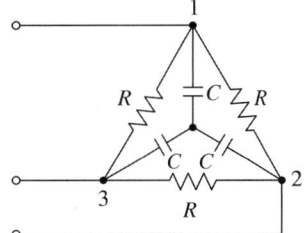

① 0.6   ② 0.7
③ 0.8   ④ 0.9

해설

저항을 $\Delta \to Y$ 변환한다.

$R_Y = \dfrac{12}{3} = 4[\Omega]$

따라서 $R-C$ 병렬 회로의 역률을 구하면 아래와 같다.

$\cos\theta = \dfrac{X}{\sqrt{R^2+X^2}} = \dfrac{4}{\sqrt{4^2+4^2}} = 0.71$

230 ★★★

전원이 Y 결선, 부하가 Δ 결선된 3상 대칭 회로가 있다. 전원의 상전압이 $220[\mathrm{V}]$이고 전원의 상전류가 $10[\mathrm{A}]$일 경우, 부하 한 상의 임피던스$[\Omega]$는?

① $22\sqrt{3}$ ② 22
③ $\dfrac{22}{\sqrt{3}}$ ④ 66

해설

문제에 주어진 상전압과 상전류 조건을 이용하여 Y 결선 상태의 한 상의 부하 임피던스를 구한다.

$Z_p = \dfrac{V_p}{I_p} = \dfrac{220}{10} = 22[\Omega]$

부하는 Δ 결선이므로 $Y \to \Delta$ 등가 변환에 의하여 아래와 같이 구할 수 있다.

$Z_\Delta = 3Z_Y = 3 \times 22 = 66[\Omega]$

232 ★★☆

그림과 같이 △ 회로를 Y회로로 등가 변환하였을 때 임피던스 $Z_a[\Omega]$는?

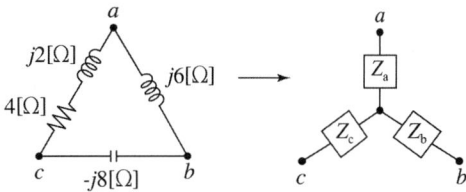

① 12   ② $-3+j6$
③ $4-j8$ ④ $6+j8$

해설

$Z_a = \dfrac{Z_{ab}Z_{ca}}{Z_{ab}+Z_{bc}+Z_{ca}} = \dfrac{j6 \times (4+j2)}{j6-j8+4+j2} = -3+j6[\Omega]$

233 ★★★

그림과 같이 결선된 회로의 단자(a, b, c)에 선간 전압이 $V[V]$인 평형 3상 전압을 인가할 때 상전류 $I[A]$의 크기는?

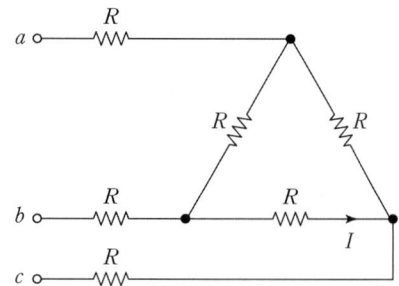

① $\dfrac{V}{4R}$　　② $\dfrac{3V}{4R}$

③ $\dfrac{\sqrt{3}\,V}{4R}$　　④ $\dfrac{V}{4\sqrt{3}\,R}$

해설

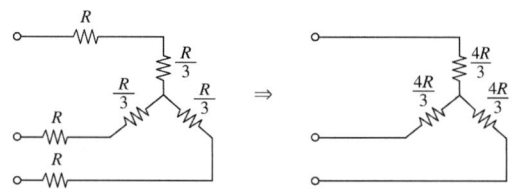

Δ 결선을 Y 결선으로 변환한 후 합성저항을 구하면
$R_Y = \dfrac{4R}{3}$ 이고, 다시 Δ 결선으로 변환하면 한 상의 저항은
$R_\Delta = 3R_Y = 4R$이다.
$I = \dfrac{V}{R_\Delta} = \dfrac{V}{4R}[A]$

234 ★★★

저항만으로 구성된 그림의 회로에 평형 3상 전압을 가했을 때 각 선에 흐르는 선전류가 모두 같게 되기 위한 $R[\Omega]$의 값은?

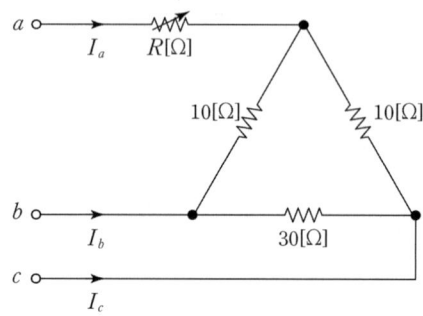

① 2　　② 4
③ 6　　④ 8

해설

$R_1 = 10[\Omega]$, $R_2 = 30[\Omega]$, $R_3 = 10[\Omega]$
Δ 결선된 저항을 Y 결선으로 변환
$R_a = \dfrac{R_1 R_3}{R_1 + R_2 + R_3} = \dfrac{10 \times 10}{10 + 30 + 10} = \dfrac{100}{50} = 2[\Omega]$
$R_b = \dfrac{R_1 R_2}{R_1 + R_2 + R_3} = \dfrac{10 \times 30}{10 + 30 + 10} = \dfrac{300}{50} = 6[\Omega]$
$R_c = \dfrac{R_3 R_2}{R_1 + R_2 + R_3} = \dfrac{10 \times 30}{10 + 30 + 10} = \dfrac{300}{50} = 6[\Omega]$

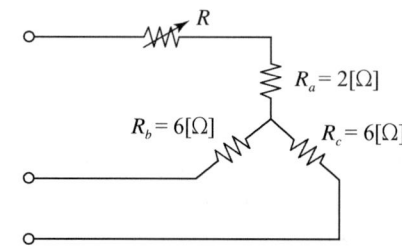

선전류가 같으려면 $R + R_a = R + 2 = 6$이다.
∴ $R = 6 - 2 = 4[\Omega]$

235 ★★☆

그림과 같은 순 저항 회로에서 대칭 3상 전압을 가할 때 각 선에 흐르는 전류가 같으려면 R의 값은 몇 $[\Omega]$인가?

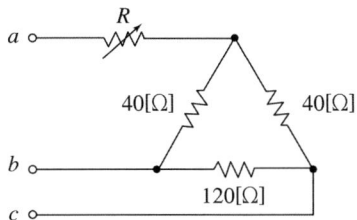

① 8
② 12
③ 16
④ 20

해설

주어진 △ 결선을 Y 결선으로 등가 변환한다.

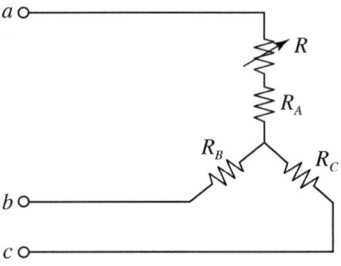

- $R_A = \dfrac{40 \times 40}{40+40+120} = 8[\Omega]$
- $R_B = \dfrac{40 \times 120}{40+40+120} = 24[\Omega]$
- $R_C = \dfrac{120 \times 40}{40+40+120} = 24[\Omega]$

따라서 각 선전류가 같기 위한 저항 R의 값은
$R_A + R = 8 + R = 24[\Omega]$
$R = 24 - 8 = 16[\Omega]$

236 ★★★

평형 3상 부하의 결선을 Y에서 △로 하면 소비 전력은 몇 배가 되는가?

① 1.5
② 1.73
③ 3
④ 3.46

해설

- △ 결선 시 소비 전력
$$P_\triangle = 3\dfrac{V_p^2}{R} = \dfrac{3V_l^2}{R}[\text{W}]$$

- Y 결선 시 소비 전력
$$P_Y = 3\dfrac{V_p^2}{R} = \dfrac{3\left(\dfrac{V_l}{\sqrt{3}}\right)^2}{R} = \dfrac{V_l^2}{R}[\text{W}]$$

$Y \to \triangle$ 변경 시 소비 전력은
$$\dfrac{P_\triangle}{P_Y} = \dfrac{\dfrac{3V_l^2}{R}}{\dfrac{V_l^2}{R}} = 3$$

즉, 3배가 됨을 알 수 있다.

237 ★★☆

전압 V가 $200[\text{V}]$인 3상 회로에 그림과 같은 평형 부하를 접속했을 때 선전류의 크기는 약 몇 $[\text{A}]$인가?(단, $R=9[\Omega]$, $\dfrac{1}{\omega C}=4[\Omega]$이다.)

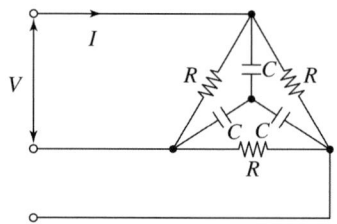

① 28.9 ② 38.5
③ 48.2 ④ 115.5

해설

Δ 결선의 저항 3개를 Y 결선으로 등가 변환한다.

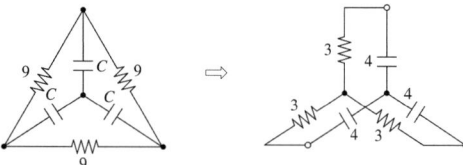

또한 저항과 콘덴서의 한 상에 대한 합성 어드미턴스는

$Y_p = \sqrt{\left(\dfrac{1}{3}\right)^2 + \left(\dfrac{1}{4}\right)^2} = 0.417[\text{℧}]$이다.

따라서 선전류는

$I_l = I_p = Y_p V_p = 0.417 \times \dfrac{200}{\sqrt{3}} = 48.2[\text{A}]$이다.

238 ★★☆

$r[\Omega]$인 6개의 저항을 그림과 같이 접속하고 평형 3상 전압 E를 가했을 때 전류 I는 몇 $[\text{A}]$인가?(단, $r=3[\Omega]$, $E=60[\text{V}]$이다.)

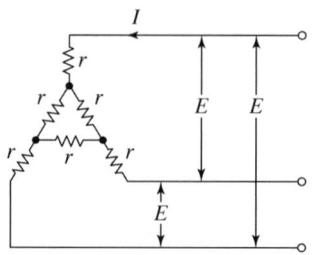

① 8.66 ② 9.56
③ 10.8 ④ 12.6

해설

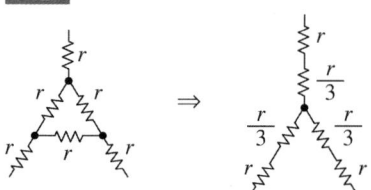

주어진 3상 회로의 안에 접속된 저항 3개는 Δ 결선이고, 바깥에 접속된 저항 3개는 Y 결선이므로 Δ 결선 회로를 Y 결선으로 등가 변환하여 저항 회로를 합성한다.

$R = r + \dfrac{r}{3} = \dfrac{4r}{3} = \dfrac{4 \times 3}{3} = 4[\Omega]$

따라서 선전류 I를 계산하면 아래와 같다.

$I = \dfrac{\frac{60}{\sqrt{3}}}{4} = 8.66[\text{A}]$

239 ★★★

같은 저항 $r[\Omega]$ 6개를 사용하여 그림과 같이 결선하고 대칭 3상 전압 $V[V]$를 가하였을 때, 흐르는 전류 I는 몇 [A]인가?

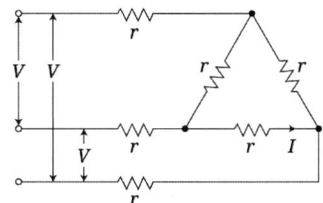

① $\dfrac{V}{2r}$ 　　　　② $\dfrac{V}{3r}$

③ $\dfrac{V}{4r}$ 　　　　④ $\dfrac{V}{5r}$

해설

Δ 결선의 저항 부분을 Y 결선으로 바꾼 후에 각 상의 합성 저항을 구한다.

$R = r + \dfrac{r}{3} = \dfrac{4}{3}r\,[\Omega]$

따라서 선전류를 구하면 아래와 같다.

$I_l = \dfrac{V_p}{Z} = \dfrac{\dfrac{V}{\sqrt{3}}}{\dfrac{4}{3}r} = \dfrac{\sqrt{3}\,V}{4r}\,[A]$

Δ 결선 부분의 상전류를 구하면 아래와 같다.

$I = \dfrac{I_l}{\sqrt{3}} = \dfrac{V}{4r}\,[A]$

THEME 05 특수한 결선법

240 ★★★

10[kVA] 변압기 2대로 공급할 수 있는 최대 3상 전력은 약 몇 [kVA]인가?

① 20　　　　② 17.3
③ 14.1　　　④ 10

해설

변압기 2대로 V 결선하면 3상 전력을 공급할 수 있다.

$\therefore P_v = \sqrt{3}\,P_1 = \sqrt{3} \times 10 = 17.3\,[kVA]$

241 ★★★

용량이 50[kVA]인 단상 변압기 3대를 Δ 결선하여 3상으로 운전하는 중 1대의 변압기에 고장이 발생하였다. 나머지 2대의 변압기를 이용하여 3상 V결선으로 운전하는 경우 최대 출력은 몇 [kVA]인가?

① $30\sqrt{3}$　　　　② $50\sqrt{3}$
③ $100\sqrt{3}$　　　④ $200\sqrt{3}$

해설

나머지 변압기 2대로 V 결선한 3상 출력은 다음과 같다.
$P_V = \sqrt{3}\,P_1 = \sqrt{3} \times 50 = 50\sqrt{3}\,[kVA]$

242 ★★★

△ 결선으로 운전 중인 3상 변압기에서 하나의 변압기 고장에 의해 V 결선으로 운전하는 경우, V 결선으로 공급할 수 있는 전력은 고장 전 △ 결선으로 공급할 수 있는 전력에 비해 약 몇 [%]인가?

① 86.6 ② 75.0
③ 66.7 ④ 57.7

해설

출력비 $= \dfrac{V \text{결선 출력}}{\triangle \text{결선 3상 출력}} = \dfrac{\sqrt{3}\,VI}{3\,VI} = \dfrac{1}{\sqrt{3}}$
$= 0.577 (\therefore 57.7[\%])$

243 ★★★

동일한 용량 2대의 단상 변압기를 V 결선하여 3상으로 운전하고 있다. 단상 변압기 2대의 용량에 대한 3상 V 결선 시 변압기 용량의 비인 변압기 이용률은 약 몇 [%]인가?

① 57.7 ② 70.7
③ 80.1 ④ 86.6

해설

V 결선 변압기 이용률 $= \dfrac{\sqrt{3}\,VI\cos\theta}{2\,VI\cos\theta} \times 100$
$= \dfrac{\sqrt{3}}{2} \times 100 = 86.6[\%]$

244 ★★★

$100[\text{kVA}]$ 단상 변압기 3대로 △ 결선하여 3상 전원을 공급하던 중 1대의 고장으로 V 결선하였다면 출력은 약 몇 [kVA]인가?

① 100 ② 173
③ 245 ④ 300

해설

$P_V = \sqrt{3}\,P = \sqrt{3} \times 100 = 173[\text{kVA}]$

245 ★★★

3대의 단상 변압기를 △ 결선하여 운전하던 중 변압기 1대를 고장으로 제거하여 V 결선으로 한 경우 공급할 수 있는 전력은 고장 전 전력의 약 몇 [%]인가?

① 57.7 ② 50.0
③ 63.3 ④ 67.7

해설

- V 결선의 출력비

$\dfrac{P_v}{P_\triangle} = \dfrac{\sqrt{3}\,P}{3P} = \dfrac{1}{\sqrt{3}} = 0.577 (\therefore 57.7[\%])$

- V 결선의 이용률

$\dfrac{P_v(\text{실제})}{P_v(\text{이론})} = \dfrac{\sqrt{3}\,P}{2P} = \dfrac{\sqrt{3}}{2} = 0.866 (\therefore 86.6[\%])$

246 ★★☆

대칭 6상 성형 결선 전원의 상전압의 크기가 $100[\text{V}]$일 때 이 전원의 선간 전압의 크기[V]는?

① 200 ② $100\sqrt{3}$
③ $100\sqrt{2}$ ④ 100

해설

$V_l = 2V_p \sin\dfrac{\pi}{n} = 2 \times 100 \times \sin\dfrac{\pi}{6}$
$= 200\sin 30° = 100[\text{V}]$

247 ★★☆

대칭 6상 성형 결선에서 선간 전압과 상전압과의 관계로 옳은 것은?(단, E_l: 선간전압, E_p: 상전압이다.)

① $E_l = \sqrt{3} E_p$ ② $E_l = \dfrac{1}{\sqrt{3}} E_p$

③ $E_l = \dfrac{2}{\sqrt{3}} E_p$ ④ $E_l = E_p$

해설
n상 Y결선(성형 결선)에서 선간 전압과 상전압의 관계
$E_l = 2\sin\dfrac{\pi}{n} E_p$
대칭 6상이므로 $n=6$을 대입하면
$E_l = 2\sin\dfrac{\pi}{6} E_p = E_p$ [V]

248 ★★☆

다음의 대칭 다상 교류에 의한 회전 자계 중 잘못된 것은?

① 대칭 3상 교류에 의한 회전자계는 원형 회전자계이다.
② 회전자계의 회전속도는 일정한 각속도이다.
③ 대칭 2상 교류에 의한 회전자계는 타원형 회전자계이다.
④ 3상 교류에서 어느 두 코일의 전류의 상순을 바꾸면 회전자계의 방향도 바뀐다.

해설 회전자계
- 대칭 n상 교류는 원형 회전자계를 형성한다.
- 회전 자계의 회전 속도는 일정한 각속도를 갖는다.
- 비대칭 n상 교류는 타원형 회전자계를 형성한다.
- 3상 교류에서 어느 두 코일의 전류의 상순을 바꾸면 회전 자계의 방향도 바뀐다.

249 ★★★

대칭 6상 기전력의 선간전압과 상기전력의 위상차는?

① $\dfrac{2}{3}\pi$ ② $\dfrac{1}{3}\pi$

③ $\dfrac{1}{6}\pi$ ④ $\dfrac{1}{12}\pi$

해설
n상 전원의 위상 관계식
$\theta = \dfrac{\pi}{2}\left(1 - \dfrac{2}{n}\right)$
∴ 대칭 6상 전원의 위상차
$\theta = \dfrac{\pi}{2}\left(1 - \dfrac{2}{6}\right) = \dfrac{\pi}{3}$

250 ★★★

대칭 5상 교류 성형 결선에서 선간 전압과 상전압 간의 위상차는 몇 도인가?

① $27°$ ② $36°$
③ $54°$ ④ $72°$

해설
$\theta = \dfrac{\pi}{2}\left(1 - \dfrac{2}{n}\right) = 90° \times \left(1 - \dfrac{2}{5}\right) = 54°$

251 ★★☆

대칭 n상 환상 결선에서 선전류와 환상 전류 사이의 위상차는 어떻게 되는가?

① $2\left(1 - \dfrac{2}{n}\right)$ ② $\dfrac{n}{2}\left(1 - \dfrac{\pi}{2}\right)$

③ $\dfrac{\pi}{2}\left(1 - \dfrac{n}{2}\right)$ ④ $\dfrac{\pi}{2}\left(1 - \dfrac{2}{n}\right)$

해설 n상 전원의 전압과 위상차 관련 공식
- 전압: $V_l = 2V_p \sin\dfrac{\pi}{n}$ [V]
- 위상차: $\theta = \dfrac{\pi}{2}\left(1 - \dfrac{2}{n}\right)$

| 정답 | 247 ④ 248 ③ 249 ② 250 ③ 251 ④

252 ★★☆

대칭 6상 전원이 있다. 환상 결선으로 각 전원이 150[A]의 전류를 흘린다고 하면 선전류는 몇 [A]인가?

① 50
② 75
③ $\dfrac{150}{\sqrt{3}}$
④ 150

해설

$I_l = 2I_p \sin\dfrac{\pi}{n} = 2 \times 150 \times \sin\dfrac{\pi}{6} = 2 \times 150 \times \sin 30°$
$= 150[A]$

253 ★★★

공간적으로 서로 $\dfrac{2\pi}{n}$[rad]의 각도를 두고 배치한 n개의 코일에 대칭 n상 교류를 흘리면 그 중심에 생기는 회전자계의 모양은?

① 원형 회전자계
② 타원형 회전자계
③ 원통형 회원자계
④ 원추형 회원자계

해설

원형 회전자계는 대칭 전원에서 발생하는 자계이고, 타원형 회전자계는 비대칭 전원에서 발생하는 자계이다. 문제에 주어진 전원은 대칭 n상 전원이므로 원형 회전자계가 발생한다.

254 ★★☆

대칭 10상 회로의 선간 전압이 100[V]일 때, 상전압은 약 몇 [V]인가?(단, $\sin 18° = 0.309$이다.)

① 161.8
② 172
③ 183.1
④ 193

해설

대칭 n상 전원의 선간 전압과 상전압의 관계는
$V_l = 2V_p \sin\dfrac{\pi}{n}$ 이므로 이 식에 문제 조건을 대입한다.

$V_p = \dfrac{V_l}{2\sin\dfrac{\pi}{n}} = \dfrac{100}{2\times\sin\dfrac{180°}{10}}$

$= \dfrac{100}{2\times\sin 18°} = \dfrac{100}{2\times 0.309} = 161.8[V]$

255 ★★★

대칭 6상 기전력의 선간 전압과 상기전력의 위상차는?

① 120°
② 60°
③ 30°
④ 15°

해설

$\theta = \dfrac{\pi}{2}\left(1 - \dfrac{2}{n}\right) = 90° \times \left(1 - \dfrac{2}{6}\right) = 60°$

256 ★★★

대칭 n상 Y 결선에서 선간 전압의 크기는 상전압의 몇 배인가?

① $\sin\dfrac{\pi}{n}$
② $\cos\dfrac{\pi}{n}$
③ $2\sin\dfrac{\pi}{n}$
④ $2\cos\dfrac{\pi}{n}$

해설

n상 전원의 선간 전압과 상전압 관계식은 아래와 같다.
$V_l = 2V_p \sin\dfrac{\pi}{n}$ [V]

따라서 선간 전압과 상전압의 비는 아래와 같이 구할 수 있다.
$\dfrac{V_l}{V_p} = 2\sin\dfrac{\pi}{n}$

THEME 06 전력의 측정

257 ★★☆

평형 3상 부하에 선간전압의 크기가 $200[\text{V}]$인 평형 3상 전압을 인가했을 때 흐르는 선전류의 크기가 $8.6[\text{A}]$이고 무효전력이 $1,298[\text{Var}]$이었다. 이때 이 부하의 역률은 약 얼마인가?

① 0.6
② 0.7
③ 0.8
④ 0.9

해설

$P_r = \sqrt{3}\,V_l I_l \sin\theta[\text{Var}]$에서

$\sin\theta = \dfrac{P_r}{\sqrt{3}\,V_l I_l} = \dfrac{1,298}{\sqrt{3}\times 200\times 8.6} = 0.4357$

역률 $\cos\theta = \sqrt{1-\sin^2\theta} = \sqrt{1-0.4357^2} = 0.9$

암기

$\sin^2\theta + \cos^2\theta = 1$

258 ★★☆

두 대의 전력계를 사용하여 3상 평형 부하의 역률을 측정하려고 한다. 전력계의 지시가 각각 $P_1[\text{W}]$, $P_2[\text{W}]$라 할 때 이 회로의 역률은?

① $\dfrac{\sqrt{P_1+P_2}}{P_1+P_2}$

② $\dfrac{P_1+P_2}{P_1^2+P_2^2-2P_1P_2}$

③ $\dfrac{2(P_1+P_2)}{\sqrt{P_1^2+P_2^2-P_1P_2}}$

④ $\dfrac{P_1+P_2}{2\sqrt{P_1^2+P_2^2-P_1P_2}}$

해설 2전력계법

- 유효전력 $P = P_1 + P_2[\text{W}]$
- 무효전력 $P_r = \sqrt{3}\,|P_1 - P_2|[\text{Var}]$
- 피상전력 $P_a = 2\sqrt{P_1^2+P_2^2-P_1P_2}\,[\text{VA}]$
- 역률 $\cos\theta = \dfrac{P}{P_a} = \dfrac{P_1+P_2}{2\sqrt{P_1^2+P_2^2-P_1P_2}}$

259 ★★☆

단상 전력계 2개로 평형 3상 부하의 전력을 측정하였더니 각각 $300[\text{W}]$와 $600[\text{W}]$를 나타내었다. 부하 역률은 얼마인가?(단, 전압과 전류는 정현파이다.)

① 0.5
② 0.577
③ 0.637
④ 0.866

해설

- 유효전력
  $P = P_1 + P_2 = 300 + 600 = 900[\text{W}]$
- 피상전력
  $P_a = 2\sqrt{P_1^2+P_2^2-P_1P_2}\,[\text{VA}]$
  $\therefore P_a = 2\times\sqrt{300^2+600^2-300\times 600} = 1,039[\text{VA}]$
- 역률
  $\cos\theta = \dfrac{P}{P_a} = \dfrac{900}{1,039} = 0.866$

260 ★☆☆

선간 전압이 $V_{ab}[\text{V}]$인 3상 평형 전원에 대칭 부하 $R[\Omega]$이 그림과 같이 접속되어 있을 때, a, b 두 상 간에 접속된 전력계의 지시 값이 $W[\text{W}]$라면 c상 전류의 크기[A]는?

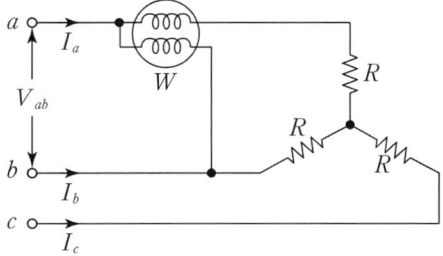

① $\dfrac{W}{3V_{ab}}$
② $\dfrac{2W}{3V_{ab}}$
③ $\dfrac{2W}{\sqrt{3}\,V_{ab}}$
④ $\dfrac{\sqrt{3}\,W}{V_{ab}}$

해설

전원은 평형 3상, 부하는 대칭이다.
$V_{ab} = V_{bc} = V_{ca}$, $I_a = I_b = I_c$
2 전력계법에 의해 전체 전력
$P = 2W = \sqrt{3}\,V_{ab}I_c$
$\therefore I_c = \dfrac{2W}{\sqrt{3}\,V_{ab}}[\text{A}]$

261 ★★☆

대칭 3상 전압이 공급되는 3상 유도 전동기에서 각 계기의 지시는 다음과 같다. 유도 전동기의 역률은 약 얼마인가?

- 전력계(W_1): 2.84[kW], 전력계(W_2): 6.00[kW]
- 전압계(V): 200[V], 전류계(A): 30[A]

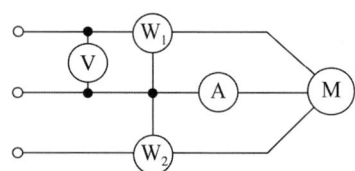

① 0.70　　② 0.75
③ 0.80　　④ 0.85

해설

- 3상 유효 전력
  $P = W_1 + W_2 = 2.84 + 6 = 8.84[\text{kW}] = 8,840[\text{W}]$
- 3상 피상 전력
  $P_a = \sqrt{3}\,VI = \sqrt{3} \times 200 \times 30 = 10,392[\text{VA}]$

∴ $\cos\theta = \dfrac{P}{P_a} = \dfrac{8,840}{10,392} = 0.85$

262 ★★★

2 전력계법으로 평형 3상 전력을 측정하였더니 한 쪽의 지시가 500[W], 다른 한 쪽의 지시가 1,500[W]이었다. 피상 전력은 약 몇 [VA]인가?

① 2,000　　② 2,310
③ 2,646　　④ 2,771

해설

$P_a = 2\sqrt{P_1^2 + P_2^2 - P_1 P_2}$
$= 2\sqrt{500^2 + 1,500^2 - 500 \times 1,500} = 2,646[\text{VA}]$

263 ★★★

2 전력계법을 이용한 평형 3상 회로의 전력이 각각 500[W] 및 300[W]로 측정되었을 때, 부하의 역률은 약 몇 [%]인가?

① 70.7　　② 87.7
③ 89.2　　④ 91.8

해설

$\cos\theta = \dfrac{P_1 + P_2}{2\sqrt{P_1^2 + P_2^2 - P_1 P_2}}$
$= \dfrac{500 + 300}{2\sqrt{500^2 + 300^2 - 500 \times 300}} = 0.918\ (∴ 91.8[\%])$

264 ★★☆

2개의 전력계로 평형 3상 부하의 전력을 측정하였더니 한쪽의 지시가 다른 쪽 전력계 지시의 3배였다면 부하의 역률은 약 얼마인가?

① 0.46　　② 0.55
③ 0.65　　④ 0.76

해설

역률 $\cos\theta = \dfrac{P_1 + P_2}{2\sqrt{P_1^2 + P_2^2 - P_1 P_2}}$

문제에 주어진 조건에 따라 $P_2 = 3P_1$ 라고 하면

$\cos\theta = \dfrac{P_1 + 3P_1}{2\sqrt{P_1^2 + (3P_1)^2 - P_1 \times 3P_1}} = \dfrac{P_1 + 3P_1}{2\sqrt{10P_1^2 - 3P_1^2}}$
$= \dfrac{4P_1}{2\sqrt{7P_1^2}} = \dfrac{4}{2\sqrt{7}} = 0.76$

265

$Z = 5\sqrt{3} + j5[\Omega]$인 3개의 임피던스를 Y 결선하여 선간 전압 $250[\mathrm{V}]$의 평형 3상 전원에 연결하였다. 이때 소비되는 유효 전력은 약 몇 $[\mathrm{W}]$인가?

① 3,125
② 5,413
③ 6,252
④ 7,120

해설

$$P = 3I^2R = 3\left(\frac{V_p}{\sqrt{R^2+X^2}}\right)^2 R = 3\left(\frac{\frac{V_l}{\sqrt{3}}}{\sqrt{R^2+X^2}}\right)^2 R = \frac{3\left(\frac{V_l}{\sqrt{3}}\right)^2 R}{R^2+X^2}$$

$$= \frac{3\times\left(\frac{250}{\sqrt{3}}\right)^2 \times 5\sqrt{3}}{(5\sqrt{3})^2 + 5^2} = 5{,}413[\mathrm{W}]$$

암기
Y 결선에서의 선간 전압(V_l)은 상전압(V_p)보다 $\sqrt{3}$ 배 크다.

266

대칭 3상 Y 부하에서 각 상의 임피던스가 $3+j4[\Omega]$이고 부하 전류가 $20[\mathrm{A}]$일 때 이 부하에서 소비되는 유효 전력$[\mathrm{W}]$은?

① 1,400
② 1,600
③ 1,800
④ 3,600

해설

$P = 3I^2R = 3 \times 20^2 \times 3 = 3{,}600[\mathrm{W}]$

267

평형 3상 저항 부하가 3상 4선식 회로에 접속되어 있을 때 단상 전력계를 그림과 같이 접속하였더니 그 지시값이 $W[\mathrm{W}]$이었다. 이 부하의 3상 전력$[\mathrm{W}]$은?

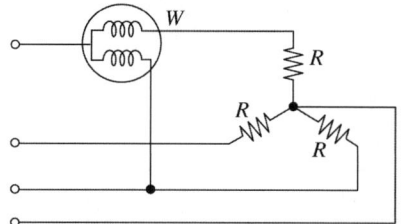

① $\sqrt{2}\,W$
② $2W$
③ $\sqrt{3}\,W$
④ $3W$

해설

3상 전력을 측정하기 위해서는 아래 회로와 같이 전력계 2개를 사용한 2 전력계법으로 측정하여야 한다.

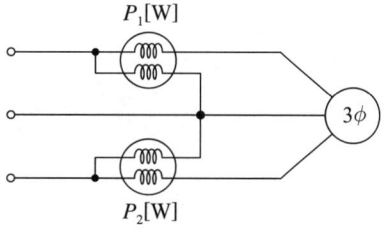

유효 전력 $P = P_1 + P_2\,[\mathrm{W}]$

하지만 문제 조건에서는 평형 3상 저항 부하가 접속된 회로로서 위 2 전력계의 지시값 $P_1 = P_2$ 이며 전력계의 지시값이 같은 값을 측정하게 된다. 따라서 2 전력계법처럼 전력계 2개를 사용할 필요 없이 하나의 전력계로 측정하여 이 전력 지시값의 2배를 하게 되면 3상 전력을 측정한 값과 동일하게 된다.

$W + W = 2W$

비정현파 교류

1. 비정현파의 전압 및 전류 실효값
2. 비정현파의 전력 계산
3. 고조파에서의 임피던스 변화
4. 푸리에 급수

CBT 완벽대비 가능한 유형마스터 학습!

THEME	유형분석	관련 번호
THEME 01 비정현파의 전압 및 전류 실효값	비정현파의 정의와 비정현파가 포함된 전원에 관해 묻는 문제가 나옵니다. 계산 방법과 특징을 완벽하게 이해하는 것이 중요합니다.	268~278
THEME 02 비정현파의 전력 계산	비정현파의 전력 계산, 역률 등의 계산 문제 비중이 높습니다. 간혹 고난도 문제도 출제되는 편입니다.	279~290
THEME 03 고조파에서의 임피던스 변화	$R-L$ 직렬 회로와, $R-C$ 직렬 회로에 따른 임피던스 값을 묻는 문제가 출제됩니다. 응용을 요구하지 않는 쉬운 문제들로 출제됩니다.	291~295
THEME 04 푸리에 급수	푸리에 급수 정의와 표현식에 관해 묻는 문제가 출제됩니다. 대부분 이를 응용한 계산 문제가 출제됩니다.	296~302

학습 효과를 높이는 N제 3회독 시스템

챕터 별 전체 1회독이 끝났다면 회독 체크표에 날짜를 기입하고 체크표시를 해주세요.

회독 체크표	☐ 1회독	월 일	☐ 2회독	월 일	☐ 3회독	월 일

CHAPTER 08 비정현파 교류

THEME 01 비정현파의 전압 및 전류 실효값

268 ★★★
비정현파의 성분을 가장 옳게 나타낸 것은?

① 직류분 + 고조파
② 교류분 + 고조파
③ 교류분 + 기본파 + 고조파
④ 직류분 + 기본파 + 고조파

해설
비정현파의 성분은 <mark>직류분, 기본파 및 고조파로 구성</mark>된다.

암기
비정현파를 푸리에 급수(Fourier Series)로 표현하면 다음과 같다.
$$f(t) = a_0 + \sum_{n=1}^{\infty}(a_n \cos n\omega t + b_n \sin n\omega t)$$

- 직류분: a_0
- 기본파: $a_1 \cos \omega t$, $b_1 \sin \omega t$
- 고조파: $a_2 \cos 2\omega t$, $a_3 \cos 3\omega t$, $\cdots$, $b_2 \sin 2\omega t$, $b_3 \sin 3\omega t$, $\cdots$

269 ★★☆
어느 저항에 $v_1 = 220\sqrt{2}\sin(2\pi \cdot 60t - 30°)[\mathrm{V}]$와 $v_2 = 100\sqrt{2}\sin(3 \cdot 2\pi \cdot 60t - 30°)[\mathrm{V}]$의 전압이 각각 걸릴 때의 설명으로 옳은 것은?

① v_1이 v_2보다 위상이 15° 앞선다.
② v_1이 v_2보다 위상이 15° 뒤진다.
③ v_1이 v_2보다 위상이 75° 앞선다.
④ v_1과 v_2의 위상 관계는 의미가 없다.

해설
문제에 주어진 두 전압은 성분이 서로 달라(v_1은 기본파, v_2는 3고조파 성분) 회로에서 서로 연관성 없이 각각 회로에 작용하므로 위상 관계는 의미가 없다.

270 ★★★
주기적인 구형파 신호의 구성은?

① 직류 성분만으로 구성된다.
② 기본파 성분만으로 구성된다.
③ 고조파 성분만으로 구성된다.
④ 직류 성분, 기본파 성분, 무수히 많은 고조파 성분으로 구성된다.

해설
구형파(사각파)는 <mark>정현파뿐만 아니라 무수히 많은 고조파 성분이 중첩되어 발생되는 파형</mark>이다.

271 ★★★
전압 $v(t) = 14.14 \sin \omega t + 7.07 \sin\left(3\omega t + \dfrac{\pi}{6}\right)[\mathrm{V}]$의 실효값은 약 몇 [V]인가?

① 3.87
② 11.2
③ 15.8
④ 21.2

해설
$$V = \sqrt{\left(\dfrac{14.14}{\sqrt{2}}\right)^2 + \left(\dfrac{7.07}{\sqrt{2}}\right)^2} = 11.2\,[\mathrm{V}]$$

272 ★★★
$v(t) = 3 + 5\sqrt{2}\sin \omega t + 10\sqrt{2}\sin\left(3\omega t - \dfrac{\pi}{3}\right)[\mathrm{V}]$의 실효값 크기는 약 몇 [V]인가?

① 9.6
② 10.6
③ 11.6
④ 12.6

해설
비정현파 교류의 실효값
$$V = \sqrt{V_0^2 + V_1^2 + V_2^2 + \cdots + V_n^2}\,[\mathrm{V}]$$
$$V = \sqrt{3^2 + 5^2 + 10^2} = 11.6\,[\mathrm{V}]$$

| 정답 | 268 ④ 269 ④ 270 ④ 271 ② 272 ③

273 ★★★

대칭 3상 전압이 있을 때 한 상의 Y 전압 순시값 $e_p = 1,000\sqrt{2}\sin\omega t + 500\sqrt{2}\sin(3\omega t + 20°) + 100\sqrt{2}\sin(5\omega t + 30°)$ [V]이면 선간 전압 E_l에 대한 상전압 E_p의 실효값 비율 $\left(\dfrac{E_p}{E_l}\right)$은 약 몇 [%]인가?

① 55
② 65
③ 85
④ 95

해설

상전압의 크기는 아래와 같다.
$E_p = \sqrt{1,000^2 + 500^2 + 100^2} = 1,122.5 [\text{V}]$
또한 선간 전압의 크기는 아래와 같다.
$E_l = \sqrt{3} \times \sqrt{1,000^2 + 100^2} = 1,740.7 [\text{V}]$
($\because$ 3고조파 성분은 선간 전압에서 나타나지 않는다.)
따라서 상전압과 선간 전압의 비를 구할 수 있다.
$\dfrac{E_p}{E_l} = \dfrac{1,122.5}{1,740.7} = 0.645 \,(\therefore \text{약 } 65[\%])$

274 ★★☆

전압의 순시값이 $v = 3 + 10\sqrt{2}\sin\omega t$ [V]일 때 실효값은 약 몇 [V]인가?

① 10.4
② 11.6
③ 12.5
④ 16.2

해설

$V = \sqrt{3^2 + \left(\dfrac{10\sqrt{2}}{\sqrt{2}}\right)^2} = 10.4 [\text{V}]$

275 ★★☆

전류 $i(t) = 30\sin\omega t + 40\sin(3\omega t + 45°)$ [A]의 실효값은 약 몇 [A]인가?

① 25
② 35.4
③ 50
④ 70.7

해설

$I = \sqrt{\left(\dfrac{30}{\sqrt{2}}\right)^2 + \left(\dfrac{40}{\sqrt{2}}\right)^2} = 35.4 [\text{A}]$

276 ★★☆

$i = 100 + 50\sqrt{2}\sin\omega t + 20\sqrt{2}\sin\left(3\omega t + \dfrac{\pi}{6}\right)$ [A]로 표시되는 비정현파 전류의 실효값은 약 얼마인가?

① 20
② 50
③ 114
④ 150

해설

$I = \sqrt{I_0^2 + I_1^2 + I_3^2} = \sqrt{100^2 + \left(\dfrac{50\sqrt{2}}{\sqrt{2}}\right)^2 + \left(\dfrac{20\sqrt{2}}{\sqrt{2}}\right)^2}$
$= \sqrt{100^2 + 50^2 + 20^2} = 114 [\text{A}]$

277 ★★☆

어떤 회로에 흐르는 전류가 $i(t) = 50 + 30\sin\omega t$ [A]인 경우 실효값은 약 몇 [A]인가?

① 54.3
② 68.3
③ 78.3
④ 88.3

해설

$I = \sqrt{I_0^2 + I_1^2} = \sqrt{50^2 + \left(\dfrac{30}{\sqrt{2}}\right)^2} = 54.3 [\text{A}]$

278 ★★☆

어떤 회로에 흐르는 전류가 $i(t) = 7 + 14.1\sin\omega t$ [A]인 경우 실효값은 약 몇 [A]인가?

① 11.2
② 12.2
③ 13.2
④ 14.2

해설

$I = \sqrt{I_0^2 + I_1^2 + \cdots + I_n^2} = \sqrt{7^2 + \left(\dfrac{14.1}{\sqrt{2}}\right)^2}$
$= 12.2 [\text{A}]$

THEME 02   비정현파의 전력 계산

279   ★★★
다음과 같은 비정현파 기전력 및 전류에 의한 평균전력을 구하면 몇 [W]인가?

$$e = 100\sin\omega t - 50\sin(3\omega t + 30°)$$
$$\quad + 20\sin(5\omega t + 45°)[V]$$
$$i = 20\sin\omega t + 10\sin(3\omega t - 30°)$$
$$\quad + 5\sin(5\omega t - 45°)[A]$$

① 825   ② 875
③ 925   ④ 1,175

해설

$$P = \sum VI\cos\theta = \frac{100}{\sqrt{2}} \times \frac{20}{\sqrt{2}} \times \cos 0°$$
$$+ \frac{-50}{\sqrt{2}} \times \frac{10}{\sqrt{2}} \times \cos\{30° - (-30°)\}$$
$$+ \frac{20}{\sqrt{2}} \times \frac{5}{\sqrt{2}} \times \cos\{45° - (-45°)\}$$
$$= 875[W]$$

280   ★★★
전압이 $v = 10\sin 10t + 20\sin 20t[V]$이고 전류가 $i = 20\sin 10t + 10\sin 20t[A]$이면, 소비(유효) 전력[W]은?

① 400   ② 283
③ 200   ④ 141

해설

$$P = \sum VI\cos\theta$$
$$= \frac{10}{\sqrt{2}} \times \frac{20}{\sqrt{2}} \times \cos(0° - 0°) + \frac{20}{\sqrt{2}} \times \frac{10}{\sqrt{2}} \times \cos(0° - 0°)$$
$$= 200[W]$$

281   ★★★
전압 $e = 100\sin 10t + 20\sin 20t[V]$이고, 전류 $i = 20\sin(10t - 60°) + 10\sin 20t[A]$일 때 소비 전력은 몇 [W]인가?

① 500   ② 550
③ 600   ④ 650

해설

$$P = \sum VI\cos\theta$$
$$= \frac{100}{\sqrt{2}} \times \frac{20}{\sqrt{2}} \times \cos\{0° - (-60°)\}$$
$$+ \frac{20}{\sqrt{2}} \times \frac{10}{\sqrt{2}} \times \cos(0° - 0°) = 600[W]$$

282   ★★★
어떤 회로의 단자 전압이 $V = 100\sin\omega t + 40\sin 2\omega t + 30\sin(3\omega t + 60°)[V]$이고, 전압 강하의 방향으로 흐르는 전류가 $I = 10\sin(\omega t - 60°) + 2\sin(3\omega t + 105°)[A]$일 때 회로의 공급되는 평균 전력[W]은?

① 271.2   ② 371.2
③ 530.2   ④ 630.2

해설

$$P = \sum VI\cos\theta$$
$$= \frac{100}{\sqrt{2}} \times \frac{10}{\sqrt{2}} \times \cos\{0° - (-60°)\}$$
$$+ \frac{30}{\sqrt{2}} \times \frac{2}{\sqrt{2}} \times \cos(60° - 105°) = 271.2[W]$$

283   ★☆☆
$i = 2 + 5\sin(100t + 30°) + 10\sin(200t - 10°)[A]$와 파형은 동일하나 기본파의 위상이 20° 늦은 비정현파 전류[A]의 순시값을 나타내는 식은?

① $2 + 5\sin(100t + 10°) + 10\sin(200t - 30°)$
② $2 + 5\sin(100t + 10°) + 10\sin(200t + 30°)$
③ $2 + 5\sin(100t + 10°) + 10\sin(200t + 50°)$
④ $2 + 5\sin(100t + 10°) + 10\sin(200t - 50°)$

해설

$i' = 2 + 5\sin(100t + 30° - 20°) + 10\sin(200t - 10° - 20° \times 2)$
∴ $i' = 2 + 5\sin(100t + 10°) + 10\sin(200t - 50°)[A]$

| 정답 | 279 ②   280 ③   281 ③   282 ①   283 ④

284 ★★☆

다음의 비정현파 전압, 전류로부터 평균 전력 $P[\text{W}]$, $P_a[\text{VA}]$는?

- $e = 100\sin\left(\omega t + \dfrac{\pi}{6}\right) - 50\sin\left(3\omega t + \dfrac{\pi}{3}\right)$
  $+ 25\sin 5\omega t \,[\text{V}]$
- $i = 20\sin\left(\omega t - \dfrac{\pi}{6}\right) + 15\sin\left(3\omega t + \dfrac{\pi}{6}\right)$
  $+ 10\cos\left(5\omega t - \dfrac{\pi}{3}\right)[\text{A}]$

① $P = 283.5$, $P_a = 1{,}541$
② $P = 385.2$, $P_a = 2{,}021$
③ $P = 404.9$, $P_a = 3{,}284$
④ $P = 491.3$, $P_a = 4{,}141$

해설

평균 전력(유효 전력)을 구하면 아래와 같다.
$P = \sum VI\cos\theta$
$= \dfrac{100}{\sqrt{2}} \times \dfrac{20}{\sqrt{2}} \times \cos(30° - (-30°))$
$+ \dfrac{-50}{\sqrt{2}} \times \dfrac{15}{\sqrt{2}} \times \cos(60° - 30°)$
$+ \dfrac{25}{\sqrt{2}} \times \dfrac{10}{\sqrt{2}} \times \cos(0° - 30°)$
$= 283.5\,[\text{W}]$

피상 전력을 구하면 아래와 같다.
$P_a = |V||I|$
$= \sqrt{\left(\dfrac{100}{\sqrt{2}}\right)^2 + \left(\dfrac{-50}{\sqrt{2}}\right)^2 + \left(\dfrac{25}{\sqrt{2}}\right)^2}$
$\quad \times \sqrt{\left(\dfrac{20}{\sqrt{2}}\right)^2 + \left(\dfrac{15}{\sqrt{2}}\right)^2 + \left(\dfrac{10}{\sqrt{2}}\right)^2}$
$= 1{,}541\,[\text{VA}]$

V: 전압의 실효값
I: 전류의 실효값
θ: 전압과 전류의 위상차

285 ★★★

어떤 회로의 단자 전압과 전류가 다음과 같을 때, 회로에 공급되는 평균 전력은 약 몇 $[\text{W}]$인가?

- $v(t) = 100\sin\omega t + 70\sin 2\omega t + 50\sin(3\omega t - 30°)[\text{V}]$
- $i(t) = 20\sin(\omega t - 60°) + 10\sin(3\omega t + 45°)[\text{A}]$

① 565 ② 525
③ 495 ④ 465

해설

$P = \sum VI\cos\theta$
$= \dfrac{100}{\sqrt{2}} \times \dfrac{20}{\sqrt{2}} \times \cos(0° + 60°) + \dfrac{50}{\sqrt{2}} \times \dfrac{10}{\sqrt{2}} \times \cos(-30° - 45°)$
$= 565[\text{W}]$

286 ★★★

기본파의 $30[\%]$인 제3고조파와 기본파의 $20[\%]$인 제5고조파를 포함하는 전압의 왜형률은 약 얼마인가?

① 0.21 ② 0.31
③ 0.36 ④ 0.42

해설

왜형률 $= \dfrac{\text{전고조파의 실효값}}{\text{기본파의 실효값}} = \dfrac{\sqrt{30^2 + 20^2}}{100} = 0.36$

287 ★★☆

비정현파의 일그러짐의 정도를 표시하는 양으로서 왜형률이란?

① $\dfrac{\text{평균치}}{\text{실효치}}$ ② $\dfrac{\text{실효치}}{\text{최대치}}$

③ $\dfrac{\text{고조파만의 실효치}}{\text{기본파의 실효치}}$ ④ $\dfrac{\text{기본파의 실효치}}{\text{고조파만의 실효치}}$

해설

왜형률 $= \dfrac{\text{고조파 실효값의 합}}{\text{기본파 실효값}} = \dfrac{\sqrt{V_2^2 + V_3^2 + V_4^2 + \cdots}}{V_1}$

288 ★★★

비정현파 전류가 $i(t) = 56\sin\omega t + 20\sin 2\omega t + 30\sin(3\omega t + 30°) + 40\sin(4\omega t + 60°)$ [A]로 표현될 때, 왜형률은 약 얼마인가?

① 1.0 ② 0.96
③ 0.55 ④ 0.11

해설 왜형률

왜형률 $= \dfrac{\text{고조파 실효값의 합}}{\text{기본파 실효값}} = \dfrac{\sqrt{20^2 + 30^2 + 40^2}}{56} = 0.96$

289 ★★★

비정현파 전압 $v = 100\sqrt{2}\sin\omega t + 50\sqrt{2}\sin 2\omega t + 30\sqrt{2}\sin 3\omega t$ [V]의 왜형률은 약 얼마인가?

① 0.36 ② 0.58
③ 0.87 ④ 1.41

해설

왜형률 $= \dfrac{\sqrt{V_2^2 + V_3^2}}{V_1} = \dfrac{\sqrt{50^2 + 30^2}}{100} = 0.58$

290 ★★☆

$R-C$ 회로에 비정현파 전압을 가하여 흐른 전류가 다음과 같을 때, 이 회로의 역률은 약 몇 [%]인가?

- $v = 20 + 220\sqrt{2}\sin 120\pi t + 40\sqrt{2}\sin 360\pi t$ [V]
- $i = 2.2\sqrt{2}\sin(120\pi t + 36.87°) + 0.49\sqrt{2}\sin(360\pi t + 14.04°)$ [A]

① 75.8 ② 80.3
③ 86.3 ④ 89.7

해설

$P = \sum VI\cos\theta$
$= 220 \times 2.2 \times \cos(36.87° - 0°)$
$\quad + 40 \times 0.49 \times \cos(14.04° - 0°)$
$= 406.2$ [W]

$P_a = VI = \sqrt{20^2 + 220^2 + 40^2} \times \sqrt{2.2^2 + 0.49^2}$
$= 506$ [VA]

$\cos\theta = \dfrac{P}{P_a} = \dfrac{406.2}{506} = 0.803 (\therefore 80.3[\%])$

THEME 03 고조파에서의 임피던스 변화

291 ★★☆

RL 직렬 회로에 순시치 전압 $v(t) = 20 + 100\sin\omega t + 40\sin(3\omega t + 60°) + 40\sin 5\omega t$ [V]를 가할 때 제5고조파 전류의 실효값 크기는 약 몇 [A]인가?(단, $R = 4[\Omega]$, $\omega L = 1[\Omega]$이다.)

① 4.4 ② 5.66
③ 6.25 ④ 8.0

해설

$Z_5 = \sqrt{R^2 + (5\omega L)^2} = \sqrt{4^2 + 5^2} = 6.4[\Omega]$

$I_5 = \dfrac{V_5}{Z_5} = \dfrac{\frac{40}{\sqrt{2}}}{6.4} = 4.4[A]$

292 ★★☆

$e = 100\sqrt{2}\sin\omega t + 75\sqrt{2}\sin 3\omega t + 20\sqrt{2}\sin 5\omega t$ [V]인 전압을 RL 직렬 회로에 가할 때 제3고조파 전류의 실효값은 몇 [A]인가?(단, $R = 4[\Omega]$, $\omega L = 1[\Omega]$이다.)

① 15 ② $15\sqrt{2}$
③ 20 ④ $20\sqrt{2}$

해설

제3고조파에 대한 임피던스의 크기를 구한다.
$Z_3 = R + j3\omega L = 4 + j3 \times 1 = 4 + j3[\Omega] \Rightarrow |Z_3| = \sqrt{4^2 + 3^2} = 5[\Omega]$
따라서 제3고조파 전류값은 아래와 같다.
$I_3 = \dfrac{V_3}{|Z_3|} = \dfrac{75}{5} = 15[A]$

293 ★★☆

RL 직렬 회로에 $v(t)$ 전압을 인가하였을 때 제3고조파 성분의 실효치 전류는 약 몇 [A]인가?(단, $v(t) = 150\sqrt{2}\cos\omega t + 100\sqrt{2}\sin3\omega t + 25\sqrt{2}\sin5\omega t$[V], $R = 5[\Omega]$, $\omega L = 4[\Omega]$)

① 7.69　　② 10.88
③ 15.62　　④ 22.08

해설

제3고조파 임피던스를 구한다.
$Z_3 = R + j3\omega L = 5 + j3 \times 4 = 5 + j12[\Omega]$
$\Rightarrow |Z_3| = \sqrt{5^2 + 12^2} = 13[\Omega]$
따라서 제3고조파 전류를 구하면 아래와 같다.
$I_3 = \dfrac{V_3}{Z_3} = \dfrac{100}{13} = 7.69$[A]

294 ★★☆

$R = 4[\Omega]$, $\omega L = 3[\Omega]$의 직렬 회로에
$e = 100\sqrt{2}\sin\omega t + 50\sqrt{2}\sin3\omega t$[V]를 인가할 때 이 회로의 소비 전력은 약 몇 [W]인가?

① 1,000　　② 1,414
③ 1,560　　④ 1,703

해설

• 1고조파 전류
$I_1 = \dfrac{V_1}{Z_1} = \dfrac{V_1}{\sqrt{R^2 + (\omega L)^2}} = \dfrac{100}{\sqrt{4^2 + 3^2}} = 20$[A]

• 3고조파 전류
$I_3 = \dfrac{V_3}{Z_3} = \dfrac{V_3}{\sqrt{R^2 + (3\omega L)^2}} = \dfrac{50}{\sqrt{4^2 + (3 \times 3)^2}} = 5.08$[A]

$\therefore P = I_1^2 R + I_3^2 R = 20^2 \times 4 + 5.08^2 \times 4 = 1,703$[W]

295 ★☆☆

그림과 같은 $R-C$ 직렬 회로에 비정현파 전압 $v(t) = 20 + 220\sqrt{2}\sin\omega t + 40\sqrt{2}\sin3\omega t$[V]을 가할 때 제3고조파 전류 $i_3(t)$는 몇 [A]인가?(단, $\omega = 120\pi$[rad/s]이다.)

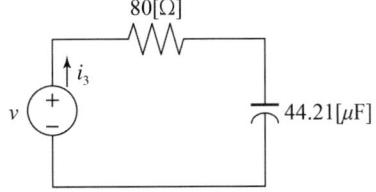

① $0.49\sin(360\pi t - 14.04°)$
② $0.49\sin(360\pi t + 14.04°)$
③ $0.49\sqrt{2}\sin(360\pi t - 14.04°)$
④ $0.49\sqrt{2}\sin(360\pi t + 14.04°)$

해설

$R-C$ 직렬 회로에 대한 제3고조파 임피던스 값과 위상은
$Z_3 = R - j\dfrac{1}{3\omega C} = 80 - j\dfrac{1}{3 \times 120\pi \times 44.21 \times 10^{-6}}$
$= 80 - j20[\Omega]$

$\theta = \tan^{-1}\dfrac{\dfrac{1}{3\omega C}}{R} = \tan^{-1}\dfrac{\dfrac{1}{3 \times 120\pi \times 44.21 \times 10^{-6}}}{80}$
$= 14.04°$

따라서 제3고조파 전류의 순시값은
$i_3(t) = \dfrac{v_3(t)}{|Z_3|} = \dfrac{40\sqrt{2}\sin(3\omega t + 14.04°)}{\sqrt{80^2 + 20^2}}$
$= 0.49\sqrt{2}\sin(360\pi t + 14.04°)$[A]

별해

$I_3 = \dfrac{V_3}{Z_3} = \dfrac{40\angle 0°}{80 - j20} = 0.49\angle 14.04°$[A]

$\therefore i_3(t) = 0.49\sqrt{2}\sin(360\pi t + 14.04°)$[A]

THEME 04 푸리에 급수

296 ★★★
3상 교류 대칭 전압에 포함되는 고조파 중에서 상회전이 기본파에 대하여 반대인 것은?

① 제3고조파　　② 제5고조파
③ 제7고조파　　④ 제9고조파

해설
$3n-1$ 고조파(2, 5, 8, …): 위상이 기본파와 반대인 상회전 방향(역상분)

암기
$3n$ 고조파(3, 6, 9, …): 3상 동일 성분(영상분)
$3n+1$ 고조파(4, 7, 10, …): 위상이 기본파와 동일한 상회전 방향(정상분)

297 ★★★
주기 함수 Fourier의 급수에 의한 전개에서 옳게 전개한 $f(t)$는?

① $f(t) = \sum_{n=1}^{\infty} a_n \sin n\omega t + \sum_{n=1}^{\infty} b_n \sin n\omega t$

② $f(t) = b_0 + \sum_{n=2}^{\infty} a_n \sin n\omega t + \sum_{n=1}^{\infty} b_n \cos n\omega t$

③ $f(t) = a_0 + \sum_{n=1}^{\infty} a_n \cos n\omega t + \sum_{n=1}^{\infty} b_n \sin n\omega t$

④ $f(t) = \sum_{n=1}^{\infty} a_n \cos n\omega t + \sum_{n=1}^{\infty} b_n \cos n\omega t$

해설
비정현파 교류 = 직류분 + 기본파 + 고조파
$f(t) = a_0 + \sum_{n=1}^{\infty} a_n \cos n\omega t + \sum_{n=1}^{\infty} b_n \sin n\omega t$

298 ★★☆
비정현파 $f(x)$가 반파 대칭 및 정현 대칭일 때 옳은 식은 다음 중 어느 것인가?(단, 주기는 2π이다.)

① $f(-x) = f(x), \ f(x+\pi) = f(x)$
② $f(-x) = f(x), \ f(x+2\pi) = f(x)$
③ $f(-x) = -f(x), \ -f(x+\pi) = f(x)$
④ $f(-x) = -f(x), \ -f(x+2\pi) = f(x)$

해설 비정현파의 종류 및 함수식
- 여현 대칭파: $f(t) = f(-t)$
- 정현 대칭파: $f(t) = -f(-t)$
  $\Rightarrow f(-t) = -f(-(-t)) = -f(t)$
- 반파 대칭파: $f(t) = -f(t+\pi)$ (단, 주기는 2π)

따라서 $f(-x) = -f(x), \ -f(x+\pi) = f(x)$이다.

299 ★★☆
비정현파에 있어서 정현 대칭의 조건은?

① $f(t) = f(-t)$
② $f(t) = -f(t)$
③ $f(t) = -f(t+\pi)$
④ $f(t) = -f(-t)$

해설
정현대칭은 기함수 조건이므로
$f(-t) = -f(t)$
∴ $f(t) = -f(-t)$

암기
- $f(t) = f(-t)$: 여현 대칭(우함수)
- $f(t) = -f(t+\pi)$: 반파 대칭(단, 주기 $T = 2\pi$)

| 정답 | 296 ② | 297 ③ | 298 ③ | 299 ④ |

300 ★★☆

푸리에 급수로 표현된 왜형파 $f(t)$가 반파 대칭 및 정현 대칭일 때 $f(t)$에 대한 특징으로 옳은 것은?

$$f(t) = a_0 + \sum_{n=1}^{\infty} a_n \cos n\omega t + \sum_{n=1}^{\infty} b_n \sin n\omega t$$

① a_n의 우수항만 존재한다.
② a_n의 기수항만 존재한다.
③ b_n의 우수항만 존재한다.
④ b_n의 기수항만 존재한다.

해설

반파 대칭인 왜형파 $f(t)$는 아래와 같다.(기수항만 존재)

$$f(t) = \sum_{n=0}^{\infty} a_n \cos n\omega t + \sum_{n=1}^{\infty} b_n \sin n\omega t \,(n=1, 3, 5, \cdots)$$

정현 대칭인 왜형파 $f(t)$는 아래와 같다.(b_n만 존재)

$$f(t) = \sum_{n=1}^{\infty} b_n \sin n\omega t \,(n=1, 2, 3, 4, 5, \cdots)$$

함수 조건에 맞는 값은 공통항만이 푸리에 급수로 나타낸다. 따라서 b_n의 기수항만 존재한다.

301 ★★☆

그림의 왜형파를 푸리에의 급수로 전개할 때, 옳은 것은?

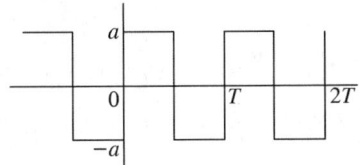

① 우수파만 포함한다.
② 기수파만 포함한다.
③ 우수파·기수파 모두 포함한다.
④ 푸리에의 급수로 전개할 수 없다.

해설

문제에 주어진 파형은 정현 대칭파이면서 반파 대칭파이므로 이때 존재하는 고조파의 차수는 sine 함수의 홀수(기수)만 남게 된다.

302 ★☆☆

그림과 같은 파형을 푸리에 급수로 전개하면?

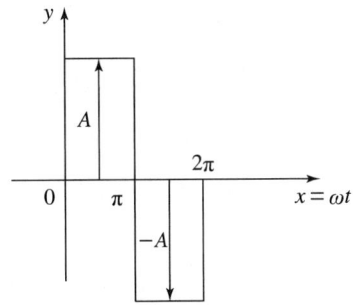

① $y = \dfrac{4A}{\pi}(\sin\alpha \sin x + \dfrac{1}{9}\sin 3\alpha \sin 3x + \cdots)$

② $y = \dfrac{4A}{\pi}(\sin x + \dfrac{1}{3}\sin 3x + \dfrac{1}{5}\sin 5x + \cdots)$

③ $y = \dfrac{4}{\pi}(\dfrac{\cos 2x}{1\cdot 3} + \dfrac{\cos 4x}{3\cdot 5} + \dfrac{\cos 6x}{5\cdot 7} + \cdots)$

④ $y = \dfrac{A}{\pi} + \dfrac{\sin 2x}{2} + \dfrac{\sin 4x}{4} + \cdots$

해설

문제에 주어진 파형은 정현 및 반파 대칭이므로 sine 함수의 홀수항만 존재하여야 한다. 따라서 이에 대한 푸리에 급수는 아래와 같다.

$$y(t) = \dfrac{4A}{\pi}\left(\sin x + \dfrac{1}{3}\sin 3x + \dfrac{1}{5}\sin 5x + \cdots\right)$$

| 정답 | 300 ④ 301 ② 302 ②

2단자 회로망

1. 2단자 회로망의 해석
2. 영점과 극점
3. 정저항 회로
4. 역회로
5. 쌍대 회로

CBT 완벽대비 가능한 유형마스터 학습!

THEME	유형분석	관련 번호
THEME 01 2단자 회로망의 해석	2단자 회로망의 임피던스를 구하는 계산 문제가 주로 출제됩니다. 난이도는 낮은 편으로 어렵지 않게 답을 구할 수 있습니다.	303~305
THEME 02 영점과 극점	영점과 극점의 정의와 역할에 관한 개념 문제 및 계산 문제가 골고루 출제됩니다.	306
THEME 03 정저항 회로	정저항 회로의 조건을 바탕으로 하는 계산 문제가 주로 출제됩니다. 조건을 암기하고 있다면 어렵지 않게 답을 구할 수 있습니다.	307~309
THEME 04 역회로	L과 C의 역회로 표현을 이해하는 것이 중요합니다. 간혹 표현을 헷갈려하는 경우도 있으니 주의해야 합니다.	310
THEME 05 쌍대 회로	서로 대치되는 성질을 이용한 회로 변형을 응용한 계산 문제가 주어집니다. 각 소자마다 서로 대치되는 성질이 무엇인지 파악하고 있는 것이 중요합니다. 주로 난도가 낮은 문제가 출제되며, 득점하기에 수월합니다.	311

학습 효과를 높이는 N제 3회독 시스템

챕터 별 전체 1회독이 끝났다면 회독 체크표에 날짜를 기입하고 체크표시를 해주세요.

| 회독 체크표 | ☐ 1회독 | 월   일 | ☐ 2회독 | 월   일 | ☐ 3회독 | 월   일 |

CHAPTER 09 2단자 회로망

THEME 01 2단자 회로망의 해석

303 ★★☆

임피던스 함수가 $Z(s) = \dfrac{s+50}{s^2+3s+2}[\Omega]$으로 주어지는 2단자 회로망에 $100[V]$의 직류 전압을 가했다면 회로의 전류는 몇 $[A]$인가?

① 4 ② 6
③ 8 ④ 10

해설

$s = j\omega = j2\pi f$에서 직류($f=0$) 전압을 가했으므로 $s=0$

$Z = \dfrac{s+50}{s^2+3s+2}\Big|_{s=0} = 25\,[\Omega]$

$I = \dfrac{V}{Z} = \dfrac{100}{25} = 4[A]$

304 ★★☆

그림과 같은 회로의 2단자 임피던스 $Z(s)$는? (단, $s=j\omega$라 한다.)

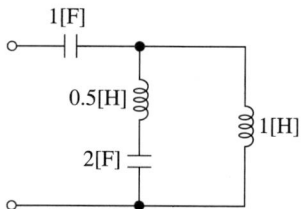

① $\dfrac{s^3+1}{3s^2(s+1)}$ ② $\dfrac{3s^2(s+1)}{s^3+1}$

③ $\dfrac{s(3s^2+1)}{s^4+2s^2+1}$ ④ $\dfrac{s^4+4s^2+1}{s(3s^2+1)}$

해설

$Z(s) = \dfrac{1}{s} + \dfrac{\left(0.5s + \dfrac{1}{2s}\right)\times s}{\left(0.5s + \dfrac{1}{2s}\right) + s} = \dfrac{1}{s} + \dfrac{0.5s^2 + \dfrac{1}{2}}{1.5s + \dfrac{1}{2s}}$

$= \dfrac{1}{s} + \dfrac{s(s^2+1)}{3s^2+1} = \dfrac{s^4+4s^2+1}{s(3s^2+1)}$

305 ★★☆

회로망 출력 단자 a−b에서 바라본 등가 임피던스$[\Omega]$는? (단, $V_1=6[V]$, $V_2=3[V]$, $I_1=10[A]$, $R_1=15[\Omega]$, $R_2=10[\Omega]$, $L=2[H]$, $j\omega=s$이다.)

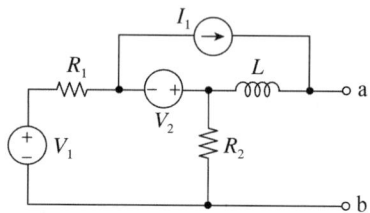

① $s+15$ ② $2s+6$
③ $\dfrac{3}{s+2}$ ④ $\dfrac{1}{s+3}$

해설

주어진 회로의 전류원을 개방시키고 전압원을 단락시키면 아래와 같다.

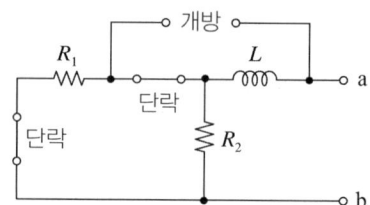

따라서 a−b 단자에서 본 합성 임피던스는 아래와 같다.

$Z = Ls + \dfrac{R_1 \times R_2}{R_1 + R_2} = 2s + \dfrac{15\times 10}{15+10} = 2s+6[\Omega]$

THEME 02 영점과 극점

306 ★★★

2단자 임피던스 함수 $Z(s) = \dfrac{(s+2)(s+3)}{(s+4)(s+5)}$ 일 때, 극점(Pole)은?

① $-2, -3$
② $-3, -4$
③ $-2, -4$
④ $-4, -5$

해설
- 극점: 2단자 임피던스 함수 $Z(s)$가 ∞가 되는 s의 값
  ⇒ $p = -4, -5$
- 영점: 2단자 임피던스 함수 $Z(s)$가 0이 되는 s의 값
  ⇒ $z = -2, -3$

THEME 03 정저항 회로

307 ★★☆

2단자 임피던스의 허수부가 어떤 주파수에 관해서도 언제나 0이 되고 실수부도 주파수에 무관하게 항상 일정하게 되는 회로는?

① 정저항 회로
② 정인덕턴스 회로
③ 정임피던스 회로
④ 정리액턴스 회로

해설
- 정저항 회로: 어떤 $R-L-C$ 회로에서 주파수에 영향을 받지 않는 주파수와 무관한 회로가 되는 것
- 정저항 조건: $R^2 = \dfrac{L}{C}$

308 ★★☆

다음의 회로가 정저항 회로가 되기 위한 $L[\mathrm{H}]$의 값은?

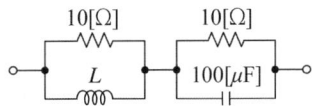

① 1
② 0.1
③ 0.01
④ 0.001

해설
$R^2 = \dfrac{L}{C}$에서 인덕턴스 값은 아래와 같다.
$L = R^2 C = 10^2 \times 100 \times 10^{-6} = 0.01[\mathrm{H}]$

309 ★★☆

그림과 같은 회로에서 스위치 S를 닫았을 때, 과도분을 포함하지 않기 위한 $R[\Omega]$은?

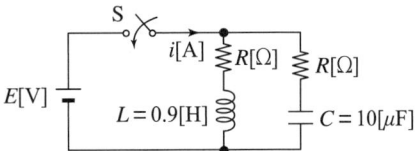

① 100
② 200
③ 300
④ 400

해설
과도분을 포함하지 않는 회로는 정저항 회로를 의미한다.
정저항 조건 $R^2 = \dfrac{L}{C}$에서
$R = \sqrt{\dfrac{L}{C}} = \sqrt{\dfrac{0.9}{10 \times 10^{-6}}} = 300[\Omega]$

THEME 04 역회로

310 ★☆☆

그림 (a)와 그림 (b)가 역회로 관계에 있으려면 L의 값은 몇 [mH]인가?

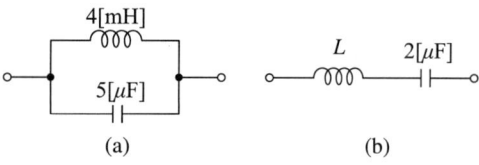

① 1
② 2
③ 5
④ 10

해설

문제에 주어진 두 역회로에서 각각의 값은 아래와 같다.
$L_1 = 4[\text{mH}]$, $L_2 = L$, $C_1 = 2[\mu\text{F}]$, $C_2 = 5[\mu\text{F}]$
따라서 이를 역회로 조건에 대입한다.

$$\frac{L_1}{C_1} = \frac{L_2}{C_2}$$

$$\therefore L_2 = \frac{L_1}{C_1} \times C_2 = \frac{4 \times 10^{-3}}{2 \times 10^{-6}} \times 5 \times 10^{-6}$$

$$= 10 \times 10^{-3} [\text{H}]$$

$$= 10 [\text{mH}]$$

THEME 05 쌍대 회로

311 ★☆☆

그림과 같은 회로가 있다. $I=10[\text{A}]$, $G=4[\mho]$, $G_L=6[\mho]$일 때 G_L의 소비 전력[W]은?

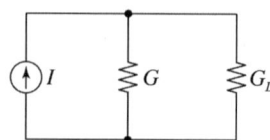

① 100
② 10
③ 6
④ 4

해설

컨덕턴스 $G_L[\mho]$에 흐르는 전류를 $I_L[\text{A}]$이라고 하면

$$I_L = \frac{G_L}{G + G_L} I = \frac{6}{4+6} \times 10 = 6[\text{A}]$$

$$\therefore P = I^2 R = \frac{I_L^2}{G_L} = \frac{6^2}{6} = 6[\text{W}]$$

**에듀윌이
너를
지지할게**
ENERGY

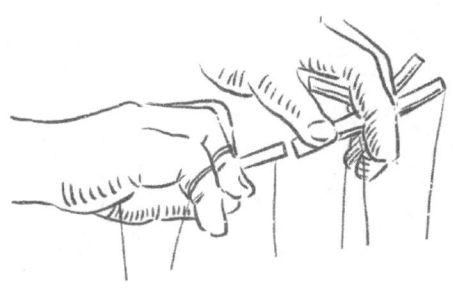

처음에는 우리가 습관을 만들지만
그 다음에는 습관이 우리를 만든다

– 존 드라이든(John Dryden)

4단자 회로망

1. 4단자 회로망 해석 방법
2. A, B, C, D 파라미터
3. 4단자 회로망에서의 A, B, C, D 작용

CBT 완벽대비 가능한 유형마스터 학습!

THEME	유형분석	관련 번호
THEME 01 4단자 회로망 해석 방법	4단자 회로망의 파라미터 계산 문제가 주로 출제됩니다. 문제를 쉽게 도출하는 공식이 있으니, 이를 암기하면 쉽게 문제를 풀 수 있습니다.	312~317
THEME 02 A, B, C, D 파라미터	A, B, C, D 파라미터의 물리적 의미와 계산 문제가 골고루 출제됩니다. 개념을 정확하게 이해하고 있다면, 어렵지 않게 득점할 수 있습니다.	318~342
THEME 03 4단자 회로망에서의 A, B, C, D 작용	입력 측과 출력 측에서 본 영상 임피던스를 묻는 문제가 주로 출제됩니다. 주로 공식형으로 출제됩니다.	343~349

학습 효과를 높이는 N제 3회독 시스템

챕터 별 전체 1회독이 끝났다면 회독 체크표에 날짜를 기입하고 체크표시를 해주세요.

회독 체크표	■ 1회독	월 일	■ 2회독	월 일	■ 3회독	월 일

CHAPTER 10 4단자 회로망

THEME 01 4단자 회로망 해석 방법

312 ★★★

그림에서 4단자망의 개방 순방향 전달 임피던스 $Z_{21}[\Omega]$과 단락 순방향 전달 어드미턴스 $Y_{21}[\mho]$은?

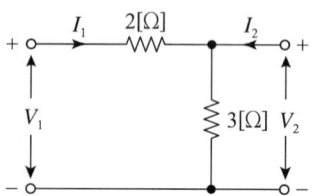

① $Z_{21} = 5$, $Y_{21} = -\dfrac{1}{2}$

② $Z_{21} = 3$, $Y_{21} = -\dfrac{1}{3}$

③ $Z_{21} = 3$, $Y_{21} = -\dfrac{1}{2}$

④ $Z_{21} = 5$, $Y_{21} = -\dfrac{5}{6}$

해설

$V_1 = Z_{11}I_1 + Z_{12}I_2$, $V_2 = Z_{21}I_1 + Z_{22}I_2$에서

$Z_{21} = \dfrac{V_2}{I_1}\bigg|_{I_2=0} = 3[\Omega]$

$I_1 = Y_{11}V_1 + Y_{12}V_2$, $I_2 = Y_{21}V_1 + Y_{22}V_2$에서

$Y_{21} = \dfrac{I_2}{V_1}\bigg|_{V_2=0} = -\dfrac{1}{2}[\mho]$

313 ★★★

그림과 같은 회로의 임피던스 파라미터 Z_{22}는?

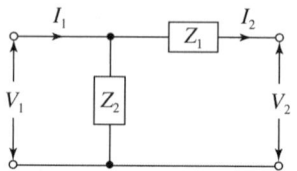

① Z_1
② Z_2
③ $Z_1 + Z_2$
④ $\dfrac{Z_1 Z_2}{Z_1 + Z_2}$

해설

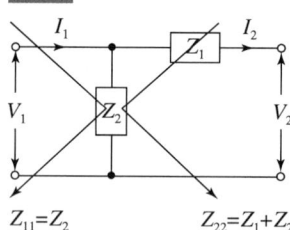

$Z_{11} = Z_2$ $Z_{22} = Z_1 + Z_2$

주어진 회로의 구동점 임피던스를 각각 구한다.

$Z_{11} = Z_2$, $Z_{12} = Z_{21} = Z_2$

$Z_{22} = Z_1 + Z_2$

314 ★★★

회로의 단자 1-1'에서 본 구동점 임피던스 Z_{11}은 몇 $[\Omega]$인가?

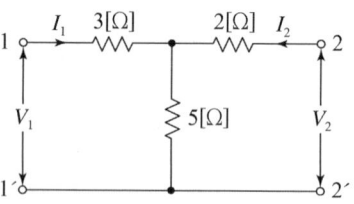

① 5
② 8
③ 10
④ 15

해설

• $Z_{11} = 3 + 5 = 8[\Omega]$ • $Z_{12} = Z_{21} = 5[\Omega]$ • $Z_{22} = 2 + 5 = 7[\Omega]$

| 정답 | 312 ③ 313 ③ 314 ②

315 ★★★

그림의 4단자 회로에서 단자 a-b에서 본 구동점 임피던스 $Z_{11}[\Omega]$은?

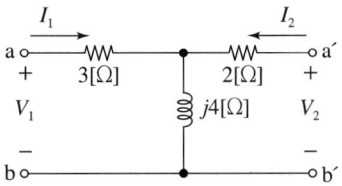

① $2+j4$ ② $2-j4$
③ $3+j4$ ④ $3-j4$

해설

임피던스 파라미터식은 다음과 같다.
$V_1 = Z_{11}I_1 + Z_{12}I_2$
$V_2 = Z_{21}I_1 + Z_{22}I_2$
임피던스에 대하여 정리한다.
$Z_{11} = \dfrac{V_1}{I_1}\bigg|_{I_2=0} = \dfrac{(Z_1+Z_3)I_1}{I_1} = Z_1 + Z_3$

$Z_{12} = \dfrac{V_1}{I_2}\bigg|_{I_1=0} = \dfrac{Z_3 I_2}{I_2} = Z_3$

$Z_{21} = \dfrac{V_2}{I_1}\bigg|_{I_2=0} = \dfrac{Z_3 I_1}{I_1} = Z_3$

$Z_{22} = \dfrac{V_2}{I_2}\bigg|_{I_1=0} = \dfrac{(Z_2+Z_3)I_2}{I_2} = Z_2 + Z_3$

따라서 Z_{11}은 아래와 같다.
$Z_{11} = Z_1 + Z_3 = 3+j4[\Omega]$

별해

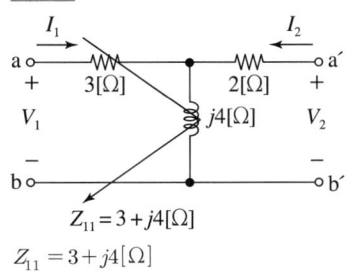

$Z_{11} = 3+j4[\Omega]$

316 ★☆☆

그림과 같은 π형 4단자 회로의 어드미턴스 상수 중 Y_{22}는 몇 $[\mho]$인가?

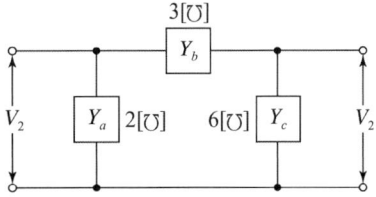

① 5 ② 6
③ 9 ④ 11

해설

주어진 π형 회로에서 어드미턴스 요소를 각각 구해 본다.
$Y_{11} = Y_a + Y_b = 2+3 = 5[\mho]$
$Y_{12} = Y_{21} = \pm Y_b = \pm 3[\mho]$
$Y_{22} = Y_b + Y_c = 3+6 = 9[\mho]$

317 ★☆☆

회로에서 Z 파라미터가 잘못 구해진 것은?

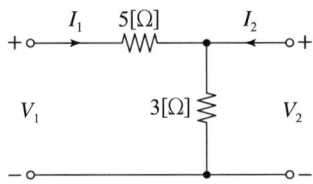

① $Z_{11} = 8[\Omega]$ ② $Z_{12} = 3[\Omega]$
③ $Z_{21} = 3[\Omega]$ ④ $Z_{22} = 5[\Omega]$

해설

- $Z_{11} = 5+3 = 8[\Omega]$
- $Z_{12} = Z_{21} = 3[\Omega]$
- $Z_{22} = 0+3 = 3[\Omega]$

THEME 02 A, B, C, D 파라미터

318 ★★★

그림과 같이 π형 회로에서 Z_3를 4단자 정수로 표시한 것은?

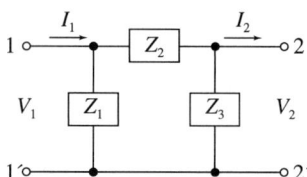

① $\dfrac{A}{1-B}$ ② $\dfrac{B}{1-A}$

③ $\dfrac{A}{B-1}$ ④ $\dfrac{B}{A-1}$

해설

$A = 1 + \dfrac{Z_2}{Z_3}$, $B = Z_2$, $C = \dfrac{Z_1+Z_2+Z_3}{Z_1 Z_3}$, $D = 1 + \dfrac{Z_2}{Z_1}$

이므로 $A = 1 + \dfrac{B}{Z_3} \Rightarrow Z_3 = \dfrac{B}{A-1}$

319 ★★☆

그림과 같은 L형 회로의 4단자 정수는 어떻게 되는가?

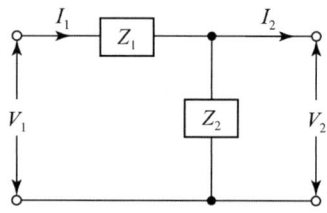

① $A = Z_1$, $B = 1 + \dfrac{Z_1}{Z_2}$, $C = \dfrac{1}{Z_2}$, $D = 1$

② $A = 1$, $B = \dfrac{1}{Z_2}$, $C = 1 + \dfrac{1}{Z_2}$, $D = Z_1$

③ $A = 1 + \dfrac{Z_1}{Z_2}$, $B = Z_1$, $C = \dfrac{1}{Z_2}$, $D = 1$

④ $A = \dfrac{1}{Z_2}$, $B = 1$, $C = Z_1$, $D = 1 + \dfrac{Z_1}{Z_2}$

해설

$\begin{bmatrix} A & B \\ C & D \end{bmatrix} = \begin{bmatrix} 1 & Z_1 \\ 0 & 1 \end{bmatrix} \begin{bmatrix} 1 & 0 \\ \dfrac{1}{Z_2} & 1 \end{bmatrix} = \begin{bmatrix} 1+\dfrac{Z_1}{Z_2} & Z_1 \\ \dfrac{1}{Z_2} & 1 \end{bmatrix}$

320 ★★☆

어떤 선형 회로망의 4단자 정수가 $A=8$, $B=j2$, $D=1.625+j$일 때, 이 회로망의 4단자 정수 C는?

① $24-j14$ ② $8-j11.5$

③ $4-j6$ ④ $3-j4$

해설

$AD - BC = 1$에서 $C = \dfrac{AD-1}{B}$이므로

$\therefore C = \dfrac{8 \times (1.625+j) - 1}{j2} = 4 - j6$

321 ★★☆

4단자 정수가 각각 A_1, B_1, C_1, D_1과 A_2, B_2, C_2, D_2인 2개의 4단자망을 그림과 같이 종속으로 접속하였을 때 전체 4단자 정수 중 A와 B는?(단, $\begin{bmatrix} V_1 \\ I_1 \end{bmatrix} = \begin{bmatrix} A & B \\ C & D \end{bmatrix} \begin{bmatrix} V_3 \\ I_3 \end{bmatrix}$이다.)

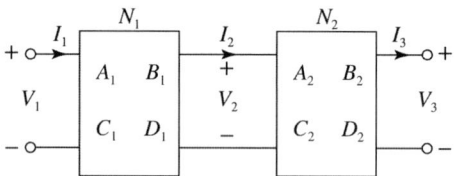

① $A = A_1 + A_2$, $B = B_1 + B_2$

② $A = A_1 A_2$, $B = B_1 B_2$

③ $A = A_1 A_2 + B_2 C_1$, $B = B_1 B_2 + A_2 D_1$

④ $A = A_1 A_2 + B_1 C_2$, $B = A_1 B_2 + B_1 D_2$

해설

$\begin{bmatrix} A & B \\ C & D \end{bmatrix} = \begin{bmatrix} A_1 & B_1 \\ C_1 & D_1 \end{bmatrix} \begin{bmatrix} A_2 & B_2 \\ C_2 & D_2 \end{bmatrix}$

$\therefore A = A_1 A_2 + B_1 C_2$, $B = A_1 B_2 + B_1 D_2$

322 ★☆☆

그림과 같은 4단자망의 4단자 정수 B는?

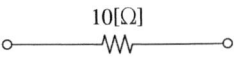

① $\dfrac{20}{3}$ ② $\dfrac{2}{3}$

③ 1   ④ 30

해설

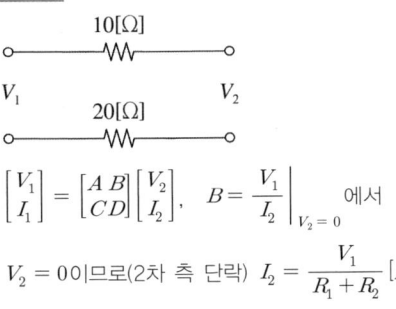

$\begin{bmatrix} V_1 \\ I_1 \end{bmatrix} = \begin{bmatrix} A & B \\ C & D \end{bmatrix} \begin{bmatrix} V_2 \\ I_2 \end{bmatrix}$, $B = \dfrac{V_1}{I_2}\bigg|_{V_2=0}$ 에서

$V_2 = 0$이므로(2차 측 단락) $I_2 = \dfrac{V_1}{R_1+R_2}$[A]

$\therefore B = \dfrac{V_1}{I_2} = R_1 + R_2 = 10 + 20 = 30[\Omega]$

별해

$\begin{bmatrix} V_1 \\ I_1 \end{bmatrix} = \begin{bmatrix} A & B \\ C & D \end{bmatrix} \begin{bmatrix} V_2 \\ I_2 \end{bmatrix}$, $B = \dfrac{V_1}{I_2}\bigg|_{V_2=0} = \dfrac{30 I_1}{I_2}\bigg|_{V_2=0}$

이때 $I_1 = I_2$이므로

$B = \dfrac{30 I_2}{I_2} = 30[\Omega]$

323 ★★★

4단자 정수 A, B, C, D 중에서 전압 이득의 차원을 가진 정수는?

① A ② B
③ C ④ D

해설

$A = \dfrac{V_1}{V_2}\bigg|_{I_2=0}$: 출력 개방 전압 이득

$B = \dfrac{V_1}{I_2}\bigg|_{V_2=0}$: 출력 단락 전달 임피던스

$C = \dfrac{I_1}{V_2}\bigg|_{I_2=0}$: 출력 개방 전달 어드미턴스

$D = \dfrac{I_1}{I_2}\bigg|_{V_2=0}$: 출력 단락 전류 이득

324 ★★★

그림과 같은 4단자 회로망에서 출력 측을 개방하니 $V_1 = 12[\mathrm{V}]$, $I_1 = 2[\mathrm{A}]$, $V_2 = 4[\mathrm{V}]$이고, 출력 측을 단락하니 $V_1 = 16[\mathrm{V}]$, $I_1 = 4[\mathrm{A}]$, $I_2 = 2[\mathrm{A}]$이었다. 4단자 정수 A, B, C, D는 얼마인가?

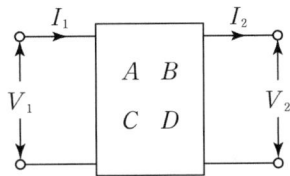

① $A=2$, $B=3$, $C=8$, $D=0.5$
② $A=0.5$, $B=2$, $C=3$, $D=8$
③ $A=8$, $B=0.5$, $C=2$, $D=3$
④ $A=3$, $B=8$, $C=0.5$, $D=2$

해설

전류가 0일 때는 개방, 전압이 0일 때는 단락
$V_1 = A V_2 + B I_2$, $I_1 = C V_2 + D I_2$이므로

$A = \left(\dfrac{V_1}{V_2}\right)_{I_2=0} = \dfrac{12}{4} = 3$ $B = \left(\dfrac{V_1}{I_2}\right)_{V_2=0} = \dfrac{16}{2} = 8$

$C = \left(\dfrac{I_1}{V_2}\right)_{I_2=0} = \dfrac{2}{4} = 0.5$ $D = \left(\dfrac{I_1}{I_2}\right)_{V_2=0} = \dfrac{4}{2} = 2$

325 ★★☆

그림과 같은 이상적인 변압기로 구성된 4단자 회로에서 4단자 정수 A와 C는 어떻게 되는가?

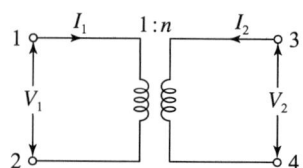

① $A=n$, $C=0$
② $A=0$, $C=n$
③ $A=0$, $C=\dfrac{1}{n}$
④ $A=\dfrac{1}{n}$, $C=0$

해설

변압기의 권선비는 아래와 같다.

$a = \dfrac{n_1}{n_2} = \dfrac{1}{n} = \dfrac{V_1}{V_2} = \dfrac{I_2}{I_1}$

$\therefore V_1 = \dfrac{1}{n}V_2, \; I_1 = nI_2$

따라서 4단자 정수를 각각 구해 보면 아래와 같다.
$V_1 = AV_2 + BI_2, \; I_1 = CV_2 + DI_2$ 이므로

- $A = \dfrac{V_1}{V_2} = \dfrac{1}{n}$
- $B = \dfrac{V_1}{I_2} = 0$
- $C = \dfrac{I_1}{V_2} = 0$
- $D = \dfrac{I_1}{I_2} = n$

326 ★★★

어떤 회로망의 4단자 정수가 $A=8$, $B=j2$, $D=3+j2$ 이면 이 회로망의 C는?

① $2+j3$
② $3+j3$
③ $24+j14$
④ $8-j11.5$

해설

$AD-BC=1$을 이용한다.
$C = \dfrac{AD-1}{B} = \dfrac{8\times(3+j2)-1}{j2} = 8-j11.5\,[\mho]$

327 ★★☆

4단자 회로망이 가역적이기 위한 조건으로 틀린 것은?

① $Z_{12} = Z_{21}$
② $Y_{12} = Y_{21}$
③ $H_{12} = -H_{21}$
④ $AB - CD = 1$

해설

4단자 정수 A, B, C, D는 $AD-BC=1$의 관계가 있다.

328 ★★★

4단자 정수 A, B, C, D 중에서 어드미턴스 차원을 가진 정수는?

① A
② B
③ C
④ D

해설

$A = \dfrac{V_1}{V_2}$ (전압비), $B = \dfrac{V_1}{I_2}$ (임피던스)

$C = \dfrac{I_1}{V_2}$ (어드미턴스), $D = \dfrac{I_1}{I_2}$ (전류비)

329 ★★☆

그림과 같은 H형의 4단자 회로망에서 4단자 정수(전송 파라미터) A는?(단, V_1은 입력전압, V_2는 출력전압이고, A는 출력 개방 시 회로망의 전압이득$\left(\dfrac{V_1}{V_2}\right)$이다.)

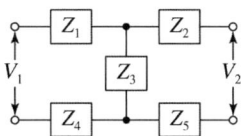

① $\dfrac{Z_1+Z_2+Z_3}{Z_3}$ ② $\dfrac{Z_1+Z_3+Z_4}{Z_3}$

③ $\dfrac{Z_2+Z_3+Z_5}{Z_3}$ ④ $\dfrac{Z_3+Z_4+Z_5}{Z_3}$

해설

입력부와 출력부의 임피던스를 각각 합하여 회로를 재구성하면 다음과 같다.

$\therefore A = 1 + \dfrac{Z_1+Z_4}{Z_3} = \dfrac{Z_1+Z_3+Z_4}{Z_3}$

별해

$\begin{bmatrix} A & B \\ C & D \end{bmatrix} = \begin{bmatrix} 1 & Z_1+Z_4 \\ 0 & 1 \end{bmatrix} \begin{bmatrix} 1 & 0 \\ \dfrac{1}{Z_3} & 1 \end{bmatrix} \begin{bmatrix} 1 & Z_2+Z_5 \\ 0 & 1 \end{bmatrix}$

$= \begin{bmatrix} 1+\dfrac{Z_1+Z_4}{Z_3} & Z_1+Z_4 \\ \dfrac{1}{Z_3} & 1 \end{bmatrix} \begin{bmatrix} 1 & Z_2+Z_5 \\ 0 & 1 \end{bmatrix}$

$= \begin{bmatrix} 1+\dfrac{Z_1+Z_4}{Z_3} & \left(1+\dfrac{Z_1+Z_4}{Z_3}\right)(Z_2+Z_5)+Z_1+Z_4 \\ \dfrac{1}{Z_3} & 1+\dfrac{Z_2+Z_5}{Z_3} \end{bmatrix}$

$\therefore A = 1 + \dfrac{Z_1+Z_4}{Z_3} = \dfrac{Z_1+Z_3+Z_4}{Z_3}$

330 ★★☆

그림의 회로에서 영상 임피던스 Z_{01}이 $6[\Omega]$일 때, 저항 R의 값은 몇 $[\Omega]$인가?

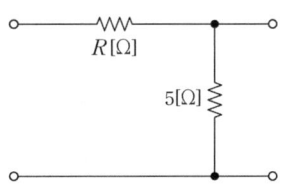

① 2   ② 4
③ 6   ④ 9

해설

$A = 1 + \dfrac{Z_1}{Z_2}$

$B = Z_1$

$C = \dfrac{1}{Z_2}$

$D = 1$

$Z_{01} = \sqrt{\dfrac{AB}{CD}} = 6[\Omega]$, $Z_2 = 5[\Omega]$, $Z_1 = R = B$에서

$R = B = \dfrac{36CD}{A} = \dfrac{36 \times \dfrac{1}{Z_2} \times 1}{1+\dfrac{Z_1}{Z_2}} = \dfrac{36}{5+R}$

$R^2 + 5R = 36$

R은 $4[\Omega]$ 또는 $-9[\Omega]$이다. 저항은 음수가 될 수 없으므로 양수를 취한다.

$\therefore R = 4[\Omega]$

331 ★★★

그림과 같은 T형 4단자 회로망에서 4단자 정수 A와 C는?

(단, $Z_1 = \dfrac{1}{Y_1}$, $Z_2 = \dfrac{1}{Y_2}$, $Z_3 = \dfrac{1}{Y_3}$)

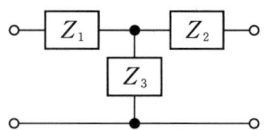

① $A = 1 + \dfrac{Y_3}{Y_1}$, $C = Y_2$

② $A = 1 + \dfrac{Y_3}{Y_1}$, $C = \dfrac{1}{Y_3}$

③ $A = 1 + \dfrac{Y_3}{Y_1}$, $C = Y_3$

④ $A = 1 + \dfrac{Y_1}{Y_3}$, $C = \left(1 + \dfrac{Y_1}{Y_3}\right)\dfrac{1}{Y_3} + \dfrac{1}{Y_2}$

해설

$$\begin{bmatrix} 1 & Z_1 \\ 0 & 1 \end{bmatrix} \begin{bmatrix} 1 & 0 \\ \dfrac{1}{Z_3} & 1 \end{bmatrix} \begin{bmatrix} 1 & Z_2 \\ 0 & 1 \end{bmatrix} = \begin{bmatrix} 1+\dfrac{Z_1}{Z_3} & Z_1 \\ \dfrac{1}{Z_3} & 1 \end{bmatrix} \begin{bmatrix} 1 & Z_2 \\ 0 & 1 \end{bmatrix}$$

$$= \begin{bmatrix} 1+\dfrac{Z_1}{Z_3} & Z_1 + Z_2 + \dfrac{Z_1 Z_2}{Z_3} \\ \dfrac{1}{Z_3} & 1+\dfrac{Z_2}{Z_3} \end{bmatrix}$$

$A = 1 + \dfrac{Z_1}{Z_3} = 1 + \dfrac{\dfrac{1}{Y_1}}{\dfrac{1}{Y_3}} = 1 + \dfrac{Y_3}{Y_1}$

$C = \dfrac{1}{Z_3} = \dfrac{1}{\dfrac{1}{Y_3}} = Y_3$

332 ★★★

회로의 4단자 정수로 틀린 것은?

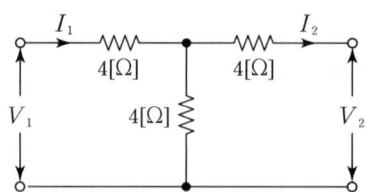

① $A = 2$ ② $B = 12$

③ $C = \dfrac{1}{4}$ ④ $D = 6$

해설

T형 4단자 정수는 아래와 같다.

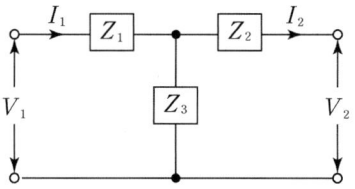

$A = 1 + \dfrac{Z_1}{Z_3} = 1 + \dfrac{4}{4} = 2$

$B = \dfrac{Z_1 Z_2 + Z_2 Z_3 + Z_3 Z_1}{Z_3} = \dfrac{4 \times 4 + 4 \times 4 + 4 \times 4}{4} = 12$

$C = \dfrac{1}{Z_3} = \dfrac{1}{4}$

$D = 1 + \dfrac{Z_2}{Z_3} = 1 + \dfrac{4}{4} = 2$

| 정답 | 331 ③ 332 ④

333 ★★☆

어드미턴스 $Y[\mho]$로 표현된 4단자 회로망에서 4단자 정수 행렬 T는?(단, $\begin{bmatrix} V_1 \\ I_1 \end{bmatrix} = T \begin{bmatrix} V_2 \\ I_2 \end{bmatrix}$, $T = \begin{bmatrix} A & B \\ C & D \end{bmatrix}$)

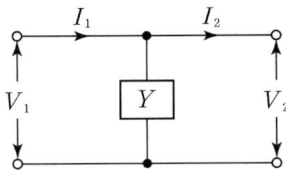

① $\begin{bmatrix} 1 & 0 \\ Y & 1 \end{bmatrix}$ ② $\begin{bmatrix} 1 & Y \\ 0 & 1 \end{bmatrix}$

③ $\begin{bmatrix} 1 & 0 \\ \frac{1}{Y} & 1 \end{bmatrix}$ ④ $\begin{bmatrix} Y & 1 \\ 1 & 0 \end{bmatrix}$

해설

$\begin{bmatrix} A & B \\ C & D \end{bmatrix} = \begin{bmatrix} 1 & 0 \\ Y & 1 \end{bmatrix}$

해설

$\begin{bmatrix} A & B \\ C & D \end{bmatrix} = \begin{bmatrix} 1 & 0 \\ \frac{1}{Z_C} & 1 \end{bmatrix} \begin{bmatrix} 1 & Z_A \\ 0 & 1 \end{bmatrix} \begin{bmatrix} 1 & 0 \\ \frac{1}{Z_B} & 1 \end{bmatrix}$

$= \begin{bmatrix} 1 & Z_A \\ \frac{1}{Z_C} & 1+\frac{Z_A}{Z_C} \end{bmatrix} \begin{bmatrix} 1 & 0 \\ \frac{1}{Z_B} & 1 \end{bmatrix}$

$= \begin{bmatrix} 1+\frac{Z_A}{Z_B} & Z_A \\ \frac{Z_A+Z_B+Z_C}{Z_B Z_C} & 1+\frac{Z_A}{Z_C} \end{bmatrix}$

334 ★★☆

회로에서 4단자 정수 A, B, C, D의 값은?

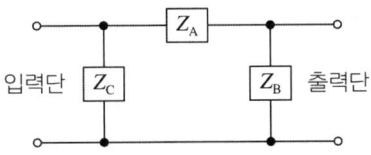

① $A = 1+\frac{Z_A}{Z_B}$, $B = Z_A$, $C = \frac{1}{Z_A}$, $D = 1+\frac{Z_B}{Z_A}$

② $A = 1+\frac{Z_A}{Z_B}$, $B = Z_A$, $C = \frac{1}{Z_B}$, $D = 1+\frac{Z_A}{Z_B}$

③ $A = 1+\frac{Z_A}{Z_B}$, $B = Z_A$, $C = \frac{Z_A+Z_B+Z_C}{Z_B Z_C}$,

$D = \frac{1}{Z_B Z_C}$

④ $A = 1+\frac{Z_A}{Z_B}$, $B = Z_A$, $C = \frac{Z_A+Z_B+Z_C}{Z_B Z_C}$,

$D = 1+\frac{Z_A}{Z_C}$

335 ★★★

그림에서 4단자 회로 정수 A, B, C, D 중 출력 단자 3, 4가 개방되었을 때의 $\frac{V_1}{V_2}$인 A의 값은?

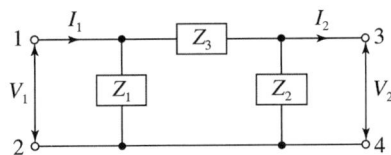

① $1+\frac{Z_2}{Z_1}$ ② $1+\frac{Z_3}{Z_2}$

③ $1+\frac{Z_2}{Z_3}$ ④ $\frac{Z_1+Z_2+Z_3}{Z_1 Z_3}$

해설

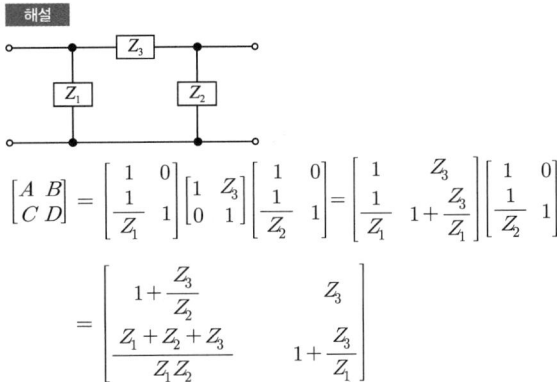

$\begin{bmatrix} A & B \\ C & D \end{bmatrix} = \begin{bmatrix} 1 & 0 \\ \frac{1}{Z_1} & 1 \end{bmatrix} \begin{bmatrix} 1 & Z_3 \\ 0 & 1 \end{bmatrix} \begin{bmatrix} 1 & 0 \\ \frac{1}{Z_2} & 1 \end{bmatrix} = \begin{bmatrix} 1 & Z_3 \\ \frac{1}{Z_1} & 1+\frac{Z_3}{Z_1} \end{bmatrix} \begin{bmatrix} 1 & 0 \\ \frac{1}{Z_2} & 1 \end{bmatrix}$

$= \begin{bmatrix} 1+\frac{Z_3}{Z_2} & Z_3 \\ \frac{Z_1+Z_2+Z_3}{Z_1 Z_2} & 1+\frac{Z_3}{Z_1} \end{bmatrix}$

336 ★★★

다음 두 회로의 4단자 정수 A, B, C, D가 동일할 조건은?

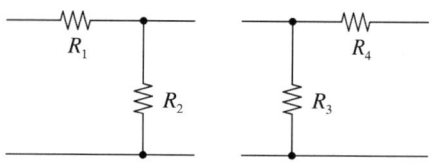

① $R_1 = R_2,\ R_3 = R_4$
② $R_1 = R_3,\ R_2 = R_4$
③ $R_1 = R_4,\ R_2 = R_3 = 0$
④ $R_2 = R_3,\ R_1 = R_4 = 0$

해설

- 왼쪽의 회로에 대하여 4단자 정수를 구한다.

$$\begin{bmatrix} A & B \\ C & D \end{bmatrix} = \begin{bmatrix} 1 & R_1 \\ 0 & 1 \end{bmatrix}\begin{bmatrix} 1 & 0 \\ \frac{1}{R_2} & 1 \end{bmatrix} = \begin{bmatrix} 1+\frac{R_1}{R_2} & R_1 \\ \frac{1}{R_2} & 1 \end{bmatrix}$$

- 오른쪽의 회로에 대하여 4단자 정수를 구한다.

$$\begin{bmatrix} A & B \\ C & D \end{bmatrix} = \begin{bmatrix} 1 & 0 \\ \frac{1}{R_3} & 1 \end{bmatrix}\begin{bmatrix} 1 & R_4 \\ 0 & 1 \end{bmatrix} = \begin{bmatrix} 1 & R_4 \\ \frac{1}{R_3} & 1+\frac{R_4}{R_3} \end{bmatrix}$$

따라서 위 두 결과가 같기 위한 조건은 아래와 같다.
$R_2 = R_3,\ R_1 = R_4 = 0$

337 ★★☆

다음 회로에서 4단자 정수 A, B, C, D 중 C의 값은?

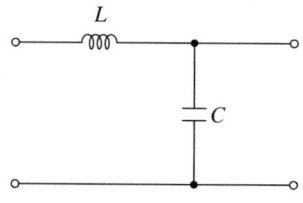

① 1
② $j\omega L$
③ $j\omega C$
④ $1 + j\omega(L+C)$

해설

$C = \dfrac{1}{Z_3} = \dfrac{1}{\dfrac{1}{j\omega C}} = j\omega C$

338 ★★★

그림의 T형 회로에 대한 4단자 정수 A, B, C, D로 틀린 것은?

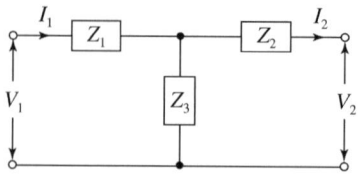

① $A = 1 + \dfrac{Z_1}{Z_3}$
② $B = \dfrac{Z_1 Z_2}{Z_3} + Z_1 + Z_2$
③ $C = 1 + \dfrac{Z_3}{Z_2}$
④ $D = 1 + \dfrac{Z_2}{Z_3}$

해설

$A = 1 + \dfrac{Z_1}{Z_3}$

$B = Z_1 + Z_2 + \dfrac{Z_1 Z_2}{Z_3} = \dfrac{Z_1 Z_3 + Z_2 Z_3 + Z_1 Z_2}{Z_3}$

$C = \dfrac{1}{Z_3}$

$D = 1 + \dfrac{Z_2}{Z_3}$

339 ★★☆

그림과 같은 4단자 회로망에서 하이브리드 파라미터 H_{11}은?

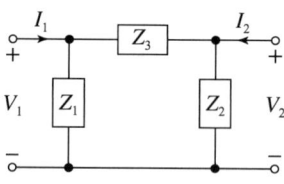

① $\dfrac{Z_1}{Z_1 + Z_3}$
② $\dfrac{Z_1}{Z_1 + Z_2}$
③ $\dfrac{Z_1 Z_3}{Z_1 + Z_3}$
④ $\dfrac{Z_1 Z_2}{Z_1 + Z_2}$

해설

문제에 주어진 π형 회로에서 하이브리드 파라미터 H_{11}은 2차 측에 있는 Z_2 임피던스를 단락한 상태에서 1차 측에서 본 합성 임피던스이므로 $H_{11} = \dfrac{Z_1 Z_3}{Z_1 + Z_3}$이다.

340 ★★☆

그림과 같이 $10[\Omega]$의 저항에 권수비가 $10:1$의 결합 회로를 연결했을 때 4단자 정수 A, B, C, D는?

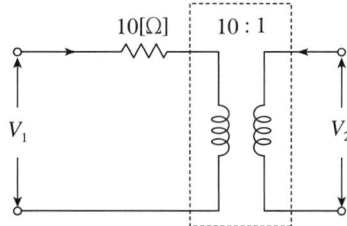

① $A=1$, $B=10$, $C=0$, $D=10$
② $A=10$, $B=1$, $C=0$, $D=10$
③ $A=10$, $B=0$, $C=1$, $D=\dfrac{1}{10}$
④ $A=10$, $B=1$, $C=0$, $D=\dfrac{1}{10}$

해설

문제에 주어진 회로는 직렬 임피던스와 변압기가 접속된 계통이므로 이를 행렬식으로 작성하여 계산한다.

$\begin{bmatrix} A & B \\ C & D \end{bmatrix} = \begin{bmatrix} 1 & 10 \\ 0 & 1 \end{bmatrix} \begin{bmatrix} 10 & 0 \\ 0 & \frac{1}{10} \end{bmatrix} = \begin{bmatrix} 10 & 1 \\ 0 & \frac{1}{10} \end{bmatrix}$

341 ★★★

그림과 같은 종속 접속으로 된 4단자 회로망에서 합성 4단자망의 4단자 정수 표시로 틀린 것은?

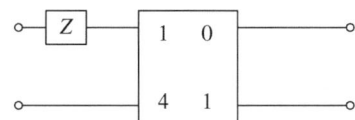

① $A=1+4Z$
② $B=Z$
③ $C=4$
④ $D=1+Z$

해설

$\begin{bmatrix} A & B \\ C & D \end{bmatrix} = \begin{bmatrix} 1 & Z \\ 0 & 1 \end{bmatrix} \begin{bmatrix} 1 & 0 \\ 4 & 1 \end{bmatrix} = \begin{bmatrix} 1\times1+Z\times4 & 1\times0+Z\times1 \\ 0\times1+1\times4 & 0\times0+1\times1 \end{bmatrix}$
$= \begin{bmatrix} 1+4Z & Z \\ 4 & 1 \end{bmatrix}$

342 ★★☆

그림과 같은 단일 임피던스 회로의 4단자 정수는?

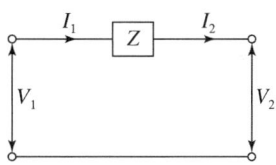

① $A=Z$, $B=0$, $C=1$, $D=0$
② $A=0$, $B=1$, $C=Z$, $D=1$
③ $A=1$, $B=Z$, $C=0$, $D=1$
④ $A=1$, $B=0$, $C=1$, $D=Z$

해설

직렬 임피던스의 A, B, C, D 정수
$\begin{bmatrix} A & B \\ C & D \end{bmatrix} = \begin{bmatrix} 1 & Z \\ 0 & 1 \end{bmatrix}$

THEME 03 4단자 회로망에서의 A, B, C, D 작용

343 ★★☆

4단자 회로망에서 4단자 정수가 A, B, C, D일 때, 영상 임피던스 $\dfrac{Z_{01}}{Z_{02}}$은?

① $\dfrac{D}{A}$
② $\dfrac{B}{C}$
③ $\dfrac{C}{B}$
④ $\dfrac{A}{D}$

해설

영상 임피던스 $Z_{01} = \sqrt{\dfrac{AB}{CD}}$, $Z_{02} = \sqrt{\dfrac{BD}{AC}}$ 이다.

$\dfrac{Z_{01}}{Z_{02}} = \dfrac{\sqrt{\dfrac{AB}{CD}}}{\sqrt{\dfrac{BD}{AC}}} = \dfrac{A}{D}$

344 ★☆☆

L형 4단자 회로망에서 4단자 정수가 $B = \frac{5}{3}$, $C = 1$이고, 영상 임피던스 $Z_{01} = \frac{20}{3}[\Omega]$일 때 영상 임피던스 $Z_{02}[\Omega]$의 값은?

① 4
② $\frac{1}{4}$
③ $\frac{100}{9}$
④ $\frac{9}{100}$

해설

영상 임피던스: $Z_{01} = \sqrt{\frac{AB}{CD}}$, $Z_{02} = \sqrt{\frac{BD}{AC}}$

두 식을 곱한다.

$Z_{01} \times Z_{02} = \sqrt{\frac{AB}{CD}} \times \sqrt{\frac{BD}{AC}} = \frac{B}{C}$

따라서 문제의 조건을 대입해보면 아래와 같다.

$Z_{02} = \frac{1}{Z_{01}} \times \frac{B}{C} = \frac{3}{20} \times \frac{\frac{5}{3}}{1} = \frac{3}{20} \times \frac{5}{3} = \frac{1}{4}[\Omega]$

345 ★★☆

그림과 같은 회로의 영상 임피던스 $Z_{01}, Z_{02}[\Omega]$는 각각 얼마인가?

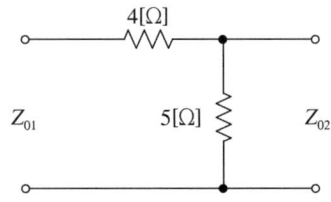

① 9, 5
② 6, $\frac{10}{3}$
③ 4, 5
④ 4, $\frac{20}{9}$

해설

4단자 정수 A, B, C, D 값은 아래와 같다.

$A = 1 + \frac{4}{5} = 1.8$, $B = 4 + 0 + \frac{4 \times 0}{5} = 4$

$C = \frac{1}{5} = 0.2$, $D = 1 + \frac{0}{5} = 1$

위에서 구한 A, B, C, D 값을 이용하여 영상 임피던스를 각각 구한다.

$Z_{01} = \sqrt{\frac{AB}{CD}} = \sqrt{\frac{1.8 \times 4}{0.2 \times 1}} = 6[\Omega]$

$Z_{02} = \sqrt{\frac{BD}{AC}} = \sqrt{\frac{4 \times 1}{1.8 \times 0.2}} = \frac{10}{3}[\Omega]$

346 ★★☆

다음과 같은 4단자 회로에서 영상 임피던스[Ω]는?

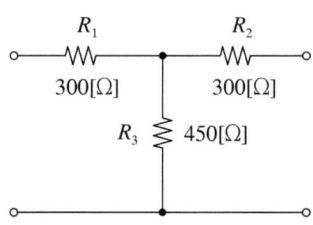

① 200
② 300
③ 450
④ 600

해설

4단자 정수 A, B, C, D는 아래와 같다.

$A = D = 1 + \frac{300}{450} = \frac{750}{450}$

$B = 300 + 300 + \frac{300 \times 300}{450} = 800$

$C = \frac{1}{450}$

따라서 T 대칭 회로의 영상 임피던스를 구할 수 있다.

$Z_{01} = Z_{02} = \sqrt{\frac{B}{C}} = \sqrt{\frac{800}{\frac{1}{450}}} = 600[\Omega]$

347 ★★★
그림과 같은 4단자 회로의 영상 임피던스 Z_{02}는 몇 $[\Omega]$인가?

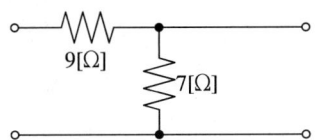

① 14
② 12
③ $\dfrac{21}{4}$
④ $\dfrac{5}{3}$

해설

주어진 4단자 회로에서의 4정수 A, B, C, D를 구한다.
$A = 1 + \dfrac{9}{7} = \dfrac{16}{7}$, $B = 9 + 0 + \dfrac{9 \times 0}{7} = 9$, $C = \dfrac{1}{7}$,
$D = 1 + \dfrac{0}{7} = 1$

따라서 영상 임피던스 Z_{02}는 아래와 같다.
$Z_{02} = \sqrt{\dfrac{BD}{AC}} = \sqrt{\dfrac{9 \times 1}{\dfrac{16}{7} \times \dfrac{1}{7}}} = \sqrt{\dfrac{9 \times 7 \times 7}{16}} = \dfrac{21}{4}[\Omega]$

348 ★★☆
그림과 같은 T형 회로의 영상 전달 정수 θ는?

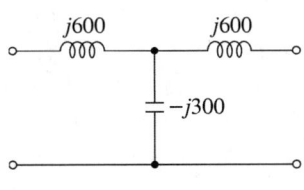

① 0
② 1
③ -3
④ -1

해설

문제에 주어진 T형 회로의 4단자 정수 A, B, C, D를 구한다.
$A = 1 + \dfrac{Z_1}{Z_3} = 1 + \dfrac{j600}{-j300} = -1$
$B = Z_1 + Z_2 + \dfrac{Z_1 Z_2}{Z_3} = j600 + j600 + \dfrac{j600 \times j600}{-j300} = 0$
$C = \dfrac{1}{Z_3} = \dfrac{1}{-j300} = j\dfrac{1}{300}$
$D = 1 + \dfrac{Z_2}{Z_3} = 1 + \dfrac{j600}{-j300} = -1$

따라서 영상 전달 정수는 아래와 같다.
$\theta = \log_e(\sqrt{AD} + \sqrt{BC})$
$= \log_e\left(\sqrt{(-1) \times (-1)} + \sqrt{0 \times j\dfrac{1}{300}}\right) = 0$

349 ★☆☆
4단자 회로망에서의 영상 임피던스$[\Omega]$는?

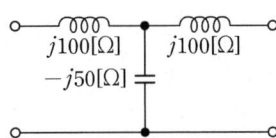

① $j\dfrac{1}{50}$
② -1
③ 1
④ 0

해설

대칭 T형 회로는 $A = D$이다.
$Z_{01} = \sqrt{\dfrac{AB}{CD}} = \sqrt{\dfrac{B}{C}}$
$C = \dfrac{1}{-j50}$
$B = \dfrac{j100 \times (-j50) + j100 \times j100 + j100 \times (-j50)}{-j50} = 0$
$\therefore Z_{01} = 0[\Omega]$

CHAPTER 11
분포 정수 회로

1. 특성 임피던스와 전파 정수
2. 무손실 선로와 무왜형 선로

CBT 완벽대비 가능한 유형마스터 학습!

THEME	유형분석	관련 번호
THEME 01 특성 임피던스와 전파 정수	임피던스와 어드미턴스를 헷갈리지 않는 것이 중요합니다. 주로 계산 문제와 개념 문제가 병행되어 출제됩니다.	350~352
THEME 02 무손실 선로와 무왜형 선로	무손실 조건과 무왜형 조건을 구분하여 암기하고 있다면, 쉽게 답을 구할 수 있는 문제로 출제됩니다. 간혹 파장을 응용한 문제가 출제되므로 주의하여야 합니다.	353~368

학습 효과를 높이는 N제 3회독 시스템

챕터 별 전체 1회독이 끝났다면 회독 체크표에 날짜를 기입하고 체크표시를 해주세요.

회독 체크표	☐ 1회독	월 일	☐ 2회독	월 일	☐ 3회독	월 일

CHAPTER 11 분포 정수 회로

THEME 01 특성 임피던스와 전파 정수

350 ★★☆
선로의 단위 길이당 인덕턴스, 저항, 정전 용량, 누설 컨덕턴스를 각각 L, R, C, G라 하면 전파 정수는?

① $\dfrac{\sqrt{R+j\omega L}}{G+j\omega C}$

② $\sqrt{(G+j\omega C)(R+j\omega L)}$

③ $\sqrt{\dfrac{R+j\omega C}{G+j\omega L}}$

④ $\sqrt{\dfrac{G+j\omega C}{R+j\omega L}}$

해설

선로의 특성 임피던스 $Z_0 = \sqrt{\dfrac{Z}{Y}} = \sqrt{\dfrac{R+j\omega L}{G+j\omega C}}[\Omega]\left(Z \neq \dfrac{1}{Y}\right)$

전파 정수 $\gamma = \sqrt{YZ} = \alpha+j\beta = \sqrt{(G+j\omega C)(R+j\omega L)}$

351 ★★☆
분포 정수 회로에서 직렬 임피던스를 Z, 병렬 어드미턴스를 Y라 할 때 선로의 특성 임피던스 Z_0는?

① ZY ② $\sqrt{ZY}$

③ $\sqrt{\dfrac{Y}{Z}}$ ④ $\sqrt{\dfrac{Z}{Y}}$

해설

특성 임피던스 $Z_0 = \sqrt{\dfrac{Z}{Y}}[\Omega]$

(단, $Z \neq \dfrac{1}{Y}$)

352 ★★★
분포 정수 회로에서 직렬 임피던스 $Z[\Omega]$, 병렬 어드미턴스 $Y[\mho]$일 때 선로의 전파 정수 γ는?

① $\sqrt{\dfrac{Z}{Y}}$ ② $\sqrt{\dfrac{Y}{Z}}$

③ $\sqrt{ZY}$ ④ ZY

해설

분포 정수 회로에서

특성 임피던스 $Z_0 = \sqrt{\dfrac{Z}{Y}} = \sqrt{\dfrac{R+j\omega L}{G+j\omega C}}[\Omega]$이다.

전파 정수 $\gamma = \sqrt{ZY} = \sqrt{(R+j\omega L)(G+j\omega C)}$이다.

THEME 02 무손실 선로와 무왜형 선로

353 ★★☆
무한장 무손실 전송선로의 임의의 위치에서 전압이 $100[\text{V}]$이었다. 이 선로의 인덕턴스가 $7.5[\mu\text{H/m}]$이고, 커패시턴스가 $0.012[\mu\text{F/m}]$일 때 이 위치에서 전류[A]는?

① 2   ② 4
③ 6   ④ 8

해설

무손실 선로이므로 $R = G = 0$

$Z_0 = \sqrt{\dfrac{Z}{Y}} = \sqrt{\dfrac{R+j\omega L}{G+j\omega C}} = \sqrt{\dfrac{L}{C}}[\Omega]$

$I = \dfrac{V}{Z_0} = \dfrac{V}{\sqrt{\dfrac{L}{C}}} = V\sqrt{\dfrac{C}{L}}[\text{A}]$

$\therefore I = 100 \times \sqrt{\dfrac{0.012 \times 10^{-6}}{7.5 \times 10^{-6}}} = 4[\text{A}]$

| 정답 | 350 ② 351 ④ 352 ③ 353 ②

354 ★★☆
단위 길이당 인덕턴스 및 커패시턴스가 각각 L 및 C일 때 전송선로의 특성 임피던스는?(단, 전송선로는 무손실 선로이다.)

① $\sqrt{\dfrac{L}{C}}$ ② $\sqrt{\dfrac{C}{L}}$

③ $\dfrac{L}{C}$ ④ $\dfrac{C}{L}$

해설

무손실 선로이므로 $R = G = 0$

∴ 특성 임피던스 $Z_0 = \sqrt{\dfrac{R+j\omega L}{G+j\omega C}} = \sqrt{\dfrac{L}{C}}\,[\Omega]$

355 ★★★
무한장 무손실 전송선로의 임의의 위치에서 전압이 $10[\mathrm{V}]$이었다. 이 선로의 인덕턴스가 $10[\mu\mathrm{H/m}]$이고, 해당 위치에서 전류가 $1[\mathrm{A}]$일 때 이 선로의 커패시턴스$[\mu\mathrm{F/m}]$는?

① 0.001   ② 0.01

③ 0.1   ④ 1

해설

무손실 선로이므로 $R = G = 0$

$Z_0 = \sqrt{\dfrac{Z}{Y}} = \sqrt{\dfrac{R+j\omega L}{G+j\omega C}} = \sqrt{\dfrac{L}{C}}\,[\Omega]$

$I = \dfrac{V}{Z_0} = \dfrac{V}{\sqrt{\dfrac{L}{C}}} = V\sqrt{\dfrac{C}{L}}\,[\mathrm{A}]$

$C = \left(\dfrac{I}{V}\right)^2 L = \left(\dfrac{1}{10}\right)^2 \times 10 \times 10^{-6} = 0.1 \times 10^{-6}\,[\mathrm{F/m}]$
$= 0.1[\mu\mathrm{F/m}]$

356 ★★☆
단위 길이당 인덕턴스가 $L[\mathrm{H/m}]$이고, 단위 길이당 정전 용량이 $C[\mathrm{F/m}]$인 무손실 선로에서의 진행파 속도$[\mathrm{m/s}]$는?

① $\sqrt{LC}$ ② $\dfrac{1}{\sqrt{LC}}$

③ $\sqrt{\dfrac{C}{L}}$ ④ $\sqrt{\dfrac{L}{C}}$

해설

파장 $\lambda = \dfrac{1}{f\sqrt{LC}} = \dfrac{v}{f} \Rightarrow v = \dfrac{1}{\sqrt{LC}}[\mathrm{m/s}]$

357 ★☆☆
$1[\mathrm{km}]$당 인덕턴스 $25[\mathrm{mH}]$, 정전 용량 $0.005[\mu\mathrm{F}]$의 선로가 있다. 무손실 선로라고 가정한 경우 진행파의 위상(전파) 속도는 약 몇 $[\mathrm{km/s}]$인가?

① 8.94×10^4 ② 9.94×10^4

③ 89.4×10^4 ④ 99.4×10^4

해설

$v = \dfrac{1}{\sqrt{LC}} = \dfrac{1}{\sqrt{25 \times 10^{-3} \times 0.005 \times 10^{-6}}}$
$= 8.94 \times 10^4 [\mathrm{km/s}]$

358 ★★☆
송전 선로가 무손실 선로일 때 $L = 96[\mathrm{mH}]$이고 $C = 0.6[\mu\mathrm{F}]$이면 특성 임피던스$[\Omega]$는?

① 100   ② 200

③ 400   ④ 600

해설

$Z_0 = \sqrt{\dfrac{Z}{Y}} = \sqrt{\dfrac{R+j\omega L}{G+j\omega C}} = \sqrt{\dfrac{L}{C}} = \sqrt{\dfrac{96 \times 10^{-3}}{0.6 \times 10^{-6}}}$
$= 400[\Omega]$

359 ★★★

무한장 평행 2선 선로에 주파수 $4[\text{MHz}]$의 전압을 가하였을 때 전압의 위상 정수는 약 몇 $[\text{rad/m}]$인가?(단, 전파 속도는 $3 \times 10^8 [\text{m/s}]$이다.)

① 0.0634　　② 0.0734
③ 0.0838　　④ 0.0934

해설 위상 정수

전파속도 $v = \dfrac{\omega}{\beta}$에서 위상 정수는 $\beta = \dfrac{\omega}{v}$이므로

$\beta = \dfrac{\omega}{v} = \dfrac{2\pi f}{v} = \dfrac{2\pi \times 4 \times 10^6}{3 \times 10^8} = 0.0838[\text{rad/m}]$

360 ★★☆

무손실 선로에 있어서 감쇠 정수 α, 위상 정수를 β라 하면, α와 β의 값은?(단, R, G, L, C는 선로 단위 길이당의 저항, 컨덕턴스, 인덕턴스, 커패시턴스이다.)

① $\alpha = \sqrt{RG}$, $\beta = 0$
② $\alpha = 0$, $\beta = \dfrac{1}{\sqrt{LC}}$
③ $\alpha = 0$, $\beta = \omega\sqrt{LC}$
④ $\alpha = \sqrt{RG}$, $\beta = \omega\sqrt{LC}$

해설

전파 정수 $\gamma = \sqrt{ZY} = \sqrt{(R+j\omega L)(G+j\omega C)} = \alpha + j\beta$ (α: 감쇠 정수, β: 위상 정수)에서 무손실 선로는 $R = G = 0$이므로 $\alpha = 0$, $\beta = \omega\sqrt{LC}[\text{rad/m}]$

361 ★★☆

무손실 선로의 정상 상태에 대한 설명으로 틀린 것은?

① 전파 정수 $\gamma = j\omega\sqrt{LC}$이다.
② 특성 임피던스 $Z_0 = \sqrt{\dfrac{C}{L}}$이다.
③ 진행파의 전파 속도 $v = \dfrac{1}{\sqrt{LC}}$이다.
④ 감쇠 정수 $\alpha = 0$, 위상 정수 $\beta = \omega\sqrt{LC}$이다.

해설 무손실 선로의 특성

- 특성 임피던스
$Z_0 = \sqrt{\dfrac{Z}{Y}} = \sqrt{\dfrac{R+j\omega L}{G+j\omega C}} = \sqrt{\dfrac{L}{C}} [\Omega]$
- 전파 정수
$\gamma = \sqrt{ZY} = \sqrt{(R+j\omega L)(G+j\omega C)} = \alpha + j\beta$
(감쇠 정수 $\alpha = 0$, 위상 정수 $\beta = \omega\sqrt{LC}[\text{rad/m}]$)
- 전파 속도
$v = \dfrac{\omega}{\beta} = \dfrac{\omega}{\omega\sqrt{LC}} = \dfrac{1}{\sqrt{LC}} = 3 \times 10^8 [\text{m/s}]$
- 파장
$\lambda = \dfrac{2\pi}{\beta} = \dfrac{2\pi}{\omega\sqrt{LC}} = \dfrac{2\pi}{2\pi f\sqrt{LC}} = \dfrac{1}{f\sqrt{LC}}$
$= \dfrac{v}{f} = \dfrac{3 \times 10^8}{f} [\text{m}]$

362 ★☆☆

분포 정수 선로에서 위상 정수를 $\beta[\text{rad/m}]$라 할 때 파장은?

① $2\pi\beta$　　② $\dfrac{2\pi}{\beta}$
③ $4\pi\beta$　　④ $\dfrac{4\pi}{\beta}$

해설

분포 정수 회로에서 파장은 아래와 같다.

$v = f\lambda = \dfrac{\omega}{\beta} = \dfrac{2\pi f}{\beta}$

$\therefore \lambda = \dfrac{2\pi}{\beta} [\text{m}]$

| 정답 | 359 ③　360 ③　361 ②　362 ②

363 ★☆☆
분포 정수 선로에서 무왜형 조건이 성립하면 어떻게 되는가?

① 감쇠량이 최소로 된다.
② 전파 속도가 최대로 된다.
③ 감쇠량은 주파수에 비례한다.
④ 위상 정수가 주파수에 관계없이 일정하다.

해설
무왜형 조건에서는 파형의 왜곡이 없으므로 파형의 감쇠량이 최소가 된다.

364 ★★☆
분포 정수 회로에서 선로 정수가 R, L, C, G이고 무왜형 조건이 $RC = GL$과 같은 관계가 성립될 때, 선로의 특성 임피던스 Z_0는?(단, 선로의 단위 길이당 저항을 R, 인덕턴스를 L, 정전 용량을 C, 누설 컨덕턴스를 G라고 한다.)

① $Z_0 = \dfrac{1}{\sqrt{CL}}$

② $Z_0 = \sqrt{\dfrac{L}{C}}$

③ $Z_0 = \sqrt{CL}$

④ $Z_0 = \sqrt{RG}$

해설
분포 정수 회로에서 무손실($R = G = 0$)과 무왜형($LG = RC$)에서의 특성 임피던스는 아래와 같다.
$Z_0 = \sqrt{\dfrac{Z}{Y}} = \sqrt{\dfrac{R + j\omega L}{G + j\omega C}} = \sqrt{\dfrac{L}{C}}\ [\Omega]$

365 ★★★
분포 정수 전송 회로에 대한 설명이 아닌 것은?

① $\dfrac{R}{L} = \dfrac{G}{C}$인 회로를 무왜형 회로라 한다.
② $R = G = 0$인 회로를 무손실 회로라 한다.
③ 무손실 회로와 무왜형 회로의 감쇠 정수는 $\sqrt{RG}$이다.
④ 무손실 회로와 무왜형 회로에서의 위상 속도는 $\dfrac{1}{\sqrt{LC}}$이다.

해설
무손실 선로의 감쇠 정수 $\alpha = 0$
무왜형 선로의 감쇠 정수 $\alpha = \sqrt{RG}$

366 ★★☆
분포 정수 회로가 무왜형 선로로 되는 조건은?(단, 선로의 단위 길이당 저항은 R, 인덕턴스는 L, 정전 용량은 C, 누설 컨덕턴스는 G이다.)

① $RL = CG$
② $RC = LG$
③ $R = \sqrt{\dfrac{L}{C}}$
④ $R = \sqrt{LC}$

해설
분포 정수 회로에서
무손실 선로의 조건은 $R = G = 0$,
무왜형 선로의 조건은 $LG = RC$이다.

| 정답 | 363 ① 364 ② 365 ③ 366 ②

367

특성 임피던스가 $400[\Omega]$인 회로 말단에 $1,200[\Omega]$의 부하가 연결되어 있다. 전원 측에 $20[kV]$의 전압을 인가할 때 반사파의 크기 $[kV]$는?(단, 선로에서의 전압 감쇠는 없는 것으로 간주한다.)

① 3.3
② 5
③ 10
④ 33

해설

$Z_1 = 400[\Omega]$, $Z_2 = 1,200[\Omega]$이고 전원 전압을 V_1, 반사파 전압을 V_2라 하면

반사계수 $\rho = \dfrac{V_2}{V_1} = \dfrac{Z_2 - Z_1}{Z_2 + Z_1} = \dfrac{1,200 - 400}{1,200 + 400} = 0.5$

$\therefore V_2 = \rho V_1 = 0.5 \times 20 = 10[kV]$

368

위상 정수가 $\dfrac{\pi}{8}[rad/m]$인 선로의 주파수가 $1[MHz]$일 때, 전파 속도는 몇 $[m/s]$인가?

① 1.6×10^7
② 3.2×10^7
③ 8×10^7
④ 5×10^7

해설

전파 속도 $v = \dfrac{\omega}{\beta} = \dfrac{2\pi f}{\beta} = \dfrac{2\pi \times 1 \times 10^6}{\dfrac{\pi}{8}} = 16 \times 10^6 = 1.6 \times 10^7 [m/s]$

에듀윌이 너를 지지할게

ENERGY

우리의 인생은 우리가 노력한 만큼 가치가 있다.

– 프랑수아 모리아크(Francois Mauriac)

CHAPTER 12

라플라스 변환

1. 라플라스 기본 변환
2. 라플라스 변환의 기본정리
3. 라플라스 역변환

CBT 완벽대비 가능한 유형마스터 학습!

THEME	유형분석	관련 번호
THEME 01 라플라스 기본 변환	주로 공식을 이용한 계산 문제가 출제됩니다. 자주 쓰이는 라플라스 변환 공식을 이해하고 암기해야만 문제를 풀 수 있습니다.	369~383
THEME 02 라플라스 변환의 기본 정리	라플라스 변환을 통한 계산 문제와, 초기값 정리 및 최종값 정리의 공식을 묻는 단답 문제가 주로 출제 됩니다. 간혹 고난도 문제도 출제되니, 확실하게 이해하는 것이 중요합니다.	384~410
THEME 03 라플라스 역변환	라플라스 역변환 문제로, 분모의 차수에 따른 계산 방법을 구분하여 이해하고 있어야 합니다. 복잡한 계산을 요하는 경우가 있으니 주의해야 합니다.	411~425

학습 효과를 높이는 N제 3회독 시스템

챕터 별 전체 1회독이 끝났다면 회독 체크표에 날짜를 기입하고 체크표시를 해주세요.

회독 체크표	☐ 1회독	월 일	☐ 2회독	월 일	☐ 3회독	월 일

CHAPTER 12 라플라스 변환

THEME 01 라플라스 기본 변환

369 ★★☆
함수 $f(t)$의 라플라스 변환은 어떤 식으로 정의되는가?

① $\int_0^\infty f(t)e^{st}dt$
② $\int_0^\infty f(t)e^{-st}dt$
③ $\int_0^\infty f(-t)e^{st}dt$
④ $\int_{-\infty}^\infty f(-t)e^{-st}dt$

해설
라플라스 변환은 시간함수가 0[초]에서 ∞[초]까지 경과하였을 경우의 주파수 변화에 대한 함수로서 라플라스 변환 식은 아래와 같이 정의된다.
$$F(s) = \int_0^\infty f(t)e^{-st}dt$$

370 ★★☆
다음 중 $f(t) = te^{-at}$의 라플라스 변환은?

① $\dfrac{2}{(s-a)^2}$
② $\dfrac{1}{s(s+a)}$
③ $\dfrac{1}{(s+a)^2}$
④ $\dfrac{1}{s+a}$

해설 라플라스 변환
$f(t) = te^{-at} \Rightarrow F(s) = \dfrac{1}{(s+a)^2}$

암기 복소추이 정리
$\mathcal{L}[f(t)e^{-at}] = F(s+a)$ (여기서 $F(s) = \mathcal{L}[f(t)]$)

371 ★★★
$f(t) = \sin t \cos t$를 라플라스 변환하면?

① $\dfrac{1}{(s+4)^2}$
② $\dfrac{1}{s^2+2}$
③ $\dfrac{1}{(s+2)^2}$
④ $\dfrac{1}{s^2+4}$

해설
$f(t) = \sin t \cos t = \dfrac{1}{2}\sin 2t$
$\mathcal{L}[f(t)] = \dfrac{1}{2} \times \dfrac{2}{s^2+2^2} = \dfrac{1}{s^2+4}$

암기 2배각 공식
$\sin 2\theta = 2\sin\theta\cos\theta$

372 ★★★
$f(t) = \sin t + 2\cos t$를 라플라스 변환하면?

① $\dfrac{2s}{s^2+1}$
② $\dfrac{2s+1}{(s+1)^2}$
③ $\dfrac{2s+1}{s^2+1}$
④ $\dfrac{2s}{(s+1)^2}$

해설 라플라스 변환
$F(s) = \dfrac{1}{s^2+1} + 2 \times \dfrac{s}{s^2+1} = \dfrac{2s+1}{s^2+1}$

암기
$f(t) = \sin\omega t \Rightarrow F(s) = \dfrac{\omega}{s^2+\omega^2}$
$f(t) = \cos\omega t \Rightarrow F(s) = \dfrac{s}{s^2+\omega^2}$

| 정답 | 369 ② | 370 ③ | 371 ④ | 372 ③ |

373 ★★☆
단위 계단 함수 $u(t)$의 라플라스 변환은?

① e^{-ts}
② $\dfrac{1}{s}e^{-ts}$
③ $\dfrac{1}{e^{-ts}}$
④ $\dfrac{1}{s}$

해설

$f(t) = u(t)$

$\therefore F(s) = \mathcal{L}[f(t)] = \dfrac{1}{s}$

374 ★★★
$f(t) = t^2 e^{-\alpha t}$를 라플라스 변환하면?

① $\dfrac{2}{(s+\alpha)^2}$
② $\dfrac{3}{(s+\alpha)^2}$
③ $\dfrac{2}{(s+\alpha)^3}$
④ $\dfrac{3}{(s+\alpha)^3}$

해설

$\mathcal{L}[t^2] = \dfrac{2!}{s^{2+1}} = \dfrac{2}{s^3}$

$\therefore \mathcal{L}[t^2 e^{-\alpha t}] = \dfrac{2}{(s+\alpha)^3}$

암기

$\mathcal{L}[t^n] = \dfrac{n!}{s^{n+1}}$

복소 추이 정리 $\mathcal{L}[e^{\pm \alpha t} f(t)] = F(s \mp \alpha)$

375 ★★★
$f(t) = t^n$의 라플라스 변환 식은?

① $\dfrac{n}{s^n}$
② $\dfrac{n+1}{s^{n+1}}$
③ $\dfrac{n!}{s^{n+1}}$
④ $\dfrac{n+1}{s^{n!}}$

해설

$\mathcal{L}[t^n] = \dfrac{n!}{s^{n+1}}$

376 ★★☆
$f(t) = e^{j\omega t}$의 라플라스 변환은?

① $\dfrac{1}{s-j\omega}$
② $\dfrac{1}{s+j\omega}$
③ $\dfrac{1}{s^2+\omega^2}$
④ $\dfrac{\omega}{s^2+\omega^2}$

해설

$f(t) = e^{j\omega t} \Rightarrow F(s) = \dfrac{1}{s-j\omega}$

377 ★★★
$f(t) = e^{-t} + 3t^2 + 3\cos 2t + 5$의 라플라스 변환식은?

① $\dfrac{1}{s+1} + \dfrac{6}{s^2} + \dfrac{3s}{s^2+5} + \dfrac{5}{s}$

② $\dfrac{1}{s+1} + \dfrac{6}{s^3} + \dfrac{3s}{s^2+4} + \dfrac{5}{s}$

③ $\dfrac{1}{s+1} + \dfrac{5}{s^2} + \dfrac{3s}{s^2+5} + \dfrac{4}{s}$

④ $\dfrac{1}{s+1} + \dfrac{5}{s^3} + \dfrac{2s}{s^2+4} + \dfrac{4}{s}$

해설

$f(t) = e^{-t} + 3t^2 + 3\cos 2t + 5$

$\Rightarrow F(s) = \dfrac{1}{s+1} + 3 \times \dfrac{2!}{s^3} + 3 \times \dfrac{s}{s^2+2^2} + 5 \times \dfrac{1}{s}$

$= \dfrac{1}{s+1} + \dfrac{6}{s^3} + \dfrac{3s}{s^2+4} + \dfrac{5}{s}$

암기 주요 라플라스 변환 공식

파형 $f(t)$	주파수 함수 $F(s)$
단위 계단 함수: $u(t) = 1$	$\dfrac{1}{s}$
속도 함수: t	$\dfrac{1}{s^2}$
가속도 함수: t^2	$\dfrac{2!}{s^3}$
지수함수: e^{at}	$\dfrac{1}{s-a}$
삼각함수: $\sin \omega t$	$\dfrac{\omega}{s^2+\omega^2}$
삼각함수: $\cos \omega t$	$\dfrac{s}{s^2+\omega^2}$

| 정답 | 373 ④   374 ③   375 ③   376 ①   377 ②

378 ★★☆

$f(t) = e^{at}$의 라플라스 변환은?

① $\dfrac{1}{s-a}$ ② $\dfrac{1}{s+a}$

③ $\dfrac{1}{s^2-a^2}$ ④ $\dfrac{1}{s^2+a^2}$

해설

$f(t) = e^{at} \Rightarrow F(s) = \dfrac{1}{s-a}$

암기 주요 라플라스 변환 공식

파형 $f(t)$	주파수 함수 $F(s)$
단위 계단 함수: $u(t) = 1$	$\dfrac{1}{s}$
속도 함수: t	$\dfrac{1}{s^2}$
가속도 함수: t^2	$\dfrac{2!}{s^3}$
지수함수: e^{at}	$\dfrac{1}{s-a}$

379 ★★★

$f(t) = 3u(t) + 2e^{-t}$인 시간함수를 라플라스 변환한 것은?

① $\dfrac{3s}{s^2+1}$ ② $\dfrac{s+3}{s(s+1)}$

③ $\dfrac{5s+3}{s(s+1)}$ ④ $\dfrac{5s+1}{(s+1)s^2}$

해설

$f(t) = 3u(t) + 2e^{-t} = 3 \times 1 + 2e^{-t} = 3 + 2e^{-t}$

$\therefore F(s) = \dfrac{3}{s} + \dfrac{2}{s+1} = \dfrac{3s+3+2s}{s(s+1)} = \dfrac{5s+3}{s(s+1)}$

380 ★★☆

단위 임펄스 $\delta(t)$의 라플라스 변환은?

① e^{-s} ② $\dfrac{1}{s}$

③ $\dfrac{1}{s^2}$ ④ 1

해설

$f(t) = \delta(t)$의 라플라스 변환은 $F(s) = 1$이다.

381 ★★☆

단위 램프 함수 $tu(t)$의 라플라스 변환은?

① $-\dfrac{1}{s+a}$ ② $\dfrac{1}{s+a}$

③ $-\dfrac{1}{s^2}$ ④ $\dfrac{1}{s^2}$

해설

문제에 주어진 시간함수 $f(t) = tu(t) = t \times 1 = t$를 라플라스 변환 하면 $F(s) = \dfrac{1}{s^2}$로 된다.

382 ★★☆

시간함수 $1 - \cos\omega t$를 라플라스 변환하면?

① $\dfrac{s}{s^2+\omega^2}$ ② $\dfrac{\omega^2}{s(s^2+\omega^2)}$

③ $\dfrac{s}{s(s^2-\omega^2)}$ ④ $\dfrac{\omega^2}{s(s-\omega^2)}$

해설

$f(t) = 1 - \cos\omega t$

$\Rightarrow F(s) = \dfrac{1}{s} - \dfrac{s}{s^2+\omega^2} = \dfrac{s^2+\omega^2-s^2}{s(s^2+\omega^2)} = \dfrac{\omega^2}{s(s^2+\omega^2)}$

| 정답 | 378 ① | 379 ③ | 380 ④ | 381 ④ | 382 ②

383 [NEW]

어느 회로망의 응답 $h(t) = (e^{-t} + 2e^{-2t})u(t)$의 라플라스 변환은?

① $\dfrac{3s+4}{(s+1)(s+2)}$ ② $\dfrac{3s}{(s-1)(s-2)}$

③ $\dfrac{3s+2}{(s+1)(s+2)}$ ④ $\dfrac{-s-4}{(s-1)(s-2)}$

해설

$h(t) = (e^{-t} + 2e^{-2t})u(t) = (e^{-t} + 2e^{-2t}) \times 1$
$= e^{-t} + 2e^{-2t}$

$\therefore H(s) = \dfrac{1}{s+1} + \dfrac{2}{s+2} = \dfrac{s+2+2s+2}{(s+1)(s+2)}$
$= \dfrac{3s+4}{(s+1)(s+2)}$

THEME 02 라플라스 변환의 기본정리

384 ★★☆

$f(t) = \mathcal{L}^{-1}\left[\dfrac{s^2+3s+8}{s^2+2s+5}\right]$는?

① $\delta(t) + e^{-t}(\cos 2t - \sin 2t)$
② $\delta(t) + e^{-t}(\cos 2t + 2\sin 2t)$
③ $\delta(t) + e^{-t}(\cos 2t - 2\sin 2t)$
④ $\delta(t) + e^{-t}(\cos 2t + \sin 2t)$

해설

$F(s) = \dfrac{s^2+3s+8}{s^2+2s+5} = 1 + \dfrac{s+3}{s^2+2s+5} = 1 + \dfrac{s+3}{(s+1)^2+2^2}$
$= 1 + \dfrac{s+1}{(s+1)^2+2^2} + \dfrac{2}{(s+1)^2+2^2}$

복소추이 정리 $\mathcal{L}[f(t)e^{-at}] = F(s+a)$를 이용하면
$f(t) = \delta(t) + e^{-t}(\cos 2t + \sin 2t)$

암기

$\mathcal{L}[\delta(t)] = 1$, $\mathcal{L}[\sin\omega t] = \dfrac{\omega}{s^2+\omega^2}$, $\mathcal{L}[\cos\omega t] = \dfrac{s}{s^2+\omega^2}$

385 ★★☆

$\dfrac{dx(t)}{dt} + x(t) = 1$의 라플라스 변환 $X(s)$의 값은?
(단, $x(0) = 0$이다.)

① $s+1$ ② $s(s+1)$

③ $\dfrac{1}{s}(s+1)$ ④ $\dfrac{1}{s(s+1)}$

해설

문제에 주어진 방정식을 라플라스 변환하면
$\dfrac{dx(t)}{dt} + x(t) = 1 \Rightarrow sX(s) + X(s) = \dfrac{1}{s}$

따라서 위의 식을 정리하면
$X(s) = \dfrac{1}{s(s+1)}$

386 ★★☆

$e_i(t) = Ri(t) + L\dfrac{di(t)}{dt} + \dfrac{1}{C}\int i(t)dt$에서 모든 초기 값을 0으로 하고 라플라스 변환했을 때 $I(s)$는?(단, $I(s)$, $E_i(s)$는 각각 $i(t)$, $e_i(t)$를 라플라스 변환한 것이다.)

① $\dfrac{Cs}{LCs^2 + RCs + 1} E_i(s)$

② $\dfrac{1}{R + Ls + \dfrac{1}{C}s} E_i(s)$

③ $\dfrac{1}{s^2 + \dfrac{L}{R}s + \dfrac{1}{LC}} E_i(s)$

④ $(R + Ls + \dfrac{1}{Cs}) E_i(s)$

해설

주어진 방정식 $e_i(t)$를 라플라스 변환한다.
$E_i(s) = RI(s) + LsI(s) + \dfrac{1}{Cs}I(s)$

$\therefore I(s) = \dfrac{1}{R + Ls + \dfrac{1}{Cs}} E_i(s)$
$= \dfrac{Cs}{LCs^2 + RCs + 1} E_i(s)$

| 정답 | 383 ① 384 ④ 385 ④ 386 ①

387 ★★★

$\dfrac{E_o(s)}{E_i(s)} = \dfrac{1}{s^2+3s+1}$ 의 전달 함수를 미분 방정식으로 표시하면?(단, $\mathcal{L}^{-1}[E_o(s)] = e_o(t)$, $\mathcal{L}^{-1}[E_i(s)] = e_i(t)$ 이다.)

① $\dfrac{d^2}{dt^2}e_i(t) + 3\dfrac{d}{dt}e_i(t) + e_i(t) = e_o(t)$

② $\dfrac{d^2}{dt^2}e_o(t) + 3\dfrac{d}{dt}e_o(t) + e_o(t) = e_i(t)$

③ $\dfrac{d^2}{dt^2}e_i(t) + 3\dfrac{d}{dt}e_i(t) + \int e_i(t)dt = e_o(t)$

④ $\dfrac{d^2}{dt^2}e_o(t) + 3\dfrac{d}{dt}e_o(t) + \int e_o(t)dt = e_i(t)$

[해설]

문제에 주어진 전달 함수를 변형한다.

$\dfrac{E_o(s)}{E_i(s)} = \dfrac{1}{s^2+3s+1}$

$\Rightarrow s^2 E_o(s) + 3s E_o(s) + E_o(s) = E_i(s)$

따라서 위 식을 라플라스 역변환한다.

$\dfrac{d^2}{dt^2}e_o(t) + 3\dfrac{d}{dt}e_o(t) + e_o(t) = e_i(t)$

388 ★★☆

$\dfrac{dx(t)}{dt} + 3x(t) = 5$의 라플라스 변환은?(단, $x(0)=0$, $X(s) = \mathcal{L}[x(t)]$)

① $X(s) = \dfrac{5}{s+3}$ ② $X(s) = \dfrac{3}{s(s+5)}$

③ $X(s) = \dfrac{3}{s+5}$ ④ $X(s) = \dfrac{5}{s(s+3)}$

[해설]

문제에 주어진 방정식을 라플라스 변환한다.

$\dfrac{dx(t)}{dt} + 3x(t) = 5 \Rightarrow sX(s) + 3X(s) = \dfrac{5}{s}$

따라서 위 식을 정리하면 아래와 같다.

$X(s) = \dfrac{5}{s(s+3)}$

389 ★★☆

그림과 같은 커패시터 C의 초기 전압이 $V(0)$일 때 라플라스 변환에 의하여 s 함수로 표현된 등가 회로로 옳은 것은?

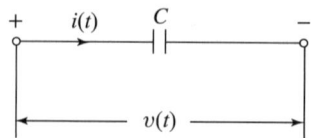

① 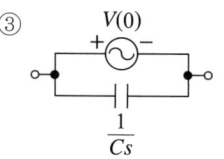 $\dfrac{1}{Cs}$, $V(0)$

② $\dfrac{1}{Cs}$, $\dfrac{V(0)}{s}$

③ 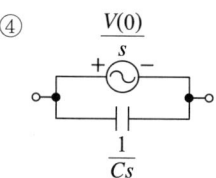 $V(0)$, $\dfrac{1}{Cs}$

④ $\dfrac{V(0)}{s}$, $\dfrac{1}{Cs}$

[해설]

문제에 주어진 회로의 전압 방정식은 아래와 같다.

$v(t) = \dfrac{1}{C}\int i(t)\,dt$

위 식을 초기 충전 전압 $V(0)$를 고려하면서 라플라스 변환한다.

$V(s) = \dfrac{1}{Cs}I(s) + \dfrac{V(0)}{s}$

따라서 정전 용량 $\dfrac{1}{Cs}$ 과 초기 충전 전압 $\dfrac{V(0)}{s}$ 의 직렬 회로로 구성된다.

390 ★★☆

$5\dfrac{d^2q(t)}{dt^2}+\dfrac{dq(t)}{dt}=10\sin t$ 에서 모든 초기 조건을 0으로 하고 라플라스 변환하면 어떻게 되는가?(단, $Q(s)$는 $q(t)$의 라플라스 변환이다.)

① $Q(s)=\dfrac{10}{2(s^2+1)}$

② $Q(s)=\dfrac{10}{(s^2+5)(s^2+1)}$

③ $Q(s)=\dfrac{10}{(5s+1)(s^2+1)}$

④ $Q(s)=\dfrac{10}{(5s^2+s)(s^2+1)}$

해설

주어진 미분 방정식을 라플라스 변환한다.

$5s^2Q(s)+sQ(s)=\dfrac{10}{s^2+1^2} \Rightarrow Q(s)\times(5s^2+s)=\dfrac{10}{s^2+1}$

따라서 $Q(s)$는 아래와 같다.

$Q(s)=\dfrac{10}{(5s^2+s)(s^2+1)}$

391 ★★☆

입력 신호 $x(t)$와 출력 신호 $y(t)$의 관계가 다음과 같을 때 전달 함수는?

$$\dfrac{d^2}{dt^2}y(t)+5\dfrac{d}{dt}y(t)+6y(t)=x(t)$$

① $\dfrac{1}{(s+2)(s+3)}$

② $\dfrac{s+1}{(s+2)(s+3)}$

③ $\dfrac{s+4}{(s+2)(s+3)}$

④ $\dfrac{s}{(s+2)(s+3)}$

해설

문제에 주어진 미분 방정식을 라플라스 변환한다.

$\dfrac{d^2}{dt^2}y(t)+5\dfrac{d}{dt}y(t)+6y(t)=x(t)$

$\Rightarrow s^2Y(s)+5sY(s)+6Y(s)=X(s)$

따라서 입력 $X(s)$와 출력 $Y(s)$에 대한 전달 함수는 아래와 같다.

$\dfrac{Y(s)}{X(s)}=\dfrac{1}{s^2+5s+6}=\dfrac{1}{(s+2)(s+3)}$

392

RC 직렬 회로 직류 전압 V[V]가 인가될 때, 전류 $i(t)$에 대한 시간 영역 방정식이 $V = Ri(t) + \frac{1}{C}\int i(t)dt$ [V]로 주어져 있다. 전류 $i(t)$의 라플라스 변환 $I(s)$는?(단, C에는 초기 전하가 없다.)

① $I(s) = \frac{V}{R}\dfrac{1}{s - \frac{1}{RC}}$

② $I(s) = \frac{C}{R}\dfrac{1}{s + \frac{1}{RC}}$

③ $I(s) = \frac{V}{R}\dfrac{1}{s + \frac{1}{RC}}$

④ $I(s) = \frac{R}{C}\dfrac{1}{s - \frac{1}{RC}}$

해설

문제에 주어진 미분 방정식을 라플라스 변환한다.
$V = Ri(t) + \frac{1}{C}\int i(t)dt$

$\therefore \frac{V}{s} = RI(s) + \frac{1}{Cs}I(s)$

따라서 위 라플라스 변환된 식을 전류에 대해 변형하면 아래와 같다.

$I(s) = \dfrac{\frac{V}{s}}{R + \frac{1}{Cs}} = \dfrac{V}{Rs + \frac{1}{C}} = \dfrac{V}{R}\dfrac{1}{s + \frac{1}{RC}}$

(∵ 문제에서 V는 직류이므로 시간에 따라 변하지 않는다.)

393

다음 미분 방정식으로 표시되는 계에 대한 전달 함수는?(단, $x(t)$는 입력, $y(t)$는 출력을 나타낸다.)

$$\frac{d^2y(t)}{dt^2} + 3\frac{dy(t)}{dt} + 2y(t) = x(t) + \frac{dx(t)}{dt}$$

① $\dfrac{s+1}{s^2+3s+2}$

② $\dfrac{s-1}{s^2+3s+2}$

③ $\dfrac{s+1}{s^2-3s+2}$

④ $\dfrac{s-1}{s^2-3s+2}$

해설

주어진 미분 방정식을 라플라스 변환한다.
$s^2Y(s) + 3sY(s) + 2Y(s) = X(s) + sX(s)$
위 식을 정리하면 아래와 같다.
$\dfrac{Y(s)}{X(s)} = \dfrac{s+1}{s^2+3s+2}$

394

시간 지연 요인을 포함한 어떤 특정계가 다음 미분방정식 $\dfrac{dy(t)}{dt} + y(t) = x(t-T)$로 표현된다. $x(t)$를 입력, $y(t)$를 출력이라 할 때 이 계의 전달 함수는?

① $\dfrac{e^{-sT}}{s+1}$

② $\dfrac{s+1}{e^{-sT}}$

③ $\dfrac{e^{sT}}{s-1}$

④ $\dfrac{e^{-2sT}}{s+2}$

해설

문제에 주어진 미분 방정식
$\dfrac{dy(t)}{dt} + y(t) = x(t-T)$를 라플라스 변환하면
$sY(s) + Y(s) = X(s)e^{-Ts}$이다.
따라서 입력 $x(t)$, 출력 $y(t)$에 대해 전달 함수를 구하면
$\dfrac{Y(s)}{X(s)} = \dfrac{e^{-sT}}{s+1}$이다.

| 정답 | 392 ③ 393 ① 394 ①

395

다음과 같은 파형 $v(t)$를 단위계단 함수로 표시하면 어떻게 되는가?

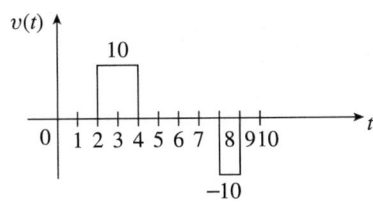

① $10u(t-2)+10u(t-4)+10u(t-8)+10u(t-9)$
② $10u(t-2)-10u(t-4)-10u(t-8)-10u(t-9)$
③ $10u(t-2)-10u(t-4)+10u(t-8)-10u(t-9)$
④ $10u(t-2)-10u(t-4)-10u(t-8)+10u(t-9)$

해설

$v(t) = 10[u(t-2)-u(t-4)]-10[u(t-8)-u(t-9)]$
$\quad = 10u(t-2)-10u(t-4)-10u(t-8)+10u(t-9)$

396

$f(t)=\delta(t-T)$의 라플라스 변환 $F(s)$는?

① e^{Ts}
② e^{-Ts}
③ $\dfrac{1}{s}e^{Ts}$
④ $\dfrac{1}{s}e^{-Ts}$

해설

시간 추이 정리를 이용한다.
$f(t)=\delta(t-T) \Rightarrow F(s) = 1\times e^{-Ts} = e^{-Ts}$

397

그림과 같이 높이가 1인 펄스의 라플라스 변환은?

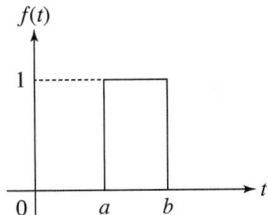

① $\dfrac{1}{s}(e^{-as}+e^{-bs})$
② $\dfrac{1}{a-b}(\dfrac{e^{-as}+e^{-bs}}{1})$
③ $\dfrac{1}{s}(e^{-as}-e^{-bs})$
④ $\dfrac{1}{a-b}(\dfrac{e^{-as}-e^{-bs}}{s})$

해설

문제에 주어진 파형에 대한 시간함수를 구한다.
$f(t) = u(t-a) - u(t-b)$
위 시간함수를 라플라스 변환한다.
$F(s) = \dfrac{1}{s}e^{-as} - \dfrac{1}{s}e^{-bs} = \dfrac{1}{s}(e^{-as}-e^{-bs})$

398

그림과 같은 파형의 Laplace 변환은?

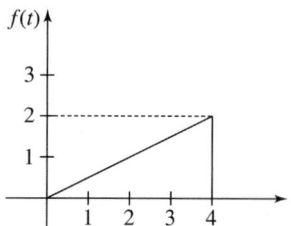

① $\dfrac{1}{2s^2}(1-e^{-4s}-se^{-4s})$

② $\dfrac{1}{2s^2}(1-e^{-4s}-4e^{-4s})$

③ $\dfrac{1}{2s^2}(1-se^{-4s}-4e^{-4s})$

④ $\dfrac{1}{2s^2}(1-e^{-4s}-4se^{-4s})$

해설

문제에 주어진 파형의 시간함수는 아래와 같다.

$f(t)=\dfrac{2}{4}t\{u(t)-u(t-4)\}$

$\therefore f(t)=\dfrac{2}{4}tu(t)-\dfrac{2}{4}(t-4)u(t-4)-2u(t-4)$

$=\dfrac{1}{2}\{tu(t)-(t-4)u(t-4)-4u(t-4)\}$

따라서 위 식을 라플라스 변환한다.

$F(s)=\dfrac{1}{2}\left(\dfrac{1}{s^2}-\dfrac{1}{s^2}e^{-4s}-\dfrac{4}{s}e^{-4s}\right)$

$=\dfrac{1}{2s^2}(1-e^{-4s}-4se^{-4s})$

399

$\mathcal{L}[u(t-a)]$는 어느 것인가?

① $\dfrac{e^{as}}{s^2}$ ② $\dfrac{e^{-as}}{s^2}$

③ $\dfrac{e^{as}}{s}$ ④ $\dfrac{e^{-as}}{s}$

해설

시간 추이 정리를 이용한다.

$f(t)=u(t-a) \Rightarrow F(s)=\dfrac{e^{-as}}{s}$

400

$f(t)=10[u(t-3)-u(t-5)]$를 라플라스 변환하면 어떻게 되는가?

① $\dfrac{10}{s}(e^{3s}+e^{-5s})$ ② $\dfrac{10}{s}(e^{-3s}-e^{-5s})$

③ $\dfrac{10}{s}(e^{-3s}+e^{-5s})$ ④ $\dfrac{10}{s}(e^{-3s}-e^{5s})$

해설

$f(t)=10[u(t-3)-u(t-5)]$

$\therefore F(s)=10\times\dfrac{1}{s}e^{-3s}-10\times\dfrac{1}{s}e^{-5s}$

$=\dfrac{10}{s}(e^{-3s}-e^{-5s})$

401

그림과 같은 구형파의 라플라스 변환은?

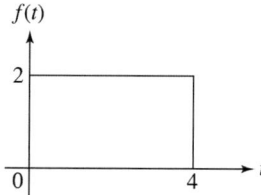

① $\dfrac{2}{s}(1-e^{4s})$ ② $\dfrac{2}{s}(1-e^{-4s})$

③ $\dfrac{4}{s}(1-e^{4s})$ ④ $\dfrac{4}{s}(1-e^{-4s})$

해설

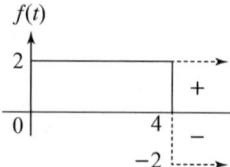

$f(t)=2u(t)-2u(t-4)$

$\Rightarrow F(s)=\dfrac{2}{s}-\dfrac{2}{s}e^{-4s}=\dfrac{2}{s}(1-e^{-4s})$

402

그림과 같은 단위 계단 함수는? ★★☆

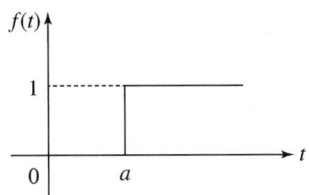

① $u(t)$ ② $-u(a)$
③ $u(t-a)$ ④ $u(a-t)$

해설

문제에 주어진 파형은 단위 계단 함수가 a만큼 시간 지연된 파형이다. 이를 수식으로 표현하면 아래와 같다.
$f(t) = u(t) \Rightarrow f(t) = u(t-a)$

403

그림과 같은 함수의 라플라스 변환은? ★★☆

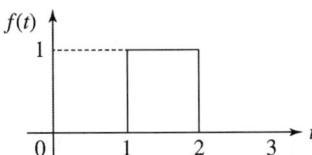

① $\dfrac{1}{s}(e^s - e^{2s})$

② $\dfrac{1}{s}(e^{-s} - e^{-2s})$

③ $\dfrac{1}{s}(e^{-2s} - e^{-s})$

④ $\dfrac{1}{s}(e^{-s} + e^{-2s})$

해설

$f(t) = u(t-1) - u(t-2)$
시간추이 정리를 이용하여 라플라스 변환을 하면
$F(s) = \dfrac{1}{s}e^{-s} - \dfrac{1}{s}e^{-2s} = \dfrac{1}{s}(e^{-s} - e^{-2s})$

암기 시간추이 정리

$f(t-T)u(t-T) \Rightarrow F(s)e^{-Ts}$ ($\because F(s) = \mathcal{L}[f(t)]$)

404

그림과 같은 파형의 라플라스 변환은? ★☆☆

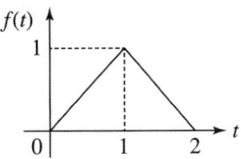

① $\dfrac{1}{s^2}(1 - 2e^s)$ ② $\dfrac{1}{s^2}(1 - 2e^{-s})$

③ $\dfrac{1}{s^2}(1 - 2e^s + e^{2s})$ ④ $\dfrac{1}{s^2}(1 - 2e^{-s} + e^{-2s})$

해설 라플라스 변환

$\begin{aligned}f(t) &= t[u(t) - u(t-1)] + (2-t)[u(t-1) - u(t-2)] \\ &= tu(t) + (2-2t)u(t-1) + (t-2)u(t-2) \\ &= tu(t) - 2(t-1)u(t-1) + (t-2)u(t-2)\end{aligned}$

시간추이 정리 $\mathcal{L}[f(t-T)u(t-T)] = F(s)e^{-Ts}$를 이용하여 라플라스 변환을 하면

$\begin{aligned}F(s) &= \dfrac{1}{s^2} - 2 \times \dfrac{1}{s^2}e^{-s} + \dfrac{1}{s^2}e^{-2s} \\ &= \dfrac{1}{s^2}(1 - 2e^{-s} + e^{-2s})\end{aligned}$

별해

- $0 \le t \le 1$, $f(t) = t$
- $1 \le t \le 2$, $f(t) = 2 - t$

$\begin{aligned}\mathcal{L}[f(t)] &= \int_0^1 te^{-st}dt = \left[\dfrac{te^{-st}}{-s}\right]_0^1 + \dfrac{1}{s}\int_0^1 e^{-st}dt \\ &= -\dfrac{e^{-s}}{s} - \dfrac{e^{-s}}{s^2} + \dfrac{1}{s^2}\end{aligned}$

$\begin{aligned}\mathcal{L}[f(t)] &= \int_1^2 (2-t)e^{-st}dt = \left[(2-t)\dfrac{e^{-st}}{-s}\right]_1^2 - \dfrac{1}{s}\int_1^2 e^{-st}dt \\ &= \dfrac{e^{-s}}{s} + \dfrac{e^{-2s}}{s^2} - \dfrac{e^{-s}}{s^2}\end{aligned}$

$\begin{aligned}\therefore &-\dfrac{1}{s}e^{-s} - \dfrac{1}{s^2}e^{-s} + \dfrac{1}{s^2} + \dfrac{1}{s}e^{-s} + \dfrac{1}{s^2}e^{-2s} - \dfrac{e^{-s}}{s^2} \\ &= \dfrac{1}{s^2}(1 - 2e^{-s} + e^{-2s})\end{aligned}$

405 ★★☆

$F(s) = \dfrac{s^2+s+3}{s^3+2s^2+5s}$ 일 때 $f(t)$의 초기값은 얼마인가?

① 1
② 2
③ 3
④ 5

해설

초기값 정리에서
$$f(0) = \lim_{t\to 0} f(t) = \lim_{s\to\infty} sF(s)$$
$$= \lim_{s\to\infty} s \cdot \dfrac{s^2+s+3}{s^3+2s^2+5s} = \lim_{s\to\infty} s \cdot \dfrac{s^2+s+3}{s(s^2+2s+5)}$$
$$= \dfrac{s^2+s+3}{s^2+2s+5}\bigg|_{s=\infty}$$
$$= \dfrac{1+\dfrac{1}{s}+\dfrac{3}{s^2}}{1+\dfrac{2}{s}+\dfrac{5}{s^2}}\bigg|_{s=\infty}$$
$$= 1$$

406 ★★★

$F(s) = \dfrac{2s+15}{s^3+s^2+3s}$ 일 때 $f(t)$의 최종값은?

① 2
② 3
③ 5
④ 15

해설

$$\lim_{t\to\infty} f(t) = \lim_{s\to 0} sF(s) = \lim_{s\to 0} s \times \dfrac{2s+15}{s^3+s^2+3s}$$
$$= \lim_{s\to 0} \dfrac{2s+15}{s^2+s+3} = 5$$

407 ★★☆

다음과 같은 전류의 초기값 $i(0^+)$를 구하면?

$$I(s) = \dfrac{12(s+8)}{4s(s+6)}$$

① 1
② 2
③ 3
④ 4

해설

$$\lim_{t\to 0} i(t) = \lim_{s\to\infty} sI(s) = \lim_{s\to\infty} s \times \dfrac{12(s+8)}{4s(s+6)}$$
$$= \lim_{s\to\infty} \dfrac{12(s+8)}{4(s+6)} = \lim_{s\to\infty} \dfrac{12\left(1+\dfrac{8}{s}\right)}{4\left(1+\dfrac{6}{s}\right)} = 3$$

408 ★★☆

$\mathcal{L}[f(t)] = F(s) = \dfrac{5s+8}{5s^2+4s}$ 일 때, $f(t)$의 최종값 $f(\infty)$는?

① 1
② 2
③ 3
④ 4

해설

$$\lim_{t\to\infty} f(t) = \lim_{s\to 0} sF(s) = \lim_{s\to 0} s \times \dfrac{5s+8}{5s^2+4s}$$
$$= \lim_{s\to 0} \dfrac{5s+8}{5s+4} = 2$$

| 정답 | 405 ① | 406 ③ | 407 ③ | 408 ② |

409 ★☆☆

어떤 제어계의 출력이 $C(s) = \dfrac{5}{s(s^2+s+2)}$ 로 주어질 때 출력의 시간함수 $c(t)$의 최종값은?

① 5 ② 2
③ $\dfrac{2}{5}$ ④ $\dfrac{5}{2}$

해설

$$\lim_{t\to\infty} c(t) = \lim_{s\to 0} sC(s) = \lim_{s\to 0} s \times \dfrac{5}{s(s^2+s+2)} = \dfrac{5}{2}$$

410 ★★☆

$F(s) = \dfrac{5s+3}{s(s+1)}$ 일 때 $f(t)$의 최종값은?

① 3 ② -3
③ 5 ④ -5

해설

$$\lim_{t\to\infty} f(t) = \lim_{s\to 0} sF(s) = \lim_{s\to 0} s \times \dfrac{5s+3}{s(s+1)}$$
$$= \lim_{s\to 0} \dfrac{5s+3}{s+1} = 3$$

THEME 03 라플라스 역변환

411 ★★★

$F(s) = \dfrac{2}{(s+1)(s+3)}$ 의 역 라플라스 변환은?

① $e^{-t} - e^{-3t}$ ② $e^{-t} - e^{3t}$
③ $e^{t} - e^{3t}$ ④ $e^{t} - e^{-3t}$

해설

주어진 식을 부분분수 전개한다.

$$\dfrac{2}{(s+1)(s+3)} = \dfrac{A}{s+1} + \dfrac{B}{s+3}$$

- $A = \dfrac{2}{(s+1)(s+3)} \times (s+1) = \dfrac{2}{s+3}\bigg|_{s=-1} = 1$
- $B = \dfrac{2}{(s+1)(s+3)} \times (s+3) = \dfrac{2}{s+1}\bigg|_{s=-3} = -1$

따라서 각 값을 대입하고, 라플라스 역변환하면 아래와 같다.

$$F(s) = \dfrac{1}{s+1} - \dfrac{1}{s+3} \Rightarrow f(t) = e^{-t} - e^{-3t}$$

412 ★★☆

$F(s) = \dfrac{1}{s(s+a)}$ 의 라플라스 역변환은?

① e^{-at} ② $1 - e^{-at}$
③ $a(1 - e^{-at})$ ④ $\dfrac{1}{a}(1 - e^{-at})$

해설

문제에 주어진 $F(s)$ 함수를 부분분수 전개한다.

$$F(s) = \dfrac{1}{s(s+a)} = \dfrac{A}{s} + \dfrac{B}{s+a}$$

$$A = \dfrac{1}{s(s+a)} \times s\bigg|_{s=0} = \dfrac{1}{a}$$

$$B = \dfrac{1}{s(s+a)} \times (s+a)\bigg|_{s=-a} = -\dfrac{1}{a}$$

$$\therefore F(s) = \dfrac{1}{a} \times \dfrac{1}{s} - \dfrac{1}{a} \times \dfrac{1}{s+a} = \dfrac{1}{a}\left(\dfrac{1}{s} - \dfrac{1}{s+a}\right)$$

따라서 위 식을 라플라스 역변환하면 아래와 같다.

$$f(t) = \dfrac{1}{a}(1 - e^{-at})$$

413 ★★☆

$\dfrac{s\sin\theta + \omega\cos\theta}{s^2 + \omega^2}$ 의 역 라플라스 변환을 구하면 어떻게 되는가?

① $\sin(\omega t - \theta)$ ② $\sin(\omega t + \theta)$
③ $\cos(\omega t - \theta)$ ④ $\cos(\omega t + \theta)$

해설

$\dfrac{s\sin\theta + \omega\cos\theta}{s^2 + \omega^2} = \dfrac{s}{s^2+\omega^2}\sin\theta + \dfrac{\omega}{s^2+\omega^2}\cos\theta$

$\Rightarrow \cos\omega t \sin\theta + \sin\omega t \cos\theta = \sin(\omega t + \theta)$

암기

$\sin(\alpha+\beta) = \sin\alpha\cos\beta + \cos\alpha\sin\beta$

414 ★★★

$F(s) = \dfrac{s+1}{s^2 + 2s}$ 로 주어졌을 때 $F(s)$의 역변환은?

① $\dfrac{1}{2}(1 + e^t)$ ② $\dfrac{1}{2}(1 + e^{-2t})$
③ $\dfrac{1}{2}(1 - e^{-t})$ ④ $\dfrac{1}{2}(1 - e^{-2t})$

해설

$F(s) = \dfrac{s+1}{s^2+2s} = \dfrac{s+1}{s(s+2)} = \dfrac{A}{s} + \dfrac{B}{s+2}$

$A = \dfrac{s+1}{s(s+2)} \times s \Big|_{s=0} = \dfrac{1}{2}$

$B = \dfrac{s+1}{s(s+2)} \times (s+2) \Big|_{s=-2} = \dfrac{1}{2}$

각각의 값을 대입하여 정리하면 아래와 같다.

$F(s) = \dfrac{1}{2}\left(\dfrac{1}{s} + \dfrac{1}{s+2}\right)$

$\therefore f(t) = \dfrac{1}{2}(1 + e^{-2t})$

415 ★☆☆

라플라스 변환 함수 $F(s) = \dfrac{s+2}{s^2 + 4s + 13}$ 에 대한 역변환 함수 $f(t)$는?

① $e^{-3t}\cos 2t$ ② $e^{3t}\cos 2t$
③ $e^{-2t}\cos 3t$ ④ $e^{2t}\cos 3t$

해설

문제에 주어진 식을 라플라스 변환표에 맞게 변형시킨다.

$F(s) = \dfrac{s+2}{s^2+4s+13} = \dfrac{s+2}{(s+2)^2+9} = \dfrac{s+2}{(s+2)^2+3^2}$

따라서 위 식을 라플라스 역변환하면 아래와 같다.

$f(t) = e^{-2t}\cos 3t$

416 ★★☆

다음 함수 $F(s) = \dfrac{5s+3}{s(s+1)}$ 의 역 라플라스 변환은?

① $2 + 3e^{-t}$ ② $3 + 2e^{-t}$
③ $3 - 2e^{-t}$ ④ $2 - 3e^{-t}$

해설

주어진 식을 부분분수 전개하면 아래와 같다.

$F(s) = \dfrac{5s+3}{s(s+1)} = \dfrac{A}{s} + \dfrac{B}{s+1}$

$A = \dfrac{5s+3}{s(s+1)} \times s \Big|_{s=0} = 3$

$B = \dfrac{5s+3}{s(s+1)} \times (s+1) \Big|_{s=-1} = 2$

각각의 값을 대입하여 정리하면 다음과 같다.

$\therefore F(s) = \dfrac{3}{s} + \dfrac{2}{s+1}$

따라서 위 식을 역 라플라스 변환하면 아래와 같다.

$f(t) = 3 + 2e^{-t}$

417 ★☆☆

$F(s) = \dfrac{2s^2+s-3}{s(s^2+4s+3)}$ 의 라플라스 역변환은?

① $1-e^{-t}+2e^{-3t}$
② $1-e^{-t}-2e^{-3t}$
③ $-1-e^{-t}-2e^{-3t}$
④ $-1+e^{-t}+2e^{-3t}$

해설

$F(s) = \dfrac{2s^2+s-3}{s(s^2+4s+3)} = \dfrac{2s^2+s-3}{s(s+1)(s+3)}$
$= \dfrac{A}{s}+\dfrac{B}{s+1}+\dfrac{C}{s+3}$

$A = \dfrac{2s^2+s-3}{s(s+1)(s+3)}\times s \bigg|_{s=0} = -1$

$B = \dfrac{2s^2+s-3}{s(s+1)(s+3)}\times (s+1) \bigg|_{s=-1} = 1$

$C = \dfrac{2s^2+s-3}{s(s+1)(s+3)}\times (s+3) \bigg|_{s=-3} = 2$

$F(s) = -\dfrac{1}{s}+\dfrac{1}{s+1}+\dfrac{2}{s+3}$

∴ $f(t) = -1+e^{-t}+2e^{-3t}$

418 ★★★

$F(s)=\dfrac{2(s+1)}{s^2+2s+5}$ 의 시간함수 $f(t)$는 어느 것인가?

① $2e^t\cos 2t$
② $2e^t\sin 2t$
③ $2e^{-t}\cos 2t$
④ $2e^{-t}\sin 2t$

해설

$F(s) = \dfrac{2(s+1)}{s^2+2s+5} = \dfrac{2(s+1)}{(s+1)^2+2^2}$
$= 2\times \dfrac{(s+1)}{(s+1)^2+2^2}$

∴ $f(t) = 2e^{-t}\cos 2t$

419 ★★☆

$\dfrac{1}{s^2+2s+5}$ 의 라플라스 역변환 값은?

① $e^{-2t}\cos 2t$
② $\dfrac{1}{2}e^{-t}\sin t$
③ $\dfrac{1}{2}e^{-t}\sin 2t$
④ $\dfrac{1}{2}e^{-t}\cos 2t$

해설

문제에 주어진 식을 변형한다.

$F(s) = \dfrac{1}{s^2+2s+5} = \dfrac{1}{(s+1)^2+2^2}$
$= \dfrac{1}{2}\times \dfrac{2}{(s+1)^2+2^2}$

따라서 라플라스 역변환하여 시간함수를 구한다.

$f(t) = \dfrac{1}{2}e^{-t}\sin 2t$

420 ★☆☆

$F(s) = \dfrac{A}{\alpha+s}$ 의 라플라스 역변환은?

① αe^{At}
② $Ae^{\alpha t}$
③ αe^{-At}
④ $Ae^{-\alpha t}$

해설

$\mathcal{L}^{-1}\left[\dfrac{A}{\alpha+s}\right] = A\mathcal{L}^{-1}\left[\dfrac{1}{s+\alpha}\right] = Ae^{-\alpha t}$

421 ★☆☆

라플라스 변환 함수 $\dfrac{1}{s(s+1)}$에 대한 역변환은?

① $1+e^{-t}$
② $1-e^{-t}$
③ $\dfrac{1}{1-e^{-t}}$
④ $\dfrac{1}{1+e^{-t}}$

해설

$F(s) = \dfrac{K_1}{s} + \dfrac{K_2}{s+1}$

$K_1 = \dfrac{1}{s+1}\bigg|_{s=0} = 1$

$K_2 = \dfrac{1}{s}\bigg|_{s=-1} = -1$

$F(s) = \dfrac{1}{s} - \dfrac{1}{s+1}$

$\therefore \mathcal{L}^{-1}[F(s)] = 1 - e^{-t}$

422 ★★★

$F(s) = \dfrac{1}{s^n}$의 역 라플라스 변환은?

① t^n
② t^{n-1}
③ $\dfrac{1}{n!}t^n$
④ $\dfrac{1}{(n-1)!}t^{n-1}$

해설

$\mathcal{L}(t^n) = \dfrac{n!}{s^{n+1}}$ 이므로 분모가 s^n이 되려면 $\mathcal{L}(t^{n-1}) = \dfrac{(n-1)!}{s^n}$이 된다.

분자를 1로 맞춰주기 위해

$\mathcal{L}\left(\dfrac{1}{(n-1)!}t^{n-1}\right) = \dfrac{1}{(n-1)!} \times \dfrac{(n-1)!}{s^n} = \dfrac{1}{s^n}$

$\therefore f(t) = \dfrac{1}{(n-1)!}t^{n-1}$

423 ★★☆

$\mathcal{L}^{-1}\left[\dfrac{\omega}{s(s^2+\omega^2)}\right]$은?

① $\dfrac{1}{\omega}(1-\sin\omega t)$
② $\dfrac{1}{\omega}(1-\cos\omega t)$
③ $\dfrac{1}{s}(1-\sin\omega t)$
④ $\dfrac{1}{s}(1-\cos\omega t)$

해설

$\dfrac{1}{\omega}(1-\cos\omega t) \Rightarrow F(s) = \dfrac{1}{\omega}\left(\dfrac{1}{s} - \dfrac{s}{s^2+\omega^2}\right)$

$= \dfrac{1}{\omega} \cdot \dfrac{s^2+\omega^2-s^2}{s(s^2+\omega^2)}$

$= \dfrac{\omega}{s(s^2+\omega^2)}$

(이 문제는 반대로 보기의 식을 라플라스 변환해서 문제 조건과 맞는 식을 찾는 것이 더 쉽다.)

정답 | 421 ② 422 ④ 423 ②

424

★★☆

$F(s)=\dfrac{s}{s^2+\pi^2}\cdot e^{-2s}$ **함수를 시간 추이 정리에 의해서 역변환하면?**

① $\sin\pi(t+a)\cdot u(t+a)$
② $\sin\pi(t-2)\cdot u(t-2)$
③ $\cos\pi(t+a)\cdot u(t+a)$
④ $\cos\pi(t-2)\cdot u(t-2)$

해설

각각의 함수에 대한 라플라스 변환 관계는 아래와 같다.

$f(t)=\cos\pi t \iff F(s)=\dfrac{s}{s^2+\pi^2}$

$f(t-T)u(t-T) \iff F(s)e^{-Ts}$(시간 추이 정리)

두 함수의 곱의 함수에 대해 시간 추이 정리를 적용하여 역변환한다.

$F(s)=\dfrac{s}{s^2+\pi^2}e^{-2s}$

$\Rightarrow f(t)=\cos\pi(t-2)\cdot u(t-2)$

425

NEW

다음 중 $\mathcal{L}^{-1}\left[\dfrac{1}{s^2+a^2}\right]$는?

① $a\cos at$
② $\dfrac{1}{a}\cos at$
③ $a\sin at$
④ $\dfrac{1}{a}\sin at$

해설

삼각함수 라플라스 변환 공식에서 $\mathcal{L}[\sin at]=\dfrac{a}{s^2+a^2}=a\times\dfrac{1}{s^2+a^2}$

이므로 구하고자 하는 $\mathcal{L}^{-1}\left[\dfrac{1}{s^2+a^2}\right]=\dfrac{1}{a}\sin at$이다.

| 정답 | 424 ④ 425 ④

전달 함수

1. 제어 시스템에서의 전달 함수
2. 회로망에서의 전달 함수
3. 블록선도 및 신호 흐름 선도에서의 전달 함수
4. 블록선도 및 신호 흐름 선도의 특수 경우

CBT 완벽대비 가능한 유형마스터 학습!

THEME	유형분석	관련 번호
THEME 01 제어 시스템에서의 전달 함수	전달 함수의 정의와, 전달 함수의 표현 및 성질에 관해 묻는 단답 문제가 주로 출제됩니다.	426~430
THEME 02 회로망에서의 전달 함수	회로에서 전달 함수를 산출하는 방법에 관한 계산 문제가 주로 출제됩니다. 인덕턴스와 정전 용량의 표현에 주의하여 문제를 풀어야 합니다.	431~447
THEME 03 블록선도 및 신호 흐름 선도에서의 전달 함수	블록선도와 신호 흐름 선도에 따른 전달 함수의 산출법을 묻는 문제의 비중이 매우 높습니다.	448~460
THEME 04 블록선도 및 신호 흐름 선도의 특수 경우	전달 함수의 응용 문제가 주로 출제됩니다. 전달 함수 문제 중 난이도가 있는 부분이니 주의하여 문제를 풀어야 합니다.	461

학습 효과를 높이는 N제 3회독 시스템

챕터 별 전체 1회독이 끝났다면 회독 체크표에 날짜를 기입하고 체크표시를 해주세요.

회독 체크표	■ 1회독	월 일	■ 2회독	월 일	■ 3회독	월 일

CHAPTER 13 전달 함수

THEME 01 제어 시스템에서의 전달 함수

426 ★★☆
어떤 계에 임펄스 함수(δ 함수)가 입력으로 가해졌을 때 시간함수 e^{-2t}가 출력으로 나타났다. 이 계의 전달 함수는?

① $\dfrac{1}{s+2}$ ② $\dfrac{1}{s-2}$
③ $\dfrac{2}{s+2}$ ④ $\dfrac{2}{s-2}$

해설

$g(t) = \dfrac{c(t)}{r(t)} = \dfrac{e^{-2t}}{\delta(t)}$

$\therefore G(s) = \dfrac{C(s)}{R(s)} = \dfrac{\frac{1}{s+2}}{1} = \dfrac{1}{s+2}$

427 ★★☆
전달 함수 출력(응답)식 $C(s) = G(s)R(s)$에서 입력 함수 $R(s)$를 단위 임펄스 $\delta(t)$로 인가할 때 이 계의 출력은?

① $C(s) = G(s)R(s)$ ② $C(s) = \dfrac{G(s)}{\delta(s)}$
③ $C(s) = \dfrac{G(s)}{s}$ ④ $C(s) = G(s)$

해설

$R(s) = \mathcal{L}[r(t)] = \mathcal{L}[\delta(t)] = 1$
$\therefore C(s) = G(s)R(s) = G(s)$

428 ★★☆
2차 선형 시불변 시스템의 전달 함수
$G(s) = \dfrac{\omega_n^2}{s^2 + 2\delta\omega_n s + \omega_n^2}$ 에서 ω_n이 의미하는 것은?

① 감쇠 계수 ② 비례 계수
③ 고유 진동 주파수 ④ 공진 주파수

해설

2차 지연 요소의 전달 함수 식 $G(s) = \dfrac{\omega_n^2}{s^2 + 2\delta\omega_n s + \omega_n^2}$에서 ω_n는 고유 진동 주파수를, δ는 제동비(감쇠비)를 의미한다.

429 ★★★
부동작 시간(Dead time) 요소의 전달 함수는?

① Ks ② $\dfrac{K}{s}$
③ Ke^{-Ls} ④ $\dfrac{K}{Ts+1}$

해설

부동작 시간 요소는 입력 신호 $R(s)$에 대하여 출력 신호 $C(s)$가 어떤 영향도 받지 않는 제어 장치의 전달 함수 요소이다.

$G(s) = \dfrac{C(s)}{R(s)} = Ke^{-Ls}$

$R(s) \longrightarrow \boxed{Ke^{-LS}} \longrightarrow C(s)$

| 정답 | 426 ① 427 ④ 428 ③ 429 ③

430 ★☆☆
전달 함수에 대한 설명으로 틀린 것은?

① 전달 함수가 s가 될 때 적분 요소라 한다.
② 전달 함수는 $\dfrac{출력\ 라플라스\ 변환}{입력\ 라플라스\ 변환}$으로 정의된다.
③ 어떤 계의 전달 함수의 분모를 0으로 놓으면 이것이 곧 특성 방정식이 된다.
④ 어떤 계의 전달 함수는 그 계에 대한 임펄스 응답의 라플라스 변환과 같다.

해설
전달 함수가 s가 될 때 미분 요소라 한다.

암기 전달 함수의 종류
- 비례 요소: $G(s) = K$
- 미분 요소: $G(s) = Ks$
- 적분 요소: $G(s) = \dfrac{K}{s}$
- 1차 지연 요소: $G(s) = \dfrac{K}{Ts+1}$

THEME 02 회로망에서의 전달 함수

431 ★★☆
그림과 같은 회로의 전달 함수는?(단, e_i는 입력, e_o는 출력 신호이다.)

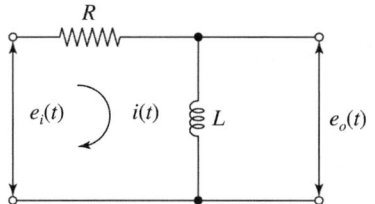

① $\dfrac{L}{R+Ls}$
② $\dfrac{Ls}{R+Ls}$
③ $\dfrac{Rs}{R+Ls}$
④ $\dfrac{RLs}{R+Ls}$

해설
- 회로 방정식
$$e_i(t) = Ri(t) + L\dfrac{di(t)}{dt}\ [\mathrm{V}]$$
$$e_o(t) = L\dfrac{di(t)}{dt}\ [\mathrm{V}]$$

- 라플라스 변환
$$E_i(s) = \mathcal{L}[e_i(t)] = RI(s) + LsI(s) = (R+Ls)I(s)$$
$$E_o(s) = \mathcal{L}[e_o(t)] = LsI(s)$$

- 전달 함수 $G(s)$
$$G(s) = \dfrac{E_o(s)}{E_i(s)} = \dfrac{LsI(s)}{(R+Ls)I(s)} = \dfrac{Ls}{R+Ls}$$

432 ★★★

그림과 같은 회로의 전달 함수는?(단, 초기 조건은 0이다.)

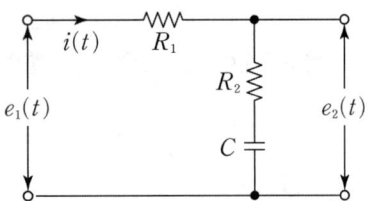

① $\dfrac{R_2 + Cs}{R_1 + R_2 + Cs}$

② $\dfrac{R_1 + R_2 + Cs}{R_1 + Cs}$

③ $\dfrac{R_2 Cs + 1}{R_1 Cs + R_2 Cs + 1}$

④ $\dfrac{R_1 Cs + R_2 Cs + 1}{R_2 Cs + 1}$

해설

$e_1(t) = R_1 i(t) + R_2 i(t) + \dfrac{1}{C}\int i(t)dt$ 를 라플라스 변환하면

$E_1(s) = \left(R_1 + R_2 + \dfrac{1}{Cs}\right)I(s)$

$e_2(t) = R_2 i(t) + \dfrac{1}{C}\int i(t)dt$ 를 라플라스 변환하면

$E_2(s) = \left(R_2 + \dfrac{1}{Cs}\right)I(s)$

$\therefore \dfrac{E_2(s)}{E_1(s)} = \dfrac{\left(R_2 + \dfrac{1}{Cs}\right)I(s)}{\left(R_1 + R_2 + \dfrac{1}{Cs}\right)I(s)} = \dfrac{R_2 + \dfrac{1}{Cs}}{R_1 + R_2 + \dfrac{1}{Cs}}$

$= \dfrac{R_2 Cs + 1}{R_1 Cs + R_2 Cs + 1}$

433 ★★☆

그림과 같은 RC 저역통과 필터 회로에 단위 임펄스를 입력으로 가했을 때 응답 $h(t)$는?

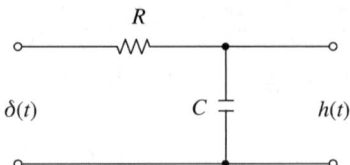

① $h(t) = RCe^{-\frac{t}{RC}}$

② $h(t) = \dfrac{1}{RC}e^{-\frac{t}{RC}}$

③ $h(t) = \dfrac{R}{1 + j\omega RC}$

④ $h(t) = \dfrac{1}{RC}e^{-\frac{C}{R}t}$

해설

전압비 전달 함수를 전압 분배의 법칙으로 구한다.

$H(s) = \dfrac{\dfrac{1}{sC}}{R + \dfrac{1}{sC}}\delta(s) = \dfrac{1}{sRC + 1}\delta(s) = \dfrac{\dfrac{1}{RC}}{s + \dfrac{1}{RC}}\delta(s)$

단위 임펄스 입력 ($\delta(s) = 1$)을 가했을 때의 응답 $H(s)$는 아래와 같다.

$H(s) = \dfrac{\dfrac{1}{RC}}{s + \dfrac{1}{RC}}\delta(s) = \dfrac{\dfrac{1}{RC}}{s + \dfrac{1}{RC}}$

따라서 위 식을 라플라스 역 변환하면 아래와 같다.

$H(s) = \dfrac{\dfrac{1}{RC}}{s + \dfrac{1}{RC}} = \dfrac{1}{RC} \times \dfrac{1}{s + \dfrac{1}{RC}} \Rightarrow h(t) = \dfrac{1}{RC}e^{-\frac{t}{RC}}$

434 ★★☆

그림과 같은 회로의 전압 전달 함수 $G(s)$는?

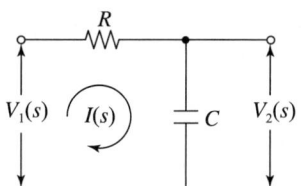

① $\dfrac{RC}{s+\dfrac{1}{RC}}$ ② $\dfrac{RC}{s+RC}$

③ $\dfrac{RC}{RCs+1}$ ④ $\dfrac{1}{RCs+1}$

해설

$$G(s)=\dfrac{V_2(s)}{V_1(s)}=\dfrac{\dfrac{1}{sC}}{R+\dfrac{1}{sC}}=\dfrac{1}{RCs+1}$$

435 ★★★

$V_1(s)$을 입력, $V_2(s)$를 출력이라 할 때, 다음 회로의 전달 함수는?(단, $C_1=1[\text{F}]$, $L_1=1[\text{H}]$이다.)

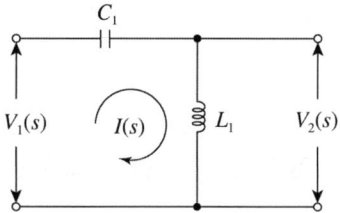

① $\dfrac{s}{s+1}$ ② $\dfrac{s^2}{s^2+1}$

③ $\dfrac{1}{s+1}$ ④ $1+\dfrac{1}{s}$

해설

출력 전압에 대하여 전압 분배의 법칙을 적용한다.

$$V_2(s)=\dfrac{sL_1}{\dfrac{1}{C_1s}+sL_1}V_1(s)=\dfrac{C_1L_1s^2}{1+C_1L_1s^2}V_1(s)$$

주어진 값($C_1=1[\text{F}]$, $L_1=1[\text{H}]$)을 대입하면 아래와 같다.

$$V_2(s)=\dfrac{1\times1\times s^2}{1+1\times1\times s^2}V_1(s)=\dfrac{s^2}{1+s^2}V_1(s)$$

따라서 전달 함수는 아래와 같다.

$$\dfrac{V_2(s)}{V_1(s)}=\dfrac{s^2}{1+s^2}=\dfrac{s^2}{s^2+1}$$

436 ★★☆

회로의 전압비 전달 함수 $G(s)=\dfrac{V_2(s)}{V_1(s)}$는?

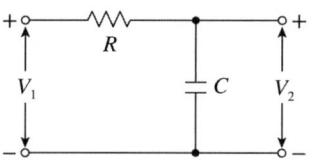

① RC ② $\dfrac{1}{RC}$

③ $RCs+1$ ④ $\dfrac{1}{RCs+1}$

해설

주어진 회로에 전압 분배의 법칙을 적용한다.

$$V_2=\dfrac{\dfrac{1}{Cs}}{R+\dfrac{1}{Cs}}V_1=\dfrac{1}{RCs+1}V_1$$

따라서 입력과 출력의 비인 전달 함수는 아래와 같다.

$$G(s)=\dfrac{V_2}{V_1}=\dfrac{1}{RCs+1}$$

437 ★★☆

전기 회로의 입력을 V_1, 출력을 V_2라고 할 때 전달 함수는? (단, $s=j\omega$이다.)

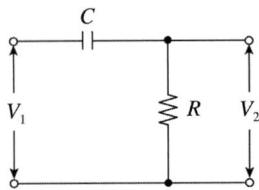

① $\dfrac{1}{R+\dfrac{1}{j\omega C}}$ ② $\dfrac{1}{j\omega+\dfrac{1}{RC}}$

③ $\dfrac{j\omega}{j\omega+\dfrac{1}{RC}}$ ④ $\dfrac{j\omega}{R+\dfrac{1}{j\omega C}}$

해설

문제에 주어진 회로의 출력에 대해서 전압 분배의 법칙을 적용한다.

$V_2 = \dfrac{R}{\dfrac{1}{j\omega C}+R}V_1 = \dfrac{j\omega CR}{1+j\omega CR}V_1 = \dfrac{j\omega}{\dfrac{1}{RC}+j\omega}V_1$

따라서 전압비 전달 함수는 아래와 같다.

$G(j\omega) = \dfrac{V_2}{V_1} = \dfrac{j\omega}{j\omega+\dfrac{1}{RC}}$

438 ★★★

다음과 같은 전기 회로의 입력을 e_i, 출력을 e_o라고 할 때 전달 함수는?(단, $T=\dfrac{L}{R}$이다.)

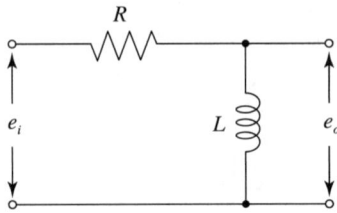

① $Ts+1$ ② Ts^2+1

③ $\dfrac{1}{Ts+1}$ ④ $\dfrac{Ts}{Ts+1}$

해설

문제에 주어진 회로에 전압 분배의 법칙을 적용하여 출력 전압을 구한다.

$e_o = \dfrac{Ls}{R+Ls}e_i = \dfrac{\dfrac{L}{R}s}{1+\dfrac{L}{R}s}e_i = \dfrac{Ts}{1+Ts}e_i$

위 식을 정리하여 전압비 전달 함수를 구한다.

$\dfrac{e_o}{e_i} = \dfrac{Ts}{Ts+1}$

439 ★★☆

그림과 같은 회로에서 $V_1(s)$를 입력, $V_2(s)$를 출력으로 한 전달 함수는?

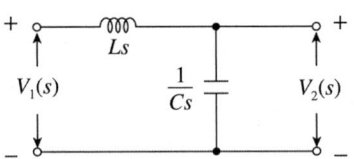

① $\dfrac{1}{\dfrac{1}{Ls}+Cs}$ ② $\dfrac{1}{1+s^2LC}$

③ $\dfrac{1}{LC+Cs}$ ④ $\dfrac{Cs}{s^2(s+LC)}$

해설

$\dfrac{V_2(s)}{V_1(s)} = \dfrac{\dfrac{1}{Cs}}{Ls+\dfrac{1}{Cs}} = \dfrac{1}{1+s^2LC}$

| 정답 | 437 ③ 438 ④ 439 ②

440

그림과 같은 전기 회로의 입력을 e_i, 출력을 e_o라고 할 때 전달 함수는?

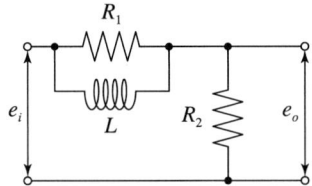

① $\dfrac{R_2(1+R_1Ls)}{R_1+R_2+R_1R_2Ls}$

② $\dfrac{1+R_2Ls}{1+(R_1+R_2)Ls}$

③ $\dfrac{R_2(R_1+Ls)}{R_1R_2+R_1Ls+R_2Ls}$

④ $\dfrac{R_2+\dfrac{1}{Ls}}{R_1+R_2+\dfrac{1}{Ls}}$

해설

R_1과 L 병렬 회로를 합성하면 아래와 같다.

$$Z=\frac{R_1\times Ls}{R_1+Ls}$$

따라서 전달 함수를 구해 보면 아래와 같다.

$$G(s)=\frac{E_o(s)}{E_i(s)}=\frac{R_2}{\dfrac{R_1Ls}{R_1+Ls}+R_2}$$

$$=\frac{R_1R_2+R_2Ls}{R_1Ls+R_1R_2+R_2Ls}=\frac{R_2(R_1+Ls)}{R_1R_2+R_1Ls+R_2Ls}$$

441

그림과 같은 $R-C$ 회로에서 입력 전압을 $e_i(t)$, 출력 전압을 $e_o(t)$라 할 때의 전달 함수는?(단, $\tau=RC$ 이다.)

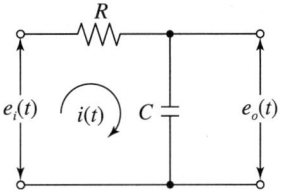

① $\dfrac{1}{\tau s+1}$ ② $\dfrac{1}{\tau s+2}$

③ $\dfrac{2}{\tau s+3}$ ④ $\dfrac{1}{\tau s+3}$

해설

출력에 대하여 전압 분배 법칙을 적용하여 출력 전압을 구한다.

$$E_o=\frac{\dfrac{1}{sC}}{R+\dfrac{1}{sC}}E_i=\frac{1}{RCs+1}E_i$$

따라서 입력과 출력에 대한 전달 함수는 아래와 같다.

$$G(s)=\frac{E_o}{E_i}=\frac{1}{RCs+1}=\frac{1}{\tau s+1}$$

442

회로에서 $t=0$초에 전압 $v_1(t)=e^{-4t}[\text{V}]$를 인가하였을 때 $v_2(t)$는 몇 [V]인가?(단, $R=2[\Omega]$, $L=1[\text{H}]$이다.)

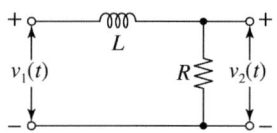

① $e^{-2t}-e^{-4t}$ ② $2e^{-2t}-2e^{-4t}$
③ $-2e^{-2t}+2e^{-4t}$ ④ $-2e^{-2t}-2e^{-4t}$

해설

회로에 흐르는 전류를 $i(t)$라 하면
$$v_1(t)=Ri(t)+L\frac{di(t)}{dt}[\text{V}]$$
$$\therefore e^{-4t}=2i(t)+\frac{di(t)}{dt}[\text{V}]$$
위의 미분방정식을 풀기 위하여 양변을 라플라스 변환하면
$$\frac{1}{s+4}=2I(s)+sI(s)=(s+2)I(s)$$
$$I(s)=\frac{1}{(s+2)(s+4)}=\frac{A}{s+2}+\frac{B}{s+4}$$
$$A=\frac{1}{(s+2)(s+4)}\times(s+2)\bigg|_{s=-2}=\frac{1}{2}$$
$$B=\frac{1}{(s+2)(s+4)}\times(s+4)\bigg|_{s=-4}=-\frac{1}{2}$$
각 값을 대입하여 정리하면 아래와 같다.
$$\therefore I(s)=\frac{1}{2}\left(\frac{1}{s+2}-\frac{1}{s+4}\right)$$
$$i(t)=\mathcal{L}^{-1}[I(s)]=\frac{1}{2}\left(e^{-2t}-e^{-4t}\right)[\text{A}]$$
$$\therefore v_2(t)=Ri(t)=2\times\frac{1}{2}\left(e^{-2t}-e^{-4t}\right)$$
$$=e^{-2t}-e^{-4t}[\text{V}]$$

별해 전달 함수

$$G(s)=\frac{V_2(s)}{V_1(s)}=\frac{R}{Ls+R}=\frac{2}{s+2}$$
$$V_1(s)=\mathcal{L}[e^{-4t}]=\frac{1}{s+4}$$
$$\therefore V_2(s)=\frac{2}{s+2}\times\frac{1}{s+4}=\frac{1}{s+2}-\frac{1}{s+4}$$
$$\therefore v_2(t)=\mathcal{L}^{-1}[V_2(s)]=e^{-2t}-e^{-4t}[\text{V}]$$

암기 $\frac{1}{AB}=\frac{1}{B-A}\left(\frac{1}{A}-\frac{1}{B}\right)$

443

그림과 같은 회로의 구동점 임피던스[Ω]는?

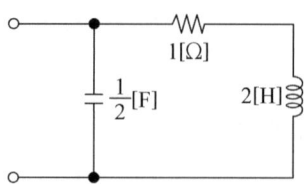

① $\frac{2(2s+1)}{2s^2+s+2}$ ② $\frac{2s^2+s-2}{-2(2s+1)}$
③ $\frac{-2(2s+1)}{2s^2+s-2}$ ④ $\frac{2s^2+s+2}{2(2s+1)}$

해설

L 회로는 sL, C 회로는 $\frac{1}{sC}$ 적용

$$Z(s)=\frac{(1+2s)\times\frac{1}{\frac{1}{2}s}}{(1+2s)+\frac{1}{\frac{1}{2}s}}=\frac{(1+2s)\times\frac{2}{s}}{(1+2s)+\frac{2}{s}}=\frac{\frac{2}{s}+4}{1+2s+\frac{2}{s}}$$
$$=\frac{4s+2}{2s^2+s+2}=\frac{2(2s+1)}{2s^2+s+2}$$

444

$Z(s)=\frac{2s+3}{s}$으로 표시되는 2단자 회로망은?

① ―WW―||― $2[\Omega]$ $\frac{1}{3}[\text{F}]$
② ―⌒⌒―WW― $2[\text{H}]$ $3[\Omega]$
③ ―WW―⌒⌒― $2[\Omega]$ $3[\text{H}]$
④ ―||―WW― $3[\text{F}]$ $2[\Omega]$

해설

$$Z(s)=\frac{2s+3}{s}=2+\frac{3}{s}=2+\frac{1}{s\times\frac{1}{3}}=R+\frac{1}{sC}$$

따라서 저항 $2[\Omega]$, 정전 용량 $\frac{1}{3}[\text{F}]$의 직렬 회로가 된다.

445

$i(t) = I_o e^{st}$ [A]로 주어지는 전류가 콘덴서 C[F]에 흐르는 경우의 임피던스[Ω]는?

① C
② sC
③ $\dfrac{C}{s}$
④ $\dfrac{1}{sC}$

해설

콘덴서의 임피던스는 $Z_C = \dfrac{1}{j\omega C} = \dfrac{1}{sC}$ [Ω]이다.

446

콘덴서 C[F]에 단위 임펄스의 전류원을 접속하여 동작시키면 콘덴서의 전압 $V_c(t)$는?(단, $u(t)$는 단위 계단 함수이다.)

① $V_c(t) = C$
② $V_c(t) = Cu(t)$
③ $V_c(t) = \dfrac{1}{C}$
④ $V_c(t) = \dfrac{1}{C}u(t)$

해설

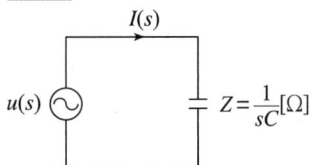

$V(s) = ZI(s) = \dfrac{1}{sC} \times 1 = \dfrac{1}{sC}$

$V_c(t) = \mathcal{L}^{-1}[V(s)] = \dfrac{1}{C}u(t)$

($u(t)$는 단위 계단 함수)

447

그림 (a)와 같은 회로에 대한 구동점 임피던스의 극점과 영점이 각각 그림 (b)에 나타낸 것과 같고 $Z(0) = 1$일 때, 이 회로에서 R[Ω], L[H], C[F]의 값은?

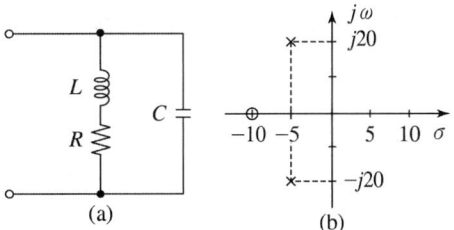

① $R = 1.0$[Ω], $L = 0.1$[H], $C = 0.0235$[F]
② $R = 1.0$[Ω], $L = 0.2$[H], $C = 1.0$[F]
③ $R = 2.0$[Ω], $L = 0.1$[H], $C = 0.0235$[F]
④ $R = 2.0$[Ω], $L = 0.2$[H], $C = 1.0$[F]

해설

$Z(s) = \dfrac{(R+sL) \times \dfrac{1}{sC}}{(R+sL) + \dfrac{1}{sC}} = \dfrac{R+sL}{sCR + s^2LC + 1} = \dfrac{\dfrac{R}{L} + \dfrac{sL}{L}}{\dfrac{sCR}{L} + \dfrac{s^2LC}{L} + \dfrac{1}{L}}$

$= \dfrac{s + \dfrac{R}{L}}{C\left(s^2 + \dfrac{R}{L}s + \dfrac{1}{LC}\right)}$

또한 극점은 $-5+j20$, $-5-j20$이고, 영점은 -10이므로

$\therefore Z(s) = \dfrac{s+10}{A\{(s+5+j20)(s+5-j20)\}} = \dfrac{s+10}{A\{(s+5)^2 + 20^2\}}$

$= \dfrac{s+10}{A(s^2+10s+425)}$

$Z(0) = 1 \Rightarrow \dfrac{10}{A \times 425} = 1$, $\therefore A = 0.0235$

$Z(s) = \dfrac{s + \dfrac{R}{L}}{C\left(s^2 + \dfrac{R}{L}s + \dfrac{1}{LC}\right)}$

$= \dfrac{s+10}{0.0235(s^2+10s+425)}$ 이므로

$C = 0.0235$[F], $\dfrac{1}{LC} = 425$, $\dfrac{R}{L} = 10$

$L = \dfrac{1}{425 \times C} = \dfrac{1}{425 \times 0.0235} = 0.1$[H]

$R = 10 \times L = 10 \times 0.1 = 1$[Ω]

| 정답 | 445 ④   446 ④   447 ①

THEME 03 블록선도 및 신호 흐름 선도에서의 전달 함수

448 ★★☆

그림과 같은 신호 흐름 선도에서 $\dfrac{C(s)}{R(s)}$ 의 값은?

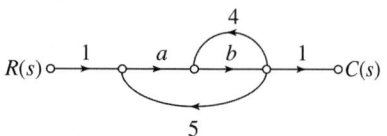

① $\dfrac{ab}{1-4b-5ab}$ ② $\dfrac{ab}{1+4b+5ab}$
③ $\dfrac{a+b}{1-4b+5ab}$ ④ $\dfrac{a+b}{1+4b+5ab}$

해설

$\dfrac{C(s)}{R(s)} = \dfrac{1\times a\times b\times 1}{1-b\times 4-a\times b\times 5} = \dfrac{ab}{1-4b-5ab}$

449 ★★☆

그림과 같은 블록선도에서 $C(s)/R(s)$의 값은 어떻게 되는가?

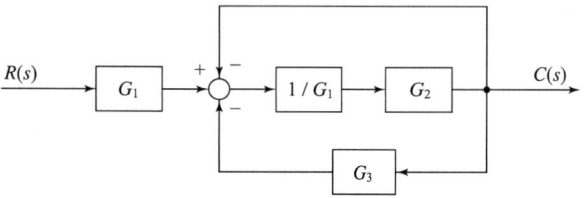

① $\dfrac{G_2}{G_1+G_2+G_3}$ ② $\dfrac{G_2}{G_1+G_2-G_2G_3}$
③ $\dfrac{G_1+G_2}{G_1+G_2+G_2G_3}$ ④ $\dfrac{G_1G_2}{G_1+G_2+G_2G_3}$

해설

$\dfrac{C(s)}{R(s)} = \dfrac{G_1 \times \dfrac{1}{G_1} \times G_2}{1-\left(-\dfrac{1}{G_1}\times G_2\right)-\left(-\dfrac{1}{G_1}\times G_2\times G_3\right)}$

$= \dfrac{G_2}{1+\dfrac{G_2}{G_1}+\dfrac{G_2G_3}{G_1}}$

$= \dfrac{G_1G_2}{G_1+G_2+G_2G_3}$

450 ★☆☆

자동 제어의 각 요소를 블록선도로 표시할 때 각 요소는 전달 함수로 표시하고, 신호의 전달 경로는 무엇으로 표시하는가?

① 전달 함수 ② 단자
③ 화살표 ④ 출력

해설 블록선도

제어 요소는 자동제어계의 입·출력의 관계를 블록 내의 전달 함수로 표시하고 제어 신호는 화살표 경로로 표시한 선도

451 ★★★

그림과 같은 신호 흐름 선도에서 전달 함수 $\dfrac{C(s)}{R(s)}$ 는?

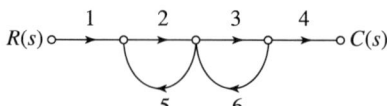

① $-\dfrac{8}{9}$ ② $\dfrac{4}{5}$
③ 180 ④ 10

해설

$G(s) = \dfrac{C(s)}{R(s)} = \dfrac{1\times 2\times 3\times 4}{1-(2\times 5)-(3\times 6)} = \dfrac{24}{-27} = -\dfrac{8}{9}$

452 ★★☆

그림과 같은 신호 흐름 선도에서 전달 함수 $\frac{C(s)}{R(s)}$ 는?

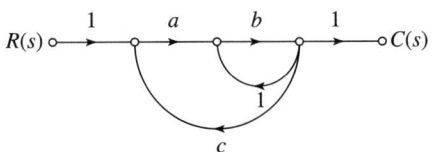

① $\dfrac{ab}{1+b-abc}$ ② $\dfrac{ab}{1-b-abc}$

③ $\dfrac{ab}{1-b+abc}$ ④ $\dfrac{ab}{1-ab+abc}$

해설

$G(s) = \dfrac{C(s)}{R(s)} = \dfrac{1 \times a \times b \times 1}{1-(b \times 1)-(a \times b \times c)} = \dfrac{ab}{1-b-abc}$

453 ★★★

그림과 같은 피드백 제어의 전달 함수를 구하면?

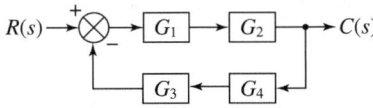

① $\dfrac{G_1 G_2}{1-G_1 G_2 G_3 G_4}$ ② $\dfrac{G_1 G_2}{1+G_1 G_2 G_3 G_4}$

③ $\dfrac{G_1 G_2}{1-G_1 G_2} \cdot \dfrac{G_3 G_4}{1-G_3 G_4}$ ④ $\dfrac{G_1 G_2}{1+G_1 G_2} \cdot \dfrac{G_3 G_4}{1+G_3 G_4}$

해설

주어진 블록선도에 메이슨 공식을 적용하여 전달 함수를 구한다.

$\dfrac{C(s)}{R(s)} = \dfrac{G_1 \times G_2}{1-(-G_1 \times G_2 \times G_4 \times G_3)} = \dfrac{G_1 G_2}{1+G_1 G_2 G_3 G_4}$

454 ★★☆

그림과 같은 블록선도에서 $\dfrac{C(s)}{R(s)}$ 의 값은?

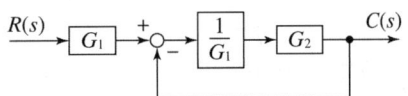

① $\dfrac{G_1}{G_1-G_2}$ ② $\dfrac{G_2}{G_1-G_2}$

③ $\dfrac{G_1}{G_1+G_2}$ ④ $\dfrac{G_1 G_2}{G_1+G_2}$

해설

주어진 블록선도에 메이슨 공식을 적용하여 전달 함수를 구한다.

$\dfrac{C(s)}{R(s)} = \dfrac{\sum 경로}{1-\sum 페루프} = \dfrac{G_1 \times \dfrac{1}{G_1} \times G_2}{1-\left(-\dfrac{1}{G_1} \times G_2\right)} = \dfrac{G_2}{1+\dfrac{G_2}{G_1}}$

$= \dfrac{G_1 G_2}{G_1+G_2}$

455 ★★☆

다음 시스템의 전달 함수는?

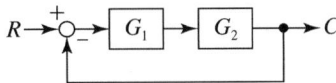

① $\dfrac{C}{R} = \dfrac{G_1 G_2}{1+G_1 G_2}$

② $\dfrac{C}{R} = \dfrac{G_1 G_2}{1-G_1 G_2}$

③ $\dfrac{C}{R} = \dfrac{1+G_1 G_2}{G_1 G_2}$

④ $\dfrac{C}{R} = \dfrac{1-G_1 G_2}{G_1 G_2}$

해설

$\dfrac{C}{R} = \dfrac{G_1 \times G_2}{1-(-G_1 \times G_2)} = \dfrac{G_1 G_2}{1+G_1 G_2}$

456

다음과 같은 블록선도의 등가 합성 전달 함수는?

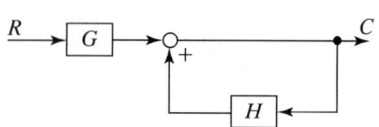

① $\dfrac{G}{1+H}$
② $\dfrac{G}{1+GH}$
③ $\dfrac{G}{1-GH}$
④ $\dfrac{G}{1-H}$

해설

$\dfrac{C}{R} = \dfrac{\sum 경로}{1-\sum 폐루프} = \dfrac{G}{1-H}$

457

다음 블록선도의 전달 함수는?

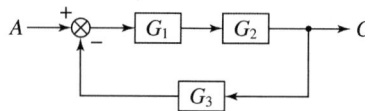

① $\dfrac{G_1+G_2}{1-G_1G_2G_3}$
② $\dfrac{G_1G_2}{1+G_1G_2G_3}$
③ $\dfrac{G_1}{1+G_1G_2G_3}$
④ $\dfrac{G_1+G_2}{1+G_1G_2G_3}$

해설

$\dfrac{C}{A} = \dfrac{G_1 \times G_2}{1-(-G_1 \times G_2 \times G_3)} = \dfrac{G_1G_2}{1+G_1G_2G_3}$

458

그림과 같은 신호 흐름 선도에서 전달 함수 $\dfrac{Y(s)}{X(s)}$는 무엇인가?

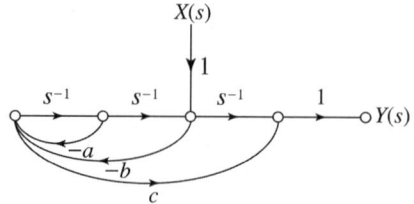

① $\dfrac{s+a}{s^2+as-b^2}$
② $\dfrac{-bcs^2+s}{s^2+as+b}$
③ $\dfrac{-bcs^2+s+a}{s^2+as}$
④ $\dfrac{-bcs^2+s+a}{s^2+as+b}$

해설

$\dfrac{Y(s)}{X(s)} = \dfrac{\dfrac{1}{s}\left(1+\dfrac{a}{s}\right)-bc}{1+\dfrac{b}{s^2}+\dfrac{a}{s}} = \dfrac{s\left(1+\dfrac{a}{s}\right)-bcs^2}{s^2+as+b} = \dfrac{-bcs^2+s+a}{s^2+as+b}$

459

그림과 같은 신호 흐름 선도에서 $\dfrac{C(s)}{R(s)}$의 값은?

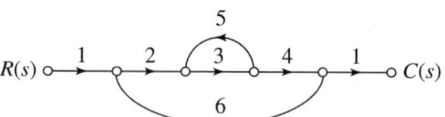

① $-\dfrac{24}{161}$
② $-\dfrac{12}{79}$
③ $\dfrac{12}{79}$
④ $\dfrac{24}{161}$

해설

$\dfrac{C(s)}{R(s)} = \dfrac{1\times2\times3\times4\times1}{1-(3\times5)-(2\times3\times4\times6)} = -\dfrac{24}{158} = -\dfrac{12}{79}$

460 ★★☆

신호 흐름 선도에서 전달 함수 $\dfrac{C}{R}$를 구하면?

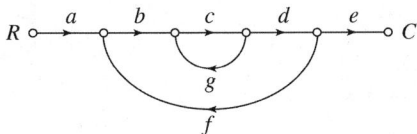

① $\dfrac{abcdg}{1-abcde}$ ② $\dfrac{abcde}{1-cg-bcdf}$

③ $\dfrac{abcde}{1-cg-cgf}$ ④ $\dfrac{abcde}{1+cg+cgf}$

해설

주어진 신호 흐름 선도에 메이슨 공식을 적용하여 전달 함수를 구해보면 아래와 같다.

$$\dfrac{C}{R} = \dfrac{\sum 경로}{1-\sum 폐루프} = \dfrac{a\times b\times c\times d\times e}{1-(c\times g)-(b\times c\times d\times f)}$$
$$= \dfrac{abcde}{1-cg-bcdf}$$

THEME 04 블록선도 및 신호 흐름 선도의 특수 경우

461 ★★☆

그림과 같은 신호 흐름 선도에서 전달 함수 $\dfrac{C(s)}{R(s)}$는?

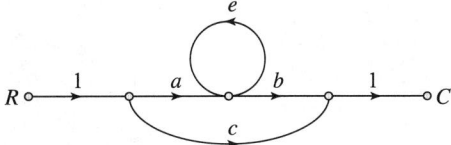

① $\dfrac{ab+c(1-e)}{1-e}$ ② $\dfrac{ab+c}{1-e}$

③ $ab+c$ ④ $\dfrac{ab+c(1+e)}{1+e}$

해설

문제에 주어진 선도는 c 경로에 접하지 않는 폐루프(e)가 있는 경우이다.

$$G(s) = \dfrac{1\times a\times b\times 1 + 1\times c\times 1\times(1-e)}{1-e} = \dfrac{ab+c(1-e)}{1-e}$$

CHAPTER 14
과도 현상

---

1. $R-L$ 직렬 회로의 과도 현상
2. $R-C$ 직렬 회로의 과도 현상
3. $R-L-C$ 직렬 회로의 과도 현상
4. L과 C소자의 시간 경과에 따른 특성

CBT 완벽대비 가능한 유형마스터 학습!

THEME	유형분석	관련 번호
THEME 01 $R-L$ 직렬 회로의 과도 현상	$R-L$ 직렬 회로에서 과도 현상의 특성에 관한 문제가 출제됩니다. 스위치 동작 상태에 따른 전류 변화 상태 공식을 이해하고 암기합니다. 난도가 높은 문제가 출제됩니다.	462~483
THEME 02 $R-C$ 직렬 회로의 과도 현상	$R-C$ 직렬 회로의 과도 현상의 특성과 전류식에 관한 계산 문제 및 정의 문제가 출제됩니다. 정확하게 이해하고 있다면 쉽게 풀이가 가능합니다.	484~495
THEME 03 $R-L-C$ 직렬 회로의 과도 현상	$R-L-C$ 소자 값에 따른 과도 현상 특성을 묻는 문제의 비중이 매우 높습니다. 공식을 암기하여 적용한다면 득점하기가 수월합니다.	496~502
THEME 04 L과 C소자의 시간 경과에 따른 특성	L과 C소자에 따른 특성을 묻는 문제가 출제됩니다. 관련 문제의 비중은 낮은 편이며, 각 소자의 특성을 이해하는 것이 중요합니다.	503~504

학습 효과를 높이는 N제 3회독 시스템

챕터 별 전체 1회독이 끝났다면 회독 체크표에 날짜를 기입하고 체크표시를 해주세요.

회독 체크표	☐ 1회독	월 일	☐ 2회독	월 일	☐ 3회독	월 일

CHAPTER 14 과도 현상

THEME 01 R-L 직렬 회로의 과도 현상

462 ★★☆

그림의 회로에서 $t=0[\text{s}]$에 스위치(S)를 닫았을 때 인덕터 L 양단 전압 $v_L(t)$는?

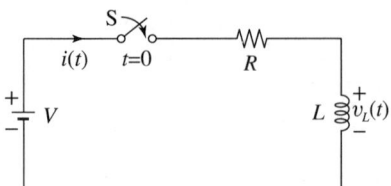

① $Ve^{-\frac{R}{L}t}$
② $\frac{L}{R}Ve^{-\frac{R}{L}t}$
③ $V\left(1-e^{-\frac{R}{L}t}\right)$
④ $\frac{L}{R}V\left(1-e^{-\frac{R}{L}t}\right)$

해설

- 과도전류 $i(t) = \frac{V}{R}\left(1-e^{-\frac{R}{L}t}\right)[\text{A}]$
- 인덕터 양단의 전압

$$v_L(t) = L\frac{di(t)}{dt} = L \times \left(-\frac{V}{R}\right) \times \left(-\frac{R}{L}e^{-\frac{R}{L}t}\right) = Ve^{-\frac{R}{L}t}[\text{V}]$$

463 ★★★

그림과 같은 회로에서 스위치 S를 $t=0$에서 닫았을 때, $V_L(t)\big|_{t=0} = 100[\text{V}]$, $\frac{di(t)}{dt}\big|_{t=0} = 400[\text{A/s}]$이다. $L[\text{H}]$의 값은?

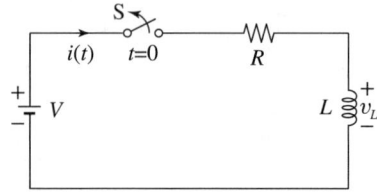

① 0.75
② 0.5
③ 0.25
④ 0.1

해설

$V_L(t) = L\frac{di(t)}{dt}[\text{V}]$에서 $100 = L \times 400$

$\therefore L = \frac{100}{400} = 0.25[\text{H}]$

464 ★★☆

RL 병렬 회로에서 $t=0$일 때 스위치 S를 닫는 경우 $R[\Omega]$에 흐르는 전류 $i_R(t)[A]$는?

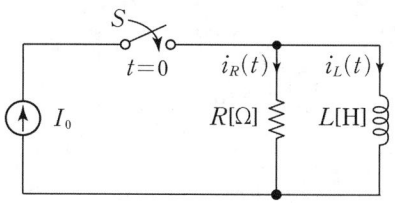

① $I_0\left(1-e^{-\frac{R}{L}t}\right)$ ② $I_0\left(1+e^{-\frac{R}{L}t}\right)$

③ I_0 ④ $I_0 e^{-\frac{R}{L}t}$

해설

$i_L(t) = I_0\left(1-e^{-\frac{R}{L}t}\right)$[A]이고 키르히호프 법칙(전류 법칙)에 따라 $I_0 = i_R(t) + i_L(t)$[A]이므로

$i_R(t) = I_0 - i_L(t) = I_0 - I_0\left(1-e^{-\frac{R}{L}t}\right) = I_0 e^{-\frac{R}{L}t}$[A]

465 ★★☆

스위치 S를 닫을 때의 전류 $i(t)[A]$는?

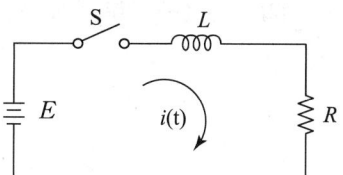

① $\frac{E}{R}e^{-\frac{R}{L}t}$ ② $\frac{E}{R}\left(1-e^{-\frac{R}{L}t}\right)$

③ $\frac{E}{R}e^{-\frac{L}{R}t}$ ④ $\frac{E}{R}\left(1-e^{-\frac{L}{R}t}\right)$

해설

스위치 S가 ON일 때의 전압식은 KVL에 의해 아래와 같다.

$L\frac{di(t)}{dt} + Ri(t) = E$

정상해 i_s는 $t=\infty$일 때의 전류값으로

$i_s(t) = \frac{E}{R}$이다.

과도해 i_t는 미분방정식에서 $E=0$일 때의 해

$Ri(t) + L\frac{di(t)}{dt} = 0$이다.

$i_t(t) = Ae^{Pt}$라면 $P = -\frac{R}{L}$

적분 상수 A는 초기 조건에서 아래와 같이 구한다.

$i(t) = i_s(t) + i_t(t) = \frac{E}{R} + Ae^{-\frac{R}{L}t}$

$0 = \frac{E}{R} + Ae^0$

$\therefore A = -\frac{E}{R}$

과도해 $i_t = -\frac{E}{R}e^{-\frac{R}{L}t}$

완전해 $i(t)$는 아래와 같다.

$i(t) = i_s(t) + i_t(t) = \frac{E}{R} - \frac{E}{R}e^{-\frac{R}{L}t}$

$= \frac{E}{R}\left(1-e^{-\frac{R}{L}t}\right)$[A]

466 ★★★

다음과 같은 회로에서 $t=0$인 순간에 스위치 S를 닫았다. 이 순간에 인덕턴스 L에 걸리는 전압[V]은?(단, 인덕턴스 L의 초기 전류는 0이라 한다.)

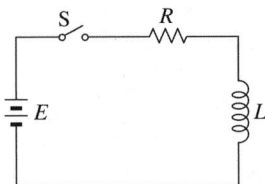

① 0
② $\dfrac{LE}{R}$
③ E
④ $\dfrac{E}{R}$

해설

$R-L$ 직렬 회로에서 스위치를 닫았을 때 흐르는 과도 전류는 아래와 같다.

$i(t) = \dfrac{E}{R}\left(1 - e^{-\frac{R}{L}t}\right)$[A]

따라서 인덕턴스 L에 걸리는 전압을 구하면 다음과 같다.

$V_L = L\dfrac{di(t)}{dt} = L\dfrac{d}{dt}\left\{\dfrac{E}{R}\left(1 - e^{-\frac{R}{L}t}\right)\right\}\Big|_{t=0}$

$= \dfrac{LE}{R} \times \dfrac{R}{L} = E$[V]

참고

인덕터는 $t=0$일 때 개방상태이므로 인덕터에 걸리는 전압은 E이다.

467 NEW

회로에서 10[mH]의 인덕턴스에 흐르는 전류는 일반적으로 $i(t) = A + Be^{-at}$로 표시된다. a의 값은?

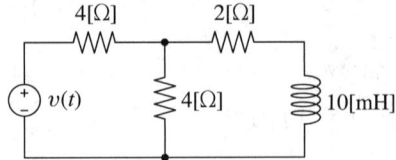

① 100
② 200
③ 400
④ 500

해설

테브난 정리를 이용하기 위해 인덕턴스를 제외한 회로의 합성 저항을 구한다.

$R = 2 + \dfrac{4 \times 4}{4+4} = 4[\Omega]$

테브난 등가전압을 구하면

$V_{th} = E = \dfrac{4}{4+4}v(t) = \dfrac{1}{2}v(t)$[V]

$R-L$ 회로에 대한 과도 전류는 아래와 같다.

$i = \dfrac{E}{R}\left(1 - e^{-\frac{R}{L}t}\right) = \dfrac{\frac{v(t)}{2}}{4}\left(1 - e^{-\frac{4}{10 \times 10^{-3}}t}\right)$

$= \dfrac{v(t)}{8} - \dfrac{v(t)}{8}e^{-400t}$[A]

따라서 a의 값은 400이 됨을 알 수 있다.

468 ★★★

정상상태에서 $t=0$초인 순간에 스위치 S를 열었다. 이때 흐르는 전류 $i(t)$는?

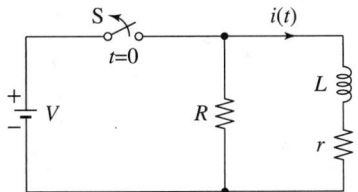

① $\dfrac{V}{R}e^{-\frac{R+r}{L}t}$
② $\dfrac{V}{r}e^{-\frac{R+r}{L}t}$
③ $\dfrac{V}{R}e^{-\frac{L}{R+r}t}$
④ $\dfrac{V}{r}e^{-\frac{L}{R+r}t}$

해설

정상상태의 전류는 $I_0 = \dfrac{V}{r}$, 과도상태의 저항은 $R+r$이므로

$i(t) = I_0\, e^{-\frac{R+r}{L}t} = \dfrac{V}{r}\, e^{-\frac{R+r}{L}t}$ [A]

암기

$R-L$ 직렬회로에서 초기상태 및 정상상태 전류에 따른 과도상태 공식
- 초기상태 전류 $I_0 = 0$, 정상상태 전류 I_f인 경우

$i(t) = I_f\!\left(1-e^{-\frac{R}{L}t}\right)$[A]

- 초기상태 전류 I_0, 정상상태 전류 $I_f = 0$인 경우

$i(t) = I_0 e^{-\frac{R}{L}t}$ [A]

469 ★★☆

함수 $f(t) = Ae^{-\frac{1}{T}t}$ 에서 시정수는 A의 몇 [%]가 되기까지의 시간인가?

① 37
② 63
③ 85
④ 92

해설

함수 $f(t) = Ae^{-\frac{1}{T}t}$ 에서 시정수 $\tau = T$[sec]이므로

∴ $f(\tau) = Ae^{-\frac{1}{T}\times\tau} = Ae^{-1} = 0.368A$ (∴ 37[%])

470 ★☆☆

전기 회로에서 일어나는 과도현상은 그 회로의 시정수와 관계가 있다. 이 사이의 관계를 옳게 표현한 것은?

① 회로의 시정수가 클수록 과도현상은 오랫동안 지속된다.
② 시정수는 과도현상의 지속 시간에는 상관되지 않는다.
③ 시정수의 역이 클수록 과도현상은 천천히 사라진다.
④ 시정수가 클수록 과도현상은 빨리 사라진다.

해설 과도현상

- 시정수는 최종값의 63.2[%]에 도달하는 데 걸리는 시간이다.
- 시정수가 크다는 것은 과도현상이 그만큼 오래 지속된다는 의미이다.
- 시정수가 작을수록 과도현상은 빨리 사라진다.

471 ★★★

코일의 권수 $N=1,000$회, 저항 $R=10[\Omega]$이다. 전류 $I=10$[A]를 흘릴 때 자속 $\phi = 3\times 10^{-2}$[Wb]이라면 이 회로의 시정수[sec]는?

① 0.3[sec]
② 0.4[sec]
③ 3.0[sec]
④ 4.0[sec]

해설

$LI = N\phi \Rightarrow L = \dfrac{N\phi}{I} = \dfrac{1,000\times 3\times 10^{-2}}{10} = 3$[H]

시정수 $\tau = \dfrac{L}{R} = \dfrac{3}{10} = 0.3$[sec]

| 정답 | 468 ② 469 ① 470 ① 471 ①

472 ★★☆

RL 직렬 회로에서 $R=20[\Omega]$, $L=40[\text{mH}]$일 때, 이 회로의 시정수[sec]는?

① 2×10^3
② 2×10^{-3}
③ $\frac{1}{2} \times 10^3$
④ $\frac{1}{2} \times 10^{-3}$

해설

$\tau = \frac{L}{R} = \frac{40 \times 10^{-3}}{20} = 2 \times 10^{-3}[\text{sec}]$

473 ★★☆

$t=0$에서 스위치 S를 닫았을 때 정상 전류값[A]는?

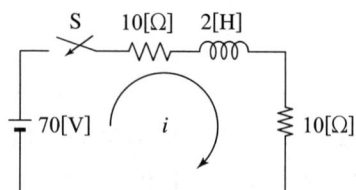

① 1
② 2.5
③ 3.5
④ 7

해설

정상 전류 $I_s = \frac{E}{R} = \frac{70}{10+10} = 3.5[\text{A}]$

암기

정상 상태에서 인덕터는 단락 상태이다.

474 ★★☆

저항 $R_1[\Omega]$, $R_2[\Omega]$ 및 인덕턴스 $L[\text{H}]$이 직렬로 연결되어 있는 회로의 시정수[s]는?

① $\frac{R_1+R_2}{L}$
② $\frac{L}{R_1+R_2}$
③ $-\frac{R_1+R_2}{L}$
④ $-\frac{L}{R_1+R_2}$

해설 시정수

$\tau = \frac{L}{R} = \frac{L}{R_1+R_2}[\text{s}]$

475 ★★★

RL 직렬 회로에서 시정수의 값이 클수록 과도 현상은 어떻게 되는가?

① 없어진다.
② 짧아진다.
③ 길어진다.
④ 변화가 없다.

해설

시정수 $\tau = \frac{L}{R}[\text{sec}]$는 정상 전류(100[%])의 63.2[%]에 도달하는 데 걸리는 시간이므로 시정수가 클수록 과도 현상은 오랫동안 지속되어 그만큼 길어지게 된다.

476 ★★☆

$R-L$ 직렬 회로에서 스위치 S가 1번 위치에 오랫동안 있다가 $t=0^+$에서 위치 2번으로 옮겨진 후, $\frac{L}{R}$[s] 후에 L에 흐르는 전류[A]는?

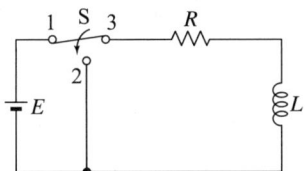

① $\frac{E}{R}$
② $0.5\frac{E}{R}$
③ $0.368\frac{E}{R}$
④ $0.632\frac{E}{R}$

해설

문제에서 스위치를 1에서 2로 옮겼다는 의미는 회로의 전압을 끊었다는 의미이므로 이때의 과도 전류는 아래와 같다.

$i(t) = \frac{E}{R}e^{-\frac{R}{L}t} = \frac{E}{R}e^{-\frac{R}{L} \times \frac{L}{R}} = \frac{E}{R}e^{-1} = 0.368\frac{E}{R}$[A]

($\because e^{-1} = 0.368$)

477 ★☆☆

시정수의 의미를 설명한 것 중 틀린 것은?

① 시정수가 작으면 과도 현상이 짧다.
② 시정수가 크면 정상 상태에 늦게 도달한다.
③ 시정수는 τ로 표기하며 단위는 초[sec]이다.
④ 시정수는 과도 기간 중 변화해야 할 양의 0.632[%]가 변화하는 데 소요된 시간이다.

해설

시정수는 정상 전류(100[%]) 값의 63.2[%]에 도달되는 시간이다.

478 ★★★

그림과 같은 회로에서 스위치 S를 닫았을 때 시정수[sec]의 값은?(단, $L=10$[mH], $R=20$[Ω]이다.)

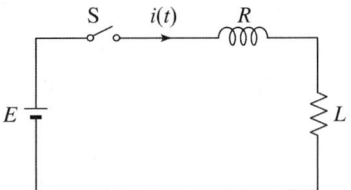

① 200
② 2,000
③ 5×10^{-3}
④ 5×10^{-4}

해설

$R-L$ 직렬 회로에서의 시정수 공식에 대입한다.
$\tau = \frac{L}{R} = \frac{10 \times 10^{-3}}{20} = 5 \times 10^{-4}$[sec]

479 ★★★

RL 직렬 회로에 직류 전압을 가했을 때 흐르는 전류가 정상 전류 $I=\frac{E}{R}$의 70[%]에 도달하는 데 걸리는 시간은?(단, τ는 시정수이다.)

① $t=0.7\tau$
② $t=1.1\tau$
③ $t=1.2\tau$
④ $t=1.4\tau$

해설

정상 전류에 70[%]는 아래와 같다.
$i(t) = \frac{E}{R}\left(1-e^{-\frac{R}{L}t}\right) = 0.7 \times \frac{E}{R}$[A]

따라서 정상 전류의 70[%]에 도달하는 시간을 구할 수 있다.
$t = k\tau = k\frac{L}{R}$이라 하면
$1-e^{-\frac{R}{L} \times \frac{L}{R} \times k} = 1-e^{-k} = 0.7$
$\therefore k = -\ln(1-0.7) = 1.2$

그러므로 시간은 아래와 같다.
$t = 1.2\tau$[sec]

480 ★★☆

직류 과도 현상이 저항 $R[\Omega]$과 인덕턴스 $L[H]$의 직렬 회로에 대한 설명으로 틀린 것은?

① 회로의 시정수는 $\tau = \dfrac{L}{R}[s]$이다.

② 과도 기간에 있어서의 인덕턴스 L의 단자 전압은 $V_L(t) = Ee^{-\frac{L}{R}t}$이다.

③ 과도 기간에 있어서의 저항 R의 단자 전압 $V_R(t) = E\left(1-e^{-\frac{R}{L}t}\right)$이다.

④ $t=0$에서 직류 전압 $E[V]$를 가했을 때 $t[s]$ 후의 전류는 $i(t) = \dfrac{E}{R}\left(1-e^{-\frac{R}{L}t}\right)[A]$이다.

해설

과도 기간이라는 것은 정상 상태의 전류가 되기 전 전류인 과도 전류가 흐르는 상태이다.

$V_L(t) = L\dfrac{di(t)}{dt} = L\dfrac{d}{dt}\left\{\dfrac{E}{R}\left(1-e^{-\frac{R}{L}t}\right)\right\}$
$= \dfrac{LE}{R} \times \dfrac{R}{L}e^{-\frac{R}{L}t} = Ee^{-\frac{R}{L}t}[V]$

481 ★★☆

$R_1 = R_2 = 100[\Omega]$이며 $L_1 = 5[H]$인 회로에서 시정수는 몇 [sec]인가?

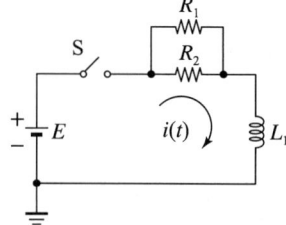

① 0.001
② 0.01
③ 0.1
④ 1

해설

$R = \dfrac{R_1 R_2}{R_1 + R_2} = \dfrac{100 \times 100}{100 + 100} = 50[\Omega]$

$\tau = \dfrac{L_1}{R} = \dfrac{5}{50} = 0.1[sec]$

482 ★★★

회로에서 $L = 50[mH]$, $R = 20[k\Omega]$인 경우 회로의 시정수는 몇 $[\mu s]$인가?

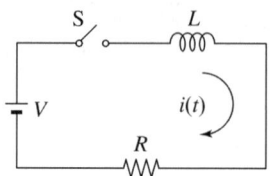

① 4.0
② 3.5
③ 3.0
④ 2.5

해설

$\tau = \dfrac{L}{R} = \dfrac{50 \times 10^{-3}}{20 \times 10^3} = 2.5 \times 10^{-6}[s] = 2.5[\mu s]$

483 ★☆☆

$R = 4,000[\Omega]$, $L = 5[H]$의 직렬 회로에 직류 전압 $200[V]$를 가할 때, 급히 단자 사이의 스위치를 단락시킬 경우 이로부터 $1/800$초 후 회로의 전류는 몇 [mA]인가?

① 18.4
② 1.84
③ 28.4
④ 2.84

해설

문제에 주어진 조건은 전원을 소거시킨 상태를 설명한 것이다.

$i(t) = \dfrac{E}{R}e^{-\frac{R}{L}t} = \dfrac{200}{4,000}e^{-\frac{4,000}{5} \times \frac{1}{800}} = 0.0184[A]$
$= 18.4[mA]$

THEME 02　R-C 직렬 회로의 과도 현상

484 ★★☆

$t=0$에서 스위치(S)를 닫았을 때 $t=0^+$에서의 $i(t)$는 몇 [A]인가?(단, 커패시터에 초기 전하는 없다.)

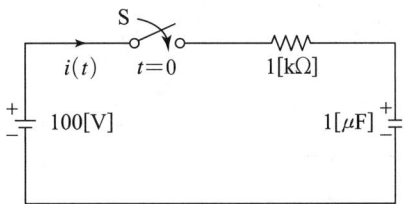

① 0.1　　　　② 0.2
③ 0.4　　　　④ 1.0

해설

과도 전류 $i(t) = \dfrac{E}{R}e^{-\frac{1}{RC}t}$ [A]에서 $t=0^+$일 때

$i(0) = \dfrac{E}{R}e^0 = \dfrac{100}{1 \times 10^3} = 0.1$[A]이다.

485 ★★☆

그림과 같은 회로에서 저항 $R[\Omega]$과 정전 용량 $C[F]$의 직렬 회로에서 잘못 표현된 것은?

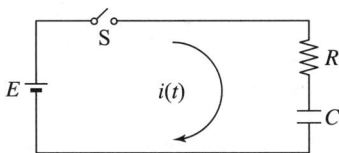

① 회로의 시정수는 $\tau = RC$ [s]이다.
② $t=0$에서 직류 전압 E[V]를 가했을 때 t[s] 후의 전류 $i = \dfrac{E}{R}e^{-\frac{1}{RC}t}$ [A]이다.
③ $t=0$에서 직류 전압 E[V]를 가했을 때 t[s] 후의 전류 $i = \dfrac{E}{R}\left(1-e^{-\frac{1}{RC}t}\right)$[A]이다.
④ R-C 직렬 회로의 직류 전압 E[V]를 충전한 경우 회로의 전압 방정식은 $Ri + \dfrac{1}{C}\int i\,dt = E$이다.

해설

R-C 직렬 회로의 과도 전류식

$i(t) = \dfrac{E}{R}e^{-\frac{1}{RC}t}$ [A]

486 ★☆☆

RC 직렬 회로의 과도 현상에 대한 설명으로 옳은 것은?

① 과도 상태 전류의 크기는 $(R \times C)$의 값과 무관하다.
② $(R \times C)$의 값이 클수록 과도 상태 전류의 크기는 빨리 사라진다.
③ $(R \times C)$의 값이 클수록 과도 상태 전류의 크기는 천천히 사라진다.
④ $\dfrac{1}{R \times C}$의 값이 클수록 과도 상태 전류의 크기는 천천히 사라진다.

해설

$i(t) = \dfrac{E}{R}e^{-\frac{1}{RC}t}$에서 시정수 $\tau = RC$, 시정수가 크면 클수록 과도 현상은 오랫동안 지속된다. 따라서 RC 값이 클수록 과도 상태 전류의 크기는 천천히 사라진다.

487 ★★☆

RC 직렬 회로에 $t=0$일 때 직류 전압 100[V]를 인가하면 0.2초에 흐르는 전류[mA]는?(단, $R=1,000[\Omega]$, $C=50[\mu F]$이고, 커패시터의 초기 충전 전하는 없다.)

① 1.83　　　　② 1.37
③ 2.98　　　　④ 3.25

해설

$i(t) = \dfrac{E}{R}e^{-\frac{1}{RC}t} = \dfrac{100}{1,000}e^{-\frac{1}{1,000 \times 50 \times 10^{-6}} \times 0.2}$

$= 1.83 \times 10^{-3}$[A] $= 1.83$[mA]

| 정답 | 484 ①　485 ③　486 ③　487 ①

488 ★★☆

그림과 같은 RC 직렬 회로에 $t=0$에서 스위치 S를 닫아 직류 전압 $100[\text{V}]$를 회로의 양단에 인가하면 시간 t에서의 충전 전하는?(단, $R=10[\Omega]$, $C=0.1[\text{F}]$이다.)

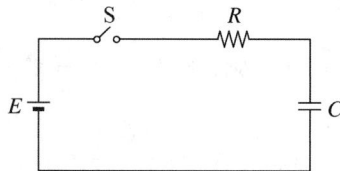

① $10(1-e^{-t})$
② $-10(1-e^t)$
③ $10e^{-t}$
④ $-10e^t$

해설

문제에 주어진 값을 $R-C$ 직렬 회로의 과도 전류식에 대입한다.

$i(t) = \dfrac{E}{R}e^{-\frac{1}{RC}t} = \dfrac{100}{10}e^{-\frac{1}{10 \times 0.1}t} = 10e^{-t}[\text{A}]$

따라서 어떤 시간 t에서의 충전된 전하량은 아래와 같다.

$Q = \displaystyle\int_0^t i(t)\,dt = \int_0^t 10e^{-t}\,dt = 10\left[-e^{-t}\right]_0^t$
$= 10(-e^{-t}+e^0) = 10(1-e^{-t})[\text{C}]$

489 ★★☆

저항 $R=5,000[\Omega]$과 커패시터 $C=20[\mu\text{F}]$이 직렬로 접속된 회로에 일정 전압 $V=100[\text{V}]$를 연결하고 $t=0$에서 스위치(S)를 넣을 때 커패시터 단자 전압[V]은?(단, $t=0$에서의 커패시터 전압은 $0[\text{V}]$이다.)

① $100(1-e^{10t})$
② $100e^{10t}$
③ $100(1-e^{-10t})$
④ $100e^{-10t}$

해설

$R-C$ 직렬 회로의 과도 전류는 아래와 같다.

$i(t) = \dfrac{E}{R}e^{-\frac{1}{RC}t}[\text{A}]$

따라서 콘덴서 단자 전압을 구할 수 있다.

$V_c = \dfrac{1}{C}\displaystyle\int_0^t i(t)\,dt = \dfrac{1}{C}\int_0^t \dfrac{E}{R}e^{-\frac{1}{RC}t}\,dt$

$= \dfrac{E}{RC}\left[-RCe^{-\frac{1}{RC}t}\right]_0^t$

$= -E\left(e^{-\frac{1}{RC}t} - e^{-\frac{1}{RC}\times 0}\right) = E\left(1-e^{-\frac{1}{RC}t}\right)[\text{V}]$

위 식에 문제에 주어진 값을 대입한다.

$V_c = 100\left(1-e^{-\frac{1}{5,000 \times 20 \times 10^{-6}}t}\right) = 100(1-e^{-10t})[\text{V}]$

490 ★☆☆

커패시터 C를 $100[\text{V}]$로 충전하고 $10[\Omega]$의 저항으로 1초 동안 방전하였더니 C의 단자 전압이 $90[\text{V}]$로 감소하였다. 이때 C는 약 몇 $[\text{F}]$인가?

① 1.05
② 0.95
③ 0.75
④ 0.55

해설

$R-C$ 직렬회로에서 방전될 때

커패시터 양단에 걸리는 전압 $V_c = Ee^{-\frac{t}{RC}}[\text{V}]$

따라서 문제에서 주어진 조건을 대입하면

$90 = 100e^{-\frac{1}{10C}}$ 이고 양변에 자연로그를 취하면

$\ln 0.9 = -\frac{1}{10C} \Rightarrow C = -\frac{1}{10\ln 0.9} ≒ 0.95$ 이다.

491 ★★★

그림과 같은 RC 회로에서 스위치를 넣은 순간 전류는?(단, 초기 조건은 0이다.)

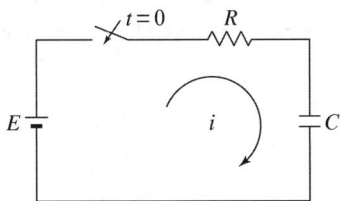

① 불변 전류이다.
② 진동 전류이다.
③ 증가 함수로 나타난다.
④ 감쇠 함수로 나타난다.

해설

$R-C$ 직렬 회로의 과도 전류식은 $i(t) = \frac{E}{R}e^{-\frac{1}{RC}t}[\text{A}]$

로서 스위치를 넣는 $t=0$인 순간에서는

$i(0) = \frac{E}{R}e^{-\frac{1}{RC}\times 0} = \frac{E}{R}[\text{A}]$로서 정상 전류 상태에서 시간이 지나갈수록 전류가 점점 지수적으로 감소하게 된다(감쇠 함수).

492 ★★☆

회로에서 정전 용량 C는 초기 전하가 없었다. $t=0$에서 스위치(K)를 닫았을 때, $t=0^+$ 에서의 $i(t)$값은?

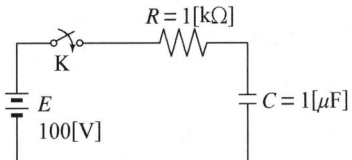

① 0.1[A]
② 0.2[A]
③ 0.4[A]
④ 1.0[A]

해설

$i(t) = \frac{E}{R}e^{-\frac{1}{RC}t} = \frac{100}{1,000}e^{-\frac{1}{1,000\times 10^{-6}}\times 0} = 0.1[\text{A}]$

493 ★★★

그림과 같은 회로에서 $t=0$에서 스위치를 닫으면 전류 $i(t)[\text{A}]$는?(단, 콘덴서의 초기 전압은 $0[\text{V}]$이다.)

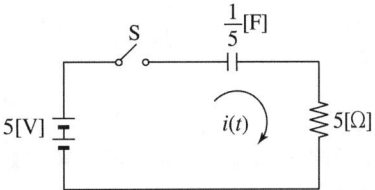

① $5(1-e^{-t})$
② $1-e^{-t}$
③ $5e^{-t}$
④ e^{-t}

해설

$R-C$ 직렬 회로의 과도 전류식 $i(t) = \frac{E}{R}e^{-\frac{1}{RC}t}$ 을 이용한다.

$i(t) = \frac{5}{5}e^{-\frac{1}{5\times\frac{1}{5}}t} = e^{-t}[\text{A}]$

494 ★★☆
회로에서 스위치를 닫을 때 콘덴서의 초기 전하를 무시하면 회로에 흐르는 전류 $i(t)$는 어떻게 되는가?

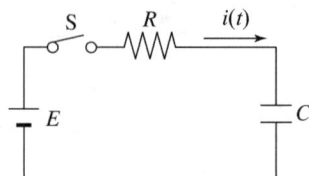

① $\dfrac{E}{R}e^{\frac{C}{R}t}$ ② $\dfrac{E}{R}e^{\frac{R}{C}t}$

③ $\dfrac{E}{R}e^{-\frac{1}{RC}t}$ ④ $\dfrac{E}{R}e^{\frac{1}{RC}t}$

해설

- $R-C$ 직렬 회로의 과도 전류
  $i(t) = \dfrac{E}{R}e^{-\frac{1}{RC}t}[A]$
- $R-L$ 직렬 회로의 과도 전류
  $i(t) = \dfrac{E}{R}\left(1-e^{-\frac{R}{L}t}\right)[A]$

495 ★☆☆
$R=1[M\Omega]$, $C=1[\mu F]$의 직렬 회로에 직류 $100[V]$를 가했다. 시정수 $\tau[sec]$와 전류의 초기값[A]을 구하면?

① $5[sec]$, $10^{-4}[A]$ ② $4[sec]$, $10^{-3}[A]$
③ $1[sec]$, $10^{-4}[A]$ ④ $2[sec]$, $10^{-3}[A]$

해설

- 시정수 $\tau = RC = 10^6 \times 10^{-6} = 1[sec]$
- 초기값 $t=0$인 전류
  $I = \dfrac{V}{R} = \dfrac{100}{1 \times 10^6} = 10^{-4}[A]$

THEME 03 $R-L-C$ 직렬 회로의 과도 현상

496 ★★☆
$R-L-C$ 직렬 회로에서 시정수의 값이 작을수록 과도 현상이 소멸되는 시간은 어떻게 되는가?

① 짧아진다.
② 관계없다.
③ 길어진다.
④ 일정하다.

해설

시정수는 과도 전류가 정상 전류(100[%])의 63.2[%]에 도달되는 시간[sec]이다. 따라서 시정수 값이 작다는 것은 과도 현상이 이에 비례해서 짧아진다는 것을 의미한다.

497 ★★★
저항 R, 인덕턴스 L, 콘덴서 C의 직렬 회로에서 발생되는 과도현상이 비진동적이 되는 조건은?(단, 직류전압을 인가했을 경우이다.)

① $\left(\dfrac{R}{2L}\right)^2 - \dfrac{1}{LC} > 0$

② $\left(\dfrac{R}{2L}\right)^2 - \dfrac{1}{LC} < 0$

③ $\dfrac{R}{2L} - \dfrac{1}{LC} < 0$

④ $\dfrac{R}{2L} - \dfrac{1}{LC} > 0$

해설 RLC 직렬 회로의 과도현상

- $\left(\dfrac{R}{2L}\right)^2 - \dfrac{1}{LC} > 0$: 과제동(비진동)
- $\left(\dfrac{R}{2L}\right)^2 - \dfrac{1}{LC} = 0$: 임계 제동(비진동)
- $\left(\dfrac{R}{2L}\right)^2 - \dfrac{1}{LC} < 0$: 부족 제동(진동)

498 ★★★

RLC 직렬회로에서 임계제동 조건이 되는 저항의 값은?

① $2\sqrt{\dfrac{L}{C}}$ ② $2\sqrt{\dfrac{C}{L}}$

③ $\sqrt{\dfrac{L}{C}}$ ④ $\sqrt{LC}$

해설 RLC 직렬 회로의 과도현상

임계제동 조건은 $\left(\dfrac{R}{2L}\right)^2 - \dfrac{1}{LC} = 0 \Rightarrow \dfrac{R}{2L} = \dfrac{1}{\sqrt{LC}}$

$\therefore R = \dfrac{2L}{\sqrt{LC}} = 2\sqrt{\dfrac{L}{C}}\,[\Omega]$

499 ★★★

$R-L-C$ 직렬 회로에서 진동 조건은 어느 것인가?

① $R < 2\sqrt{\dfrac{C}{L}}$ ② $R < 2\sqrt{\dfrac{L}{C}}$

③ $R < 2\sqrt{LC}$ ④ $R < \dfrac{1}{2\sqrt{LC}}$

해설 RLC 직렬 회로의 과도현상

- $\left(\dfrac{R}{2L}\right)^2 - \dfrac{1}{LC} > 0$: 과제동(비진동)
- $\left(\dfrac{R}{2L}\right)^2 - \dfrac{1}{LC} = 0$: 임계제동(임계 상태)
- $\left(\dfrac{R}{2L}\right)^2 - \dfrac{1}{LC} < 0$: 부족 제동(진동)

$\therefore R < 2\sqrt{\dfrac{L}{C}}\,[\Omega]$

500 ★★☆

RLC 직렬 회로의 파라미터가 $R^2 = \dfrac{4L}{C}$의 관계를 가진다면, 이 회로에 직류 전압을 인가하는 경우 과도 응답 특성은?

① 무제동   ② 과제동
③ 부족제동   ④ 임계제동

해설

- 과제동(비진동) $R^2 > \dfrac{4L}{C}$
- 임계제동(비진동) $R^2 = \dfrac{4L}{C}$
- 부족제동(진동) $R^2 < \dfrac{4L}{C}$

501 ★★☆

회로에서 $V = 10[\text{V}]$, $R = 10[\Omega]$, $L = 1[\text{H}]$, $C = 10[\mu\text{F}]$ 그리고 $V_c(0) = 0$일 때 스위치 K를 닫은 직후 전류의 변화율 $\dfrac{di}{dt}(0^+)$의 값[A/sec]은?

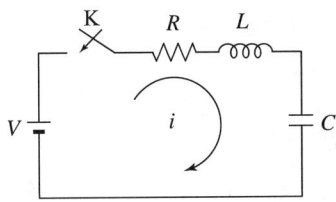

① 0   ② 1
③ 5   ④ 10

해설

$R^2 = 10^2 = 100$, $4\dfrac{L}{C} = 4 \times \dfrac{1}{10 \times 10^{-6}} = 400{,}000$으로

$R^2 < 4\dfrac{L}{C}$이므로 진동 조건이다.

RLC 직렬회로의 진동 조건에서의 전류 변화율 식에 대입한다.

$\dfrac{di(t)}{dt} = \dfrac{E}{\beta L}[-\alpha e^{-\alpha t}\sin\beta t + e^{-\alpha t}\beta\cos\beta t]_{t=0} = \dfrac{E}{\beta L} \times \beta = \dfrac{E}{L}$

$= \dfrac{10}{1} = 10[\text{A/sec}]$

암기
$\cos 0° = 1$
$\sin 0° = 0$
$e^0 = 1$

| 정답 | 498 ①   499 ②   500 ④   501 ④

502 ★★★

RLC 직렬 회로에서 $R=100[\Omega]$, $L=5[mH]$, $C=2[\mu F]$ 일 때 이 회로는?

① 과제동이다.
② 무제동이다.
③ 임계제동이다.
④ 부족 제동이다.

해설

$R^2 = 100^2 = 10,000$ 이고

$4\dfrac{L}{C} = 4 \times \dfrac{5 \times 10^{-3}}{2 \times 10^{-6}} = 10,000$ 이므로 $R^2 = 4\dfrac{L}{C}$ 이다.

따라서 이 회로는 임계제동이다.

504 ★☆☆

다음 회로는 스위치 K가 열린 상태에서 정상 상태에 있었다. $t=0$에서 스위치를 갑자기 닫았을 때 $V(0^+)$ 및 $i(0^+)$는?

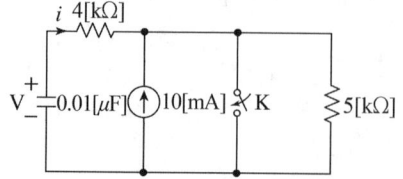

① $0[V]$, $12.5[mA]$
② $50[V]$, $0[mA]$
③ $50[V]$, $12.5[mA]$
④ $50[V]$, $-12.5[mA]$

해설

주어진 회로에서 전류($10[mA]$)와 병렬 저항($5[k\Omega]$)을 전압원과 직렬 저항을 등가 변환하여 회로의 전압을 구한다.

$V = IR = 10 \times 10^{-3} \times 5 \times 10^3 = 50[V]$

이 전압이 모두 콘덴서에 완전히 충전될 때가 정상 전류이므로 콘덴서에 충전되는 전압도 $50[V]$가 된다. 또한 스위치를 닫으면 전압과 $5[k\Omega]$은 단락되어 없어지게 되므로 콘덴서와 $4[k\Omega]$ 저항에 흐르는 전류는 아래와 같다.

$i = \dfrac{V}{R} = \dfrac{50}{4 \times 10^3} = 0.0125[A] = 12.5[mA]$

THEME 04　L과 C소자의 시간 경과에 따른 특성

503 ★★☆

$R=1[k\Omega]$, $C=1[\mu F]$가 직렬 접속된 회로에 스텝(구형파) 전압 $10[V]$를 인가하는 순간에 커패시터 C에 걸리는 최대 전압$[V]$은?

① 0
② 3.72
③ 6.32
④ 10

해설

전원을 인가한 순간($t=0$)에는 커패시터 C는 단락된 상태가 되므로 커패시터 C에 걸리는 전압은 0이 된다.

에듀윌이 너를 지지할게

ENERGY

내가 꿈을 이루면
나는 누군가의 꿈이 된다.

– 이도준

여러분의 작은 소리
에듀윌은 크게 듣겠습니다.

본 교재에 대한 여러분의 목소리를 들려주세요.
공부하시면서 어려웠던 점, 궁금한 점,
칭찬하고 싶은 점, 개선할 점, 어떤 것이라도 좋습니다.

에듀윌은 여러분께서 나누어 주신 의견을
통해 끊임없이 발전하고 있습니다.

에듀윌 도서몰 book.eduwill.net
- 부가학습자료 및 정오표: 에듀윌 도서몰 → 도서자료실
- 교재 문의: 에듀윌 도서몰 → 문의하기 → 교재(내용, 출간) / 주문 및 배송

꿈을 현실로 만드는
에듀윌

공무원 교육
- 선호도 1위, 신뢰도 1위! 브랜드만족도 1위!
- 합격자 수 2,100% 폭등시킨 독한 커리큘럼

자격증 교육
- 9년간 아무도 깨지 못한 기록 합격자 수 1위
- 가장 많은 합격자를 배출한 최고의 합격 시스템

직영학원
- 검증된 합격 프로그램과 강의
- 1:1 밀착 관리 및 컨설팅
- 호텔 수준의 학습 환경

종합출판
- 온라인서점 베스트셀러 1위!
- 출제위원급 전문 교수진이 직접 집필한 합격 교재

어학 교육
- 토익 베스트셀러 1위
- 토익 동영상 강의 무료 제공

콘텐츠 제휴 · B2B 교육
- 고객 맞춤형 위탁 교육 서비스 제공
- 기업, 기관, 대학 등 각 단체에 최적화된 고객 맞춤형 교육 및 제휴 서비스

부동산 아카데미
- 부동산 실무 교육 1위!
- 상위 1% 고소득 창업/취업 비법
- 부동산 실전 재테크 성공 비법

학점은행제
- 99%의 과목이수율
- 17년 연속 교육부 평가 인정 기관 선정

대학 편입
- 편입 교육 1위!
- 최대 200% 환급 상품 서비스

국비무료 교육
- '5년우수훈련기관' 선정
- K-디지털, 산대특 등 특화 훈련과정
- 원격국비교육원 오픈

에듀윌 교육서비스 **공무원 교육** 9급공무원/소방공무원/계리직공무원 **자격증 교육** 공인중개사/주택관리사/손해평가사/감정평가사/노무사/전기기사/경비지도사/검정고시/소방설비기사/소방시설관리사/사회복지사1급/대기환경기사/수질환경기사/건축기사/토목기사/직업상담사/전기기능사/산업안전기사/건설안전기사/위험물산업기사/위험물기능사/유통관리사/물류관리사/행정사/한국사능력검정/한경TESAT/매경TEST/KBS한국어능력시험·실용글쓰기/IT자격증/국제무역사/무역영어 **어학 교육** 토익 교재/토익 동영상 강의 **세무/회계** 전산세무회계/ERP정보관리사/재경관리사 **대학 편입** 편입 영어·수학/연고대/의약대/경찰대/논술/면접 **직영학원** 공무원학원/소방학원/공인중개사 학원/주택관리사 학원/전기기사 학원/편입학원 **종합출판** 공무원·자격증 수험교재 및 단행본 **학점은행제** 교육부 평가인정기관 원격평생교육원(사회복지사2급/경영학/CPA) **콘텐츠 제휴·B2B 교육** 콘텐츠 제휴/기업 맞춤 자격증 교육/대학취업역량 강화 교육 **부동산 아카데미** 부동산 창업CEO/부동산 경매 마스터/부동산 컨설팅 **주택취업센터** 실무 특강/실무 아카데미 **국비무료 교육(국비교육원)** 전기기능사/전기(산업)기사/소방설비(산업)기사/IT(빅데이터/자바프로그램/파이썬)/게임그래픽/3D프린터/실내건축디자인/웹퍼블리셔/그래픽디자인/영상편집(유튜브) 디자인/온라인 쇼핑몰광고 및 제작(쿠팡, 스마트스토어)/전산세무회계/컴퓨터활용능력/ITQ/GTQ/직업상담사

교육문의 **1600-6700** www.eduwill.net

YES24 수험서 자격증 한국산업인력공단 전기분야 전기공사 베스트셀러 1위
(2019년 2월, 5월, 2020년 2월, 6월, 8월, 10월, 12월, 2021년 1월, 12월, 2022년 1월, 2월, 2023년 10월, 11월,
2024년 8월~12월, 2025년 1월, 3월~5월 월별 베스트)
2023, 2022, 2021 대한민국 브랜드만족도 전기기사 교육 1위(한경비즈니스)
2020, 2019 한국소비자만족지수 전기기사 교육 1위(한경비즈니스, G밸리뉴스)

2026 에듀윌 전기
회로이론 필기 + 무료특강

기사맛집 합격 레시피

1 끝맺음 노트: 핵심이론 + 빈출문제 + 최신기출 CBT 모의고사 3회
　　혜택받기　교재 내 별책부록 제공

2 최신기출 CBT 모의고사 무료 해설강의(3회분)
　　혜택받기　교재 내 'QR코드 스캔' 또는 'URL 링크'로 접속

3 한국전기설비규정 용어 표준화 및 국문순화 신구비교표 제공(PDF)
　　혜택받기　교재 내 'QR코드 스캔' 또는 'URL 링크'로 접속

고객의 꿈, 직원의 꿈, 지역사회의 꿈을 실현한다

에듀윌 도서몰　· 부가학습자료 및 정오표: 에듀윌 도서몰 > 도서자료실
book.eduwill.net　· 교재 문의: 에듀윌 도서몰 > 문의하기 > 교재(내용, 출간) / 주문 및 배송